Java高手是怎样炼成的

原理、方法与实践

高永强 卢晨 著

清华大学出版社
北京

内 容 简 介

本书是作者20多年工作经验的结晶。内容由浅入深，循序渐进，通过500多个简单易懂、可运行的完整实例，帮助读者理解Java编程的逻辑、概念及实操。本书内容丰富，讲解接地气，从理论到实践，从基础到高级，帮助读者建立学习信心，在实践中学会Java编程。

本书分五部分，共23章。第一部分（第1～5章）主要介绍Java基本语法，包括Java语言概述和发展、编程和开发环境及设置等。第二部分（第6～9章）通过生动实例介绍类、对象、继承、多态、内部类以及接口等Java编程概念和技术。第三部分（第10～15章）走进数组和字符串，深入讲解它们的应用、异常处理，并深入讨论更多面向对象技术。第四部分（第16～20章）介绍20多种GUI组件、字体、颜色、图像以及音频编程。第五部分（第21～23章）详细讲解数据流、文件I/O、数据库编程以及网络编程等。

本书专为不同层次的Java程序员精心编写，既适合编程初学者入门，又适合程序员进阶，还可以作为高等院校讲授面向对象程序设计语言以及Java语言的参考教材。

本书封面贴有清华大学出版社防伪标签，无标签者不得销售。

版权所有，侵权必究。举报：010-62782989，beiqinquan@tup.tsinghua.edu.cn。

图书在版编目（CIP）数据

Java高手是怎样炼成的：原理、方法与实践 / 高永强，卢晨著 . —北京：清华大学出版社，2021.1
ISBN 978-7-302-56384-6

Ⅰ. ①J… Ⅱ. ①高… ②卢… Ⅲ. ①JAVA语言—程序设计 Ⅳ. ①TP312.8

中国版本图书馆CIP数据核字(2020)第166849号

责任编辑：秦　健
封面设计：杨玉兰
责任校对：徐俊伟
责任印制：杨　艳

出版发行：	清华大学出版社
网　　址：	http://www.tup.com.cn，http://www.wqbook.com
地　　址：	北京清华大学学研大厦A座　　邮　编：100084
社 总 机：	010-62770175　　邮　购：010-83470235
投稿与读者服务：	010-62776969，c-service@tup.tsinghua.edu.cn
质量反馈：	010-62772015，zhiliang@tup.tsinghua.edu.cn
印 刷 者：	北京富博印刷有限公司
装 订 者：	北京市密云县京文制本装订厂
经　　销：	全国新华书店
开　　本：	185mm×260mm　　印　张：39　　字　数：1206千字
版　　次：	2021年1月第1版　　印　次：2021年1月第1次印刷
定　　价：	118.00元

产品编号：082436-01

Preface 序 言

  Java 是世界上第一个 100% 不依赖操作系统平台、面向对象的编程语言。在从发布、发展到成熟、壮大的 20 多年里，Java 如同一颗冉冉升起的耀眼明星，迅速超越 C 和 C++，独占鳌头，成为软件开发最广泛应用的编程语言之一。恭贺你选择了 Java，感谢你翻开这本书，它可以作为启迪你 Java 编程概念的向导、打开通往 Java 技术宝库的"金钥匙"。这无疑会使你与 Java 结下不解之缘，成为掌握和拥有 Java 技术大家庭中的一员。

  Java 语言包括广泛的应用技术和应用领域。从应用技术或软件包来说，它包括 Java 标准版本软件包 Java SE、Java 企业版本软件包 Java EE，以及 Java 微型版本 Java ME。从软件开发及应用领域来说，它包括桌面应用编程、Web 客户端编程、服务器编程、移动设备（如手机）编程以及机器人编程等。虽然本书专门介绍 Java 标准版本的编程概念和技术，但它是学习其他 Java 技术的基础。学好了本书中介绍和讨论的 Java 编程概念和技术，掌握其他 Java 技术就不难了。

  那么怎样写好这本书，使读者在合上这本书的时候爱不释手，有继续学下去的欲望；当读者学完这本书的时候，会由衷地说，这本书没有白买，它物超所值，是值得拥有的一本好书呢？

  为此，我严格遵循下面的写作思想：

  第一，作者必须是读者。这是我多年从事写作的经验之谈。我在写本书的时候，总是在不断地设身处地问自己：在介绍 Java 编程的众多书中，读者为什么要买你写的书？如果我是读者，会买它吗？回想起我在初学 Java 的时候，每遇到一个难懂的 Java 概念编程技术，总是会问：什么是问题所在（What）？为什么会这样（Why）？怎样解决它（How）？我在这本书的写作大纲、章节安排以及内容编排上是按照这样一个 3W 作为主线，使它成为读者学习 Java 编程的良师益友。

  第二，作者不仅仅是读者。作者必须把握读者的心理，知道读者在学习过程中的难点。我们经常说难者不会，会者不难。我常常问自己：为什么学会了就不难了呢？究根寻源，本来问题就不难，是没有讲清楚、没有写清楚，把概念和技术越说越玄、越写越深奥，如同不会画画，越描越黑。所以我写作的原则是：自己没有搞懂的概念和技术，绝不写，否则一定会误人子弟。懂了就觉得简单了，才会把难的东西写得简单易懂，读者才会受益。

  第三，没有实际应用和教学经验的概念和技术，绝不把它写进书里。我是从 1996 年，即 Java 正式发布的时候，开始自学 Java，并且从事 Java 教学的。我所在的大学地处美国硅谷，是 Java 和许多计算机软硬件技术的诞生地。创建 Java 语言的 Sun Microsystems 以及收购了它的甲骨文公司（Oracle）就离我的居所十几分钟的车程。我几乎每年都参加 JavaOne 国际会议，聆听 Java 领军人物的演讲，参加介绍 Java 新技术的讲座和培训以及参观所有 Java 伙伴公司的展厅，收集有关 Java 软件开发的资料，充实自己的知识。这些经验无疑有益地帮助我完成本书的写作。

  第四，以实例和实战项目为主导解释编程概念和难点，我认为这是学习任何编程语言的特点。我在《全 C 编程》《微型计算机应用用户指南》等书以及我的教学实践中始终把握这个特点，读者和学生受益匪浅，反映甚佳。市面上流行的一些编程书中也会列举大量的例子，但许多只是程序代码片段，或者是读者不能编译执行的程序。我认为这不是真正意义上的通过实例来学习编程。在我的书中 500 多个实例都是完整的程序，都可以编译和执行。受限于本书的篇幅，完整的代码可以扫描如下二维码获取。这样不仅可以压缩书的厚度、降低图书价格，还有其他两个好处：读者在学习书中的举例时，可以抓住重点；在深化理解和掌握消化时，可以看到程序的全貌和各个部分的关系。

第五，学习编程关键在于动手。心动不如行动，光看书是学不会 Java 的。"要想知道梨子的滋味，必须亲口尝尝。"编程是实践性很强的艺术，我在 20 多年的教学中，看到许多学生上课认真听讲、专心记笔记；下课用心看书，逐字逐段抠书本，但却忽视了实践环节，缺乏动手能力，为什么？因为做练习太少，上机编写程序太少，分析并修改程序例子太少。针对这个特点，我在教学中注重强调练习、实践、分析、修改、提高、巩固这几个环节。许多编程书籍往往没有练习题部分。我觉得这是十分遗憾或美中不足的事。练习题不仅要有，而且应该涵盖章节中讨论过的所有重要编程概念和技术，引导、鼓励、督促读者勇于实践并且善于实践。

本书就是在以上原则和宗旨的指导下，积累我 20 多年 Java 教学和实践经验以及 20 多年程序设计教学生涯的基础上写成的。

本书分为五部分，共 23 章。

第一部分　新手上路，共 5 章：第 1 章介绍 Java 的基础知识，第 2 章介绍 Java 编程相关的内容，第 3 章讨论新手须知的类和对象，第 4 章阐述控制语句相关知识，第 5 章介绍数据控制和质量保证的基础内容，引导初学者为学习 Java 编程打好基础。

第二部分　告别菜鸟，共 4 章：第 6 章详细介绍类和对象，第 7 章讨论了继承，第 8 章介绍多态的用法，第 9 章阐述接口相关内容，主要讨论面向对象编程的本质概念和技术。

第三部分　Java 提高，共 6 章：第 10 章细谈数组，第 11 章深入介绍字符串，第 12 章揭秘异常处理，第 13 章介绍高手掌握的更多 OOP 技术，第 14 章介绍高手须知的集合类，第 15 章阐述多线程相关内容，深入介绍 Java 的其他重要编程概念和技术。

第四部分　GUI 和多媒体编程，共 5 章：第 16 章介绍 GUI 相关内容，第 17 章介绍 GUI 组件布局——安排组件位置和显示风格，第 18 章说明更多组件和事件处理，第 19 章揭秘事件处理那些事儿，第 20 章介绍多媒体编程，引导读者走进 Java，包括图形、图像、字体、颜色以及音频播放等多媒体编程世界。

第五部分　高手进阶——数据流处理和编程，共 3 章：第 21 章介绍文件 I/O，第 22 章说明数据库编程，第 23 章阐述网络编程，使读者成为 Java 编程和实战项目开发技术的高手。

我们诚心将这本书献给热衷于 Java 编程的读者。让我们在 Java 的广袤天地间，为了解 Java 真相、掌握 Java 技术，勇于探索和实践。

高永强

Contents 目　　录

第一部分　新手上路

第 1 章　初识 Java ································· 2
- 1.1　什么是 Java ···································· 2
- 1.2　Java 能做什么 ································· 3
- 1.3　Java 软件包 ···································· 3
  - 1.3.1　什么是 Java SE ························· 3
  - 1.3.2　什么是 JDK ······························ 4
- 1.4　为什么 Java 可以在任何计算机上运行 ··· 4
- 1.5　Java 和其他语言比较 ······················· 4
  - 1.5.1　Java 和 C++ 的比较 ···················· 5
  - 1.5.2　Java 和 C# 的比较 ······················ 5
- 1.6　为什么学 Java ································· 5
  - 1.6.1　新手常遇到的困难 ······················ 5
  - 1.6.2　为什么选择这本书 ······················ 6
- 1.7　免费下载、安装和测试学习 Java 需要的软件 ··· 6
  - 1.7.1　免费下载 JDK 软件包 ·················· 7
  - 1.7.2　JDK 的安装步骤 ························· 7
  - 1.7.3　安装成功我知道 ························· 8
- 1.8　新手使用 Java 开发工具 Eclipse ······· 10
  - 1.8.1　什么是 IDE ······························· 10
  - 1.8.2　为什么用 Eclipse ······················· 10
  - 1.8.3　免费下载、安装和测试 Eclipse ···· 11
  - 1.8.4　新手须知 Eclipse 常用功能 ········· 14
- 1.9　编写和运行第一个 Java 程序 ············ 17
- 1.10　什么是 Java API ··························· 19
- 巩固提高练习和编程实践 ························ 19

第 2 章　开始 Java 编程 ·························· 20
- 2.1　一切从基础开始 ····························· 20
  - 2.1.1　Java 语句 ································· 20
  - 2.1.2　注释，还是注释 ························· 21
  - 2.1.3　什么是标识符和怎样使用 ··········· 22
- 2.2　Java 基本数据 ································ 23
  - 2.2.1　8 种基本数据类型 ······················ 23
  - 2.2.2　如何定义变量 ··························· 24
  - 2.2.3　什么是变量初始化 ····················· 25
  - 2.2.4　变量与存储器有什么关系 ··········· 26
  - 2.2.5　常量必须初始化 ························ 27
- 2.3　赋值语句 ······································· 27
  - 2.3.1　算术表达式 ······························ 27
  - 2.3.2　快捷赋值操作符 ························ 29
- 2.4　初识字符串 ···································· 30
  - 2.4.1　菜鸟理解字符串 ························ 30
  - 2.4.2　什么是字符串引用 ····················· 31
  - 2.4.3　如何实现字符串连接 ·················· 31
  - 2.4.4　如何处理特殊字符——转义符 ···· 33
- 2.5　初识数组 ······································· 34
  - 2.5.1　菜鸟理解数组 ··························· 34
  - 2.5.2　一个例子教会你使用数组 ··········· 34
- 巩固提高练习和编程实践 ························ 35

第 3 章　新手须知类和对象 ····················· 37
- 3.1　初识类和对象 ································ 37
  - 3.1.1　类到底是什么 ··························· 37
  - 3.1.2　对象又是什么 ··························· 38
  - 3.1.3　编写你的第一个类 ····················· 38
  - 3.1.4　创建你的第一个对象 ·················· 40
  - 3.1.5　怎样调用方法 ··························· 41
  - 3.1.6　怎样测试自己编写的类 ··············· 41
  - 3.1.7　站在巨人的肩膀——使用 API 类 ·································· 43
  - 3.1.8　给程序带来五彩缤纷——细说 JOptionPane ····························· 45
- 3.2　学习更多输入、输出 API 类 ············ 48
  - 3.2.1　回到黑白——System.out ············ 49
  - 3.2.2　扫描输入——Scanner ················ 50
- 3.3　编写用户友好与人机互动程序 ·········· 52

实战项目：里程转换应用开发 ·················· 53
巩固提高练习和实战项目大练兵 ·············· 55

第4章 走进控制语句 ······················ 57

4.1 条件表达式 ································ 57
　4.1.1 关系表达式 ························ 57
　4.1.2 比较基本型数据 ················ 58
　4.1.3 比较字符串 ························ 59
4.2 逻辑表达式和应用 ···················· 61
　4.2.1 逻辑表 ································ 61
　4.2.2 复合表达式及运算次序 ···· 61
　4.2.3 你的程序逻辑清楚吗 ········ 62
4.3 简单 if 语句 ······························· 63
4.4 简单 if-else 语句 ······················· 65
4.5 嵌套 if-else 语句 ······················· 67
　4.5.1 用多种格式编写 ················ 67
　4.5.2 应用实例 ···························· 68
4.6 条件运算符 ?: ···························· 69
4.7 多项选择——switch 语句 ········ 69
　4.7.1 典型 switch 语句格式 ······· 69
　4.7.2 应用实例 ···························· 71
　4.7.3 JDK14 新增的 switch-case 语句
　　　　及其应用 ···························· 72
4.8 你的程序需要继续运行吗——循环
　　语句 ·· 72
　4.8.1 走进 while 循环 ················ 72
　4.8.2 走进 do-while 循环 ·········· 75
　4.8.3 走进 for 循环 ···················· 77
　4.8.4 走进嵌套循环 ···················· 79
4.9 更多控制语句 ···························· 81
　4.9.1 break 语句 ························ 81

4.9.2 continue 语句 ···················· 82
实战项目：投资回报应用开发（1）········ 83
巩固提高练习和实战项目大练兵 ············ 86

第5章 数据控制和质量保证初探 ·········· 89

5.1 垃圾进、垃圾出——誓将错误消灭
　　在开始 ······································· 89
5.2 Java 的异常处理 ······················· 90
　5.2.1 系统自动抛出的异常 ········ 90
　5.2.2 初识 try-catch ···················· 90
　5.2.3 API 标准异常类 ················ 92
　5.2.4 怎样处理系统自动抛出的异常 ·· 92
　5.2.5 为什么需要抛出和处理异常 ··· 93
　5.2.6 异常处理应用实例 ············ 95
5.3 格式化输出控制 ························ 98
　5.3.1 货币输出格式化 ················ 98
　5.3.2 国际货币输出格式化 ········ 99
　5.3.3 百分比输出格式化 ·········· 100
　5.3.4 其他数值输出格式化 ······ 101
　5.3.5 利用 DecimalFormat 控制数值
　　　　输出格式化 ······················ 102
5.4 数据类型转换 ·························· 102
　5.4.1 自动类型转换 ·················· 103
　5.4.2 强制性类型转换 cast ······ 103
5.5 怎样利用 Math 类 ··················· 104
5.6 处理超值数字——BigDecimal 类 ··· 105
　5.6.1 BigDecimal 的数学运算 ·· 106
　5.6.2 BigDecimal 的格式化输出 ··· 107
实战项目：投资回报应用开发（2）······ 108
巩固提高练习和实战项目大练兵 ·········· 110

第二部分 告别菜鸟

第6章 走进类和对象 ···················· 114

6.1 面向对象编程——原来如此 ·········· 114
　6.1.1 类和对象剖析——源于生活，
　　　　高于生活 ·························· 115
　6.1.2 封装性 ······························ 115
　6.1.3 继承性 ······························ 116
　6.1.4 多态性 ······························ 117
　6.1.5 抽象性 ······························ 117
6.2 类为什么是编程模块 ············· 117
　6.2.1 类就是软件工厂产品蓝图 ······ 117

6.2.2 如何描述对象——确定其属性
　　　并赋值 ······························ 118
6.2.3 构造方法制造对象 ·········· 119
6.2.4 更灵活地制造对象——构造方法
　　　重载 ·································· 121
6.3 走进方法 ································ 122
　6.3.1 方法就是对象的具体操作 ······ 122
　6.3.2 什么是传递值的参数和传递引用
　　　　的参数 ······························ 123
　6.3.3 方法重载 ·························· 125

6.3.4 this 是什么意思 …………………… 126
6.4 走进静态数据 ……………………………… 129
　　6.4.1 属于全体对象的数据就是静态
　　　　　数据 ………………………………… 129
　　6.4.2 静态数据是怎样工作的 …………… 130
　　6.4.3 应用静态数据原则 ………………… 130
6.5 走进静态方法 ……………………………… 131
　　6.5.1 有静态数据就有静态方法——
　　　　　此话有理 …………………………… 131
　　6.5.2 静态方法怎样工作——不同于
　　　　　一般方法 …………………………… 132
　　6.5.3 为什么要用静态初始化程序块 …… 133
6.6 我们喜欢再谈对象 ………………………… 134
　　6.6.1 对象创建与对象引用 ……………… 134
　　6.6.2 为什么对象名重用 ………………… 135
　　6.6.3 方法链式调用就这么简单 ………… 136
实战项目：投资回报应用开发（3）……… 136
巩固提高练习和实战项目大练兵 ………… 138

第 7 章　继承 …………………………… 140
7.1 继承就是吃现成饭 ………………………… 140
　　7.1.1 怎样实现继承——归类分析 ……… 141
　　7.1.2 怎样确定继承是否合理——
　　　　　"是"和"有"关系 ……………… 142
　　7.1.3 怎样体现代码重用 ………………… 142
　　7.1.4 继承就是站在巨人肩膀上 ………… 143
　　7.1.5 继承好处多多，你都想到了吗 …… 143
　　7.1.6 继承的局限性 ……………………… 143
　　7.1.7 三种基本继承类型 ………………… 143
7.2 实现继承 …………………………………… 145
　　7.2.1 怎样写父类 ………………………… 145
　　7.2.2 怎样写子类 ………………………… 146
　　7.2.3 Like father like son——像爸爸
　　　　　就是儿子 …………………………… 147
7.3 你想让子类怎样继承——访问修饰符
　　再探 ………………………………………… 148
7.4 更多继承应用 ……………………………… 149
　　7.4.1 继承中如何应用重载 ……………… 149
　　7.4.2 一个实例教会你什么是覆盖 ……… 150
　　7.4.3 一个实例教会你什么是屏蔽 ……… 151
　　7.4.4 细谈万类鼻祖 Object 和类中类
　　　　　——Class ………………………… 152
7.5 抽象类 ……………………………………… 156
　　7.5.1 抽象类不能创建对象 ……………… 156
　　7.5.2 抽象方法造就了抽象类 …………… 156

7.6 最终类 ……………………………………… 158
　　7.6.1 最终类不能被继承 ………………… 158
　　7.6.2 一个例子搞懂最终类 ……………… 159
　　7.6.3 最终方法不能被覆盖 ……………… 159
　　7.6.4 最终参数的值不能改变 …………… 159
　　7.6.5 所有这一切皆为提高执行速度 …… 159
实战项目：几何体面积和体积计算应用
开发（1）…………………………………… 160
巩固提高练习和实战项目大练兵 ………… 163

第 8 章　多态 …………………………… 165
8.1 我们每天都在用多态 ……………………… 165
　　8.1.1 多态问题你注意到了吗 …………… 165
　　8.1.2 让我们一起走进多态 ……………… 166
8.2 实现多态 …………………………………… 168
　　8.2.1 父类提供多态方法和接口 ………… 168
　　8.2.2 子类覆盖多态方法或完善接口 …… 169
　　8.2.3 一个例子让你明白应用多态 ……… 170
8.3 为什么剖析方法绑定 ……………………… 171
　　8.3.1 静态绑定 …………………………… 171
　　8.3.2 动态绑定 …………………………… 171
　　8.3.3 绑定时如何处理方法调用 ………… 171
8.4 高手特餐——invokespecial 和
　　invokevirtual ……………………………… 172
实战项目：几何体面积和体积计算应用
开发（2）…………………………………… 173
巩固提高练习和实战项目大练兵 ………… 175

第 9 章　接口 …………………………… 177
9.1 接口就是没有完成的类 …………………… 177
　　9.1.1 接口只规定命名——如何完善
　　　　　由你 ………………………………… 177
　　9.1.2 接口体现最高形式的抽象 ………… 178
　　9.1.3 怎样编写接口 ……………………… 179
　　9.1.4 用接口还是用抽象类 ……………… 180
　　9.1.5 常用 API 接口 ……………………… 181
9.2 实现接口 …………………………………… 181
　　9.2.1 实现接口就是完善接口中的
　　　　　方法 ………………………………… 181
　　9.2.2 利用接口可以实现多重继承 ……… 183
　　9.2.3 接口本身也可以继承 ……………… 186
　　9.2.4 接口也可以作为参数 ……………… 187
9.3 应用接口的典型实例——Cloneable
　　接口 ………………………………………… 188

9.3.1	实现 Cloneable 接口 …………… 188	9.3.4	应用实例——利用最高超类实现
9.3.2	引用还是复制——看看这个例子		Cloneable 接口 ……………… 192
	就懂了 …………………………… 189	巩固提高练习和实战项目大练兵 ………… 193
9.3.3	复制还分深浅——怎么回事 …… 189		

第三部分　Java 提高

第 10 章　细谈数组 ……………………… 196

10.1 为啥数组就是类 ………………………… 196
   10.1.1 理解数组是怎样工作的 ………… 196
   10.1.2 创建数组就是创建数组对象 …… 197
   10.1.3 揭开数组的内幕 ………………… 198
10.2 数组的操作 ……………………………… 201
   10.2.1 访问数组成员 …………………… 201
   10.2.2 数组和循环总是闺蜜 …………… 203
   10.2.3 访问数组成员的特殊循环 ……… 203
   10.2.4 用更多实例掌握数组的应用 …… 204
10.3 高手要掌握的更多数组技术 …………… 205
   10.3.1 多维数组 ………………………… 206
   10.3.2 非规则多维数组 ………………… 208
   10.3.3 怎样把数组传到方法 …………… 208
   10.3.4 怎样在方法中返回数组 ………… 210
10.4 API 的 Arrays 类可以做些什么 ………… 211
   10.4.1 常用方法 ………………………… 211
   10.4.2 排序和搜索 ……………………… 212
   10.4.3 数组复制——避免菜鸟常犯的错误 …………………………… 213
   10.4.4 高手必须掌握的另一个 API 接口——Comparable …………… 215
实战项目：在多级继承中应用数组进行排序 ……………………………………… 216
巩固提高练习和实战项目大练兵 ………… 218

第 11 章　为何要再谈字符串 …………… 220

11.1 为何字符串也是类 ……………………… 220
   11.1.1 什么是字符串引用 ……………… 220
   11.1.2 什么是字符串创建 ……………… 221
   11.1.3 字符串构造方法 ………………… 221
   11.1.4 高手必须掌握的字符串方法 …… 222
11.2 API StringBuilder 类 …………………… 225
   11.2.1 字符串内容可变还是不可变 …… 225
   11.2.2 StringBuilder 的构造方法 ……… 225
   11.2.3 高手必须掌握的其他常用方法 ……………………………… 226
   11.2.4 用实例学会 StringBuilder 应该很容易 …………………………… 227
   11.2.5 StringBuilder 的大哥——StringBuffer 类 ………………… 229
11.3 API StringTokenizer 类——分解字符串 ………………………………… 229
   11.3.1 token 就是分解字符串的符号 …… 229
   11.3.2 构造方法和其他常用方法 ……… 230
   11.3.3 用实例学会 StringTokenizer …… 231
11.4 正则表达式 ……………………………… 231
   11.4.1 高手必须知道的正则表达式 …… 231
   11.4.2 正则表达式规则 ………………… 232
   11.4.3 不再是秘密——String 中处理正则表达式的方法 ……………… 234
   11.4.4 揭开 Pattern 和 Matcher 类的面纱 …………………………… 234
   11.4.5 验证身份不是难事——实例说明一切 …………………………… 236
实战项目：计算器模拟应用开发（1）……… 237
巩固提高练习和实战项目大练兵 ………… 239

第 12 章　揭秘异常处理 ………………… 241

12.1 高手必须懂的 API 异常处理类 ……… 241
12.2 非检查性异常 …………………………… 242
   12.2.1 出错第一现场在哪里 …………… 242
   12.2.2 高手为什么要处理非检查性异常 …………………………… 242
12.3 检查性异常 ……………………………… 243
   12.3.1 同样要分析出错第一现场 ……… 243
   12.3.2 处理常见检查性异常——必须 …………………………… 243
12.4 高手掌握异常处理机制 ………………… 243
   12.4.1 传统机制 ………………………… 244
   12.4.2 高手为何要知道异常是怎样在程序中传播的 ………………… 246
   12.4.3 怎样获取更多异常信息 ………… 247
   12.4.4 用实例解释最直观易懂 ………… 248

12.5	高手应用 throw 直接抛出异常 ·········	250
12.5.1	JVM 怎样自动抛出异常 ··········	251
12.5.2	你也可以直接抛出异常 ··········	251
12.5.3	你还可以重抛异常 ············	252
12.6	嵌套异常处理····················	253
12.6.1	什么是异常机制嵌套方式 ·······	253
12.6.2	嵌套异常是怎样传播的 ·········	254
12.6.3	为什么讨论嵌套异常重抛 ·······	255
12.7	高手自己定义异常类 ·············	256
12.7.1	编写自定义异常类原来如此简单 ····················	256
12.7.2	高手掌握的自定义异常处理技巧 ····················	257
12.7.3	用实例解释最直接易懂 ·········	258
12.8	异常链是什么 ···················	259
12.8.1	异常处理信息不见了——什么情况 ····················	259
12.8.2	应用异常链保证不会丢失处理信息 ····················	259
12.9	断言——高手可以断言可能发生的错误——assert ············	261
12.9.1	如何编写断言 ···············	261
12.9.2	开启和关闭断言 ·············	262
实战项目：利用异常处理机制开发你的数据验证类 ·······················	263
巩固提高练习和实战项目大练兵 ·········	265

第 13 章　高手掌握更多 OOP 技术 ········· 266

13.1	创建自己的 API 包 ··············	266
13.1.1	包有哪些命名规范 ···········	267
13.1.2	创建包文件 ················	267
13.1.3	引入包文件 ················	268
13.2	用 Eclipse 的包管理项目中的文件····	269
13.3	在 Eclipse 中创建文件库 ·········	270
13.3.1	什么是 JAR 文件 ············	270
13.3.2	创建文件库 ················	270
13.4	揭秘访问权 ····················	271
13.5	类的更多应用——你知多少 ·····	273
13.5.1	类之间的关系——父子、部下还是亲戚 ···············	273
13.5.2	什么是文件类 ···············	274
13.5.3	内部类怎样用 ···············	274
13.5.4	为什么用静态内部类 ·········	276
13.5.5	本地类是什么 ···············	278

13.5.6	没有名字的类——匿名类 ······	279
13.5.7	这么多类——高手攻略 ········	279
13.6	枚举类是什么 ···················	280
13.6.1	怎样定义和使用枚举 ·········	280
13.6.2	静态引入——编写枚举类更方便 ····················	282
13.6.3	高手必须知道的枚举 ·········	283
13.6.4	一个实例教会你应用枚举 ·····	285
13.7	高手须知可变参数 ···············	286
13.7.1	可变参数是重载的极致应用 ····	286
13.7.2	揭秘可变参数——它怎样工作 ···	287
13.7.3	可变参数方法可以重载 ·······	288
13.8	什么是 javadoc 和怎样用它 ·······	288
实战项目：创建可被任何程序调用的文件库（JDK9 和以后版本）········	290
巩固提高练习和实战项目大练兵 ·········	292

第 14 章　高手须知集合类 ··········· 293

14.1	用集合类做些什么 ···············	293
14.1.1	集合类与数组的比较 ·········	294
14.1.2	集合类都有哪些 ·············	294
14.1.3	什么是 Java 的泛类型 ········	296
14.1.4	高手怎样应用泛类型 ·········	301
14.1.5	值得注意的类型安全问题 ·····	303
14.2	揭秘集合类 ····················	304
14.2.1	可改变大小的数组 ··········	304
14.2.2	链接表 ····················	306
14.2.3	哈希集合 ··················	307
14.2.4	元素迭代器 ················	308
14.2.5	用实例教会你集合类应用 ·····	309
14.3	Map 的集合类 ··················	311
14.3.1	怎样使用 HashMap ···········	311
14.3.2	怎样使用 TreeMap ···········	312
14.3.3	怎样对自定义类型 TreeMap排序 ····················	314
14.4	集合类和数据结构 ···············	315
14.4.1	堆栈 ······················	315
14.4.2	队列 ······················	315
14.4.3	细说集合中的排序 ···········	316
14.4.4	搜索——我要找到你 ········	318
14.4.5	洗牌——想玩斗地主 ········	319
14.4.6	集合类应用总结 ·············	320
14.4.7	高手理解集合类的同步与不同步 ····················	321

实战项目：利用 HashMap 开发产品管理应用 ·················· 321

巩固提高练习和实战项目大练兵 ·················· 323

第 15 章 多线程 ·················· 325

15.1 Java 的本质是多线程 ·················· 325
- 15.1.1 揭秘多线程怎样工作 ·················· 325
- 15.1.2 多任务和多处理是一回事吗 ·················· 326
- 15.1.3 多线程应用范围太广泛了 ·················· 326
- 15.1.4 一张图搞懂线程的 5 种状态 ·················· 327
- 15.1.5 你的第一个多线程程序 ·················· 327

15.2 如何创建多线程 ·················· 329
- 15.2.1 可以继承 Thread 创建线程 ·················· 329
- 15.2.2 可以完善 Runnable 接口来创建线程 ·················· 330
- 15.2.3 多线程典型案例：生产 - 消费线程初探 ·················· 331

15.3 多线程控制 ·················· 333
- 15.3.1 设置优先级——setPriority 方法 ·················· 333
- 15.3.2 给其他线程让步——yield 方法 ·················· 334
- 15.3.3 让我的线程休息——sleep 方法 ·················· 334

- 15.3.4 让我的线程加入执行——join 方法 ·················· 336
- 15.3.5 打断我的线程运行——interrupt 方法 ·················· 336
- 15.3.6 应用实例——线程和数组哪个运行的快 ·················· 337

15.4 高手必知多线程协调 ·················· 339
- 15.4.1 什么是多线程协调 ·················· 339
- 15.4.2 高手怎样实现多线程协调 ·················· 340
- 15.4.3 什么是易变数据——volatile ·················· 340
- 15.4.4 你的多线程协调吗——synchronized ·················· 340
- 15.4.5 要协调必须等待——wait 方法 ·················· 342
- 15.4.6 你的线程协调得到通知了吗——notify 或 notifyAll ·················· 343

15.5 高手须知更多多线程 ·················· 344
- 15.5.1 一张图看懂监视器和线程锁定 ·················· 344
- 15.5.2 更多多线程实战术语和编程技巧 ·················· 345
- 15.5.3 并行类包——java.util.concurrent ·················· 346

实战项目：利用多线程和并行处理开发生产 - 消费应用 ·················· 349

巩固提高练习和实战项目大练兵 ·················· 352

第四部分　GUI 和多媒体编程

第 16 章 GUI——使你的窗口出彩 ·················· 356

16.1 从一个典型例子看懂 GUI 组件 ·················· 356
- 16.1.1 Swing 包中的组件从哪里来 ·················· 357
- 16.1.2 一张图看懂组件的继承关系 ·················· 357
- 16.1.3 组件操作功能从 Component 继承而来 ·················· 358

16.2 创建框架就是实例窗口 ·················· 358
- 16.2.1 怎样显示创建的窗口 ·················· 358
- 16.2.2 怎样关闭显示的窗口 ·················· 359
- 16.2.3 窗口位置和大小控制 ·················· 360
- 16.2.4 在屏幕中央显示窗口实例 ·················· 361

16.3 用控制面板管理组件——JPanel ·················· 362
- 16.3.1 一个例子搞懂控制面板怎样管理组件 ·················· 362
- 16.3.2 手把手教会你组件编程步骤 ·················· 362
- 16.3.3 揭秘控制面板结构内幕 ·················· 363

16.4 怎样创建按钮——JButton ·················· 364

- 16.4.1 创建按钮举例 ·················· 364
- 16.4.2 把组件显示到默认位置——FlowLayout ·················· 366
- 16.4.3 按下按钮要做什么——按钮事件处理 ·················· 367

16.5 标签和文本字段是闺蜜 ·················· 368
- 16.5.1 怎样编写标签——JLabel ·················· 368
- 16.5.2 怎样编写文本字段——JTextField ·················· 369
- 16.5.3 怎样处理文本字段事件 ·················· 370
- 16.5.4 我想让用户输入密码——JPasswordField ·················· 372
- 16.5.5 应用实例——学会这些组件编程 ·················· 372

16.6 文本窗口的创建和应用——JTextArea ·················· 374
- 16.6.1 文本窗口的创建和方法调用 ·················· 374

16.6.2 在文本窗口中设置滚动面板——
　　　　JScrollPane ·················· 375
16.6.3 应用编程实例 ················· 375
16.7 选项框——JCheckBox ············ 376
16.7.1 选项框事件处理 ············· 377
16.7.2 应用编程实例 ················· 378
16.8 单选按钮——JRadioButton ····· 380
16.8.1 单选按钮事件处理 ········· 381
16.8.2 应用编程实例 ················· 381
巩固提高练习和实战项目大练兵 ······· 384

第 17 章　GUI 组件布局——安排组件位置和显示风格 ············ 385

17.1 Java 的 6 种布局管理类 ········· 385
17.2 系统预设的流程布局——
　　　FlowLayout ·························· 386
17.2.1 3 种显示位置 ················· 386
17.2.2 编程实例 ······················· 386
17.3 围界布局管理类——BorderLayout ··· 387
17.3.1 5 种布局区域 ················· 388
17.3.2 高手常用布局嵌套 ········· 389
17.3.3 如何动态显示按钮的位置 ··· 389
17.4 给组件加上 5 种不同风格的边框 ··· 390
17.4.1 边框 BorderFactory 设计编程
　　　　步骤 ····························· 391
17.4.2 编程实例 ······················· 392
17.5 标记板——JTabbedPane ········· 393
17.5.1 如何应用标记板 ············· 393
17.5.2 编程实例 ······················· 394
17.6 箱式布局 BoxLayout 和网格布局
　　　GridLayout ·························· 396
17.6.1 如何应用箱式布局管理 ··· 396
17.6.2 如何应用网格布局管理 ··· 397
17.6.3 嵌套使用才更灵活 ········· 398
实战项目：计算器模拟应用开发（2）···399
17.7 高手要掌握的最强布局管理
　　　GridBagLayout ···················· 400
17.7.1 必须使用设计图——方法和
　　　　步骤 ····························· 401
17.7.2 编程实例 ······················· 402
17.8 用户接口管理——UIManager 可以
　　　做啥 ····································· 404
17.8.1 常用用户接口管理
　　　　UIManager ··················· 405
17.8.2 编程实例 ······················· 405

实战项目：开发西方快餐销售调查
应用（1）······································· 406
巩固提高练习和实战项目大练兵 ······· 407

第 18 章　更多组件和事件处理 ············ 409

18.1 下拉列表——JComboBox ······· 409
18.1.1 编程实例 ······················· 410
18.1.2 事件处理 ······················· 411
18.1.3 ItemListener 事件处理接口 ··· 411
18.1.4 我怎么用它——编程实例 ··· 413
18.2 列表——JList ······················· 416
18.2.1 编程实例 ······················· 417
18.2.2 ListSelectionListener 事件处理
　　　　接口 ····························· 418
18.2.3 列表的更多编程技巧 ····· 419
实战项目：利用列表开发名词学习记忆
应用 ·· 421
18.3 菜单——JMenu ····················· 422
18.3.1 菜单编写步骤 ················· 422
18.3.2 编程举例 ······················· 423
18.3.3 如何加入子菜单 ············· 423
18.3.4 菜单的事件处理 ············· 424
18.3.5 设置键盘助记——高手才会
　　　　这样做 ························· 424
18.3.6 高手设置快捷键 ············· 425
18.3.7 MenuListener 处理菜单事件
　　　　接口 ····························· 426
实战项目：开发西方快餐销售调查
应用（2）······································· 428
18.4 高手须知弹出式菜单 ············· 431
18.4.1 一步步教会你编写步骤 ··· 431
18.4.2 编程实例 ······················· 431
18.4.3 PopupMenuListener 事件处理
　　　　接口 ····························· 433
18.4.4 鼠标右键激活弹出式菜单 ··· 433
实战项目：开发西方快餐销售调查
应用（3）······································· 434
18.5 高手应掌握更多 GUI 组件 ····· 435
18.5.1 如何应用滑块——JSlider ··· 436
18.5.2 如何应用进度条——
　　　　JProgressBar ················ 438
18.5.3 如何应用文件选择器——
　　　　JFileChooser ················ 439
18.5.4 如何应用颜色选择器——
　　　　JColorChooser ·············· 441

18.5.5 如何应用制表——JTable……442
18.5.6 如何应用树——JTree……443
18.5.7 如何应用桌面板——JDesktopPane……446
巩固提高练习和实战项目大练兵……447

第 19 章 揭秘事件处理那些事儿……449

19.1 高手须知事件处理内幕……449
  19.1.1 事件处理是怎样工作的……449
  19.1.2 常用事件处理接口……451
  19.1.3 为何要用适配器……452
  19.1.4 适配器应用实例……453
19.2 高手必知鼠标事件处理……454
  19.2.1 都有哪些鼠标事件……454
  19.2.2 鼠标事件处理接口和适配器……454
  19.2.3 鼠标事件处理演示程序……454
19.3 高手须知键盘事件处理……455
  19.3.1 键盘事件处理接口和适配器……456
  19.3.2 键盘事件处理常用方法……456
19.4 高手掌握的 GUI 组件编程技巧……457
  19.4.1 组件编程的 6 种方式……457
  19.4.2 事件处理的 6 种方式……461
实战项目：计算器模拟应用开发（3）……463
巩固提高练习和实战项目大练兵……465

第 20 章 多媒体编程——高手须知的那些事儿……467

20.1 字体编程……467
  20.1.1 字体编程常用术语……467
  20.1.2 字体编程常用方法和举例……468
  20.1.3 应用实例学会字体编程……469
20.2 颜色编程……470
  20.2.1 颜色编程常用术语……471
  20.2.2 颜色编程常用方法和举例……471
  20.2.3 应用实例学会颜色编程……472
20.3 JavaFX 图形编程……473
  20.3.1 JavaFX 编程步骤……473
  20.3.2 图形编程常用方法……474
  20.3.3 图形编程步骤……474
  20.3.4 应用实例学会图形编程……475
20.4 JavaFX 图像编程……476
  20.4.1 Java 支持的 4 种图像格式……476
  20.4.2 图像编程常用方法……476
  20.4.3 图像编程步骤……477
  20.4.4 应用实例学会图像编程……477
20.5 JavaFX 音频编程……478
  20.5.1 Java 支持的 3 种音频格式……478
  20.5.2 音频编程常用方法……478
  20.5.3 音频编程步骤……479
  20.5.4 播放音乐编程实例……479
实战项目：利用多媒体开发英文字母学习游戏应用……480
巩固提高练习和实战项目大练兵……483

第五部分 高手进阶——数据流处理和编程

第 21 章 文件 I/O……486

21.1 数据流和文件……486
  21.1.1 文件 I/O 基本知识须知……487
  21.1.2 揭秘文件路径……487
  21.1.3 用实例看懂绝对路径和规范路径……488
  21.1.4 高手理解 URI、URL 和 URN……488
  21.1.5 文件类常用方法……488
  21.1.6 文件 I/O 中为什么要缓冲……492
  21.1.7 文件 I/O 必须处理异常……492
21.2 文本文件 I/O……492
  21.2.1 文本文件输出……493
  21.2.2 缓冲和无缓冲的文本输出……493
  21.2.3 文本文件输入……495
  21.2.4 文本文件输入实例……496
实战项目：开发产品销售文本文件管理应用……498
21.3 二进制文件 I/O……502
  21.3.1 二进制文件的输出……502
  21.3.2 二进制文件输出举例……503
  21.3.3 二进制文件的输入……504
  21.3.4 二进制文件输入实例……505
实战项目：开发产品销售二进制文件管理应用……507
21.4 高手须知对象序列化 I/O……510
  21.4.1 你的对象序列化了吗……510
  21.4.2 手把手教会你对象序列化……511
  21.4.3 对象序列化常用类和方法……511

21.4.4　对象序列化编程步骤 ……………511
实战项目：利用对象序列化开发产品销售
文件管理应用 ………………………………512
21.5　随机文件 I/O …………………………517
　21.5.1　随机文件 I/O 常用方法和访问
　　　　　模式 ……………………………517
　21.5.2　文件记录和位置计算 ……………518
　21.5.3　用实例学会随机文件 I/O ………518
21.6　高手须知更多文件 I/O 编程技术 ……520
　21.6.1　细谈 JFileChooser ………………520
　21.6.2　Java 支持的压缩文件 I/O ………521
　21.6.3　一步步教会你压缩文件 I/O ……521
　21.6.4　用 Scanner 读入文件 ……………527
实战项目：开发产品销售随机文件管理
应用 …………………………………………528
巩固提高练习和实战项目大练兵 …………534

第 22 章　数据库编程 ……………………536

22.1　揭秘 JDBC ……………………………536
22.2　数据库基本知识 ………………………537
22.3　数据库语言——SQL …………………538
　22.3.1　SQL 的 6 种基本指令 ……………538
　22.3.2　SQL 的基本数据类型 ……………538
　22.3.3　创建指令——CREATE …………539
　22.3.4　选择指令——SELECT …………539
　22.3.5　更新指令——UPDATE …………540
　22.3.6　插入指令——INSERT …………540
　22.3.7　删除记录指令——DELETE ……540
　22.3.8　删除数据表指令——DROP ……541
22.4　数据库和 JDBC 驱动软件的安装及
　　　测试 …………………………………541
　22.4.1　下载数据库软件 …………………541
　22.4.2　数据库安装 ………………………541
　22.4.3　数据库运行测试 …………………542
　22.4.4　下载 JDBC 驱动软件 ……………543
　22.4.5　一步步教会你在 Eclipse 中连接
　　　　　数据库 …………………………544
　22.4.6　一个实例搞懂 JDBC 是否连接
　　　　　成功 ……………………………545
　22.4.7　编写第一个数据库程序 …………545
22.5　Java 程序和数据库对话 ………………547
　22.5.1　连接数据库——高手都会
　　　　　这样做 …………………………547
　22.5.2　向数据库发送 SQL 指令 …………548
　22.5.3　接收从数据库传回的记录 ………549
　22.5.4　提取和更新传回的记录 …………550
　22.5.5　预备指令是怎么回事 ……………551
实战项目：利用数据库和 GUI 开发产品
销售管理应用（1）…………………………553
22.6　高手了解更多 JDBC 编程 ……………558
　22.6.1　细谈元数据是啥和怎样用 ………558
　22.6.2　什么是事务处理和怎样实现 ……559
　22.6.3　三个步骤两个实例搞懂事务处理
　　　　　编程 ……………………………559
实战项目：利用数据库和 GUI 开发产品
销售管理应用（2）…………………………560
巩固提高练习和实战项目大练兵 …………564

第 23 章　网络编程 ………………………565

23.1　为什么高手必知网络编程 ……………565
　23.1.1　必须遵循通信协议 ………………565
　23.1.2　URL 和 IP 地址是一回事吗 ……566
　23.1.3　URL 和 URI ………………………566
　23.1.4　端口和通信号 ……………………567
　23.1.5　一张表看懂端口分配 ……………567
　23.1.6　揭秘 HTTP ………………………568
　23.1.7　URL 和 URLConnection 编程
　　　　　实例 ……………………………569
23.2　一步步教会你网络编程 ………………570
　23.2.1　细谈 Socket ………………………570
　23.2.2　Stream Sockets 和 Datagram
　　　　　Sockets …………………………571
　23.2.3　用户 - 服务器编程步骤 …………571
　23.2.4　一个代码实例教会你用户 - 服务器
　　　　　编程 ……………………………571
　23.2.5　单用户 - 服务器程序测试运行
　　　　　步骤 ……………………………574
　23.2.6　手把手教你 DatagramSocket
　　　　　用户 - 服务器编程 ………………574
23.3　炼成网络编程高手从这里起步 ………578
　23.3.1　手把手教你 Socket 多用户 - 服务器
　　　　　编程 ……………………………578
　23.3.2　多用户 - 服务器程序测试运行
　　　　　步骤 ……………………………580
　23.3.3　手把手教你 Datagram 多用户 - 服务
　　　　　器编程 …………………………581
　23.3.4　多用户 - 服务器数据库编程 ……583
实战项目：开发多用户 - 服务器产品
销售数据库管理应用 ………………………584
23.4　高手必会的高级网络编程 ……………590

23.4.1	面向连接传输与面向传输连接 ……………………………………590		23.4.9	应用缓冲的通道编程技术 ………595	
23.4.2	怎样设置 Socket 超时控制 ………591		23.4.10	数据块中字符集的定义、编码和译码 ……………………………596	
23.4.3	揭秘 Socket 中断技术 ……………592		23.4.11	应用选择器 Selector 实现多用户-服务器编程 ………………597	
23.4.4	揭秘 Socket 半关闭技术 …………593				
23.4.5	揭秘 java.nio ………………………593		23.4.12	一步步教会你选择器多用户-服务器编程 ………………597	
23.4.6	数据流和数据块——网络编程用哪个 ……………………………594				
			23.4.13	通道和选择器编程实例 …………598	
23.4.7	数据块编程需要通道技术——Channel ……………………………594		实战项目：开发多用户-服务器聊天室应用 …………………………………………602		
23.4.8	一步步教会你通道技术网络编程 ………………………………594		巩固提高练习和实战项目大练兵 ……………606		

第一部分　新手上路

这一部分手把手教新手，从介绍什么是 Java 开始，讲解 Java 语言的历史、Java 的特点、Java 编程需要安装哪些软件，以及编写、测试和运行你的第一个 Java 程序，直到学会运用 Java 编程中常用的语句，如赋值语句、条件语句、循环语句以及输入、输出等语句，使初次接触计算机编程的你迈开第一步。

"千里之行，始于足下。"

——老子《道德经》

通过本章学习，你能够学会：
1. 解释 Java 的特点、应用范围，以及为啥学 Java。
2. 举例说明什么是 JDK、IDE 以及为啥要用它们。
3. 免费下载、安装和测试 JDK 和 Eclipse。
4. 在 Eclipse 中编写、修改并运行你的第一个 Java 程序。

第 1 章　初识 Java

Java 是印度尼西亚爪哇岛的英文名，因盛产咖啡而闻名于世。国外的许多咖啡店用 Java 来命名或宣传，以彰显其咖啡的品质。这里讨论的 Java 当然不是咖啡豆，而是改变了整个世界的计算机语言。它的命名，的确是太阳微系统公司（Sun Microsystems，被甲骨文公司（Oracle）于 2009 年收购）的一组先驱者，坐在美国硅谷的一个 Java 咖啡店里，在品尝咖啡的同时，决定以 Java 命名他们正在创造的语言。

1.1　什么是 Java

　　Java 语言自 1997 年发布以来，经历了互联网的崛起和繁荣，超越了任何其他编程语言，如作为其基础的 C++，迅速发展为当今最流行的软件开发语言，顺理成章地成为应用云技术和大数据的基础。Java 是一个 100% 面向对象的语言，即在设计编程时将世间万物看成是对象。"人以群分，物以类聚"，举例来说，具体的汽车类，如红旗轿车、丰田越野车等，就是汽车这个类中的对象。在 Java 程序中，不存在任何超出类和对象的语句体。Java 又是世界上第一个不依赖于操作系统或工作平台的计算机编程语言，即用 Java 编写的任何应用程序，可以"一次编写，任何地方执行"。Java 语言包括 3 个软件开发包：Java SE 是 Java 语言的标准即核心版本；Java EE 是企业版本，用来开发大规模应用程序；Java ME 是微型版本，主要用于移动设备如手机以及嵌入式应用软件程序。这些 Java 软件开发包都可在甲骨文公司网站免费下载。

　　Java SE 是学习其他版本的基础，本书讨论的是 Java 标准版本 Java SE。由于 Java 语言经过 20 多年的发展和更新，其技术日趋成熟，版本的更新也渐渐趋缓，本书献给你的 Java 语言，适用于所有 Java SE 9 和以后的更新版本。

> 💡 **更多信息**　标准版本的 Java 语言商业名称现统一为 Java SE 加主要版本号，如 Java SE10，而其软件开发包则称为 JDK10.x.x。Java 是第一个百分之百面向对象、不依赖于任何工作平台、开源、免费下载的语言。

1.2　Java 能做什么

创建 Java 语言的最初目的是给 TV 机顶盒编程。虽然它的原本目标并没有得以实现，但它却牢牢抓住了另一个千载难逢的机遇——互联网的崛起。100% 面向对象编程和可以在任何操作系统中工作使得 Java 成为得天独厚的互联网软件开发的首选语言。突显软件的可靠性，使得 Java 不仅适用于中小型应用程序开发，更重要的是它具有大型互联网应用程序的开发能力。

Java 语言的另一个特点是它的解释程序，即 JVM（Java Virtual Machine，又称 Java 虚拟机）已经成为软件工业标准，包括在几乎所有流行的网页浏览器中。越来越多的第三方软件开发公司，如 BEA、Apache、Eclipse、IBM 以及 Java 社区执行组织（Java Community Process，JCP），发布了与日俱增的丰富的支持软件，这使得 Java 相得益彰，迅速成为当今世界上最流行的计算机编程语言之一。

Java 语言可以用来进行单机编程、客户端-服务器编程、网络编程、手机编程、移动设备以及人工智能编程，等等。Java 的这些编程技术恰恰是发展云计算进行软件开发的首选。云计算实际上是网络以及互联网应用技术的一种比喻性说法。云计算就是应用互联网所提供的服务和管理，这些功能是动态、可扩展，以及资源虚拟化的。"服务不问出处，只因它在云深处。"

而 Java 和大数据简直就是一对孪生兄弟。在当今 IT 界提起大数据，首先想到的就是 Java，否则就落后了。Java 语言在网络编程方面具有的功能强大和简单易用的特征，以及作为当今面向对象编程语言的代表，允许你以自然、优雅的思维方式进行复杂的，如处理大数据这样的应用程序开发。阿帕奇软件公司（Apache）在 2011 年首次发布的第一个基于 Java 的处理大数据软件包 Hadoop，迅速发展为目前最流行的处理大数据的编程框架之一。

1.3　Java 软件包

Java 软件开发包是 Java 开发工具（Java Development Kit，JDK）的简称。它包括编译、调试、文档生成等工具，这些工具对软件开发人员编写各类应用程序是必不可少的。它还包括 JRE 的全部内容。

JRE 是 Java 运行环境（Java Runtime Environment）的简称，它是运行 Java 应用程序必需的。JRE 包括 JVM、成千上万预先编写好的 Java 类库（称 Java Libraries 或 Java API）和一些支持文件。

JVM 是运行 Java 字节码的软件，是执行 Java 程序不可或缺的翻译软件。它还能优化 Java 字节码，使之转换成运行环境支持的机器指令。Java 字节码将在 1.4 节详细讨论。

Java 软件包 JDK 可在甲骨文公司的网站 http://www.oracle.com/technetwork/java/javase/downloads/index.html 免费下载。本书的 1.7 节将一步步教会你如何下载和安装 Java 软件包。

1.3.1　什么是 Java SE

Java SE 是 Java 软件包的标准版本，是 Java 语言的核心，是学习其他 Java 软件包，如 Java EE 和 Java ME 的基础，它包括 Java 语言所有基本主要功能。表 1.1 中列出了 Java SE 软件包中的主要文件目录。

表 1.1　Java SE 软件包中 JDK 主要文件目录

文 件 目 录	解　　释
Bin	Java 程序开发工具和指令
JRE	Java runtime environment（Java 运行环境）。下载 JDK 时自动下载 JRE，JRE 也可根据需要独立下载
Lib	支持程序开发的工具库

在 Java 软件包中还有两个重要文件：readme.html 和 src.zip。

- readme.html：提供 Java SE 对系统安装的要求、软件包特点，以及重要文档链接信息。
- src.zip：提供所有 Java 语言和类库的源代码。

> **更多信息** Java 是开源编程语言。它的源代码和 API 库类代码都存储在 src.zip 文件中。

1.3.2 什么是 JDK

JDK 与 Java SE 版本相对应，它是甲骨文公司给 Java 应用开发者提供的可免费下载的 Java 软件包，其主要内容如表 1.1 所示。你可能对 Java SE 和 JDK 这两个名字有些困惑。可以这样理解，Java SE 是 Java 语言的版本，而 JDK 是 Java SE 软件包的下载。

1.4 为什么 Java 可以在任何计算机上运行

Java 可以在任何类型的计算机或者工作平台上工作，主要归功于它与众不同的语言编译结构。图 1.1 解释了 Java 语言的这个特点。不同于其他任何语言，Java 编译器对 Java 代码编译后，产生一个被称为字节码（Bytecode）的机器码。字节码不能直接被任何计算机运行，所以也被称为中性机器码。字节码必须由 JVM 逐行翻译成计算机 CPU 可执行的机器码，然后进行运行处理。

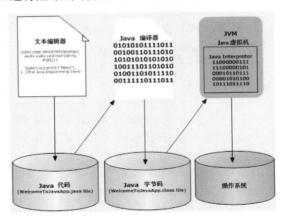

图 1.1 Java 如何做到不依赖工作平台

因为所有目前流行的网页浏览器中都包括 JVM，而且在下载的 Java 软件包中的 JRE 也都包括 JVM，所以 Java 可以不依赖于工作平台，成为世界上第一个可以在任何计算机操作系统中运行的编程语言。如果把工作平台比作一个舞台，JVM 就好比舞台总监和导演，我们编写的程序好比剧本、演员和道具，最终都要在这个舞台上亮相和表演。

> **3W** 字节码是中性机器码。它不能直接被计算机运行。安装在各个计算机中的 JVM 将这个字节码翻译成该计算机 CPU 可执行的机器码，字节码使编译码和运行码分离，使 Java 可以在各个工作平台上运行。

1.5 Java 和其他语言比较

本节将 Java 与相类似的计算机编程语言如 C++ 和 C#，在语法、工作平台、速度以及内存管理等几个方面进行比较。

1.5.1 Java 和 C++ 的比较

由于 Java 是从 C++ 开发而来的，所以它的语法结构和 C++ 基本相同。由于 Java 语言中加入了字节码和 JVM，所以它的执行速度没有 C++ 那样快。但 Java 具有对内存自动管理的功能，大大改善了 C++ 中内存泄漏的问题。

Java 和 C++ 的最大不同还在于 Java 是 100% 面向对象的编程语言，而 C++ 则可同时作为面向过程和面向对象的编程语言。这使得 C++ 具有灵活性，但对初学者来说，也造成编程中的混乱。无可置疑，具有 C++ 编程经验的软件开发人员，在学习 Java 时更有优越性，掌握起来也更容易。

功能强大的纠错和异常处理功能使得 Java 更加可靠和安全。丰富多彩的 API 类库使得 Java 在软件开发中更加快捷、可靠和规范化。网络服务方兴未艾以及众多公司推出支持 Java 的各种名目繁多的应用程序包，使得 Java 在大、中、小型软件开发中如鱼得水，如虎添翼。这些就是 Java 迅速超过 C++ 和其他任何编程语言的缘由。表 1.2 总结了 Java 与 C++ 以及 C# 的比较结果。

表 1.2 Java 与 C++ 以及 C# 的比较

比 较 项 目	Java 与 C++	Java 与 C#
语法	基本相同	基本相同
工作平台	C++ 依赖于工作平台	C# 只能在窗口工作平台运行
运行速度	C++ 运行速度快于 Java	C# 运行速度快于 Java
内存管理	C++ 没有自动内存管理功能	C# 提供自动内存管理功能

> **更多信息** 工作平台主要指计算机操作系统。虽然 Java 的运行速度比 C++ 和 C# 慢，但随着 CPU 执行速度的提高和内存的扩大，Java 的运行速度已经不再是主要考虑问题。

1.5.2 Java 和 C# 的比较

C# 是微软在 2005 年创建的 100% 面向对象的编程语言，是微软 .NET 或者 Visual Studio 的一部分。由于它是在 Visual J++ 的基础上开发而来的，而 Visual J++ 又是微软和 Sun Microsystems 合作的产物，所以 C# 的语法结构和 Java 没有本质的不同。C# 也具有被称作 CLR（Common Language Runtime）的虚拟机。虽然其运行速度快过 JVM，并且针对 Java 语言存在的一些弱点进行了改进，但它只能在微软工作平台上运行。所以 C# 是一个依赖于微软工作平台运行的编程语言（见表 1.2）。

1.6 为什么学 Java

学习 Java 的目的是掌握这个在当今 IT 领域中应用最为广泛的计算机编程语言。除 Java 可在任何工作平台上运行之外，它还是理想的互联网编程或网页开发编程语言。原因如下：

- Java 使网页具有实时动态更新的特征。
- Java 是多媒体编程语言。它使得在网页中实现音频和视频处理、动画、图像和绘画更加容易。
- Java 使实现人 - 网互动功能更容易。
- Java 提供编程人员创建新网页内容的天地。
- Java 简单易学、安全可靠，自动支持内存管理以及具有并行处理功能。
- Java 是学习终端用户 - 服务器编程，Java EE 和 Java ME，进行企业大中型应用程序开发，进行无线和可移动设备编程、嵌入式编程、人工智能编程以及云计算和大数据编程的基础。

1.6.1 新手常遇到的困难

不同于学习其他计算机编程语言，可以从最简单的概念和编程单元开始，逐渐过渡到复杂的面向对象的编程技术。在学习 Java 编程中，即使一个最简单的 Java 程序，如输出一行"Hello, World！"这样的问候信息，也要涉及类的概念、对象技术、方法、输出流、字符串、Java 的 API 类库、JVM，等等。当然，读者的经验和背景不同，遇到的难点也会不一样。一般情况下，初学者常遇到的困难如下。

- 面向对象编程概念和技术在一开始便铺天盖地涌向初学者。
- 花费大多数时间在如汪洋大海般的 Java API 类库中寻找所需要的类，以解决面临的问题。
- 虽然你编写的代码运行无误，可以解决问题；但"条条大路通罗马"，在有众多选择的情况下，怎样才可以知道或者证明我所采用的 Java 类库是适当的，或者是最好的。

这就需要读者，尤其是 Java 初学者，慎重选择一本介绍 Java 的好书，而呈现在你面前的这本书恰好清楚地了解新手学习 Java 的难点，可以指导你从菜鸟炼成高手。

1.6.2 为什么选择这本书

作者根据 20 多年在美国硅谷地区，即 Java 的诞生地教授 Java 编程的经验，以一个老鸟的学习心得编写的这本书，可以指导你克服学习 Java 的难点。在开始学习时，尽可能把复杂的概念和编程技术化解成为若干个容易理解、易懂、可以实践的小单元，用形象的比喻和实例解释，由浅入深地讨论复杂难懂的内容。你或许会发现，本书重复介绍了 Java 的某些编程概念和技术。需要注意的是，这不是简单的重复，而是按照读者的认知规律和接受能力，螺旋上升式地帮助你理解和掌握这些重要编程概念和技术，进而使其成为读者自己的知识和技能。

从本书入手的理由如下。

- 入门的向导。这本书对 Java 初学者无疑是最好的入门教材。当然，有一定基础的读者也会从中体会到因材施教的好处。
- 自学的老师。根据读者的背景、认识能力和接受能力，按照概念—实例—总结—练习—提高，逐步引导自学，手把手教会你是本书的最大特点之一。
- 练习、实践和提高的辅导员。每一章节后的练习题针对的是章节中讨论过的观念和编程技术，用于巩固和掌握所学内容，提高你的理解和编程能力。挑战性的练习题和编程大练兵旨在提高你举一反三、综合应用的能力。
- 清晰概念的示范者。先讨论和理解概念，再解释具体编程技术和实例，或者综合应用这种认识来介绍 Java，使读者在理解所讨论的 Java 编程重要概念和技术时更加清晰。
- 总结归纳的鼓励者。3W（What，Why，How，即是什么、为什么、怎么用）、更多信息提示以及警告提示，展示了总结、归纳、提高编程技能的原理、方法与实践。
- 开启编程技能的钥匙。读者除了可以从本书中学到 Java 编程的基础、核心概念和技术之外，还可以学到多媒体编程、线程和并行处理、GUI 编程、Java 和数据库连接和编程，以及网络编程等应用技术。这些知识可以为你学习云计算和大数据打好基础。
- 手机辅助学习和视频教学的老师。扫描书中的二维码可以方便地打开教学视频，使读者如临课堂，在老师的细心帮助下一步步地掌握 Java 编程技能。
- 承上启下的朋友。当你完成本书的学习后，一定会很自信地说："原来 Java 编程并不难！"俗话说得好，"难者不会，会者不难"。你已经具有相当的 Java 编程技术和知识，可以继续向前，进一步学习 Java 的其他应用程序技术，如 JSP、Java EE，以及 Java ME 等。
- 炼就 Java 编程高手的熔炉。从零开始，从菜鸟起步，本书手把手教会你从基础到入门，从入门到高手的 Java 编程全过程。你已经成功地迈出了第一步——"千里之行，始于足下"。

1.7 免费下载、安装和测试学习 Java 需要的软件

学习 Java 编程需要两个软件：标准 Java 语言软件包 Java SE 中的 JDK 以及编辑、测试和管理 Java 应用程序开发的 IDE 软件包 Eclipse。1.8 节将一步步教会你如何免费下载、安装和测试

Eclipse。

本书所介绍的 Java SE 与版本无直接关系，你可以下载安装 Java SE 9 以后的任何 Java SE 版本。

1.7.1 免费下载 JDK 软件包

访问网站 http://www.oracle.com/technetwo rk/java/javase/downloads /index. html。下载步骤如下。

（1）在打开的网页中单击 Downloads 按钮。如图 1.2 所示为当前可下载版本。

图 1.2 在 Oracle 网站下载免费 Java SE 当前版本软件包 JDK

（2）在下载页面，选择你所使用的操作系统，如 Windows，如图 1.3 所示。

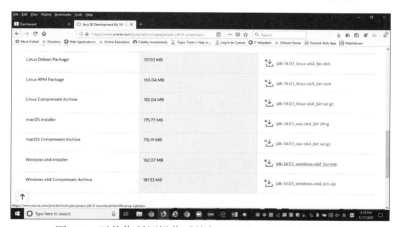

图 1.3 下载你所用操作系统如 Windows 下运行的 JDK

（3）选择接受 Oracle 公司的使用许可证 Accept License Agreement。
（4）单击要下载的文件链接，如 jdk14.0.1-Windows-x64_bin.exe。
JDK 软件开发包将会储存到你的计算机下载文件夹中。

1.7.2 JDK 的安装步骤

按照如下步骤把下载的 JDK 文件安装到计算机上。
（1）在下载文件夹中找到所下载的 JDK 文件。
（2）双击下载的文件。
（3）按照对话框中的提示进行安装，一般情况下单击"下一步"或者"确定"按钮即可，直到单击"关闭"按钮完成安装。

祝贺你已经成功地将 Java 安装到计算机上。下一步将下载和安装应用 JDK 进行 Java 编程的 Eclipse 软件。因为 Eclipse 自动设置所有必需的系统设置，所以遵循本书的指导，可以省去设置环境变量等麻烦步骤。

1.7.3 安装成功我知道

在下载安装 Eclipse 之前，最好测试一下你的 Java 软件包安装是否正确。可以按照如下步骤进行测试。

（1）在计算机中找到如图 1.4 所示的文件夹，按以下这个路径，它将变为可复制的 C:\Program Files\Java\jdk-14.0.2\bin。你所安装的 Java 软件包通常都存储在这里。如你安装的 JDK 文件夹为 jdk-14.0.1，bin 指 JDK 所有可执行文件的文件夹。

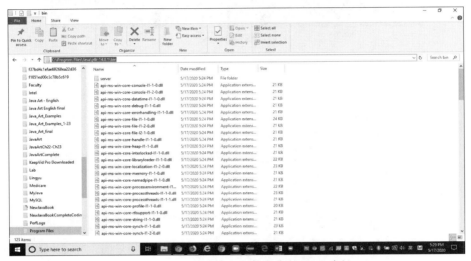

图 1.4　下载到计算机文件夹中的 JDK 路径

（2）复制这个路径。

（3）在操作系统中进入指令窗口，如在搜索窗口输入"cmd"并按回车键 F。则可看到一个命令行窗口，如图 1.5 所示。

图 1.5　进入命令行窗口

（4）在光标处输入"cd"，按空格键，将复制的文件路径粘贴到此处，如图 1.6 所示。

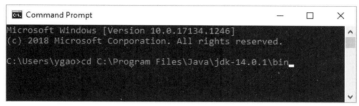

图 1.6　将复制的文件路径粘贴到操作系统窗口

（5）按回车键后，系统将进入可执行文件的目录，如图 1.7 所示。

图 1.7　JDK 可执行文件路径

> **注意**：因 Oracle 公司经常发布 JDK 新版本，在输入 JDK 可执行文件路径时须根据下载的版本进入 bin 目录。新的 JDK 版本对旧版本略做修改，对你学习 Java 无影响。

（6）输入"javac"指令（Java 编译器）即可测试你的 Java 软件包 JDK 是否安装成功。如果显示的是如图 1.8 所示的信息，祝贺你安装成功！如果显示的是文件不存在信息，则说明下载和安装过程有误，需要删除所下载的文件，并检查错误所在，重复前面小节中的步骤，重新下载和安装。

图 1.8　输入"javac"指令后显示 Java 软件包安装成功

1.8 新手使用 Java 开发工具 Eclipse

由于 Java 的软件开发包 JDK 不提供对程序代码进行编辑的文本编辑软件，原则上，编程人员可在任何一个普通的文本编辑软件，如记事本 NotePad 或者操作系统文本编辑中进行 Java 程序的输入、编辑和保存工作。但这会很不方便，因为这些软件不是专门给 Java 编程设计的。

1.8.1 什么是 IDE

Java IDE（Integrated Development Environment）是第三方公司或者甲骨文公司的合作公司专门为 Java 应用程序开发设计的工具。Java IDE 不仅包括对 Java 程序的各种编辑操作，而且提供编译、运行、纠错，甚至语法检查，API 类和方法自动提示和弹出、关键字彩色显示、图像化用户接口 GUI（Graphic User Interface）组件创建、软件开发项目和包组建等功能。目前市面上有几十种流行的 Java IDE，它们中的许多都可以免费下载使用。

本节的重点是介绍 Java 最流行的 IDE——Eclipse 的下载、安装、设置和使用。

> **更多信息** 在中文操作系统下，大多数 Java IDE 均支持中文输入，并可以以中文作为字符串输出。

1.8.2 为什么用 Eclipse

Eclipse 是一个开源社区组织，由 IBM 捐款牵头，成立于 2001 年。最初称为 Eclipse Project，并在 2004 年创立 Eclipse Foundation。Eclipse IDE for Java Developer（Eclipse）是其中一个开源、免费下载、专门为 Java 应用程序开发的产品。

Eclipse 是一个 Java 应用程序综合开发环境。它提供如下功能。

- 对 Java 程序的各种文本编辑。
- 自动语法检查和纠错。
- Java 关键字彩色显示。
- 代码实时动态帮助。
- 交叉引用（cross-referencing）。
- 编译和运行。
- 设置断点运行以及各种纠错和调试。
- 开发项目建立和管理。
- 包的建立和管理。
- 利用 JUnit 进行程序测试。
- 利用 Ant 进行文档创建和管理，以及应用程序配置（Deploy）。
- 多窗口浏览。
- XML 编辑。
- 开发者 Plugin 代码辨别和支持。
- 面向任务开发（Mylyn）。

这些功能都可以实时注释帮助或者 GUI 的形式出现，所以比较容易应用和掌握。

> **更多信息** 对初学者来说，我们只要掌握在 Eclipse 中输入代码、修改和编辑，以及运行调试就可以了。其他功能可在以后再学。

1.8.3 免费下载、安装和测试 Eclipse

下载、安装 Eclipse 的步骤如下。

（1）通过网址 http://www.eclipse.org/downloads/ 下载 Eclipse，如图 1.9 所示。

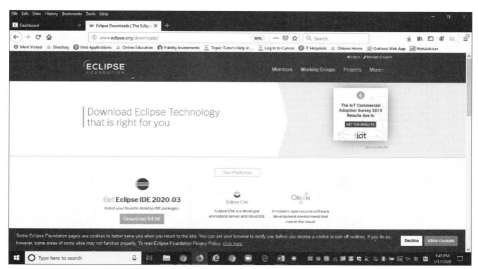

图 1.9　从 Eclipse 的官方网站免费下载 Eclipse

> **注意**：Eclipse 经常发布新版本的 Java IDE，你下载的 Eclipse 版本有可能不同于图 1.9 所示的版本，但功能大同小异，对学习 Java 并没有影响。

（2）再次单击 Download 按钮，你将看到如图 1.10 所示的网页，表示开始下载程序。

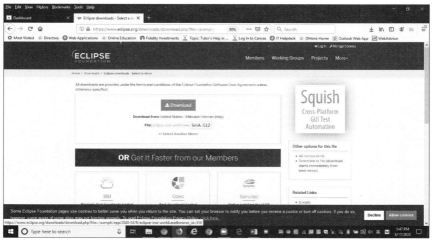

图 1.10　再次单击 Download 按钮开始下载

（3）单击保存按钮，一个如图 1.11 所示的 Eclipse 安装文件将存储到下载文件夹中（有些浏览器不显示这个窗口，此时注意计算机的下载显示图标）。

（4）在下载文件夹中，双击下载的文件，如 Eclipse-inst-win64.exe，则 Eclipse 安装软件将显示如图 1.12 所示的安装选项。

图 1.11　用来安装 Eclipse 的可执行文件将存储到你的下载文件夹中

图 1.12　双击下载文件后将显示安装文件选项

（5）单击 Eclipse IDE for Java Developers 选项后，Eclipse 安装软件将显示如图 1.13 所示的窗口。

图 1.13　单击 INSTALL 按钮即可将 Java Eclipse IDE 安装到指定文件夹中

（6）单击 INSTALL 按钮后，Java Eclipse IDE 将被安装到指定的相应文件夹中，如 c:\Eclipse\java-photon，并在计算机桌面上创建一个 Eclipse 图标。

(7)单击如图 1.14 所示窗口中的 LAUNCH 按钮,将运行 Eclipse IDE。

图 1.14　单击 LAUNCH 按钮将运行 Eclipse

(8)单击如图 1.15 所示对话框中的"启动"按钮,将启动它的指定工作空间,即源代码都会存储到这个路径的文件夹中。你也可以将计算机中的任何文件夹指定为工作空间。

图 1.15　单击"启动"按钮将启动指定的 Eclipse 工作空间

(9)图 1.16 显示了第一次打开的 Eclipse 窗口,现在开始 Java 编程。

图 1.16　第一次打开 Eclipse 所显示的窗口

1.8.4 新手须知 Eclipse 常用功能

Eclipse 按照 Java Project（Java 项目）→ Package（文件包）→程序文件顺序管理和保存编程代码。为了便于学习，这里先省去 Package，以后再讨论。

以下是初学者必须知道的 Eclipse 的常用功能。

❑ **新建项目**：如图 1.17 所示，选择"文件"→"新建"→"Java 项目"命令，在弹出的如图 1.18 所示对话框中，输入项目名，如"Ch1"，单击"完成"按钮。当打开的对话框提示是否创建文件的模块信息时，单击 Don't Create 按钮（这是 Eclipse 新增的一级文件管理方式，初学者一般用不到）。Ch1 将作为项目名称建立在工作空间之下，如图 1.19 所示。

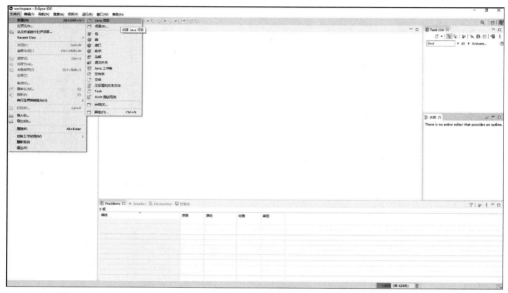

图 1.17　在 Eclipse 中建立 Java 项目

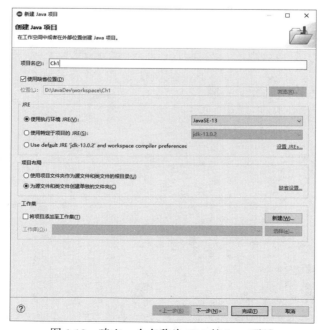

图 1.18　建立一个名称为 Ch1 的 Java 项目

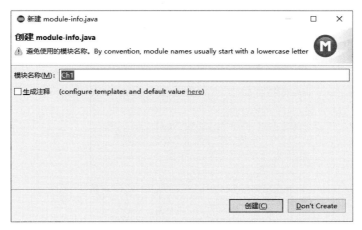

图 1.19　可以单击 Don't Create 按钮继续创建项目

❑ **新建文件**：通常一个 Java 项目由一个或多个 Java 程序，即 Java 类文件组成。在项目中新建文件，即创建一个或多个 Java 程序。如图 1.20 所示，选择"文件"→"新建"→"类"命令，打开如图 1.21 所示的对话框。在"名称"文本框中输入类名，如"HelloApp"，单击"完成"按钮。在编辑窗口中将提供一个有 HelloApp 程序的代码。也可清除、粘贴或输入代码，如图 1.22 所示。

图 1.20　在项目下创建 Java 程序文件

图 1.21　创建一个名为 HelloApp 的文件

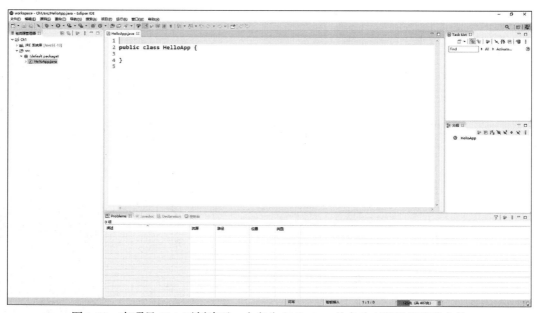

图 1.22　在项目 Ch1 下创建了一个名为 HelloApp 并自动有预设代码的文件

- **打开文件**：选择"文件"→"打开文件"命令，找到储存文件的目录，选择文件后单击"打开"按钮。
- **保存文件**：选择"文件"→"保存"或"另存为"或"保存所有"命令。注意，工具栏中的保存文件图标也可用来保存文件。如果文件已经保存，此图标为不可视状态。
- **运行应用程序**：单击"运行"命令，选择运行文件的方式，选择桌面应用程序 Java Application。或者直接单击快捷键图标，如图 1.23 所示。

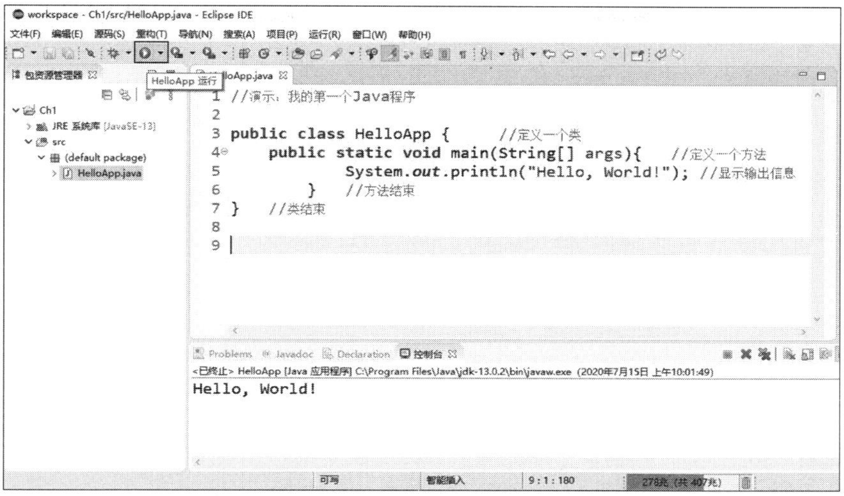

图 1.23 单击快捷键图标运行 Java 程序

> **更多信息** Eclipse 自动检查语法错误，运行代码时首先生成字节码，再由 JVM 运行，所以不需要单独的编译步骤。

1.9 编写和运行第一个 Java 程序

图 1.22 显示了进行 Java 编程时的主要窗口——代码编辑窗口。这个窗口将伴随我们从不会到会、从菜鸟到 Java 高手的整个学习过程。

（1）创建 Java 项目。

让我们从头开始，假设你单击 Eclipse 图标，打开了 Eclipse，如图 1.16 所示。选择"文件"→"新建"→"Java 项目"命令，在打开的对话框中输入项目名称，如"Ch1"，单击"完成"按钮。当弹出的对话框提示是否创建文件的模块信息时，单击 Don't Create 按钮。Ch1 将作为 Java 项目名称建立在工作空间之下，如图 1.19 所示。

（2）创建 Java 类文件。

选择"文件"→"新建"→"类"命令，在打开的对话框的"名称"文本框中输入你编写的第一个 Java 程序的类名，如"HelloApp"，然后单击"完成"按钮。编辑窗口将提供一个有 HelloApp 程序的代码，如图 1.22 所示。

（3）编写程序代码。

假设已经编写好一个能够输出一行"Hello, World!"信息的 Java 演示程序。第 2 章将一步步地详细讨论怎样编写这个程序。这时你可在 Eclipse 中输入你的第一个 Java 程序，并检查正确无误，如图 1.24 所示。

```
// 演示：我的第一个 Java 程序          ← 注释行用来解释程序
                   ← 一般定义类为 public
public class HelloApp {              // 定义一个类（class）
    public static void main(String[] args){   // 定义一个方法
        System.out.println("Hello, World!");  // 显示输出信息
    }    // 方法结束
}    // 类结束
        ↑                        ↑
定义主方法都用这行代码编写      应用 Java 提供的输出语句
```

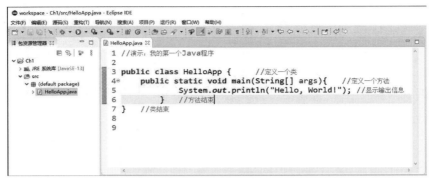

图 1.24　在 Eclipse 的代码编辑窗口中输入你的第一个 Java 程序

> **更多信息**　图 1.24 中的行号是为了便于讨论而显示的，不属于 Java 代码部分。Eclipse 支持显示行号功能。如果想不显示行号功能，按 Ctrl+F10 组合键，再单击 Show Line Numbers 按钮即可。

> **更多信息**　如果输入的代码有语法错误，如拼写、标点符号等错误，Eclipse 的编译功能将自动在这些代码行显示红色标记，并提示可能出错的原因，以便纠错。

（4）运行 Java 程序。

单击如图 1.23 所示的运行快捷键图标，就可运行你编写的 Java 程序了。如果代码没有运行错误，运行结果则会显示在下方的输出窗口中。

（5）调试和纠错。

一个可运行的程序并不一定保证正确无误，产生期望的结果。我们把编写代码中的语法错误称为编译错误，感谢 Eclipse，它可以自动查错并实时显示出错行，并提示如何改正。而运行期间的错误，或称逻辑错误，则需要我们根据经验和 Eclipse 提供的纠错功能 Debugging，对程序进行调试甚至反复调试，直到产生正确的运行结果。

由于对程序的调试和纠错涉及更多更广的编程知识，我们将在本书后面的章节专门讨论怎样利用 Eclipse 的纠错功能对程序进行有效调试。

> **更多信息**　Java 要求程序的文件名必须和类名一致。否则将造成类名和文件名不一致的错误。Eclipse 自动在文件名后面加上 .java 后缀。

> **3W**　编译错误指代码中的输入错误，例如拼写错误、符号错误、括号不配对，以及非法表达式，等等。代码中的语法错误必须改正，才可使代码运行。

> **3W**　逻辑错误指代码在运行中不能产生正确的运行结果而产生的错误，如无限循环、不显示正确的输出结果等。需要应用经验和 Eclipse 提供的纠错功能对程序进行调试，直到正确无误为止。

> **更多信息**　Eclipse 提供了自己的控制台 Console 来显示输入/输出信息，而不是利用操作系统本身的控制台。

1.10 什么是 Java API

Java API 又称 Java API 软件包，指在 JDK 软件包中提供的由 Java 语言开发团队编写的类库，它的所有代码都储存在 src.zip 中。

Java 编程的重要特点之一是充分利用 API 软件包。主要益处如下。

- 避免"重新发明车轮"。即直接使用，或者继承使用 API 软件包，而不是重复编写相似的代码。
- 提高编程效率。"拿来主义"可以缩短编程时间。
- 提高程序的安全性和可靠性。

即使一个最简单的 Java 程序也要用到 API 软件包。例如，在 HelloApp 中，输出行：System.out.println() 就调用了 API 软件包中的对象 System.out，以及它的方法 println()。这个程序可以改写成如下代码：

```
//Demo: a simple Java application
import java.lang.*;          // 使用 API 软件包 java.lang 中的所有类；系统预设，可忽略
public class HelloApp {      // 定义一个类
    public static void main(String[] args){    // 定义一个方法
        System.out.println("Hello, World!");
    }    // 方法 main() 结束
}        // 类结束
```

即加入了一行使用 API 软件包的语句。为什么在原来程序中没有这一行呢？原因是 java.lang 是经常使用的 API 类包，作为系统预设，Java 编译器自动将这个类包括在所有的 Java 程序中，为编程提供方便。后面的章节中将进一步详细地讨论 API 软件包及其使用。

巩固提高练习和编程实践

1. 为什么说 Java 是不依赖于工作平台的、100% 面向对象的计算机编程语言？
2. Java 语言包括哪些软件包？
3. Java SE 软件包包括什么？它的编程范围是什么？
4. 为什么本书从 Java SE 开始介绍 Java 编程？
5. 什么是字节代码？它的特点是什么？
6. 什么是 JVM？它的作用是什么？
7. 与 C++ 相比，Java 有哪些优缺点？
8. 与 C# 相比，Java 有哪些优缺点？
9. 学习 Java 的目的是什么？为什么从这本书入手学习 Java？
10. 为什么学习云技术和大数据首先要理解和掌握 Java？
11. 初学者学习 Java 常遇到的困难有哪些？如何克服这些困难？
12. 本书中的 3W 指的是什么？讨论本书中使用的其他两种提示及其作用。
13. 什么是 Java API？Java API 有什么用处？
14. **编程实践**：按照本章讨论步骤下载、安装、测试 Java SE（当前版本）以及 Java IDE Eclipse（当前版本）。在 Eclipse 中创建一个项目，输入"Hello, World!"程序并运行代码。按照你的喜好，修改输出信息或者输出更多信息，并观察输出结果。

"凡治众如治寡,分数是也。"
(分而治之,各个击破。)

——《孙子兵法》

通过本章学习,你能够学会:
1. 举例解释什么是 Java 语句、标识符和注释。
2. 编写代码定义 8 种基本变量。
3. 应用赋值语句和算术表达式编写代码。
4. 应用字符串编写代码。
5. 举例解释数组的特点并应用数组编写代码。

第 2 章 开始 Java 编程

万事开头难,有准备就不难。从基础开始,逐步实现,万里之行,始于足下。只要你跟随这本书的节奏,Java 编程不难。通过本章学习,你将能够了解和掌握的是面向对象编程的基础知识和技术。

2.1 一切从基础开始

语句是程序的基本单元。程序是由一行行的语句构成的,语句是组成程序的基础。如果程序是一幢大厦,语句则是建筑材料。首先从语句讲起。

2.1.1 Java 语句

下面就是一行语句:

```
float average = sum/5;
```

这个语句告诉编译器首先进行 sum/5 的除法运算,然后把结果赋值给浮点变量 average,并以分号(;)结束。在 Java 编程中,一个语句可以在编辑行的任何地方开始,可以继续到下一行或数行。Java 有各种语句,用来执行各种运算和操作。例如增值、减值语句,分支语句,循环语句,输入、输出语句等。虽然大多数语句以分号结束,但循环语句却是以右花括号(})结束。表 2.1 列举了 Java 的常用语句。

表 2.1 Java 常用语句举例

语 句	含 义
x = 19.5;	赋值语句
y++; --i;	增值、减值语句
name=JOptionPane.showInputDialog("What is you name? ");	输入语句

续表

语　　　句	含　　　义
System.out.println("Hello! ");	输出语句
if (x > 90) 　　grade = 'A';	简单 if 语句

while (count < 10) {
　　sum +=count;
　　count++:
　}
	循环语句

> **3W**　语句告诉编译器要进行的运算和操作。程序就是由一行行语句构成的。Java 语言有各种语句，通常以分号结束。

2.1.2　注释，还是注释

注释用来解释程序的含义，使阅读程序的人、维护人员，包括编写者自己，容易理解程序的意思，目的是增加程序的可读性，便于程序的维护和更新。

Java 有两种注释风格。一种是传统的 C 语言注释形式，后来 C++ 也采用了这种风格。它以"/*"注释标记开始，接着是注释内容；注释内容可以延续到数行，最后以"*/"注释标记结束。例如，单行注释如下：

```
/* C style comments */
```

多行注释如下：

```
/**********************************
Name:      Jack Wang
Date:      2019-01-05
Description:   这是一个演示程序；以上是注释块
**********************************/
```

Java 注释的第二种是 C++ 风格，或称为单行注释。它以"//"注释标记为开始，接着是注释，直到本行结尾。如果需要多行注释，每行都必须以"//"开始。表 2.2 列举了这两种注释风格的常见例子。

> **注意**　注释不是可执行语句。在编译时，被编译器自动忽略。

> **3W**　东西多了要做标签；程序行多了要做注释。注释的目的是增加程序的可读性。

尽可能地使用注释，是 Java 编程的最重要特征之一，也是 Java 文档管理的一部分。Java 除了提供这两种注释外，还提供一整套文档管理指令，例如应用 Eclipse 的 javadoc 产生功能很强的文档管理网页。本书将在第 13 章详细讨论 javadoc。只会编写程序代码而忽略注释，不被认为是一个称职的 Java 程序设计师。有这样一个例子，在美国硅谷，某个 Java 开发工程师申请人在面谈时，演示了他编写的 Java 程序。虽然运行结果没有任何问题，但由于他的源程序几乎没有使用任何注释，因而没有得到他申请的这份工作。

表 2.2　Java 两种注释风格举例

注　　释	风　　格
/* 作者：王钢 　　项目名称：Customer Order 　　完成时间：2019-01-15 　　程序描述：处理客户的订货 */	C 风格注释块。通常在程序的开头。用来提供有关程序的信息和解释这个程序的作用。这种注释也称作注释块
//set the taxRate double taxRate = 0.0875;	C++ 风格注释。用来解释此例中下行的语句，也称作单行注释
double taxRate = 0.0875;　//set the tax rate	C++ 风格注释。用来解释此例中前面的语句，也称作行结束注释
/******************************* * This is traditional C style * comment and it can go over many lines. *******************************/	多行注释块
/* 设置 taxRate 的初始值 */ double taxRate = 0.0875;	C 风格单行注释

2.1.3　什么是标识符和怎样使用

标识符是编程人员在程序语句中使用的名称，例如变量名、类名、方法名等。应注意不可以使用 Java 语言的关键字作为标识符，必须是自己创建的名称。而这个名称必须是合法的标识符，即是 Java 编译器认可的名称。

Java 合法标识符的命名规则如下。
- 以任何英文字母、下画线 "_"，或美元符号 "$" 开始。
- 跟随着任何字母、数字、下画线 "_" 和美元符号 "$"。
- 最多可有 255 个字符。
- 不可使用 Java 关键字。

关键字是 Java 语言中保留的字，或者是 Java 语言本身所使用的符号，不允许程序设计人员用来命名标识符。下面是 Java 语言的 53 个关键字。

abstract	assert	boolean	break	byte	case	catch
char	class	const	continue	default	do	double
else	enum	extends	false	final	finally	float
for	goto	if	implements	import	instanceof	int
interface	long	native	new	null	package	private
protected	public	return	short	static	strictfp	super
switch	synchronized	this	throw	throws	transient	true
try	void	volatile	while			

随着本书的介绍，大多数关键字都会被解释并在程序中使用。有些关键字，如 const、goto，在 Java 语言中已不再使用，但仍属关键字。

使用 Java 关键字命名标识符是非法的，即编译器在编译时会出语法错误信息。根据合法标识符的命名规则，如下标识符是合法的：

InvestmentApp	_discountRate	CHRIDSTAMS	Class_name
GameApplet	price	DAY_PER_WEEK	method_name
Employee	Price	x	variable_name
total	customer1	y$	CONST_NAME
total_output	customer_1	i_	$88_valid_name

因为 Java 是 case-sensitive 的语言，所以在命名标识符时，大写字母和小写字母的名称，虽然内容相同，但被视为是不同的标识符。如 y 和 Y 是不同的标识符；price 和 Price 也是不同的标识符。注意，有美元符"$"和下画线"_"的标识符只是用在特殊场合，在一般编程中很少使用。

表 2.3 中列举了一些常见的非法标识符和出错的原因。

表 2.3　常见的非法标识符举例

非法标识符	注　释　法
Investment App	不允许有空格
float	不允许使用 Java 关键字
9_loop	不允许数字开头
*pointer	不允许"*"开头
total-price	不允许横杠

为了提高 Java 程序的可读性，一个职业的 Java 编程人员除必须遵守标识符命名规则外，还应遵循标识符的常规约定，或称规范。这些规范指出，一个 Java 的类名称都以大写字母开始；对象名、方法名以及变量名以小写字母开始；常量名以大写字母命名；命名时应使用一目了然、有清楚含义的标识符。这些常规约定不是 Java 标识符的语法规则，你不遵守它，也不是语法错误，编译器不会发出错误信息。但为了便于和其他编程人员交流，提高职业化水平，在 Java 软件开发领域，大家都应遵循这些规范。在本书后续章节中，作者将根据自身的经历和经验分享这方面的常规约定。

> **3W**　变量名、常量名、类名、对象名、方法名，凡是你自己在程序中使用的文字，就是标识符。遵循 Java 规定的命名规则创建的标识符，就是合法标识符；而同时遵循职业软件工程师们提倡的命名规范和约定，则是鼓励和可取的。

> **更多信息**　如果把一个 Java 应用程序比作一幢大厦，语句好比构成这幢大厦的建筑材料；每个房间好比对象；而房间的设计蓝图好比类。

2.2　Java 基本数据

在 Java 中，数据包括数字、字符、以及布尔值 true 或 false。除直接在程序中使用这些数据外，我们经常用变量来代表数据。这些数据称为基本数据，代表这些数据的变量称为基本数据类型变量，或简称基本变量。常量是变量的特殊形式。本节将讨论 Java 提供的 8 种基本变量和常量的定义、赋值以及应用。Java 还提供了多种类库进行数据的各种运算和操作，例如包装类（Wrapper class）、数学类（Math class）和 BigDecimal 类。后续章节将详细讨论有关数据运算和操作的类及其所提供的各种方法。

2.2.1　8 种基本数据类型

用来储存基本数据的变量称作基本变量。表 2.4 列出了 Java 的 8 种基本数据类型及其取值范围。

表 2.4　Java 的 8 种基本数据类型

类　　型	名　　称	内存字节要求	取　值　范　围
byte	超短整型	1	−128 ~ 127
short	短整型	2	−32 768 ~ 32 767
int	整型	4	−2 147 483 648 ~ 2 147 483 647

续表

类　　型	名　　称	内存字节要求	取　值　范　围
long	长整型	8	−9 223 372 036 854 775 808 ～ 9 223 372 036 854 775 807
float	单精度浮点型	4	−3.4E38 ～ 3.4E38（保留 7 位有效数值）
double	双精度浮点型	8	−1.7E308 ～ 1.7E308（保留 16 位有效数值）
char	字符型	2	Unicode 字符或代码
boolean	布尔型	1	true 或 false

整型变量，如 byte、short、int 和 long，只能存储整数。单精度浮点型变量 float 简称单精度型变量，可具有 7 位有效数值（不包括小数点）；而双精度浮点型变量 double 简称双精度型变量，则可具有 16 位有效数值。Java 对较大或较小的单精度或双精度数值，用科学记数法 E 表示。如 28600000.0，则表示为 2.86E7；而 .000123 为 1.23E-4。

在字符变量 char 中，Java 使用 Unicode 作为其字符代码，而 Unicode 要求每个字符占用两个字节。这样做的目的是可以将 Java 支持的字符扩展到 65 536 个，而传统的 ASCII 代码只有 256 个。为了兼容和转换方便，Unicode 中的前 256 个代码与 ASCII 相同，所不同的是 Unicode 的每个字符要求两个字节。

布尔型在 Java 语言中成为正式的数据类型，而在 C/C++ 中只能用 0 或 1 来模拟。注意，它的值 true（真）或 false（假）必须是小写字母。

字符串类型不属于基本数据类型。在 Java 语言中，字符串类型被定义为类。从它的关键字 String 可以看出，它是以大写字母开始的。回顾一下 Java 命名规范，类都以大写字母开头。由于字符串是常用的数据类型，为了使用方便，Java 对字符串应用提供了特殊操作，即直接引用。例如：

```
String str = "This is a string"; //referencing
```

就是直接引用，或简称引用的例子。字符串直接引用和定义基本数据类型似乎相同，但有本质的区别。我们将在以后章节详细讨论字符串概念和各种操作。从实际应用角度，我们通常把字符串引用也称为定义字符串变量，并在本章进行讨论。

2.2.2　如何定义变量

在下面的例子中将定义了一个名为 num 的双精度型变量：

```
double num;           // 定义一个名为 num 的双精度型变量
```

顾名思义，变量不但可以储存某个数据的值，还可以修改这个值。因为 Java 提供了 8 种不同类型的数据，所以可以定义 8 种不同的变量。定义一个变量的语法格式为：

datatype variableName；

dataType 为 8 种数据类型之一，variableName 必须是合法标识符，并要求遵守命名规范。例如：

```
byte letter;               // 定义一个超短整型变量 letter
short i;                   // 定义一个短整型变量 i
int count;                 // 定义一个整型变量 count
char ch;                   // 定义一个字符型变量 ch
long population;           // 定义一个长整型变量 population
boolean flag;              // 定义一个布尔型变量 flag
float interestRate;        // 定义一个单精度浮点型变量 interestRate
double total_Output;       // 定义一个双精度浮点型变量 total_Output
```

也可以同时定义多个相同类型的变量，每个变量名之间用逗号分开，如：

```
int i, x, y;                          // 定义三个整型变量 i、x、y
double num1, num2, sum, total;        // 定义四个双精度变量 num1、num2、sun、total
```

因为白色空格（包括空格、Tab 键，以及回车键）在编译时都被忽略，所以，如下对变量的定义和上面的例子完全等同：

```
int i,              // 定义三个整型变量
    x,
    y;
double num1,        // 定义四个双精度变量
       num2,
       sum,
       total;
```

综上所述，定义变量的广义语法格式为：

datatype varName1[, varName2...];

其中，方括号中的内容为选择项。如果省略，则成为定义一个变量的形式；如果有多个变量，每个变量间用逗号分隔，但最后一个变量以分号结束。

> **更多信息** 定义变量时要遵守 Java 所命名规范，即使用一目了然、清楚表达变量含义的标识符作为变量名。变量名首字母为小写。

2.2.3 什么是变量初始化

变量初始化是指一个变量定义后第一次赋予的值，即初始值。常见的变量初始化是由赋值语句完成的，例如：

```
int count;              // 定义一个整型变量 count
count = 0;              // 给变量 count 赋予初始值 0

double price;           // 定义一个双精度变量 price
price = 9.89;           // 给变量 price 赋予初始值 9.89
```

它们完全等同于：

```
int count = 0;          // 定义变量同时赋予初始值
double price = 9.89;
```

注意，一个数值型变量的初始值不一定是 0；一个字符型变量的初始值不一定是 ' '，即空字符；一个布尔型变量的初始值不一定是 true，可以是任何合法值。

也可以同时定义多个同一类型的变量，并赋予初始值，例如：

```
byte numberOfMonth = 12,
     numberOfWeek = 52;

char first_letter = 'A',
     last_letter = 'z',
     letter_A = 65;       // 等同于 letter_A ='A'
```

因为在 Unicode 中，字母 'A' 的代码为 65，所以 first_letter 和 letter_A 具有相同的值 'A'。表 2.5 列出了更多定义变量和初始化的例子。

> **3W** 变量名实际上代表存储器的地址，可以储存变化的数据。变量初始化就是第一次赋予变量数据。

表 2.5 定义变量和变量初始化例子

举　例	解　释
short numOfDays = 365;	定义一个短整型变量并赋予初始值
float tax_rate =0.0875f;	定义一个单精度浮点变量并赋予初始值；注意数值结尾标以 f，表示是单精度浮点型变量
float tax_rate = .0875F;	同上。也可用大写 F
long numberOfBytes = 65536L;	定义一个长整型变量并赋予初始值；注意数值结尾标以 L，或 l，表示是长整型变量
double interestsEarned = 9.12E-5, 　　　 interestRate = 0.0615, 　　　 price = 0.0;	定义 3 个双精度浮点变量并赋予初始值；第一个变量的值用科学记数法
boolean valid = false;	定义一个布尔型变量并赋予初始值
int x = 0, y = 0;	定义两个整型变量并赋予初始值
char letterA = 'A', 　　 letterB = ++letterA;	定义两个字符型变量并赋予初始值；注意在 letterB 赋值时，首先对变量 letterA 的值加 1，即为 66，然后赋予 letterB，值为 'B'

2.2.4　变量与存储器有什么关系

变量和存储器有直接关系。定义一个变量就是要求编译器分配所要求的内存空间。编译器在分配存储空间时，必须知道空间的大小，如多少字节。这个信息是通过我们所定义的变量类型来确定的。例如：

```
double price = 25.08;
```

根据这个语句，编译器知道我们需要 8 个字节的内存空间来存储一个名为 price 的双精度变量。并把数值 25.08 存入这个空间。那么，变量名和内存又有什么关系呢？

变量名实际上代表所分配存储空间的地址。每个字节的存储空间都有地址，而变量名代表其开始地址。这样 CPU 才可以访问该存储空间。但是用存储器的地址来代表变量，很不方便，这又回到机器编码时代了。用变量名代表存储器的地址是高级编程语言的特点。

变量和存储器的这种关系可以用图 2.1 表示。

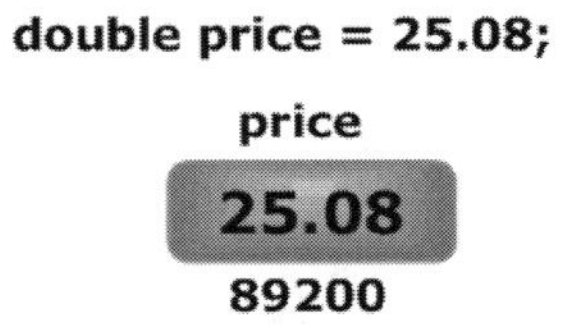

```
double price = 25.08;
        price
       ┌──────┐
       │ 25.08│
       └──────┘
        89200
```

图 2.1　变量和存储器的关系

从图 2.1 可以看出，变量名 price 代表一个双精度数值 25.08 的存储地址。更确切地说，它代表 8 个字节存储器的开始地址，即 89200。

在编译时对变量进行存储空间的分配称为静态绑定（static binding）。与之相对应的是动态绑定（dynamic binding），即在程序运行时才进行内存空间的分配操作。后续章节将专门讨论静态绑定和动态绑定问题。

> 3W　变量，包括常量，代表向编译器请求的存储空间。Java 提供对存储空间或者存储器进行自动管理的功能，因而更可靠。

2.2.5 常量必须初始化

顾名思义，常量就是不变的量。常量也需要编译器分配存储空间，不过在这个存储器中的数据，一旦被存入，就不能再改变了。在 Java 中，用关键字 final 来表示所定义的是常量。常量在定义时必须同时赋予值，或者对其初始化。这也是 Java 的规定，否则便是语法错误。命名规范中要求常量用大写字母表示。下面是定义常量的典型例子：

```
final short DAY_IN_WEEK = 7;            // 定义一个短整型常量并初始化
final double SALE_TAX = 0.0875,         // 定义两个双精度常量并初始化
             TAX_RATE = 0.0628;
```

常量定义的语法格式为：
final dataType CONSTANT_NAME = value;

> 3W 常量是不可变的量。即常量一旦赋值，就不可再变更，否则将产生编译错误。常量是变量的特殊情况。

2.3 赋值语句

前面在对变量初始化时已经使用过简单的赋值语句，例如：

```
int count;              // 定义一个整型变量

count = 100;            // 赋值语句
```

注意在赋值语句中，等号的含义不是左右两边相等的意思，而是赋值操作符。即把右边的值赋予左边的变量。所以，以下的语句是错误的：

```
100 = count;            // 语法错误
```

这是初学编程的朋友常犯的错误，应该注意。

赋值操作符的右边通常是表达式。用来做算术运算的则称为算术表达式，例如：

```
count = 100 + 26;       // 赋值语句；先做算术运算，再将结果赋予 count
```

2.3.1 算术表达式

算术表达式由操作数和算术操作符组成。例如下面的例子：
100 + 26
就是一个简单的算术表达式。100 和 26 为操作数，算术操作符为加号（+），即进行加法运算。

表 2.6 列出了 Java 语言的算术操作符及其含义。

表 2.6 Java 算术操作符

算术操作符	含 义	解 释
+	加法	对两个操作数相加
−	减法	对两个操作数从左到右相减
*	乘法	对两个操作数相乘
/	除法	对两个操作数相除。第一个操作数除以第二个操作数
%	模数	取第一个操作数除以第二个操作数的余数
++	增 1	对操作数加 1。如 ++x；即 x = x+1;

续表

算术操作符	含义	解释
--	减 1	对操作数减 1。如 --y；即 y = y–1；
+	正数符	表示一个数为正数
–	负数符	表示一个数为负数

算术表达式和赋值语句的常用例子如下：

```
int x = 10, y = 3;

int result1 = x + y;      //result1 = 13
int result2 = x - y;      //result2 = 7
int result3 = x * y;      //result3 = 30
int result4 = x / y;      // 结果取整，再赋值，result4 = 3
int result5 = x % y;      // 取余数，再赋值，result5 = 1
int result6 = x - y;      // 即 x - y, result6 = 7
int result7 = ++x;        //x 先增 1，再赋值，result7 = 11, x = 11
int result8 = --y;        //y 先减 1，再赋值，result8 = 2, y = 2
```

在最后两个例子中使用了增 1 和减 1 的运算。它们分别相当于：

```
x = x + 1;                //x = 11
int result7 = x;
```

以及

```
y = y -1;                 //y = 2
int result8 = y;
```

我们称这种增值或减值运算为前缀增 1 或前缀减 1 运算，因为操作符放在操作数的前面。

把增 1 或减 1 操作符放在操作数后面的运算称为后缀增值或后缀减值运算。顾名思义，在这种运算中，首先进行其他算术运算，或赋值操作，最后才进行增 1 或减 1 的运算。例如：

```
int x = 10, y = 3;

int result9 = x++;        //result9 = 10, x = 11（先赋值，后加 1）
int result10 = y-- + 5;   //result10 = 8, y = 2（先进行加法 y+5 运算，赋值后再对 y 减 1）
```

在上面的第一个例子中，由于 x++ 是后缀增 1 运算，所以首先进行赋值操作，result9 = 10，然后再对 x 加 1。在第二个例子中，y-- 是后缀减 1 运算，即首先进行 y + 5 的运算，将结果 8 赋予 result10 后，再进行对 y 减 1 的运算。这个例子和下面的举例是等同的：

```
int x = 10, y = 3;

int result9 = x;
              ++x;
int result10 = y + 5;
              --y;
```

不难看出，如果增 1 的运算是独立的，即不涉及任何其他运算或赋值操作，则前缀增 1 和后缀增 1 没有什么不同，例如：

```
++x;
```

和

```
x++;
```

被视为相同的增 1 运算。请思考一下原因。另外，这种情况同样适用于减 1 的运算吗？

注意，在 Java 语言中，算术表达式只允许圆括号，而不能使用方括号以及花括号。其运算优先权和算术规定一样：括号里面的优先；乘、除优先于加减；运算等级相同时，从左到右进行。表 2.7 列出了更多算术表达式及其注释。

表 2.7 算术表达式举例

算术表达式	等 同 于
x + y – 2	(x + y) – 2
x + y / 2	x + (y / 2)
(x + y) / 2	先做括号里面的加法，再相除
1 – (x + y) / 2	1 – ((x + y) / 2)
(1 – x) * (y – 1)	先做 1–x，再做 y–1，最后做乘法运算
((x + 1) – (y –1)) /2.5	先分别做括号里面的 x+1，y–1；再做减法，最后相除

注意，Java 编译器将对下面的算术表达式给出编译错误信息：

```
{x - [y + (z - 2)]} X 100
```

因为它使用了非法括号和乘法操作符。应该改写为：

```
(x - (y + (z - 2))) * 100
```

> **警告** Java 表达式中，不允许使用方括号和花括号。乘法不允许使用"×"，除法不允许使用"÷"。

另外注意，在算术表达式中使用的变量必须是定义过的变量，否则 Java 编译器将给出语法错误信息。

2.3.2 快捷赋值操作符

上面讨论过的增 1 和减 1 操作，实际上就是快捷算术操作符。使用快捷操作符的目的是简化程序的编写，增加程序的可读性。但要适当应用，否则会适得其反。例如：

```
int result = x++ + ++y - --x + 1;
```

就是一个典型滥用快捷算术操作符的例子。它不但没有起到简化程序编写的目的，反而使得程序更加难懂，减弱了程序的可读性。

下面介绍更多快捷操作符，主要是快捷赋值操作符。表 2.8 列出了 Java 语言的快捷赋值操作符及其含义。

表 2.8 Java 语言的快捷赋值操作符

快捷操作符	含 义	例 子	等 同 于
+=	相加再赋值	count += 5;	count = count + 5;
–=	相减再赋值	count –= 3;	count = count – 3;
*=	相乘再赋值	price *= .02;	price = price * 0.02;
/=	相除再赋值	total /= 2.5;	total = total / 2.5;
%=	求模数再赋值	num %= 7;	num = num % 7;

用快捷相加操作符做个总结，它的语法格式为：

```
varName += value;
```

相当于：

```
varName = varName + value;
```

这里，varName 是已经定义的变量名；value 是该变量的一个合法数据值。试想：你可以总结一下其他快捷操作符的语法格式吗？

不难看到，对一个变量加 1 运算，可以有如下 4 种方法：

```
x = x + 1;      // 普通式
x += 1;         // 快捷式
++x;            // 前缀增 1
x++;            // 后缀增 1
```

它们的运算结果完全一样。

2.4 初识字符串

我们在编程时经常使用字符串。在 Java 中，字符串实际上是对象，由字符串类 String 来创建。但为了使用方便，也为了和在 C 语言中使用字符串的概念一致，Java 对字符串操作，尤其是对字符串的定义，提供了一套和基本类型变量相同的方法，例如：

```
String greeting = "Welcome to Java world! ";
```

与定义一个整型变量相比，例如：

```
int x = 100;
```

在形式上没有什么语法差异。我们把 Java 提供的这种将字符串当作普通变量应用的方式称为直接引用 referencing。既然字符串是对象，那么它一定有方法可以调用。是的，例如：

```
greeting.length()
```

就是调用字符串的方法 length()，它将返回 greeting 这个字符串的长度。我们将在以后的章节专门详细讨论字符串和它的应用。下面让我们首先了解字符串引用的基本概念和功能。

2.4.1 菜鸟理解字符串

在 Java 中，字符串由一个或多个字符组成。和字符型变量 char 相同，这些字符可以是 Unicode 中的任何字符，因此每个字符占据两个字节长度的存储空间。但与字符型变量不同的是，字符串的值由双引号括起；而字符型变量的值由单引号括起来，并且只能是一个字符。两者的比较如下：

```
char ch = 'a';              // 定义一个字符型变量并赋值
String str = "a";           // 定义一个字符串并赋值
```

尽管它们的值相同，但这两个变量有着本质的不同。一个是基本字符型变量；而另一个是对字符串对象的直接引用，或简称为定义一个字符串变量并赋值。

下面是定义字符串变量的更多例子：

```
String firstName,           // 定义 3 个字符串
       lastName,
       fullName;

firstName = "Xinhua";       // 对字符串 firstName 赋值为 Xinhua
lastName = " 王 ";          // 对字符串 lastName 赋值为 "王"
fullName = "Yi Lu";         // 对字符串 fullName 赋值为 Yi Lu
```

```
String firstName = "新华";         //定义一个字符串并赋值,firstName 是"新华"
String lastName = "Wang";          //定义一个字符串并赋值,lastName 是 Wang
String fullName = "Yi Lu";         //定义一个字符串并赋值,fullName 是 Yi Lu
String str1 = " ";                 //定义一个字符串并赋值为空格
String str2 = "";                  //定义一个字符串并赋值为空
String message = null;             //定义一个字符串,其值未确定

String myString;                   //定义一个字符串,还未初始化,即 myString = null;
```

从上面的例子可以看出,空格字符也可以是字符串的值,或字符串值的一部分。str2 的值为空,即它的引用已经确定,但在其引用的地址中还没有任何 Unicode 的字符值。而 message 的赋值为 null,其含义只是登录一个字符串,实际上还没有产生引用,即这个字符串的引用地址还没有确定。

2.4.2 什么是字符串引用

正如 2.2.3 小节中讨论过的,变量、变量的值、存储器以及存储器地址之间有着密切关系一样,字符串变量、字符串值、引用和存储器以及存储器地址之间也有着密切的关系。这种关系可以由图 2.2 来表示。

图 2.2 字符串对象引用和存储器的关系

从图 2.2 中可以看出,当一个字符串被定义并赋值时,编译器将创建一个字符串对象,同时创建一个由这个字符串对象所引用的地址,这个地址是一段存储器空间的开始地址,这段存储空间的大小由具体的赋值内容来确定。例如:

```
String name = "Java";
```

其赋值内容是 "Java",共 4 个字符,要求 8 个字节的存储空间。而

```
String str2 = "";
```

其赋值内容为空,虽然已经产生引用,但内存空间大小还没有确定。最后在

```
String message = null;
```

中,只是在编译器中登录一个叫 message 的字符串,但编译器并没有产生字符串对象来引用它。直到在程序的某个代码行,有如下对该字符串的赋值语句时:

```
message = "Create a referencing.";
```

才建立一个字符串对象并对 message 进行引用。注意,字符串对象本身也占用一段存储器,用来存储其实例变量和方法的装载地址。

2.4.3 如何实现字符串连接

连接,或称"join",是指对两个字符串进行连接操作,即将一个字符串加到另一个字符串的结

尾，产生一个扩充的新字符串。Java 中使用操作符"+"对字符串进行连接操作。我们也可以把一个非字符串型的变量和字符串进行连接操作，这时，Java 编译器将自动把这个非字符串型变量转换成字符串，然后进行连接。具体例子如下：

```
String firstName = "Xinhua",
       lastName = "王";

String fullName = lastName + " " + firstName;      // 字符串连接操作
```

在连接后，字符串 fullName 的值是"王 Xinhua"。注意，名字中间的空格是由一个空格字符串常量" "加上去的。

另外一个例子：

```
double total = 199.89;
String string_total = "total: "+ total;
```

由于变量 total 是双精度浮点变量，在对这段代码编译时，编译器首先把变量 total 的数值 199.89 转换成字符串"199.89"，然后进行连接操作。所以，字符串 string_total 的值是" total: 199.89"。

以下例子也是合法的 join 操作：

```
String message = 199.89 + " is my total price. ";
```

相同的道理，连接操作后字符串 message 的内容为"199.89 is my total price."。

也可以使用快捷操作符"+="进行字符串连接。例如：

```
String  name,
        firstName = "Xinhua",
        lastName = "王";

name += lastName;      // 相当于 name = name + lastName; name 是"王"
name += " ";           // 相当于 name = name + " "; name 是"王 "
name += firstName;     // 相当于 name = name + firstName, name 是"王 Xinhua"
```

这种利用快捷操作符进行字符串连接的方法在 Java 编程中经常被使用。

以下例子将产生语法错误：

```
String string = 199 + 278.89;       // 非法连接操作
```

因为在连接中，其中一个操作数必须是字符串。

在以上例子中是否只要有一个操作数不是字符串，Java 编译器都自动首先对其进行转型操作，然后做连接呢？是的。这是一个具有普遍性的原理，即不同类型的操作数不能直接进行算术运算，也不能直接进行字符串连接操作。操作符将要求编译器把要求内存少的操作数转换成和另一个操作数相同的数据类型，然后进行算术运算或连接。这种转型操作叫作编译器自动转型操作，或简称自动转型。

再回到字符串连接的例子。在：

```
199.89 + " is my total price. "
```

中，第一个操作数是双精度浮点数，第二个操作数是字符串。字符串在这里是对象引用，要求更多的内存空间，所以连接操作符（+）要求编译器首先将 199.89 转换成字符串：

```
"199.89"
```

然后进行连接操作。

下面的例子也应用相同的道理：

```
int bonus = 25;
double payment = 800.77 + bonus;
```

在这个加法运算中，bonus 是整型变量，要求 4 个字节存储空间，而 800.77 是双精度浮点数，要求 8 个字节存储空间。所以编译器首先将 bonus 转换成双精度型浮点数据，即 25.0，然后进行加法运算。

这些转型过程对我们来说似乎是多余的。有些朋友也许会说，计算机语言真够矫情的，或说得好听些，"一丝不苟"的。是的，正是由于计算机语言或者计算机的这种矫情或"一丝不苟"，才使得它有了这样精确的运行结果。

言归正传，字符串连接操作符（+）是操作符重载的典型例子。什么是操作符重载呢？即相同的操作符在不同的运算或操作时有不同的语法含义。就"+"来说，它在一个数字前面表示该数值是正的；在两个数据型操作数之间表示加法运算；在字符串操作中表示连接。它被赋予多重重任，即重载操作。还可以列举出其他操作符重载的例子。你可以尝试完成。

为什么要重载？道理很简单，增加 Java 语言在编写代码时的灵活性。试想一下，如果没有操作符重载，我们是否要使用至少 3 种不同的操作符来进行表示正数、加法，以及字符串连接的操作呢？

重载不仅仅体现在操作符中。后续章节中将讨论更多的重载应用，如构造方法重载和方法重载。在本书的引导下，你一定能掌握更多重载的知识和编程技术，并且利用重载编写程序代码。

注意，在字符串连接操作中，其中一个操作数必须是字符串，否则编译器将产生语法错误信息。

> 3W　字符串引用简称字符串变量，是为了使用方便，把对对象的操作简化成和基本变量相同的操作。字符串变量代表一个由字符串对象引用的内存地址，其内容就是存储在这段地址中的字符串。

2.4.4　如何处理特殊字符——转义符

表 2.9 列出了特殊字符，或称转义符。使用它们时必须使用前缀斜线（\），告诉编译器后面的字符是特殊引用的字符。表中前 3 个字符是控制光标位置的操作。第 4 个字符为双引号的使用。由于双引号已经被用来表示引用字符串的内容，若在字符串里使用双引号作为其内容，必须在双引号前加"\"，即"\""。最后一个特殊字符是斜线"\"。由于斜线也被用来作为常量特殊字符的标示符，若要把它作为字符串的内容，必须在斜线前再加一个斜线，即"\\"。第一个斜线告诉编译器在它后面的字符才是真正引用的字符。

表 2.9　常用特殊字符和它们的使用

字　符	含　义	实　例	结　果
\n	回车	String newline = "\nn";	输出 newline 时产生一个回车并显示 n
\t	跳格	String tab = "x\ty";	输出 tab 时 x 和 y 被跳格分开
\r	到本行开始	String begin = "nothing\r";	输出 begin 时光标在 "n" 的位置
\"	使用双引号 "	String quotes = "\"Java\" OOP";	输出 quotes 时其内容为 "Java" OOP
\\	使用 \	String double_slash = "C:\\\\dir";	输出 double_slash 时其内容为 C:\\dir

表 2.9 中的第一个例子中，"\n"为回车，而第二个 n 为正常字符串值。最后一个例子中，4 个斜线可以分为两组，即两组"\\"，告诉编译器使用两个斜线。

如果斜线后面跟随的不是表中列举的字符，编译器将产生语法错误信息。例如：

```
String something = "\y";        // 字符串值非法定义
```

以下是使用特殊字符的更多例子：

```
String content = "Java\tC++\tC";
```

如果使用如下输出语句显示这个字符串内容时：

```
System.out.println(content);
```

其输出结果为：

```
Java        C++         C
```

即 Java、C++ 和 C 被跳格所隔开。注意，在使用 JOptionPane.showMessageDialog() 作为输出时，跳格"\t"和到本行开始"\r"不工作。第 3 章中将专门讨论 API 类 JOptionPane 的应用。

2.5 初识数组

以上讨论的各种变量类型只能适合处理单个变量。但在实际应用中，经常会遇到大量数据处理问题。如银行向所有客户发送账户信息。我们不可能在程序中创建成千上万个变量或者对象。数组可以很好地解决对大量数据处理的问题。本节简单讨论数组，本书将在以后章节中更深入地讨论数组及其应用。

2.5.1 菜鸟理解数组

数组实际上是许多变量存储在一个变量名下，用变量的下标表示不同的变量成员，例如：

```
int array[] = {5, 3, 4, 1}; // 定义有四个变量的整型数组
```

以上语句定义了一个名为 array 的整型变量并对其赋值。注意数组类型变量是用方括号作为标记的。赋值时这个数组中的每个变量值都必须是整数。

这个语句实际上定义了一个具有 4 个成员变量或元素的数组，即：

```
array[0] = 5;
array[1] = 3;
array[2] = 4;
array[3] = 1;
```

注意，可以利用方括号中的不同下标来表示它的 4 个元素。下标值从 0 开始，直到该数组的元素数 -1 = 3。你可以用这种简单方法创建数组：

```
// 创建具有三个元素的双精度数组并赋予每个元素初始值
double myArray[] = {0.50, 015, 0,1259};
// 创建具有两个元素的字符串型数组并赋予初始值
String names[] = {"Joe Wang", "Smith Liu" };
...
```

2.5.2 一个例子教会你使用数组

以下是上面例子的测试程序：

```
// 完整程序在本书配套资源目录 Ch2 中，名为 ArryTest.java
public static void main(String[] args) {
    int array[] = {5, 3, 4, 1}; // 定义有四个变量的整型数组
    double myArray[] = {0.50, 015, 0,1259};
```

```
    // 创建具有两个元素的字符串型数组并赋予初始值
    String names[] = {"Joe Wang", "Smith Liu"};

    if (array[0] == 5)
        System.out.println("array[0]: " + array[0]);

    if (myArray[1] >= 0.15)
        System.out.println("names[1]: " + names[1]);
}
```

运行结果为：

```
array[0]: 5
names[1]: Smith Liu
```

由于数组涉及循环、创建对象等操作，我们将在以后章节进一步讨论数组的应用。

巩固提高练习和编程实践

1. 总结 Java 语句的特点。什么是语句？语句以什么符号结束？
2. 为什么说注释可以增强程序的可读性？
3. 用实例解释 Java 的两种注释风格和它们的不同用途。
4. 什么是 Java 关键字？为什么说 Java 是 case-sensitive 的语言？
5. 什么是 Java 的命名规范？为什么在 Java 编程中对命名规范如此重视？
6. 解释 Java 中对类、对象、方法、驱动类、变量以及常量的命名规范。
7. 什么是 Java 的基本型变量？有几种基本型变量是整型变量和浮点型变量？
8. 用实例解释字符变量和字符串的不同。
9. 为什么在 Java 中使用 Unicode？它与 ASCII 代码有什么不同和相同之处？
10. 变量和存储器有什么关系？
11. 用实例解释常量的特点。
12. 为什么说赋值语句中的 "=" 不是相等的意思？举例说明。
13. 前缀增 1 和后缀增 1 有什么不同或相同之处？
14. 回答下列问题：

（1）int x = 1, y = 2;
      i. int result = ++x -y-- + 1;
      ii. result = ?   x = ? y = ?

（2）int x = 1, y = 2;
      iii. int result = x++ - --y + 1;
      iv. result = ?   x = ? y = ?

（3）int x = 1, y = 2;
      v. result = (++x + 2)/5 + (y-- - 3)*10;
      vi. result = ?   x = ? y = ?

15. 将下列函数写成 Java 表达式：

（1）$(x+y)(x-y)$

（2）$\dfrac{1}{x+y}$

（3）$\dfrac{1}{y} + x$

（4） $\dfrac{x^2}{x+y}(x^2+y^2)$

16. 为什么说字符串变量实际上是字符串对象引用？解释字符串与存储器的关系和基本型变量与存储器的关系有什么不同。

17. 回答下列问题以及编程实践：

（1）分别对你的名字、专业、班级定义字符串变量。

（2）使用连接操作 join 将以上字符串连接成一行称为 message 的字符串，名字、专业和班级用逗号加空格隔开。

（3）利用 System.out.println() 语句将这行字符串打印输出到屏幕。

18. **编程实践**：利用特殊字符——转义符定义一个字符串并且显示如下信息：

```
"path:\\c:\temp\'myFileName'"
```

注意，双引号也是这个字符串的内容。

"物以类聚，人以群分。"

——《周易·系辞上》

通过本章学习，你能够学会：
1. 举例说明类、对象以及它们的关系。
2. 举例解释类的设计和编程步骤。
3. 编写类、创建对象以及调用其方法解决应用问题。
4. 举例说明什么是 API 类和如何应用。
5. 应用 JOptionPane、System.out 和 Scanner 编写程序。

第 3 章 新手须知类和对象

3.1 初识类和对象

类和对象，或 classes 和 objects，首先是对现实世界事物的客观反映和概括性描述。也是把工程设计和制造过程引申到软件设计和开发中的一次成功尝试。从把数据和操作分开设计的面向过程的编程（如 C 语言），到把数据和操作封装到一个被称为类的程序体的面向对象的编程（如 Java），是软件工程从初具雏形到成熟发展的重要里程碑。所以，类和对象是面向对象编程的主要概念和重要组成部分。我们将在这一章节中从新手的角度，讨论类和对象的一些基本概念和编程技术。在以后的章节中还将深入介绍面向对象编程的各种重要概念、程序设计技术，以及应用实例。

> **更多信息** 这是个充满类和对象的奇妙世界！它们无处不在；仰观太空，那天体不是类吗？那太阳、月亮不正是对象吗？给你一缕阳光就会灿烂；给你一片月光就会生情。此时此刻，细细回味，属性和方法已尽在其中！

3.1.1 类到底是什么

在现实生活中经常可以观察到类和对象这一对有密切关系的现象。就人类来说，具体到个人，你、我、她、张三、李四、王麻子，这些具体的人就是对象；而对人的抽象描述，包括对形态的概括（四肢、五官、躯体、肤色、身高体重等），以及对功能的概括（记忆功能、消化功能、循环功能、生殖功能等），就是类。人这个类，或简称人类，无论是你、我、她，张三、李四、王麻子，都可以概括到形态定义和功能描述这两个方面。

一个相声剧本就是类，具体的演员，侯宝林、郭全富、马季、唐杰忠，包括他们的服装道具、演出场景就是对象。无论谁演这段相声，剧本对服装道具、演出场景都有一个概括性要求。这种对对象形态的概括性要求，在程序设计中称为属性。而剧本中的笑料、抖包袱技巧、语言的应用、捧哏逗哏安排称为功能。

你的车、我的车、她的车，具体的车就是对象，而设计制造车的蓝图就是类。车的品牌款式、颜色大小等，是这类车的属性。车的发动系统、加速系统、传输系统，以及排气系统，就是这类车的功能。

张三的电脑、李四的电脑、王麻子的电脑，都是电脑对象，设计制造电脑的蓝图就是电脑类。CPU 规格、内外存大小、显示屏尺寸、外观颜色，是这个类的属性。操作系统、文字处理系统、屏保功能、电源系统等，就是这类电脑的功能。

总结一下，类实际上是对世间各种不同事物进行软件模拟的设计蓝图，而对象则是根据蓝图产生出来的具体模拟代码。

3.1.2 对象又是什么

你可以这样接地气地说，类是设计制造蓝图，对象就是用这个蓝图制造出来的东西。根据 3.1.1 节的学习，你可以以此类推，列举出更多的例子。

如果你想甩掉小白的帽子，用编程术语或是稍微官方一点说，对象就是根据类这个蓝图创建的一个实例。假设我们创建了一个双门 4 轮电动 150 马力小轿车这个对象，叫作 myCar。那么可以说把叫作 Car 的这个汽车类实例化了。因为在 myCar 这个实例中，所有的属性，如发动机、马力、车门、车轮等，都赋予了具体的数据。所以，在编程中创建对象就是对对象的属性或称变量赋予初始化的值，即实例化的过程。

> **3W** 类是对象的抽象描述；类是对象的设计蓝图；类是制造对象的模块。属性是对类的形态规范的定义；而功能是确定类所执行的运算和操作。在编程中，我们称属性为实例变量；称功能为方法。统称实例变量和方法为类成员。

3.1.3 编写你的第一个类

"千里之行，始于足下。"学到这里，你一定会跃跃欲试，想亲自动手编写一个类了。为了便于初学者循序渐进地学习，这里还是以简化了的汽车为例，在 Eclipse 中输入以下程序：

```java
// 演示程序：你编写的第一个名为 Car 的类，完整程序在本书配套资源目录 Ch3 中，名为 CarApp.java
public class Car {                        //public 为类的访问权：公共访问权大家都可以用这个类
    private int horsepower;               //private 为变量访问权：私密访问权只能在这个类中用
    private String carName;
    // 其他类变量
    //...
    // 如下定义设置 horsepower 方法 —— 这种方法称作 setter
    public void setHorsepower(int power)  //public 为方法访问权：对象可以调用
        { horsepower = power; }           // 对变量 horsepower 赋值

    // 如下定义返回变量 horsepower 的方法 —— 这种方法称作 getter
    public int getHorsepower()
        { return horsepower; }            // 返回变量 horsepower 的值
    // 定义设置 carName 的方法
    public void setCarName(String name)
        { carName = name; }               // 对变量 carName 赋值
    // 如下定义返回变量 carName 的方法 getter
    public String getCarName()
        { return carName; }               // 返回变量 carName 的值

    // 如下定义一个启动发动机方法 —— 这种方法称作 manipulator
    public void startEngine()             // 这个方法执行一个操作或运算
```

```
            { System.out.println("Engine will be started..."); }
        // 其他方法
        //...
    }   // 类结束
```

从这个代码可以看出，定义一个类开始于定义它的访问权。Java 规定：类、变量以及方法可以定义为 4 种不同的访问权，即：
- public：公共访问权具有最广泛访问权；一般情况下我们都定义把类和方法的访问权定义为 public，这样我们可以在其他类中创建具有公共访问权的类的对象；调用具有公共访问权的方法。
- protected：保护级访问权；主要用于定义继承类中子类的变量。将在继承章节详细讨论。
- private：私密访问权；主要用于定义类中的实例变量。一般情况下实例变量都定义为 private，以提高变量使用的封装性和可靠性。将在第 6 章走进类和对象中详细讨论。
- 包访问权：没有标明访问符的则是包访问权。只可以在同一包中使用。将在第 13 章中详细讨论包的概念和编程技术。

如同方法的编写一样，类的程序体是由一对花括号开始和结束的。

上面的例子虽然是一个简化了的汽车类，但它还是具有一般类编写的普遍性的，即：
- 类名一般用大写英文字母开始，并尽量使用具有清楚含义的英文定义类名。类名不能是 Java 关键字。
- 一个类一般由变量和方法组成。
- 变量一般定义为 private。大多数变量为实例变量，用来描述对象的属性。我们将在后面章节详细讨论常量、静态变量，以及局部变量等。尽量使用具有清楚含义的英文定义变量名。变量名不能是 Java 关键字。
- 方法一般定义为 public，这样对象就可以直接调用这个方法了。3.1.5 节将讨论如何调用方法。一般一个类中有三类方法：设置方法，或称 Setter（也称作 mutator），用来设置实例变量的值。返回变量方法，或称 Getter（也称作 accessor），用来返回一个实例变量的值。运算方法，或称 Manipulator，执行具体的操作、运算或者显示结果等。Setter 一般定义为 setXxx，Getter 一般定义为 getXxx，其中 Xxx 代表该变量名。尽量使用具有清楚描述具体操作的英文定义方法名。方法名不能是 Java 关键字。

编写类的一般语法格式如下：

```
public class ClassName {                           // 类的访问权一般定义为 public
    private dataType varName;                      // 变量一般定义为 private
    // 定义其他类变量
        ...
    // 定义方法

    // 如下定义一个设置方法 setter
    public void setVarName(dataType argName)       // 方法一般定义为 public
        { varName = argName; }                     // 对变量赋值

    // 如下定义一个返回变量方法 getter
    public returnType getVarName()
        { return varName; }                        // 返回一个变量的值
    // 如下定义一个运算方法 manipulator
    public returnType manipulatorName(argList)     // 这个方法执行一个操作或运算
        { // 用于执行具体运算或者操作的语句
            ...
        }
    // 其他方法
```

```
            //...
    }       //类结束
```

其中：
- dataType：可以是任何变量或数据类型，也可以是常量。
- setVarName(dataType argName)：用来设置一个变量的值，又称 Mutator。这个方法的返回方式都是 void（无返回）；varName 是要设置的变量名；argName 是传入这个方法中的参数名。
- returnType getVarName()：用来返回或提取一个变量的值，又称 Accessor。returnType 必须和该变量的数据类型一致；varName 是要返回的变量名；这个方法的括号中不需要参数。
- returnType manipulatorName(argList)：用来执行某种运算或操作。returnType 可以是 void，既没有返回值，或者是任何数据类型；argList 是参数列表，其格式为：

```
dataType1 argName1, dataType2 argName2, …, dataTypeN argNameN
```

即参数列表由数据类型和函数名组成，有多组列表时每一组用逗号隔开；没有参数带入该方法时括号为空。

> **3W** 编写一个类就是定义实例变量和确定它的方法。首先，我们分析和确定这个类应该具有的所有属性（变量）和功能（方法）。然后再排除不应该属于这个类的所有属性和功能。这实际上是在实践"一个类不应该依赖其他类而独立存在"的原则。遵循这个原则的目的是使我们设计的类可以在相应的应用中被重复使用，从而提高程序设计效率。将在第 6 章走进类和对象中详细讨论类的设计和编写。

> **更多信息** 设计类时还经常需要编写一个叫作构造器的重要和特殊的方法。构造器用来创建对象。如果没有编写构造器，Java 编译器将给你提供一个免费的构造器用来创建对象。将在第 6 章走进类和对象中详细讨论构造器的编写和应用。

3.1.4 创建你的第一个对象

在 Java 程序中，怎样创建对象、制造具体的实例呢？还以 3.1.3 节中的汽车类 Car 为例，假设已经设计了一个名为 Car 的类，下列语句：

```
Car myCar = new Car();      //创建一个名为 myCar 的对象
```

就具体地创建了一个名为 myCar 的对象。我们称"new"为 Java 创建对象的操作符，简称 new 操作符。它的语法格式为：

```
ClassName objectName = new ClassName();
```

其中：
- ClassName ——类名。
- objectName ——要创建的对象名。
- new——创建对象操作符。

对象 myCar 则拥有了所有 Car 类的属性和功能。当初始化 myCar 这个对象的变量如 ownerName、model、engineSize、transmissionType、seats、doorNum 等之后，这个车对象 myCar 就是一辆具体的车了。调用这个车的功能或方法时，就可以进行各种模拟运行和操作了。

当然，可以用此方式创建更多的汽车对象：

```
Car yourCar = new Car();          // 创建一个名为 yourCar 的对象
Car herCar = new Car();           // 创建一个名为 herCare 的对象
Car hisCar = new Car();           // 创建一个名为 hisCar 的对象
...
```

或者：

```
// 创建三个 Car 的对象，同上
Car yourCar = new Car(),herCar = new Car(), hisCar = new Car();
```

> **更多信息**　Java 规定必须使用构造器创建对象。因为在类 Car 中没有编写构造方法，实际上利用 Java 编译器提供的免费构造方法和操作符 new 来创建对象的。这个免费构造方法又称预设构造器。上面语句中，new Car() 实际上是在调用这个预设构造器并将创建的结果返回给对象名 myCar。

3.1.5　怎样调用方法

为使方法可以被对象直接调用，一般定义为公共访问权 public，即：

```
public class ClassName {
    // 其他语句
    public void myMethod() {          // 定义一个方法
        // 方法中各语句
    }                                  // 方法结束
    ...
}
```

创建类的对象或者实例后，可调用其方法进行某种操作，例如：

```
ClassName myObj = new ClassName();
myObj.myMethod();                     // 调用方法
```

在大多数情况下，方法的调用是创建对象后利用点操作符实现的。随着学习和讨论的深入，你将会学到更多不同的调用方法。

3.1.6　怎样测试自己编写的类

程序设计人员编写的类，必须经过测试运行，检验它是否达到设计要求和目的，运行结果正确无误，才可应用到实际的软件开发项目中，发挥作用。在 Java 中，通常编写一个测试程序来对这个类进行测试。这样的程序被称为测试程序或测试类。因为 Java 的所有程序都是类构成的，测试程序也不例外。

测试类的主要特点是有一个主方法 main()。这个方法是 JVM 执行测试类的开始行，所以测试类又称为可执行类或可执行程序。下面是对编写的类 Car 的测试类 CarApp：

```
// 你的第一个测试类：测试 Car 类，完整程序在本书配套资源目录 Ch3 中，名为 CarApp.java
public class CarApp {                                    // 名为 CarApp 的测试类
    public static void main(String[] args) {             // 主方法，执行的开始行
        // 主方法程序体
        Car myCar = new Car();                           // 创建名为 myCar 的对象
        myCar.setHorsepower(190);                        // 调用设置方法
        myCar.setCarName(" 东风 E400 电动车 ");
        myCar.startEngine();                             // 启动发动机
```

```
        System.out.println("我的车型: " + myCar.getCarName());        //输出车信息
        System.out.println("马力: " + myCar.getHorsepower());
    }        //主方法结束
}    //类结束
```

与编写其他各种类一样，测试类的访问权一般都是 public，而类名组成一般由要测试的类名再加一个后缀，如 App、Test 或 Tester 组成，一眼便知这是一个测试类。主方法的语法结构基本上是固定的：public 规定了主方法必须是公共访问权，而且必须是静态方法，即 static。静态方法的特点是，JVM 不用创建一个测试类的对象，便可访问和运行它。

主方法 main() 的参数也必须是 String[] args，即字符串数组。虽然我们在程序中很少甚至不用这个参数，但 Java 规定不可以省略。这是基于 JVM 的执行格式所要求的。

主方法 main() 的程序体主要是用来进行对象的创建，输入、输出数据的定义和操作，以及对象的方法调用。

后续章节将详细讨论这个测试类中应用的静态方法、主方法参数的使用、输出语句以及 JVM 的工作原理。

以下是在 Eclipse 中测试编写的类的步骤。

（1）打开 Eclipse，按照 1.9 节的演示创建项目，如 Ch3；创建类名，如 Car，并输入具体代码。或者下载本书提供的所有代码例子后，打开 Ch3，再打开 Car。

（2）选择"文件"→"新建"→"类"命令，在弹出的对话框中输入类名"CarApp"，再选中 public static void main(String[] args) 复选框，如图 3.1 所示。

图 3.1　在 Eclipse 中创建一个名为 CarApp 的测试类

（3）输入之前讨论过的测试程序，或者下载本书提供的代码例子后，打开 Ch3，再打开 CarApp。

（4）检查代码无误（没有显示红色标记即没有语法错误，这里可以暂时忽略黄色警告标记，以后章节将会讨论）；注意拼写和标点符号。

（5）单击如图 3.2 所示的运行图标，则可启动 Java 运行程序（JVM），按照测试类的语句执行运行。

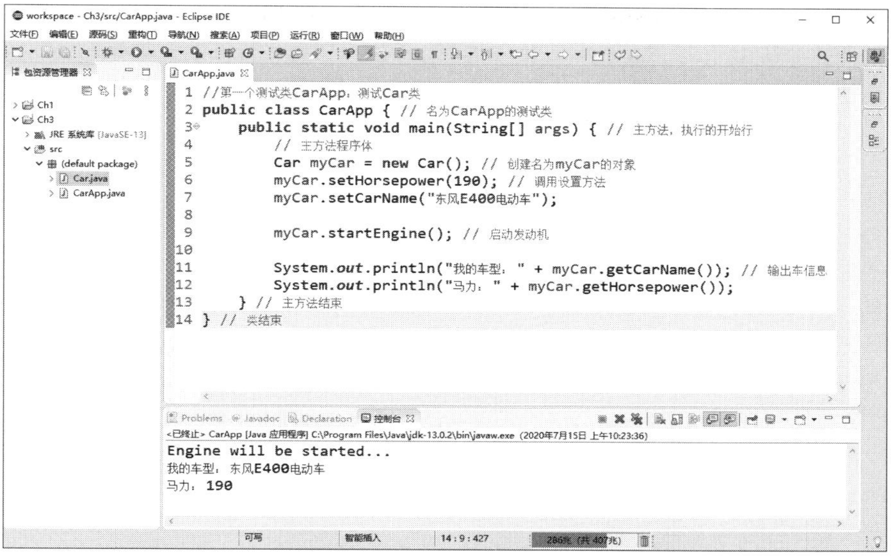

图 3.2　单击绿色三角形图标则可执行测试程序的运行

可以看到运行后的输出结果显示在下方的输出窗格中。

> **3W**　一个应用程序项目通常由一个或多个类组成，用来创建对象，模拟指定的处理和操作。其中有一个用来测试和运行这个项目的类称为测试类，或可执行类。这个类的特征是含有主方法 main()。主方法用来创建各类对象，并且调用各种方法来执行规定的处理和操作。

编写测试类的一般语法格式为：

```
public class XxxApp {                              // 测试类名，如 CarApp
    public static void main(String[] args) {       // 主方法，执行的开始行

    // 主方法程序体；创建对象并调用其方法，执行设计规定的处理和操作
    ClassName objectName = new ClassName();        // 创建对象
    // 创建更多对象
    ...
    ObjectName.methodName(argList);                // 调用其方法
    // 调用更多方法，一些方法会返回一个值，如：
    System.out.println("马力: " + myCar.getHourspower());
    ...
    } // 主方法结束
}         // 测试类结束
```

其中：

❑ XxxApp——为测试类名。通常以项目名或者主要类名来命名。

❑ argList——传入方法的参数列表；每个参数用逗号分隔。有些方法中参数为空。

3.1.7　站在巨人的肩膀——使用 API 类

在不知不觉中你已经使用了 Java 软件包提供的库类——API 类，如执行输出操作的 System.out.println()。API（Application Programming Interface）是 Java SE 软件包中提供的免费应用程序开发类。API 给 Java 应用程序设计和开发带来了前所未有的优点。

❑ 可靠性：由职业软件开发精英设计编写，经过多次版本修改、测试和运行，经过无数的应用

程序实践和证实。
- 丰富性：包括 30 多个库单元，或包。每个包中提供了数以百计的类和方法。
- 结构性：是面向对象设计和编程的典范。
- 纠错性：这是 Java 超出 C/C++ 的重要原因之一。类库中的异常处理功能和垃圾回收功能使得它"有错必究"，把错误消灭在发源地。
- 快捷性："不要再次发明车轮"是 Java 软件设计中的警句。它告诫编程人员不要把设计浪费在编写已经写好的代码上。"拿来主义"是软件开发的最快捷方式。
- 扩充性：软件开发人员可以对类库进行扩充，创建自己设计的包。
- 文档性：这是 Java 软件设计的宗旨，它在类库文档中发挥得淋漓尽致。所有包和类库都有文档网页，包括在线网页和本地网页。从 2006 年 4 月起，Java 已提供中文版本的类库文档。
- 透明性：所有源代码都是公开的。

这些超强的优越性，正是 Java 取得如此成功的奥妙，也使得 Java 不仅适合于一般应用程序的编写，还具备开发大型和复杂软件的能力。因而也改变了传统的代码编写习惯。

传统的程序编写专注于代码的创建。而在 Java 编程中，我们把主要精力放在软件开发中如何应用这些 API 类来解决问题上。

丰富多彩的 Java 类库给我们提供了无限的编程机遇，但也使我们不知道该怎样使用而头晕目眩。API 文档的职业化书写方式、专业术语的使用，使初学者，包括有一定程度 Java 编程经验的人无所适从，不知如何下手。所面临的挑战包括：
- 如何知道有这个类库存在？它在哪个包中？
- 怎样使用这个类库解决我的编程问题？
- 怎样扩充和修改这个库类，使它能够具有解决我的特殊问题的能力？
- 如何知道在许许多多类似的类库中，我所利用的是最好的？

这些问题解决了，你就可以告别小白，炼成 Java 高手。这里当然有经验积累的问题，但学习方法尤其重要。只依靠类库文档网页来学习 Java 编程是不可能的，因为它们太抽象，技术含量太高。它只能作为有经验软件工程师的参考手册。

本书力图指导你抓住 Java 编程的这些特点，一步步使你登入 Java 程序设计的殿堂，成为具有职业编程素质的程序设计人员。

表 3.1 列出了 Java 的常用类库包和应用范围。

表 3.1 Java API 常用类库包和它们的使用范围

类 库 包 名	使 用 范 围
java.lang	系统预设类库包，提供利用 Java 编程语言进行程序设计的基础类，如 Object 和 Class、数据类型、字符串、包装类、算术运算、线程、错误和异常管理，以及系统操作管理
java.text	提供处理文本、日期、数字和消息的类和格式化功能
java.util	提供各种资源利用的类，如国际化，以及集合类
java.awt	提供用于创建用户界面和绘制图形图像，以及布局设计和管理的所有类。旧的 GUI 和图形图像库包
java.awt.event	提供对各种事件处理的类和接口
java.io	提供文件输入和输出类
java.sql	提供各种数据库操作功能
java.applet	提供创建 applet 所必需的类。旧 applet 库包，许多功能还在使用
javax.swing	提供全部由 Java 语言编写的各种创建 GUI 组件和 applets 的类

由于 java.lang 提供一切 Java 程序的基础，这个库包自动地被包括在所编写的程序代码中，编程人员不必再用 import 把它包括在程序的开头。例如在编写测试类 CarApp 中使用过的输出操作 System.out.println()，就是调用了 java.lang 类库包中的方法。3.1.8 节将详细讨论这个常用的输出

操作。

如果使用其他所有库包提供的类，必须在程序的开始用关键字 import 把具体的类名或这个类所在的库包名包括在 import 中，例如：

```
import java.text.NumberFormat;      // 在程序中包括java.text的NumberFormat类
import java.text.*;                  // 包括所有java.text中的类
import javax.swing.JOptionPane;      // 包括javax.swing的JOptionPane类
import javax.swing.*;                // 包括所有javax.swing中的类
import java.util.Date;               // 包括java.util中的Date类
import java.awt.FlowLayout;          // 包括java.awt中的FlowLayout类
import java.awt.event.*;             // 包括java.awt.event中的所有类和接口
```

不难看出，使用通配符"*"可以包括所指定库包中的所有类。注意它并不包括该库类包中的子库包。例如：

```
import java.awt.*;
```

包括了所有在 java.awt 库包中的类，但并不包括 java.awt 的子库包 event。

定义 import 时要适当使用通配符"*"，以避免包括在程序中根本不使用的类库浪费储存空间和资源。

实际上，import 语句可以使编写代码时简洁方便。假如不使用以下 import 语句：

```
import javax.swing.JOptionPane;
```

则必须在程序中 JOptionPane 的前面加上库包名，即：

```
javax.swing.JOptionPane.showMessageDialog(null, "square is: " + message);
```

> **更多信息** 在一个典型 Java 程序中，60%以上的代码都利用 API 类；Java 编程的最大特点就是如何应用免费提供的类库。新手在 Java 编程中面临的最大挑战就是如何在类库的茫茫大海中找到可以解决自己问题的类及其方法，如何利用它们，并且编写成你的代码。本书是你迎接这一挑战最好的助手和向导。

> 3W   API 类就是 Java 软件包提供的类库（class libraries），或称库类。在程序的顶部使用 import 来包括要使用的 API 类。使用它们可以提高程序的可靠性和编程效率。

3.1.8 给程序带来五彩缤纷——细说 JOptionPane

前面介绍的输出操作 System.out.println() 只能把要输出的信息显示到 Eclipse 的下方或操作系统的黑白窗口中。而利用 JOptionPane 这个类库提供的输入、输出功能将使输入、输出变得五彩缤纷，充满吸引力和活力。接下来走进 javax.swing 库包中的 JOptionPane，讨论如何利用它来编写输入、输出操作。

> 3W   JOptionPane 属于 javax.swing 库包，提供了功能强大的图像用户接口（GUI）以及对话式的输入、输出操作。由于它的方法都是静态的（static），无须创建对象，直接用类名就可以调用其方法。后续章节将详细讨论静态类和静态方法。

> **注意** 在程序顶端必须加入以下引入语句才可在代码中使用 JOptionPane：
>
> *import javax.swing.JOptionPane;*

表 3.2 列出了 JOptionPane 的常用方法。

表 3.2 JOptionPane 的常用方法

方　　法	功　　能
public Static String **showInputDialog** (Object message)	显示一个有 message 的对话窗口，并将用户在输入框中输入的数据按字符串返回。message 通常为字符串
public static String **showInputDialog** (Object message, Object initialSelecti-onValue)	显示一个有 message 的对话窗口，并在输入域显示预设值 initialSelectionValue。将用户在输入框中输入的数据或预设值按字符串返回。message 和 initialSelectionValue 通常为字符串
public static String **showInputDialog** (Component parentComponent, Object message, Object initialSelectionValue)	在上一级窗口 parentComponent 中显示一个有 message 的对话窗口，并在输入域显示预设值 initialSelectionValue。将用户在输入框输入的数据或预设值按字符串返回。parentComponent 通常为 null；message 和 initialSelectionValue 通常为字符串
public static String **showInputDialog** (Component parentComponent, Object message, String title, int messageType)	在上一级窗口 parentComponent 中显示一个有 message 的对话窗口，并显示对话窗口标题 title，以及消息图标 messageType。将用户在输入框中输入的数据按字符串返回。parentComponent 通常为 null；message 和 initialSelectionValue 通常为字符串；messageType 的值见表 3.3
public static void **showMessageDialog** (Component parentComponent, Object message)	在上一级窗口 parentComponent 中显示一个有 message 的输出窗口。parentComponent 通常为 null；message 通常为字符串
public static void **showMessageDialog** (Component parentComponent, Object message, String title, int messageType)	在上一级窗口 parentComponent 中显示一个有 message 的输出窗口，并显示窗口标题 title，以及消息图标 messageType。parentComponent 通常为 null；message 通常为字符串。messageType 的值见表 3.3
public static int **showConfirmDialog** (Component parentComponent, Object message)	显示一个带有选项按钮 Yes、No 或 Cancel 的 message 对话窗口，并返回用户的选项（Yes=0、No=1, Cancel=2）整数值。窗口标题为系统预设 Select an Option

表 3.3 JOptionPane 的消息图标类型

消息图标类型	整　数　值	图　　标
ERROR_MESSAGE	0	✖
INFORMATION_MESSAGE	1	ⓘ
WARNING_MESSAGE	2	⚠
QUESTION_MESSAGE	3	❓
PLAIN_MESSAGE	−1	不显示任何图标

不难看出，JOptionPane 的所有方法都是 static，即这些方法可以直接用 JOptionPane 调用，而不用创建对象。这种方法被称作静态方法。我们将在以后的章节详细讨论静态方法和它的应用。另外，JOptionPane 提供的这些方法可以总结为以下两种类型。

❑ 提供对话窗口，提示用户输入，并返回输入值的方法，如 showInputDialog() 和 showComfirmDialog()；注意返回的都是字符串，需要时要将其转换成为数值（见下例）。

❑ 显示输出信息的方法，如 showMessageDialog()。

虽然有些方法的参数较多,参数类型也较多样化,但万变不离其宗。懂得了基本应用,其他也就不难了。

当然,对于初学者来说,试图从类库文档网页或本书的列表解释中懂得和掌握列举的类和方法是不可能的。可行的学习方法如下。

(1)大概了解表 3.2 和表 3.3 中的方法和功能解释。
(2)了解一个方法所返回的类型和参数要求,例如几个参数和每个参数的类型。
(3)在 Eclipse 中,编写一个测试程序,从表 3.2 和表 3.3 中选择要测试的方法,输入这个方法。检查无误后运行这个测试程序,"亲口尝尝梨子的滋味。"
(4)对照表 3.2 和表 3.3 中的解释和运行后的结果,加深理解。
(5)参考本章提供的其他例子,比较并掌握应用。

以下代码测试了所有列在表 3.2 中的方法。表 3.4 列出了程序的运行结果和其方法调用对照。

```java
// 完整程序在本书配套资源目录Ch3中,名为TestJOptionPaneApp.java
//Demo of testing the methods of JOptionPane
import javax.swing.JOptionPane;

public class TestJOptionPaneApp {
    public static void main(String[] args) {
    //test the first method listed in 3.2 with one argument
    String str = JOptionPane.showInputDialog("please enter a number: ");
    int num = Integer.parseInt(str);        // 将 str 转换成为整数值
    //test the second one with 2 arguments. "120" is the default entry
    str = JOptionPane.showInputDialog("please enter a number: ", "120");
    double x = Double.parseDouble(str);     // 将 str 转换成为双精度数值 120.0
    //test the fourth one with 4 arguments
    str = JOptionPane.showInputDialog(null, "please enter a number: ",
          "Input windows", -1);
    //test the fifth one with 2 arguments
    JOptionPane.showMessageDialog(null, "This is another testing.");
    //test the sixth one with 4 arguments;
    //the JOptionPane.QUESTION_MESSAGE can be 3
    JOptionPane.showMessageDialog(null, "Testing..... " + str,
                    "Testing Window",JOptionPane.QUESTION_MESSAGE);
    //test the last one: showConfirmDialog()
    int choice = JOptionPane.showConfirmDialog(null, "Make a choice: ");
    System.out.println("choice =" + choice);          //test the returned value
    ...
    } //end of main()
} //end of TestJOptionPaneApp
```

表 3.4　JOptionPane 常用方法的调用和运行结果

方　　法	运　行　结　果
str= JOptionPane.showInputDialog("please enter a number: ");	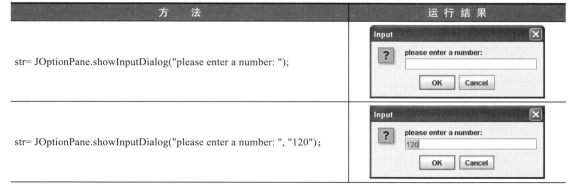
str= JOptionPane.showInputDialog("please enter a number: ", "120");	

续表

方　　法	运 行 结 果
str = JOptionPane.showInputDialog(null, "please enter a number: ", "Input windows", -1);	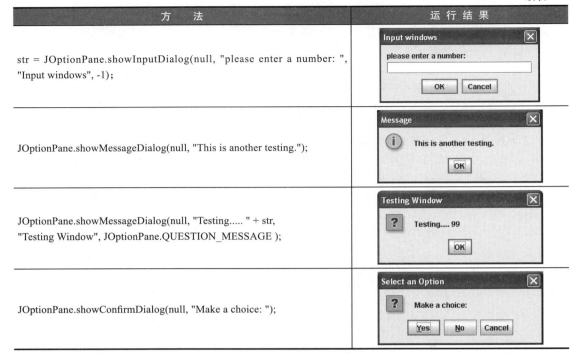
JOptionPane.showMessageDialog(null, "This is another testing.");	
JOptionPane.showMessageDialog(null, "Testing..... " + str, "Testing Window", JOptionPane.QUESTION_MESSAGE);	
JOptionPane.showConfirmDialog(null, "Make a choice: ");	

注意，在处理输入操作的方法中，如 showInputDialog()，所有输入值都以字符串返回。即如果输入的是 120，返回的是字符串"120"。我们经常需要再将这个字符串代表的整数值用以下方法转换过来：

```
int num = Integer.parseInt(str);    //str 为输入值
```

parseInt() 是包装类 Integer 专门用来进行数字字符串转换成整数值的方法。如果需要转换成为 double 类型数值，则需要调用包装类 Double 的 parseDouble() 进行转换：

```
double x = Double.parseDouble(str); // 如 str 为 "120.5"
```

我们将在后续章节详细讨论 Java 的包装类及其应用。

通过这个测试程序，我们更进一步了解到，在 showInputDialog() 中，如果没有规定消息图标类型，则自动显示问号图标 QUESTION_MESSAGE；而在 showMessageDialog() 中，则自动显示信息图标 INFORMATION_MESSAGE。在 showConfirmDialog() 中，预先设置的选项为按钮 Yes。

在以后的章节中，在介绍和讨论 GUI 组件和 JFrame 后，将使用 parentComponent 替换 null，来测试它们的运行结果，并比较和总结它们的不同之处。

3.2　学习更多输入、输出 API 类

实际应用中经常会使用各种不同的输入、输出方式，除 3.1 节讨论过的 JOptionPane 外，常用的进行输入操作的 API 类还有 Scanner，以及传统的进行输出操作的对象 System.out。由于 System.in 中的输入操作是字节读入操作。如果使用 System.in 读入一个数值，必须首先读入每个字节，然后建造它代表的字符串，最后把它转换成数值。还必须处理好缓冲区里的字节。所以，System.in 主要用来为建造其他输入操作如 Scanner 提供手段。从应用角度，它已经逐步被新的、更加方便有效的操作所代替，这里我们不再介绍由 System.in 提供的方法进行输入操作。

3.2.1 回到黑白——System.out

System.out 是 API 类库中的一个特殊对象，而不是传统意义上的类。它包括在 java.lang 系统预设包中。System.out 指定了一个指向标准输出设备的输出流，这个标准输出设备一般指计算机操作系统屏幕。因为 System 是一个特殊的类，称为常数类，即 final class。其定义语法格式为：

```
public final class System extends Object;
```

其中，extends 的含义为继承，即把 Object 继承给 System。继承是 Java 编程中的又一重要特点。我们将在以后的章节详细讨论继承、常数类以及它们的应用。

out 是一个对 PrintStream 类的引用，构成一个标准显示设备输出流的静态常数，即：

```
static final PrintStream out;
```

由

```
System.out
```

这种特殊形式构成的传统输出操作，在 Java 中被称之为标准输出对象。表 3.5 列出了标准输出对象 System.out 常用的方法和它们的解释。

表 3.5 标准输出对象 System.out 常用的方法和解释

方　　法	解　　释
public void print(var)	将 var 的值打印到标准输出设备。var 为任何一个基本变量，字符串，或可打印的对象
public void println()	相当于输出一个回车键
public void println(var)	将 var 的值打印到标准输出设备，并回车到新行的开始

Java 把输入、输出的内容或数据，看成是由一个个字节组成的排成单行的数据"流"。从内存"流"向输出设备，如显示屏，称作输出流；而从输入设备，如键盘，"流"向内存的数据，称作输入流。

> **注意** System.out 属于 API 类库包 java.lang，即系统预设的库包中。在使用时被自动引入到程序中，所以我们不用 import 它。

下面讨论应用这些方法的例子。

```
// 完整程序在本书配套资源目录 Ch3 中，名为 TestPrintApp.java
System.out.print("price: ");                    // 打印 price: 到显示屏
System.out.println();                           // 使光标到下一行开始，相当于回车键
System.out.print("\n");                         // 同上

double total = 25.09;                           // 可以是任何基本类型变量
System.out.println("total: " + total);  // 打印 total: 和变量 total 的值到显示屏并回车
System.out.print("total: " + total + "\n");     // 同上
String message = "Welcome to use of System.out.println()";
System.out.println(message);                    // 打印字符串到显示屏

char letter = 'A';
System.out.print("letter = " + letter + 1 + "\n");          // 打印 A1 到显示屏并且回车
System.out.print("letter= " + (letter + 1) + "\n");         // 打印 66 到显示屏并回车
System.out.print("letter= " + (char)(letter + 1) + "\n");   // 打印 B 到显示屏并回车
```

在上面最后三行输出语句中，letter 为字符变量，其值为 A；在 letter + 1 中，字符和整数都转变为字符串连接，所以输出结果为 A1。而（letter+1）为算术运算，letter 将被转换为储存空间要求

的整数型数值 65，然后同 1 做加法运算，故其输出结果为 66。最后一个例子中，我们利用类型转换符（char）将运算结果转换成字符类型，输出结果为 B。

> **更多信息** 在五彩缤纷的世界中，一角黑白天地会使我们重返自然，感受纯朴，产生视觉遐想和平衡。

3.2.2 扫描输入——Scanner

顾名思义，Scanner 就是用来对输入数据进行扫描处理的 API 类。Scanner 提供的各种方法可以从指定的输入设备（例如键盘）输入数据，并将这个数据按照代码要求自动转换成所规定的数据类型，最后返回这个转换值。

Scanner 是由类库包 java.util 提供的。使用时必须将其引入包括在程序的顶部，例如：

```
import java.util.Scanner;          // 包括类库 Scanner 进行输入操作
```

由于 Scanner 所提供方法不是静态方法，我们必须首先创建一个 Scanner 对象，并指定输入设备，然后才可调用它的方法，例如：

```
Scanner input = new Scanner(System.in);    // 创建一个 Scanner 对象 input
```

其中，System.in 是对象名，规定了从标准输入设备（即键盘）进行输入操作。表 3.6 中列出了常用的 Scanner 方法及其解释。

表 3.6 常用的 Scanner 方法和解释

方　　法	解　　释
public String next()	按字符串格式返回在 Scanner 对象中的下一个完整输入标记。这个标记是不包含空格、跳格、以及回车键的任何数据，都将作为字符串处理
public int nextInt()	按整数值返回在 Scanner 对象中的下一个完整输入数值。这个数值是不包含空格、跳格、标点符号以及回车键的任何整数数值
public double nextDouble()	按双精度浮点数值返回 Scanner 对象中的下一个完整输入数值。这个数值是不包含空格、跳格、标点符号以及回车键的任何浮点数值
public String nextLine()	按字符串返回 Scanner 对象中的整行键盘输入或剩余的键盘输入。让扫描从下一个新行开始
public boolean hasNext()	如果 Scanner 对象中存在下一个完整输入内容，则返回 true，否则返回 false。该方法不对输入做任何操作
public boolean hasNextInt()	如果 Scanner 对象中存在的下一个完整输入为整数，则返回 true，否则返回 false。该方法不对输入做任何操作
public boolean hasNextDouble()	如果 Scanner 对象中存在的下一个完整输入为双精度浮点数，则返回 true，否则返回 false。该方法不做任何输入操作
public boolean hasNextLine()	如果 Scanner 对象中存在另一输入行，则返回 true；否则返回 false。该方法不做任何输入操作

> **更多信息** Java 把所有的输入、输出的数据都当作字符串处理。这个规则并没有因 Scanner 类可以扫描数值而改变。实际上，Scanner 提供的各扫描数值的方法，如 nextInt() 以及 nextDouble() 等，先把这些数值作为字符串读入，暂存在作为缓冲器的内存中，再把它转换成指定的数值。注意 Scanner 类不提供方法 nextChar()。

下面讨论使用 Scanner 常用方法的例子。

```
// 完整程序在本书配套资源目录 Ch3 中,名为 TestScannerApp.java
Scanner sc = new Scanner(System.in);              // 创建一个 Scanner 对象 sc
System.out.print("Enter a title: ");              // 提示用户键盘输入
String title = sc.next();                         // 得到一个输入标记
System.out.println("title is " + title);          // 打印这个输入
```

注意,当程序执行到

```
String title = sc.next();
```

时,将等待用户从键盘输入,直到按下回车键。如果输入多于一个字符串或任何字符,即便是一行有空格或跳格的字符串,例如:

```
This is my      entry
```

sc.next() 只扫描至第一个空格前或跳格前的字符串,即"This",把它作为一个完整的输入内容返回,并将扫描指示停在下一个标记前,即"is"。所以,在这种情形下,这一行的其余输入内容如"is my entry"仍然在这个扫描器中。

继续上面的输入内容,如果在我们的程序中,有几行语句是:

```
System.out.print("\nEnter a price: ");            // 提示用户输入价格
double price = sc.nextDouble();                   // 得到一个价格
```

则会产生数据类型不匹配错误。JVM 会中断程序的运行,而显示这个错误信息。这是因为上次输入的剩余字符串留在扫描器 sc 中等待扫描处理。而下一个完整输入标记是字符串"is",显然不是双精度浮点值。

怎样才可以保证得到正确的输入标记呢?我们应首先清除扫描器中的剩余标记,然后再进行下一个扫描处理,来解决这个问题,例如:

```
sc.nextLine();                                    // 读入一行的所有内容,清除扫描器

System.out.print("\nEnter a price: ");            // 提示用户输入价格
double price = sc.nextDouble();                   // 得到一个价格
```

sc.nextLine() 将得到所有留存在扫描器 sc 中的字符串。我们就不再担心有剩余标记影响下一个输入操作了。

再讨论另外一个例子,如下:

```
System.out.print("\nenter the quantity: ");       // 提示用户输入数量
quantity = sc.nextInt();                          // 得到输入数量
total = (price + price * 0.065) * quantity;       // 计算总价
System.out.print("\ntotal is  " + total);         // 打印总价

sc.nextLine();                                    // 即清除扫描器

System.out.println("\n\nenter a line of message: ");  // 提示用户输入
message = sc.nextLine();                          // 得到一行字符串
System.out.println("My message is " + "\"" + message + "\"");
```

在这个例子中,使用 sc.nextLine() 对清除扫描器中的内容,因为在上面进行整数输入操作,即

```
quantity = sc.nextInt();
```

语句中,用户输入数字后所按下的回车键(相当于回车符"\n")仍然留存在这个扫描器中。如果接下来的扫描操作是数值型输入,则不会产生任何错误,因为扫描器在对数值型数值进行扫描时,所有空白符都被自动忽略。但如果接着的扫描操作是 sc.nextLine(),它则不会忽略回车,而把"\n"

作为输入行的内容。所以，在这种情形下，必须清除扫描器，使程序得到正确的输入值。

> **更多信息** Scanner 在 Java SE 1.5 的版本中被开发，包括在 java.util 类库包中。它提供的通过标准输入设备（即键盘）进行各种数据类型输入的方法，简化了操作，增强了功能，弥补了 System.in 的不足。是值得推荐的，快捷、简便、可靠的进行输入操作的 API 类。JOptionPane 和 Scanner 是处理输入操作最常用的类库。

3.3 编写用户友好与人机互动程序

　　编写一个体现"用户友好"程序，即 User-friendly 是体现你开发的应用程序是否能够得到使用者喜欢的重要标志，也是软件工程师在程序设计中致力取得的目标之一。而很好的人机互动程序，正是达到实现"用户友好"目标的主要手段。

　　人机互动是指在要求用户输入数据时，显示清楚、简洁、有效、友好的提示，指导用户输入正确无误的数据，以便进行精确的运算和操作。如果用户的输入有错误，程序则能够判断错误的性质，提供输入正确数据的信息；在进行输出时，同样清楚、简洁、有效、友好地告诉用户输出结果的含义，并且以正确、一目了然的格式显示这些输出结果。

　　一个设计的很好的人机互动程序可以增强程序的可用性，使用户在运行程序时因为清楚地知道现在要做什么而胸有成竹，为准确明白的输出结果而心情愉快；感激你在设计程序时为用户着想，把用户的满意度放在第一位。从应用的角度，没有什么比用户满意、解决用户的问题更重要的了。

　　你可能有过这样的经验，运行程序时，因为显示屏上没有提示输入信息而茫然不知所措；或者因为显示的信息词不达意、不知所云而丈二和尚摸不着头脑。此时你一定在这样想，"这是谁编的程序？"

　　编写一个人机互动"用户友好"的程序，一定要把自己放在用户的角度来设计输入和输出信息。不要假设我懂了，其他人也一定懂；我能用，其他人也能用。用户的满意度是检验一个程序是否"用户友好 User-friendly"的唯一标准。

> **更多信息** 用户满意度是检验一个应用程序是否编写成功的试金石。一个成功的软件一定是"用户友好，人机互动"的。这也是我们通过本书学习 Java 编程的目的之一。

　　怎样才能编写一个人机互动、用户友好的应用程序呢？总结一下以上讨论，可以归纳为以下几点。

- 知己知彼、百战百胜。首先要了解谁是软件的使用者、他们的年龄和经验以及操作水平，以此来确定输入输出信息的内容以及人机对话的过程。
- 选择使用什么 API 类进行输入输出的操作，如果需要图形、颜色和窗口进行人机对话，则应用 JOptionPane 提供的输入输出方法，否则选择应用 System.out.print()，或 System.out.println() 组合 Scanner 来进行提示用户输入的功能，并实现输出信息的处理。注意不推荐混合使用 JOptionPane、System.out，以及 Scanner 为组合实现输入输出操作。你知道为什么吗？
- 一定要假设如果用户输入错了怎么处理。Java 提供了超强功能的错误或异常处理 API 类，加上你也可以编写自己的处理异常类；应用这些功能，就可以开发更加人机互动、用户友好的软件了。我们将在异常处理章节详细讨论对用户输入错误的处理技术。
- 提供应用程序的配套文档，包括关于我们、操作说明、应用手册以及必要的系统配置和技术要求等。当然作为新手，你的朋友在执行程序时感到简单易懂、结果正确，加以必要的解释和礼貌文字就可以了。

实战项目：里程转换应用开发

接下来通过开发一个里程转换的应用程序来讨论怎样设计类、编写类的类变量和方法，以及编写驱动程序来测试这个类和程序的文档化。

里程转换软件描述：提示用户输入一个距离，程序可以将公里转换成英里，以及将英里转换成公里，并输出里程转换结果。

程序分析：输入：距离，可以是公里或英里。
　　　　　　处理：将输入的距离转换成公里或英里。
　　　　　　输出：距离转换结果（公里和英里）。

类的设计：
按照 Java 命名规范，我们称这个类为 MileageConverter。

1. 类的属性或实例变量

公里（kilometers）：双精度变量。
英里（miles）：双精度变量。
计算结果（result）：双精度变量。
为了保证类的封装性和属性的安全性，类变量被定义为具有私密访问权，即 private。

2. 类的功能或方法

除类变量 result 外，每个类变量都有它的 setXxx() 和 getXxx() 方法。因为 result 用来储存计算结果，所以它可以没有 setXxx() 方法。
可按以下公式进行距离转换计算：
公里转换成英里：1 公里 = 0.62137 英里
英里转换成公里：1 英里 = 1.609347 公里
类 MileageConverter 方法列表和规范如下。
setKilometers()：设置公里。
getKilometers()：得到公里。
setMiles()：设置英里。
getMiles()：得到英里。
getResult()：得到转换结果。
convertKilometers()：将公里转换成英里；转换结果存入 result。
convertMiles()：将英里转换成公里；转换结果存入 result。
所有方法都定义为具有公共访问权，即 public。

输入输出设计：
应用 JOptionPane 进行输入输出操作。应用 System.out 和 Scanner 进行输入输出操作，见实战项目大练兵——里程转换应用程序开发（2）。

异常处理：
将在实战项目大练兵——里程转换应用程序开发（2）中讨论。

软件测试：
编写测试类 MileageConverterApp 进行测试和必要的修改。输入各种里程值，检查输出结果是否正确；提示是否清楚；输出结果的显示是否满意。

软件文档：
利用 Eclipse 的 Javadoc 功能创建文档（见第 13 章）。
以下是根据以上分析和设计，编写的 MileageConverter 代码：

```
// 定义 MileageConverter，完整程序在本书配套资源目录 Ch3 中，名为 MileageConverter.java
public class MileageConverter {
```

```
        double kilometers,                          //定义类变量
               miles,
               result;
        public void setKilometers(double km)        //setKilometers() method
           { kilometers = km; }
        public double getKilometers()               //getKilometers() method
           { return kilometers; }
        public void setMiles(double mile)           //setMiles() method
           { miles = mile; }
        public double getMiles()                    //getMiles() method
           { return miles; }
        public double getResult()                   //getResult() method
           { return result; }
        public void convertKilometers()             //convert kilometers to miles
           { result = kilometers * 0.62137; }
        public void convertMiles()                  //convert miles to kilometers
           { result = miles * 1.609347; }
} // end of MileageConverter class
```

有了这个类，便可以编写一个桌面应用程序的测试类，来测试 MileageConverter 的工作状况，如下：

```
// 完整程序在本书配套资源目录 Ch3 中，名为 MileageConverterApp.java
//The driver class to test out the MileageConverter
import javax.swing.JOptionPane;
public class MileageConverterApp {
        public static void main(String[] args) {
     //create an object of MileageConverter
     MileageConverter mc = new MileageConverter();
     String str;              //declare a string
     double distance;         //declare a double
     //receive input data
     str = JOptionPane.showInputDialog("Welcome to Mileage Converter\n" +
         "Please enter a distance: ");
     distance = Double.parseDouble(str);        //convert to double
     mc.setKilometers(distance);                //set as kilometers
     mc.setMiles(distance);                     //set as miles
     mc.convertKilometers();                    //convert kilometers to miles
     //display the result as miles
     JOptionPane.showMessageDialog(null, str + " kilometers = " + mc.getResult()
         + " miles");
     mc.convertMiles();                         //convert miles to kilometers
     //display the result as kilometers
     JOptionPane.showMessageDialog(null, str + " miles = " + mc.getResult() +
         "kilometers");
     } //end of main()
} //end of MileageConverterApp
```

在这个测试程序 MileageConverterApp 中，首先创建了一个 MileageConverter 的对象 mc，然后定义了两个本地变量（或称局部变量）：str 和 distance，用来存储用户输入的数据。str 代表字符串数据；distance 代表其数值。因为 JVM 把所有输入数据都按照字符串处理；而在输出时，要求所有输出数据都是字符串形式。所以在编程时必须做相应的转换操作。

调用 JOptionPane 的 showInputDialog() 来提示用户输入一个要转换的距离，并将这个输入值赋给 str，即：

```
str = JOptionPane.showInputDialog("Welcome to Mileage Converter\n" + "Please
```

```
    enter a distance: ");
```

调用包装类 Double 的 parseDouble() 方法，把 str 转换成双精度数值，即：

```
distance = Double.parseDouble(str);
```

然后分别调用对象 mc 的 setXxx() 方法，将 distance 分别给类变量 kilometers 和 miles，即：

```
mc.setKilometers(distance);
mc.setMiles(distance);
```

程序中调用 mc 的转换方法 convertKilometers()，将 distance 代表的公里数转换成英里。然后调用 JOptionPane 的输出方法 showMessageDialog()，把转换后的结果 result 显示到显示屏幕上，即：

```
mc.convertKilometers();      //convert kilometers to miles
  //display the result as miles
  JOptionPane.showMessageDialog(null, str + " kilometers = " + mc.getResult() +
      " miles");
```

同样，程序中调用 mc 的 convertMiles() 方法，将 distance 代表的英里数转换成公里。这时，变量 result 的值已经被新的计算结果所代替。最后，把这个转换结果显示到屏幕上。图 3.3 显示了这个程序的一个典型运行结果。

图 3.3　公里和英里转换应用程序运行结果

巩固提高练习和实战项目大练兵

1. 举例说明什么是类，什么是对象，并说明它们之间的关系。
2. 为什么说类是设计对象的蓝图？用日常生活中的例子解释说明。
3. 为什么要定义类的访问权？最常用的类的访问权是什么？它有哪些特点？
4. 什么是类的命名规范？什么是对象的命名规范？为什么在 Java 编程中对命名规范如此重视？
5. 举例说明通常一个类中包含哪些内容，它们如何定义。

6. 什么是实例变量？为什么实例变量通常定义为 private？

7. 什么是方法？方法的功能是什么？如何命名方法？为什么方法的访问权一般定义为 public？

8. 什么是构造器？什么是系统预设构造器？构造器的功能是什么？

9. 举例说明如何创建对象以及如何调用方法。

10. 举例说明什么是测试类或测试程序机器特点。为什么要把执行功能的类和测试类分开？这么做有哪些好处？

11. 什么是 API 库？为什么要用 API 库？举例说明怎样使用 API 库。

12. JOptionPane 属于哪个 API 包？它主要有哪些功能和特点？

13. 举例说明本章还讨论了哪些常用输出/输入 API 类，它们和 JOptionPane 有哪些不同？

14. Scanner 属于哪个 API 包？它的功能是什么？它有哪些主要方法？如何使用 Scanner 并调用其方法？

15. 什么是用户友好-人机对话程序？编写这样的程序应该遵循哪些编程特点？

16. 创建一个电脑类 Computer，类中包含如下实例变量和方法：

a）CPU – 字符串型。

b）RAM – 整数型。

c）HardDrive – 整数型。

d）ScreenSize – 整数型。

e）basePrice – 双精度型。

f）setCPU(int CPU) – 设置 CPU 方法。

g）setRAM(int RAM) – 设置 RAM 方法。

h）setHardDrive(int hardDrive) – 设置硬盘容量方法。

i）setScreenSize(int ScreenSize) – 设置显示屏大小方法。

j）setBasePrice(double basePrice) – 设置基本价格方法。

k）getCPU()- 返回 CPU 的类型；其他 getXxx() 方法以此类推。

编写这个类的测试程序。创建一个电脑对象后，利用 JOptionPane 的输入方法要求用户输入各个实例变量，然后利用 JOptonPane 的输出方法显示所有实例变量信息。检查代码的命名、注释和文档是否符合 Java 编程的要求。

17. 继续上例，利用 Scanner 作为输入，利用 System.out 作为输出，实现相同的功能。

18. **实战项目大练兵**：参考本章"实战项目：里程转换应用开发"的分析和编程过程，编写一个可以转换摄氏温度和华氏温度的类。给定一个温度，这个类的方法可以将这个温度转换成摄氏温度值和华氏温度值。参考本书配套资源目录 Ch3 中名为 MileageConverter.java 的程序，编写一个测试类来测试和运行这个类。利用 Scanner 作为输入，利用 System.out 作为输出。最后，检查代码的命名、注释和文档是否符合 Java 编程的要求。

19. **实战项目大练兵**：参考本章"实战项目：里程转换应用开发"的分析和编程过程，编写一个可以转换公斤和磅的类。给定一个重量，这个类的方法可以将这个重量转换成公斤和磅的值。参考本书配套资源目录 Ch3 中名为 MileageConverter.java 的代码，编写一个测试类来测试和运行这个类。利用 System.out 作为输出。最后，检查代码的命名、注释和文档是否符合 Java 编程的要求。

20. **实战项目大练兵**：参考本章"实战项目：里程转换应用开发"的分析和编程过程，继续软件开发课第 18 题，将处理输入输出的操作由 JOptionPane 改为应用 System.out 和 Scanner。检查代码的命名、注释和文档是否符合 Java 编程的要求。

"温故而知新，可以为师矣！"

——《论语》

通过本章学习，你能够学会：
1. 举例说明条件表达式和逻辑表达式的特点以及如何应用。
2. 举例解释比较基本变量和比较字符串的不同。
3. 应用 if-else 编写代码解决实际问题。
4. 应用 switch 编写代码解决实际问题。
5. 应用 3 种循环语句编写代码解决实际问题。

第 4 章　走进控制语句

一般的语句，如赋值、输入、输出、方法调用等，都是按先后次序执行的。控制语句用来控制代码运行的流程，从而改变语句的执行次序。Java 中的控制语句主要包括分支语句 if-else，多项选择或开关语句 switch，3 种循环语句 while、do-while 以及 for，还有 continue 和 break。正确和灵活应用控制语句能够使我们模拟现实世界甚至超现实的复杂功能和处理操作。这一章将详细讨论这些控制语句以及它们的各种应用。

4.1　条件表达式

控制语句需要应用条件表达式来判断某个条件的成立与否，来决定程序运行的次序或者流程。这些条件包括数据的比较结果、逻辑关系的判断结果等。对数据的比较，包括对基本数据类型和字符串类型的比较，我们称之为关系表达式，因为比较的结果是"真"或是"假"，即 true 或 false。逻辑关系包括"和"的关系、"与"的关系，以及"非"的关系等。判断逻辑关系的表达式我们称之为逻辑表达式，其判断结果是一个布尔值，"真"或者"假"，即 true 或 false。表达式中既包括关系表达式也有逻辑表达式，被称为复合关系表达式。以上这些表达式统称为条件表达式。许多 API 类的方法，例如 Scanner 的 hasInt()，也返回一个布尔值，则是条件表达式的特例。

在这一章节首先介绍关系表达式以及怎样使用关系表达式对数据型变量和字符串进行比较，然后讨论这些关系表达式在各种控制语句中的应用，并用实际例子来帮助你理解和掌握它们的编程技巧。我们将在本章稍后的小节逐步深入地讨论逻辑表达式、复合表达式、多分支控制语句、各种循环语句，以及嵌套循环语句和它们的应用实例。

4.1.1　关系表达式

关系表达式是条件表达式的一种。它是由关系操作符和操作数构成的。因为关系操作符要求有两个操作数，我们称这种操作符为二元操作符。你可以回顾一下，还有哪些我们讨论过的操作符是二元操作符呢？

表 4.1 中列出了 Java 的关系操作符以及每个操作符的含义。

表 4.1　关系操作符和关系表达式

关系操作符	名　称	关系表达式	含　义
==	相等	x == y	如果 x 与 y 相等，返回真，否则为假
!=	不相等	x != y	如果 x 不等于 y，返回真，否则为假
>	大于	x > y	如果 x 大于 y，返回真，否则为假
<	小于	x < y	如果 x 小于 y，返回真，否则为假
>=	大于等于	x >= y	如果 x 大于并等于 y，返回真，否则为假
<=	小于等于	x <= y	如果 x 小于并等于 y，返回真，否则为假

> **更多信息**　关系表达式是条件表达式的一种。条件表达式还包括逻辑表达式，或者任何产生真（true）或假（false）值的表达式，变量或者方法调用，都称作条件表达式。

接下来讨论怎样比较基本型数据。

4.1.2　比较基本型数据

Java 的 8 种基本型数据都可以进行关系比较。来看下面的一些例子。

```
boolean result;                     // 定义一个布尔变量

result = 5 >= 4;                    // 结果为真，即 true
result = 10 < 11;                   // 结果为真，即 true
result = 0.09 != 0.0685;            // 结果为真
result = 7 <= 7;                    // 结果为真
result = 'a' != 'A';                // 结果为真
result = 8 == 6;                    // 结果为假
result = 'b' != 98;                 // 结果为假
```

在最后的例子中相比较的是字符的 Unicode 代码。字符 'b' 的代码是 98，所以结果为假，即 false。

> **3W**　关系表达式使用关系操作符比较两个操作数，其结果为布尔值。使用关系表达式的目的是控制程序的执行次序，即流程。

注意，在比较两个浮点变量的布尔关系时，一定要考虑浮点变量的有效值范围。如果两个数值相等的操作数的数值超出有效值范围，一般超过两位以上，即单精度浮点数超过 9 位，双精度浮点数超过 18 位时，则会产生错误的比较结果。Java 编译器在对超值的浮点数编译时并不产生编译错误信息；而 JVM 也不会产生任何错误或异常处理。例如下列两个超值的单精度浮点数的比较：

```
System.out.println("123.456789f == 123.4567892f: " + (123.456789f == 123.4567892f));
```

运行结果为真，即 true。

实际上，Java 编译器在编译超值的单精度浮点数的布尔关系表达式时，对其第 9 位"有效数"进行"3 舍 4 入"的操作。例如：

```
System.out.println("123.45678f == 123.456783f: " + (123.45678f == 123.456783f));
```

的运行结果为真，即 true；而

```
System.out.println("123.45678f == 123.456784f: " + (123.45678f == 123.456784f));
```

的运行结果为假，即 false。

Java 在处理双精度浮点数值布尔关系时，则对其第 18 位"有效数"采取"3 舍 4 入"的原则进行比较。例如：

```
System.out.println("123.45678901234567 == 123.456789012345673: "
                 + (123.45678901234567 == 123.456789012345673));
```

的运行结果为真。而

```
System.out.println("123.45678901234567 == 123.456789012345674: "
                 + (123.45678901234567 == 123.456789012345674));
//完整程序在本书配套资源目录 Ch4 中，名为 TestRelationalApp.java
```

的运行结果则为假。

对整数型操作数，包括 byte、char、short、int 和 long，Java 编译器将对超值的数值定义产生编译错误。所以在关系比较时，不存在类似浮点型操作数的问题。

> **更多信息** Java 语言中规定，不可以像 C 或 C++ 那样，用整数值 0 代表假；而用除 0 之外的任何整数值代表真。Java 中只允许用 true 或 false 代表真或假。

4.1.3　比较字符串

确切地说，在 Java 语言中，对字符串的比较有两种：对字符串内容的比较，以及对字符串地址的比较。4.1.2 节讨论过的比较操作符，如 == 和 != 等，对字符串的地址进行比较，而不是对内容进行比较。

在 Java 中，字符串实际上是一种系统预设的 API 类。使用字符串类的方法对字符号内容进行关系比较，产生布尔结果。表 4.2 列出了对字符串进行比较的两个常用方法。

表 4.2　对字符串进行比较的方法和解释

方　　法	调 用 方 式	使用和解释
public boolean equals(String)	str1.equals(str2)	如果两个字符串内容，包括大小写字母相等，返回真，否则返回假
Public Boolean equalsIgnore- Case (String)	str1.equalsIgnoreCase(str2)	如果两个字符串内容相等（忽略大小写字母），返回真，否则为假

接下来讨论一些具体的例子：

```
String str1 = "My String",                //定义一个字符串变量
       str2 = "My string";                //定义另一个字符串变量

System.out.println(str1.equals(str2));    //print false
```

将显示 false。这是因为字符串 str1 和 str2 的内容虽然相等，但有一个大小写字母的不同，所以这个比较结果为假。而

```
System.out.println(str1.equlasIgnoreCase(str2));  // 输出 true
```

将显示 true。这是因为在这个比较中，大小写字母被认为是相同的字符。

注意，在对字符串的关系比较中，使用关系运算符，例如 ==、!= 等，所比较的是两个字符串的地址，而不是内容。即：

```
str1 == str2
```

是对 str1 和 str2 的地址的比较，而不是对内容的比较。接着上面的例子：

```
System.println(str1 == str2);                        // 输出 false
System.println(str1.equalsignoreCase(str2));         // 输出 true
```

第一行将打印 false，因为它比较的是地址。字符串 str1 和 str2 是两个不同的字符串对象引用，因而它们有不同的存储地址，比较的结果为假；第二行显示 true，因为在忽略大小写字母后，它们的内容相同，比较结果为真。

Java 初学者容易混淆，对字符串内容的比较和字符串地址的比较。后续章节将进一步讨论字符串对象引用、字符串对象、字符串的比较，以及和字符串内容和地址有关的问题。

下面的代码是测试和理解字符串内容比较的例子。这个例子询问用户输入两个字符串，然后显示比较的结果，以便加深理解和掌握对字符串内容的比较操作。虽然这个程序只运行一次就结束，但在后续内容中讨论过分支语句和循环语句后，就可以修改这个程序，使它能够循环多次运行。

```java
//完整程序在本书配套资源目录Ch4中，名为TestString Comparison App.java
//Demo of testing string comparisons
import java.util.Scanner;
public class TestStringComparisonApp {
    public static void main(String[] args) {
        String   str1,                               // 定义两个字符串
                 str2;
        Scanner sc = new Scanner(System.in);         // 创建扫描对象

        System.out.println("Welcome to String comparison testing\n");
        System.out.print("Please enter the first string: ");
        str1 = sc.nextLine();                        // 扫描第一个字符串
        System.out.print("\nPlease enter the second string: ");
        str2 = sc.nextLine();                        // 扫描第二个字符串
        // 显示第一个和第二个
        System.out.println();
        System.out.println("str1 = " + str1);
        System.out.println("str2 = " + str2);
        // 显示比较结果
        System.out.println("str1.equals(str2) is " + str1.equals(str2));
        System.out.println("str1.equalsIgnoreCase(str2) is " + str1.
            equalsIgnoreCase(str2));
        System.out.println();
        System.out.println("Thank you and please try again...");
    } //main() 结束
}   //TestStringomparisonApp 结束
```

以下是一个典型运行结果。

```
Welcome to String comparison testing
Please enter the first string: Java
Please enter the second string: java
str1 = Java
str2 = java
str1.equals(str2) is false
str1.equalsIgnoreCase(str2) is true
Thank you and please try again ...
```

4.2 逻辑表达式和应用

逻辑表达式是条件表达式的又一种形式。如果说关系表达式是判断两个数据的大小、相等与否的布尔关系，逻辑表达式则用来表达两个或多个关系表达式之间的"与""或""非"的布尔关系，或称逻辑关系。所以，用逻辑表达式可以构成复杂多样的复合表达式，应用于对代码的执行次序和流程控制。

4.2.1 逻辑表

表 4.3 列出了 Java 的 3 种逻辑运算真值表。Java 用 "&&" 表示逻辑与，用 "||" 表示逻辑或，用 "!" 表示逻辑非。

表 4.3 逻辑运算真值表

x	y	x && y	x || y	!x
true	true	true	true	false
true	false	false	true	false
false	true	false	true	true
false	false	false	false	true

可以看到，在逻辑与 && 的运算中，只有两个操作数的值都为真时，其运算结果才为真。在逻辑或 || 的运算中，只要有一个操作数的值为真，其运算结果便为真。而逻辑非 ! 只有一个操作数，实际上是对这个操作数求反。

Java 应用短路运算（short-circuit）对逻辑与以及逻辑或进行操作。即对逻辑与 x && y 运算时，如果第一个操作数 x 的值是假，则不再对第二个操作数 y 的值进行判断，结果已经为假；在对逻辑或 x || y 运算时，如果第一个操作数 x 的值为真，则不再对第二个操作数 y 的值进行判断，结果已经为真。而其他编程语言则使用全程运算（full evaluation），即对所有操作数进行判断后，才决定逻辑与或者逻辑或的结果。这种全程运算在处理复杂的复合表达式时，显然浪费时间和空间。

4.2.2 复合表达式及运算次序

运用逻辑运算符和关系表达式可以构成复杂的复合表达式，例如：

a < b + 1 || a >= c − 1 && !(b-d)

它的运算次序是如何进行的呢？根据 Java 规则，复合表达式的运算符优先级列表如表 4.4 所示。

表 4.4 运算优先级

优 先 级	运 算 符	说 明
1	( )	括号最优先
2	!、+、−、++、--	单操作数
3	*、/、%	乘、除、求余
4	+、−	加、减
5	<、<=、>、>=	关系运算
6	==、!=	关系运算等于、不等于
7	&&	逻辑与
8	||	逻辑或
9	=	赋值

注意，如果运算优先级相同，则按从左至右次序进行。

回到上面的例子，根据运算优先级，其运算次序是：

先做括号里的 b − d；

求其逻辑反；

进行 b + 1 以及 c − 1 数学运算；
进行关系运算；
进行逻辑与运算；
再进行逻辑或运算。

4.2.3 你的程序逻辑清楚吗

"假如你的期中和期末考试成绩都是 90 分或 90 分以上，就可以申请奖学金，否则不够资格。"这是一个典型逻辑与的因果关系。可以将它表述为如下复合表达式：

```
(midtermScore >= 90) && (finalScore >= 90)
```

其中，midtermScore 和 finalScore 均为整型变量。

除逻辑非"!"具有更高运算优先级外，逻辑与和或的运算级均低于关系运算和数学运算，所以上面的复合表达式可以不要括号，即：

```
midtermScore >= 90 && finalScore >= 90
```

可以将这个表达式应用在如下 if-else 语句中（4.2.4 节讨论）：

```
if (midtermScore >= 90 && finalScore >= 90)
    applyStatus = true;
else
    applyStatus = false;
```

设想一下，如果不用逻辑表达式，将如何完成这个运算。

"如果你的期中或者期末考试成绩高于 90 分以上，就可以得到 2500 元的奖学金。"这是一个典型的逻辑或的因果关系，可以将其表述在以下 if 语句中：

```
if (midtermScore > 90 || finalScore > 90)
    grantAmount = 2500;
```

"如果你这门课的成绩不是 A，你就得不到奖学金，否则就可以申请它。"这一表述可以用以下 if-else 语句中的逻辑非来表达：

```
if (!(myGrade.equalsIgnoreCase("A")))
    grantAmount = 0;
else
    applyStatus = true;
```

其中，myGrade 是储存这个学生成绩的字符串变量。

这个逻辑关系也可用如下关系表达式来表示：

```
myGrade.compareIngoreCase("A") != true
```

试想是否可以用其他方式来表达这个逻辑关系。

假设 a、b、c 为整型变量。表 4.5 中列出了更多逻辑表达式的应用例子。

表 4.5 逻辑表达式应用举例

表 述	逻辑表达式
a 不等于 b 也不等于 c	a != b && a != c
a 等于 b 或 c 小于等于 a	a == b || c <= a
a 小于 b+1 或大于等于 c−1	a < b + 1 || a >= c − 1
a + b 结果的反	!(a + b)

> **更多信息** Java 还提供控制用的按位逻辑运算与"&"、或"|"、异或"^"，以及非"~"。即如果两个输入位都是 1，"&"产生一个输出位 1，否则输出位为 0。如果输入位中有一个为 1，"|"产生输出位 1，否则为 0。如果输入位都是 1，或者只有一个是 1，另外一个是 0，"^"产生一个输出位 1，否则为 0。如果一个输入位为 1，"~"产生一个输出位 0，否则为 1。按位进行的逻辑运算超出本书范围，详细讨论见有关文献。

下面是一个用来测试和理解逻辑表达式程序例子的部分代码：

```
// 完整程序以及以上讨论过的程序在本书配套资源目录 Ch4 中，名为 TestLogicApp.java
//test out the basics
System.out.print("Please enter boolean value of x: ");
x = sc.nextBoolean();
System.out.print("Please enter boolean value of y: ");
y = sc.nextBoolean();
System.out.print("Please enter boolean value of z: ");
z = sc.nextBoolean();
System.out.println("x && y: " + (x && y));
System.out.println("x || y: " + (x || y));
System.out.println("!x: " + !x);
System.out.println("x != y && x != z: " + (x != y && x != z));
System.out.println("x == y || x == z: " + (x == y || x == z));
```

4.3 简单 if 语句

"我的存款现在是 10 万元。如果存款额达到 15 万元，我一定买一辆大众。"这就是 if 语句。可以看出，这里只说明了买一辆大众车的条件，但没有指明如果存款没有达到 15 万元将怎样。也许什么也不做吧。所以 if 语句是单项决定语句，或单分支语句。它只处理如果条件成立将做什么。

"如果周末下雨，我们就在家搓麻，否则我们就去钓鱼。"这便是 if-else 语句。与上面的例子相比，这里把条件成立或不成立时要做的决定都包括了进来。所以 if-else 语句是双项决定语句，或称双分支语句。

最常用也是最基本的控制运行流程的语句非 if 和 if-else 语句莫属。这两个语句在任何计算机高级语言中都存在，可见其应用的广泛性和重要性。我们在本章先讨论它们的简单形式和应用。在以后的章节中将进一步讨论更为复杂的编写方式。

首先讨论单分支 if 语句。其语法格式为：

```
if (conditional_expression)
    statement;
```

或

```
if (conditional_expression)
    {
        statements;
    }
```

这里：

- conditional_expression——指任何一个条件表达式。注意，这个表达式必须包括在括号中。
- statement——指任何一行程序语句。
- statements——指任何多于一行的程序语句，或程序块。如果是程序块，必须使用花括号。

含义为：如果 conditional_expression 为真，则执行 statement，或者 statements，否则不执行这

个或者这些语句。可以看到，在布尔表达式为真的情况下，执行的只是一行语句，那么这行语句的花括号可以省略。

图 4.1 列出了 if 语句的典型代码和它的流程图。

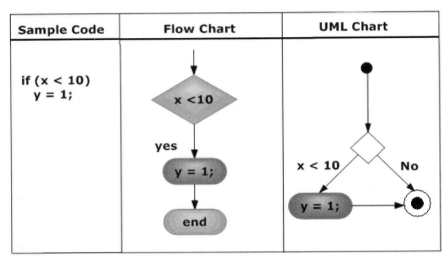

图 4.1 if 语句的流程图

> **3W** Uniform Modeling Language（UML），是用来表示类的结构、类之间的关系，以及执行流程的图示化语言。应用它的目的是更清楚地表达设计结构和执行流程。本书应用 UML 的目的是帮助你更好地理解表达式的逻辑关系和执行结果。

下面讨论一些具体例子。

例子之一：if 语句中只有一行执行语句。

```
discountRate = 0.1;
if (total >= 150)
    discountRate = 0.2;
System.out.println("discount is " + total * discountRate);
```

在这个例子中，如果变量 total 的值大于或等于 150，discountRate 将被赋予新的值 0.2，然后执行输出语句；否则，如果 total 的值小于 150，则跳过这一行，执行输出语句，这时的 discountRate 仍然是 0.1。

例子之二：if 语句中有多行执行语句。

```
// 完整程序在本书配套资源目录 Ch4 中，名为 TestIfApp.java
discountRate = 0.1;
if (total >= 150)
    { discountRate = 0.2;
      bulkOrder ++;
    }
System.out.println("Discount is " + total * discountRate);
System.out.println("Number of bulk order is " + bulkOrder);
```

在这个例子中，如果变量 total 的值大于或等于 150，则执行花括号里的程序块，即 discountRate 被赋予新的值 0.2，变量 bulkOrder 加 1，然后执行输出语句；否则，如果 total 的值小于 150，则跳过花括号，而去执行输出语句，这时的 discountRate 仍然是 0.1，bulkOrder 亦不变。

注意 if 语句的编写格式。适当使用空格会增强程序的可读性。如果把上面的例子写成如下形式：

```
// 不提倡的编写格式
if (total >= 150)
discountRate = 0.2;
System.out.println("discount is " + total * discountRate);
```

或者：

```
// 这样的写法一定要不得
if (total >= 150)
{ discountRate = 0.2;
bulkOrder ++;
}
System.out.println("Discount is " + total * discountRate);
System.out.println("Number of bulk order is " + bulkOrder);
```

不言而喻，这将大大削弱程序的可读性，使读者很难理解你的程序。

> 3W　if 语句是单分支语句，用来判断条件成立时要执行的操作。if 语句使用条件表达式作为条件判断。这个表达式必须使用括号。程序体多于一行时必须使用花括号。

4.4　简单 if-else 语句

if 语句只是进行单分支判断，并没有提供如果布尔表达式条件不成立或为假时，应该执行哪行或者哪些语句。而 if-else 则提供了双分支执行功能，使我们在编写程序时更加方便和有效。if-else 双分支的语法格式如下：

```
if (conditional_expression)
    statement;
else
    statement;
```

或者：

```
if (conditional_expression)
{
    statements;
}
else
{
    statements;
}
```

同单分支 if 语句一样，如果布尔表达式为真或者为假时所执行的语句多于一行时，必须用花括号括起来。这里，else 表示如果布尔表达式结果为假，则执行 else 所指定的语句行。图 4.2 列出了 if-else 语句的典型代码和它的流程图。

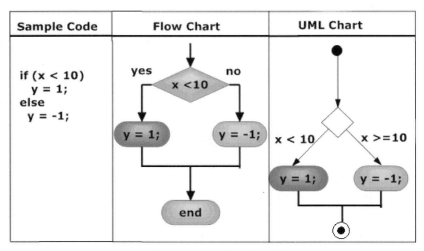

图 4.2　if-else 语句的流程图

下面通过例子来学习和掌握 if-else 语句的编写方法。

例子之一：简单 if-else 语句。

```
// 完整程序在本书配套资源目录 Ch4 中，名为 TestIfElseApp.java
if (total >= 150)
    discountRate = 0.2;
else
    discountRate = 0.15;

System.out.println("discount is " + total * discountRate);
```

与 if 语句例子相比，if-else 多了一次进行决策的机会，即如果表达式 total 小于 150 时，我们有机会可以方便地将 discountRate 赋予另外一个值，即 0.15。否则，我们将需要两个 if 语句来完成这样的操作，例如：

```
if (discountRate >= 150)
    discountRate = 0.2;
if (discountRate < 150)
    discountRate = 0.15;
```

再讨论另外一个例子。

例子之二：if-else 语句中有多行程序代码。

```
if (total >= 150)
    {
      discountRate = 0.2;
      System.out.println("discountRate is: " + discountRate);
    }
else
    {
      discountRate = 0.15;
      System.out.println("discountRate is: " + discountRate);
    }

System.out.println("discount is " + total * discountRate);
```

因为在这个例子中 if 和 else 的执行程序体都多于一行，所以必须使用花括号。

> **3W** if-else 语句是双分支语句，用来判断条件成立或者不成立两种情况下要执行的操作。if-else 语句使用条件表达式作为条件判断，这个表达式必须使用括号。程序体多于一行时必须使用花括号。

4.5 嵌套 if-else 语句

回顾一下前面讨论过的简单 if-else 语句，它只能产生两种情况的分支。使用嵌套 if-else 语句，则可产生多种分支和判断。使用嵌套 if-else 再加复合表达式，则会使我们的编程世界更加丰富多彩，能够处理更加综合复杂的逻辑问题。

4.5.1 用多种格式编写

嵌套 if-else 根据处理的问题，可以有多种格式。以下介绍 3 种典型的基本格式，你可以举一反三，根据情况，灵活运用。

格式 1：

```
if (booleanExpression)
    { statements; }
else if (booleanExpression)
    { statements; }
else if (booleanExpression)
    { statements; }
...
```

这种形式的嵌套可以产生多项选择性的条件判断，即多项开关。例如：

```
if (month ==1)
    monthName = "January";
else if (month == 2)
    monthName = "February";
else if (month == 3)
    monthName = "March";
...
```

格式 2：

```
if (booleanExpression)
{
    if (booleanExpression)
        { statements; }
    else
        { statements; }
}
else
{
    if (booleanExpression)
        { statements; }
    else
        { statements; }
}
...
```

这种形式在 if 中，或者在 else 中，又嵌套了另外一个或多个 if，或 if-else，产生了一层套一层的复杂判断。注意在应用这种格式时，每一个 else 都必须有一个 if 与之对应，否则就会产生语法错误。以下例子为这种格式的正确写法：

```
if (today == "Saturday" || today == "Sunday")
    if (rain == true)        // 或 if (rain)
    {   wakeupTime = "11:00 am";
        goOutStatus = false;
    else
    {   wakeupTime = "8:00 am";
        goOutStatus = true;
    }
else
    {   wakeupTime = "6:30 am";
        workStatus = true;
    }
...
```

格式 3：

```
if (booleanExpression)
    else if (booleanExpression)
        { if (booleanExpression)
            { statements; }
        else
            { statements; }
        }
        else if (booleanExpression)
        ...
```

可以看出，这种形式是格式 1 和格式 2 的综合。

4.5.2　应用实例

应用嵌套 if-else 的经典编程例子是根据成绩给学生分配字母学分。例如：

成绩范围	字母学分
>= 90	A
80 ~ 89	B
70 ~ 79	C
60 ~ 69	D
< 60	F

解决这个问题的主要代码如下：

```
// 完整程序在本书配套资源目录 Ch4 中，名为 GradeWithIfElse.java
public class Grade {        // 用类 Grade 演示嵌套 if-else 的应用
    int score;
    char grade;
    ...
    public void assginGrade(){
        if (score >= 90)
            grade = 'A';
        else if (score >= 80)
            grade = 'B';
        else if (score >= 70)
            grade = 'C';
        else if (score >= 60)
```

```
        grade = 'D';
    else
        grade = 'F';
    }    //end of method assignGrade()
}    //end of class Grade
```

给出一个挑战性问题：是否可以用不同的嵌套 if-else 来解决以上问题？

4.6 条件运算符 ?:

Java 提供条件运算符 ?:，可以用来代替 if-else 语句。例如：

```
discountRate = total >= 150 ? 0.2 : 0.15;
```

它相当于：

```
if (total >= 150)
    discountRate = 0.2;
else
    discountRate = 0.15;
```

其语法格式为：

```
conditionalExpression ? expression1 : expression2
```

其中：

❑ conditionalExpression——任何布尔表达式。
❑ expression1 和 expression2——常量、变量或者表达式。

含义为：如果 conditionalExpression 为真，则执行 expression1，否则执行 expression2。因为条件运算具有 3 个运算符，它也称为三元操作。

条件运算符经常用在快捷判断的情况下，使代码编写简洁，例如：

```
System.out.print(grade >= 60 ? "passed" : "failed");
```

试想怎样把它改写为 if-else。注意，不当使用条件运算符会降低代码的可读性。

4.7 多项选择——switch 语句

尽管嵌套 if-else 可以构成多项选择功能，但 Java 提供了专门的语句 switch 来完成这一操作，使得多项选择更具有针对性。

4.7.1 典型 switch 语句格式

多项选择 switch 语句可以有多种格式，典型的语法格式如下：

```
switch (integralExpression)
    {
        Case integralValue_1:
            statements;
            break;
        case integralValue_2:
            statements;
            break;
        ...
        default:                //optional
```

```
        statements;
}
```

其中，integralExpression 和 integralValue_n 必须是整数型常量、变量或表达式，例如 byte、short、int 或 char，但不允许是 long。default 是可选项。其执行流程如下。

如果 integralExpression 等于 case 中的某个 integralValue，则执行这个选项中的所有语句，直到 break 语句，控制跳出 switch 语句。

如果 integralExpression 不等于任何 case 中的 integralValue，则执行 default 中的所有语句，然后 switch 语句结束。

如果没有 default 选项，integralExpression 不等于任何 case 中的 integralValue，则不执行任何 case 选项，控制跳出 switch 语句。

控制跳出 switch 语句后，执行其后的第一行语句。

例如：

```
switch (menuSelector) {
    case 1:     menu.openFile();        // 调用对象 menu 的方法
                break;
    case 2:     menu.saveFile();
                break;
    case 3:     menu.exit();
                break;
    default:    System.out.println("菜单选项错误");
}
```

注意，如果 case 中没有 break 语句，将会继续执行下一个 case 选项。有经验的编程人员可以善加利用这一特性，构成更加巧妙有效的代码。例如：

```
// 完整程序在本书配套资源目录 Ch4 中，名为 SwitchTestApp.java
switch(dayOfWeek) {        // 星期一从 2 算起
    case 2:
    case 3:
    case 4:
    case 5:
    case 6:        day = "工作日";
    case 1:
    case 7:        day = "周末休息";
}
```

在这个例子中，有目的地利用了 switch 语句中没有 break 将自动执行下一个 case 的特点，如果 dayOfWeek 的值是 2~6 的任何一个数（代表星期一到星期五），字符串变量 day 将被赋予"工作日"；如果 dayOfWeek 的值是 1 和 7（代表星期天和星期六），day 将得到字符串值"周末休息"。如果 dayOfWeek 的值不在以上范围，控制则跳出这个 switch 语句，从 switch 之后的第一行语句开始执行。也可以在这个 switch 中加上 default 选项，用来显示可能的出错信息。这个练习留给你在本章的练习题中尝试。

图 4.3 显示了 switch 语句的典型代码以及流程图。

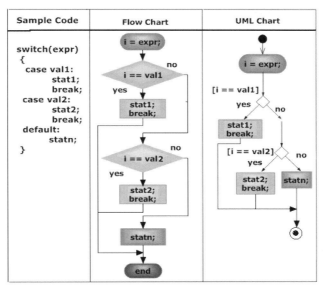

图 4.3 switch 语句的典型代码以及流程图

> 更多信息　switch 中 case 的值只能是一个确定的整数值，而不像在其他语言，如 Pascal 中，可以是一个整数范围。

4.7.2 应用实例

利用 switch 语句，也可以编写在 4.5.2 节中用嵌套 if-else 解决给学生分配字母学分的问题。不难看出，字母学分共有 5 种选项。假设学生的成绩范围是 0 ～ 100，如果对成绩除以 10，即得到如下分配方案：

成绩	成绩 /10	字母学分
90 ～ 100	9 - 10	A
80 ～ 89	8	B
70 ～ 79	7	C
60 ～ 69	6	D
0 ～ 59	其他	F

将其他情况考虑为 default 选项，这个 switch 语句可以编写如下：

```java
// 完整程序在本书配套资源目录 Ch4 中，名为 GradeWithSwitch2.java
int scoreRange = score / 10;
switch (scoreRange) {
    case 10:
    case 9:     grade = 'A';
                gradeAcount++;        // 统计得 A 的学生
                break;
    case 8:     grade = 'B';
                gradeBcount++;
                break;
    case 7:     grade = 'C';
                gradeCcount++;
                break;
    case 6:     grade = 'D';
```

```
                                gradeDcount++;
                                break;
            default:        grade = 'F';
                                gradeFcount++;
}
```

4.7.3　JDK14 新增的 switch-case 语句及其应用

在 JDK12、JDK13（预览讨论版本）以及 JDK14（确定版本），新增了一个增强性的 switch-case 语句。与传统的 Java 语法不同，这个语句吸收了其他语言的语法，一个典型应用如下：

```
// 完整程序在本书配套资源目录 Ch4 中，名为 NewSwitch App.java
...
String result = switch(day) {
    case "M", "W", "F" -> "MWF";              //result = "MWF"
    case "T", "TH", "S" -> "TTS";             //result = "TTS"
    default -> {
        if (day.isEmpty())
            yield "Please insert a valid day.";
        else yield "Looks like a Sunday.";
    }
};
System.out.println(result);
...
```

如果 day 所代表的 case 等于"M""W"以及"F"，result="MWF"；如果 case 等于"T"、"TH"、以及"S"，result="TTS"；如果 day 为空，result="Please insert a valid day."；如果 day 不属于 case 的不为空的其他字符串，则 result = "Looks like a Sunday."。

4.8　你的程序需要继续运行吗——循环语句

很难想象一个没有循环语句的计算机语言的存在。循环语句就像一幢摩天大厦里的电梯一样重要。没有它，怎样有效地到达顶点呢？"请不要停止程序的运行。我需要重复运行这个程序。我有各种数据，需要知道它们各自的执行结果"。这是我们在解决问题时经常遇到的。解决方式：加入循环语句。从上面讨论过的例子中可以看出，那些程序只能执行一次。我们需要循环语句，使程序的某个程序段或者整个程序能够重复运行，直到用户输入某个键或某个条件满足为止。

Java 提供 3 种循环语句，即 while 循环、do-while 循环以及 for 循环。本节首先介绍 Java 语句中的基本循环语句——while 循环语句及其 4 种编程方式。它是其他循环语句的基础。理解和掌握了 while 循环语句，学习其他循环语句就不难了。然后讨论其他两种循环语句 do-while 和 for，以及嵌套循环的概念、编写和应用实例。

4.8.1　走进 while 循环

while 循环语句的语法格式如下：

```
while (conditionalExpression)
{
    statements;      // 循环体
}
```

如同 if 语句，while 循环语句首先判断条件表达式是否成立。如果为真，则执行在花括号中的语句，或称为循环体；如果为假，这个循环语句结束，控制跳出循环，执行循环体之外的语句。如果循环体只有一行语句时，花括号可以省略。

图 4.4 列出了 while 循环语句的典型代码以及流程图。我们称 x 为循环控制变量，它在循环语句前必须定义和赋值；称表达式 x < 10 为循环的条件，必须在关键字 while 的括号中；称 ++x 为循环变量的更新，一般在循环体中。这 3 个单元称为循环三要素，它们规范了循环的行为。

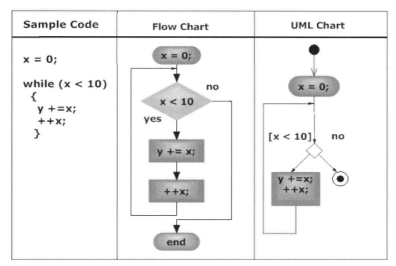

图 4.4　while 语句的流程图

在实际应用中，while 循环可以有以下 4 种不同的编写方式来控制对循环体的重复执行：
❑ 用计数器控制。
❑ 由用户输入控制。
❑ 用标记值控制。
❑ 用改变循环条件控制。

下面用实例详细讨论 while 循环的 4 种编程方式。

例子之一：用计数器控制 while 循环。这种编程方式是事先已知循环的次数，例如计算累加、累减，或固定循环次数的处理和操作。以下程序利用 while 循环计算 1 ~ 5 的和。

```java
// 完整程序在本书配套资源目录 Ch4 中，名为 TestWhile_1App.java
int sum = 0;           // 用来储存和
int x = 1;             // 定义循环变量并初始化
while (x <= 5)         // 循环条件
{   sum += x;          // 相当于 sum = sum + x;
    ++x;               // 循环变量更新
}
System.out.println("sum = " + sum);
```

循环结束后，sum 的结果为 15。这个例子的具体循环过程可由表 4.6 表示。

表 4.6　while 循环执行过程解释

x 值	循环条件判断	循 环 次 数	sum 值
1	x <= 5 为真	1	1
2	x <= 5 为真	2	3
3	x <= 5 为真	3	6
4	x <= 5 为真	4	10
5	x <= 5 为真	5	15
6	x <= 5 为假，跳出循环		

> 3W while 循环语句用来重复执行一段程序体。它由循环控制变量、循环条件，以及循环变量更新三要素构成。程序体多于一行时必须使用花括号。While 循环是学习 do-while 和 for 循环的基础；学会了 while 循环，其他循环语句就容易掌握了。

> **更多信息** 循环语句有三要素：循环控制变量、循环条件，以及循环变量更新。循环控制变量必须在循环前定义并赋予初始值；循环条件可以是任何条件表达式，产生布尔值（true 或者 false），用来控制循环继续与否；循环变量的更新改变条件表达式的值，从而控制循环的行为。

例子之二：由用户输入控制的 while 循环。这也是一种常见的控制 while 循环的编程方式，如提示用户是否继续"Continue (y/n)?"等。这种方式的特点是循环次数是不固定的，完全由用户的输入值决定是否继续循环。以下是由用户输入是否继续运行"Continue (y/n)?"的例子。

```java
// 完整程序在本书配套资源目录 Ch4 中，名为 TestWhile_2App.java
Scanner sc = new Scanner(System.in);
int count = 0;                                    //用来记录循环次数
String choice = "y";                              // 定义循环变量并初始化
while (choice.equalsIgnoreCase("y") )             // 循环条件
{
    count++;                                      //count 记录循环次数
    System.out.println("Number of loops is " + count);  // 显示信息

    System.out.print("Continue (y/n): ");         // 提示用户输入选择
    choice = sc.next();                           // 循环变量更新
}
System.out.println(   "Good bye!");
```

这个例子演示了用户怎样控制循环的执行。因为循环控制变量 choice 预设的值是"y"，所以程序首先进入循环体运行。用来记录循环次数的变量 count 加 1，并打印这一信息。接下来的输出语句提示用户输入是否继续循环，如果用户输入的是"y"或"Y"，循环将继续，否则，choice 的值不是"y"或"Y"，choice.equalsIgnoreCase("y") 返回值为假，即 false，循环语句停止。循环体外的输出语句将被执行。

值得一提的是，用来判断循环是否继续的表达式在这个例子中不是传统的条件表达式，而是调用字符串的方法 equalsIgnoreCase()。由这个方法返回布尔值（true/false）真或假来决定循环体是否继续执行。这是一个经常被使用的例子。

例子之三：用标记值控制的 while 循环（sentinel-controlled while loop）。这种对循环的控制是利用一个用来作为循环结束的标记值，如 –1 或 –99，或一个不会出现在运算操作的值来控制循环是否继续。如在 4.7.2 节讨论过的根据考试成绩分配字母学分的例子，学生的成绩不可能是负数，根据这个特点，修改后利用标记值控制 while 循环的程序如下：

```java
// 完整程序在本书配套资源目录 Ch4 中，名为 TestWhile_3App.java
...
int score = 0;                                    // 学生成绩初始化
String str, message;

while (score >= 0)      {                         // 循环条件
        str = JOptionPane.showInputDialog("Please enter an integer score"
            +"(enter a negative number to stop):");
        score = Integer.parseInt(str);            // 转换成整数
        if (score >=0) {                          // 继续循环
            grade.setScore (score);               // 调用学生成绩处理对象的方法
            grade.assignGrade();
```

```
            ...
    }        //while 循环结束
// 打印学生成绩处理结束的各个语句
    ...
```

在这种循环格式中，如果用户输入的学生成绩 score 是一个负数，例如：

```
score = Integer.parseInt(str); // 转换成整数
```

中，如果转换的值为负数，如 –1，则意味着学生成绩已经输入完毕，用这个标记值来要求循环结束。这个格式经常用在对文件的读入和大批数据的统计处理中。其循环次数取决于数据量和标记值的读入。试想，在以前讨论过的例子中哪些可以利用标记来控制 while 的循环呢？

例子之四：用改变循环条件控制的 while 循环。程序如下：

```
boolean done = false;
while (!done)      {
    statements;
    ...
    if (conditionalExpression)
        done = true;
}
```

这种循环格式是动态控制 while 循环的典型例子。在程序运行过程中，取决于代码的逻辑关系，由循环体中的 if 语句对某个条件进行判断，并对其更新，来改变循环的行为。具体实例如下：

```
// 完整程序在本书配套资源目录 Ch4 中，名为 TestWhile_4App.java
boolean done = false;
while (!done)      {
    count++;
    // 执行其他操作
    ...
    if (count >= 5)
        done = true;              // 改变了循环条件
}
System.out.println("Good bye!"); // 循环体外语句
...
```

以上的分析只是提纲挈领、抛砖引玉，对 while 循环做一个规范化的总结。如同我们解决的问题多种多样，循环的格式也会五花八门，绝不拘泥于以上的模式。在编程中可灵活巧妙应用，举一反三。在后面的小节介绍 continue 和 break 语句后，你可以在循环中更加方便地使用它们，以便有效地解决问题，同时保证代码的可读性。

> **更多信息**　与其他循环语句相比，while 循环语句更适用于解决循环体次数不确定的问题。

4.8.2　走进 do-while 循环

作一个形象的比喻，如果说在 while 循环中，进入循环体的门卫（循环条件）站在大门口，没有通行证不许入内，但在 do-while 循环中，这个门卫则站在循环体的后门，即使没有通行证，你也可以进来，至少进来一次。即，在 do-while 循环中，无论循环的条件是否成立，循环体至少被执行一次。

言归正传，接下来分析一下典型 do-while 循环的语法格式：

```
do {
    statements;
} while (conditionalExpression);
```

其中，如果 statements 只有一行语句，花括号可以省略。conditionalExpression 可以是任何布尔表达式。

图 4.5 列出了 do-while 循环语句的典型代码以及流程图。

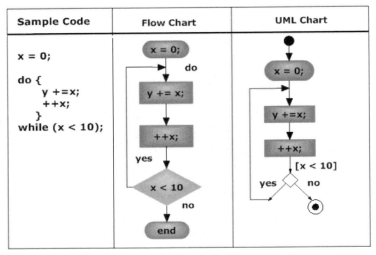

图 4.5 do-while 循环语句的典型代码以及流程图

下面是 do-while 循环的一些具体应用例子。

例子之一：计算从 1～5 的和。4.8.1 节讨论过任何利用 while 循环计算 1～5 之和。现在利用 do-while 循环来执行这一操作：

```
// 完整程序在本书配套资源目录 Ch4 中，名为 TestDoWhile_1App.java
int sum = 0;              // 用来储存和
int x = 1;                // 定义循环变量并初始化
do {                      // 循环开始
    sum += x;             // 相当于 sum = sum + x;
    ++x;                  // 循环变量更新
} while (x <= 5)   ;      // 继续循环条件
System.out.println("sum = " + sum);
```

循环结束后，sum 的结果为 15。可以比较一下 4.8.1 节用 while 循环计算 1～5 之和的例子，分析它们有什么区别。

例子之二：用 do-while 执行用户输入 "Continue (y/n)?" 来控制是否继续循环。4.8.1 节讨论过如何利用 while 循环执行这个操作。以下例子演示如何利用 do-while 循环解决同样的问题：

```
// 完整程序在本书配套资源目录 Ch4 中，名为 TestDoWhile_2.App.java
int count = 0;            // 储存循环数
String choice ="y";       // 循环变量初始化
do {                      // 循环开始
    count++;              //count 加 1
    // 其他操作
    ...
    System.out.print("Continue (y/n)?");    // 提示用户输入
    choice = sc.next();                     // 得到用户输入
} while (choice.equalsIgnoreCase("y"));     // 继续循环条件
System.out.println("Good bye!");
```

例子之三：用 do-while 循环分配学生的学分成绩。4.8.1 节讨论过如何利用 while 循环执行这个操作。以下例子演示如何利用 do-while 循环解决同样的问题：

```
// 完整程序在本书配套资源目录 Ch4 中，名为 TestDoWhile_3App.java
...
int score = 0;                              // 学生成绩初始化
    String str, message;
    do {
        str = JOptionPane.showInputDialog("Please enter an integer score"
            +"(enter a negative number to stop):");
        score = Integer.parseInt(str);      // 转换成整数
        if (score >=0) {                    // 继续循环
            grade.setScore (score);         // 调用学生成绩处理对象的方法
            grade.assignGrade();
            ...
        }
    } while (score >= 0);                   // 判断是否继续循环再结束
// 打印学生成绩处理结束的各个语句
...
```

因为在实际应用中，输入或者读入学生成绩都是正数，这样才有意义。这就意味着循环体至少被执行一次，所以用 do-while 循环语句来解决这个问题比较适当。

可以看到，循环三要素同样适用于 do-while 语句。

> **3W**　do-while 循环语句和 while 循环相似，用来执行和控制循环体的各行语句。与 while 循环不同的是，其循环体至少被执行一次。

> **更多信息**　do-while 循环语句更适用于解决循环体至少要执行一次的问题。

4.8.3　走进 for 循环

for 循环与计数器控制的 while 循环很相似，它将循环三要素以明显集中的方式体现在循环代码的开始。其典型语法格式如下：

```
for (loopControlVarInitialization; loopCondition; loopControlVarUpdate)
    {
        Statements;
    }
```

显而易见，for 循环语句括号中列出了循环三要素，每个要素用分号隔开，即：
- loopControlVarInitialization——循环变量初始化。
- loopCondition——继续循环的条件。
- loopControlVarUpdate——循环变量更新。

在编译过程中，编译器自动以 while 循环的语法格式，将循环变量初始化放在循环体之外；将循环变量更新放在循环体的最后；而在每次循环开始，对是否继续循环的条件进行判断。但与 while 循环不同的是，在 for 循环中，因某种条件，如 continue 语句迫使控制执行下次循环时，循环变量会被自动更新。这种区别将在介绍 continue 语句时详细讨论。

图 4.6 展示了 for 循环语句的典型代码、执行流程图和 UML 图。

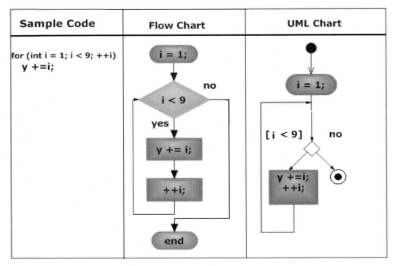

图 4.6 for 循环语句的典型代码以及执行流程图

> **更多信息** Java 还提供新版本的 for 循环语句，使用它可以简化对数组元素的运算。第 10 章中将讨论这种新的 for 循环语句。

> **3W** for 循环语句是计数器控制的 while 循环的另一种形式。它将循环三要素明显、集中地列表于 for 循环的括号内，并以分号隔开。其执行流程图和 while 循环相同。任何一个 for 循环都可以 while 循环来表示。for 循环适用于解决循环次数确定的问题。

以下是 for 循环的一些具体应用例子。

例子之一：计算从 1 ~ 5 的和。

```
for (int i = 1; i <= 5; i++)
    sum += i;                    // 假设变量 sum 已初始化
```

可以看到，for 循环在解决这类问题时具有简单、清楚、可读的优点。以上代码也可以改写为从 5 到 1 递减的方式求和，例如：

```
for (int i = 5; i >= 1; i--)
    sum += i;                    // 假设变量 sum 已初始化
```

例子之二：假设每个班级的学生数为已知数。用 for 循环编写分配学生学分成绩的操作：

```
// 完整程序在本书配套资源目录 Ch4 中，名为 TestForLoop_2App.java
// 假设所有变量都已初始化
...
strNum = JOptionPane.showInputDialog("Please enter number of students:");
numStudent = Integer.parseInt(strNum);          // 转换成整数
for (int i = 1; i <=numStudent; i++){           // 循环开始
    strScore = JOptionPane.showInputDialog("Please enter a score:");
    score = Integer.parseInt(strScore);
    grade.setScore(score);                      // 调用方法传入成绩
    grade.assignGrade();                        // 调用方法分配成绩
    // 其他操作语句
    ...
```

```
    }                                              //for 循环结束
// 循环外各语句
...
```

以上代码的运行结果与利用 while 和 do-while 循环相同。

for 循环可以有各种不同格式，例如循环控制变量的更新方式（递增或递减，以及更新量）、省略分号中的表达式、在分号中加入其他语句、要素分离等。表 4.7 列出了 for 循环语句的各种编写方式和含义。

表 4.7 for 循环语句的各种编写方式和含义

方　　式	含　　义
for (int i = 8; i <= 99; i += 3)	从 8 循环到 99，每次递增 3
for (int i = 100; i >= 1; i -= 2)	从 100 到 1 之间的偶数
for (char ch = 'A'; ch <= 'Z'; ch++)	从 'A' 循环到 'Z'；循环变量可以是字符型
for (double x = 0.0; x <= 9.25; x += 0.07)	从 0 到 9.25，每次递增 0.07；循环变量可以是浮点型
for (int x = 0, y = 2; x >= 5 || y < 8; --x, ++y)	在分号间加入逗号操作符表示的其他语句
for (int i = 1; i <= 5; sum += i++)	与本节例子之一相同；但循环结束后 sum 得到正确值

int i = 0;
.
for (; i <= 5;)
{…
  ++i;
}
	循环要素分离，但分号不能省略

有些格式，如表 4.7 中最后 3 个例子，虽然语法正确，但失去了可读性，不值得推荐。再如，for 循环括号中的循环三要素甚至可以完全分离，即：

```
for (; ; )
```

仍属合法，这时编译器认为其循环条件永远为真，除非用其他语句，例如在 4.9.1 节将介绍的 break 语句，用于终止循环的运行。这种代码写法实际应用价值比较低。

> **更多信息** 据统计，while 循环和 for 循环是最常用的循环语句。在运行中，如果遇到无限循环的状态，可同时按下 Ctrl 和 C 或 Ctrl 和 B 组合键，停止循环的继续。

4.8.4 走进嵌套循环

如同在前面讨论过的嵌套 if-else 语句一样，可以利用嵌套循环语句构成更复杂的代码，解决更复杂的编程问题。顾名思义，嵌套循环就是在循环中加入另外一个或者多个循环语句。例如前面讨论过的用 for 循环处理学生成绩的例子中，如果询问用户是否继续处理下一个班的成绩，即构成了一个嵌套循环的例子。

例子之一：while 和 for 循环构成的嵌套循环处理学生的成绩。

```
// 完整程序在本书配套资源目录 Ch4 中，名为 TestNestedLoop_1App.java
while(choice.equalsIgnoreCase("y")) {               // 外循环开始
    ...
    for(int i = 1; i <= numStudent; i++) {          // 内循环开始
        // 内循环各语句
        ...
    }                                                // 内循环结束
    choice = JOptionPane.showInputDialog("Continue for next class (y/n)?");
```

```
}         // 外循环结束
// 外循环各语句
...
```

这里，称用户控制运行是否继续的循环为外循环；称嵌套在这个循环中用来分配学生成绩的循环为内循环。在上面的例子中，利用 while 循环作为外循环；利用 for 循环作为内循环。嵌套循环可以利用任何适合的循环语句，如 do-while、for 或者其他综合形式来完成。

如果说单循环解决重复性的一维线性问题，双嵌套循环则可以用来解决二维列表或者数组问题。我们可以像嵌套 if-else 一样，构成三维或者更高维的嵌套循环。这里主要讨论二维嵌套循环。你可以举一反三，将嵌套循环的原理运用到多维嵌套中去。

例子之二：一个分析性例子，讨论双 for 嵌套循环是怎样工作的。

```
// 完整程序在本书配套资源目录 Ch4 中，名为 TestNestedLoop_2App.java
for(int row = 1; row <= 3; row++)    {           // 外循环控制行
    System.out.println("\nrow = " + row);
for(int col = 1; col <= 5; col++)                // 内循环控制列
    System.out.print("\tcol = " + col);
}      // 外循环结束
```

运行结果为：

```
row = 1
    col = 1     col = 2     col = 3     col = 4     col = 5
row = 2
    col = 1     col = 2     col = 3     col = 4     col = 5
row = 3
    col = 1     col = 2     col = 3     col = 4     col = 5
```

从这个运行结果不难看出，当一个内循环结束，即 col > 5 时，控制跳出内循环，返回到外循环的开始，判断 row <= 3 是否为真。如果不成立，控制将执行例子中的第一个输出语句，并重新开始执行内循环。当 row > 3 时，控制跳出所有循环，这个嵌套循环宣告执行完毕。我们称由这两个嵌套循环构成的列表为 3×5 数组的应用，将在以后的章节专门讨论。

例子之三：打印乘法九九表。这是典型的应用双循环的例子。外循环控制行数，内循环控制列数。因为循环次数是固定的，可以用 for 循环来实现。具体代码如下：

```
// 完整程序在本书配套资源目录 Ch4 中，名为 PrintMath99TableApp.java
...
System.out.println("\t\t\t\t 九九乘法表 \n");     // 在中间位置打印标题
for (int row = 1; row <= 9; row++)   {           // 外循环打印 9 行
    for (int col = 1; col <= 9; col++)           // 内循环打印 9 列
        System.out.print("\t" + row * col);      // 显示乘积
    System.out.println();                         // 一行的开始
}
...
```

运行结果为：

```
                九九乘法表

1    2    3    4    5    6    7    8    9
2    4    6    8    10   12   14   16   18
3    6    9    12   15   18   21   24   27
4    8    12   16   20   24   28   32   36
5    10   15   20   25   30   35   40   45
6    12   18   24   30   36   42   48   54
```

7	14	21	28	35	42	49	56	63
8	16	24	32	40	48	56	64	72
9	18	27	36	45	54	63	72	81

4.9 更多控制语句

在程序的执行流程控制中经常使用 break 语句，来中断正在执行的某种操作。与此相反，也使用 continue 语句继续或者重复某个操作的运行。本节讨论在编程中如何正确地利用这两个控制语句。

在 4.7 节讨论 switch 语句时，使用 break 语句控制对 case 的执行流程，终止 switch 的执行。在 Java 中，break 也可用来控制循环的执行行为。与 break 相反的是 continue 语句。下面将介绍 break 和 continue 语句在循环中的应用。还将讨论带有标识符的 break 和 continue 语句。这些语句使我们在编程时，可更加灵活地控制循环的执行，但也增加了代码出错的机会，使用时应慎重。

4.9.1 break 语句

Java 只允许在 switch 和循环中使用 break 语句。如果 break 用在循环中，当某个条件成立时，将立即终止这个循环的运行，否则将继续运行这个循环直到循环结束：

```java
while ( i < 5) {
    i = a.doSomething();
    if (i < 0)
        break;      // 跳出循环
}
```

即如果对象 a 的方法 doSomething() 返回的值小于 0 时，break 将使控制跳出这个循环。

下面是另外一个例子：

```java
String choice = "y";      // 预设值
while (true) {
    if (choice.equalsIgnoreCase("n"))
        break;
    // 否则继续执行循环中的语句；else 被省略
    ...
    choice = JOptionPane.showInputDialog("continue (y/n)?  ");
}
```

如果 choice 的值为 "n" 或 "N"，break 语句将使循环终止。

例子之一：利用 break 和双嵌套循环查找 2 ~ 20 中的素数。

```java
// 完整程序在本书配套资源目录 Ch4 中，名为 primeNumberApp.java
int n, x;
for (n = 2;n <= 20; n++ ) {
    for (x = 2; x < n;x++ ) {
        if(n % x == 0)              // 不是素数
            break;                   // 跳出内循环
    }
    if(n == x)                       // 是素数
        System.out.print(n + "\t");
}
```

运行结果为：

2	3	5	7	11	13	17	19

当 n 可以被 x 整除时，执行 break 语句，这时将终止内循环，控制从外循环的下一次迭代开始；如果 n = x，说明找到了素数，打印信息。

注意，当循环被 break 语句终止时，其循环控制变量没有被更新。例如：

```
for (int count = 1; count <= 5; count++) {
    if (count == 2)
        break;
    ...
}
```

例子之二：从上例可以看出，循环被 break 终止后，count 虽然仍等于 2，但 count 是一个属于 for 循环的内部使用的局部变量，所以循环终止后（无论是被 break 终止还是终止循环的条件已经满足，即 count = 6），这个变量就不能再被使用。如果需要继续使用这个变量，必须将这个程序修改如下：

```
int count;                    // 在 for 循环之前定义循环变量
for (count = 1; count <= 5; count++) {
    if (count == 2)
        break;
    ...
}
System.out.println("count =" + count);  // 循环结束后可以继续使用 count
```

> **警告**　只有在必要时才使用 break 语句，否则会降低代码的可读性，并增加代码错误的机会。

4.9.2　continue 语句

continue 语句只能用在循环中。利用它可以在循环中避免执行 continue 之后某些语句行。

例子之一：利用 continue 对循环体中的某些语句设置执行条件。例如：

```
while ( i < 5 ) {
    i = a.doSomething();      // 调用某个对象的方法
    if (i < 4)
        continue;
    b.doSomethingElse();      // 调用另外一个对象的方法
}
```

当 i < 4 为真，continue 被执行，控制将从 while 循环的下一次迭代继续循环，否则，i >= 4 时，将执行 continue 后的语句，即：

```
b.doSomethingElse();
```

注意，这个例子中如果 a.doSomething() 的返回值永远小于 4 时，将产生无限循环错误。

例子之二：利用 continue 和循环打印 1～3 的倒数表：

```
// 完整程序在本书配置资源目录 Ch4 中，名为 PrintReciprocalApp.java
for(double i = 3; i >= -3; i--) {
    if (i == 0)
        continue;                        // 继续执行下一次循环
    System.out.println(i + " 的倒数是 " + (1 / i));
}
```

运行结果为：

```
3.0 的倒数是 0.3333333333333333
2.0 的倒数是 0.5
1.0 的倒数是 1.0
-1.0 的倒数是 -1.0
-2.0 的倒数是 -0.5
-3.0 的倒数是 -0.3333333333333333
```

在上面的例子中，continue 语句使执行跳过 i 为 0 的循环，继续下一个迭代，否则打印结果。

注意，for 循环因 continue 语句的执行，继续到下一个迭代，是因为在执行了 continue 之后，循环还自动更新循环变量。但这种情况在 while 循环中则不会发生。编程时必须慎重，否则会造成无限循环。例如：

```
int count = 1;
while (count <= 5) {
    if (count % 3 == 0)
        continue;          // 无限循环错误：循环变量没有更新
        System.out.println("in loop: " + count);
        count++;
}
```

但在 continue 之前对 count 加 1 则可纠正这个可能的错误。

> **警告** 不正确使用 continue 会降低代码的可读性，并增加编写错误的机会。一些有经验的软件开发工程师甚至反对使用这些语句，并认为它们和 goto 语句一样，会造成程序的混乱。作者建议尽量回避使用。

实战项目：投资回报应用开发（1）

项目描述：

计算投资者的投资回报值。根据用户每月投资额、投资期限以及投资回报率，要求程序将投资回报值显示到屏幕上。程序可以重复运行直到用户希望停止。

程序分析：

根据问题描述，假设用户每月投资一个固定的数额，投资期限按年计算，投资回报率以年回报率计算，利息按每月结算。这样，计算投资回报值的数学公式为：

月投资回报额 =（上月月投资回报额 + 当前月投资额）× 月投资回报率 +（当前月投资汇报额 + 当前月投资额）

即：月投资回报额 =（上月月投资回报额 + 当前月投资额）×（1 + 月投资回报率）

例如，月投资额为 10 元；投资年为 1 年（12 个月）；年回报率为 12%，则月利息率为 0.12/12 = 0.01。则：

第一个月的投资回报额 =（0 + 10）×（1 + 0.01）= 10.10
第二个月的投资回报额 =（10.10 + 10）×（1 + 0.01）= 20.301
第三个月的投资回报额 =（20.301 + 10）×（1 + 0.01）= 30.60401
……

一年结束时的投资回报额 = $\sum$（上月月投资回报额 + 当前月投资额）×（1 + 月投资回报率）

其中，$\sum$ 从 1 到 12。

即：

```
futureValue = ∑ (futureValue + monthlyInvest) * (1 + monthlyRate)
```

- futureValue：月投资回报额。
- monthlyInvest：月投资额。
- monthlyRate：月利息率。

这个公式可以用如下 while 循环语句表示：

```
int i = 1;    // 投资月份初始化
while (i <= months) {
    futureValue = (futureValue + monthlyInvest) *  (1 + monthlyRate);
    i++;
}
```

也可以用 for 循环编写：

```
for (int i = 1; i <= months; i++) {
    futureValue = (futureValue + monthlyInvest) *  (1 + monthlyRate);
}
```

类的设计：

按照 Java 命名规范，称用来计算投资回报的类为 FutureValue。

（1）类的属性或实例变量（全部具有 private 访问权）

- Name：用户名，字符串变量。
- monthlyInvest：月投资额，double 类型变量。
- yearlyRate：用户输入的年息利率，double 类型变量。
- monthlyRate：月利息率 = 年利息率 /12，double 类型，只用在计算投资回报的方法中，可以定义为本地变量。
- years：用户输入的投资多少年，int 整数类型变量。
- months：换算后的投资长度；months = years × 12，int 整数类型，只用在计算投资回报的方法中，可以定义为本地变量。
- futureValue：投资回报结果，double 类型变量。

（2）功能或方法设计（全部具有 public 访问权）

除 futureValue、monthlyRate 以及 months 之外，所有其他变量都有各自的设置器 setter 和返回器 getter 方法。futureValue 只设计 getter 方法。monthlyRate 和 months 是内部用来计算的变量，可以不涉及 setter 和 getter 方法。

double futureValueComputing()：用来计算投资回报，返回计算结果。

输入输出设计：

利用 API 类 JOptionPane 所提供的方法处理输入和输出操作。

- 输入：提示用户输入姓名（name）、月投资额（monthlyInvest）、投资年度（years）、年利息率（yearlyRate），以及提示用户是否继续程序运行 "Continue (y/n)？"。
- 输出：用户姓名、月投资额、投资年、投资年利息以及投资回报额。

异常处理：

包括怎样处理用户输入错误。将在以后章节讨论了异常处理后，在投资回报应用程序开发（2）包括这个功能。

软件测试：

编写测试类 FutureValueApp 进行测试和必要的修改。输入各种数据，检查输出结果是否正确；提示是否清楚；输出结果的显示是否满意。

软件文档：

对类、变量、方法和重要语句行注释。必要时利用 Eclipse 的 Javadoc 功能创建文档。

根据以上分析，可以编写计算投资回报值的类如下：

```java
// 完整程序在本书配套资源目录 Ch4 中，名为 FutureValue.java
public class FutureValue {
    private String name;                    //用户名
    private int years,                      //投资年限
    double monthlyInvest,                   //月投资额
        yearlyRate,                         //年回报率
        futureValue = 0.0;                  //投资回报额初始值
    // 以下是对类变量的 setXxx() 和 getXxx() 方法，此处省略
    public void futureValueComputing() {
        double monthlyRate = yearlyRate/12/100;
        int months = years * 12;            // 转换成投资月数
        int i = 1;                          // 循环变量初始值
        while(i <= months) {
            futureValue = (futureValue + monthlyInvest) *  (1 + monthlyRate);
            i++;   // 投资月加 1
        }         //while 循环结束
    }             // 方法 futureValueComputing 结束
}                 // 类 FutureValue 结束
```

可以使用 JOptionPane 提供的输入、输出方法来编写这个类的驱动程序，并且利用 while 循环语句，由用户控制程序的运行。即当使用者输入是否继续程序运行的提示后，程序根据用户的输入信息"y"或"n"来决定程序是否继续运行。例如：

```java
// 完整程序在本书配套资源目录 Ch4 中，名为 FutureValueApp.java
// 定义变量
...
while(choice.equalsIgnoreCase("y")) {
    FutureValue futureValue = new FutureValue();   //create an object
    username= JOptionPane.showInputDialog("Welcome to future value
                       application!\n\n" + "please enter your name: ");
    futureValue.setName(userName);                 //set user name
    //set monthly invest
    str = JOptionPane.showInputDialog("enter your monthly invest: ");
    futureValue.setMonthlyInvest(Double.parseDouble(str));
    //set yearly rate
    str = JOptionPane.showInputDialog("enter yearly return rate: ");
    futureValue.setYearlyRate(Double.parseDouble(str));
    //set invest years
    str = JOptionPane.showInputDialog("enter number of years: ");
    futureValue.setYears(Integer.parseInt(str));
    futureValue.futureValueComputing();   // 调用计算投资回报方法
    // 建立输出字符串，显示计算结果
    String message ="Your name: "+ futureValue.getName()
        + "\nMonthly invest amount:" + futureValue.getMonthlyInvest()
        + "\nYearly interest rate: " + futureValue.getYearlyRate()
        + "\nInvest years: " + futureValue.getYears()
        + "\nYour return: " + futureValue.getFutureValue();
    JOptionPane.showMessageDialog(null, message);
    // 提示用户是否继续运行程序
    choice = JOptionPane.showInputDialog("continue? (y/n): ");
} //end of while
```

巩固提高练习和实战项目大练兵

1. 举例说明什么是关系表达式、什么是逻辑表达式、什么是复合表达式、什么是布尔表达式以及条件表达式和这些表达式的关系。

2. 指出下列表达式的运算次序和结果：

（1）((total/scores) > 60) && ((total/(scores –1) <= 100))，其中 total = 121，scores = 2。

（2）(x >= y) && !(y >=z)，其中 x = 10，y = 10，z = 10。

（3）(x || !y) && (!x || z)，其中 x = false，y = true，z = false。

（4）x > y || x <= y && z，其中 x = 2，y = 2，z = true。

3. 在 4.5.2 节中，应用嵌套 if-else 给学生分配字母学分。思考为什么不用下列方法来解决这个问题：

```
if (score >= 90)
    grade = 'A';
if (score <=89 && score > 80)
    grade = 'B';
if (score <= 79 && score > 70)
    grade = 'C';
if (score <= 69 && score > 60)
    grade = 'D';
else
    grade = 'F';
```

为什么使用嵌套 if-else？它有什么优越性？

4. 给出下列可能性，应用嵌套 if-else 和其他格式的 if-else 编写解决这个问题的部分代码：

温度	活动计划
高于 35℃	游泳
31 ~ 35℃	野营
26 ~ 30℃	打网球
6 ~ 25℃	高尔夫
–9 ~ 5℃	跳舞
–28 ~ –10℃	滑冰
低于 –28℃	无活动

5. 利用 switch 语句编写与 4.5.2 节实例相反的操作，即知道字母学分，给出它所代表的分数范围。

6. 给出下列成绩和结果，编写解决这个问题的代码：

成绩	结果
高于 70 分	通过
60 ~ 70 分	补考
低于 60 分	没通过

（1）利用嵌套 if-else 语句编写。

（2）利用 switch 语句编写。

7. 将上面的练习题完善成为一个完整的可执行程序。利用 while 循环继续这个程序的运行，直到用户希望停止。测试结果，并保存这个源代码文件。

8. 将上面练习第 7 题中的程序改写为用 do-while 循环完成。测试结果，并保存这个源代码文件。

9. 将上面的练习题改写如下：类 Result 用来执行对数据的处理和判断，并产生结果；类 ResultApp 为这个类的测试程序。显示结果，完善注释，并保存所有源代码文件。

10. 打开本书配套资源 Ch4 中，名为 SwitchTestApp.java 的程序，将其修改为用 do-while 循环。测试修改后的代码，完善注释，并保存源代码文件。

11. 给出下列应用循环的例子，指出使用什么循环语句较为合适：

（1）计算 30 个学生的平均成绩。

（2）计算一个班学生的平均成绩，但每个班的学生人数不等。

（3）循环的运行次数是随机的。

（4）无论什么条件，循环一定要执行，但执行次数不确定。

12. 将下面给出的循环改写成指定的循环，假设所有变量都已初始化。

（1）改写成 do-while 循环：

```
response = sc.nextInt();
count = 0;
while (response >= 0  && response <= 99) {
System.out.prinln("response is" + response);
        response = sc.nextInt();
        count++
}
```

（2）挑战题：可否将上面的练习题改写成 for 循环？

（3）改写成 while 循环：

```
intData = sc.nextInt();
do {
    System.out.println("   " + intData);
    intData = sc.nextInt();
} while (intData >= 10);
```

（4）改写成 for 循环：

```
sum = 0;
count = 50;
while (count <= 1299)
    sum += count++;
```

13. 利用 for 循环编写一个计算阶乘的程序。提示：5！= 5×4×3×2×1。

14. 将上面这个练习题完善成一个名为 FactorialApp 的可执行程序。测试结果，完善注释，并保存源代码文件。

15. 指出执行下列代码后的输出结果：

```
for (row = 1; col <= 10; row++) {
    for (col = 1; col < = 10; col++)
        System.out.print("*");
    for (col = 1; col <= 2 * row - 1; col++)
        System.out.print(" ");
    for (col = 1; col <= 10 - row; col++)
        System.out.print("*");
    System.out.println();
}
```

16. 假设一个循环语句中包含 switch 语句。如果 switch 语句中的 break 被执行，请判断控制是否会跳出这个循环？为什么？

17. 利用循环打印从 1 到 10 的平方和立方表如下：

数值	平方	立方
1	1	1
2	4	8
3	9	27
4	16	64
5	25	125
6	36	216
7	49	343
8	64	512
9	81	729
10	100	1000

18. 将上面这个练习题完善成一个名为 SquareAndCube 的类，打印任何一段数值的平方和立方表。编写一个名为 SquareAndCubeApp 的测试类，用户可以打印表的开始数值和结束数值，并创建 SquareAndCube 的对象，调用适当的方法打印类似第 17 题中的表。测试结果，完善注释，并保存源代码文件。

19. 修改第 18 题，该程序将继续运行，直到提示"Continue (y/n)?"时用户输入"n"或者"N"结束程序的运行。测试结果，完善注释，并保存源代码文件。

20. 修改第 19 题，加入一个外循环用来控制该程序的运行。当用户输入选择停止时，程序将终止继续运行。测试结果，完善注释，并保存源代码文件。

21. 打开本书配套资源 Ch4 中名为 PrintReciprocalApp.java 的程序，将其修改为用 while 循环。测试修改后的代码，完善注释，并保存源代码文件。

22. 打开本书配套资源 Ch4 中名为 PrimeNumberApp.java 的程序，将其修改为用 while 循环。测试修改后的代码，完善注释，并保存源代码文件。

23. 打开本书配套资源 Ch4 中名为 BreakTestApp.java 的程序，将其修改为用 do-while 循环。测试修改后的代码，完善注释，并保存源代码文件。

24. 打开本书配套资源 Ch4 中名为 PrimeNumberApp.java 的程序，将其修改为用 do-while 循环。测试修改后的代码，完善注释，并保存源代码文件。

25. **实战项目大练兵**：参考第 3 章和本章实战项目软件开发的分析和编程过程，修改距离转换应用程序，提示用户"Continue (y/n)?"，当用户输入"n"或者"N"时停止程序运行，否则继续。编写一个测试程序测试修改后的代码，完善注释和文档，并保存源代码文件。

26. **实战项目大练兵**：参考第 3 章和本章实战项目软件开发的分析和编程过程，修改温度转换应用程序，提示用户"Continue (y/n)?"，当用户输入"n"或者"N"时停止程序运行，否则继续。编写一个测试程序测试修改后的代码，完善注释和文档，并保存源代码文件。

27. **实战项目大练兵**：参考第 3 章和本章实战项目软件开发的分析和编程过程，修改重量转换应用程序，提示用户"Continue (y/n)?"，当用户输入"n"或者"N"时停止程序运行，否则继续。编写一个测试程序测试修改后的代码，完善注释和文档，并保存源代码文件。

"不以规矩，不能成方圆。"

——《孟子·离娄上》

通过本章学习，你能够学会：
1. 举例解释什么是异常和异常处理，以及为什么要进行异常处理。
2. 应用 try-catch 和 throw 编写代码处理异常。
3. 应用 3 种格式化输出编写代码。
4. 举例解释什么是数据类型转换，以及怎样实现它。
5. 应用 Math 和 BigDecimal 编写程序解决实际问题。

第 5 章 数据控制和质量保证初探

在硅谷软件开发工程师社区里流行着这样一句话"garbage in, garbage out"。含义是，如果输入的数据是错误的，如同垃圾一样，在程序中加以运算后，得到的输出也是垃圾，毫无用处。想到孔夫子教训宰予的一句话"朽木不可雕也，粪土之墙不可圬也"（圬，涂抹）。虽然这句话是他老人家斥责大白天睡觉的学生宰予，用到这里，指如果对输入的数据不加以质量控制，它们就如同朽木和粪土之墙一样，不可造就，是得不到正确的输出结果的。必须把数据错误消灭在第一现场。俗话说得好，"巧妇难做无米之炊"。但聪明的厨师一定会把好原材料这一关。

这一章首先讨论如何控制输入数据的质量，即数据验证。避免"garbage in"，或者"朽木""粪土之墙"式的数据。接着讨论规范化或称格式化的输出，使输出信息更加"用户友好"和具有可读性。另外，将介绍与数据控制相关的编程技术，即如何进行数据类型转换，怎样利用数学类 Math 中的方法，以及 Java 提供的包装类及其应用实例。

5.1 垃圾进、垃圾出——誓将错误消灭在开始

要避免"垃圾进、垃圾出"，就必须对数据进行验证，将可能的数据错误消灭在输入数据的开始。Java 提供了多种技术来实现这一目标。例如：

❏ 异常处理机制。利用 Java 强大的异常处理技术，不仅可以帮助编程人员验证数据，还可以将运算错误消除在错误源头。利用它来做 debugging，即代码纠错和测试，就是最好的例子。
❏ API 类的方法返回出错信息。几乎所有与数据输入和运算打交道的 API 类的方法，都返回或者抛出数据错误信息。许多 API 类提供专门的方法来测试是否得到正确类型的数据。软件开发人员可以充分利用这个特性，将产生数据输入错误的机会降到最低。
❏ 编程人员自定义的纠错功能。利用面向对象编程中的继承特性，软件开发者在代码中继承 Java 强大的 API 异常处理类，对具体输入数据错误，产生针对性的处理信息，并提供纠错代码，或使编写的软件具有"错误宽容"（fault-tolerance）的功能。

这些编程技术，将随着本书讨论的深入，循序渐进地、系统地介绍给你。

5.2 Java 的异常处理

首先探讨有关异常处理的基本知识，然后介绍如何利用异常处理进行数据验证。

异常（exception）是指程序在执行过程中的运行错误，或者在程序运行中产生的不期望的结果。最常见的异常如下。

- 数据类型错误。
- 数据超界。
- 被零除。
- 调用一个不存在的方法。

数据类型错误多发生在数据输入，如用户键盘输入、文件读入、数据库读入等。数据超界，包括数组目录值超出范围、年龄为负数，等等。可以看到，有些异常，不是编程人员可以控制的，如用户键盘输入的数据。但是一个好的应用程序必须具有异常处理功能，当异常发生时，立即捕捉这个异常，提供纠错信息，增强程序的可靠性。

5.2.1 系统自动抛出的异常

之前曾经讨论过如下程序：

```
...
System.out.print("\nEnter a distance: ");
    distance = sc.nextInt();   // 如果输入的不是一个整数值，系统将自动抛出异常
```

在接受用户输入时，假设输入值是一个整数。但是，如果用户输入的是一个非整数值，如 abc，甚至带逗号的整数，如 1,000，其执行结果是怎样的呢？因为在我们的程序中，没有对这种异常进行处理，感谢 JVM 自动处理这种异常，停止程序的运行，并将如下处理结果显示在 Eclipse 输出窗口中：

```
Exception in thread "main" java.util.InputMismatchException
...
```

这条信息告诉我们，在运行主方法 main() 中遇到了一个名为 InputMismatchException 的异常，程序被迫停止运行。我们称这种由 JVM 自动抛出的异常为系统抛出的异常，称这类异常处理为系统自动异常处理。你不禁要问：既然有系统自动异常处理，为什么还要学习和编写异常处理代码呢？问题的关键是你的程序被迫停止了运行。这起码不是一个用户友好的程序。这种情况发生时，应该告诉用户发生了什么输入错误，并提供再次输入正确数据的机会。这就需要学习和掌握 Java 的异常处理机制，而不是依赖于系统自动异常处理。

5.2.2 初识 try-catch

Java 语言最大的特点之一是提供了强大的异常处理功能和众多的 API 异常处理类。这种异常处理功能主要是由 try-catch 编程机制实现的，称 try-catch 为 Java 传统异常处理机制。其语法格式如下：

```
try {
    // 将可能产生异常的语句包括在 try 的花括号内
    statements;
    ...
}
catch (ExceptionClass1 objectName)  {
    // 显示该异常信息
    statements;
}
```

```
...
catch (ExceptionClassn objectName) {
    // 显示该异常信息
    statements;
}
```

其中：

- try——Java 关键字，称为 try 程序块，或简称 try。可能产生异常的语句，如验证数据的语句，必须包括在 try 中，异常处理功能才会启动。即在 try 中抛出的异常，才可能被下面的 catch 捕捉。注意，即使在 try 中只有一行语句，花括号也不可以省略，否则为语法错误。
- catch——Java 关键字，称为 catch 程序块，或简称 catch。其作用是捕捉 try 中抛出的异常。其括号中列出了参数，即所抛出异常的类名，以及要创建的对象名。注意，一个 try 可以跟随多个 catch 程序块，来处理更多的异常问题。

下面通过一个简单例子来讨论 try-catch 是怎样工作的。

```
// 完整程序在本书配套资源目录 Ch5 中，名为 TestExceptionApp.java
try {
    System.out.print("\nEnter the quantity: ");
    int intData = sc.nextInt();              // 如果输入的不是整数值，系统将自动抛出异常
    System.out.println("intData =  " + intData * 10);
}
catch (InputMismatchException e) {
    sc.nextline();                           // 清除 sc 的扫描器
    System.out.println("Error! Invalid integer. Try again…");
    continue;                                // 执行下一次循环中的输入操作
}
...
```

在这个例子中，如果用户输入任何除整数之外的值，Scanner 类的方法 nextInt() 将自动抛出 InputMismatchException 异常，控制将跳出 try，而执行第一个跟随它的 catch 语句。如果抛出的异常和这个 catch 括号中的异常类型相同，则执行该花括号中的各行语句；如果抛出的异常和这个 catch 不相匹配，控制则执行下一个 catch。但如果程序中没有提供与抛出的异常相同类型的 catch，JVM 将处理这个未完成的任务，迫使程序停止运行，并显示由 JVM 所捕捉的异常处理信息。如果用户输入的是正确的数值，程序将按惯例正常运行，所有的 catch 将被自动忽略。

另外，catch 括号中的参数，指明了它是名为 e 的 InputMismatchException 类的对象。它可以是任何合法标记符，但在参数列表中使用 e 来表示这个对象已成为一种常用约定。

也可以利用异常类提供的 toString() 方法打印系统预设的出错信息。如果将上面例子 catch 中的语句改写为：

```
catch (InputMismatchException e) {
System.out.println(e.toString());            // 或者 System.out.println(e);
}
```

其输出结果则是：

```
java.util.InputMismatchException
```

我们称由 API 类的方法自动抛出的异常为系统异常抛出，如 Scanner 的方法 nextInt() 自动抛出 InputMismatchException。它所抛出的实际上是 API 异常类对象，或称标准异常对象，如 InputMismatchException 是标准异常类，其对象为 e。下面我们首先讨论标准异常类，然后介绍 API 类中用来进行数据验证的方法以及它们抛出的异常类型。

> 3W　异常处理就是处理程序的运行错误以及程序在运行中产生的不期望的结果，从而保证程序的正确、可靠和好用。Java 提供了功能很强的异常处理 API 类、异常处理机制以及 JVM 自动异常处理功能。编程人员也可开发针对解决具体问题的异常处理代码。

5.2.3　API 标准异常类

Java 提供了一系列异常处理 API 类，即标准异常类。实际上，异常，即英文中的 Exception，是 Java API 的一个类，由它衍生了许多子类，来处理形形色色的异常问题。我们称 Exception 为超类，称由它衍生出的类为子类。当然，如果溯本求源，在 Exception 上面还有一个超类叫作 Throwable。如下所示：

```
Throwable
    Exception
        RuntimeException
            NoSuchElementException
                InputMismatchException
                IllegalArgumentException
                NumberFormatException
                ArithmeticException
                NullPointerException
```

其中，InputMismatchException、IllegalArgumentException、NumberFormat Exception，以及 ArithmeticException 是常用的进行有关数据验证的标准异常类。第 7 章将专门讨论继承概念和技术，第 12 章将深入讨论标准异常类、自己创建的异常处理类并进行异常处理深入分析。

我们如何知道 API 类的方法将会抛出什么异常呢？在 Java API 文档中，可以看到凡是抛出异常的方法，都注明所抛出标准异常的类名。表 5.1 列出了 Scanner 以及包装类 Integer 和 Double 中常用的抛出异常的方法。

表 5.1　常用抛出数据异常的 API 类方法

API 类	方　　法	抛出异常或布尔值
Scanner	nextChar()、nextByte()、nextShort()、nextInt()、nextLong()、nextFloat()、nextDouble()、nextBoolean()	InputMismatchException
Integer	parseInt()	NumberFormatException
Double	parseDouble()	NumberFormatException

5.2.4　怎样处理系统自动抛出的异常

在利用 Scanner 或包装类的方法处理输入数据时，如果输入的数据有误，根据表 5.1 所示，系统或者说 Scanner 的方法将会自动抛出 InputMismatchException 或 NumberFormatException。我们应用 try-catch 异常处理机制来处理这些异常。

例子之一：利用 Scanner 的 nextDouble() 方法来验证用户输入的数据是否是一个双精度数值：

```java
// 完整程序在本书配套资源目录 Ch5 中，名为 ThrowExceptionWithScannerTest.java
...
double price = 0.0;                      //define a double variable
try {                                     //exception handling try block
    System.out.println("Please enter a price: ");
    price = sc.nextDouble();
    ...
}
catch (InputMismatchException e) {        //catch block handles exception
```

```
        System.out.println("Invalid entry.  Please enter a double.");
        ...
    }
    ...
```

如果输入的不是一个数值，如 "23a"，nextDouble() 将自动抛出 InputMismatch Exception 的对象，catch 程序块将被执行，并打印如下异常处理结果：

```
Invalid entry.  Please enter a double.
```

例子之二：利用包装类的方法 parseInt() 来验证用户输入的数是否是整数值：

```
// 完整程序在本书配套资源目录 Ch5 中，名为 ThrowExceptionWithParseDoubleIntTest.java
...
double price = 0.0;        //define a double variable
try {                      //exception handling try block
    strAge = JOptionPane.showInputDialog("Please enter an age (0-199): ");
    //automatically throw NumberFormatException if strAge cannot be
    //converted to an integer value
    age = Double.parseDouble(strAge);
    ...
}
catch (NumberFormatException e) {   //catch block handles the exception
    JOptionPane.showMessageDialog(null, "Error! Age entered is incorrect, please
        enter an integer.");
    ...
}
...
```

修改以上例子，利用 parseDouble() 则可验证任何一个双精度数据的输入。

5.2.5 为什么需要抛出和处理异常

在验证输入数据是否正确时常常会出现这种情况：数据的类型是对的，但超出了应用或解决问题的范围。例如年龄的输入虽然是一个整数，但输入的是一个负数，显然这是不正确的。Java 提供了 throw 语句，由编程人员根据具体情况，来抛出一个异常对象，专门处理这类数据验证问题。

Java 的 throw 语句语法格式为：

```
throw exceptionObjectName;
```

其中：

❑ throw——Java 关键字，将抛出一个指定的异常对象。
❑ exceptionObjectName——要抛出的异常对象名。

或者，利用 throw 的传统语法格式：

```
throw new ExceptionName([message]);
```

其中：

❑ new——Java 关键字。new 操作符用来创建一个对象。
❑ ExceptionName([message])——为一个异常类的构造方法（将在第 6 章讨论），message 为字符串可选项。

因为异常对象名在这里并不重要，大多数程序利用这种传统的 throw 方式，抛出一个无名异常对象。注意，必须在 try-catch 中使用 throw 语句，否则将产生语法错误。

Scanner 还提供了专门用来检测数据是否为需要的数据类型的方法。这些方法不做任何赋值操作，只是将输入的数据存放到 Scanner 对象的缓冲器中，返回一个布尔值作为其检测结果，如表 5.2

所示。

表 5.2　常用 Scanner 类的用来检测数据类型的方法

API 类	方　法	返回布尔值
Scanner	hasNextChar()、hasNextByte()、hasNextShort()、hasNextInt()、hasNextLong()、hasNextFloat()、hasNextDouble()、hasNextBoolean()	如果输入的数据是指定的数据类型，返回真，否则返回假

可以利用 throw 和 Scanner 的这些检测方法进一步验证一个数据是否在规定范围之内的问题。

例子之一：利用 Scanner 的 hasNextInt() 方法以及 throw 验证年龄是否为指定值的合法输入（0～199）。这个演示程序适用于其他任何有指定范围数据的验证，如学生成绩、距离，等等。

```java
// 完整程序在本书配套资源目录 Ch5 中，名为 ThrowExceptionWithScannerTest.java
try {
    System.out.println("Please enter an age (0-199): ");

    if (! sc.hasNextInt())                          // 如果用户输入的不是整数值
        throw new inputMismatchException("Error! Must enter an integer. ");
    age = sc.nextInt();                             // 否则从 sc 的缓冲器提取这个值
        if (age < 0 || age > 199)                   // 虽然是整数值，但超出范围
            throw new Exception("Error! Age is out of the range 0-199. ");
    System.out.println("Age entered: " + age);      // 显示这个年龄
}
catch (InputMismatchException e) {                  // 处理非整数输入异常
    System.out.println(e);
}
catch (Exception e) {                               // 处理数据超范围异常
    System.out.println(e);
}
```

这个演示程序运行后，如果输入的不是一个整数值，将打印以下异常处理结果：

```
Please enter an age (0-199):　abc
java.util.InputMismatchException: Error!　Must enter an integer.
```

如果输入超范围的数值，将显示以下异常处理信息：

```
Please enter an age (0-199): -1
java.util.Exception: Error!　Age is out of the range 0-199.
```

如果修改一下上面的例子，使它也可以对 price 的输入超出范围值进行异常处理。你可以接受这个挑战吗？

例子之二：利用包装类的 parseDouble() 方法验证双精度数据超范围问题。

```java
// 完整程序在本书配套资源目录 Ch5 中，名为 ThrowExceptionWithParseDoubleIntTest.java
... // 定义用来需要处理异常的变量
try {
    strPrice = JOptionPane.showInputDialog("Please enter a price: ");
    // 如果输入的不是数值，将自动抛出 NumberFormatException，否则得到 price 值
    price = Double.parseDouble(strPrice);
    if (price < 0 || price > 9.99)                  // 虽然是数值，但超出范围
        throw new Exception("Error! Price is out of the range 0-9.99");
                                                    // 否则显示它的数值，else 可以省略
    JOptionPane.showMessageDialog(null, " price entered: " + price);
}
catch (NumberFormatException e) {                   // 处理非数据输入异常
    JOptionPane.showMessageDialog(null, " Error! Price entered is incorrect.
        Please enter a double. ");
```

```
}
catch (Exception e)                    // 处理数据超范围异常
    JOptionPane.showMessageDialog(null, e);
}
```

5.2.6 异常处理应用实例

例子之一：利用 String 类的 isEmpty() 方法，可以验证输入数据是否为空，即如果调用它的字符串长度为 0，isEmpty() 将返回真。这样可以产生更精确的异常处理信息。上面的例子可以修改为：

```
// 完整程序在本书配套资源目录 Ch5 中，名为 ThrowExceptionWithParseDoubleIntTest.java
try {
    ageString = JOptionPane.showInputDialog("Please enter your age: ");
    if (strAge.isEmpty())              // 如果没有输入任何数据
        throw new Exception("Did not enter any data. Please enter your age.");
    ...
}
catch (Exception e) {
    System.out.println(e);
}
```

在以上例子中，利用标准异常类 Exception，"借花献佛"，创建一个有具体的、精确异常信息的对象，达到验证数据的目的。实际上，可以选择任何一个 API 提供的标准异常类，例如 InputMismatchException 等，取得同样的异常处理效果。只要在创建这个异常对象时在括号中编写自定义的异常信息即可。例如：

```
if (strAge.isEmpty())              // 如果没有输入任何数据
    throw new InputMismatchException("Did not enter any data. Please enter
        your age. ");
...
}
catch (InputMismatchException e) {
    System.out.println(e);
}
```

本书将在以后的章节专门介绍字符串类的更多方法以及应用实例。

例子之二：在第 4 章中讨论过以下按照学生成绩分配字母学分的程序：

```
str = JOptionPane.showInputDialog("please enter an integer score: ");
score = Integer.parseInt(str);     // 转换成整数
grade.setScore(score);             // 调用学生成绩处理对象的方法
grade.assignGrade();               // 调用分配成绩的方法
```

如果用户输入的值不是整数，JVM 将迫使程序停止运行，并显示异常处理信息。利用 Java 的异常处理模式，可以改进这个应用程序，使它能够在用户输入错误数值时，指出这个错误，并且再提供一次输入机会，直到输入正确为止。

为了达到这个目的，首先要分析可能产生异常的语句。很显然，错误可能发生在如下程序行的 parseInt() 方法中：

```
score = Integer.parseInt(str); //convert to int
```

接着，要了解这个方法会抛出什么性质的异常。在 API 文档中或者其他例子中知道，如果 strScore 不是一个可以转换成整数值的字符串，方法 parseInt() 将抛出 NumberFormatException 异常。

还有，如果用户输入的是一个超范围的成绩，如 0 > score > 100，将应用 throw 来抛出并处理这个异常。

最后，利用 try-catch 模式中的原理以及提供用户再次输入机会，直到输入正确的 while 循环语句，这个异常处理的基本例子如下：

```java
// 完整程序在本书配套资源目录 Ch5 中，名为 GradeExceptionApp.java
// 这是一个在循环中利用 try-catch 异常处理机制的基本例子
boolean notDone = true;                    // 循环变量初始化
    while (notDone) {
        try {
            //ask for input score
            strScore=JOptionPane.showInputDialog("please enter an integer score: ");
            score = Integer.parseInt(str);        //convert to int
            if (score < 0 || score > 100)         // 成绩超值
                new throw Exception (" 成绩超出范围 (0-100). ";
            notDone = false;                      // 如果无输入错误，则结束循环
        }    //try 结束
        catch (NumberFormatException e ){
            JOptionPane.showMessageDialog(null, " 输入数据错误。请按整数值输入学生成绩...");
            continue;                             // 继续循环
        }    //catch 结束
    } //while 循环结束
    grade.setScore(score);                //call the method to set the score
    grade.assignGrade();                  //call the method to assign the grade
```

在上面的例子中：

```java
catch (NumberFormatException e ){
    JOptionPane.showMessageDialog(null, " 输入数据错误。请按整数值输入学生成绩...");
```

这个异常是 Integer.parseInt() 方法不能将 strScore 转换成整数值时自动抛出的异常。也可以在 catch 中利用输出语句直接打印 e 所提供的出错信息，例如：

```java
catch (NumberFormatException e ){
    JOptionPane.showMessageDialog(null, e);  // 或 e.toString()
```

也经常调用 e.printStackTrace() 来显示异常堆栈中的所有异常信息。第 12 章将详细讨论。

例子之三：编写一个专门用来验证数据的类 Validator，这个类有三个验证数据的方法：validateDoubleWithRange()、validateIntWithRange() 以及 validateYN()。

```java
// 完整程序在本书配套资源目录 Ch5 中，名为 Validator.java
// 定义变量和对象
...
// 定义具有范围规定的验证双精度数值
public double validateDoubleWithRange(Scanner sc, String prompt, double min, double max) {
    try {                                        // 处理异常机制
        System.out.println(prompt);
        if (!Sc.hasNextDouble()              // 如果不是一个数值
        throw new NumberFormatException("\nData input error. Enter a double type
            data... ");                      // 抛出异常
        data = sc.nextDouble();              // 否则得到这个数据
        if (data < min || data > max)        // 如果超界
        throw new Exception(" Data is out of the range" + min +" -" + max);
                                             // 抛出超界异常
        isValid = true;                      // 否则数据正确；停止验证操作
    }                                        //try 结束
    catch (NumberFormatException( e) {      // 处理不是数值异常
        System.out.println(e);               // 输出这个异常信息
```

```
        Sc.nextLine();                    // 清理 sc 的缓冲器
            Continue;                    // 返回循环，继续验证
        }
    catch (Exception e)   {              // 处理数值超界异常
            System.out.println(e);       // 输出超界异常信息
            Sc.nextLine();               // 清理 sc 的缓冲器
            Continue;                    // 返回循环，继续验证
        }                                //catch 结束
    }                                    //while 循环结束
    return data;                         // 返回验证的数值
}                                        // 验证带有范围的双精度数值结束

// 其他验证方法
    ...
```

这个例子是对之前讨论过的异常处理各例的综合和总结。可以看到，对一个带有规定范围的数据值的验证分为两个步骤：利用 Scanner 的 hasNextDouble() 验证用户的输入是否是一个数值；如果不是，则利用 throw 抛出一个异常。这里"借花献佛"，借用 API 异常处理类 NumberFormatException 来传送需要显示的异常处理信息。当然你也可以借用任何 API 异常处理类，如 Exception 来实现相同的操作。如果输入的是一个数值，还需要继续验证这个数值是否在规定范围之内，例如：

```
data = sc.nextDouble();   // 否则得到这个数据
            if (data < min || data > max) {  // 如果超界
```

如果超界，则借用任何一个 API 异常处理类，如 Exception，来传送这个超界异常信息并且处理和显示它。

处理带有规定范围整数值的异常利用相同的原理，这里不再赘述。你可以打开完整程序代码，按照以上的分析方法，自我检验一下。

以下是对 Validator 进行测试的程序：

```
// 完整程序在本书配套资源目录 Ch5 中，名为 TestValidatorApp.java
// 定义变量和对象
...
While(choice.equalsIgnoreCase("y")) {   // 程序循环运行
// 调用 validateDoubleWithRange() 方法验证双精度数值
price = validateDoubleWithRange(sc, " Please enter a price: ", 0, 99.99);
// 调用 validateIntWithRange() 方法
Quantity = Validator.validateIntWithRange(sc, "Pleae enter the quanity: ", 1, 100);
// 输出这些验证的数据或执行其他操作
System.out.println("Price: " + price + "\nquantity: " + quantity);
System.out.println("Total: " + price * quantity);
// 验证用户是否停止或继续运行
choice = validator.validateYN(sc, "Continue (y/n)?");
...
```

注意，在用户输入双精度浮点数时，整数值也认为是合法输入。这是因为整型变量需要比双精度变量更少的存储空间，因而被 JVM 自动转换成双精度数值。这种操作称作系统数据类型转换。5.4 节将专门讨论数据类型转换的问题。在第 11 章中还将讨论如何利用正则表达式确认用户的输入是否为合法字母问题。对异常处理更深入的讨论以及怎样编写自己的异常处理类也将在以后章节专门讨论。

5.3 格式化输出控制

在以上所有的例子中,输出数据都是按照 JVM 预置的格式,没有对这些输出数据进行格式化。许多应用程序需要对输出数据加以控制,按照一定的格式输出。例如,在输出投资额或者货币值时,需要按照如下货币格式输出:

```
你的投资回报为:$18,290.08
```

即:
- 需要显示货币符号。
- 需要只保留两位小数。
- 每千单位需要逗号。

再如对代表百分数的小数值需要转换成百分数,并加入百分符号 %。有时还需要对输出的小数点位数进行控制,等等。Java 提供了许多格式化输出以及对输出位数进行控制的 API 类,以满足具体应用的需要。这里讨论最常用的三种,即货币格式化、百分比格式化,以及数字格式化输出操作。

5.3.1 货币输出格式化

API 类 NumberFormat 提供了进行货币格式化的控制。它包含在 java.text 包中,即:

```
java.text.NumberFormat;
```

表 5.3 中列出了 NumberFormat 类中用来进行货币格式化的常用方法。

表 5.3 NumberFormat 类中用来进行货币格式化的方法

方 法	描 述
getCurrencyInstance()	静态方法,返回系统预设的货币格式($99,999.99)
getCurrencyInstance(Locale)	静态方法,返回由 Locale 指定的货币格式
format(anyNumberType)	返回由 NumberFormat 的静态方法所指定的输出格式,这个格式由字符串来表达。参数可以是数值类型或者 BigDecimal 对象

许多 Java IDE,例如 Eclipse、NetBeans 以及 BlueJ 等,根据计算机操作系统的设置,将货币格式自动预设为中国货币格式。但有些 IDE,例如 TextPad,以及 JDK 本身的编译器,则按美元作为预设的货币格式。

使用时,首先调用 NumberFormat 类的 getCurrencyInstance() 方法,建立一个对 NumberFormat 类的引用 referencing。然后利用这个引用调用 format() 方法,使它以字符串形式返回货币格式,例如:

```
// 完整程序在本书配套资源目录 Ch5 中,名为 TestCurrencyApp.java
NumberFormat currency = NumberFormat.getCurrencyInstance();
String price = currency.format(1290.6051);
```

如果执行以下输出:

```
System.out.println(price);
```

假设使用 Eclipse 在中文操作系统环境中运行,则显示系统预设的中国货币格式:

```
¥1,290.61
```

即在前面加入中国货币符,对每千位数加以逗号,自动对小数点第 3 位四舍五入,并保留 2 位小数。

也可以使用一行语句实现以上操作:

```
String price = NumberFormat.getCurrencyInstance().format(1290.6051);
```

这种语法形式被称为链式方法调用（cascading calls）。即首先调用 NumberFormat.getCurrencyInstance()，返回对 NumberFormat 的引用后，再接着调用它的 format() 方法。链式方法调用在 Java 编程中经常使用，可以用来调用多个同类的方法，但使用不当会降低程序的可读性。在以后的章节还会详细讨论它的使用。

表 5.3 中还列出了 NumberFormat 的另一个静态方法 getCurrencyInstance(Locale)。它具有与第一个方法相同的方法名，但含有一个参数 Locale，用来指定不同国家或者地区的货币格式。这种方法名相同但参数不同的语法现象，被称为方法重载。本书将在以后的章节专门详细讨论重载技术。5.3.2 节将讨论如果利用 NumberFormat 的 getCurrencyInstance(Locale) 来实现对不同货币的格式化输出。

> **注意** format 的参数必须是一个数值类型，例如整数、浮点数或者 BigDecimal 对象，否则将产生语法错误。

5.3.2 国际货币输出格式化

利用 java.util 包中的 Locale 类，可以对不同货币、数字、语言，以及其他信息进行格式化处理。Locale 类以静态常量字段（static final field）或简称静态常量的形式，提供了它所支持的国家和地区的名称。下面列出的是 Locale 类中用来处理非语言信息（如货币、数字、时间等）的静态常量：

CANADA	CANADA_FRENCH	CHINA	FRANCE	GERMANY
ITALY	JAPAN	KOREA	PRC	
UK	US			

注意，上面的静态常量中 CHINA 和 PRC 都指中国。

如同静态方法一样，静态常量是应用于所有对象的字段或者数据。即无论张三、李四，谁使用这个数据，都有相同的值。我们将在下面章节讨论的数学类 Math 中的静态常量，如圆周率 PI、自然数 E，都是静态常量的例子。在以后的章节将专门讨论静态方法、静态常量和静态变量，以及其他 Java 静态技术。

应用时，可以首先建立一个指定国家或地区的格式引用，例如：

```
Locale locale = Locale.CHINA;            // 或 Locale locale = Locale.PRC;
```

然后再按上面的例子进行货币格式化的处理，例如：

```
// 完整程序在本书配套资源目录 Ch5 中, 名为 TestCurrencyApp.java
NumberFormat currency = NumberFormat.getCurrencyInstance(locale);
                                                //locale 定义为 CHINA
String price = currency.format(1290.6051);      // 按 RMB 格式
System.out.println(price);
```

将输出如下信息：

```
￥12,000,003.46
```

当然，也可以利用链式方法调用，写成一行语句，例如：

```
String price = NumberFormat.getCurrencyInstance(locale).format(1290.6051);
```

或者：

```
String price = NumberFormat.getCurrencyInstance(Locale.CHINA).
```

```
    format(1290.6051);
```

再例如,以法郎格式输出:

```
System.out.print("法郎: " + NumberFormat.getCurrencyInstance(Locale.FRANCE).
    format (1234.454));
```

显示信息为:

```
法郎: 1 234,45 €
```

本书配套资源目录 Ch5 中名为 TestCurrencyApp.java 的文件中列举了更多例子,供读者参考。

> **3W** 静态常量是可以应用到所有对象的一种特殊数据或字段。对任何使用它的对象而言,其值或者含义都是一样的和不可变的。

5.3.3 百分比输出格式化

应用同样的道理,可以对百分比的输出进行格式化。表 5.4 中列出了 NumberFormat 类中支持百分比格式化的静态方法和它们的含义。

表 5.4 NumberFormat 类中用来进行百分比格式化的方法

方法	描述
getPercentInstance()	静态方法,返回系统预设的百分比格式(99%)
getPercentInstance(Locale)	静态方法,返回由 Locale 指定的百分比格式
format(anyNumberType)	返回由 NumberFormat 的静态方法所指定的输出格式,这个格式由字符串来表达。参数可以是数值类型或者 BigDecimal 对象
setMinimumFractionDigits(int)	设置最少小数点位数
setMaximumFractionDigits(int)	设置最多小数点位数

首先利用 NumberFormat 类的 getPercentInstance() 建立对 NumberFormat 类的引用,然后利用这个引用调用 format() 方法,使它以字符串形式返回百分比格式,例如:

```
// 完整程序在本书配套资源目录 Ch5 中,名为 TestPercentApp.java
NumberFormat percent = NumberFormat.getPercentInstance();
String rate = percent.format(0.0651);
```

如果打印 rate:

```
System.out.println(rate);
```

则显示:

```
7%
```

即 Java 预设的百分比格式不保留任何小数点。在转换成百分比之前处理小数点时,Java 采用较复杂的系统预设方式,详细解释见 TestPercentApp.java。

在许多情况下,需要保留小数点。可以利用 setMinimumFractionDigits() 或者 setMaximumFractionDigits() 进行保留小数点的操作。例如:

```
percent.setMinimumFractionDigits(4);            // 至少保留 4 位小数
```

在调用 format() 方法之前加入这个语句后,以上例子的输出则为:

```
6.5000%
```

即如果不够 4 位小数，则以零补位。

如果将以上语句改为：

```
percent.setMaximumFractionDigits(1);          // 最多保留 1 位小数
```

则显示：

```
6.5%
```

即只保留 1 位小数。

也可以显示指定国家或地区的百分比格式，例如：

```
// 完整程序在本书配套资源目录 Ch5 中，名为 TestPercentApp.java
NumberFormat percent = NumberFormat.getPercentInstance(Locale.ITALY);
                                              // 设置为意大利百分比格式
    percent.setMinimumFractionDigits(4);      // 至少保留 4 位小数
    System.out.println(percent.format(0.07551));
```

则按意大利百分比格式打印：

```
7,5510%
```

必须指出的是，如果所设定的小数位足以显示这个百分数，则不再进行上述四舍五入的操作。

> **注意** 因为 setMinimumFractionDigits() 和 setMaximumFractionDigits() 不返回对 NumberFormat 的引用，不能用在链式方法调用中。

> **更多信息** setMinimumFractionDigits() 和 setMaximumFractionDigits() 也可用来改变系统对货币小数位的预设。

5.3.4 其他数值输出格式化

在应用程序开发中有时需要对一般数值进行一定的格式设定，如小数点位数控制，加入逗号，在正数前加入加号"+"等特殊要求。Java 在 NumberFormat 类中还提供对一般数值的格式化处理。表 5.5 中列出了用来进行格式化的主要方法。

表 5.5 NumberFormat 类中对一般数值进行格式化的方法

方法	描述
getNumberInstance()	静态方法，返回系统预设数值格式（99,999.999）
getNumberInstance(Locale)	静态方法，返回由 Locale 指定的数值格式
format(anyNumberType)	返回由 NumberFormat 的静态方法所指定的输出格式，这个格式由字符串来表达
setMinimumFractionDigits(int)	设置最少小数点位数
setMaximumFractionDigits(int)	设置最多小数点位数

具体代码编写步骤与货币和百分比格式处理相同。例如：

```
// 完整程序在本书配套资源目录 Ch5 中，名为 TestNumberApp.java
NumberFormat number = NumberFormat.getNumberInstance();    // 建立引用
String num = number.format(1234.5675);                     // 利用系统预设格式
System.out.println(num);                                   // 显示：1,234.568
```

执行后将显示系统预设的数值格式，如下：

```
1,234.568
```

即只保留 3 位小数,并对第 4 位小数四舍五入。

设置最少和最多小数点位数的操作同样适用于对一般数值的格式化处理。

5.3.5 利用 DecimalFormat 控制数值输出格式化

对于一般数值格式化,还可以利用 NumberFormat 类的子类,即 DecimalFormat 来完成。DecimalFormat 提供了许多用来规定数字格式的模式字符串,对数字进行格式化处理。本节只讨论常用的几种,如:"0""#""."","以及其综合模式。这些模式的含义如下。

- 0——表示一位数值;如果没有这位数,则显示 0。
- #——表示任何位数的整数,如果没有,则不显示。在小数点模式后使用,只表示一位小数;四舍五入。
- .——表示小数点模式。
- ,——与模式 0 一起使用,表示逗号。

讨论如下例子:

```java
// 完整程序在本书配套资源目录 Ch5 中,名为 TestNumberApp.java
// 0 表示一位数值;如果没有这位数,显示 0
NumberFormat formatter = new DecimalFormat("000,000");    // 创建一个对象并规定数字格式
String s = formatter.format(-1234.567);
System.out.println(s);                   // 显示 -001,235 进行四舍五入;不显示小数;在千位显示逗号
formatter = new DecimalFormat("#");      //# 表示任何位数,如果没有,则不显示
s = formatter.format(-1234.567);
System.out.println(s);                   // 显示 -1235 进行四舍五入;不显示小数
s = formatter.format(0);
System.out.println(s);                   // 显示 0
formatter = new DecimalFormat("#00");
s = formatter.format(0);                 // 显示 00
formatter = new DecimalFormat(".00");    //. 表示小数点
s = formatter.format(-.567);
System.out.println(s);                   // 显示 -.57 进行四舍五入
formatter = new DecimalFormat("0.00");
s = formatter.format(-.567);
System.out.println(s);                   // 显示 -0.57
formatter = new DecimalFormat("#.#");
s = formatter.format(-1234.557);
System.out.println(s);                   // 显示 -1234.6
```

注意 逗号模式","必须与零模式"0"一起使用,用来表示千位数。否则将产生运行错误,JVM 将抛出异常。

警告 以上所有对数字的格式化,包括货币格式化、百分比格式化以及其他各种数字格式化,只能用于输出操作。试图利用 Double.parseDouble() 将一个格式化的数字字符串转换为可运算数值将产生运行错误。

5.4 数据类型转换

重温一下之前已经讨论过的自动类型转换的例子,如在对字符串连接操作中:

```
String message = "Total price: " + 192.78;
```

以及

```
System.out.println("You are return is: " + futureValue);
```

中，编译器自动将双精度类型转换成字符串类型，然后再进行连接，或者输出操作。再例如：

```
System.out.println(100);
```

编译器将自动把整数类型数值转换成字符串，再进行输出操作。

类型转换大多发生在参与运算或操作的两个操作数类型不同的情况，但也有例外，如上例输出语句中，编译器首先将数值型转换成字符串，再进行输出。

还有一类数据类型转换是编程人员根据运算或解决问题需要进行的。我们称这类类型转换为强制性类型转换。本节将利用实例讨论这两种数据类型转换问题。

5.4.1 自动类型转换

编译器是按照类型提升的原则进行自动类型转换的。即，如果参与运算或者操作的两个操作数的类型不同时，将自动把对存储器空间要求少的操作数的类型转换成与另外一个操作数相同的类型。例如在上面的例子中，双精度类型对存储器空间要求少于字符串，所以进行类型提升自动转换。再例如：

```
int num = 25 + 'A';              // 将字符型自动转换成整数型，再做加法运算
float x = 10 - 9.78;             // 将 10 转换成浮点数 10.0，再做减法运算
double y = y * x;                // 将单精度浮点型变量 x 自动转换成双精度
double num = 'A' + 'B';          // 对字符 A 和 B 的 ASCII 值进行加法运算，转换成双精度型，再赋值
System.out.println( 'A'+ 192.78 + 20 );    // 将 A 的 ASCII 值和 20 转换成双精度做加法，再输出
```

大多数的类型转换操作对我们来说显而易见，似乎多余，但对计算机语言却是至关重要的，否则，程序将无法被执行。

注意，以下语句是错误的：

```
double someNum = "Total price: " + 192.78;            // 语法错误
```

因为字符串类型是对字符串对象的引用，不能被降低为双精度类型。

> 3W 自动类型转换是指编译器对参与运算或者操作的操作数按照类型提升原则进行的数据类型一致的调整操作。即把对存储空间要求少的操作数的数据类型转换成另外一个操作数的数据类型。这个转换是在编译时自动完成的。因为如果两个操作数的类型不同，则不能进行运算或操作。

5.4.2 强制性类型转换 cast

强制性类型转换又称为造型，指编程人员在代码中出于某种需要，迫使编译器进行的数据类型转换。注意布尔类型的数据不能造型。来看如下例子：

```
double average = 10 / (double) 3;        // 或者 double average = (double) 10 / 3;
```

结果为：

```
3.3333333
```

这里的（double）就是将跟随的数据造型为 double，再进行除法运算。

如果不进行这种数据类型转换，下面语句：

```
double average = 10 / 3;
```

结果为 3.0。即首先进行除法运算，然后再将结果自动转换为双精度数。

造型的语法格式为：

```
(dataType) varName
```

即在要造型的数据前加入括号，并指定要转换的数据类型。这里，dataType 是除布尔类型外的任何基本数据类型。

造型不受类型提升原则的限制，可以由除布尔类型外的任何类型转换成其他数据类型，包括对数据的类型进行降低转换，即把存储空间要求多的类型降为存储空间要求少的类型。例如：

```
(int) 8.95
```

将 8.95 转换成整数，即 8。在进行向下造型时必须注意有可能出现损失数值精确度的问题，因为它可以产生不精确的运算结果。

下面是造型的更多例子：

```
someInt / (double) 'A';        //将字符型提升为双精度再做除法
(int) (0.499915 * 10)          //先做括号里的算术运算，再转换，结果为 4
(char)(130 / (int) 2.5)        //先转换成 int，做除法，再转换成字符型，结果为 'A'
```

注意，造型后面跟随的是括号时，先做括号里的运算或操作。

在系统自动类型转换中也可使用造型，以提高代码的可读性。有时虽然这样做似乎多余，例如：

```
System.out.println( 'A' + 20 );                    //自动类型转换
```

但加入造型后：

```
System.out.println((int) 'A' + 20 );               //加入造型
```

却便于理解代码含义。

> **更多信息** 适当使用造型可以提高程序的可读性，编程人员可以善加利用。但必须注意向下造型时存在损失数据精度的可能性。

5.5 怎样利用 Math 类

Math 类是常用的 API 类，包括在 java.lang 包中，在程序中自动预设，不用 import。Math 类用来进行各种数学运算和数值控制。表 5.6 列出了常用的 Math 类的方法和常量字段。这些方法和字段在 Math 类中都定义为静态的，所以它们可以在程序中直接调用。

表 5.6 Math 类常用方法

方　　法	参 数 类 型	返 回 类 型	结　　果
Math.abs(x)	int, long, float, double	与参数类型相同	|x|
Math.cos(x)	Double	Double	cos(x)
Math.sin(x)	Double	Double	sin(x)
Math.tan(x)	Double	Double	tan (x)

续表

方　　法	参 数 类 型	返 回 类 型	结　　果
Math.log(x)	Double	Double	ln(x)
Math.exp(x)	Double	Double	e^x
Math.log10(x)	Double	Double	log(x)
Math.pow(x, y)	Double	Double	x^y
Math.min(x, y)	int, long, float, double	与参数类型相同	返回 x 和 y 中最小值
Math.max(x，y)	int, long, float, double	与参数类型相同	返回 x 和 y 中最大值
Math.random()	无	Double	返回一个大于等于 0.0 小于 1.0 的随机数，即 0.0 ≤ x < 1.0
Math.round(x)	Double	Long	求整。将 x 四舍五入至 Long 整数
Math.round(x)	Float	Int	求整。将 x 四舍五入至 Int 整数
Math.sqrt(x)	Double	Double	x 的平方根

下面是一些应用例子，完整程序代码在本书配套资源目录 Ch5 中名为 TestMath App.java 的文件，供读者朋友学习时参考。

例子之一：求整。

```
long lnum = Math.round(3.54012);         //结果：4
int iNum = Math.round(0.489f);           //结果：0
```

例子之二：求平方。

```
double dNum1 = Math.pow(2, 2);           //结果：4.0
double dNum2 = Math.pow(3.14, 6.18);     //结果：1177.643743030202
```

例子之三：求最大和最小。

```
int x = 5, y =10;
double z = 5.01;
int max = Math.max(x, y);                     //结果：10
int min = Math.min(x, y);                     //结果：5
double dMax = Math.max(Math.max(z, x), y);    //结果：10.0
```

例子之四：随机数。

```
double dNum3 = Math.random();                  //结果：0.0 ≤ x < 1.0 的任何一个双精度数
int dice = (int) (Math.random() * 6 + 1);      //结果：产生 1～6 中的任何一个整数
```

5.6 处理超值数字——BigDecimal 类

双精度浮点型变量 double 可以处理 16 位有效数。在实际应用中，需要对更大或者更小的数进行运算和处理。Java 在 java.math 包中提供的 API 类 BigDecimal，用来对超过 16 位有效位的数进行精确的运算。表 5.7 中列出了 BigDecimal 类的主要构造器和方法。

表 5.7　BigDecimal 类的主要构造器和方法

构　造　器	描　　述
BigDecimal(int inValue)	创建一个具有参数所指定整数值的对象
BigDecimal(double doubleValue)	创建一个具有参数所指定双精度值的对象
BigDecimal(long longValue)	创建一个具有参数所指定长整数值的对象
BigDecimal(String str)	创建一个具有参数所指定以字符串表示的数值的对象

续表

方　　法	描　　述
add(BigDecimal object)	BigDecimal 对象中的值相加，然后返回这个对象
subtract(BigDecimal object)	BigDecimal 对象中的值相减，然后返回这个对象
multiply(BigDecimal object)	BigDecimal 对象中的值相乘，然后返回这个对象
divide(BigDecimal object)	BigDecimal 对象中的值相除，然后返回这个对象
divide(BigDecimal obj, int scale, int roundingMode)	BigDecimal 对象中的值按小数点精度和商的进位模式相除，然后返回这个对象
toString()	将 BigDecimal 对象的数值转换成字符串
doubleValue()	将 BigDecimal 对象中的值以双精度数返回
floatValue()	将 BigDecimal 对象中的值以单精度数返回
longValue()	将 BigDecimal 对象中的值以长整数返回
intValue()	将 BigDecimal 对象中的值以整数返回

> **更多信息**　BigDecimal 和 BigInteger 都可实现对超值数字的运算；BigDecimal 用来对任何超值数字的运算，而 BigInteger 只能对超值整数进行运算，它们的运算方法相同。学会对 BigDecimal 的编程，BigInteger 将会变得容易。

注意，由于一般数值类型，例如 double，不能准确地代表 16 位有效数以上的数字，在使用 BigDecimal 时，应用 BigDecimal(String) 构造器创建对象才有意义。另外，BigDecimal 所创建的是对象，不能使用传统的 +、-、*、/ 等算术运算符直接对其对象进行数学运算，而必须调用其相对应的方法。方法中的参数也必须是 BigDecimal 的对象。

构造器是类的特殊方法，专门用来创建对象，特别是带有参数的对象。关于构造器概念和编写技术，将在本书第 6 章详细介绍。

5.6.1　BigDecimal 的数学运算

下面讨论应用 BigDecimal 进行加、减、乘、除的具体例子。

```
// 完整程序在本书配套资源目录 Ch5 中，名为 TestBigDecimalApp.java
// 创建 BigDecimal 对象
BigDecimal bigNumber = new BigDecimal("89.12345678901234567890");
BigDecimal bigRate = new BigDecimal(1000);
BigDecimal bigResult = new BigDecimal();  // 对象 bigResult 的值为 0.0
bigResult = bigNumber.multiply(bigRate);    // 对 bigNumber 的值乘以 1000，结果赋予 bigResult
System.out.println(bigResult.toString());   // 或者 System.out.println(bigResult);
                                            // 显示结果：89123.45678901234567890000
double dData = bigNumber.doubleValue();     // 以双精度数返回 bigNumber 中的值
System.out.println(dData);                  // 结果：89.12345678901235
```

注意使用方法 doubleValue() 将对象 bigNumber 中的值以双精度数值返回时，将损失数据的准确性。使用其他方法，如 xxxValue() 时均存在这个问题，使用时必须慎重。

> **3W**　BigDecimal 用来对超过 16 位有效数值进行运算和操作。所有的算术运算都通过调用其相应的方法进行。创建一个超过 16 位有效数的对象时，运用 BigDecimal(String) 才可避免损失数字的精确度。

BigDecimal 还提供了多种对商的处理模式，来实现在除法运算中对小数点精确度的控制，如表 5.8 所示。

第 5 章　数据控制和质量保证初探

表 5.8　BigDecimal 类中 divide() 的对商的处理模式

模　式	描　述
RoundingMode.UP	商的最后一位如果不是 0，则进一位
RoundingMode.DOWN	商的最后一位忽略
RoundingMode.CEILING	商如果是正数，则按 ROUN_UP 处理，否则按 ROUND_DOWN 处理
RoundingMode.FLOOR	与 ROUND_CEILING 处理模式相反
RoundingMode.HALF_DOWN	对商进行四舍五入操作：如果商的最后一位小于等于 5，则忽略，否则进一位
RoundingMode.HALF_UP	对商进行四舍五入操作：如果商的最后一位小于 5 则忽略，否则进一位
RoundingMode.HALF_EVEN	如果商的倒数第二位是奇数，则按 ROUND_HALF_UP 处理，否则，按 ROUND_HALF_DOWN 处理

可以看到这些对商的处理模式大多用于金融商务等领域。以下是测试这些处理模式的程序例子。在应用 BigDecimal 进行除法运算中，还经常调用控制小数点精确度的参数和对商的进位模式进行除法的运算，其语法格式为：

```
BigDecimal divid(BigDecimal object, int scale, int RoundingMode)
```

其中：
- scale——任何整数值；用来控制小数点位数。
- RoundingMode——表 5.8 中的任何一个对商即小数点的处理模式。

以下代码例子中演示了如何利用这些在 BigDecimal 的除法中对商以及小数点精确度控制的例子。

```
// 完整程序在本书配套资源目录 Ch5 中，名为 TestBigDecimalDivideModeApp.java
// 创建 BigDecimal 对象
BigDecimal bigNumber = new BigDecimal("89.1234567890123456789");
BigDecimal bigRate = new BigDecimal(1000);
BigDecimal bigResult = new BigDecimal(); // 对象 bigResult 的值为 0.0

bigResult = bigNumber.divide(bigResult); // 系统预设对商的处理
System.out.println(bigResult);           //output: 0.08912345678901234567890123456789
// 利用 ROUND_UP 模式，保持 17 位小数点
bigResult = bigNumber.divide(bigResult, 17, RoundingMode.ROUND_UP);
System.out.println(bigResult);           //output: 0.08912345678901235
// 利用 ROUND_DOWN 模式，保持 16 位小数点
bigResult = bigNumber.divide(bigResult, 16, RoundingMode.ROUND_DOWN);
System.out.println(bigResult);           //output: 0.0891234567890123
// 更多代码实例
...
```

5.6.2　BigDecimal 的格式化输出

由于 NumberFormat 类的 format() 方法可以使用 BigDecimal 对象作为其参数，可以利用之一特性在 BigDecimal 中对超出 16 位有效数字的货币值、百分值，以及一般数值进行格式化输出控制。

以应用 BigDecimal 对货币和百分比格式化为例，首先，创建 BigDecimal 对象，进行 BigDecimal 的数学运算后，分别建立对货币和百分比格式化的引用，最后利用 BigDecimal 对象作为 format() 方法的参数，输出其格式化的货币值和百分比，即：

```
// 完整程序在本书配套资源目录 Ch5 中，名为 BigDecimalFormatApp.java
BigDecimal bigLoanAmount = new BigDecimal(loanAmountString);
                          // 创建 BigDecimal 对象
BigDecimal bigInterestRate = new BigDecimal(interestRateString);
```

```
BigDecimal bigInterest = bigLoanAmount.multiply(bigInterestRate);
                        //BigDecimal 运算
NumberFormat currency = NumberFormat.getCurrencyInstance();
                        // 建立货币格式化引用
NumberFormat percent = NumberFormat.getPercentInstance();
                        // 建立百分比格式化引用
percent.setMaximumFractionDigits(2); //百分比小数点最多2位；第三位四舍五入
// 利用 BigDecimal 对象作为参数在 format() 中调用货币和百分比格式化
System.out.println("Loan amount:\t" + currency.format(bigLoanAmount));
System.out.println("Interest rate:\t" + percent.format(bigInterestRate));
System.out.println("Interest:\t" + currency.format(bigInterest));
```

以下是这个程序运行时的一个典型输出结果：

```
Loan amount:     ￥129,876,534,219,876,523.12
Interest rate:        8.77%
Interest:        ￥11,384,239,549,149,661.69
```

实战项目：投资回报应用开发（2）

项目描述：

这个项目是对第 4 章讨论过的实战项目——投资回报应用程序开发（1）的扩充和继续。这是一个可以根据用户的每月投资额、投资期限（年），以及年利息率计算投资回报额的应用程序。详细描述见第 4 章实战项目——投资回报应用程序开发（1）。提高性的扩充内容包括对输入数据，如月投资额、投资期限、投资年利息率以及程序是否继续的验证和输出数据的格式化处理。

程序分析：

同前。加入如下数据范围规定。

- ❏ 月投资额——范围为 0 ~ 10,000,000.00。
- ❏ 投资期限——范围为 0 ~ 130。
- ❏ 年利息率——范围为 0 ~ 0.30。

类的设计：

1. 利用异常处理功能创建一个数据验证类 Validator（见 5.2.6 节例子之三讨论），用来验证月投资额、投资年限以及年利息率的输入。

2. 利用格式化数据输出功能创建一个类 FormattedOutput，用来对货币和百分比进行格式化处理，并返回格式化输出数据。

3. 修改 FutureValue 类，加入用来处理货币格式化、百分比格式化输出的方法 formattedOutPut()。

4. 修改测试程序 FutureValueApp，增加验证功能。

输入输出设计：

1. 利用 API 类 JOptionPane 所提供的方法处理输入和输出操作。

2. 输入：提示用户输入姓名（name）、月投资额（monthlyInvest）、投资期限（years）、年利息率（yearlyRate），以及提示用户是否继续程序运行"Continue (y/n)?"；以上输入数据，除姓名外，用 Validator 类验证。

3. 输出：用户姓名、月投资额、投资年、投资年利息以及投资回报额；格式化输出。

异常处理：

利用 Validator 类对输入数据进行验证。对字符串（姓名）的验证在以后章节讨论了正则表达式后再加入这个验证功能。

软件测试：

编写测试类 FutureValueApp 进行测试和必要的修改。输入各种数据，检查输出结果是否正确；提示是否清楚；输出结果的显示是否满意。

软件文档：

对类、变量、方法和重要语句行注释。必要时利用 Eclipse 的 Javadoc 功能创建文档。

Validator 类与我们在 5.2.6 节讨论的相同，这里不再列出。以下是 Formatted Output 类的代码：

```java
// 完整程序在本书配套资源目录 Ch5 中，名为 FormattedOutput.java
import java.util.NumberFormat;   // 引入支持格式化功能的 API 类
  // 其他代码
  ...
 public class FormattedOutput {    // 返回格式化的货币
    public static String currencyOutput(double currency) {
    NumberFormat currencyReference = NumberFormat.getCurrencyInstance();
    String formattedCurrency = currencyReference.format(currency);
    return formattedCurrency;
 }
 public static String percentOutput(double percent, int decimal) {
       NumberFormat percentReference = NumberFormat.getPercentInstance();
   String formattedPercent = percentReference.format(percent);
      return formattedPercent;
 }
} //FormattedOutput 类结束
```

在这个类中，我们将方法定义为静态，无须先创建对象而直接调用这些方法。所有不依赖对象可以独立运行的方法，如 Math 中的方法，在 Validator 中执行验证数据的方法等都可以定义为静态方法。后面的章节中将专门详细讨论静态方法。

以下是对 FutureValue 增添的调用执行格式化输出的方法部分，其他部分与以前的代码相同：

```java
// 完整程序在本书配套资源目录 Ch5 中，名为 FutureValue.java
public FutureValue {
    // 其他代码
    ...
    public void outputResult() {
          String message = "Name: " + name + "\nMonthly investment: "
              + FormattedOutput.currencyOutput(monthlyInvest)
              + "\nYearly interest rate: "
              + FormattedOutput.percentOutput(yearlyRate, 2)
              + "\nInvest years: " + years
              + "\nFuture return: "
              + FormattedOutput.currencyOutput(futureValue);
          System.out.println(message);
    } // 方法 outputResult() 结束
}   // 类 FutureValue 结束
```

以下是测试这个应用程序的重要部分：

```java
// 完整程序在本书配套资源目录 Ch5 中，名为 FutureValueApp2.java
public class FutureValueApp2 {
    public static void main(String[] args) {
        String choice = "y",
               userName;
        while(choice.equalsIgnoreCase("y")) {
        FutureValue futureValue = new FutureValue();
        Scanner sc = new Scanner(System.in);
```

```
                System.out.println("Welcome to future value application!\n\n");
                System.out.print("Please enter your name: ");
                userName = sc.next();
                futureValue.setName(userName);
                System.out.println();
                double investAmount = Validator.validateDoubleWithRange(sc, "enter
                your monthly invest: ", 0, 1000000);          // 验证月投资额
                futureValue.setMonthlyInvest(investAmount);    // 设置月投资额
                double interestRate = Validator.validateDoubleWithRange(sc, "enter your
                yearly interest rate: ", 0, 35);               // 验证年利息率
                futureValue.setYearlyRate(interestRate);       // 设置这个数据
                int years = Validator.validateIntWithRange(sc, "enter number of years:
                ", 0, 130);// 验证投资期限
                futureValue.setYears(years);                   // 设置这个数据
                futureValue.futureValueComputing();            // 调用计算投资回报方法
                futureValue.outputResult();                    // 调用格式化输出方法
                choice = Validator.validateYN(sc, "continue? (y/n): ");  // 验证是否继续
            } // 循环结束
            System.out.println("\nThank you for using future value application.");
        } // 主方法 main() 结束
    } // 测试类结束
```

巩固提高练习和实战项目大练兵

1. 举例说明"将错误消灭在第一现场"是指什么。
2. 异常和运行错误有什么区别？
3. 除了 5.2 节所列举的常见异常外，举出至少 3 种程序中的其他异常现象。
4. 举例说明什么是自动异常处理。为什么编程人员还要编写异常处理功能？
5. 什么是系统异常抛出？它抛出的是什么？
6. 举例说明什么是标准异常类。
7. 列出 API 文档中 Scanner 类的至少 5 个本章未讨论的方法抛出的异常名。大多数 BigDecimal 类的方法抛出什么异常？
8. 为什么说利用 throw 语句可以进一步验证数据？举例说明除数据超界之外，如何利用它进一步验证什么数据。
9. 将 5.2.6 节中的程序 GradeExceptionApp.java 修改为可以接受双精度数作为学生的成绩，并且处理异常。将修改后的程序保存为 GradeExceptionApp2.java。
10. 将 5.2.6 节中的程序 GradeExeceptionApp.java 修改为利用 Scanner 对象接受学生成绩的输入，然后处理这个输入异常。将修改后的程序保存为 GradeExceptionApp3.java。
11. 将 5.2.6 节中的程序 TestValidatorApp.java 修改为利用 JOptionPane 的方法接受用户的数据输入，然后进行异常处理。将修改后的程序保存为 TestValidator App2.java。
12. 在 5.2.6 节中的程序 Validator.java 中加入另外一个名为 validateBoolean() 的静态方法，用来处理布尔代数值的异常。将修改后的程序保存为 Validator2.java。编写一个驱动程序来测试添加后的功能。将这个驱动类保存为 Validator2 Test.java。
13. NumberFormat() 类中提供了哪三种数值格式化？举例说明它们的编程步骤或模式。
14. 什么是链式方法调用？它对方法的返回类型有什么要求？
15. 什么是 Locale？举例说明 Locale 的应用。
16. 说明 setMinimumFractionDigits() 和 setMaximumFactionDigits() 在使用中有什么不同。举例说明。

17. 举例说明系统预设的对百分比小数点的处理方式。如果你在代码中利用 setMinimumFractionDigits() 或者 setMaximumFractionDigits() 来控制百分比的小数点，这个系统预设方式还产生效果吗？

18. 利用 DecimalFormat 类来显示如下规定的数字输出格式。

（1）显示 3 位小数点，每千位数使用逗号。

（2）如果一个数是小数，只显示小数点后的 4 位数。

（3）任何数必须显示小数点后的 2 位数。

19. 为什么进行自动类型转换？为什么需要人为进行类型转换？举例说明。

20. 利用 Math 类进行下列运算。

（1）产生一个 0 ~ 100 的随机数。

（2）计算一个数的 10.28 次方。

（3）计算给定任意两个坐标点之间的距离。

21. 为什么使用字符串创建 BigDecimal 对象？给出利用 BigDecimal 进行两个数相加的步骤。

22. **实战项目大练兵**：编写一个利用 BigDecimal 来计算投资回报的程序。使用与投资回报应用程序开发（2）Future1 类相同的公式计算投资回报。需要对货币和百分比格式化；需要保留 3 位百分比小数。要求处理输入数据异常。规定投资额范围是 1 ~ 1 000 000.00；投资回报率是 0.1% ~ 25%。投资年范围为 1 ~ 100。程序将继续运行直到用户输入"n"。选择本章节提供的数据验证类 Validator，验证除姓名之外的所有输入。将这个程序保存为 FutureValueBigDecimalApp.java。

23. **实战项目大练兵（团队编程项目）**：利用 JOptionPane 修改 Validator 类和 FutureValue 类，使所有输入输出都调用 JOptionPane 的方法进行。注意在修改验证方法时不需要带入 Scanner 的对象。将修改后的程序分别保存为 Validator2 和 FutureValue2。编写一个测试程序，将其保存为 FutureValueJOption PaneApp.java。完善注释和文档，并保存源代码文件。

第二部分　告别菜鸟

首先，祝贺你从一个 Java 编程的菜鸟成为同路人；从略知皮毛到略知一二；从不知如何下手到可以"照猫画虎"。

"路漫漫其修远兮，吾将上下而求索。"学到这一步，也只是"万里长征走完了第一步。""革命尚未成功，同志仍需努力。"在 Java 编程中，有更多的概念要探讨，有更多的技术需要了解，有更多的编程实践有待我们练习。走完了第一步，还在乎第二步吗？"世上无难事，只要肯登攀"！

在这一部分，我们将进一步走进类和对象，深入讨论类的封装性、继承性、多态性、抽象性的含义以及它们在实际软件开发中的应用。将以更多、更易懂易学的实例解释和应用构造方法、静态方法、静态数据等静态技术，以及方法重载、方法覆盖、继承的三种基本方式，实现多态的三要素及接口的编程原理和实践。

当你学完这一部分的内容，离炼成 Java 高手只有咫尺之遥，加油！

> "学而时习之，不亦说乎？有朋自远方来，不亦乐乎？人不知，而不愠，不亦君子乎？"
>
> （不仅要好学，而且还要按时温习。志同道合的朋友从远方来到一起，互相切磋学问，值得珍惜。要注意自我修养，要谦逊，受得住委屈。）
>
> ——《论语》

通过本章学习，你能够学会：
1. 举例说明面向对象编程的四大特征。
2. 举例说明类的设计原则和编程技巧。
3. 应用构造方法和方法重载编写代码。
4. 应用静态数据和具体方法编写代码。
5. 举例解释对象创建、引用的不同和如何应用。

第 6 章　走进类和对象

本章将进一步讨论类和对象的关系；将通过实例解释面向对象编程的三个主要特性，即封装性、继承性，以及多态性。将讨论类的构造器、重载、方法的各种编写格式和它们的应用。还将进一步通过实际例子讨论静态技术，如静态数据、静态方法，以及静态初始化模块等 Java 编程的重要概念和技术。

6.1　面向对象编程——原来如此

从本书所有讨论过的例子不难看出，面向对象编程在 Java 是与生俱有的特性。所有代码，除 import 和以后章节将介绍的 package 语句之外，都属于类。例如，类的典型结构为：

```
public class ClassName {                    // 定义一个类
    dataType dataName1;                      // 定义实例变量
    ...
    public ClassName() {                     // 构造方法或称构造器
        dataName1 = 0;
        ...
    }
    public dataType getDataName() {          // 获取数据
        return dataName;
    }
    Public void setDataName(dataType dataName) {// 设置数据
        this.dataName = dataName;
    }
    ...    // 其他方法
}
```

所以，面向对象编程的最大挑战和首要任务，就是如何有效地利用 Java 编程概念及技术来设计和编写类，创建和运用对象，解决实际问题。

6.1.1 类和对象剖析——源于生活，高于生活

类和对象是客观世界在程序设计中的反映，是从抽象到具体，从概括性、集中性、代表性到落实到实例和个体，从模块、模块之间关系到具体代码的编写过程。

从另外一个角度，计算机语言的发展史，也可以看出类和对象概念和技术的产生是"水到渠成"的必然，是计算机编程语言不断更新发展的结果。

最初的计算机编程语言只有基本变量，代表存储器，用来保存数据。数据多了怎么办？成千上万个数据怎样做加法运算？于是创造了数组和循环。但数组也有它的局限性，即在一个数组中只能存储相同类型的数据。于是产生了结构（如 C/C++ 中的 struct），可以将不同类型的数据包括在一个数据结构中，给程序设计带来了很大方便。但 struct 也有其局限性：大多数情况下它只包括数据，而不包括方法，或称函数。尽管在后来改进的版本中，struct 可以包括函数，但从本质上讲，数据和方法是分离的。虽然它们息息相关，但却各自为政，各有各的定义和应用范围（scope）。

于是乎类和对象应运而生。从计算机编程语言的角度看，类是一种特殊的数据结构；它将数据和方法包括在名为 class 的程序体中，加以访问权的限制，于是有了封装性；它可以被其他类所扩充，所以有了继承性；在不同情况下，它可以代表不同的运算和操作，于是有了多态性。甚至还产生了类的类（集合 Collection）。它改变了传统的、垄断了编程语言近 30 年的数据和方法分离的面向过程编程的软件设计，迈向了高效、可靠、安全、一致、好用、具有开发大规模应用程序，特别是开发互联网应用程序能力的面向对象编程。

下一个编程语言是什么呢？

6.1.2 封装性

封装（Encapsulation）原本是指把东西或内容包装在一个外壳中，避免外界的直接接触，使其被保护起来。在 Java 编程中，用来进行封装的"外壳"就是类，或 class，其内容则是实例变量和方法。在类这个"外壳"里，还必须建立对其内容（即变量和方法）的访问权限，或称访问修饰符，才可以更有效地保护它们，避免对数据和某些重要方法在其对象外部的直接访问、更改和调用。对数据的更改，必须通过方法来实现。

来看一个例子。假设把所有实例变量都定义为 public，即：

```
public int month,
           day,
           year;
public double payment;
public String password;
```

那么，对象可以直接在外部对这些数据进行更改，而不加任何保护措施，例如：

```
someObj.month = 13;
someObj.payment = 99999.99;
bankObj.password="8888";
...
```

毋庸置疑，这将产生两个层次的问题：其一，数据的可靠性和安全性没有保障；其二，必须对数据有更为详细和正确的了解，才会避免错误。

把方法定义为 public 是为了使对象能够直接调用。但在有些情况下，方法必须具有封装性，即其访问修饰符被定义为 private，防止直接调用，例如：

```
someObj.changePassword("0000");
```

```
someObj.shotMissiles();
...
```

方法 changePassword() 如果不具有封装性，软件便不再具备安全性，因为其密码可以直接修改，则后果不堪设想。所以，以上方法必须具有封装性才可以保障密码的安全。而如下方法：

```
someObj.login();
```

可以设置为 public 被直接调用。当用户登录后，程序才可继续运行。其他功能，如 changePasswrd()，以及 shotMissiles() 只能在用户登录后，或者经过授权后，才可以在内部调用。即这些方法应该被定义为 private。

6.1.3　继承性

与现实生活中的继承概念一样，从父母和长辈那里继承遗产和财富，似乎是理所当然的事。继承（Inheritance）在 Java 中也同样是获得"财富"——已经编写好的代码。继承的目的，在日常生活中可能不会理直气壮地说是不劳而获，但在程序设计中则可公然声明，是为了"拿来主义"；是为了最大限度地利用和扩充已经写好的代码，所以我们"不再发明车轮"（don't reinvent wheels），是为了提高代码的可重复使用性（code-reusability）。

继承性是 Java 语言与生俱有的特性。例如在第 5 章中探讨过的异常处理类，InputMismatchException、InputFormatException 等，都是从 Exception 继承而来的。观察 Java 的 API 类文档，所有提供编程人员应用的 API 类都是继承或者多级继承而来，如图 6.1 所示。

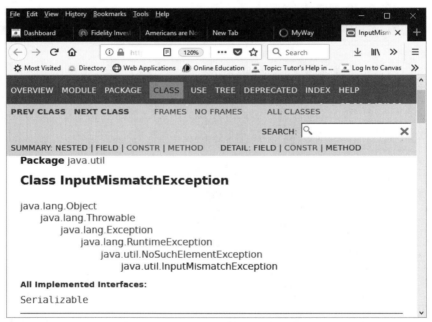

图 6.1　典型 Java API 类的继承图

通过继承得到的类称为子类（subclasses）、导出类（derived classes）；作为资源或根（root）的类称为超类（super classes）或父类。例如，图 6.1 中的 Object 是所有类的父类；Exception 为 Object 以及 Throwable 的子类，同时又是 RuntimeException、NoSuchElementException 以及 InputMismatchException 的父类。

在面向对象的程序设计中，尤其在 Java 应用程序开发中，继承的第一个目的是重复使用并且扩充已经被开发的代码。但继承并不是唯一的程序设计和代码编写方式，并不是所有的类都存在继承关系。类与类之间可能是支持关系（supporting），例如前面讨论过的验证数据、处理异常的 Validator

类和计算投资回报的 FutureValue 类，显然是支持关系。它们之间不存在继承关系。第 7 章将通过实例详细讨论代码的继承技术及其正确应用。

6.1.4 多态性

第 8 章将专门讨论如何在代码中实现多态性（Polymorphism）。这里从现实世界的例子，阐述和解释多态性概念。多态性，即 polymorphism，由两个拉丁文字构成：poly 是指多、众，或者 many；而 morphism 从 morphic 而来，意思为形态、形式，即 forms。多态性在实际生活中比比皆是。例如，"二合一""三合一"甚至"四合一"的产品，都具有多态性。"变形金刚""折叠"产品，等等，都具有与生俱有的多态性。随手拈来一个例子，一部传真机，除可以收发传真外，还可以作为电话机、打印机，以及复印机来使用。观察一下这个传真机上的 OK 按钮。它在传真或者电话挡时，意思为收发传真，或者拨通电话；在打印挡时，开始启动打印；而在复印挡时，则执行复制操作。当然，最好的例子莫过于你正在使用的计算机和手机。更有智者宣称计算机不应该叫 Computer，应该叫作万能机（Universal Machine）。

软件产品中多态性的例子更是举不胜举。打开微软 Office 软件，无论是 Word、Excel，还是 PowerPoint、Access，其菜单的第一个选项都是文件（File），但其内容随着软件的不同而不同。即，在 Word 中，文件的内容是针对文字处理中的问题，提供对文件的处理功能；而在 Excel，或是其他软件中，其文件菜单内容根据软件的不同而变化，不会在 PowerPoint 中出现数据库 Access 的文件操作功能。我们说文件菜单具有多态性。

多态性在 Java 编程中的概念完全和现实世界"几合一"的产品一样，是现实世界的多态性在软件开发中的模拟和实现。如同微软的 Office 软件包中的文件菜单一样，我们运用本书第 8 章讨论的多态性的编程规则，完全可以模拟现实世界的各式各样的多态性产品。

6.1.5 抽象性

类的设计、抽象类直到接口的编写都是 Java 具有抽象性（Abstraction）的体现。除下面小节重点讨论在类的设计中应用抽象化概念外，抽象性还存在于继承关系的描述和原理中。如作为父类的 Person 比作为子类的 Student 要抽象：Person 泛指所有人。而 Student 则是具体的一类人群。当然抽象性也是相对而言，如果我们将 Student 作为父类再继承下去，如产生它的子类 CollecgeStudent，Student 相对其子类也具有抽象性。我们将在以后的章节逐步用实例讨论这些概念的编程技术。

6.2 类为什么是编程模块

类在面向对象编程中的重要性怎样强调都不过分。从以前的例子中可以看出，具体编写一个类并不难，难的是设计这个类，使它成为软件开发的模块。类的设计涉及确定它的变量和方法。具体地讲，哪些变量和方法应该包括在类中；它们的变量类型、参数类型，以及访问权；是否静态变量或者方法；方法所执行的具体运算和操作；是否重载，等等。下面通过实例讨论这些问题。

6.2.1 类就是软件工厂产品蓝图

从设计产品蓝图到制造具体产品，这是大工业时代的生产标志。应用相同的原理，在应用程序开发中，从设计类这个蓝图，到编程抽象化是设计类的主导思想。抽象化是指将要解决的问题按照面向对象编程的原则，经过分析和设计，成为编写代码的模式，或称代码规范（code specification）。

这些原则可表述如下。

- 代表性（representability）。类应该代表在其命名范畴内所有对象的属性或形态规范，以及行为或功能。
- 专一性。类不应该包括它不代表的对象的属性和行为。应该执行它所代表的运算和操作，而不是面面俱到、什么都有的"百宝箱"。

- 内聚性（cohesion and loose coupling）。在一个类的内部，应该有其相对的完整和独立性，除继承链外，其运算和操作不应依赖于其他类。毋庸置疑，类的结构似乎已经保证了它的独立性。但糟糕的设计、不正确的代码编写，以及滥用灵活性会使类的独立性荡然无存。我们将在以后看到这种例子。
- 封装性。即信息隐藏，通过类的结构和成员访问修饰符来实现，限制对实例变量在对象外部的访问。
- 多级性（hierarchy）。指有继承关系的类等级性的抽象程度。开发一个应用程序肯定要设计多个，有时甚至成千上万个类。分析设计时，要遵循多级性的原则。对有继承关系的类，呈现"金字塔"式的设计。越往顶部，越抽象，越概括，涵盖它所代表的所有子类的共同特性，向所有子类提供资源和行为规范。越往"金字塔"下部，其内容越丰富，其任务则越具体。
- 接口性（interface）。就像工业产品中的标准件一样，可以插接到其他类似的产品上。在软件开发中，特殊设计的、高度抽象的类，或称 interfaces，可以成为类之间的通信管道和"协议"。
- 合作性（collaboration）。指有支持关系类之间的协调一致性。即参数、返回变量、异常处理，以及调用方法等方面的规范和协调。

当然，上面列举的许多内容涉及面向对象设计的范畴，超出了本书的讨论范围。感兴趣的读者可以参考这方面的书籍。没有面向对象的设计，哪来面向对象的编程？本书将尽可能多地列举涉及这些设计方面的概念和例子。

6.2.2 如何描述对象——确定其属性并赋值

设计类时，首先要确定这个类所代表的所有对象的变量，即实例变量。步骤如下。

（1）选择。包括这个类命名规范内所代表的所有对象的变量；剔除所有不具有代表性的变量。这些实例变量是用来执行这个类对所有对象进行的运算和操作的数据。例如，在计算投资回报 FutureValue 类中，职务、电话号码、业余爱好等，就不代表计算投资回报中所有对象的属性，与它所执行的任务无关；而姓名、月投资额、年投资回报率、投资年，则是每个对象都必须具备的变量。没有它们，计算投资回报是无法圆满完成的。所以，选择类中代表所有对象的变量可以首先从这个类所执行的运算和操作入手，从计算公式入手，但也要考虑到代表所有对象的其他变量，如在这个例子中的用户姓名。

（2）访问权。为了具有封装性，一般情况下，实例变量的访问权定义为 private。

（3）是否静态。如果某个类变量是不依赖于对象而存在，属于这个类，则定义为静态，即 static。将在下面的小节详细讨论静态变量。

（4）变量类型。确定范围为 8 个基本数据类型，字符串型，或者是类。类也是一种更具更高功能的特殊变量。

（5）是否常量。如果某个类变量其值在整个运行中是不变的，则定义为常量，并立即赋值。

（6）命名。按照 Java 对类变量的命名规范进行。

编译器对实例变量自动赋予系统预设的初始值。即对整数类型变量赋予 0，对浮点类型变量赋予 0.0，对字符赋予空，对布尔型变量赋予 false，对字符串变量和对象赋予 null：

```
byte byteVar = 0;
short shortVar = 0;
int intVar = 0;
long longVar = 0;
float floatVar = 0.0f;
private double doubleVar = 0.0;
private char charVar = ' ';
private boolean boolVar = false;
private String stringVar = null;
```

```
private SomeClass someObj = null;
```

6.2.3 构造方法制造对象

构造方法（constructor），或称为构造器，是方法的特例。构造方法的主要目的是创建对象，同时按照参数所规定的值对这个对象的实例变量初始化或赋值。构造方法的语法格式如下：

```
public ClassName(dataType argumentName, ...) {
    //语句体
    ...
}
```

构造方法有如下特点。
- 构造方法访问修饰符可以是 public、protected、private 或包 package（无修饰符，系统预设为包访问权）。为在任何程序中创建对象，则定义为 public。其他修饰符的应用将在以后章节专门讨论。
- 构造方法名与类名相同。即类名就是构造器的名称。
- 构造方法不允许返回任何数据，也不使用 void。
- 构造方法在创建这个类的对象时被自动调用。例如：

```
SomeClass myObj = new SomeClass(10);     // 创建一个对象，并对其初始化
```

这个语句被执行时，将创建一个名为 myObj 的对象，并对其实例变量初始化为 10。
- 如果类中没有定义构造方法，Java 编译器将提供一个系统预设的构造方法。这个构造方法实际上来源于所有类的始祖 Object，因为编译器将任何编程人员定义的类都设置为从 Object 类继承而来。Object 的构造器实际上是一个没有参数的空程序体。但如果类中定义了自己的构造方法，编译器则不提供这个服务。

构造方法的最后这个特点也许解释了在本书以前所有例子中没有定义构造器却可以创建对象的原因。

如果构造方法没有参数，则其括号内为空。以下是一些构造方法代码的典型例子。

例子之一：假设我们设计了一个计算正方形面积的类 Square，系统预设的构造方法是这样：

```
public Square() {          //系统预设构造方法
}
```

下面是创建对象的语句：

```
Square mySqr = new Square();            //创建对象
```

创建一个名为 mySqr 的对象，没有对这个对象的实例变量赋值。

例子之二：继续上例，这个类具有一个参数的构造方法如下：

```
private double length;
public Square(double l) {
    length = l;
}
```

这个构造方法接受一个双精度型变量作为其参数 l，并将其值赋予实例变量 length。为了减少对参数命名的麻烦和增加代码的可读性，在构造方法中经常使用关键字 this 来区分参数名和实例变量名。如上例中的构造方法经常写为：

```
public Square(double length) {
    this.length = length;
}
```

关键字 this 表示当前的对象，即当前正在调用的实例。例如：

```
Square this= new Square(8.95);
```

以上代码将调用构造方法创建一个名为 square 的对象，并对实例变量 length 赋值为 8.95。this 在这个例子中则代表实例 square。关键字 this 的更多应用将在 6.3.4 节中专门讨论。构造方法创建对象的过程称为实例化。

例子之三：具有两个参数的构造方法。

```
public Rectangle(int width, int height) {
    this.width = width;
    this.height = height;
}
```

利用如下语句：

```
Rectangle rec = new Rectangle(12, 50);
```

将创建一个宽为 12、高为 50、名为 rec 的长方形对象。关键字 this 在这个代码中则代表 rec。

例子之四：具有三个参数的构造方法。

```
public Student(String name, int midterm, int final) {
    this.name = name;
    this.midterm = midterm;
    this.final = final;
}
```

利用如下语句：

```
Student student = new Student("李明", 89, 92);
```

将创建一个名为 student 的对象，其实例变量 name 赋值为 "李明"，midterm 为 89，以及 final 为 92。

> **更多信息** 在定义实例变量时，编译器按照系统预设值对所有实例变量自动初始化。如果编写了构造方法，将会按照构造方法中的赋值语句对实例变量进行赋值操作。

例子之五：构造方法的其他用法。例如：

```
public FutureValue(String name,double invest, double rate) {
    setName(name);
    setMonthlyInvest(invest);
    setYearlyRate(rate);
    year = 1;
}
```

这个构造方法将调用三个 setXxx() 方法对实例变量 name、monthlyInvest，以及 yearlyRate 按参数值赋值；这个构造方法可以用来创建没有提供投资年信息的对象，并且将这个默认参数初始化为 1。编程中当 setXxx() 方法具有数据验证功能时，这样做的好处是可以增强数据的可靠性。第 12 章将专门讨论这个问题。另外，这个构造方法应用在构造器重载中，可以增强创建对象时的灵活性，即在没有提供完全信息的情况下，也可以创建对象。构造器重载将在 6.2.4 节讨论。

例子之六：具有类参数的构造方法。

```
public Product(String code, ProductDB dB){// 第二个参数为 ProductDB 类的对象 dB
    this.code = code;
```

```
    price = dB.getPrice(code);
}
```

这个构造方法中的第二个参数为类参数,即它以 ProductDB 的对象 dB 作为参数,构造方法可以利用传进来的对象调用其方法 getPrice(),用这个方法的返回值对 price 进行赋值。

6.2.4 更灵活地制造对象——构造方法重载

构造方法重载是指在一个类中具有两个或多个构造方法,这些构造方法以不同的参数(类型、参数多少,以及参数次序)作为区别的标志或者签名(signature)。而每个构造方法则执行对不同实例变量赋值或初始化的任务。编译器判断重载是否合法的依据是构造方法是否具有不同的签名。

构造方法重载的目的是更加灵活地创建对象。如下例子利用四个重载的构造方法创建不同参数长方体对象:

```
public Cube() {                                    // 无参数构造器创建单位正方体
    width = height = length = 1.0;
}
public Cube(double size) {                         // 一个参数构造方法,以参数值创建正方体
    width = height = length = size;
}
public Cube(double width, double height) {         // 两个参数构造器,对宽和高赋值,对长度
                                                   // 赋予单位长 1.0
    this.width = width;
    this.height = height;
    length = 1.0;
}
// 三个参数构造方法对所有实例变量赋值
public Cube(double width, double height, double length) {
    this.width = width;
    this.height = height;
    this.length = length;
}
```

在这个例子中,根据参数数量的情况,可以分别创建 4 类对象。

❏ 默认参数构造方法:用来创建单位正方体对象。例如:

```
Cube unitCube = new Cube();
```

❏ 一个参数构造方法:用来创建正方体。例如:

```
Cube realCube = new Cube(13.58);
```

❏ 两个参数构造方法:创建某一边长为单位长度的长方体对象。例如:

```
Cube rectangle = new Cube(8.09, 12.6);
```

❏ 无默认参数构造方法:创建由参数指定的对象。例如:

```
Cube rectangle = new Cube(50.2, 29.8, 18.3);
```

构造方法除增强创建对象时的灵活性外,还可以减少代码编写的工作量。如在这个例子中,假设没有提供单参数构造方法 public Cube(double size),在创建正方体对象时,必须使用无默认参数构造器,例如:

```
Cube cube = new Cube(179.5609, 179.5609, 179.5609);
```

尽管其边长值一样,也必须一一列出。是否有些多余呢?

在何种情况下需要构造器方法重载呢？你可遵循以下条件进行判断。
- 创建对象时的默认参数不可以由代码中规定的值来代替。
- 创建对象时的默认参数不可以由系统默认值，如 0（数值变量）、空（字符变量）、真或假（布尔变量），以及 null（类变量）代替，需要重新赋值。

只要符合以上一个条件，则需要编写重载的构造方法。
以下是构造方法重载的更多例子：

```
// 完整程序在本书配套资源目录 Ch6 中，名为 MileageConverter.java
public MileageConverter() {
    miles = 0.0;
    kilometers = 0.0;
    result = 0.0;
}
public MileageConverter (double distance){
    miles = distance;
    kilometers = distance;
    result = 0.0;
}
```

> **3W** 构造方法重载是指在一个类中有两个或者多个构造方法。这些构造方法必须具有不同的签名，即其参数类型、个数，以及次序不同。构造方法重载的目的是在程序中更加灵活地创建不同参数的对象。

> **更多信息** 注意参数名不是签名的部分。

6.3 走进方法

除构造方法被认为是方法的特例外，方法可归为两种：实例方法和静态方法。实例方法代表对象行为，执行对象要进行的运算和操作。静态方法也称类方法，代表整个类的行为，执行这个类的所有对象都可参与的运算和操作。

6.3.1 方法就是对象的具体操作

编写方法的一般语法格式如下：

```
[accessType] [static] [final] returnType methodName([argumentList]) {
                                            // 方括号表示可选项
    statements;
}
```

其中：
- accessType——访问修饰符。可以是 public、protected、private，或包 package（无修饰符，系统预设为包访问权）。如果允许对象直接调用方法，使用 public，否则使用 private。private 方法只能由另一个属于该对象的方法调用。将在以后章节专门讨论这 4 种访问修饰符及其应用。
- [static]——可选项。一个方法可以是静态方法 static。将在后面小节专门讨论。
- [final]——可选项。一个方法可以是 final 方法。将在以后章节专门讨论。
- returnType——返回类型可以是 void 的，或者是任何一种基本数据类型或者类。

- methodName——方法名必须是 Java 合法的标识符，不允许是 Java 关键字。注意使用代表方法含义一目了然的名称，并遵守 Java 命名规范。
- [argumentList]——可选项，即没有参数。参数列表按如下规定：

```
argumentType1 argumentName1, argumentType2 argumentName2, ...
```

其中：

- argumentType——参数类型是任何一种基本数据类型或者类。
- argumentName——参数名必须遵守 Java 合法的标识符，不允许是 Java 关键字。注意使用代表明确，含义一目了然的名称，并遵守 Java 命名规范。请参考本书第 2 章讨论过的合法标识符中的 Java 命名规范。

回顾一下本书讨论过的编写方法的例子，在 Java 编程中，为了能够使对象直接调用其方法，大多数方法都定义为 public。最常用的方法有 setXxx()、getXxx() 以及用来运算的方法，例如：

```
public void setPrice(double charge) {
    price = charge;
}
public double getPrice() {
    return price;
}
public double computeTotal() {
    return price * quantity;
}
```

注意，除非是为了做类型转换，否则参数 charge 的变量类型必须和接受赋值的变量，如 price 的类型相同。在 getXxx() 方法中，如果不是类型转换，返回变量类型必须和返回变量值一致。

由于方法和变量共存于对象中，具有相同的作用域（scope）和生命周期（lifetime），因而方法可以自由地访问以及修改变量。这个特性大大减少了参数的使用和由其造成的语法错误，使得编程更容易。如用来执行运算的方法，大多数都不用参数和返回变量，例如：

```
public void convertKilometers()          //convert kilometers to miles
    { result = kilometers * 0.62137; }
```

但在某些情况，需要方法携带参数，或者具有返回变量，甚至两者都有，例如：

```
public int max(int num1, int num2, int num3) {
    return (Math.max(num1, Math.max(num2, num3)));
}
```

方法 max() 有三个整数类型参数，并且具有整数类型返回变量。

再例如：

```
public Product retrieve(String code){
    return this(code);
}
```

将按照参数 code 指定的产品号，启动 Product 的构造方法来创建一个产品实例，并返回对这个对象的引用。

6.3.2 什么是传递值的参数和传递引用的参数

在 Java 中，如果方法中的参数是基本数据类型，则称这个参数为数值参数，因为它接受的是数值。如果参数是对象，则称这个参数为引用参数，因为它接受的是对一个对象的引用地址。

数值参数是指该参数得到的是这个方法所传递的变量值的复制。即当参数接受了这个值时，与传递这个值的变量不再有任何联系。这个参数的作用域只是方法本身，即为本地变量作用域（local scope），无论这个参数有任何变化，都与原来传送这个参数的变量无关，因为它们各自的作用域不同。本地变量作用域随着方法的结束而终止。这个概念可以由图 6.2 来表示。

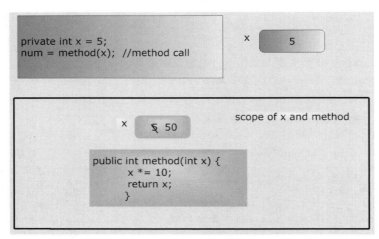

图 6.2　方法中的数值传递

在图 6.2 的上部，假设在某个对象中定义了变量 x，并赋值为 5，储存在属于这个对象的某段存储器中。当调用方法 method(x)，这个方法被装入执行时，变量 x 的值 5 被复制到方法中，原来变量 x 的存储地址被覆盖，作为参数的 x 成为方法 method() 的本地变量，参加运算。这时无论 x 的值怎样被修改，其作用域只在这个被执行的方法内有效，与原来传递它的变量无关。当方法执行完毕，它将被 JVM 自动卸载，完成其执行周期，直至再次调用。JVM 恢复执行前被覆盖的存储变量 x 的地址，其值并未发生变化。所以，要想得到更新的 x 变量的值，这个方法必须具有返回值。在这个例子中，用已定义变量 num 接受这个更新值 50。

引用参数与传递值参数正好相反。它不是对象的复制，而是对对象地址的引用，这个地址实际上代表这个参数所属的对象。所以，其作用域和参数所代表的对象是一致的。在方法中，任何对这个参数的改变，实际上是对那个对象变量，即实例变量的改变。方法执行周期的结束不影响对象的存在。这个解释如图 6.3 所示。注意这个图是一个简化示意图。

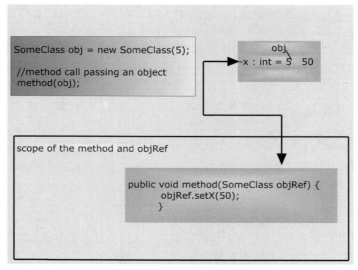

图 6.3　方法中的引用传递

假设对象 obj 的变量 x 被初始化为 5。当方法 method() 被调用时，使用对象 obj 作为参数，施行引用。当 JVM 将这个方法装入并执行时，对象 obj 的存储区段并没有被覆盖，引用参数 objRef 直接指向它所引用对象 obj 的地址，当方法 objRef.setX(50) 被调用时，它所改变的就是对象 obj 的变量 x 的值。

6.3.3 方法重载

如同构造方法重载，方法重载也是经常使用的编程方式。方法重载与构造方法重载遵循相同的语法要求，因为构造方法只是方法的特例。重载中的各方法必须具有不同的签名。必须重申的是，签名包括方法名，参数类型、个数，以及参数次序。方法的访问修饰符，返回变量和参数名不属于签名部分。即：

```
public void method(int num)
```

和

```
public double method(int count)           //与上例的签名重复
```

不是合法的方法重载，将造成语法错误。因为它们的签名一样，即都是 method(int)，编译器无法区别。

而

```
public void method(int num)
```

和

```
public double method(double num)          //方法重载
```

则是合法的方法重载。即如果只是检验方法签名，以上例子则可表示为：

```
method(int)
```

和

```
method(double)
```

显而易见，它们具有不同的签名。表 6.1 中列出了方法重载的更多例子。

表 6.1 方法重载合法与非法比较

合 法 重 载	非 法 重 载	非法重载原因
void sum(int count1, int count2)	int sum(int count1, int count2)	返回类型不是签名部分
void sum(int count1, short count2)	void sum(int num1, int num2)	参数名不是签名部分
void sum(int n1, int n2, int n3)	float sum(int x1, int x2,int x3)	返回类型和参数名不是签名部分

方法重载的目的同样是为了灵活方便调用方法，使得程序在不同参数情况下均可以运行，执行各种运算和操作。

下面是方法重载的典型例子：

```java
// 完整程序在本书配套资源目录 Ch6 中，名为 MethodOverload.java
import java.util.*;
import java.text.*;
...
// 利用系统预设的货币格式
public void printFormattedCurrency(double amount) {
    String out = NumberFormat.getCurrencyInstance().format(amount);
    System.out.println("系统预设货币格式: " + out);
}
```

```java
// 利用用户定义的货币格式
public void printFormattedCurrency(double amount, Locale locale) {
    String out = NumberFormat.getCurrencyInstance(locale).format(amount);
    System.out.println("用户定义本地" + locale + "格式:" + out);
}
// 利用用户定义的货币和小数点格式
public void printFormattedCurrency(double amount, Locale locale, int decimal) {
    NumberFormat currency = NumberFormat.getCurrencyInstance(locale);
    currency.setMinimumFractionDigits(decimal);
    String out = currency.format(amount);
    System.out.println("用户定义本地" + locale + "格式和"+ decimal + "位小数
        点: " + out);
}
```

在上面这个例子中，定义了 3 个重载的方法，即：

```
printFormattedCurrency(double)
printFormattedCurrency(double, Locale)
printFormattedCurrency(double, Locale, int)
```

根据不同的参数，它们分别输出对货币的不同格式。以下是调用这些方法的例子：

```java
// 完整程序在本书配套资源目录 Ch6 中，名为 MethodOverloadTest.java
MethodOverloadTest test = new MethodOverloadTest();        // 创建对象
test.printFormattedCurrency(19.722345);                    // 调用一个参数的方法
test.printFormattedCurrency(19.722345, Locale.US);         // 调用两个参数的方法
test.printFormattedCurrency(19.722345, Locale.TAIWAN, 4);  // 调用三个参数的方法
```

其输出结果为：

```
System default currency format: $19.72
User-defined locale en_US, amount:$19.72
User-defined locale fr_FR, format with 4, amount:19,7223 €
```

> 3W 方法重载是指在类中有多个不同签名的方法，执行不同的运算或操作。方法重载为调用方法提供了灵活和方便。注意方法的访问权、返回变量和参数名不属于签名部分。

6.3.4 this 是什么意思

Java 提供了一个很有实用价值的关键字——this。它可以用在除静态方法之外的方法或者构造方法中，代表当前正在执行的对象，实现对当前对象的引用。当一个对象完成了它的操作周期（out of the scope），另外一个对象被 JVM 装入执行时，this 则自动指向并且代表新对象。this 关键字的这一特性使得编程更加灵活和方便，并增强了程序的可读性。例如在 6.2 节中使用 this 来区别参数名和变量名：

```
this.price = price;
```

这里，price 为参数名，而 this.price 则清楚地表示当前对象的变量。这样，可以很容易地区别实例变量和作为参数的本地变量，不再为如何命名具有清楚含义的参数而花费工夫了。

某些 Java API 类规定必须使用 this 作为参数，作为对当前执行对象的引用，例如：

```
okButton.add(this);            // 把按钮 okButton 加入显示框中。将在 GUI 章节讨论
```

this 在这里即 okButton，但在这个括号里直接写 okButton 则属非法语句。

this 有以下几种用法。

（1）如同之前讨论过的，表示对象的变量。

```
this.varName
```

例如：

```
public method(int n) {
    this.n = n;
}
```

（2）在调用构造方法中启动另外一个构造方法，实现对当前对象的变量再赋值。

例如：

```
// 完整程序在本书配套资源目录 Ch6 中，名为 TestThisConstructorApp.java
public class Rectangle {
    private double x, y;
    private double width, height;

    public Rectangle() {
        this(0, 0, 0, 0);                             // 启动有 4 个参数的构造方法
    }
    public Rectangle(double width, double height) {
        this(0, 0, width, height);                    // 启动有 4 个参数的构造方法
    }
    public Rectangle(double x, double y, double width, double height) {
        this.x = x;
        this.y = y;
        this.width = width;
        this.height = height;
    }
    ...
}
```

Java 规定不允许直接调用构造方法，例如下面的语句：

```
Rectangle(0, 0, 12.59, 10.08);                        // 非法调用
```

或者：

```
objName.Rectangle(0, 0, 12.59, 10.08);                // 非法调用
```

为语法错误。

注意，this() 必须是构造器中的第一行语句，否则属非法使用：

```
public Rectangle() {
    width = 2.98;
    this(0, 0, width, 0);                             // 语法错误
}
```

属于非法使用 this。同样：

```
public Rectangle() {
    this(2.2, 3.3);
    this(0, 0, width, 0);                             // 语法错误
}
```

亦属非法。

> **更多信息** 在本书配套资源目录 Ch6 中所演示的完整程序中，为了便于解释和理解，将类和驱动类储存在一个文件中。Java 规定，一个文件中只能有一个公共访问权 public 类。所以，Rectangle，以及以下 TestClass 和 Help 类没有访问权标识符。

（3）表示返回当前的对象。例如：

```
// 完整程序在本书配套资源目录 Ch6 中，名为 TestClassApp.java
class TestClass{
    private String message;
    public TestClass( String message) {this.message = message; }
    public TestClass method () {return this;}         // 返回当前对象
    public String toString() { return message; }
}
public class TestClassApp {
    public static void main(String[] args) {
        TestClass myObj = new TestClass("Java");
        TestClass yourObj = new TestClass("OOP");
        System.out.println(myObj.method().toString() );
        System.out.println( yourObj.method().toString() );
    }
}
```

程序运行后将显示：

```
Java
OOP
```

方法 method() 返回的是 this 所引用的当前正在执行的对象，即 myObj 或者 yourObj，接着调用 toString()，将分别输出各自的信息。上面的输出行也可以改写为：

```
System.out.println(myObj.method() );
System.out.println( yourObj.method() );
```

编译器自动将 toString() 加在方法的后面。但 toString() 必须返回一个字符串。将在 7.4.4 节详细讨论 toString() 的编写。

（4）将当前执行的对象传递到一个方法中。例如：

```
// 完整程序在本书配套资源目录 Ch6 中，名为 TestThisApp.java
class Help {
    int n;
    public void setMe (int m) {
        Helper helper = new Helper();
        helper.setValue(this, m);   //this 传递当前执行的对象，即 help，以及其变量
    }
    public void setN(int num) { n = num; }
    public String toString() { return ("" + n ); }
}
class Helper {
    void setValue (Help help, int num) {help.setN(num);};
}
public class HelpTestApp {
    public static void main(String[] args) {
        Help help = new Help();
        help.setMe(3);
        System.out.println( help );
```

```
    }
}
```

当 help.setMe(3) 被调用时,创建另一个对象 helper,并调用其 setValue(this, m),将当前对象 help 以及其变量 m(注意,help 还没有完成其使命)传递到这个方法中,再调用 help 的方法 setN(num),执行对其变量初始化的工作。中间层类 Helper 看起来似乎多余,但可以用来执行诸如验证、安全检查、预处理等操作。完全可以将类 Helper 的方法定义为静态方法,即:

```
class Helper {
    public static void setValue (Help help, int num) {help.setN(num);};
}
```

这样,在类 Help 的方法 setMe() 中,则不用再首先创建 Helper 的对象,而是直接调用其静态方法。例如:

```
public void setMe (int m) {
    Helper.setValue(this, m);    // 调用 Helper 的静态方法并用 this 传递当前执行的对象即
                                  //help 和变量
}
```

> 3W this 关键字代表当前的执行对象,只能在非静态方法或者构造方法内部使用,来实现对当前执行对象的引用。使用 this 可以在构造方法中启动另一个构造方法;可以使参数命名更加方便和可读;可以在方法中传入对象或者返回对象。

6.4 走进静态数据

6.3 节中讨论的 this 关键字,典型地反映了随着对象引用的不同,其变量和操作亦不同,体现了面向对象编程的内涵。但是,有时在程序中的要求正好与此相反——需要数据代表整个类,而不是具体对象。Java 提供的静态数据(static data)就是专门用来实现这一要求的。

6.4.1 属于全体对象的数据就是静态数据

静态数据属于一个类的全体对象,是所有对象共享的数据,或类数据。静态常量称为类常量;静态变量称为类变量。在解决实际问题中经常会遇到类数据。例如,Math.PI、Math.E 对所有对象的算术运算都是一样的,它们被定义为 Math 类的静态常量。再例如,税收比率在计算税款时对所有定义的对象都适用,也是静态数据的典型例子。有时需要统计程序运行中创建了多少个对象,或者有多少个对象调用了某个方法,或者应用了某个操作等,这需要在程序中使用静态数据来完成这些任务。类数据的访问权可以是 private 或 public。

以下是定义静态数据的典型例子。

例子之一:定义静态变量。

```
private static double accountLimit;                      // 定义一个双精度静态变量
private static int userCount = 0;                        // 定义一个整数静态变量并赋值
public static String welcome = "Java is hot!";           // 定义一个字符串静态变量并赋值
```

例子之二:定义静态常量。

```
private static final float TAX_RATE = 0.0875f;           // 定义一个浮点静态常量
public static final double EARTH_MASS = 5.972e24;        // 定义一个双精度静态常量
public static final int MONTH_IN_YEAR = 12;              // 定义一个整数静态常量
```

> **注意** 静态常量必须在定义时赋值。否则为非法。

以下是使用静态数据的典型例子:

```
// 完整程序在本书配套资源目录 Ch6 中，名为 FutureValue.java
public FutureValue() {                    // 构造方法
    // 对对象数据初始化的各语句
    ...
    userCount++;      // 每创建一个对象，都对原来统计用户数目的静态变量 userCount 加 1
}
public FutureValue(String name) {
    this.name = name;
    // 对其他各变量初始化的语句
    ...
    userCount++;      // 同上
}
```

以上例子表示无论以哪个构造器创建对象，对静态变量 userCount 都执行加 1 操作，达到统计对象的目的。如果执行下列输出语句：

```
System.out.println(myFutureValue.getUserCount());        // 用对象调用
```

其输出值与

```
System.out.println(FutureValue.getUserCount());          // 用静态方法通过类直接调用
```

完全一样。

静态数据通常由静态方法来调用。我们将在下面小节讨论静态方法时看到这方面的例子。

6.4.2 静态数据是怎样工作的

静态数据为什么属于整个类，或类中的所有对象呢？这是因为它们被存储在特殊指定的存储器中。进一步讲，静态数据存储在类访问区的存储空间。这个存储空间是这个类代表的所有对象共享的，它的访问生命期和这个类相同。而实例数据分别存储在代表每个对象的一段存储区域中。假设我们创建了 100 个对象，那么将有 100 个这样的存储区域存在。即每个对象都有它自己独立的存储区域，用来存储它所具有的所有实例数据。这个存储区域的访问生命期和对象相同。6.5.2 节中图 6.4 解释了实例数据和静态数据的存储方式和工作原理，可以帮助理解静态数据为什么可以代表所有对象。

6.4.3 应用静态数据原则

静态数据是类的组成部分，确定静态数据首先从类的设计入手，分析和确定类的应用范畴、它所执行的运算和操作，包括确定数学公式以及运算逻辑等。由此来确定静态数据和实例数据。静态数据与实例数据本质的不同在于：

- ❏ 实例数据是在这个类的应用中，对每个对象或大多数对象的属性的定义各自有不同值的数据。例如，在计算投资回报的程序中，每个对象都有姓名（name）、月投资额（monthlyInvest）、年投资回报率（yearlyRate），以及投资年（years），但这些数据的值对每个对象来说，是完全由对象来确定的，与整个类无关，与具体对象的形态有关。
- ❏ 静态数据是所有对象共享的数据。在这个类的应用中，无论哪一个对象，如果应用这个数据，都必须具有相同的值，或者这个数据对所有对象都有意义，或者这个数据代表了所有对象的形态表征，与整个类有关。

根据以上分析，确定静态数据的原则如下。

- 对类中的对象进行统计的数据应该确定为静态数据。
- 对类中所有对象，设置上下限的数据，应该确定为静态常量数据。
- 在执行运算的公式和解决问题的逻辑中，某个常量对类中所有的对象，如果有相同应用，这个常量应该确定为静态常量数据。
- 用来对类中所有对象进行提示、询问、问候以及其他与具体对象无关的信息或数据，应该确定为静态常量数据。

6.5 走进静态方法

许多 API 类提供静态方法如 Math.sqrt() 以及 JOptionPane 处理输入输出的方法。我们在利用这些类时，体会到使用静态方法的好处——无须创建对象即可直接调用。这给编写代码提供了方便。

在前面章节讨论过的例子中，已经编写过自己定义的静态方法。例如，在应用程序的驱动类中，编写的主方法以及主方法之外的任何方法，都必须是静态方法，这是 Java 的语法要求。再例如，在 Validator 类中，我们将所有方法都定义为静态方法，为调用它们提供了方便。

除了上面两个原因之外，编写静态方法的另一个目的是对静态数据进行运算和操作。虽然静态数据可以被对象的方法，或者构造方法直接运算和使用，但静态方法使用静态数据似乎再理所当然不过了。

6.5.1 有静态数据就有静态方法——此话有理

一方面，如同静态数据一样，静态方法属于定义它的整个类，代表这个类的行为，而不是针对具体的对象。如同静态数据被称为类数据一样，静态方法也称为类方法；而一般的方法则称为对象方法。例如，我们使用过的 Math 类中的所有方法，无论哪个对象使用这些方法进行运算，操作都是相同的。

另一方面，静态方法所执行的运算和操作与对象无关，可以不依赖于对象而存在。尽管创建的对象完全可以像调用任何其他方法一样调用静态方法，但本质上，我们不必考虑创建对象后才使用静态方法，因为静态方法在创建对象之前就已经占据了存储空间。这就是为什么我们可以直接用类名来调用静态方法。这也证明了桌面应用驱动类程序中的各方法必须是 static，因为我们从没创建过这个类的对象，JVM 装载了这个类后，直接调用其主方法作为程序运行起始点，并且对这个类中存在的所有其他方法亦用这个装载的类名直接调用。

由于静态方法不属于某个具体对象，所以它在编译期间就已生成，独立于对象而存在。由类直接调用静态方法可以提高代码的执行效率，省去由对象调用方法时装载引用地址的操作（时间和空间），但它却与面向对象编程的基本精神相矛盾。因为有时静态方法的运算和操作所产生的结果，会影响对象的行为。例如，某个具体对象完全可以调用静态方法，并修改静态数据；甚至无须调用静态方法，通过访问静态数据方式进行修改。如某个对象将银行应用程序中的存款最低限额从 1000 上调到 1500，但这可能不适用于其他对象，等等。这种"牵一发而动全身"的超级权力，会破坏面向对象程序设计中应遵守的内聚性和封装性的原则。与关键字 this 比较，如果说 this 所指的是当前对象，static 代表所有对象，如同 C/C++ 中"臭名昭著"的全局变量和函数，不适当使用它们会破坏程序体应该具有的独立性结构和模块化设计。所以有些软件开发权威人士反对使用静态数据和静态方法。作者的建议如下：

- 如果能不使用 static，就尽量避免。
- 如果一个方法完全不涉及具体对象就可确定其运算和操作，可以考虑定义为静态方法。
- 如果必须使用静态数据，首先考虑使用静态常量。
- 尽量用类来直接调用静态方法，而不是由具体对象调用。
- 如果你设计的类（支持类或验证类除外）涉及使用大量的 static，必须考虑对这个设计动"大手术"，或者重新设计。

> **注意** 静态方法中禁止访问非静态数据和方法，也不能使用 this。而非静态方法中可以访问静态数据和静态方法。

以下是定义和使用静态方法的例子。

例子之一：定义一个输出统计对象数的静态方法并调用这个方法。

```java
// 完整程序在本书配套资源目录 Ch6 中，名为 TestStaticApp.java
public class TestStatic {
    // 其他语句
    ...
    public static int getObjCount() {
        return objCount;
    }
}
```

调用

```java
System.out.println(TestStatic.getObjCount());   // 用类直接调用
```

其输出值与

```java
System.out.println(obj1.getObjCount());   // 用对象调用
```

完全一样。

例子之二：定义静态方法计算平方。

```java
// 完整程序在本书配套资源目录 Ch6 中，名为 TestStaticApp.java
public static double sqrt(double num) {
    return num * num;
}
```

调用

```java
System.out.println(MyMath.sqrt(22.98));   // 用类直接调用
```

6.5.2 静态方法怎样工作——不同于一般方法

静态方法的工作原理和静态数据基本相同。问题在于数据的存储和方法的存储有本质上的区别。

对象调用实例方法时，使用的是"借腹怀胎"，即"调换"技术，或称 swapping。例如，一个方法被某个对象执行完毕，另外一个对象调用这个相同方法时，其实例变量和传入参数将与以前的进行调换。而静态方法，由于不允许使用实例变量和方法，则不存在 swapping 操作。如同静态数据那样，静态方法被编译器存储在一段独立于对象的特殊的存储空间。图 6.4 中演示了静态方法和实例方法在存储、调用，以及各种原理方面的不同。

假设我们利用 FutureValue 类的构造器分别创建了图 6.4 中的三个对象 myFutureValue、yourFutureValue，以及 herFutureValue，它们将获得 3 段存储区域，分别存储这 3 个对象的变量。但将静态数据 taxRate 和静态方法 getTaxRate() 存储在一段特殊的存储器中，与对象无关。其生命周期与类 FutureValue 相同。而对实例方法而言，如 getName()，JVM 则采用 swapping 技术，每当某个对象调用它时，JVM 将这个对象的实例变量 name 装入，将以前对象的实例变量调出并入栈，然后执行指定的操作。从图 6.4 也可以看出，由于静态数据和静态方法在运行时没有被覆盖，所以它们也可以通过具体对象调用。

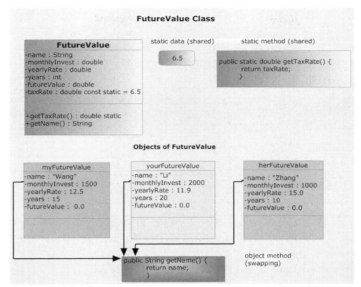

图 6.4 静态数据、静态方法与实例数据、实例方法的比较

6.5.3 为什么要用静态初始化程序块

有时静态数据可能是一组数据，不可能由一条语句完成其初始化的任务。例如，静态数据是一个具有 5 个单元的数组（将在以后章节专门讨论数组）：

```
public static double taxRate[5];    // 定义一个具有 5 个整数单元的静态数组
```

假设这 5 个单元的双精度值必须由键盘输入，或者从文件中读入。怎样保证在使用这个静态数组的任何一个单元值时，这个数组已经被初始化了呢？

Java 提供的静态初始化程序块，即 static initialization block，专门用来解决此类问题。其语法格式如下：

```
static {
    // 任何对静态数据初始化的语句
    ...
}
```

当这个类中任何一个构造方法被执行，或者任何一个静态方法被调用时，静态初始化程序块首先被执行。如此，便保证了静态数据首先被初始化，然后再被使用。下面来讨论一个具体例子。

```
// 完整程序在本书配套资源目录 Ch6 中, 名为 StaticBlockTest1.java
class StaticBlock1 {
public static double taxRate[] = new double[5];   // 定义一个用来存储 5 个静态数据的双精度数组
static {    // 静态初始化程序块
            Scanner sc = new Scanner(System.in);
            for(int i = 0; i < 5; i++) {
                System.out.print("Enter the tax rate for county" + i +":");
                taxRate[i] = sc.nextDouble();
                System.out.println();
            }
    }
    public static void setup() {
        System.out.println(" 开始对静态数据初始化...");
    }
}
```

假设程序中的第一行语句为：

```
StaticBlock1.setup();
```

它将首先启动静态初始化程序块，执行其中的各行语句，然后才调用 setup() 方法。另外，假设程序中首先创建一个对象，例如：

```
// 完整程序在本书配套资源目录 Ch6 中，名为 StaticBlockTest2.java
StaticBlock staticBlockObj = new StaticBlock();
```

这行语句也将首先启动静态初始化程序块并执行具体代码。

6.6 我们喜欢再谈对象

没有创建对象的类只是一个骨架或蓝图，直到创建或制造了对象，才有了血肉和生命。从 Java 编译器和 JVM 角度讲，在存储器中分配了存储对象变量的空间，才有了对象的作用域和访问周期。在运行时，才有了 JVM 装载所有编译了的字节码文件。当不同对象调用不同方法时，才有了对实例变量和参数的替换；当某个对象指向另一个同类对象时，产生了对象引用；当对象对静态数据和静态方法调用和操作时，则产生了对存储该共享数据和方法内存地址的直接引用，等等。

6.6.1 对象创建与对象引用

对象的创建在 Java 编程中，无论是直接创建，还是创建引用，都由操作符 new 来执行完成。即：

```
SomeClass obj = new SomeClass(x);    // 创建一个对象
```

当这行语句被执行时，构造器被调用，实例变量被初始化，存储空间被确定；而 obj 则指向由 new 操作符返回的这个内存空间的开始地址。这个过程被称为实例化，即 instantiating；这个操作称为 instantiation，即我们经常说的创建对象。因而，对象的创建与内存空间的分配、执行地址的确定，以及对这个地址的引用是不可分割的处理过程。

为了增强封装性，也可以像创建 API 类的对象那样，利用对象创建引用。例如在货币格式化和百分比格式化使用过的方式：

```
NumberFormat currency = NumberFormat.getCurrencyInstance();
```

实际上，方法 getCurrencyInstance() 创建了一个 NumberFormat 的对象，并将这个对象，即它的开始地址引用，返回给 currency。例如：

```
public static NumberFormat getCurrencyInstance() {
    NumberFormat object = new NumberFormat();
    return object;
}
```

因此，currency 是对 NumberFormat 对象的创建引用。这样做的好处是创建对象的代码和过程被"隐藏"了起来，封装在某个方法中，体现"信息屏蔽"的抽象化原则。这也弥补了静态方法破坏封装性的不足。

完全可以效仿 API 类的这种做法来编写自定义对象创建引用代码。例如：

```
// 完整程序在本书配套资源目录 Ch6 中，名为 ObjectCreationReferenceTest.java
public static SomeClass getSomeClassInstance() {
    SomeClass object = new SomeClass();
    return object;
}
```

这样，可实现对在创建 SomeClass 对象时的创建引用。即：

```
SomeClass myObj = SomeClass.getSomeClassInstance();
```

甚至可以利用构造方法重载和方法重载编写更多不同签名的 getSomeClass Instance()，使得它的应用更加灵活和方便。

与此相似，可以不用信息屏蔽的概念和技术，直接创建对象，并对其引用，例如：

```
// 完整程序在本书配套资源目录 Ch6 中，名为 ObjectCreationReferenceTest.java
SomeClass obj1 = new SomeClass(10);        // 创建对象
SomeClass obj2 = obj1;                     // 对象 obj1 得到 obj2 的引用
SomeClass obj3 = obj2;                     // 引用，指向 obj1
SomeClass myObj = new SomeClass(10);       // 创建另一个对象
SomeClass yourObj = new SomeClass(10);     // 创建又一个对象
```

上例分别创建了另外两个名为 myObj 以及 yourObj 的对象。虽然它们的对象变量也分别被初始化为 10，但 obj1 乃至 obj2、obj3，除属于同一个类外，并无其他关系。而且 myObj 和 yourObj 的实例变量值虽然相同，但却是两个独立的对象。以上对对象创建和对象引用的解释可以由图 6.5 来表示。

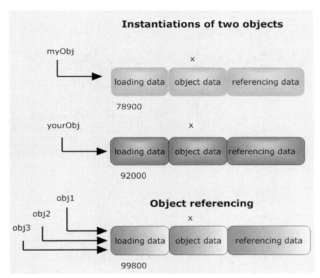

图 6.5 对象创建和对象引用的比较

从图 6.5 中可以看到，对象名实际上代表那个对象的开始地址。对象在执行时，这个存储区域，除了存储与装载对象有关的数据，以及装载与调用方法有关的引用数据外，还存储实例数据。对象引用就是对已创建的对象的地址引用，而创建对象则会分配新的存储空间。

> **更多信息** 对象声明，如 SomeClass obj；不涉及实例化操作，即不产生内存空间分配。

6.6.2 为什么对象名重用

一个对象名可以被重新使用，来创建其他同类对象。这种操作被称为对象名重用。例如：

```
// 完整程序在本书配套资源目录 Ch6 中，名为 ObjectNameReuseTest.java
...
int count = 1;
```

```
SomeClass obj;                              // 声明一个SomeClass 的对象
while(count <=3)
    {
    obj = new SomeClass(5*count);           // 对象名 obj 在循环中重复使用 3 次
    ...     //other method calls
    System.out.println("otherObj's x = " + obj.getX());
    count++;
    }
obj = new SomeClass(20);                    // 再次重用
    ...
```

上例中，每进行下一次迭代时，旧对象 obj 结束其生命周期，被 JVM 的垃圾回收器回收，其存储区域被释放，一个相同名的新对象被创建。在结束了循环后，对象名 obj 再次重用，创建了一个新的对象。这时对象 obj 重新被初始化并得到存储区域。

> **注意** 在重新使用对象名时，新创建的对象必须和以前该对象所属的类相同，否则为非法。

6.6.3 方法链式调用就这么简单

在前面的章节中，应用以下方式在一行语句中按先后次序连续调用多个方法：

```
String futureValueStr = NumberFormat.getCurrencyInstance().format(2987655.32276);
```

这种方法调用被称作方法链式调用。上面这行代码实际是以下两行语句的简化：

```
NumberFormat currency = NumberFormat.getCurrencyInstance();
String futureValueStr = currency.format(2987655.32276);
```

不难看出，适当使用方法链式调用可以简化代码的编写，提高编程效率。但并不是所有方法调用都适合链式调用。方法链式调用的语法要求如下：

```
Identifier.method1().method2().[methodn_1()].methodn()
```

其中：

Identifier——可以是对象或者类。

格式中除了最后一个方法 methodn() 不要求必须返回对象或对象引用外，其余方法，method1() 到 methodn_1() 都必须返回一个支持方法调用的对象或对象引用，否则将无法完成链式调用，而产生语法错误。

方法链式调用的原理是显而易见的。因为第一个方法调用返回的是该方法的对象引用，因而这个引用可以产生下一个方法调用；如此而已，生成一个调用链。因为最后一个方法调用意味着这个调用链的结束，所以没有必要必须有返回类型。如果方法链式调用应用在输出或者赋值语句中，它的最后一个方法通常返回某个运算结果。

> **注意** 不适当使用方法链式调用将降低程序的可读性。

实战项目：投资回报应用开发（3）

在这个小节，我们利用本章介绍和讨论的概念和技术，对第 5 章中讨论的实战项目——投资回报应用开发（2）程序进行如下修改设计，使之更加完善；其他如投资软件描述、程序分析、类的设计、输入输出设计、异常处理、软件测试以及软件文档等内容都与以前相同，不再赘述。

（1）增加了构造方法和构造方法重载，使之能够更方便地创建对象。程序中有意地使用不同的构造方法创建对象。例如：

```java
// 完整程序在本书配套资源目录 Ch6 中，名为 FutureValueApp.java
// 利用构造方法重载创建不同的用户，并调用其方法
FutureValue noNameFutureValue = new FutureValue();
    noNameFutureValue.futureValueCompute();
FutureValue noInvestFutureValue = new FutureValue("John");
    noInvestFutureValue.futureValueCompute();
FutureValue noRateFutureValue = new FutureValue("Wang", 1000);
    noRateFutureValue.futureValueCompute();
FutureValue noYearsFutureValue = new FutureValue("Liu", 2000, 9.85);
    noYearsFutureValue.futureValueCompute();
FutureValue myFutureValue = new FutureValue("Gao", 1590, 10.28, 25);
    myFutureValue.futureValueCompute();
```

（2）增加了静态数据和静态方法，用来统计创建对象的数目，以及计算投资回报的缴税问题。例如：

```java
private static int count = 0;
public static final double TAX_RATE = 0.085;
public static int getCount() {
    return count;
}
public static String getFormattedMessage(FutureValue futureValue) {
    // 方法链式调用建立货币格式
    String investStr = NumberFormat.getCurrencyInstance().format(future
        Value.getMonthlyInvest());
    StringfutureValueStr=NumberFormat.getCurrencyInstance().format(futureValue.getFutureValue());
    // 百分比格式化，至少保留小数点两位
    NumberFormat percent = NumberFormat.getPercentInstance();
    percent.setMinimumFractionDigits(2);
    String rateStr = percent.format(futureValue.getYealyRate()/100);
    String message =   futureValue.getName() + "\n"
                    + investStr + "\n"
                    + rateStr + "\n"
                    + futureValue.getYears() + "\n"
                    + futureValueStr + "\n\n";
    return message;
}
```

（3）应用关键字 this 来区分参数名和对象变量名。例如：

```java
public FutureValue(String name, double monthlyInvest, double yearlyRate, int years) {
    this.name = name;
    this.monthlyInvest = monthlyInvest;
    this.yearlyRate = yearlyRate;
    this.years = years;
    futureValue = 0.0;
    count++;
}
```

（4）应用方法链式调用。例如：

```java
// 方法链式调用建立货币格式
String investStr = NumberFormat.getCurrencyInstance().format(futureValue.
```

```
            getMonthlyInvest());
  String futureValueStr= NumberFormat.getCurrencyInstance().format(future Value.
            getFutureValue());
```

（5）在循环中应用对象名重用。

（6）改进了输出，调用静态方法对所有对象打印格式化的信息，并对创建对象的数目进行统计。例如：

```
// 调用静态方法输出格式化信息
System.out.println(FutureValue.getFormattedMessage(noNameFutureValue));
System.out.println(FutureValue.getFormattedMessage(noInvestFutureValue));
System.out.println(FutureValue.getFormattedMessage(noRateFutureValue));
...
// 调用静态方法输出用户统计
System.out.println(" 共创建了 " + FutureValue.getCount() + "用户.\n\n" );
```

巩固提高练习和实战项目大练兵

1. 举例解释类和对象的关系。
2. 面向对象编程的四大特性是什么？举例解释。
3. 为什么说类是编程模块？类的抽象化设计原则是什么？举例说明如何在设计和编写类时应用这些原则。
4. 什么是实例变量？如何确定实例变量？
5. 什么是构造方法？构造方法有哪些特点？
6. 什么是构造器重载？为什么使用构造器重载？
7. 编写一个对圆对象初始化的构造方法。假设用户在创建圆对象时有以下几种可能性：
（1）无参数——将半径初始化为 0.0。
（2）一个参数——初始化为半径。
（3）两个参数——圆心和圆上的一点。用它计算半径。
（4）三个参数——扇形的弧长、弧度数，以及弧所对应的圆心角度。
（5）四个参数——圆心坐标和圆上一点坐标。
8. 方法和构造方法有什么不同和相同？
9. 举例解释方法中的传递值和传递引用。在什么情况下应用传递值？在什么情况下应用传递引用？
10. 为什么在 Java 编程中不经常使用参数，或者不经常使用传递引用参数？
11. 编写一个计算圆面积的方法。这个方法接受双精度半径作为参数，并且返回计算圆面积的值。假设已经编写了类 Circle 和相应的构造方法。利用这些代码创建一个半径为 15.34 的圆对象，并调用计算圆面积的方法。
12. 什么是方法签名？它包括哪些部分？
13. 什么是方法重载？为什么使用方法重载？方法重载与构造方法重载的相同和不同之处是什么？
14. 利用重载编写三个计算平均值的方法。这三个方法分别具有 1～3 个双精度参数，并且返回平均值。
15. 利用重载编写三个打印问候信息的方法。如果是一个字符串参数，这个方法将打印这个字符串作为问候信息；如果是两个字符串参数，第一个为名字，第二个为问候信息；如果是三个参数，前两个为名字和问候信息，第三个参数为整数型变量，表示打印的行数。
16. 举例说明什么是 this。列出使用 this 的 4 个不同的应用例子。

17. 什么是静态数据？它和实例数据有什么不同？

18. 列举使用静态数据的 3 个例子，并且写出定义它们的语句。

19. 什么是静态方法？它与实例方法有什么不同？

20. 接第 18 题，分别编写 3 个对应的静态方法对定义的静态数据进行操作。

21. 假设一个计算时间的类，它将用户输入的秒、分钟或小时，转换成天数或者星期数。哪些数据应该定义为静态数据？这个类中的方法是否应该定义为静态方法？说明和解释你的理由。

22. 什么是静态初始化程序块？列举它的编写和执行特点。

23. 编写一个用来对第 21 题中定义的静态数据初始化的静态初始化程序块。

24. **实战项目大练兵**：利用构造方法和方法重载、静态数据和方法，编写一个完整的计算时间的类。它可以处理用户以各种方式提供的秒、分钟或小时，转换成天数；如果超过 7 天，则计算星期数和天数。然后编写测试这个类的测试程序。创建不同参数的对象，进行时间的转换，并且打印结果。完善注释和文档，并保存所有源代码文件。

25. **实战项目大练兵（团队编程项目）——时间转换软件开发**：改进第 24 题，提示用户输入要转换的时间（可能是秒、分、小时，或者综合形式），然后创建相应的对象，并执行转换。程序将继续运行直到用户输入"n"停止。利用第 5 章讨论过的数据验证类 Validator 验证所有输入数据。完善注释和文档，并保存所有源代码文件。

26. 将第 25 题中用来直接创建对象的构造方法改写为创建对象引用。

27. 什么是方法链式调用？它在语法上有什么要求？

28. 假设有如下 3 个方法：

（1）Object computeAverage(double midterm, double final)——计算期中和期末考试的平均分，将结果赋予实例变量 average，返回这个对象。

（2）Object assginGrade()——利用 average 计算字母成绩。

（3）String toString()——返回字母成绩。

利用方法链式调用编写这 3 个方法的调用语句。

"Don't reinvent wheels."
（不要重新发明车轮。）

——硅谷软件工程师社区

通过本章学习，你能够学会：
1. 举例说明继承怎样体现代码重用以及怎样实现继承。
2. 应用继承的三种基本类型编写父类和子类代码。
3. 举例解释说明什么是覆盖以及它和重载的区别。
4. 在继承中应用覆盖和重载编写代码。
5. 举例说明为何要用抽象类以及如何编写抽象类。
6. 举例解释为何要用最终类和怎样编写最终类。

第 7 章　继　　承

和 Java 面向对象编程的特性一样，继承（inheritance）在 Java 中也是与生俱有的。所有类，无论是 API，还是编程人员自己编写的，都自动继承于 Java 所有类的始祖——Object 类。可以说，Object 代表了所有类的共性。在本章中，将首先阐述继承的概念，解释为什么继承在 Java 编程中如此重要。然后逐步通过实例讨论如何实现继承，以及继承应用中的各种编程技术。

7.1　继承就是吃现成饭

继承是面向对象设计和编程中本质的特点之一。和现实世界中的继承概念一样，继承就是吃现成饭——代码重用。通过继承并扩充已存在或编好的类，例如 API 类解决应用程序中的具体问题。

从代码编写的角度，继承技术并不难应用，关键在于概念理解、归类分析，以及正确使用。列举一个模拟各种汽车运行操作的编程例子。首先，我们可能想到不同类型的汽车：小轿车、大卡车、跑车、吉普车等。我们当然不会对每一类型车都从头到尾编写整套模拟程序。经过归类分析，得到如下结论。

❑ 无论什么类型汽车都有共同的零部件，如车轮、引擎、方向盘、车座、传动，以及排气，等等。我们已经知道，在程序设计中，它们可以由属性或状态（state）和行为（behavior），或实例变量和方法来表示。

❑ 不同类型汽车在这些共同零部件和系统的基础上，继承、扩充甚至改进而来。例如，跑车的引擎启动快、加速高；小轿车舒适和易于操纵；而大卡车马力大，等等。在代码编写中，有了对引擎一般特征的定义，在编写各类汽车时，对引擎的部分变量和方法进行添加和修改（重载和覆盖），这便是继承。

这些分析可以通过图 7.1 来表示。

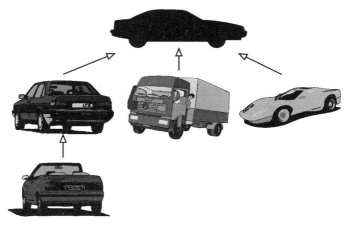

图 7.1　不同汽车类型的继承关系示意

综上所述，继承在编程中是指两个或者多个类之间存在的特定关系——定义、功能以及逻辑上的内在联系。我们称作为继承的基础、涵盖子类的类为超类或父类，称从父类导出或继承而来的类为子类。在下面的章节中可以看到，继承往往是多级的。在实际应用中，一个子类往往又是下一级继承中的父类。父类和子类之间的这种继承关系实际上是"is a"，或者"是"的关系。这种"is a"关系的内涵指示我们一个父类一定存在可以被子类重新利用的代码，所以不必再"重新发明车轮"，而是把它们作为"新型车"零部件，再增添新的"零件和功能"，使之成为解决新问题的应用程序。

"is a"关系表明，除所有的类都有共同的超类 Object 之外，并不是类和类之间都存在继承关系。有可能是"has a"关系，即"有"关系。在"has a"关系的类中应用继承就毫无意义，因为它们之间不存在定义、功能以及逻辑上的内在联系。它们是互相支持的关系。例如我们在第 5 和第 6 章讨论过的投资回报应用程序中的 FutureValue 和 Validator 类，正是体现"有"关系的典型例子。因而具有"has a"关系的类之间不可能是继承关系。

正确应用继承技术，涉及对要解决问题的归类分析，要求明确类之间存在"is a"关系，并确定父类的共性和子类的个性范畴。这样才可达到代码重用、增强可靠性、简化程序设计、提高编程效率并使之易于维护的目的。下面就对这些概念和编程技术作专门讨论。

7.1.1　怎样实现继承——归类分析

从前面的讨论可以看到，不是所有类之间都存在继承关系，而继承的目的是代码重用。要想实现继承，必须对设计的类进行归类分析（analysis of categorization）。这种分析是与要解决的具体问题紧密相连的。

给定一个应用程序开发和编程问题，例如设计一个统计打印学生成绩单的程序，我们一步步解释进行归类分析需要遵循的两个原则，即综合和概括以及特性化分析。

- 综合和概括（generalization）：首先，我们从学生这个类入手解释如何进行综合和概括。学生成绩单一定包括定义学生对象的实例变量，如姓名、学号、住址、专业、学分等；也一定包括统计、计算、列表打印等方法。这些综合和概括，对类中存在的共性分析为父类的设计奠定了基础。
- 特性化分析（specialization）：对统计打印成绩单中学生的不同类型，如本科生、研究生、在职进修生、旁听生等，进一步分析学生各自的特性以及在设计打印成绩单中的不同操作和要求。这种分析的结果必然产生不同的子类以及各种"是"的继承关系。例如研究生类又可分为硕士和博士等。

以上两个方面的分析结果应该产生一个清楚的、很好定义了的继承关系图和每个类应该具有的实例变量、类变量以及方法。同时体现父类中定义的变量和方法自然地应用到所有的子类中。利用继承技术编写代码则水到渠成。

当然，对继承关系中类的归类分析还涉及抽象化和接口化，导致利用多态（polymorphism）的可能性。我们将在以后章节专门讨论这些编程概念和技术。另外，归类分析，尤其是对子类的分析，还涉及多重分离（multiple partitioning）、强化特性（strengthening specialization）等模块化设计手段。这些面向对象设计的主题，超出本书的讨论范围，感兴趣的读者可参考有关这方面的书籍。

7.1.2 怎样确定继承是否合理——"是"和"有"关系

假设有两个类：Computer 和 Employee。很明显，这两个类之间不存在"is a"的关系，即 Employee 不是计算机，它们之间没有继承关系的必要，因此不可能产生代码重用。但这两个类之间是"has a"关系，即是支持的关系。例如，Employee "has a" Computer，明显地是一种支持关系。这种支持关系落实到代码中，就是在 Employee 中创建 Computer 的对象，调用其方法，达到利用计算机完成某种运算和操作的目的。

而 Employee 和 Manager 类之间存在的则是"is a"关系，即 Manager 是 Employee。它们之间存在共性，或者共同的属性。Manager 是 Employee 的具体化；Employee 是 Manager 的概括和抽象。概括性和抽象性的类，如 Employee，在继承中则定义为父类。具体或代表对象特性的类，如 Manager，则定义为子类。如果这是一个用来计算雇员工资的程序，那么在超类 Employee 中，我们应当包括所有子类都应该具有的、与计算工资有关的数据，例如 name、employeeID、jobTitle、seniority、baseSalary 以及用来计算基本工资部分的方法，如 baseSalary() 等。在 Manager 这个子类中，我们不仅继承 Employee 的所有数据和方法，还增加满足 Manager 属性的新的数据，如是否董事会成员（boardMember）、职务补贴（merit）等，因为除基本工资的计算之外，这些都影响到具有经理职务雇员的收入。

对两个类之间"is a"或是"has a"关系的分析，有助于确定它们之间是否存在继承关系，避免设计上的错误，因而达到提高代码重用的目的。

7.1.3 怎样体现代码重用

代码重用（code-reusability）是指在存在继承关系的类中，父类中已经存在的代码，包括数据和方法，可以继承到子类中。子类通过继承获得了这些代码，就可以像自己的"财产"或属性（properties）一样使用。不仅如此，子类还可以增添新的数据和方法，使之功能更强大，解决的问题更具体。必须指出的是，如果一个子类继承了父类，而没有使用父类中的任何数据和方法，这种继承是没有意义的，因为它没有体现继承的代码重用性。

在继承中，一个子类可以有一个或者多级父类，形成一个继承链，如图 7.2 所示。紧挨着子类 DirectSubClass 上面的父类被称作直接父类 DirectSubClass；反过来讲，紧接着父类的子类被称作直接子类。沿着这个继承链再往上走，所有这些类都是子类的父类，或称间接超类，或者祖类。当然，最上面是所有类的祖始 Object。在继承中，一个子类继承了所有在该继承链上的父类和祖类的属性——数据和方法，再加上自己新增添的数据和方法，因而其功能更强大，解决的问题更具体。子类在继承中是相对而言的术语。一个子类很可能是下一级继承的父类。在应用 API 类时，经常会遇到这种例子。

在继承链中从上往下，以设计的角度，是一个从抽象到具体的过程；从编程的角度，是一个从少至多的过程。Object 类之所以是所有类的祖类，是因为它高度概括、高度抽象，包括了所有类的共性，代表了所有类的属性。编程人员在设计编写继承时，也同样遵循这样一个原则，从抽象到具体，从共性到特性，即父类代表所有其子类共有的数据和方法；子类继承这些属

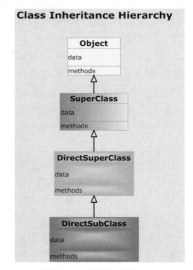

图 7.2　类继承链

性，并可能增添代表它自己对象特性的数据和方法。这个设计原则保证继承的效率，提高代码的重用性。

7.1.4 继承就是站在巨人肩膀上

开源、免费应用的 Java API 类给软件开发展示了无限机遇，也伴随着困惑和挑战。怎样在这个"宝库"中找到解决具体问题的 API 类，或者找到在自己的软件开发中可以作为父类的 API 类，而不必再"重新发明车轮"呢？答案是没有捷径可走。只有多看、多写、多思考，利用已经编好的并且被实践检验过的例子作为楷模，并更新修改后，变成能够解决自己实际问题的代码。

Java 编程的这一特点实际上蕴含着不可多得的益处——提高代码的可靠性。充分利用 API 类可以提高代码的可靠性是显而易见的。这些 API 由职业语言开发者编写，经过多年的修改、改进和完善，经过广泛的不同规模和层次的实际应用，代码的可靠性是毋庸置疑的。我们在继承中利用 API 类，就如同"站在巨人肩膀上"一样，除代码重用之外，还大大提高了应用程序的可靠性。

7.1.5 继承好处多多，你都想到了吗

应用继承可以简化程序设计，提高编程效率，以及增强程序的维护性。

- 简化程序设计。继承 API 类的好处不言而喻。例如，编写一个有按钮、菜单、鼠标控制的窗口绘图软件，如果不继承 JDK 提供的 JFrame、JButton、JMenu、Graphics 等 API 类，其编程难度可想而知。
- 提高编程效率。简化程序设计必然提高编成效率。如上例，我们不再为如何编写显示窗口的 JFrame 代码而伤透脑筋；也不必为如何控制鼠标的移动（MouseMoveListener）而煞费苦心。
- 增强程序维护性。继承体现面向对象编程的本质：模块化设计和封装性。对程序的更新改进，只涉及相关的类，而不是整个程序体。正确地运用继承，对代码的修改不会产生"触一发而动全身"的效应。封装性的功能使我们能够做到不用了解具体代码详情就可使用的效果，大大简化和缩小了维修目标和纠错范围。例如，我们会将对程序的维护集中在继承而来的子类上，而不是作为超类的 API 类。

7.1.6 继承的局限性

Java 的继承技术也有其局限性。例如：

- 在多线程并行处理中，继承中的子类对象可能导致线程间的不协调问题。第 15 章将专门讨论多线程编程。
- Java 只支持单支父类继承，而不允许综合继承（multiple inheritance）。7.1.7 节将讨论继承类型。
- 一旦实例化，对象不能够转换角色。例如，学生对象不可能再转换成为教师。
- 数据安全问题。例如，某个对象需要访问继承了的父类数据，必须给予所有对象访问这些数据的访问权。

这些局限性无疑对程序设计和代码编写提出了更高要求。

7.1.7 三种基本继承类型

在 Java 中，所有继承，除内部类（第 13 章讨论）隐含继承外，都使用关键字 extends 和 implements 来实现。从继承的模式角度，可以归为三种基本类型，即基本继承、多级继承以及综合继承。

- 基本继承。指在继承中，一个父类导出一个或者多个直接子类。应该说这是所有其他类型继承的基础，如图 7.3 所示。
- 多级继承。指在继承中，一个子类是下一级继承的超类。如此继续，形成继承链。这是继承在应用中最广泛使用的模式，例如上面讨论的 API 中的类，都是多级继承的典型范例，如图 7.4 所示。

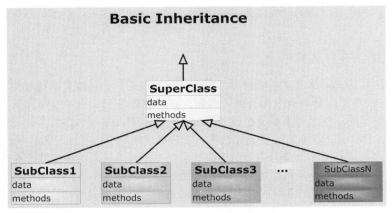

图 7.3　基本继承

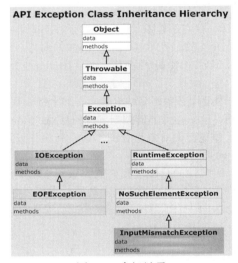

图 7.4　多级继承

- 综合继承。在继承中，一个子类有一个直接超类，以及有一个或者多个接口，如图 7.5 所示。后续章节将专门讨论接口概念和技术。

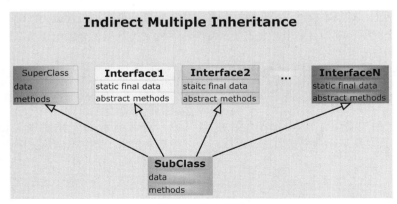

图 7.5　综合继承

在复杂的软件开发和编程中，继承的模式往往是 3 种基本类型的综合利用。

7.2 实现继承

在程序中实现继承，就是根据要解决的问题，对父类和子类进行归类分析（7.1 节讨论过的综合概括以及特性化分析）、设计和代码编写。

下面以一个实例解释如何实现继承。假设要编写一个计算圆形物体面积和体积的程序。首先，对圆形物体的定义综合和概括分析。例如：

- 给出两点，可以确定一个圆。
- 给出一点和半径，可以确定一个圆。

再对圆形物体的物理特征进行特性化分析。例如：

- 二维空间定义平面圆形、圆环、扇形等。
- 三维空间定义球体、圆柱体、圆锥体、圆环体、圆扇体，以及圆的综合体等。
- 考虑椭圆形和椭圆体是圆形物体的特例。

接着对计算公式进行分析。例如：

圆面积计算公式：πr^2

球体表面积计算公式：$4\pi r^2$

球体体积计算公式：$4/3\pi r^3$

从以上计算公式可以看出，圆面积和球体的计算中存在相同类型的参数，如 p 以及半径，或者两点。这些分析结果对设计与编写父类和子类提供了重要的信息和依据。可以将以上分析的结果用图 7.6 表示。图中最下方表示球体；最上方箭头表示 CircleShape 类从 Object 类自动继承而来。

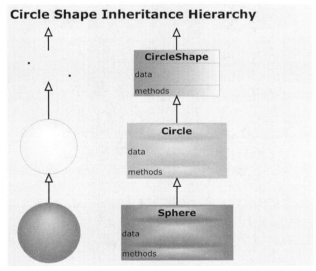

图 7.6 计算圆形物体面积和体积类多级继承关系

7.2.1 怎样写父类

父类编写原则是：包括其所有子类，甚至其继承链上所有间接子类的所有共同具有的数据和方法，用来完成指定的运算和操作。在计算圆形物体面积和体积的问题中，父类 CircleShape 应该包括如下数据：

```
π·r2（利用 Math.PI）
半径 radius
两点 (x1, y1), (x2, y2)
```

父类应该包括的方法有：

```
CircleShape();                                              // 构造方法
CircleShape(double radius);                                 // 构造方法重载
CircleShape(double x1, double y1, double x2, double y2);    // 构造方法重载
setRadius(double radius)
setXY(double x1, double y1, double x2, double y2)
computeRadius()                                             // 利用两点计算半径
getRadius()
```

也可以考虑 getx1()、gety1()、getx2()、gety2()，但这些数据与计算面积和体积无直接关系，在这里省略。

父类的代码如下：

```java
// 完整程序在本书配套资源目录 Ch7 中，名为 CircleShape.java
public class CircleShape {
protected double radius, // 定义数据访问权为 protected；子类可以直接访问 x1、y1、x2、y2
    public CircleShape() {    // 构造方法以及重载
        radius = 0.0;
        x1 = y1 = x2 = y2 = 0.0;
    }
    public CircleShape(double radius) {
        this.radius = radius;
    }
    public CircleShape(double x1, double y1, double x2, double y2) {
        this.x1 = x1;
        this.y1 = y1;
        this.x2 = x2;
        this.y2 = y2;
    }
    public void setRadius(double radius) {
        this.radius = radius;
    }
    public double getRadius() {
        return radius;
    }
    public void computeRadius() {    // 利用两点计算半径
        radius = Math.sqrt((x1 - x2)*(x1 - x2) + (y1 - y2) * (y1 - y2));
    }
}
```

在这个例子中，我们定义超类数据的访问修饰符为 protected，即子类可以直接访问这些数据。在 7.3 节进一步讨论访问修饰符。

7.2.2 怎样写子类

子类除继承父类的所有属性外，根据具体应用，一般都会增添自己特有的数据和方法。接着上面的例子，假设我们编写一个计算圆面积的子类。首先进行如下分析。

- 子类新增加的数据 double area。
- 子类新增加的构造方法 Circle()、Circle(double radius)，以及 Circle(double x1, double y1, double x2, double y2)。
- 子类新增加的计算面积的方法 computeArea() 以及 getArea()。

这个子类的代码如下：

```java
// 完整程序在本书配套资源目录 Ch7 中，名为 Circle.java
// 子类 Circle
public class Circle extends CircleShape{          // 继承超类 CircleShape
```

```java
    private double area;

    public Circle() {
        super();                          //调用父类无参数构造方法
    }
    public Circle(double radius) {
        super(radius);                    //调用父类单参数构造方法
    }
    public Circle(double x1, double y1, double x2, double y2) {
        super(x1, y1, x2, y2);            //调用父类四参数构造方法
        super.computeRadius();            //调用父类计算半径方法
    }
    public void computeArea() {           //计算圆面积
        area = Math.PI * radius * radius;
    }

    public double getArea() {
        return area;
    }
}
```

在编写构造方法时，充分利用父类中继承过来的代码，如用 super() 来调用超类中相应的构造方法，不必再重新编写代码；在四参数构造器中，除使用 super 调用父类相应的构造方法之外，还调用超类的计算半径的方法 super.computeRadius()；在计算面积时，利用继承的数据 radius 加以运算。这种编写方式充分利用了父类中已经提供的代码，体现代码重用的原则。

> **注意** 用来调用父类构造方法的 super() 只能在构造方法中使用，而且必须是一个构造方法中的第一个语句，否则将造成语法错误。

7.2.3 Like father like son——像爸爸就是儿子

完全可以将 Circle 类作为新的父类，继承出下一级的继承类，如计算球体表面积和体积的 Sphere。为了使得子类 Sphere 能够直接访问 Circle 中的数据，如 area，将 Circle 中数据的访问权修改为：

```java
protected double area;
```

Sphere 类的代码如下：

```java
//完整程序在本书配套资源目录 Ch7 中，名为 Sphere.java
/子类 Sphere 继承父类 Circle

public class Sphere extends Circle{
    private double volume;                //定义新数据
    public Sphere() {
        super();                          //调用父类无参数构造方法
    }
    public Sphere(double radius) {
        super(radius);                    //调用父类单参数构造方法
    }
    public Sphere(double x1, double y1, double x2, double y2) {
        super(x1, y1, x2, y2);            //调用父类四参数构造方法
    }
```

```java
    public void computeArea()              {   // 计算球体表面积
        super.computeArea();                    // 首先调用超类计算圆面积的方法
        area = 4* area;                         // 得到球体表面积
    }
    public void computeVolume() {           // 计算球体体积
        super.computeArea();                    // 首先调用超类计算圆面积
        volume = 4.0/3 * radius * area;         // 利用公式得到球体体积
    }
    public double getArea() {
        return area;
    }
    public double getVolume() {
        return volume;
    }
}
```

根据分析，在 Sphere 类中增添定义一个表示球体体积的新变量 volume。在利用 super() 调用父类的构造方法时，实际上产生了一个隐含的链式调用，即 Sphere 调用 Circle，Circle 再调用 CircleShape 相应的构造方法。在计算球体表面积时，根据公式，球体表面积是该圆面积的 4 倍；所以首先调用父类的计算圆面积的方法；由于这两个方法重名，必须在调用父类的 computeArea() 前加上 super，以示区别。这种技术被称为方法覆盖。7.4 节将专门讨论。

同样地，在计算球体体积时，首先调用超类计算圆面积的方法，再应用计算球体体积的公式，得到计算结果。测试 Circle 和 Sphere 的程序如下：

```java
// 完整程序在本书配套资源目录 Ch7 中，名为 CircleShapeTest.java
Circle circle = new Circle(12.98);                              // 创建 Circle 对象
Sphere sphere = new Sphere(1);                                  // 创建 Sphere 对象
Circle myCircle = new Circle(0, 0, 1, 1);                       // 创建更多对象
System.out.println(myCircle);                                   // 显示其数据
circle.computeArea();                                           // 计算圆面积
System.out.println("circle area: " + circle.getArea());         // 显示结果
myCircle.computeRadius();                                       // 计算半径
myCircle.computeArea();                                         // 计算面积
System.out.println("my circle area: " + myCircle.getArea());
sphere.computeArea();                                           // 计算圆球表面积
System.out.println("Sphere area: " + sphere.getArea());         // 显示结果
sphere.computeVolume();                                         // 计算球体体积
System.out.println("Sphere volumn: " + sphere.getVolume());     // 显示结果
```

7.3 你想让子类怎样继承——访问修饰符再探

在继承中，父类数据的访问修饰符通常被定义为 protected。这是为了使得子类能够像访问自己的数据一样访问在超类中定义的数据；与此同时，又不失去数据的封装性。到目前为止，已经讨论了 3 种访问修饰符。

- 公共 public。
- 保护 protected。
- 私有 private。

Java 还提供另外一种访问——包访问（package access）。本书将在第 13 章进一步讨论和总结包括包访问的 4 种修饰符。这里从继承的角度，总结以上 3 种访问修饰符在继承中的应用。

对父类中的数据，定义其访问修饰符一般遵循以下原则。

- 一般数据（包括静态）——protected。

- 需要安全保护的数据——private。子类只能通过继承过来的方法访问父类中具有私有访问修饰符的数据。

对子类数据，如果没有下一级继承，一般都定义为 private。

在继承中，无论是父类还是子类，其方法的访问权一般遵循以下原则。

- 静态方法——public。
- 一般方法——public。
- 只允许在内部调用的方法——private。例如：

```
public class SuperClass {
   ...
   private void someMethod() {
   ...
   }
   public void otherMethod() {
       someMethod();                // 调用私有方法
   }
}
class SubClass extends SuperClass {
   ...
       otherMethod();               // 调用公共方法
   }
}
```

- 当在测试类中创建 SubClass 的对象后，例如：

```
SubClass subClass = new SubClass();
```

也可以通过调用继承过来的方法 otherMethod()，例如：

```
subClass.otherMethod();
```

来达到间接调用父类中私有方法的目的。

7.4 更多继承应用

在继承中仍然可以应用重载编写方式，增强构造方法在创建对象以及在调用方法时的灵活性。此外，我们引入继承中的方法覆盖（overriding）的概念和技术。用实例解释如何应用覆盖，以及它与重载的相似和不同之处。本节还将讨论对象类型转换、对象比较，以及如何获得对象信息，如对象名、所属类等编程技术。

7.4.1 继承中如何应用重载

重载原理并没有因继承而改变。在继承中应用重载的范畴不仅指某个类中，而是在整个继承链上。因为超类中的私有方法对子类来说是隐藏的，或者"方法名标志屏蔽"，所以，在整个继承链上应用方法重载只须考虑具有公共和保护访问修饰符的方法。例如，子类可以对任何一个超类的公共方法重载。但在继承链中的某个类内部实行对自己构造方法和方法重载，并不受此条件限制。还以计算圆形物体面积和体积程序为例，分别讨论这两种情况。

- 对超类的方法重载。在 Circle 类中对 CircleShape 类的 computeRadius() 方法重载：

```
// 完整程序在本书配套资源目录 Ch7 中，名为 CircleOverload.java
public void computeRadius(double x1, double y1, double x2, double y2) {
    radius = Math.sqrt((x1 - x2)*(x1 - x2) + (y1 - y2) * (y1 - y2));
}
```

这样，在测试类中可以调用这个方法，使计算圆和球体面积以及体积更加灵活方便。例如：

```java
// 完整程序在本书配套资源目录 Ch7 中，名为 CircleShapeOverloadTest.java
CircleOverload myCircle = new CircleOverload();
myCircle.computeRadius(0, 0, 1, 1);              // 调用重载方法
myCircle.computeArea();
System.out.println("My circle area: " + myCircle.getArea());
```

- 对类本身方法重载。例如在 Sphere 类中对自己的 computeArea() 方法重载：

```java
// 完整程序在本书配套资源目录 Ch7 中，名为 SphereOverload.java
public void computeArea(double radius) {          //method overloading
    setRadius(radius);
    super.computeArea();
    area = 4 * area;
}
```

这样在测试类中可以灵活地调用不同重载的方法进行相关的运算，例如：

```java
// 完整程序在本书配套资源目录 Ch7 中，名为 CircleSphereOverloadApp.java
SphereOverload mySphere = new SphereOverload();
mySphere.computeArea(10);                         // 调用重载方法
System.out.println("My sphere area: " + mySphere.getArea());

mySphere = new SphereOverload(5.5);
mySphere.computeArea();                           // 调用重载方法
...
```

7.4.2 一个实例教会你什么是覆盖

在子类中可以定义一个与超类一模一样的，即有相同签名（参数类型、参数数目以及参数次序）的方法。例如，在前面讨论过的例子中，Circle 类和 Sphere 类中的方法 computeArea()。这被称作方法覆盖，或简称覆盖。即子类的方法覆盖父类已存在的方法。覆盖涉及继承中的父类和子类。假设在父类中定义了方法 int method(double)：

```java
public class SuperClass {
    ...
    public int method(double n) {
    ...
    }
}
```

而在子类中也定义了这个方法，例如：

```java
public class SubClass extends SuperClass {
    ...
    public int method(double n) {
    ...
    }
}
```

这两个方法签名相同，但存在于不同的类中，无论它们各自执行什么样的运算和操作，编译器都不会混淆，因为它们的地址引用在执行时是相互屏蔽的。例如，在执行子类的方法时，父类的这个方法并没有产生引用地址。即：

```java
subClass subObj = new SubClass();
int num = subObj.method(10);
```

由对象 subObj 和方法 method() 产生的是对子类方法的引用地址。

反过来也是如此，父类调用它的方法时，例如：

```
superObj.method(10)
```

产生的地址引用完全与子类无关。

父类中被覆盖的方法在子类中可以被访问，只要在调用前冠以关键字 super 就可以了。如在 Sphere 类中：

```
public void computeArea() {            // 计算球体表面积
    super.computeArea();               // 首先调用父类计算圆面积的方法
    area = 4* area;                    // 得到球体表面积
}
```

这段代码演示了在子类的方法中调用父类中被覆盖的方法。此外，这个例子还解释了虽然覆盖的方法签名相同，但通常它们执行不同的运算和操作。

在应用程序开发中，经常综合使用重载和覆盖。这两个概念和技术容易被误解，为了帮助读者正确应用它们，表 7.1 列出了重载和覆盖的区别和例子。

表 7.1 重载和覆盖的区别

重 载	覆 盖
具有不同签名，即参数的类型、个数，以及位置不同；可以在一个类中，也可以分布在继承链中的任何类中；一般执行相同的运算和操作	具有相同签名，即参数的类型、个数，以及位置相同；必须在继承链中的不同类中；一般执行不同的运算和操作
someMethod(int, double, long)	someMethod(int, double long)
someMethod(double, int)	someMethod(int, double, long)

注意，返回类型和参数名不属于签名部分。

> **注意** 子类中参与覆盖的方法的访问权（由访问修饰符代表）必须高于或者相当于父类中被覆盖的方法的访问权，否则将产生语法错误。

7.4.3 一个实例教会你什么是屏蔽

在父类和子类中，可以定义变量类型和变量名完全相同的数据。当在子类对象中应用该数据时，继承过来的超类的数据被屏蔽（hiding），或者地址隐藏。所以在执行时不被混淆。如果在子类的方法中需要访问父类中的数据时，则冠以关键字 super。例如：

```
public class SuperClass {
    int n;
    void method() {...
    }
}
class SubClass extends SuperClass {
    int n;
    public void method() {
        n = 100;              // 使用本身定义的数据,父类的n被屏蔽或隐藏
        super.n = 10;         // 访问父类的数据
    }
}
```

此例中变量 int n 在父类和子类中都被定义。在子类的方法中直接使用 n 时，父类中的 n 被隐

藏；super.n 则产生对超类 n 的地址引用。

注意变量和参数重名与屏蔽的不同。例如：

```
public class SomeClass {
    int n = 5;              // 对象数据
    void method(int n) {    // 作为本地变量的参数
        n = n + 10;         // 只改变本地变量n；与对象变量n无关
    }
}
```

这里，方法 method(int n) 中的 n 是参数，属于该方法的本地变量。它接受了方法调用时传递过来的数值后，与外界的任何变量无关，因为其访问周期只存在于方法中。方法结束时，这个参数或本地变量的地址被垃圾清理器收回并释放。所以对象变量 n 的值丝毫不受影响。

对象变量名屏蔽属于继承中变量重名问题，因而需要屏蔽；而变量与参数重名属不同生命周期问题，Java 编译器应用堆栈技术就可解决。为了减少代码混淆和增强程序可读性，推荐最好使用不同的变量名和参数名，来归避不必要的麻烦。

> 3W　重载指多个方法具有不同的签名；覆盖指子类的方法具有该父类相同的签名。屏蔽指子类中定义了与父类相同的对象变量，在访问时编译器和 JVM 应用屏蔽技术来区分；而变量与参数重名则属于存储器不同生命周期问题。在代码编写中，经常综合应用重载和覆盖技术；但应该归避屏蔽和变量与参数重名，以便减少不必要的混淆，提高程序的可读性。

7.4.4　细谈万类鼻祖 Object 和类中类——Class

在软件开发中经常需要知道对象信息，如对象所属的类及类名、判断两个对象是否属于一个类，以及对象的继承链信息，如它的父类名、有几级继承等。利用 API Object 类和 Class 提供的方法，可以达到获取这些对象信息的目的。表 7.2 中列出了 Object 和 Class 中的常用方法。

表 7.2　Object 和 Class 常用获取对象信息的方法

方　　法	类	功　　能
boolean equals(Object)	Object	如果调用这个方法的对象和参数指定的对象指向相同地址，则返回真，否则返回假
Class getClass()	Object	返回调用这个方法的对象所属的类
String toString()	Object	以字符串形式返回调用这个方法的对象信息，包括所属类名 @hash 代码所代表的十六进制内存地址
static Class forName(String)	Class	返回字符串指定的类。必须提供异常处理
String getName()	Class	以字符串形式返回调用这个方法的类或接口名称
Class getSuperclass()	Class	返回调用这个方法的对象的父类

首先讨论应用表 7.2 列出的部分方法的简单例子。

例子之一：利用 Object 的 equals() 和 toString() 方法打印对象信息。

```
// 完整程序在本书配套资源目录Ch7中，名为ObjectClassTest.java
Circle circle1 = new Circle();
Sphere sphere = new Sphere();
Circle circle2 = circle1;           //referencing
Circle circle3 = new Circle();      //creating another object of Circle

if (circle1.equals(circle2))        // 调用Object的equals()方法
    System.out.println("Two objects are the equal\n" + circle1 + "equals" + circle2);
else
```

```
        System.out.println("Two objects are not equal\n" + circle1 + " not equal" + circle2);
    if (circle1.equals(circle3))
        System.out.println("Two objects are the equal\n" + circle1 + " equals" + circle3);
    else
        System.out.println("Two objects are not equal\n" + circle1 + " not equal" + circle3);
```

显然, circle1.equals(circle2) 为真，因为 circle2 是 circle1 的别名。而 circle1.equals(circle3) 为假，尽管它们的初始化数据相同，但它们是两个不同的对象。运行这个程序后的结果为：

```
Two objects are the equal
0.0,0.0), (0.0,0.0)  radius: 0.0
equals (0.0,0.0), (0.0,0.0)  radius: 0.0
Two objects are not equal
0.0,0.0), (0.0,0.0)  radius: 0.0
equals (0.0,0.0), (0.0,0.0)  radius: 0.0
```

注意，因为在 Circle 类中覆盖了 Object 的 toString() 方法，所以将执行 Circle 的 toString() 来打印对象的数据信息。

例子之二：利用 Object 类的 getClass() 和 Class 类的 getName() 获取对象信息。

```
// 完整程序在本书配套资源目录 Ch7 中，名为 ObjectClassTest.java
Circle circle = new Circle();
Class theClass = null;              // 定义一个对 Class 的引用
the Class=circle1.getClass();       // 返回所属的类
System.out.println("Class name of circle: " + theClass.getName());
    if (circle.getClass().getName().equals("Sphere"))
        System.out.println("it's a Sphere object");
    else
        System.out.println("it's not a Sphere object");
// 其他语句
...
```

输出结果为：

```
Class name of circle: Circle
it's not a Sphere object
```

例子之三：利用 Object 和 Class 提供的有关方法编写一个支持类和静态方法来获取对象信息。

```
// 完整程序在本书配套资源目录 Ch7 中，名为 MyClass.java
public class MyClass {                                       // 支持获取对象信息的类
    public static void printclassName(Object object) {   // 打印对象所属类名和地址
        System.out.println("The class of " + object + " is " + object.
        getClass().getName());
    }
    public static String getInheritanceTree(Class aClass){   // 打印对象所属继承链
        StringBuilder superclasses = new StringBuilder();
                                        // 利用 API StringBuilder 类连接字符串
        superclasses.append( "\n" );                // 方法 append() 连接字符串
        Class theClass = aClass;
        while ( theClass != null ) {                // 循环得到对象的所有父类
        superclasses.append( theClass );
        superclasses.append( "\n" );
        theClass = theClass.getSuperclass();        // 返回对象的父类
        }
    superclasses.append( "\n" );
    return superclasses.toString();                 // 返回有对象所有父类信息的字符串
    }
```

以下程序利用这个支持类来打印对象信息：

```
// 完整程序在本书配套资源目录 Ch7 中，名为 ObjectClassTest.java
Circle circle = new Circle();
MyClass.printClassName(circle);                  // 调用静态方法打印对象信息
Class theClass = null;
    theClass = circle.getClass();                // 返回对象所属的类
try {
        theClass = Class.forName("Sphere");      // 得到类 Sphere 的地址引用
        System.out.println(MyClass.getInheritanceTree(theClass));
                                                 // 调用静态方法打印对象继承链
}
catch(ClassNotFoundException e){
        System.out.println(e);
}
```

因为 Class 类中的方法 forName() 要求调用它的程序必须提供异常处理，这里使用 try 和 catch 模块满足这个要求。程序运行后，将显示如下输出信息：

```
The class of Circle@61de33 is Circle
class Sphere
class Circle
class CircleShape
class java.lang.Object
```

显而易见，这是一个倒置的 Circle 类继承链。Java 在许多类中提供了重载方法 equals()，产生不一致的定义和功能。例如，在字符串类 String 中，equals() 用来比较两个字符串的内容，用等于操作符 == 来比较两个字符串的地址；而在 Object 类中，equals() 却用来比较两个对象是否属于同一个内存地址。有时，程序需要比较两个对象是否相同，即它们不仅属于同一个类，而且具有相同的数据值。这就需要编程人员通过覆盖方法 equals() 来实现。下面的程序以 Circle 类为例，演示如何覆盖 Object 的 equals() 方法，使之能够完成上述操作。

例子之四：应用 Object 和 Class 提供的方法，在 Circle 类中覆盖 Object 的 equals() 和 toString() 方法，使其判断这些对象是否相同、相等以及返回对象信息的操作。

```
// 完整程序在本书配套资源目录 Ch7 中，名为 Circle.java
// 增加一个 equal() 方法来判断对象是否属于指定的类
public boolean equal(String className) { //override equals() to see if the
                                         //object belongs to the class
        if (this.getClass().getName().equals(className))
            return true;
        else
            return false;
}
// 覆盖 Object 的 equals() 来判断两个对象的数据值是否相同
public boolean equals(Object object) {            //equals() 方法重载
    if (object instanceof Circle)                 // 首先判断两个对象是否属于同一个类
    {
       Circle circle = (Circle) object;
       if (radius == circle.getRadius())          // 则两个对象数据值相等
          return true;                            // 返回真
    }
       return false;                              // 两个对象不属于同一个类，返回假
}
// 覆盖 Object 的 toString()，使之返回 Circle 的对象数据
```

```java
public String toString() {                    //override the toString() method
    if (x1 == 0.0 && y1 == 0.0 && x2 == 0.0 && y2 == 0.0 && radius != 0.0)
                                    // 仅返回半径
            return ("radius: " + radius + "\n");
    else {
        String message = "(" + x1 + "," + y1 + "), ("
                            + x2 + "," + y2 + ")\t"
                            + "radius: " + radius + "\n";
        return message;
    }
}
```

第一个方法为增加的一个名为 equal() 的方法。这个方法利用 Object 的 getClass() 和 Class 的 getName() 来判断调用这个方法的对象是否属于参数所指定的类。第二个方法对 Object 的 equals() 实行覆盖。这里应用了 Java 很特殊但有用的操作符 instanceof 来判断两个对象是否属于同一个类。它的语法格式为：

```
objectName instanceof ClassName
```

其中：
- objectName——作为参数传入的对象名。
- ClassName——为类名。

它的功能是：如果 objectName 是属于 ClassName 的对象，则返回真，否则返回假。这个方法再判断两个对象的数据值是否相等。

覆盖 Object 的 toString() 也是 Java 编程的一个惯例。toString() 一般用来返回对象数据。在输出语句中调用 toString() 时，直接使用对象名即可，例如：

```
System.out.println(myCircle);
```

编译器将自动寻找 myCircle 的 toString()。如果这个对象没有覆盖 toString()，编译器将继续在继承链上搜索，直到找到父类的 toString()，或者至少找到 Object 的 toString() 执行输出操作。所以，以上语句完全等同于：

```
System.out.println(myCircle.toString());
```

下面的代码是对这三个方法的应用：

```java
// 完整程序在本书配套资源目录 Ch7 中，名为 OverridingEqualsTest.java
Circle circle = new Circle();
if (circle1.equal("Circle"))
    System.out.println("it's a Circle object");
else
    System.out.println("it's not a Circle object");
Circle circle2 =  new Circle(10.09);
Circle circle3 = new Circle(10.09);
Circle circle4 = new Circle(0, 0, 1, 1);
if (circle2.equals(circle3))
    System.out.println("Two objects are the same.");
else
    System.out.println("Two objects are not the same.");
    System.out.println("circle4 data: " + circle4);
```

这个程序运行后将产生如下输出信息：

```
It's a Circle object.
Two objects are the same.
```

```
circle4 data: (0.0,0.0), (1.0,1.0)    radius: 1.4142135623730951
```

> **注意** 只有被覆盖的 toString() 才可以在输出时被对象名直接调用，而重载的 toString() 在输出时不会被编译器以对象名识别。

> **更多信息** 在 JDK14 中，新增了一个不同版本的 instanceOf 操作符，即可在 ClassName 后引用一个对象名，即 objectName instanceof ClassName objectName。
> 例如：if (obj instanceof String str)
>   System.out.println(str.length());

7.5 抽象类

抽象不仅是面向对象设计的重要指导思想，在 Java 中也是编写类的实际语法格式。这一小节首先从继承中父类的抽象特性，来讨论如何设计和编写抽象类。并且利用实例解释抽象在编程中的具体应用。

7.5.1 抽象类不能创建对象

观察和分析一些继承链和父类，如 API 中的继承链以及其中的一些父类（如 Object 和 Exception）以及编程人员自己设计的继承链，如 CircleShape，不难看出，沿着继承链越往上的类越抽象。正因为抽象，所以涵盖的面越广。因而可以说，抽象就是高度概括。

抽象类的设计思想正是基于这个事实和出发点。例如在计算圆形物体的面积的程序中，作为父类的 CircleShape 正是抽象性地概括了所有圆形物体具有的共同特性——半径。无论是什么样的圆形物体，都具有半径这个事实。当然，给出圆形物体上的任意两点，也可以确定其半径，因而它也提供了用两点来确定半径的运算和操作。当然，一些特殊的圆形物体，如圆棱柱、环形物体、扇形物体，等等，不仅只有半径，而且必须有其他参数来确定和解释它们。这些只是特殊性，而不是高度概括的抽象，也不具有代表性，因而不能包括在超类，如 CircleShape 中。

如果把问题再提升到广义，如定义所有的几何物体，而不只是圆形。则可在 CircleShape 上加入更抽象的超类，如 Shape。Shape 类不仅包括圆形几何体，也包括诸如长方形体、三角形体，以及多边形体在内的其他几何物体。甚至涵盖利用这些基本几何形体形成的综合形体。那么，经过高度抽象的 Shape 这个类涵盖所有几何物体的物理特征即是两点的坐标。

抽象类除高度概括它代表的所有对象的形态描述之外，还起到制定运算和操作规范以及模式化的作用。虽然在抽象类这一级，要具体完善运算和编写操作内容代码是不现实，也是不可能的。但它对具体的重要的运算和操作，可以起到政策制定者和指导者的领导角色。其他所有在这个继承链上的子类，都以它为楷模，来执行具体完善和补充代码编写任务。例如，Shape 类可以对计算表面积和体积的方法进行签名性的描述，对它所代表的所有对象共享的静态数据和静态方法进行定义，等等。

由于抽象类的高度概括性，由它来创建对象将是毫无意义的。对这一点，Java 已经做了相应的规定，即抽象类只能用来引用，不能够创建对象。关于这个内容，将在第 8 章多态性中详细讨论。

下面讨论如何编写抽象类。

7.5.2 抽象方法造就了抽象类

抽象类使用关键字 abstract 来定义。其语法格式如下：

```
public abstract class ClassName {
    // 定义数据
    ...
    // 定义方法
    ...
    // 也可能定义抽象方法
    public abstract returnTye methodName(argumentList);
}
```

一个抽象类可以包括各种类型数据、构造方法以及一般方法。虽然无抽象方法的抽象类属合法编写，但通常抽象类定义抽象方法。抽象方法的定义也使用关键字 abstract。抽象方法只是对这个方法的声明，是没有程序体的还未实现的方法，必须由继承它的某个子类来完善。这也证明了抽象类不能够用来创建对象；或者说使用抽象类来创建对象是没有实际意义的。抽象类的构造方法只能由完善了抽象方法的子类在创建对象时调用。

如 7.5.1 节讨论的，抽象类是高层次的类，通常在一个继承链的顶端，对它所代表的所有对象进行高度概括和描述。一个解决更复杂实际问题的继承链可能有多个抽象类。

下面来讨论一些具体例子。

例子之一：将 CircleShape 修改为抽象类。

```
// 完整程序在本书配套资源目录 Ch7 中，名为 Shape.java 以及 CircleShape2.java
public abstract class CircleShape {
    protected double radius;
    protected double x1, y1, x2, y2;
    // 所有其他语句
    ...
    public abstract void computeArea();           // 定义抽象方法
    public abstract void computeValume();
}
```

例子之二：定义一个广义上的代表所有人的抽象类 Person。

```
// 完整程序在本书配套资源目录 Ch7 中，名为 Person.java
//abstract class
public abstract class Person {
    protected String lastName, firstName;
    protected char sex;
    protected byte age;
    protected String address;
    public Person(String lastName, String firstName, char sex, byte age,
        String address) {
            this.lastName = lastName;
            this.firstName = firstName;
            this.sex = sex;
            this.age = age;
            this.address = address;
    }
    public String toString() {
        String message = "Last name: " + lastName + ", " + "first name: "
            + firstName + "\n"
            + "Sex: " + sex + "\n"
            + "Age: " + age + "\n"
            + "Address: " + address + "\n";
        return message;
        }
}
```

这个抽象类可以应用在所有与人有关的软件上，因为它涵盖代表所有人的最基本信息和操作。由于在这个层次没有涉及解决问题的领域，所以只提供覆盖的 toString() 方法，来返回 Person 的信息。

如果编写一个计算雇员工资的软件，可以利用这个超抽象类继承出另一个计算雇员工资的抽象超类 Employee2，例如：

```java
// 完整程序在本书配套资源目录 Ch7 中，名为 Employee2.java
public abstract class Employee2 extends Person {
    protected String employeeID;
    protected String jobTitle;
    protected byte seniority;
    protected double salary;

    public Employee2(String lastName, String firstName, char sex, byte age,
        String address, String employeeID, String jobTitle, byte
        seniority) {
        super(lastName, firstName, sex, age, address);
        this.jobTitle = jobTitle;
        this.seniority = seniority;
    }
    public abstract void computeSalary();         // 声明抽象方法
    public String toString() {                     // 覆盖 Person 的 toString() 方法
        String message = super.toString() + "EmployeeID: " + employeeID +
        "\n" + "jobTitle: " + jobTitle + "\n" + "Seniority: " + seniority + "\n";
        return message;
    }
}
```

> 3W　抽象类是对由它代表的所有对象的高度概括，作为父类处于继承链的顶部。抽象类通过关键字 abstract 来定义。抽象类中可以定义任何类型的数据、构造方法以及方法。一般情况下，抽象类中定义抽象方法。抽象方法通过关键字 abstract 定义。抽象方法只是方法的声明，而没有程序体。抽象类正是通过定义抽象方法对其子类的运算和操作制定规范。继承链上作为子类的非抽象子类必须完善抽象方法。

7.6　最终类

API 中的某些类，如 String、Math 等，就是最终类（final class）的典型例子。最终类中的所有方法都自动成为最终方法。虽然在 Java 编程中并不经常使用 final 类和 final 方法，但它们有着与众不同的特点，即 final 类不能被继承，不能被覆盖，以及 final 类在执行速度方面比一般类快。下面对 final 类和 final 方法的概念和编程技术分别加以讨论，最后解释为什么 final 类可以提高执行速度。

7.6.1　最终类不能被继承

有时在程序中需要对继承加以限制。例如某些处理特殊运算和操作的类，为了安全，不允许被其他类所继承。final 类没有子类，即它处于继承链的尾部，或者除了自动继承 Object 之外，它们是独立存在的支持类，例如执行密码管理的类、处理数据库信息的管理类，等等。

使用 final 类的另外一个理由是执行速度。由于它的方法不能够被覆盖，所以其地址引用和装载在编译期间完成，而不是在运行期间由 JVM 进行复杂的装载，因而简单和有效。所以如果没有必要，或者不存在有继承的可能性时，尽量使用 final 类。当然，在 API 类库中不多使用 final 类是因为它们是标准程序，希望在实际软件开发中得以广泛使用。而具体的应用程序开发则不同于标准库程序开发。

注意 final 数据和 final 类的不同。final 数据指常量,即其值一旦初始化,就不能改变。而 final 类则指不能被其他类所继承的类。

7.6.2 一个例子搞懂最终类

在类名前加以关键字 final,这个类就被定义为 final 类,例如:

```
public final class SomeClass {
    ...
}
```

或者

```
public final class SomeClass extends SuperClass {
    ...
}
```

当一个类被定义为 final 时,它的所有方法都自动成为 final 方法,但不影响对变量的定义。

7.6.3 最终方法不能被覆盖

除所有方法在最终类中自动成为最终方法外,我们也可以在一般父类中定义某个方法为 final 方法。虽然这个类可以被继承,但其子类不能够覆盖 final 方法。API 类中的许多方法,如 print() 和 println(),以及 Math 类中的所有方法都定义为 final 方法。在具体应用程序开发中,一些执行特殊运算和操作的方法,可以定义为 final 方法。在方法的返回类型前加入关键字 final,则定义该方法为 final,例如:

```
public final String printVersion() {            // 定义 final 方法
    return version;
}
```

7.6.4 最终参数的值不能改变

final 参数的含义如同 final 变量一样,是常数参数,即当方法接受了这个参数后,其值不能改变。以下代码中定义方法的参数为 final:

```
public void setVerison(final String version) {   // 定义常量参数
    this.version = version;
}
```

在这个方法中使用以下语句将产生语法错误:

```
version = "other version...";                     // 非法操作
```

7.6.5 所有这一切皆为提高执行速度

final 类可以提高执行速度主要原因如下。
- 不涉及继承和覆盖。
- 其地址引用和装载在编译时完成 (inline compiling)。
- 在运行时不要求 JVM 执行因覆盖而产生的动态地址引用而花费时间和空间。
- 与继承链上的一般对象相比,垃圾回收器在收回 final 对象所占据的地址空间时也相对简单快捷。

但在某些情况下,使用 final 方法并不能获得提高执行速度的结果。因为并不是所有 final 方法其地址的装载和引用都在编译时完成。

假设类 C 继承了类 B，类 B 继承了类 A，在类 A 中有 final 方法。对类 C 来讲，调用类 A 的 final 方法的确是 inline 编译，即装载在编译时完成；但对类 A 和类 B 来讲，可能没有调用 final 方法。而在执行期间，JVM 动态装载的方法有可能并不是类 C 所调用的 final 方法。这种情况下，则不能够获得提高执行速度的结果。当然，如果 final 方法在编译时装载到 JVM，而且没有在执行期间覆盖，则可以取得 inline 效益，提高执行速度。

作者建议是：不能仅仅因为考虑追求执行速度而使用 final 类。在程序设计和代码编写时，应首先考虑这个类所执行的任务和安全因素，是否允许有子类。在这个前提下，尽量提高代码的重复应用性是面向对象设计和编程的宗旨。然后考虑是否使用 final 类和 final 方法。

实战项目：几何体面积和体积计算应用开发（1）

项目描述：
利用继承、重载、覆盖、抽象类和抽象方法，以及最终类和最终方法中讨论过的概念和编程技术，应用到对几何体面积和体积计算的软件开发中。

程序分析：
根据项目描述和要求，我们选择如下几何体作为计算对象：
（1）长方形（包括正方形）。
（2）圆形。
（3）球体（表面积：$S = 4\pi R^2$，体积：$V = \dfrac{4}{3}\pi R^3$）。

类的设计：

- Shape 类：作为各种几何体的抽象类和父类。属性包括 double 类型的两点坐标；方法包括覆盖 Object 类的 toString()。
- RectangularShape2：作为第二级抽象类，为 Shape 的子类；属性除继承其父类之外，增加 double 类型 area 以及 volume；方法包括 computeArea()、computeVolume() 和覆盖其父类的 toString()。
- CircleShape2：作为第二级抽象类和 Shape 的子类；为所有圆形物体的父类。属性除继承其父类之外，增加 double 类型 area 以及 volume；抽象方法包括 computeArea()、computeVolume() 和覆盖其父类的 toString()。
- Rectangle2：作为 RectangularShape 的子类，继承了各级父类的属性并完善父类的抽象方法，计算长方形（包括正方形）的面积并显示计算结果。因没有体积计算，预设 volume 的值为 0。
- Circle2：作为 CircleShape 的子类，继承了各级父类的属性并完善父类的抽象方法，计算圆形的面积并显示计算结果。因没有体积计算，预设 volume 的值为 0。
- Sphere2：作为 Circle 的子类，继承了各级父类的属性和方法，计算球体表面积和体积，并显示计算结果。

输入输出设计：

- 输入：利用 JOptionPane 显示一个具有选项的窗口，提供用户选择计算长方形还是计算圆形。
- 输出：利用 JOptionPane 将计算结果显示到信息窗口。

异常处理：
修改在第 6 章讨论过的 Validator 类，使之成为利用 JOptionPane 显示验证信息，对所有输入数据进行验证。

软件文档：
编写测试类 ShapeApp2 进行测试和必要的修改。输入各种数据，检查输出结果是否正确；提示是否清楚；输出结果的显示是否满意。
以下为抽象类 Shape：

```java
// 完整程序在本书配套资源目录 Ch7 中，名为 Shape.java
public abstract Shape {
    protected double x1, y1, x2, y2;
    public Shape() {
        x1 = y1 = x2 = y2 = 0.0;
    }
    public Shape(double x1, double y1, double x2, double y2) {
        this.x1 = x1;
        this.y1 = y1;
        this.x2 = x2;
        this.y2 = y2;
    }
}
```

以下为第二级抽象类 RectangularShape2 的主要代码：

```java
// 完整程序在本书配套资源目录 Ch7 中，名为 RectangularShape2.java
// 定义实例变量
...
public RectangularShape2 (double x1, double y1, double x2, double y2) {
    super(x1, y1, x2, y2);                              // 代码重用
    computeHeight();
    computeLength();
}
public RectangularShape2(double height, double length) {  // 构造方法重载
    this.height = height;
    this.length = length;
}
public abstract void computeArea();                     // 定义抽象方法
public abstract void computeVolume();                   // 定义抽象方法
// 其他代码
...
public String toString() {                              // 覆盖父类方法
    String message = super.toString() + "Height: " + height + "\n"
        + "Length: " + length + "\n";
    return message;
} // 方法 toString() 结束
```

修改后的 CircularShape2 主要代码如下：

```java
// 完整程序在本书配套资源目录 Ch7 中，名为 CircularShape2.java
public abstract class CircularShape2 extends Shape {    // 抽象类继承另外一个抽象类
    ...
    public CircleShape2(double x1, double y1, double x2, double y2) {
        super(x1, y1, x2, y2);                          // 调用抽象类构造方法
    }
    ...
    public abstract void computeArea();                 // 定义抽象方法
    public abstract void computeVolume();               // 定义抽象方法
    public String toString() {                          // 覆盖 Shape 的 toString() 方法
        return super.toString() + "Radius: " + radius + "\n";
    }
}
```

修改后的 Circle2 部分代码如下：

```java
// 完整程序在本书配套资源目录 Ch7 中，名为 Circle2.java
public class Circle2 extends CircularShape2 {
    ...
    public void computeArea() {                    // 完善抽象方法
        area = Math.PI * radius * radius;
    }
    public void computeVolume() {                  // 完善抽象方法
        volume = 0.0;
    }
    public String toString() {                     // 覆盖父类的 toString() method
        return super.toString() + "Area: " + area + "\n";
    }
}
```

虽然在 Circle2 类中没有体积的计算，但是也必须完善它，否则为语法错误。另外，在 toString() 中，调用超类 CircularShape2 中的 toString() 得到 radius，CircularShape2 再调用 Shape 中的 toString() 得到两点的坐标。注意，如果创建对象时没有利用坐标，而是使用半径，则 toString() 打印坐标值为 (0.0, 0.0)，(0.0, 0.0)。

从 RectangularShape2 继承得到的计算长方形物体的类 Rectangle2 代码如下：

```java
// 完整程序在本书配套资源目录 Ch7 中，名为 Rectangle2.java
public class Rectangle extends RectangularShape2 {       // 继承抽象类
    public Rectangle(double x1, double y1, double x2, double y2) {
        super(x1, y1, x2, y2);                 // 调用抽象类构造方法
        computeHeight();
        computeLength();
    }
    public Rectangle(double height, double length) {   // 构造方法重载
        this.height = height;
        this.length = length;
    }
    ...
    public void computeHeight() {              // 计算高度
        double height = Math.abs(x1 - x2);
        setHeight(height);
    }
    public void computeLength() {              // 计算长度
        double length = Math.abs(y1 - y2);
        setLength(length);
    }
    public void computeArea() {                // 计算面积
        area = height * length;
    }
    public void computeVolume() {              // 虽然没有体积计算，也必须完善它
        volume = 0.0;
    }
    public String toString() {
        String message = super.toString() + "Area: " + area + "\n";
        return message;
    }
}
```

可以用两种方式创建长方形对象，如果给定两点，则利用 super() 调用 Shape 中的构造方法；如果给定高度和长度，则运用它自己的构造方法。代码中还利用 Math 类中取绝对值的方法 asb() 分别通过两点坐标求得高度和长度。同样地，虽然长方形无体积可计算，但在这里必须完善，设置 volume 为 0。

测试类 ShapeApp2 主要由 JOptionPane 的输入输出方法、验证数据类 Validator 以及循环语句组成。所有输入数据，包括选项菜单、用户输入的数据，都调用 JOptionPane 编写的静态方法验证，直到输入正确为止。这里不再赘述。如果感兴趣，请打开本书配套资源目录 Ch7 中名为 ShapApp2.java 程序，进行运行和测试，进一步了解这个软件开发项目。有些功能的利用，如让用户输入两点坐标计算圆面积等，作为实践项目大练兵的课题，留给你解答。

巩固提高练习和实战项目大练兵

1. 在继承中"不要重新发明车轮"是指什么？举例说明。
2. 为什么说继承可以提高代码的可靠性？
3. 列举出 3 对有"is a"关系的类和 3 对有"has a"关系的类，并解释你的回答。
4. 说明超类和子类的设计和编程特点。
5. 为什么超类可以代表子类？
6. 举例解释为什么说超类和子类是相对的。
7. 给出下列类，遵照继承设计原则，从超类到子类将它们按正确继承链排队。
   （1）Worker
   （2）Manager
   （3）GeneralManager
   （4）Person
   （5）Employee
8. 给出下列类，指出哪些类之间具有继承"is a"关系？哪些类之间具有支持"has a"关系？
   （1）Product
   （2）Computer
   （3）Book
   （4）Dog
   （5）Person
   （6）Cat
   （7）Pets
9. 继续第 8 题，将有继承关系的类从超类到子类次序画出其继承链图。
10. Java 有哪三种继承类型？解释每种继承类型的特点。
11. **实战项目大练兵**：假设超类是三角形，子类是三棱锥体。应用继承编写在超类中计算三角形面积以及在子类中计算三棱锥体积和表面积的程序。假设均为正三角形和正三棱锥体。注意在编程中如何重用代码问题。在超类和子类中覆盖 toString() 方法，使其返回相应的实例变量。最后编写驱动类并且创建不同的对象测试编写的类，打印运行结果。给三个源程序加注释。存储所有文件。
12. **实战项目大练兵**：应用继承编写计算长方体（包括正方体）的程序。首先设计编写超类，再依次编写计算长方体（包括正方体）的面积的子类，以及从这个子类导出的计算长方体（包括正方体）体积和表面积的子类。注意在编程中如何重用代码问题。在超类和子类中覆盖 toString() 方法，使其返回相应的实例变量。最后，编写测试程序，创建不同的对象，输出计算结果。给所有源程序加注释。存储所有文件。
13. 总结对象信息包括哪些内容，用什么方法可以获得这些信息，这些方法属于什么类。
14. 利用 7.4.4 节提供的支持类 MyClass，编写一个打印第 11 题中由各类创建的对象的信息。给源程序加注释。存储这个程序文件。
15. 什么是抽象类？为什么使用抽象类？列举两个利用抽象类的实际例子。
16. final 类有哪些特点？在什么情况下使用 final 类和 final 方法？
17. 解释 final 类、final 方法以及 final 参数的不同和应用目的。

18. **实战项目大练兵**：几何体计算应用程序。在第 11 题和第 12 题的超类之上设计编写一个抽象类涵盖三角形体和长方体的共同属性（数据和方法）。将这些方法定义为抽象方法。如果有必要，对原来编写的各类代码做适当修改。编写测试程序，创建不同的对象，输出计算结果。给所有源程序加注释以及文档化。存储所有文件。

19. **实战项目大练兵（团队编程项目）：银行账户应用程序开发**。首先设计和编写一个名为 BankAccount 的抽象类。这个抽象类具有以下数据和抽象方法。

（1）balance。

（2）number of deposits。

（3）number of withdrawals。

（4）interest rate = 0.055——static final 数据。

（5）service charge = $2.00——static final 数据。

（6）deposit()——接受存入钱数作为参数，更新账户额 balance 以及存钱次数 number of deposits。

（7）withdraw()——接受取钱额作为参数，更新账户额 balance 以及取钱次数 number of withdrawals。

（8）calculateInterest()——按如下公式计算月存款利息。

① monthly interest rate = interest rate /12

② monthly interest = balance * monthly interest rate

③ balance = balance + monthly interest

（9）chargeProcess()——抽象方法用来计算服务费 service charge。

编写继承 BankAccount 的子类 SavingAccount。除继承所有超类属性外，它还有如下数据和方法。

（1）inactive——布尔型数据表示账户的状态。预设为真。

（2）SavingAccount()——构造器。接受开户存款数作为参数并且更新账户额 balance。

（3）chargeProcess()——完善超类的抽象方法。服务费计算公式如下。

service charge = $2.00 * (number of deposits + number of withdrawals)

（4）deposit()——覆盖超类方法。首先查看账户状态 inactive 是否为真，否则打印信息，拒绝处理。然后对存款次数 number of deposits 加 1，再调用超类 deposit() 方法处理存款。

（5）withdraw()——覆盖超类方法。首先查看账户状态 inactive 是否为真，否则打印信息，拒绝处理。然后核实取款额必须小于等于账户额，否则拒绝取款。如果取款后账户额小于 $25.00，将账户状态设为假，并且打印适当信息。对存款次数 number of deposits 加 1，再调用超类 deposit() 方法处理存款。

编写驱动类，创建对象，调用各种方法调试编写的代码。输出计算结果。给所有源程序加注释并文档化。存储所有文件。

20. **实战项目大练兵**：打开本章讨论过的实战项目中的所有类，运行并了解这个软件开发项目。进行如下修改。

（1）修改测试类 ShapeApp2，当提示计算长方形以及圆形面积、体积时，增加用户可以输入两点坐标的选项，并验证选项输入以及坐标数据的输入（计算数据范围自己规定）。

（2）修改测试类 ShapeApp2，当提示计算圆球时，显示计算表面积还是体积的选项，验证对这个选项的输入。

（3）在该软件中增加一个计算长方体面积和体积的类 Cube，它继承了 Rectangle2，覆盖其父类的 toString()。注意代码重用。

（4）修改测试类 ShapeApp2，当提示计算长方体时，增加一个可以计算长方体面积以及体积的选项，验证用户对选项的输入以及计算数据（长、宽、高）的输入（计算数据范围自己规定）。

运行修改后的测试类，输出计算结果。给所有源程序加注释并文档化。存储所有文件。

"一石二鸟"

——成语

通过本章学习,你能够学会:
1. 举例解释多态的特征和为啥要用多态。
2. 举例说明在程序中多态是怎样实现的。
3. 应用多态原理和编程技术编写多态应用程序。
4. 举例解释静态绑定和动态绑定以及它们的应用。

第8章 多 态

多态(Polymorphism)在现实世界中比比皆是。从描述人的性格和行为的"多面人""多面手",到具有综合功能的产品"三合一""四合一",都指多态特征。多态使我们的世界更绚丽多彩。多态性是面向对象编程的四个重要特性之一。Java 中的多态性是通过综合应用继承、覆盖,以及向上转型实现的。本章首先综合阐述面向对象编程的这些重要特征,引申到代码中的多态概念、多态带来的好处,以及多态能够解决的问题。然后通过实例详细讨论多态技术在编程中的应用。

8.1 我们每天都在用多态

计算机和智能手机的应用应该是多态的最典型实例。不具备多态性的计算机语言不能算是功能强大、动态绑定的语言。Java 实际上将 C/C++ 语言中的多态编程技术简单化、规范化,以及实用化,使之更容易解决应用程序开发中的问题。例如,Java 取消了 C/C++ 中体现多态技术但没有多大实用价值的操作符重载;摒弃了 C/C++ 中实现多态时,对超类必须定义虚拟成员子程序的要求等,这些改进无疑使 Java 成为当今最流行语言起到推波助澜的作用。

当然,多态编程不是单一概念和技术的应用。例如,为了实现多态,在继承中对超类提供多态接口的要求,对子类覆盖超类方法或完善多态接口,由此产生多态方法的规定,以及动态调用这些方法涉及的编程技术,要求你需要花费更多的注意力、时间和练习,以便掌握多态编程技术。

下面让我们回到问题的开始,一步步做起。首先讨论多态能解决什么问题,它的应用给软件开发带来什么好处。

8.1.1 多态问题你注意到了吗

下面讨论几个应用程序开发中涉及多态性的问题。

问题 1:某信用卡公司要给成千上万的客户发账户信息。每个客户是不同对象。如何用最有效的手段编写代码?

回答:使发送客户信息的操作,如 sentMessage() 具有多态性。对不同的对象,即客户,虽然都调用方法 sentMessage(),但对象不同,其操作内容不同。利用多态、链表、集合、数据库以及循环等,可以有效地解决这个问题。

问题 2:定义键盘新功能。例如,根据不同国家语言输入,货币键"$"在中文输入时自动切换为"¥";在意大利文输入时为"£";在法文输入时为"F",并且分别代表各国货币的表示方式。如何在代码中有效地实现这些功能?

回答:应用多态,对货币键进行新的定义。如不同国家代表不同对象,而监控货币键的操作由方法,如 currencyKey(),执行不同货币符的显示。其他与货币相关的键也如法炮制,举一反三。

问题 3:回到在第 7 章讨论过的实战项目,计算几何体表面积和体积的例子。如何在程序中最有效地计算众多不同几何体的表面积 computeArea()?

回答:这是解释多态性最经典的例子。计算表面积的方法,如 computeArea(),包括其他类似方法,如 computeVolume()、draw(),等等,都可应用多态来解决。因为这些方法都可以针对不同的几何体进行运算和操作,即形态不一、方法相同、计算公式多样。

你是否可以列举出更多多态方面的问题?

8.1.2 让我们一起走进多态

首先观察以下代码和运行后的现象:

```java
//完整程序在本书配套资源目录 Ch8 中,名为 SuperClass.java
//demo: polymorphic method
public class SuperClass {
    public String method() {
        return "from SuperClass...";
    }
    public void otherMethod()
        {System.out.println("from SuperClass: otherMethod()...");}
}
class SubClass extends SuperClass {
    public String method() {              //覆盖超类方法
        return "from subClass...";
    }
}
```

在这个例子中,子类 SubClass 覆盖了超类的方法 method()。注意,在超类代码中特意编写了另外一个方法 otherMethod(),但子类并没有对它实行覆盖。

下面是这个例子的测试类代码:

```java
//完整程序在本书配套资源目录 Ch8 中,名为 PolymorphismTest.java
public class PolymorphismTest {
    public static void main( String args[] )
    {
        SubClass b = new SubClass();

        SuperClass supper = b;    // 或 SuperClass supper = (SuperClass) b;
                                  // 对子类对象实行向上转型
        System.out.println(supper.method());    //调用子类方法
        supper.otherMethod();                   //调用超类方法
    }
}
```

这里,首先创建了一个子类对象 b,然后将它向上转型为超类引用。运行结果为:

```
from subClass...
from SuperClass otherMethod()...
```

惊奇的是,supper.method() 调用的竟然是子类的方法!而 otherMethod() 因没有被子类覆盖,其执行行为没有变化。

如果将超类修改为抽象类,把 method() 改写为抽象方法,即:

```java
// 完整程序在本书配套资源目录 Ch8 中，名为 SuperClass2.java
public abstract class SuperClass2 {
    public abstract String method();   //abstract method
    public void otherMethod()
        {System.out.println("from SuperClass otherMethod()...");}
}
```

子类 SubClass 已经完善了这个抽象方法 method()，所以不必改动。利用驱动类对程序再次运行后，结果相同。

这些重要特征告诉我们如下结论。

当子类覆盖或者完善超类的方法后，如果将子类对象向上转型为超类引用，在运行中它将调用子类覆盖或者完善的方法，而不是超类的那个方法。

这个结论对所有遵循这些条件的子类都是适用的。例如，将上例扩充如下：

```java
// 完整程序在本书配套资源目录 Ch8 中，名为 SuperClass3.java
public class SuperClass3 {
    public String method() {
        return "from SuperClass3...";
    }
    public void otherMethod() {
        System.out.println("from SuperClass3 otherMethod()...");
    }
}
class SubClass3 extends SuperClass3 {
    public String method() {
        System.out.println("SubClass3 calls SuperClass3 method: " +
            super.method());                        // 调用超类方法
        return "from SubClass3...";
    }
}
class SubClass4 extends SuperClass3 {
    public String method() {
        return "from SubClass4...";
    }
}
class SubSubClass extends SubClass4 {
    public String method() {
        return "from SubSubClass...";
    }
}
```

扩充后的程序增加了另外一个子类 SubClass4 以及延长继承链至下一级子类，即 SubSubClass。另外，在 SubClass3 的 method() 中，增加了对超类方法 method() 的调用，用来证明超类被覆盖的方法仍然可以被子类调用。修改后的驱动类代码如下：

```java
// 完整程序在本书配套资源目录 Ch8 中，名为 PolymorphismTest3.java
public class PolymorphismTest3 {
    public static void main( String args[] )
    {
        SubClass3 b3 = new SubClass3();
        SubClass4 b4 = new SubClass4();
        SubSubClass bb = new SubSubClass();
        SuperClass3 supper = b3;                    // 向上转型并引用
        System.out.println(supper.method());
        supper = b4;
        System.out.println(supper.method());
```

```
        supper = bb;
        System.out.println(supper.method());
        supper.otherMethod();              // 调用没有被覆盖的超类方法
    }
}
```

这个程序的运行结果如下：

```
from SubClass3...
from SubClass4...
from SubClass5...
from SuperClass3 otherMethod()...
```

输出结果说明无论怎样扩充和增添子类，只要子类覆盖或者完善超类指定的接口方法，向上转型后的超类引用可以动态执行相同名称的、来自不同对象的方法，实现多态功能。如果利用数组或者链表，则可以创建众多的对象，再利用循环，使执行多态更加简单、灵活和有效。后续章节将节专门讨论这方面的例子。

8.2 实现多态

总结以上例子，在代码中实现多态必须遵循的要求可归纳如下。
- 代码中必须有父类和子类继承关系。
- 父类提供作为接口的方法，对子类完善或者覆盖这些方法指定规范。
- 参与多态的子类必须完善或者覆盖这些指定的方法，以达到接口效应。
- 编写驱动类，或者应用代码，子类向上转型为父类引用，实现多态。

下面小节应用实例分别讨论如何实现多态。

8.2.1 父类提供多态方法和接口

以计算圆形物体表面积和体积为例，讨论多态对父类的要求以及如何提供多态接口：

```
// 完整程序在本书配套资源目录 Ch8 中，名为 Shape.java
public abstract class Shape {
    ...
    // 以下定义的抽象方法都可以作为多态接口
    public abstract void computeArea();
    public abstract void computeVolume();
    public abstract double getArea();
    public abstract double getVolume();
    ...
}
```

除原来存在的两个抽象方法外，因为 getArea() 和 getVolume() 也涉及和参与多态功能，因此将它们定义为实现多态的接口方法。另外多态的实现不影响任何其他运算和操作，所以这个代码的其他部分无须修改。

当然执行多态的父类不必一定是抽象类。但因为在这个父类中，甚至在大多数应用程序的父类中，只提供执行具体运算的方法的签名，不可能提供具体代码。所以应用抽象方法定义多态接口比较普遍。

再如在计算公司雇员工资的父类中：

```
// 用抽象方法作为多态接口
public abstract class Employee {
    ...
```

```
    public abstract double earnings();        //定义抽象方法作为多态接口
}
```

当然我们也可定义多态接口或方法为普通方法。以下方法同样可以执行多态操作:

```
//这个方法将作为多态接口被子类的方法所覆盖
    public class Manager extends RegularWorker {
    ...
    //覆盖 RegularWorker 的多态方法
    public double earnings () {return super.earnings() + bonus; }  //多态方法
```

8.2.2　子类覆盖多态方法或完善接口

为更好地理解子类如何完善或覆盖多态方法,我们对第 7 章讨论过的计算几何体表面积和体积的例子略作修改,在 Shape 中增加两个可能参与多态操作的方法,如 getArea() 以及 getVolume()。CircularShape2 继承了 Shape,Circle2 继承了 CircularShape2。Circle2 类中完善了抽象父类指定的、作为多态接口的抽象方法如下:

```
//完整程序在本书配套资源目录 Ch8 中,名为 Circle2.java
public class Circle2 extends CircularShape2 {
    ...
    double volume = 0.0;                        //Circle 类没有体积
    public void computeArea() {                 //完善超类作为多态接口的抽象方法
        area = Math.PI * radius * radius;
    }
    public double getArea() {                   //完善超类作为多态接口的抽象方法
        return area;
    }
    public void computeVolume() {               //完善超类作为多态接口的抽象方法
        volume = 0.0;
    }
    public double getVolume() {                 //完善超类作为多态接口的抽象方法
        return volume;
    }
}
```

代码中完善了父类 Shape 规定的四个作为多态接口的抽象方法,Circle2 完善了这四个方法,Circle 类没有体积计算,所以 ComputeVolume() 的值为 0.0。

以此类推,Sphere 继承了 Circle2,覆盖了 Circle2 的 computeArea() 和 computeVolume():

```
//完整程序在本书配套资源目录 Ch8 中,名为 Sphere.java
public class Sphere extends Circle2{
    ...
    public void computeArea() {                 //覆盖 Circle2 的方法
        super.computeArea();                    //调用 Circle2 的方法
        area = 4* area;                         //得到圆球的表面积
    }
    public void computeVolume() {               //覆盖 Circle2 的方法
        super.computeArea();                    //调用 Circle2 的方法
        volume = 4.0/3 * radius * area;         //得到圆球体积计算
    }
}
```

Sphere 已经从 Circle2 继承了 getArea() 和 getVolume(),不用再重新编写所有代码。显而易见,抽象类和覆盖技术的应用,已经为实现多态铺平道路。这里,只是对抽象类中指定的抽象方法,以及子类完善这些方法,从多态接口的角度加以新的内容和解释。按照这个概念代码技术,编写计算员工工资的子类也是水到渠成的事。例如：

```
// 完整程序在本书配套资源目录Ch8中，名为RegularWorker.java
// 演示程序：RegularWorker完善父类中定义的多态接口方法
public RegularWorker extends Employee {
    ...
    public double earnings () {           // 完善父类规定的多态接口方法
        return baseSalary + overtimePay;
    }
}
```

值得一提的是，如果父类中定义的作为多态接口的方法是一个完善的普通方法，在子类中则需覆盖它，以便对子类实现多态。

8.2.3 一个例子让你明白应用多态

调用多态方法是通过向上转型，或称父类引用实现的。即向上转型后，由父类产生对子类多态方法的动态调用，例如：

```
Circle2 myCircle = new Circle2(20.98);
Shape shape = myCircle;                 // 向上转型或父类引用
shape.computeArea();.                   // 多态调用 ...
```

应用数组、链接表或集合（以后章节专门讨论），以及循环，则可有效地对大量的实例方法实行多态调用。

下面是对计算圆形物体的表面积和体积实现多态调用的代码：

```
// 完整程序在本书配套资源目录Ch8中，名为CircularShapeApp.java
public class CircularShapeApp{
    public static void main(String[] args) {
        Circle2 circle = new Circle2(12.98);
        Sphere sphere = new Sphere(25.55);
        Shape shape = circle;          // 向上转型
        // 多态调用
        shape.computeArea();
        shape.computeVolume();
        System.out.println("circle area: " + shape.getArea());
        System.out.println("circle volume: " + shape.getVolume());
        // 多态调用
        shape = sphere;
        shape.computeArea();
        shape.computeVolume();
        System.out.println("Sphere area: " + shape.getArea());
        System.out.println("Sphere volume: " + shape.getVolume());
    }
}
```

这里对Circle对象多态调用computeVolume()毫无意义，仅是为了演示目的。运行结果如下：

```
circle area: 529.2967869138698
circle volume: 0.0
Sphere area: 2050.8395382450512
Sphere volume: 69865.26693621474
```

如果多态地调用大量对象，可以使用数组和循环，代码如下：

```
// 完整程序在本书配套资源目录Ch8中，名为CircularShapeApp2.java
for(int i = 0; i < objNum; i++) {                    // 循环objNum次
```

```
        shape[i].computeArea();                          //i 从 0 到 objNum-1
        shape[i].computeVolume();
        System.out.println(shape[i])); //or: shape[i].toString()
}
```

这个循环语句也被称为多态管理循环。

8.3 为什么剖析方法绑定

方法绑定（method binding）指在调用方法时对生成内存地址、涉及参数和本地变量的处理过程。在执行调用时，JVM 根据这些信息，能够执行内存地址中代表该方法的代码。因为构造方法是一种特殊方法，方法绑定当然包括构造方法绑定。前面提到过，Java 提供两种方法绑定，即静态绑定和动态绑定。静态绑定发生在编译期间，由编译器完成；而动态绑定发生在运行期间，由 JVM 完成。

8.3.1 静态绑定

因为静态绑定是在编译期间完成，可以提高代码的执行速度。因而在一般情况下，凡是能够在编译期间解决地址引用的方法调用，都采用静态绑定。静态绑定的方法如下。

- 静态方法。
- 构造方法。
- 私有方法。
- 用关键字 super 调用的方法，包括使用 super() 调用父类构造方法和 super.superMethod() 调用父类方法。

为了提高程序的运行速度，考虑在可能的情况下尽量使用以上方法和方法调用。

8.3.2 动态绑定

Java 中，除了以上 4 种方法外，由对象调用的方法都采用动态绑定。动态绑定在 JVM 执行代码期间产生，因而会减慢程序运行速度。但由于 Java 语言是一种动态链接语言，即所有代码，即使是静态绑定，都或多或少涉及动态链接和引用，如下面将要讨论的参数装载和堆栈处理，以及 invokespecial。这是 Java 程序的运行速度比 C 或者 C++ 慢的主要原因之一。

8.3.3 绑定时如何处理方法调用

无论是静态绑定还是动态绑定，在处理调用时，都经历从符号引用（symbolic reference）转换成为直接地址引用，验证合法、装载对象和参数、使用堆栈，这样一个过程。

- 符号引用到直接地址引用。符号引用提供对方法的识别，包括类名、方法名和方法描述（参数、参数类型、个数，以及返回类型）。在执行绑定操作时，首先根据对方法的识别信息，搜索该方法的存储地址，产生对这个地址的直接引用。直接引用通常包括这个地址的指针，或者地址位移值（offset），使得它允许 JVM 在执行这个方法时迅速地找到内存位置。
- 验证合法。在绑定处理过程中，还必须验证方法的调用是否遵循 Java 语言的规定、请求调用指令是否可安全执行、请求调用是否合法。例如，一个私有方法必须由当前执行对象的方法才可调用。如果验证步骤没有通过，JVM 将抛出非法调用异常并停止程序运行。
- 装载对象和参数。如果是实例方法，对象引用和方法参数必须装载到堆栈；如果是静态方法，只需将参数装入堆栈。因为静态方法将不涉及任何对象。
- 使用堆栈。在调用时，JVM 将为执行这个方法产生一个堆栈框（stack frame）。这个堆栈框包括存储本地变量的空间、操作堆栈，以及其他 JVM 在具体运行时需要的信息。本地变量和操作堆栈需要的字节数在编译期间就已确定，并且已装载到字节码文件中，所以 JVM 知道需要保留多少存储器空间。在调用过程中，根据不同的运算和操作，JVM 对堆栈框执行入栈和出栈的操作。

8.4 高手特餐——invokespecial 和 invokevirtual

invokespecial 指静态绑定后，由 JVM 产生调用的方法。如 super()，以及 super.someMethod()，都属于 invokespecial。而 invokevirtual 指动态绑定后由 JVM 产生调用的方法，如 obj.someMethod()，属于 invokevirtual。

正是由于这两种绑定处理过程的不同，在子类覆盖父类的方法并向上转型引用后，才产生了多态以及其他特殊的调用结果。运行时，invokespecial 调用方法是基于引用的实例类型。但 invokevirtual 则选择当前引用的对象。接下来通过具体例子来理解它们的含义和不同：

```java
//完整程序在本书配套资源目录 Ch8 中，名为 InvokeTest.java
//demo: invokespecial vs. invokevirtual
class SuperClass5 {
    public String method() {
        return "from SuperClass5...";
    }
    public void otherMethod() {
        System.out.println("In SuperClass5 otherMethod()...");
        //invokespecial 例子
        System.out.println("SuperClass5 otherMethod() calls method(): " +
            method());
    }
}
class SubClass6 extends SuperClass5{
    public String method() {
        return "from SubClass5...";
    }
    public void subMethod() {
        // 调用 SuperClass5 method()
        System.out.println("SubClass5 calls super.method(): " +
            super.method());
    }
}
```

这个代码的测试程序如下：

```java
//invokespecial vs. invokevirtual test
public class InvokeTest {
    public static void main( String args[] ) {
        SubClass6 b = new SubClass6();
        SuperClass5 supper = b;                     // 向上转型引用
        System.out.println(supper.method());        //invokevirtual，当前引用的对象是 b
        b.subMethod();
        b.otherMethod();
    }
}
```

运行结果为：

```
from SubClass5...
SubClass6 calls super.method(): from SuperClass5...
In SuperClass5 otherMethod()...
SuperClass5 otherMethod() calls method(): from SubClass6...
```

实战项目：几何体面积和体积计算应用开发（2）

项目描述：

这个实战项目是上一章几何体面积和体积计算应用程序开发（1）的继续，除利用继承、重载、覆盖、抽象类和抽象方法，以及最终类和最终方法等讨论过的概念和编程技术外，加入多态功能并应用到对几何体面积和体积计算的软件中。

程序分析：

与上个实战项目相同，可参考第 7 章实战项目的程序分析。

类的设计：

除包括所有上个实战项目中开发的类之外，再新开发一个实现管理多态的类 PolyManager。这个类除拥有描述选项的变量外，还具有如下属性：用来规定数组尺寸的整型变量 objNum 和存储创建的实际对象数的整型变量 count；以及一个用来存储各种几何物体对象引用的 Shape 类型数组。包括方法如下。

- public void takeInput()：显示选项菜单，提示用户输入选项和验证所有输入数据。
- public void polyComputing()：对数组中存储的所有对象执行多态式计算。
- Public void polyDisplay()：多态显示数组中所有对象的计算结果。

输入输出设计：

与上个实战项目相同。所有输入输出都应用 JOptionPane。

异常处理：

利用上个实战项目中开发的用来验证数据的 Validator 类，对所有输入数据进行验证。

软件文档：

编写测试类 PolyShapeApp 进行测试和必要的修改。输入各种数据，检查输出结果是否正确、提示是否清楚、输出结果的显示是否满意。

以下是新创建的 PolyManager 类的主要代码：

```java
// 完整程序在本书配套资源目录 Ch8 中，名为 PolyManager.java
public class PolyManager {
    private String choice;
    private int verifiedChoice;
    private final double min = 0.0, max = 1.7E308;      // 定义几何尺寸范围
    private int objNum;                                  // 定义数组尺寸
    private Shape[] shape;                               // 声明 Shape 型数组存储各种几何物体
    private int count;                                   // 记录创建的实际几何物体对象数
    public void takeInput() {
        objNum = Validator.verifyIntWithRange("Enter number of objects in
            this computing", 1, 32767);  // 最多创建几何物体对象数为 32767，可以是任何整数
        shape = new Shape[objNum];
            while (verifiedChoice != 3)        {        // 验证选项输入范围（1～3）
                if (count >= objNum)                     // 如果超界
                    break;                               // 停止循环输入
                else {
                choice = "Please enter your choice: \n"
                        + "1. compute rectangular objects\n"
                        + "2. compute circular objects\n"
                        + "3. quit\n";
            verifiedChoice = Validator.verifyIntWithRange(choice, 1, 3);
            if (verifiedChoice == 1) {          //rectangular computing
                double height = Validator.verifyDoubleWithRange("Please enter the
                    height",min, max);
                double length = Validator.verifyDoubleWithRange("Please enter the
                    length",min, max);
```

```
                    Rectangle2 rec = new Rectangle2(height, length);   // 创建对象
                    shape[count] = rec;                                 // 加到数组中
                count++;                                                 // 对象数加 1
                    JOptionPane.showMessageDialog(null, "You have completed in creating
                        of " + count + " objects");
                }
                else if (verifiedChoice == 2) {                          // 圆形几何体计算显示选项
                        choice = "Please enter your choice: \n"
                        + "1. compute circle objects\n"
                        + "2. compute sphere objects\n"
                        + "3. quit\n";
                        verifiedChoice = Validator.verifyIntWithRange(choice,1,3);
                                        // 计算圆形物体面积和体积的其他语句
...
public void polyComputing() {                    // 应用多态特性计算所有几何体
    for (int i = 0; i < count; i++) {
        shape[i].computeArea();
        shape[i].computeVolume();
    }
}
public void polyDisplay() {                      // 应用多态特性显示所有几何体计算结果
    String message="";                           // 本地变量产生所有输出信息
    for (int i = 0; i < count; i++)
        message += shape[i].toString();
    JOptionPane.showMessageDialog(null, message + "\n\nThank you and good bye!");
}
...
```

这个项目的测试程序如下：

```
// 完整程序在本书配套资源目录 Ch8 中，名为 PolyShapeApp.java
// 实战项目测试程序
public class PolyShapeApp {
    public static void main(String[] args) {
        PolyManager polyManager = new PolyManager();      // 创建多态管理对象
        polyManager.takeInput();                           // 调用输入处理方法
        polyManager.polyComputing();                       // 调用多态计算方法
        polyManager.polyDisplay();                         // 调用多态显示方法
    }
}
```

图 8.1 显示了这个应用程序运行后产生的输出结果。

图 8.1　计算几何体面积和体积应用程序运行结果

巩固提高练习和实战项目大练兵

1. 举出至少 3 个日常生活中多态现象或产品。
2. 多态在程序中有广泛的应用。例如，某个操作符或者方法，在不同的情况下有不同的含义，执行不同的操作。根据你的编程经历，列举一些这方面的多态例子。
3. 多态有哪些好处？请举例说明。
4. 举例总结在代码中实现多态性的具体步骤。
5. 举例说明"父类提供多态接口"指的是什么。为什么称其为接口？
6. 举例说明"子类完善接口"指的是什么。子类如何完善接口？举例说明"子类覆盖多态方法"指的是什么。子类如何覆盖多态方法？
7. 如何使用多态？举例说明你的回答。
8. 打开本书配套资源目录 Ch8 中的 Shape.java、Circle2.java、Sphere.java，以及 CircleShapeApp.java，编译并运行程序，了解和懂得它的多态性。然后加入如下代码。

（1）编写一个继承 Circle 计算圆锥体表面积和体积的类。这个类覆盖超类的 computeArea() 和 computeVolume() 方法，以便实现多态性。

（2）修改驱动类 CircleShapeApp.java，创建一个高为 12.5、直径为 10.48 的圆锥体对象。利用多态调用，打印其表面积和体积。

（3）注释源代码以及完善文档。存储编写的程序文件。

9. 打开本书配套资源目录 Ch8 中的 Employee.java、Manager、SeniorManager.java、RegularWorker.java，以及 PolymorphismApp.java，编译并运行程序，了解和懂得其多态性。然后按照以下要求修改程序：

（1）编写一个继承 RegularWorker 的子类 SeniorWorker。除 RegularWorker 具有的 name、salary 和 overtimePay 之外，添加 double meritPay。meritPay 是 salary 的 10%。覆盖 earnings() 和 toString() 方法，使其计算 SeniorWorker 的工资和返回其数据信息。

（2）修改 PolymorphismApp，按照你自己的选择创建两个 SeniorWorker 对象，利用多态调用，打印所有对象的工资和信息。

（3）绘制出这个程序的继承图。注释源代码并创建必要文档。存储编写的程序文件。

10. 什么是静态绑定？什么是动态绑定？举例说明。

11. 打开本书配套资源目录 Ch8 中的 InvokeTest.java。编译并运行这个程序。了解 iovokespecial 和 invokevirtual 的含义，并指出它们的不同。

12. **实战项目大练兵**：打开在几何体面积和体积计算应用程序开发项目中的所有源代码文件，根据本书讨论，了解和掌握每个类的作用和类之间的关系，运行程序，观察输出结果，尤其这个结果所代表的多态特征。按以下要求修改程序。

（1）编写一个名为 Cube 的类，这个类继承 Rectangle2，可以用来计算长方体包括正方体的表面积和体积。定义或者覆盖必要的变量和方法。

（2）修改 PolyManager，使之可以在用户选择了 Rectangular Shape 之后，显示提示用户选择 Rectangle 或者 Cube 的选项，并验证用户输入的所有数据。

（3）运行测试程序，输入各种数据验证各种输入的处理信息。观察输出结果是否正确。

（4）绘制出这个程序的继承图。注释源代码并创建必要文档。存储编写的程序文件。

13. **实战项目大练兵（团队编程项目）**：几何体面积和体积计算应用程序改进——打开在几何体面积和体积计算应用程序开发项目中的所有源代码文件，根据本书讨论，了解和掌握每个类的作用和类之间的关系，运行这个程序，观察输出结果，尤其是这个结果所代表的多态特征。按以下要求修改程序。

（1）编写一个名为 Cylinder 的类，这个类继承 Circle2，可以用来计算圆筒的表面积和体积。定义或者覆盖必要的变量和方法。

（2）修改 PolyManager，使之可以在用户选择了 Circular Shape 之后，显示提示用户选择 Circle、Sphere 或者 Cylinder 的选项，并验证用户输入的所有数据。

（3）运行测试程序，输入各种数据验证各种输入的处理信息。观察输出结果是否正确。

（4）绘制出这个程序的继承图。注释源代码并创建必要文档。存储编写的程序文件。

14. **实战项目大练兵**：打开在几何体面积和体积计算应用程序开发项目中的所有源代码文件，根据本书讨论，了解和掌握每个类的作用和类之间的关系，运行这个程序，观察输出结果，尤其是这个结果所代表的多态特征。按以下要求修改程序。

（1）编写一个名为 Cone 的类，这个类继承 Sphere2，可以用来计算圆锥的表面积和体积。定义或者覆盖必要的变量和方法。

（2）修改 PolyManager，使之可以在用户选择 Circular Shape 之后，显示提示用户选择 Circle、Sphere 或者 Cone 的选项，并验证用户输入的所有数据。

（3）运行测试程序，输入各种数据验证输入的处理信息。观察输出结果是否正确。

（4）绘制出这个程序的继承图。注释源代码并创建必要文档。存储编写的程序文件。

"君子不器。"
（君子不能像器具一般，只有一种用途。）

——《论语》

通过本章学习，你能够学会：
1. 举例说明什么是接口和为啥要用接口。
2. 在实际应用程序中如何编写接口代码。
3. 在实际应用程序中编写完善接口的代码。
4. 在代码中应用接口实现多重继承。
5. 在编写方法时应用接口作为参数。
6. 深、浅复制在编写代码时的区别。

第 9 章　接　　口

这一章讨论 Java 编程中的另外一个重要概念和技术——接口（Interface）。首先阐述什么是接口，它与类和抽象类的不同，以及使用接口的目的。本章通过实例详细讨论怎样编写接口和实现接口，怎样利用接口实现多重继承，接口本身的继承性，以及接口的应用实例。

9.1　接口就是没有完成的类

在接口中，所有方法都只是方法签名而没有程序体，是没有被完成的类。接口又类似于硬件接口设计，如计算机母板上的各种接口，对于插入到接口的设备内容不做任何规定，只要能插入即可。Java 语言中的接口，应用高度抽象概念和编程形式，只提供接口规范，而完善这个接口的类编写代码执行具体操作。

9.1.1　接口只规定命名——如何完善由你

如果说类对它所代表的对象的形态和行为提供了具体的运算和操作代码，接口只是对要实现接口的所有类提出了协议（protocol）。这些协议是类和接口的通信和对话管道，以静态常量和方法签名的形式，使不同的类之间建立起一个共享体制，这就像 CPU 的管脚对准其接口的插脚一样。这看起来似乎对类很宽容，实际上对类提出了管理和组织机制。对类的行为，提出了政策性的宏观控制。

```
public interface Plugable {
    static final String componentID = "CPU";     // 可选项
    void plugin(argumentList);                    // 可选项
}
```

即接口中只规定静态常量，方法签名以及返回类型，而无具体操作代码。具体的方法行为由继承或完善（implements）这个接口的类来实现。可以看到，一个接口有可能是只有接口名的空接口。

接口具有可继承性。如同类一样，接口中的静态常量（如果有，只能是公共静态常量）和方法可以被完善它的类所继承。所以，接口技术为在 Java 中实现多重继承（multiple inheritance）提供了可能性。即一个子类可以继承多个直接父类。在 Java 编程中，更确切地说，应该是一个子类可以继承一个直接父类和多个接口（参见图 7.5）。即：

```
public class SubClass extends SuperClass implements Interface1, Interface2, InterfaceN {
    ...
}
```

我们称这种多重继承为间接多重继承。因为子类仅继承了接口中对方法编写的协议规范，还必须编写完善这些方法的具体代码。

如果说子类继承父类是"is a"，即"是"的关系，类和支持类之间是"has a"，即"有"的关系，或称"组合"，那么类和接口则是"like a"，即"像是"的关系。接口表示，所有实现了我这个接口的类都具有我规定的协议，即"看起来都像我"，确切地说，"看起来都像我的签名"。因为完善这个接口的类必须按照签名和返回类型编写具体代码。当然，类知道应该调用哪些方法才可实现继承过来的接口功能。打一个比喻，继承好比"给予财富"，组合好比"你拥有我"，而接口则是"你中有我"。

接口技术有助于实现类之间的"松散关联"关系（loose coupling，也称松散耦合）。"松散关联"阐述了以下两个面向对象编程中的重要原则。

❑ 尽可能地使类独立存在，"自给自足"（tied cohesion）。
❑ 如果类之间有依赖关系，尽可能实现松散关联（loose coupling）。

接口以协议的形式建立了类之间的松散关系。体现了行为规范和行为实现的分离。使接口这个特殊类的设计，上升到更抽象的高度。

9.1.2 接口体现最高形式的抽象

接口的本质是抽象，是抽象类完全抽象化的体现。所以有些文献中称接口为"纯抽象类"。如果说在抽象类中，还允许完善了的方法和实例变量存在，在接口中，只允许有代表协议的方法签名和其返回类型，以及静态常量。

抽象类中，以抽象方法作为接口，成为子类实现多态的协议规范。而接口将类的全部内容升华为抽象，成为子类按照指定行为规范，遵循协议约定来实现接口功能的准则。实际上，接口对抽象类提供了行为规范和行为实现分离的绝好机会，使得改写后的抽象类更加符合"自给自足"和"松散耦合"的设计原则。如一个抽象类：

```
public abstract someAbstractClass {
    ...
    public abstract void someMethod();
}
```

分离成为一个接口和一个完善接口的类：

```
public interface SomeInterface {
    public abstract void someMethod();
}
```

以及：

```
public class SomeClass implements someInterface {
    ...
    public void someMethod() {...}
}
```

这样做的好处如下。
- 使协议成为独立的接口。
- 使成为接口的协议具有更广泛的代表性和应用空间。
- 使抽象类从抽象中分离出来,使其不再包括抽象方法,因而具有创建对象的功能(注意抽象类不能够创建对象,只能产生对其子类对象的引用)。

9.1.3 怎样编写接口

接口的语法格式为:

```
public interface InterfaceName {
    public static final varType CONSTANT_NAME = value;      // 可选项
    public abstract returnType methodName(argumentList);    // 可选项
}
```

其中:
- interface——关键字。用来定义一个接口。
- varType——任何基本变量类型。接口中的变量必须是静态常量。public、static 和 final 关键字可以省略。一个接口可以没有静态常量。
- returnType——返回类型。可以是任何变量类型、对象或 void。
- argumentList——包括参数类型和参数名。多个参数间用逗号分隔。接口中所有的方法必须是抽象方法。public 和 abstract 关键字可以省略。一个接口可以没有任何方法声明。

所以接口的简化语法格式为:

```
public interface Interface Name {
    varType CONSTANT_NAME value;                   // 可选项
    return Type method Name (argumentList);        // 可选项
}
```

下面利用这个简化格式讨论接口技术和编程。

例子之一:编写一个 Printable 接口。

```
public interface Printable {
    void print();
}
```

这个接口规定凡是实现这个接口的类必须有 print() 方法,它的返回类型是 void 的。

例子之二:编写一个只有静态常量的接口。

```
public interface DepartmentCode {
    int ADMINI = 1;
    int FINANCE = 2;
    int MARKETING = 3;
    int SERVICES = 4;
}
```

这个接口只定义了静态常量。完善它的所有类必须遵循这些部门代码的规定。

例子之三:编写一个对所有图形组件规定位置协议的接口。

```
public interface Positionable {
    short X0 = 0;
    short Y0 = 0;
    short getX();
    short getY();
    void setX(short x);
```

```
        void setY(short y);
}
```

这个接口规定了所有图形组件的原始坐标，以及必须具有的方法协议。

例子之四：API 的 Cloneable 接口。

```
public interface Cloneable {
}
```

这是 Java API 的空接口。Java 建议完善它的类应该覆盖 Object.Clone() 方法。后面的小节中将讨论如何完善这个接口。

9.1.4 用接口还是用抽象类

接口和抽象类虽然有相似之处，即它们都可能有抽象方法，但却有本质的不同。首先在代码编写方面，它们的语法要求存在差异。从这个角度讲，接口是纯粹抽象的类；而抽象类是一般类到接口之间的过渡。表 9.1 列出了接口和抽象类在语法方面的不同。

表 9.1 接口和抽象类的区别

接　　口	抽　象　类
静态常量	一般变量 常量 静态变量 静态常量
抽象方法	方法 静态方法 抽象方法 抽象静态方法
使用关键字 interface	使用关键字 abstract

可以看出，Java 对接口的语法有严格的限制和要求；而抽象类则是一种松散形式的抽象。它的特例可以和一般类一样，只不过在类名前标有关键字 abstract 而已。

接口和抽象类都不能创建对象。它们的不同主要在于应用。抽象类源于 C++ 语言。但在 C++ 中没有使用 abstract 关键字来定义抽象类，只是利用 virtual 表示某个将要实现多态的方法，相当于名义抽象类。Java 中的抽象类和 C++ 相似，一般用来进行与多态有关的运行和操作。

接口的主要用途可以归纳为以下几点。

- 事件处理规范。如 API 中的 EventListener、ActionListener、WindowListener、MouseListener 等。
- 识别对象规范。如 API 中的 Comparable、Cloneable 等。
- 输入输出规范。如编程人员自定义的 Printable、FileWriter、Readable 等。
- 连接协议规范。如 Connectable 等。
- 特殊变量规范。如枚举变量协议接口 Enumable。
- 高层次组织和控制结构规范。如 API 中的 Collection 接口、List 接口等。
- 具有普遍意义的周边和附属功能规范。如 Recycleable、Colorable、Positionable 等。

接下来对接口在这些方面的应用进一步讨论。表 9.2 列出了接口和抽象类在应用方面的比较。

表 9.2 接口和抽象类在应用方面的比较

应　　用	接　　口	抽　象　类
多重继承	一个类可以完善多个接口，即支持间接多重继承	一个类只可以继承一个抽象类
第三方开发和扩展	可以在任何第三方已存在类的代码中实现接口	为了继承抽象类，第三方类必须重写子类
"like a" 与 "is a"	通常对边缘和附属功能提出协议性规范；具有广泛性	通常定义对象的核心形态和行为

续表

应 用	接 口	抽 象 类
同性	适用于所有实现共享签名和协议的不同应用	适用于各种不同的实现,但都基于共同状态和行为源的应用
自由度	只要"像我"	必须"是我"
可维性	相同	相同
速度	相对慢	相对快
简洁性	高。无须关键字,所有数据自动为公有静态常量。所有方法自动为抽象	低。关键字不可省略
可扩充性	如果在接口中添加新方法协议,必须修改所有应用它的类的代码	如果添加完善了的新方法,无须对所有应用它的类进行修改

9.1.5 常用 API 接口

在 Java API 的每个包中,几乎都规定了接口,以及完善这些接口需要的技术支持和处理的异常。随着本书的深入讨论,将逐步介绍应用和完善一些常用接口的实例。表 9.3 中列出了这些 API 常用接口。

表 9.3 API 常用接口

接 口 名	常量 / 方法	包 名	功 能	讨论章节
Cloneable	无。推荐覆盖 Object.clone()	java.lang	对象复制	9
Comparable	int compareTo(Object o)	java.lang	对象排序	10
Runnable	void run()	java.lang	线程运行	15
AudioClip	void loop() void play() void stop()	java.applet	音频播放	20
ActionListener	void actionPerformed(ActionEvent)	java.awt.event	事件处理	15 ~ 18
WindowConstants	int DISPOSE_ON_CLOSE int DO_NOTHING_ON_CLOSE int EXIT_ON_CLOSE int HIDE_ON_CLOSE	javax.swing	窗口控制	18

9.2 实现接口

接口的实现完全取决于具体的应用。从这一点讲,实现接口是"面向应用"的编程。利用接口,可以实现间接多重继承。接口本身也具有多重继承性。接口还可以用作参数类型。下面用实例讨论这些概念和技术。

9.2.1 实现接口就是完善接口中的方法

对接口的完善(implementation,也称实现)使用关键字 implements 完成。完善接口的类必须遵循接口中规定的方法签名和返回类型要求。如果接口只规定静态常量,则完善它的类无须作任何工作,只是继承了这些静态常量。

例子之一:以计算圆形物体表面积和体积为例,讨论如何完善在 9.1.3 节中编写的 Printable 接口:

```
// 完整程序在本书配套资源目录 Ch9 中,名为 CircularShape2.java
public abstract class CircularShape2 extends Shape implements Printable {
```

```
    protected double radius;
    ...
    public void print() {              // 完善Printable中的抽象方法
        System.out.println("radius: " + radius);
    }
    ...
}
```

CircularShape2 的子类，例如 Circle、Sphere 等，还可以覆盖完善了的 print() 方法，添加更多具体的打印信息。

例子之二：以第 8 章计算公司雇员工资为例，把它修改为利用接口来实现多态功能。首先，我们定义如下一个接口：

```
// 完整程序在本书资源配套目录 Ch9 中，名为 AccountPrintable.java
//Accounting Printable interface
import java.text.*;
import java.util.*;
public interface AccountPrintable{
    void print();
    NumberFormat currencyFormat(Locale locale);
}
```

这个接口规定了继承它的类必须完善 print() 以及 currencyFormat() 方法。而且规定 currencyFormat() 必须具有 Locale 参数，用来规定货币种类，以及返回类型为 NumberFormat 的对象。这为链接调用 format() 方法实现货币格式化提供了可能性。这个接口可以用在任何账务应用程序。

例子之三：下面讨论一个应用接口执行多态功能，显示 RegularWorker2、Manager2 和 SeniorManager2 三种不同对象的工资的综合例子。我们首先定义一个接口如下：

```
// 完整程序在本书配套资源目录 Ch9 中，名为 Printable.java
public interface Printable {
    public void print(); //abstract methods to be implemented
    public NumberFormat currencyFormat(Locale locale);
}
```

抽象类 Employee2 完善 Printable 接口的处理货币格式的方法：

```
// 完整程序在本书配套资源目录 Ch9 中，名为 Employee2.java
public abstract class Employee2 implements Printable {
    ...
    // 完善 currencyFormat()
    public NumberFormat currencyFormat(Locale locale) {
        NumberFormat currency = NumberFormat.getCurrencyInstance(locale);
        return currency;
    }
}
```

由于 Employee2 是一个抽象类，它不可以用来创建对象，只可以对子类对象做多态引用，所以它可以只完善某个甚至不对接口的抽象方法进行完善。子类 RegularWorker2 继承 Employee2 并且完善 Printable 的 print() 方法：

```
// 完整程序在本书配套资源目录 Ch9 中，名为 RegularWorker2.java
...
public double earnings() { return salary + overtimePay;}
    public String toString() {
    return "Regular worker: " + getName();
}
```

```
// 完善接口中的另外一个方法
public void print() {                //implements print()
    System.out.println(toString());
    System.out.println("Salary: " + currencyFormat(Locale.US).format(earnings()) + "\n");
}
```

子类 Manager2 继承了 RegularWorker2，并且覆盖了父类完善的 print() 方法，代码如下：

```
// 完整程序在本书配套资源目录 Ch9 中，名为 Manager2.java
public class Manager2 extends RegularWorker2 {
    protected double bonus;
    ...
    public double earnings() { return salary; }
    public void print() {            // 覆盖 print()
        System.out.println(toString());
        System.out.println("Salary: " +   currencyFormat(Locale.US).
            format(earnings()) + "\n");
    }
}
```

这个例子中的 SeniorManager2 继承 Manager2，具体代码与 Manager2 基本相同。下面是这个综合例子的测试程序：

```
// 完整程序在本书配套资源目录 Ch9 中，名为 PolyMorphismApp.java
    Employee2[] ref = new Employee2[3]; // superclass reference
    Manager2 manager = new Manager2( "Wang", 5800.00, 345.00, 200.00 );
    SeniorManager2 senior = new SeniorManager2( "Smith", 6250.0, 1500.0,
        300.00,    890.00);
    RegularWorker2 regular = new RegularWorker2( "Lee", 2980.00, 270.0);
    ref[0] = manager; // Employee reference to a manager
    ref[1] = senior; // Employee reference to a senior manager
    ref[2] = regular; // Employee reference to a regular Worker
    for(int i = 0;i < 3; i++)      //polymorphic form output for different objects
            ref[i].print();
```

该程序运行后打印如下多态结果：

```
Manager Wang:
Salary: $5,800.00

Senior Manager: Smith
Salary: $7,750.00

Regular worker: Lee
Salary: $3,250.00
```

从以上几个例子可以看出，接口 Printable 可以为所有应用它的类提供一个共享机制。上升到软件设计和结构的角度，这对一个拥有多个大型应用程序开发工程的公司在高层次软件结构设计中，体现标准、互换、管理、维护，以及编程风格方面，是十分有用的。

9.2.2 利用接口可以实现多重继承

Java 允许一个类实现多个接口，例如：

```
public class SubClass extends SuperClass implements Interface1 [, Interface2,
    ..., InterfaceN] {
    ...
}
```

其中方括号为可选项。

即子类 SubClass 继承父类 SuperClass，并完善多个接口。我们称这种代码形式为间接多重继承，因为子类继承了所有 SuperClass 的属性和所有接口中的静态常量和方法签名，但必须提供代码，用来完善各个接口中规定的方法。

例子之一：间接多重继承的简单演示程序。

```java
// 完整程序在本书配套资源目录 Ch9 中，名为 CanSwim.java
public interface CanSwim {           // 接口 1
    void swim();
}
interface CanFly {                    // 接口 2
    void fly();
}
interface CanWalk {                   // 接口 3
    void walk();
}
```

这 3 个接口可以被各种有关描述可行动的类，如动物、人、机器、交通工等，进行代码完善。例如：

```java
// 完整程序在本书配套资源目录 Ch9 中，名为 SomeOne.java
class abstract Action {              // 父类
    public void DoingList() {
        System.out.println("Here is what I do: ");
    }
}
// 子类实现间接多重继承
public class SomeOne extends Action implements CanSwim, CanFly, CanWalk {
    public void swim() {
        System.out.println("I can catch fish.");
    }
    public void fly() {
        System.out.println("Sky is my limit.");
    }
    public void walk() {
        System.out.println("I can even run.");
    }
}
```

测试这个间接多重继承的程序如下：

```java
// 完整程序在本书配套资源目录 Ch9 中，名为 MultipleInheritanceTest.java
public class MultipleInheritanceTest {
    public static void main(String args[]) {
        SomeOneToo guessWho = new SomeOneToo();
        guessWho.doingList();
        guessWho.swim();
        guessWho.fly();
        guessWho.walk();
        System.out.println("\nWho am I?");
    }
}
```

这个程序运行后，将打印以下输出信息：

```
Here is what I do:
I can catch fish.
Sky is my limit.
I can even run.

Who am I?
```

在本章练习题中，要求读者编写一个类，请求用户输入猜测，并判断这个猜测是否正确。

例子之二：对计算雇员工资程序做进一步修改，使之具有三个接口：AccountPayable、AccountPrintable 以及 AccountEarnable，并创建 Accountable 接口，使之包括这三个接口，代码如下：

```java
// 完整程序在本书配套资源目录 Ch9 中，分别名为 AccountPayable.java、AccountPrintable.java 和
AccountEarnable.java
public interface AccountPayable {
    double payment();
}
public interface AccountPrintable {
    void print();
    NumberFormat currencyFormat(Locale locale);
}
public interface AccountEarnable {
    double earnings();
}
```

为了利用这些接口，修改后的 Employee3 如下：

```java
// 完整程序在本书配套资源目录 Ch9 中，名为 Employee3.java
public abstract class Employee3 implements AccountPayable, AccountPrintable,
AccountEarnable {
    ...
    public print(){System.out.print("Name: " + name + "\t");   // 完善 print()
    }
    public NumberFormat currencyFormat(Locale locale) {// 完善 currencyFormat()
    NumberFormat currency = NumberFormat.getCurrencyInstance(locale);
    return currency;
    }
    ...
}
```

子类，如 RegularWorker3、Manager3 等，则用它们各自的运算和操作完善其他方法或者覆盖父类中完善的方法。例如：

```java
// 完整程序在本书配套资源目录 Ch9 中，名为 RegularWorker3.java
public class RegularWorker3 extends Employee3 {
    protected double salary, overtimePay;
    protected final double TAX_RATE = 0.08;
    // 其他代码
    ...
    public double earnings() { return salary + overtimePay;}
    //implements the abstract method from AccountPayable
    public double payment() { return earnings() * TAX_RATE;}
    public String toString() {   //override the method to print the name
        return "Regular worker: " + getName();
    }
    public void print() {          //implements print() from AccountPrintable
    System.out.println(toString());
```

```
        System.out.println("Salary: " + currencyFormat(Locale.US).
            format(earnings()) + "\n");
        System.out.println("Payment after tax: " + currencyFormat(Locale.US).
            format(payment()) + "\n");
    }
...
```

```
// 完整程序在本书配套资源目录Ch9中，名为Manager3.java
public class Manager3 extends RegularWorker3 {
    ...
    protected final double TAX_RATE = 0.08;
    Public double ernings() {              // 覆盖父类的方法
    return super.earnings() + bonus; }

    // 覆盖父类完善的方法
    public double payment() { return earnings() * TAX_RATE; }
    ...

    public void print() {                  // 覆盖父类完善的方法
        print();
        System.out.print("Salary: " + currencyFormat(Locale.US).
            format(earnings()) + "\n");
        System.out.print("Payment after tax: " + currencyFormat(Locale.US).
            format(payment()) + "\n");
    }
}
```

其他类，如 SeniorManager3 与 Manger3 类似，不再列出。你可打开本书所带配套资源目录 Ch9 中包括的代码以及测试程序 PolymorphismApp3 了解这个例子是如何利用多个接口实现多态功能的。

9.2.3　接口本身也可以继承

接口本身也可以应用各种继承，包括多重继承。以下是接口继承的各种例子。

例子之一：接口的简单继承。即：

```
public interface SubInterface extends SuperInterface {
    ...
}
```

例如：

```
public interface Action {
    double DISTANCE = 2000.0;
    void target();
}
interface Fight extends Action {
    void weapon();
}
```

接口 Fight 继承了 Action 的所有协议规范，即所有静态常量和方法。

例子之二：接口的多级继承。继续例子之一，例如：

```
public interface CasualtyReport extends Fight {
    int casualty();
}
```

接口 CasualtyReport 继承了 Fight 和 Action 的所有协议规范。

例子之三：接口的多重继承。例如：

```
public interface CanDo extends CanSwim, CanFly, CanWalk {
}
```

接口 CanDo 是 3 个接口的综合继承。利用接口多重继承，9.2.2 节中 SomeOne.java 的代码可以简化为：

```
// 完整程序在本书配套资源目录 Ch9 中，名为 SomeOneToo.java
public class SomeOneToo extends Action implements CanDo {
...
}
```

以及：

```
// 定义另外一个接口，继承其他三个接口
public interface Accountable extends AccountPayable, AccountPrintable, AccountEarnable{
}
```

9.2.4 接口也可以作为参数

接口可以用作方法的参数，该参数可以接受任何实现这个接口的对象。例如：

```
public void someMethod(InterfaceName objectName, otherArgumentList);
```

其中：
objectName——必须是实现接口 SomeInterface 的类的对象。
下面是一个利用接口作为参数的具体例子：

```
// 完整程序在本书配套资源目录 Ch9 中，名为 SomeOne3.java
public void canDoList(CanDo object) {
    object.swim();
    object.fly();
    object.walk();
}
```

调用这个方法的代码为：

```
// 完整程序在本书资源配套目录 Ch9 中，名为 InterfaceAsArgumentTest.java
...
SomeOne2 goose = new SomeOne2();
canDoList(goose);
```

将打印以下信息：

```
I can catch fish.
Sky is my limit.
I can even walk.
```

> **更多信息** 用接口作为参数的方法可以是静态方法，可以具有任何访问权。

接口还可以作为方法的返回类型，它所返回的是任何实现了该接口的对象。即：

```
public interfaceName someMethod(argumentList);
```

具体代码如下：

```java
// 完整程序在本书资源配套目录Ch9中，名为SomeOne3.java
public CanDo canDo(int swimSpeed, int flySpeed, int walkSpeed) {
    this.setSwimSpeed(swimSpeed);
    this.setFlySpeed(flySpeed);
    this.setWalkSpeed(walkSpeed);
    return this;
}
```

下面是调用这个方法的例子：

```java
// 完整程序在本书配套资源目录Ch9中，名为InterfaceAsReturnTypeTest.java
SomeOne3 goose = new SomeOne3();
System.out.println("Goose info: ");
System.out.println(goose.canDo(25, 129, 16));
// 返回实现CanDo接口的对象goose，并调用其toString()
// 使返回对象被同类对象brownAfricanGoose所引用
CanDo brownAfricanGoose = goose.canDo(10, 200, 9);
System.out.println("Brown African Goose info: ")
SomeOne3.canDoList(brownAfricanGoose);     // 调用静态方法canDoList()
System.out.println(brownAfricanGoose);     // 调用brownAfricanGoose的
                                           //toString() 方法
```

输出结果为：

```
Goose info:
My swim speed is 25
My flying speed is 129
My walk speed is 16

Brown African Goose info:
I can catch fish.
Sky is my limit.
I can even walk.
My swim speed is 10
My flying speed is 200
My walk speed is 9
```

9.3 应用接口的典型实例——Cloneable 接口

在 API java.lang 包中提供的 Cloneable 是专门用来复制对象的接口，以完成对实现了这个接口的对象的复制操作。这是一个特殊的接口，通过下面的讨论，使得你更能够理解接口所起到的作用。

9.3.1 实现 Cloneable 接口

Cloneable 接口中没有提供任何静态常量和抽象方法。它实际上是一个空接口，即：

```java
public interface Cloneable {}
```

但在 API 文档中推荐，完善这个接口的类应该覆盖 Object.clone() 方法，才可以对对象进行复制操作。这个方法的代码如下：

```java
protected Object clone() throws CloneNotSupportedException {
    return super.clone();
}
```

为了防止出现某些对象不能被复制的情况，clone() 方法要求必须处理 CloneNotSupported-Exception 异常。我们可以利用 throws 操作，用抛出方式来处理这个异常。这种异常被称之为检查性异常，编译器要求程序必须提供处理检查性异常的代码，否则将产生语法错误。我们将在本书以后章节专门讨论检查性异常和非检查性异常的问题和处理。

在一个类中，如果需要对象复制功能，则可加入以上覆盖 clone() 的代码。在复制时，如：

```
SomeClass object1 = new SomeClass();            //object1 为复制源对象
...
SomeClass object2 = (SomeClass) object1.clone();  // 调用对象复制功能,object2
                                                  // 为复制后的对象
```

clone() 方法所进行的是浅复制。浅复制和深复制的概念与技术见 9.3.3 节。

因为方法 clone() 返回 Object 类型，必须把它转型到要复制的类型，否则将产生类型不匹配语法错误。

9.3.2 引用还是复制——看看这个例子就懂了

引用和复制（或称复制），有着本质的不同。引用是对已存在对象起另外一个名字，它实际上指向所引用对象的相同地址，没有产生地址分配和复制操作，例如：

```
SomeClass object = new SomeClass();
...
SomeClass object3 = object;             //object3 引用 object
```

对 object 或者 object3 的任何运算和操作，都影响到被引用的对象。例如：

```
object.setValue(10);                    // 重新赋值
System.out.println(object3.getValue());
```

将打印 10。反之亦然。

而复制涉及地址分配、内容复制的操作。两个对象有各自不同的内存地址，它们之间的任何运算和操作相互不影响。

9.3.3 复制还分深浅——怎么回事

浅复制 (shallow copy)，指在复制源对象中，如果某个成员数据是一个对象（除 String 和所有包装类对象之外），clone() 方法只是复制对这个成员对象的引用。即在复制后的对象中，它所具有的成员对象，只是对原来成员对象的引用，并没有真正复制这个成员数据。但对所有基本类型成员数据，包括字符串以及包装类成员对象，clone() 方法则执行真正的复制。即分配内存地址，并将它们复制到这个内存中。

浅复制的对象对其成员对象的任何修改，实际上是对源对象中成员对象的修改；反之亦然。但对这两个对象中其他类型成员数据的修改，则相互不影响，因为这些成员数据有它们自己独立的复制。下面讨论一个具体的例子。

假设 SomeClass 的代码如下：

```
// 完整程序在本书配套资源目录 Ch9 中，名为 CloneableTest.java
class SomeClass implements Cloneable{
    OtherClass other;                   // 成员对象，做浅复制
    Integer myInt;                      // 成员对象，属包装类，做深复制
    int n;                              // 基本类型成员数据，做深复制
    SomeClass(String title, int n) {
        other = new OtherClass(title);
        myInt = Integer.valueOf(100);
        this.n = n;
```

```
    }
    void setTitle(String title) {
        other.setName(title);
    }
    void setN(int n) {
        this.n = n;
    }
    void setInteger(int n) {
        myInt = n;
    }
    public String toString() {
        return "other: " + other + " n: " + n + " myInt: " + myInt;
    }
    protected Object clone() throws CloneNotSupportedException {
        return super.clone();
    }
}
```

在 SomeClass 类中有两个成员对象，它们分别是 OtherClass 以及 Integer 类型对象。为了比较，还设置了一个基本类型成员数据，即整型变量 n。SomeClass 实现 Cloneable 接口，以便进行对象复制。

OtherClass 类的代码如下：

```
// 完整程序在本书配套资源目录 Ch9 中，名为 OtherClass.java
class OtherClass {
    String name;
    OtherClass(String name) {
        this.name = name;
    }
    void setName(String name) {
        this.name = name;
    }
    public String toString() {
        return name;
    }
}
```

为了演示目的，仅在这个类中定义了一个字符串成员数据和相关方法。在测试程序中，利用 SomeClass 创建了一个对象 sourceObj，并调用 clone() 方法，将这个对象复制到 targetObj。代码如下：

```
// 完整程序在本书配套资源目录 Ch9 中，名为 CloneableTest.java
public class CloneableTest {
    public static void main(String[] args) throws
    CloneNotSupportedException {    //
        SomeClass sourceObj = new SomeClass("Java", 10);
        SomeClass targetObj = (SomeClass) sourceObj.clone();
        System.out.println("content of sourceObj: " + sourceObj);
        System.out.println("content of targetObj: " + targetObj);
        targetObj.setTitle("JSP");
        sourceObj.setN(20);
        sourceObj.setInteger(0);
        System.out.println("After modify: ");
        System.out.println("content of sourceObj: " + sourceObj);
        System.out.println("content of targetObj: " + targetObj);
    }
}
```

为了满足 JVM 对代码中必须处理 CloneNotSupportedException 异常的要求，程序中利用 throws 将该异常抛给 JVM，由 JVM 产生异常处理信息。本书第 12 章专门讨论这类异常概念和技术。下面是这个程序运行后的结果：

```
content of sourceObj: other: Java, n: 10, myInt: 100
content of targetObj: other: Java, n: 10, myInt: 100
After modify:
content of sourceObj: other: JSP, n: 20, myInt: 0
content of targetObj: other: JSP, n: 10, myInt: 100
```

可以看到，clone() 方法对 sourceObj 对象中的成员对象 other 仅复制引用。所以 targetObj 对 other 的修改，就是对 sourceObj 的 other 的修改，反之亦然；对包装类成员对象 myInt，以及基本类型成员数据 n 进行复制。当代码中利用 sourceObj 修改了这两个成员数据的值时，并未影响到 targetObj 所对应的这些成员数据的值。

覆盖 clone() 方法，提供对成员对象真正复制的代码，则可实现深复制 deep copy。如在上例中，将 clone() 修改如下：

```
protected Object clone() throws CloneNotSupportedException {
    SomeClass2 someClass = new SomeClass2(this);
    return someClass;
}
```

可以看到，必须修改 SomeClass，使其具有一个复制构造器，执行对象的深复制功能。修改后的代码如下：

```
// 完整程序在本书配套资源目录 Ch9 中，名为 DeepCloneableTest.java
class SomeClass2 implements Cloneable{
    OtherClass other;                              // 成员对象
    Integer myInt;                                 // 成员对象
    int n;                                         // 基本类型成员数据
    SomeClass2(SomeClass2 someClass) {             // 复制构造器
        other = new OtherClass(someClass.other.toString());
                                                   // 返回 name 字符串
        myInt = someClass.getInteger();            // 返回 myInt 的值
        n = someClass.getN();                      // 返回 n 的值
    }
    SomeClass2(String title, int n) {
        other = new OtherClass(title);
        myInt = new Integer.valueOf(100);
        this.n = n;
    }
    void setTitle(String title) {
        other.setName(title);
    }
    void setN(int n) {
        this.n = n;
    }
    void setInteger(int n) {
        myInt = n;
    }
    int getN() {
        return n;
    }
    Integer getInteger() {
        return myInt;
    }
```

```
    public String toString() {
        return "other: " + other + ", n: " + n + ", myInt: " + myInt;
    }
    protected Object clone() throws CloneNotSupportedException {
        SomeClass2 someClass = new SomeClass2(this);
        return someClass;
    }
}
```

执行与上例相同的驱动程序后，运行结果为：

```
content of sourceObj: other: Java, n: 10, myInt: 100
content of targetObj: other: Java, n: 10, myInt: 100
After modify:
content of sourceObj: other: Java, n: 20, myInt: 0
content of targetObj: other: JSP, n: 10, myInt: 100
```

可以看到复制后的对象 targetObj 得到所有成员数据的深复制。对 targetObj 任何一个成员数据的修改均不会影响到 sourceObj 的成员数据，反之亦然。

9.3.4 应用实例——利用最高超类实现 Cloneable 接口

如果应用程序有多级继承，在设计复制功能时，可以考虑利用最高父类实现 Cloneable 接口。这样，所有子类都可以继承复制功能，进行复制操作。例如在对第 8 章中讨论过的 CircularShapeApp2 类中加入复制功能时，可以由 Shape 这个类来完善 Cloneable 接口，所有它的子类，包括 Circle 和 Sphere 也便具有了复制功能。虽然 Shape 是一个抽象父类，这并不影响子类的继承。修改后的具体代码如下：

```
// 完整程序在本书配套资源目录 Ch9 中，名为 CircleShape.java
public abstract class CircleShape implements Cloneable {
    ...
    public Object clone() throws CloneNotSupportedException {
        return super.clone();
    }
}
```

假设在测试程序中分别创建了对象 circle 和 sphere，并且对它们进行如下操作：

```
...
Circle2 circle = new Circle2(1);
Circle.computeArea();
System.out.println("Circle area: " + circle.getArea());
                        // 打印 Circle area: 3.141592653589793
Sphere2 sphere = new Sphere2(1);
sphere.computeArea();
System.out.println("Sphere area: " + sphere.getArea());
                        // 打印 Sphere area: 12.566370614359172
```

以下代码对 circle 对象和 sphere 进行复制操作：

```
// 完整程序在本书配套资源目录 Ch9 中，名为 CloneableCircularShapeApp.java
...
try {       //clone()方法要求处理检查性异常 CloneNotSupportedException
        Circle otherCircle = (Circle) circle.clone();
            // 复制对象 circle 到 otherCircle
        Sphere otherSphere = (Sphere) sphere.clone();
            // 复制对象 sphere 到 otherSphere
```

```
            otherCircle.setRadous(100);
            otherCircle.computeArea();
            System.out.println("Other circle area: " + otherCircle.getArea());

            otherSphere.setRadius(10);
            otherSphere.computeArea();
            System.out.println("Other sphere area: " + otherSphere.getArea());
        }
    catch (CloneNotSupportedException e) {
            System.out.println(e);
        }
```

为了演示目的，对 clone() 方法要求处理的检查性异常 CloneNotSupportedException，有意利用 try 和 catch 进行处理。程序运行后将打印以下输出信息：

```
Circle area: 3.141592653589793
Sphere area: 12.566370614359172
Other circle area: 31415.926535897932
Other sphere area: 1256.6370614359173
```

巩固提高练习和实战项目大练兵

1. 举例说明硬件接口和 Java 语言中接口的相似之处。Java 接口的特点是什么？
2. 接口与类、与抽象类有什么不同？为什么应用接口？
3. 编写以下两个接口：
（1）接口名为 AccoutPayable，具有 void withdraw(double Amount) 以及 double getPayment() 方法。
（2）接口名为 AccountRecieable()，具有 void deposit(double amount) 方法。
（3）将这两个接口分别存在两个文件中。

4. **实战项目大练兵**：编写一个实现第 3 题中定义的两个接口的类 BusinessAccount。定义和编写必要的实例变量和构造器。覆盖 toString() 方法使其可以返回账户中的存款金额。根据小公司账户的需要方法名所代表的含义，完善接口中的方法。编写一个驱动程序并创建至少两个实例（实例变量值自定）运行这个类。存储所有编写以及调试好的程序。

5. **实战项目大练兵**：打开本书配套资源目录 Ch9 中的 CanSwim.java、SomeOne.java 以及 MultipleInheritanceTest.java 程序，读懂并运行这个程序。利用 CanSwim.java 中定义的 3 个接口，编写一个实现这 3 个接口的类。可以选择任何符合这 3 个接口描述的规范和行为的机器或动物作为完善这些接口的类。然后编写一个测试类，在测试类中利用循环显示程序中提供的信息后，提示用户并输入猜测，直到猜测正确。停止循环后显示正确答案和适当的鼓励信息。存储所有编写以及调试好的程序。

6. 什么是接口继承？它的特点是什么？
7. 什么是接口参数？如何使用接口参数？

8. **实战项目大练兵**（团队编程项目）：**职工管理软件开发**——编写以下接口并实现这些接口，以及利用这些接口作为参数的管理程序。
（1）接口名为 Printable，具有一个名为 print() 的方法，返回类型为 void，无参数。
（2）接口名为 EmployeeType，具有两个名为 FACULTY 和 CLASSFIED 的整数类型静态常量，其值分别为 1 和 2。
（3）实现这两个接口的类名为 Employee，其构造方法对职工姓名（name）、职工类别（employeeType），以及工资（salary）进行初始化。在完善 print() 方法时，将打印职工姓名、职别，以及工资信息。其中工资以货币输出格式显示。可用 if-else 语句确定职工的职别。如果

employeeType 是 FACULTY，则显示为"教师"，否则显示"行政"。

（4）在 Output 类中编写一个名为 printInfo() 的静态方法，其返回类型为 void；第一个参数为 Printable 类型，接受 Employee 对象，第二个参数为整数类型，代表打印次数。这个方法可按照打印次数输出 Employee 对象在 print() 中完善的信息。

（5）编写一个测试类测试以上编写的代码。至少创建 3 个对象（实例变量值自定）。调用 printInfo() 方法打印所有对象信息。打印次数自定。

（6）存储所有编写和调试好的程序。

9. **实战项目大练兵（团队编程项目）**：扩展第 8 题中 Employee 的功能，实现 Cloneable 接口，使其能够复制对象。在驱动程序中加入复制两个 Employee 对象的语句，并且调用 printInfo() 方法打印它们的信息。

第三部分　Java 提高

当你学完这个部分，距离 Java 高手只有一步之遥了！"沉舟侧畔千帆过，病树前头万木春。"Java 高手就是这样炼成的！

在这一部分将对已经讨论过的概念和技术进一步深入解剖分析。例如数组、字符串、异常处理到底是怎么回事。另外还将讨论 Java 提供的更多形式的类，如集合类等，用以完成一些特殊的操作。最后将讨论多线程及其应用。

"白日依山近，黄河入海流。欲穷千里目，更上一层楼。"当你学完这一部分的内容，就会在 Java 编程方面更上一层楼。千万不要放弃！

"绝学无忧。"
（不学习的人则没有忧愁。）

——老子《道德经》

通过本章学习，你能够学会：
1. 举例解释什么是数组和如何工作。
2. 怎样创建数组和访问数组元素。
3. 应用 Java 新循环访问数组元素。
4. 怎样创建多维数组和访问数组元素。
5. 应用 Arrays 类对数组排序和搜索。

第 10 章 细 谈 数 组

本章进一步讨论数组的概念和技术、数组和对象的关系、字符数组和字符串的关系，以及 API 中支持数组和字符串的类。

10.1 为啥数组就是类

第 2 章讨论了简单应用数据的例子。处理大量数据离不开数组。Java 中将数组上升到对象，并且提供 API Array 类来支持数组的各种常用操作。因为数组本身也是 API 类，在编程中我们可以直接调用它所提供的众多方法。但在 Java 中依然保留了传统的对数组的创建、运算，以及操作功能，使之具有灵活性。Java 摒弃了 C/C++ 中对字符数组不易操作的终结标识符，避免由于使用不当而引起的无限循环问题，或是"垃圾输出"。

10.1.1 理解数组是怎样工作的

数组是一组相关元素的集合。这些元素具有相同变量类型、相同的数组名、以数组下标或索引以示区别。一个数组中的元素可以是基本变量类型，也可以是对象。

如果数组是基本变量类型，则其元素的变量类型必须相同，例如，整数型数组、单精度浮点型数组、双精度浮点型数组、字符串数组、布尔型数组等，一个整数型数组不允许任何其他变量类型的元素存在。这个语法规定对其他基本类型数组都适用。

如果数组是对象数组，其元素可以是这个类和其子类的任何对象。例如，举一个极端例子，一个 Object 类型的数组元素可以是包括 Object 在内的任何子类的对象。

数组中的元素数，即数组长度 length，是整数型常量，即一旦数组被建立，代表其元素数量的数组长度 length 就被确定，而且不能改变，除非这个数组名被重新利用。在 Java 中，一个数组名完成了它的使命，这个数组名可以用来定义相同类型的其他数组。

数组可以是一维的，或者是多维的，代表更复杂的数据结构。数组的运算和操作往往与循环联系在一起。运用数组的目的是更有效地处理大批具有相同类型的数据。因为循环的使用，使得其代码编写更加简洁和容易。试想一下，如果有成千上万的数据需要运算和操作，例如，求和、计算平均值、排序，以及搜索，等等，没有数组和循环的应用，有效地编写解决这类问题的代码几乎是不可能的。

10.1.2 创建数组就是创建数组对象

在 Java 中，数组实际上是对象。数组名通过下标或索引方式对其元素进行引用。例如，一个名为 array 的数组通过：

```
array[i]
```

对其第 i 个元素进行引用。更具体地说，array 代表一个对象，通过下标 [i] 对其成员进行地址引用，指向这个地址中存储的该元素的值。这个概念由图 10.1 来表示。

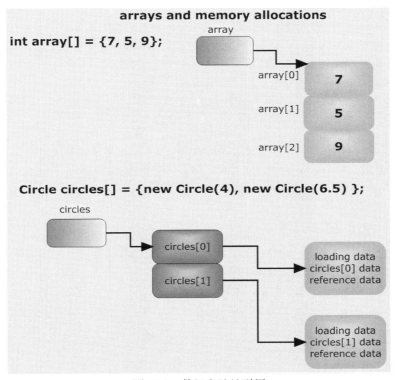

图 10.1　数组和地址引用

图 10.1 中上部分表示一个基本类型数组，演示整数型数组如何通过下标对其元素进行引用。图中数组名 array 实际上指向它的第一个元素。图 10.1 中的下半部分描述了一个对象型数组，如 circles 数组对其元素引用的情况。可以看到，对象数组中的每个元素是对具体对象的引用，即每个元素指向存储它所代表的某个对象的开始地址。不难看出，对象型数组需要更多的内存空间，除用来存储对象数据之外，还需要装入用来装载和引用等操作的数据。这些数据超出我们的讨论范围，在以后的图示中将不再表示。

数组一旦被创建，它将提供一个成员常量 length，用来确定其元素数（length-1，元素从 0 算起），或称数组长度。length 的应用避免了访问数组元素的超界问题。如同任何其他类一样，数组是 Object 的子类，可以调用 Object 的方法。因为所有系统预设类型的数组完善了 Cloneable 接口，所以可以使用 clone() 方法，用来对数组进行复制操作。另外，Java API 类 Arrays 以及 System 提供了许多方法，专门用来对数组进行各种操作，如比较、赋值、填充、复制、排序、搜索，等等。

数组被认为是传统的、具有雏形的类的集合。数组完善了 Serializable 接口。如果把一个数组定义为 Object 类型，它的元素可以是任何对象。从数组概念和技术，引申出了链接表 ArrayList、List、Vector，直至 Collection 类。所以数组是公认的最有贡献意义的数据结构。

一方面，无论是一维数组还是多维数组，都具有线性特征。数组元素的线性有序存储方式和随机访问方式，使得它成为目前一种进行有效和高速数据处理的数据结构。因为它所引用的对象的数目，即其成员元素数是固定的。这使得编译器的工作更加简洁，也减轻了 JVM 因为处理动态引用造成的负担。另一方面，为了保证对数组的正确操作，尤其是对数组元素的正确访问，避免超界问题，Java 在 JVM 增强了对数组的异常处理功能。这些操作无疑对应用大量数组的程序运行速度产生负面影响。

数组是内装的、由 Java 语言提供的数据结构，它不具有继承性和扩展性，即它是 final 类。这意味着编程人员不可能继承、覆盖，或重载其方法和内定操作功能。

10.1.3 揭开数组的内幕

JVM 对所有数组元素值在创建时初始化。其初始化值与对应的基本类型以及对象类型变量相同（整数类型为 0；浮点类型为 0.0；布尔类型为假；字符类型为空；字符串和其他对象为 null）。

Java 提供了多种方式来定义和创建数组，以及对数组的初始化。

方式 1：用 new 操作符创建数组。其语法格式为：

```
dataType[] arrayName = new dataType[n];
```

其中：

- dataType——可以是任何基本数据类型或者类。其后的方括号必须为空。
- n——元素数。必须是除 long 之外的正整数常数或者变量。

JVM 将根据 dataType 和 n 的值来对数组分配内存空间，并对数组各个元素值初始化。

例如：

```
int[] gradeArray = new int[30];
```

以上语句创建了一个名为 gradeArray 的具有 30 个元素的整数数组，下标从 0 到 29，并且将其所有元素初始化为 0。gradeArray.length = 30。

方式 2：数组声明和数组创建分离。例如：

```
int[] gradeArray;              // 声明数组
...
gradeArray = new int[30];      // 创建数组
```

声明数组时并没有对数组分配内存地址和空间，直到使用 new 操作符来对数组进行创建和初始化。注意在声明数组时，方括号内必须为空，否则将产生语法错误。

对数组声明时，方括号的位置不同，其声明结果亦不同。例如：

```
int []array, number;
```

或者

```
int array[], number;
```

声明了一个整数型 int 数组以及一个 int 变量。所以我们可以创建一个数组和一个变量：

```
array = new int[10];
number = 100;
```

而

```
int[] array, number;
```

则声明了两个名为 array 和 number 的 int 数组，所以我们可以创建这两个数组：

```
array = new int[10];
number = new int[50];
```

> **注意**　虽然创建数组时 new int[0] 属合法语法，但其元素数是 0，即其 length 为 0，因而不能对这个数组初始化或赋值；否则将产生 ArrayOutOfBoundException 异常。

方式 3：用传统方式声明、创建和初始化数组。这实际上是采用 C/C++ 的方式。其语法格式为：

```
dataType[] arrayName = {value1, value2, ..., valueN};
```

其中：
- dataType——可以是任何基本数据类型或者类。其后的方括号必须为空。
- value——对数组各元素赋值。这些值必须和 dataType 一致，否则将产生语法错误。

例如：

```
int[] scores = {90, 82, 75, 99, 62, 95, 88};
```

以上语句声明、创建了一个具有 7 个元素的名为 scores 的整数类型数组，并且对每个元素赋予初始值。

这种方式适用于数组元素较少，并立即对其元素初始化的情况。注意，使用这种方式时，不允许声明和创建分离；否则将产生语法错误。

方括号也可以在如下三种不同位置，如：

```
double[] rateArray = {0.098, 0.0875, 0.0681, 0.1052};
                                                        // 创建和初始化两个双精度类型数组
       loanArray = {12908, 50980.55, 766.49};
```

或

```
double []rateArray = {0.098, 0.0875, 0.0681, 0.1052}, num = 2.3;
                                                        // 创建数组和基本类型变量并初始化
```

或

```
double rateArray[] = {0.098, 0.0875, 0.0681, 0.1052}, num = 2.3;    // 同上
```

再例如：

```
char[] name = {'W', 'a', 'n', 'g'};
```

或

```
char []name = {'W', 'a', 'n', 'g'};
```

或

```
char name[] = {'W', 'a', 'n', 'g'};                                 // 同上
```

注意，在 Java 中，不需要在声明字符数组时加以终结符 '\0'。JVM 将自动检查数组超界问题。
图 10.2 描述了 name 这个数组对其元素进行下标引用、地址分配以及内存赋值的关系。

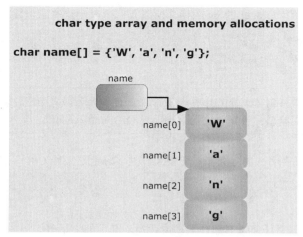

图 10.2 字符型数组和下标引用

你一定会问怎样创建对象型数组呢。其实基本道理和创建基本数据型数组时是一样的。例如：

```
Object[] objArray = new Object[100];
```

声明并创建了一个具有 100 个元素的名为 objArray 的 Object 数组。它可以用来存储任何类型的对象。当然，在实际应用中，应该尽量避免这样创建数组，以免引起对不同类型对象元素的误操作。

再例如：

```
Circle[] circles = {new Circle(2.98), new Circle(0.92), new Circle(91.03)};
```

这个语句声明、创建并初始化了一个具有 3 个元素的名为 circles 的 Circle 型数组。直接使用 new 操作符创建对象方式被称为无名对象创建。在这里，创建的作为元素的具体对象名并无实际意义，因为我们可以通过数组下标来访问每个元素。可参考图 10.1 的下半部分，描述了 circles 这个数组的地址分配、内存赋值和其他信息，以及与数组元素的关系。

使用数组时需要注意以下三种情况。

❑ 在花括号中对数组赋值时，最后一个元素值的后面可以加以逗号，即

```
int[] array = {1, 3, 5, 0, };
```

这在 Java 中完全合法。它主要用于自动代码发生器的编写。

❑ 数组名可以被重用。例如：

```
byte[] grades = new byte[30];
...
grades = new byte[50];          // 重用数组名 grades
```

但在数组名重用时，变量类型必须相同，否则将造成语法错误。

❑ 在异常处理之前，表达式已经被执行并赋值。例如：

```
int array = new[var1 = var2 * var3];
```

如果 var1 的数值超界（即 var1 > 2 147 483 648），将抛出 ArrayOutOfBoundException 异常。但在这个异常抛出之前，var1 已经被赋值。编写代码时要注意正确处理 var1 的值。

> **更多信息** 数组可以是多维的，而且每维的元素数可以不同。本章 10.3 节将专门用实例讨论多维数组。

10.2 数组的操作

数组操作包括对数组元素的访问、赋值、运算，以及数组引用和数组名重用。这个单元还将讨论利用循环对数组元素进行各种运算和操作，特别是介绍 Java 中对数组操作的新版本循环语句。

10.2.1 访问数组成员

一般通过数组下标对数组成员或称元素进行访问，例如：

```
arrayName[index]
```

其中：

index——数组元素下标，从 0 到 length–1。length 是 arrayName 的成员常量，代表这个数组的长度，即元素数。

以下是常见的访问数组元素的例子。

例子之一：对数组元素赋值。

```
int NUM = 3;                              // 或者 final int NUM = 3;
...
double[] score = new double[NUM];         // 创建一个有 5 个元素的双精度数组
score[0] = 99.89;
score[1] = 87.29;
score[2] = 88.95;
score[3] = 77.45;         // 这个赋值语句将抛出 ArrayIndexOutOfBoundsException 异常
```

如果访问超界，将产生数组超界异常。注意，声明数组元素数的变量类型可以是 byte、char、short、int，其值必须是大于 0 的整数，但不能是 long；否则将产生语法错误。

可以对已赋值数组元素进行修改，例如：

```
score[1] = 80.0;
```

例子之二：对字符串型数组赋值。

```
String[] name = new String[1];            // 创建只有一个元素的字符串数组
name[0] = "李 林";
```

它相当于

```
String name = "李 林";
```

或者

```
Char[] name2 = {'李', ' ', '林'};
```

但三者各有区别：一个是只有一个元素的字符串数组；另一个是字符串；而后者则是有三个元素的字符数组。而下例：

```
String[] languages = {"Java", "C++", "C#", "JBoss"};
```

或者

```
String[] languages = new String[4];
languages[0] = "Java";
languages[1] = "C++";
languages[2] = "C#";
languages[3] = "JBoss";
```

则声明、创建以及初始化了一个具有 4 个元素的字符串数组。字符串数组实际代表两维数组。我们将在以后章节专门讨论这个问题。图 10.3 描述了字符串型数组的地址分配、内存赋值以及与数组元素下标的关系。从图中可以看到，字符串型数组的下标实际上指向存储该字符串的开始地址。

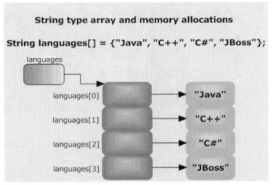

图 10.3　字符串型数组和地址引用

可以对该数组元素值进行修改，如上例中：

```
languages[3] = "Python";              //"JBoss" 修改为 "Python"
```

例子之三：访问对象数组元素。

```
Manager[] manager = new Manager[2];   // 创建一个具有两个元素的名为 manager 的
                                      //Manager 型数组
Manager ourManager = new Manager("Zhang Shuang", 2900);// 创建对象
manager[0] = ourManager;                              // 对该数组第 1 个元素赋值
Manager yourManager = new Manager("Huang Zhan", 2800);
Manager[1] = yourManager;                             // 对该数组第 2 个元素赋值
```

以上 5 行代码等同于：

```
Manager[] manager = {new Manager("Zhang Shuang", 2900), new Manager("Huang
    Zhan", 2800)};
```

注意，以下对对象数组元素赋值将造成语法错误：

```
manager[0] = {new Manager("Zhang Shuang", 2900)};     // 语法错误
```

这种对对象数组赋值方式只允许在声明、创建和初始化为一体的情况中使用。
以下语句调用对象数组元素的方法：

```
manager[0].setName("Qiu Bai");                // 调用数组第 1 个元素的方法 setName()
system.out.println(manager[1].earnings());    // 调用数组第 2 个元素的方法  earnings(),
                                              // 并打印其工资
```

可以对对象数组元素赋以新的对象，例如：

```
Manager otherManager = new Manager(" 史密斯 李 ", 3290);// 创建一个新的对象
manager[1] = otherManager;                           // 对数组第 2 个元素赋予新的对象
```

以前该数组第 2 元素的对象 yourManager 将被新对象 otherManager 所代替。

例子之四：利用数组提供的方法 clone() 复制数组。

```
int[] values = {78, 90, 100, 88, 76, 80};
int[] scores = values.clone();            // 复制
```

执行 clone() 方法后，数组 values 的各元素被复制到数组 scores 中。clone() 方法可以用来复制各种类型的数组。

10.2.2 数组和循环总是闺蜜

访问数组元素离不开循环语句,尤其是数组中有大量元素需要处理的情况。

例子之一:对一个具有 50 个元素的双精度数组赋予随机值。

```
double[] randomArray = new double[50];
for (int i = 0, i < randomArray.length; i++)
    randomArray[i] = math.random() * 100.0;
```

这个循环将一个从 0.0 到小于 100.00 的随机值赋值给每一个数组元素。推荐使用数组的成员常量 length 来控制循环的次数,以保证在访问数组元素时不会产生数组超界异常。

例子之二:打印数组元素的值。

```
int[] numbers = {5, 20, 3, 9, 6};
for (int i = 0; i < numbers.length; i++)
    System.out.println(numbers[i]);
```

例子之三:计算数组 numbers 中各元素的和以及平均值。

```
int sum = 0;
double average;
for (int i = 0; i < numbers.length; i++)
    sum += numbers[i];                        //求和
average = (double) sum / numbers.length;      //求平均值
```

以上循环也可改写为:

```
for (int i = 0; i < numbers.length; sum += numbers[i++]);
average = (double) sum / numbers.length;      //求平均值
```

例子之四:搜索 10.2.1 节例子之二数组 languages 中是否包含一个字符串。

```
boolean find = false;
int index = 0;
for (int i = 0; i < languages.length; i++) {
    if (languages[i].equals("C#") {
        index = i;
        find = true;
        break;
    }
}         // 循环结束
if (find)
    System.out.println("languages[" + index + "] = " + languages[index]);
else
    System.out.println("The array languages doesn't contain C#");
```

10.2.3 访问数组成员的特殊循环

JDK1.5 版本中包含专门用来处理数组和集合类(collections)的 for 循环语句。这个新循环语句也被称作 for-each 循环,因为它是专门用来访问和处理元素。本书将在后续章节专门介绍新循环在集合类中的应用。

新循环的语法格式如下:

```
for (dataType varName : arrayName) {
    // 循环体各语句
}
```

其中：
- dataType——必须与数组类型相同。可以是任何基本数据类型或者类。
- varName——变量名。用来代表数组中的元素。
- arrayName——已存在的数组名。

这个新循环将按数组元素次序，自动循环 arrayName.length–1 次，即访问数组中的每个元素。
下面讨论应用新循环的例子。

例子之一：将 10.2.2 节的例子之二改写为利用新循环。

```
int[] numbers = {5, 20, 3, 9, 6};
for (int number : numbers)
    System.out.println(number);
```

这个循环运行后，将打印以下输出结果：

```
5
20
3
9
6
```

例子之二：将 10.2.2 节例子之一改写为利用新循环。

```
double[] randomArray = new double[50];
for (double randomNum : randomArray)
    randomNum = math.random() * 100.0;
```

例子之三：将 10.2.2 节例子之三改写为利用新循环。

```
int sum = 0;
double average;
for (int number : numbers)
    sum += number;                              // 求和
average = (double) sum / numbers.length;        // 求平均值
```

注意，使用新循环时，不允许使用其他参数或者分号。以下语句为语法错误：

```
for (int number : numbers; sum += numbers[i++];)    // 非法使用新循环
```

10.2.4 用更多实例掌握数组的应用

典型的数组应用是对数组元素的排序、搜索、复制、添值、引用等操作。API 类 Arrays 以及 System 提供了处理这些操作的方法，本书将在 10.4 节专门讨论这些内容。下面介绍对数组元素进行统计和合并的应用实例。

例子之一：随机产生 1 ~ 6 的整数，运行 10000 次，模拟骰子 6 面出现的概率。

```
// 完整程序在本书配套资源目录 Ch10 中，名为 DieStatisticsTest.java
//demo: simulating the frequency of each side in a die
import java.util.Random;                              // 利用 API 类 Random 产生随机数
public class DieStatisticsTest {
    public static void main( String[] args ) {
        int side = 1;
        int[] frequencies = new int[6];               // 数组用来统计每面出现的次数
        Random randomNumber = new Random();           // 创建 Random 的对象
        for(int roll = 1; roll <= 10000; roll++)
            ++frequencies[randomNumber.nextInt(6)];   // 累计每面出现的次数
            System.out.println("Side\t" + "Frequency");
```

```
            for (int frequency : frequencies)
                System.out.println(side++ + "\t" + frequency);
        }
}
```

在这个例子中,利用 java.util 包中的 API 类 Random 产生随机数。Random 提供了 nextInt(n) 产生 0 ~ n–1 的随机数。Random 还提供了其他方法,用于随机数的产生和操作。感兴趣的读者可以查看这个类的文档,得到更多信息。它相当于之前讨论过的 Math 类中的方法 random()。也可以用以下方式随机产生 0 ~ 5 的整数:

```
(int)(Math.random() * 6)
```

程序中第一个循环用来对骰子每面出现次数的累计。即用随机产生的数作为数组的下标,并对下标代表的元素内容加 1,循环 10000 次后,对每面出现的次数实现概率统计。

程序中利用 Java 的新循环打印统计的概率。以下是运行后的一个典型输出结果:

```
Side    Frequency
1       1607
2       1720
3       1668
4       1666
5       1676
6       1663
```

例子之二:修改在第 8 章中讨论过的 CircleShapeApp,利用对象数组,统计圆形物体和球体的总面积以及平均面积。

```
// 完整程序在本书配套资源目录 Ch10 中,名为 CircleShapeApp.java
public class CircleShapeApp{
    public static void main(String[] args) {
        // 创建并初始化一个具有 3 个 Circle 对象和 2 个 Sphere 对象的 Shape 数组
        Shape[] shapes = {new Circle(10.02), new Circle(6.54), new Circle(0.69),
                          new Sphere(67.23), new Sphere(1.28)};
        double totalArea = 0.0;
        double average = 0.0;
        for(Shape shape : shapes)            // 利用新循环
            shape.computeArea();             // 计算每个元素的面积
        for(Shape shape : shapes)
            totalArea += shape.getArea();    // 计算面积和
        average = totalArea/shapes.length;   // 计算平均面积
        System.out.println("The total of the areas " + totalArea);
        System.out.println("The average of the areas " + average);
    }
}
```

程序中利用抽象类 Shape,创建了包括 5 个其子类对象的数组,并利用多态性以及 Java 的新循环语句,在每次循环中调用不同数组元素所代表的对象,计算其面积。然后多态调用每个对象的 getArea() 方法,累计它们的面积之和,最后打印总面积和其平均值。

10.3 高手要掌握的更多数组技术

如果说一维数组用来处理队列数据的话,二维数组则更多用于处理具有行和列组成的表格性数据。下面将讨论二维和多维数组的概念和编程技术,以及数组作为参数和返回类型的应用。

10.3.1 多维数组

二维数组可以理解为数组的数组，即一个数组中的每个元素分别指向另外一个数组。一维字符串数组就是一个典型两维字符数组的例子。例如，其每个元素指向一个字符串，而每个字符串又是一个字符型数组。理解和掌握了这个概念和特征，更多维数组则是二维数组的延续。

如同声明、创建、初始化一个一维数组一样，Java 提供了多种语法形式来编写二维数组代码。

方式 1：用 new 操作符创建二维数组。编译器将自动对数组的每个元素初始化。例如：

```
int[][] values = new int[2][3];
```

将声明、创建并初始化以下具有两行三列的数组：

```
values[0][0] = 0    values[0][1] = 0    values[0][2] = 0
values[1][0] = 0    values[1][1] = 0    values[1][2] = 0
```

方式 2：声明和创建分离。例如：

```
int[][] values;     // 或 int [][]values;    或 int values[][];
...
values = new[2][3];
```

再例如：

```
double[][] rates, prices;
```

声明了两个名为 rates 和 prices 的双精度型二维数组。而

```
double [][]rates, prices;      // 或 double rates[][], prices;
```

声明了一个名为 rates 的双精度二维数组以及一个名为 prices 的双精度变量。

也可声明和创建一个二维数组，其元素为不同的对象。例如：

```
Object[][] objects = new [3][2];        // 创建一个 Object 型 3 行 2 列二维数组
```

可以对每个元素赋予如下对象引用：

```
objects[0][0] = new Integer(10);
objects[0][1] = new Float(2.78);
objects[1][0] = new Double(92.873);
object[1][1] = new Character('a');
objects[2][0] = new String("Java");
objects[2][1] = new Circle(20.05);
```

方式 3：用花括号声明、创建和初始化二维数组。例如：

```
int[][] scores = { {89, 92, 87}, {99, 90, 82} };
```

在花括号中又嵌套花括号，之间用逗号分隔，表示不同的行；在嵌套的花括号中每个元素值用逗号分隔，表示不同的列。以上语句声明、创建并初始化了一个名为 scores 的整数型 2 行 3 列数组。

方括号也可在如下不同位置：

```
int [][]scores = { {89, 92, 87}, {99, 90, 82} }, count = 2;
```

或者

```
int scores[][] = { {89, 92, 87}, {99, 90, 82} }, count = 2;
```

其结果完全相同。

而
```
int[][] scores = { {89, 92, 87}, {99, 90, 82} }, counts = {{1, 3}, {2., 4}};
```
则创建和初始化两个二维数组。

如同一维数组一样,二维数组的最后一个行的花括号后允许有逗号,例如:
```
String[][] names = {{"赵林林", "钱霖一", "孙临洱", "李琳三"}, {"张义龄", "官仪依", "黎亦尔", "戴亦三"}, };
```
属合法语句。

以上讨论的数组和创建方式都指正规或规则二维数组。一个正规二维数组中的列数相等,只有两个长度常量。arrayName.length 代表其行数;而 arrayName[i].length 则表示列数(i 可以是数组中的任何一行)。对一个二维数组的数据进行处理时,需要两层嵌套循环来访问二维数组的每个元素。外层循环利用 arrayName.length 来控制数组的行数,内循环则利用 arrayName[i].length 来控制列数。例如:

```
// 完整程序在本书配套资源目录 Ch10 中,名为 TwoDArrayTest.java
...
for( int row = 0; row < scores.length; row++) {           // 外循环控制行数
 for( int col = 0; col < scores[row].length; col++) {    // 内循环控制列数
    System.out.print(scores[row][col] + "\t");           // 打印数组元素
    sum += scores[row][col];                             // 求和
 }
System.out.println("\n");
}
average = (double) sum / (scores.length * scores[0].length);   //2 × 3
System.out.println("Average score: " + average);
```

这个程序运行后,将打印以下输出结果:
```
89      92      87
99      90      82
Average score: 89.83333333333333
```

也可以利用 Java 的新循环来完成以上操作:
```
for (int[] row : scores) {                              // 外循环指定每行数组
    for( int col : row) {                               // 内循环控制列数
        System.out.print(col + "\t");                   // 打印数组元素
        sum += col;                                     // 求和
    }
System.out.println("\n");
}
average = (double) sum / (scores.length * scores[0].length);   //2×3
System.out.println("Average score: " + average);
```

其运行结果完全一样。

值得一提的是,无论是几维数组,数组在内存中的数值或者引用值的存储,以及存储器对数组的访问都是线性的,并且可以随机访问。可以将一个二维数组看作是一行的尾接着下一行的头的线性排列。也同样适用于更多维数组。线性随机访问式结构是目前为止最有效的数据结构和存储方式。为了减少具体存储操作中没有必要的大量数据调动(swapping),可用一维数组来模拟二维或多维数组,使之在编译时就已经形成固定长度的线性数据。

10.3.2 非规则多维数组

非规则多维数组，或者齿状数组，指一个数组中的列数长度不等的情况。可以用三种方式创建这种数组。

方式 1：用 new 创建二维数组时列数为空。例如：

```
float[][] pyramid = new float[4][];
```

注意代表行数的方括号不能为空。在使用这个数组前，必须对其列数声明，否则将产生语法错误。这种格式使得我们可以创建一个列数不同的二维数组。继续上例，例如：

```
for(int i = 0; i < pyramid.length; i++)
    pyramid[i] = new float[i + 1];
```

将产生一个三角形单精度二维数组：

```
pyramid[0][0] = 0.0
pyramid[1][0] = 0.0    pyramid[1][1] = 0.0
pyramid[2][0] = 0.0    pyramid[2][1] = 0.0    pyramid[2][2] = 0.0
pyramid[3][0] = 0.0    pyramid[3][1] = 0.0    pyramid[3][2] = 0.0
pyramid[3][3] = 0.0
```

在这种格式中，我们在数组的每一行，根据需要可以产生除 long 之外任意长度的列。

方式 2：声明和创建分离。例如：

```
String[][] addresses;              // 声明
...
addresses = new String[3][];       // 创建行数
...
addresses[0] = new String[5];      // 创建第一行的列数
...
addresses[1] = new String[10];     // 创建第二行的列数
...
addresses[2] = new String[1];      // 创建第三行的列数
...
```

方式 3：用花括号创建并初始化一个不规则二维数组。例如：

```
CircleShape[][] CircleObjects = { {new Circle(9.65), new Circle(21.03), new Circle(7.01)}, {new Sphere(3.98)}, new Sphere(66.29)} };
```

CircleObjects 的第一行具有对 3 个 Circle 对象的引用；而第二行有两列对 Sphere 对象的引用。以下例子对数组 pyramid 的各元素赋予 0 ~ 99 的随机值：

```
for( int[] row : pyramid)
    for(int col : row)
        col = (int) Math.random * 100;
```

以上方式可以扩充到更多维的非规则数组。以前讨论过的方括号的 3 种不同位置也同样适用于非规则多维数组。

10.3.3 怎样把数组传到方法

从开始学习 Java 编程的第一个程序，就接触到利用字符串数组作为方法 main() 的参数，例如：

```
public static void main(String[] args) { //或:String args[]
...
}
```

这是 Java 对 main() 的语法要求。这个参数的值是从运行指令中传入得到的。例如：

```
// 完整程序在本书配套资源目录Ch10中，名为ArrayArgsTest.java
public class ArrayArgsTest {
    public static void main(String[] args) {
        for(int i = 0; i < args.length; i++)
            System.out.println("args[" + i + "] = " + args[i] + "\t");
        System.out.println();
    }
}
```

在操作系统中，对 ArrayAgsTest 运行时，我们可以输入以下运行指令：

```
java ArrayAgsTest This is Array arguments test
```

作为字符串数组参数的 args 将获得以下具有 5 个元素的字符串内容：

```
args[0] = "This"      args[1] = "is"      args[2] = "Array"      args[3] = "arguments"
args[4] = "test"
```

另外一个利用方法 main() 中的数组参数进行数学运算的例子如下：

```
// 完整程序在本书配套资源目录Ch10中，名为CommandLineTest.java
public class CommandLineTest{
    public static void main(String[] args) {
        int x = Integer.valueOf(args[0]);     // 或 Integer.parseInt(args[0]);
        int y = Integer.valueOf(args[1]);     // 或 Integer.parseInt(args[1]);
        System.out.println("x * y = " + x*y);
    }
}
```

运行这个程序时，输入以下指令：

```
java CommandLineTest 10 20
```

作为字符串的"10"和"20"将分别赋予 args[0] 以及 args[1]。再将它们转换成数字值进行算数运算。

以下是更多数组作为参数的例子。

例子之一：一维数组参数。

```
public void method(int[] array) {              // 或者 method(int array[])
    // 对数组 array 的运算和操作代码
    ...
}
```

当调用这个方法时，直接利用数组名传入，即

```
object.method(array);
```

也可以将一个二维数组的某行作为一个一维数组传入：

```
object.method(pyramid[0]);
```

注意，数组是引用参数。在方法中对数组元素的任何修改，都是对将引用传递到这个参数的原数组的修改。以上这个例子适用于所有其他类型的一维数组。

例子之二：二维数组参数。

```
public void method2(double[][] doubleArray) {
    // 对二维数组 doubleArray 的运算和操作代码
```

```
    ...
}
```

其调用方法和一维数组相同，即直接利用数组名作为传递参数。

10.3.4 怎样在方法中返回数组

数组作为方法的返回变量时，返回一个数组引用。例如：

```
// 完整程序在本书配套资源目录 Ch10 中，名为 ArrayUse.java
public static double[] append(double[] array1, double[] array2) {
    double[] join = new double[array1.length + array2.length];
    for(int i = 0; i < array1.length; i++)
        join[i] = array1[i];
    for (int i = 0; i < array2.length; i++)
        join[array1.length+i] = array2[i];
    return join;
}
```

这个静态方法用来进行将两个双精度数组合并为一个新数组，并返回合并后的数组的操作。在方法中按照两个数组参数的长度来创建一个新数组，用来存储合并后的结果。使用两次循环，分别将第一个数组和第二个数组的各个元素按次序复制到新的数组中，最后返回这个数组。

以下是测试这个方法的驱动程序：

```
// 完整程序在本书配套资源目录 Ch10 中，名为 ArrayReturnTest.java
public class ArrayReturnTest {
    public static void main( String args[] ) {
        // 创建两个双精度数组并初始化
        double[] firstArray = { 89.2, 192.09, 87.77, 299.102, 920.02, 82.2 };
        double[] secondArray = { 0.934, 0.087, 0.056, 0.0625};
        // 创建一个同类数组来接受 append() 方法返回的数组引用
        double[] combinedArray;
        // 调用 append() 方法
        combinedArray = ArrayUse.append(firstArray, secondArray);
        // 打印结果
        for( double element : combinedArray)
            System.out.print(element + "  ");
        System.out.println("\n");
    }
}
```

程序运行后，将打印以下输出结果：

```
89.2  192.09  87.77  299.102  920.02  82.2  0.934  0.087  0.056  0.0625
```

二维数组作为方法的返回变量与一维数组相同，它所返回的是对一个二维数组的引用，即

```
public double[][] method() {
    // 二维数组，如 doubleArray 的创建、运算以及操作代码
    ...
    return doubleArray;
}
```

调用时，可按以下代码进行：

```
double[][] doubleArray = method();
// 或者 double doubleArray[][] = objectName.method();
```

10.4 API 的 Arrays 类可以做些什么

java.util 包中提供 Arrays 类，JDK1.6 版本中对 Arrays 类增添了一些方法，专门用来对数组进行填值、比较、复制、排序以及搜索等操作。在 JDK1.6 版本以前，利用 System 类的方法 arrayCopy() 进行对数组的复制操作。

如果数组元素中引用的是编程人员自声明的对象，必须首先完善 Comparable 接口，才可进行排序操作。这一小节通过实例讨论 Arrays 类的常用方法以及如何完善 Comparable 接口。

10.4.1 常用方法

表 10.1 列出了 Arrays 类提供的对数组操作的常用方法。

表 10.1 Arrays 类常用方法

方　　法	解　　释
boolean equals(arrayName1, arrayName2)	如果两个数组是相同类型和大小的数组以及两个数组中的各对应元素值相等，则返回真；否则返回假。自定义数组必须实现 Comparable 的 equals() 方法
fill(arrayName, value)	对数组各元素填充指定的值
fill(arrayName, index, n, value)	对数组从下标 index 开始对 n 个元素填充指定的值
dataType[] copyOf(arrayName, length)	返回一个复制的指定数据类型和长度的数组。dataType 可以是基本数据类型、字符串、包装类型以及自定义类
dataType[] copyOfRange(arrayName, index1, index2)	返回一个复制的指定数据类型和长度的数组。dataType 可以是基本数据类型、字符串、包装类型以及自定义类
sort(arrayName)	对数组各元素排序
sort(arrayName, index1, index2)	对数组中指定下标的各元素排序
int binarySearch(arrayName, value)	返回数组中具有与 value 相等值的元素的下标；如果没有在数组中找到这个值，则返回一个负整数
String toString(arrayName)	将数组各元素的值按字符串返回

下面讨论应用这些方法的例子。

例子之一：调用 fill() 方法对数组所有元素填充一个指定值。

```
int[] educationYears = new int[8];
Arrays.fill(educationYears, 10);          // 对所有元素填充数值 10
```

例子之二：调用 fill() 方法对数组部分数组元素填充一个指定值。

```
int[] educationYears = new int[8];
Arrays.fill(educationYears, 0, 4, 15);    // 对前一半数组元素填充一个指定数值
```

这个例子对数组从下标 0 ~ 3 的各个元素赋予数值 15。数组中其他元素的数值不变。

例子之三：调用 equals() 方法判断两个数组中各元素值是否相等。

```
// 以下各例的完整程序在本书配套资源目录 Ch10 中，名为 ArraysMethodsTest.java
String[] names1 = {"C", "C++", "Java" };
String[] names2 = {"c", "C++", "Java"};
if(Arrays.equals(names1, names2))
    System.out.println("They are equal");
else
    System.out.println("They are not equal");
```

其运行结果为：

```
They are not equal
```

因为大小写字母不同。

> **注意** Arrays 类不提供 equalsIngoreCase() 方法。

例子之四：调用 equals() 方法判断两个对象数组的各元素值是否相等。

```
Object[] objects1 = {new Double(10.20), new Integer(20)};
Object[] objects2 = {new Double(10.20), new Integer(20)};
if (Arrays.equals(objects1, objects2))
    System.out.println("They are equal");
else
    System.out.println("They are not equal");
```

因为两个数组各元素所引用的对象的值完全相等，这个代码运行后，打印以下输出结果：

```
They are equal
```

例子之五：利用 toString() 方法打印例子之二数组 educationYears 的各元素。

```
System.out.println(Arrays.toString(educationYears));
```

这个代码运行后将打印以下输出结果：

```
[15, 15, 15, 15, 10, 10, 10, 10]
```

10.4.2 排序和搜索

Arrays 类中的 sort() 方法执行对基本类型数组、字符串数组，以及包装类数组的排序以及搜索操作。

例子之一：利用 sort() 方法对数组进行排序。

```
// 以下各例的完整程序在本书配套资源目录 Ch10 中，名为 ArraysMethodsTest.java
int[] scores = {2, 4, 0, 1, 10, 9, 5, 3, 8};
Arrays.sort(scores);
for(int score : scores)
    System.out.print(score + "   ");
```

程序运行后将打印以下输出结果：

```
0  1  2  3  4  5  8  9  10
```

例子之二：用 binarySearch() 方法搜索数组中的元素。

```
String[] javas = {"Java SE", "JSP", "Java EE", "Java ME", "Servlets", "Applets", "Java"};
Arrays.sort(javas);                                              // 首先排序
int index = Arrays.binarySearch(javas, "Java");                  // 搜索
```

对数组 javas 排序的结果为：

```
Applets    JSP    Java    Java EE    Java ME    Java SE    Servlets
```

index 的值为 2。

对二维数组进行排序和搜索时，必须按每一维，即每行进行。

例子之三：对一个 Double 包装类二维数组进行排序并搜索。

```
// 完整程序在本书配套资源目录 Ch10 中，名为 ArraysMethodsTest.java
```

```
Double[][] doubles = { {Double.valueOf(2.98), Double.valueOf(19.23),
                  Double.valueOf(0.09)}, {Double.valueOf(1.02)}, {
                  Double.valueOf(20.34), Double.valueOf(2.09), Double.
                  valueOf(8.201), Double.valueOf(0.01)}};
Arrays.sort(doubles[0]);            // 对第一行排序
Arrays.sort(doubles[1]);            // 对第二行排序
for (Double[] row : doubles) {      // 打印结果
    for(Double col : row)
        System.out.print(col + "   ");
    System.out.println();
}
System.out.println("index of 2.09 = " + Arrays.binarySearch(doubles[1], 2.09));
                                    // 打印第二行搜索结果
System.out.println("index of 2.98001 = " + Arrays.binarySearch(doubles[0],
2.98001));
```

这个程序运行后，将打印以下输出结果：

```
0.09    2.98    19.23
0.01    1.02    2.09    8.201    20.34
index of 2.09 = 2
index of 2.98001 = -3
```

由于 2.98001 不是这个数组中的元素，搜索后返回的下标为 –3。

> **注意** 对数组元素搜索前必须先排序。如果搜索的值不在数组内或没有先排序，binarySearch() 将返回一个负整数。

10.4.3 数组复制——避免菜鸟常犯的错误

首先讨论数组引用和数组复制的不同。以下代码是数组引用的例子：

```
int[] values = {10, 5, 20, 100};
int[] valuesRef = values;           //valuesRef 对数组 values 引用
```

valuesRef 实际上指向数组 values，valuesRef 并没有拥有它自己的数组元素。

当创建了另外一个数组：

```
int[] others = {2, 3, 4, 5};
```

利用这个数组名对同类数组引用时，即

```
others = values;
```

数组 others 的所有元素首先被列入 JVM 的垃圾清理器 gc() 等待清除，然后再对另一个数组 values 进行引用。通过 others 对数组元素的任何修改，实际上是对数组 values 中元素的修改。反之亦然。

下面讨论利用数组的 clone() 方法进行数组复制的一个例子：

```
int[] values = {10, 5, 20, 100};
int[] others = values.clone();      // 复制数组
```

方法 clone() 执行复制工作。首先创建一个与数组 values 一样长度的内存空间，并且将 values 的每个元素值复制到 others。

方法 clone() 只提供了基本的数组复制操作。Arrays 类中的方法 copyOf()、copyOfRange() 以及 System 类的方法 arraycopy() 提供了更多更灵活的数组复制操作。

例子之一：利用 copyOf() 方法进行数组复制。

```
// 以下各例的完整程序在本书配套资源目录 Ch10 中，名为 ArraysMethodsTest.java
double[] grades = {98, 78, 89, 82, 100, 67};
double[] copyGrades = Arrays.copyOf(Grades, grades.length);
// 将 grades 复制到 copyGrades
```

例子之二：利用 copyOfRange() 方法复制指定部分数组元素。

```
double[] grades = {98, 78, 89, 82, 100, 67};
double[] copySomes = Arrays.copyOfRange(grades, 3, grades.lentgth - 1);
```

这个例子将 grades 数组的后半部分，即从下标 3 ~ 5 的各元素复制到另外一个名为 copySomes 的数组。相当于：

```
double[] copySomes = {82, 100, 67};
```

例子之三：利用 System 类的 arraycopy() 方法复制数组。

```
double[] grades = {98, 78, 89, 82, 100, 67};
double[] copyGrades = new double[grades.length];      // 创建一个相同类型和长度的数组
System.arraycopy(grades, 0, copyGrades, 0, grades.length);
```

应用 arraycopy() 方法需要 5 个参数，第一个参数为要复制的源数组，第二个参数为源数组的开始下标，第三个参数为复制后得到的目标数组，第四个参数为目标数组的开始下标，第五个参数是复制长度。

注意，在利用所有这些复制方法（arraycopy()、copyOf()、copyOfRange() 以及 clone()）复制编程人员自定义的对象数组时，它并没有真正复制每个元素引用的对象内容，而是复制引用。对复制的数组中元素的任何修改，都会影响到源数组；反之亦然。这种复制实际上是复制引用，也被称作"浅复制"（shallow copy）。关于浅复制的概念和技术，见第 9 章的讨论。

例子之四：利用 arraycopy() 复制一个对象数组（复制引用）。

```
Object[] sourceObjects = {new Circle(5.26), new Circle(19.20)};
// 创建源数组
Object[] targetObjects = new Object[sourceObjects.length];
// 创建复制后目标数组
System.arraycopy(sourceObjects, 0, targetObjects, 0, sourceObjects.length);
// 复制引用
```

这个复制操作相当于以下利用 Arrays 的 copyOf() 方法：

```
targetObjects = Arrays.copyOf(sourceObjects, sourceObjects.length);
// 复制引用
```

或者，利用 copyOfRange() 方法：

```
targetObjects=Arrays.copyOfRange(sourceObjects, 0, sourceObjects.length);
// 复制引用
```

或者，利用 clone() 方法：

```
targetObjects = sourceObjects.clone();                    // 复制（复制引用）
```

以上各复制操作都执行对 Circle 对象元素的复制引用。利用 clone() 方法对编程人员自定义对象数组复制时，必须首先实现 Cloneable 接口。

10.4.4　高手必须掌握的另一个 API 接口——Comparable

Comparable 接口定义了一个为编译器提供快速排序（quickSort）算法参数的方法 compareTo()，其语法格式为：

```
public interface Comparable {
    int compareTo(Object object);
}
```

参数 object 可以代表任何对象。在完善时，对参数 object 中需要排序的任意两个数据进行比较，如果比较结果为小于，则返回一个负整数；如果大于，则返回一个正整数；如果相等，则返回 0。讨论以下具体例子：

```
// 完整程序在本书配套资源目录Ch10中，名为Item.java
public class Item implements Comparable {          // 实现Comparable接口
    private int number;
    private String name;
    ...
    public int getNumber() {
        return number;
    }
    public String getName() {
        return name;
    }
    public int compareTo(Object object) {           // 完善compareTo()方法
        Item item = (Item) object;                  // 转换成Item对象
        if (this.number < item.getNumber())         // 比较两个数据，如number
            return -1;                              // 前一个比后一个小，返回-1
        if (this.number > item.getNumber())
            return 1;                               // 前一个比后一个大，返回1
        return 0;                                   // 否则即相等，返回0
    }
}
```

下面是这个代码的驱动程序：

```
// 完整程序在本书配套资源目录Ch10中，名为ItemSortTest.java
Item[] items = new Item[4];                         // 创建4个元素的自定义对象数组
items[0] = new Item(25, "Java");                    // 实现对象引用
items[1] = new Item(100, "JSP");
items[2] = new Item(12, "Servlets");
items[3] = new Item(88, "JDBC");
Arrays.sort(items);                                 // 调用sort()方法对数据number排序

for (Item item : items)                             // 打印结果
    System.out.println(item.getNumber() + "\t" + item.getName() );
```

以下是这个程序运行后的输出结果：

```
12      Servlets
25      Java
88      JDBC
100     JSP
```

如果需要在程序中对对象的字符串数据进行排序，则可按照如下代码在接口 Comparable 中完善对字符串数据的排序：

```
public int compareTo(Object object) {
```

```
        Item item = (Item) object;
        return this.name.compareTo(item.getName());
}
```

> **注意** 接口 Comparable 的方法 compareTo() 只能完善一个对象数据的排序功能。不可能在一个类中同时对多于一个对象数据执行排序操作。

如果排序的对象是来自于继承链，应该选择其超类来实现 Comparable 接口，这样，这个继承链上的所有子类对象的指定数据都具有排序功能。子类可以覆盖 compareTo() 方法，执行对不同数据的排序。

实战项目：在多级继承中应用数组进行排序

项目描述：
利用继承、重载、覆盖、抽象类和抽象方法、数组、API Comparable 接口等讨论过的概念和编程技术，对存储在数组中的不同几何物体对象进行排序，并且打印出结果。

程序分析：
根据项目描述和要求，我们选择如下几何体作为计算对象，但这个应用程序可以容易地延伸到任何几何物体表面积和体积的计算和排序：
（1）抽象类。
（2）圆形。
（3）球体（表面积：$S = 4\pi R^2$，体积：$V = \frac{4}{3}\pi R^3$）。

类的设计：
Shape3——作为各种几何形体的抽象类和父类。属性包括 double 类型的两点坐标；方法包括覆盖 Object 类的 toString()。
CircleShape3——作为第二级抽象类，为 Shape 的子类；属性除继承其父类之外，增加 double 类型 area 以及 volume；方法包括 computeArea()、computeVolume() 和覆盖其父类的 toString()。更重要的是这个类完善了用来对 radius 排序的 API Comparable 接口。
Circle3——作为 CircleShape3 的子类，继承了各级父类的属性并完善父类的抽象方法，计算圆形的面积并显示计算结果。因没有体积计算，预设 volume 的值为 0。
Sphere3——作为 Circle3 的子类，继承了各级父类的属性和方法，计算球体表面积和体积，并显示计算结果。

输入输出设计：
输入——为了集中精力消化、理解和掌握数组在多级继承中的应用以及如何完善 API Comparable 接口以便对自己编写的实例数据进行排序，输入决定采用事先预定的数据。
输出——利用 System.out.println() 将排序后的计算结果按照半径的大小显示到输出窗口。

异常处理：
由于输入数据是预先设置的，异常处理这部分留给读者对这个实战项目改进提高时加以实施完成。

软件文档：
编写测试类 ShapeApp3 进行测试和必要的修改，检查输出结果是否正确；提示是否清楚；输出结果的显示是否满意。

以下是用来完善 Comparable 接口，以实现对圆形几何体的半径 radius 排序的主要代码：

```
// 完整程序在本书配套资源目录 Ch10 中，名为 CircleShape3.java
//abstract class CircleShape3
public abstract class CircleShape3 extends Shape implements Comparable<Object> {
protected double radius;
public int compareTo(Object object) {
    CircleShape3 circleShape = (CircleShape3)object;
    if (this.radius < circleShape.getRadius())
        return -1;
    if (this.radius > circleShape.getRadius())
        return 1;
    return 0;
    }
}
```

在测试程序中创建了具有 5 个元素的 Circle3 数组。这 5 个元素分别实现对 3 个 Circle3 对象和 2 个 Sphere 对象的引用。程序完成计算各对象面积的操作，对 radius 执行排序以及打印这个结果：

```
public class CircleShapeApp3{
    public static void main(String[] args) {
        //create a Circle array with 3 circles and 2 spheres
        Circle3[] shapes = {new Circle3(10.02), new Circle3(6.54), new
            Circle3(0.69),new Sphere(67.23), new Sphere(1.28)};
        for(Circle3 shape : shapes)              // 应用 for-each 循环
            shape.computeArea();                 // 计算数组中每个对象的表面积
        Arrays.sort(shapes);

        for(Circle3 shape : shapes)
            System.out.println(shape);
        Sphere[] spheres = {new Sphere(98.23), new Sphere(6.56), new
            Sphere(10.88)};
        for(Sphere sphere : spheres)
         sphere.computeVolume();                 // 计算数组中每个对象的体积
        Arrays.sort(spheres);                    // 对半径排序
        System.out.println("Sorted by volumes in spheres array: ");
        for(Sphere sphere : spheres)
            System.out.println(sphere.getVolume()); // 打印排序结果
    }
}
```

这个程序运行后的结果如下：

```
(0.0,0.0), (0.0,0.0)
Radius: 0.69
Area: 1.4957122623741002
(0.0,0.0), (0.0,0.0)
Radius: 1.28
Area: 20.58874161456607
(0.0,0.0), (0.0,0.0)
Radius: 6.54
Area: 134.3709443422812
(0.0,0.0), (0.0,0.0)
Radius: 10.02
Area: 315.4171590574766
(0.0,0.0), (0.0,0.0)
```

```
Radius: 67.23
Area: 56798.397991198384
Sorted by volumes in spheres array:
1182.497217347923
5394.799336126033
3970279.135344333
(0.0,0.0), (0.0,0.0)
Radius: 0.69
Area: 1.4957122623741002
(0.0,0.0), (0.0,0.0)
Radius: 1.28
Area: 20.58874161456607
(0.0,0.0), (0.0,0.0)
Radius: 6.54
Area: 134.3709443422812
(0.0,0.0), (0.0,0.0)
Radius: 10.02
Area: 315.4171590574766
(0.0,0.0), (0.0,0.0)
Radius: 67.23
Area: 56798.397991198384
```

可以看到，每个对象的 radius 和 area 都被排序。

巩固提高练习和实战项目大练兵

1. 什么是数组？数组有哪些特点？为什么使用数组？
2. 举例说明为什么数组在 Java 中是系统预设类。
3. 列举定义数组的 3 种不同方式。说明它们分别在什么情况下应用。
4. 在声明数组时，方括号表示什么？举例说明方括号的 3 种不同位置和它们代表的含义。
5. 为什么 Object 数组可以是任何对象元素的数组？这样做有什么不安全因素吗？
6. 声明以下数组。
（1）名为 grades 的字符类型数组。
（2）名为 averages 的 float 数组。
（3）名为 flags 的 boolean 数组。
7. 创建以上声明的数组。
（1）具有 50 个元素的 grades 数组。
（2）具有 160 个元素的 averages 数组。
（3）具有 29 个元素的 flags 数组。
8. 创建以下数组。
（1）具有 4 个元素的名为 rates 的 double 数组。
（2）具有 3 个元素的名为 prices 的 float 数组。
（3）具有 5 个元素的名为 names 的字符串数组。
（4）具有 2 个元素的名为 books 的 Book 类型数组。
9. 将第 8 题中的练习改为创建和初始化同时进行。利用自己提供的数据对各数组元素初始化。假设 Book 类有 3 个参数的构造方法：第一个参数为代表书名的字符串；第二个参数为代表价格的 double 变量；第三个参数为代表数量的整型变量。
10. 利用循环语句做以下练习。
（1）使用传统循环分别打印第 8 题和第 9 题中创建和初始化了的各数组。

（2）使用 Java 的新循环分别打印第 8 题和第 9 题中创建和初始化了的各数组。

11. **实战项目大练兵**：编写一个计算第 9 题中描述的计算 Book 对象平均价格和平均数量的程序。首先编写 Book 类，使其具有必要的成员数据以及构造方法和其他方法。再编写 Book 的测试类，创建一个具有 4 个自己指定参数的 Book 对象的数组，利用 Java 的新循环计算这个数组的元素的平均价格和平均数量。对这个程序文档化。存储所有文件。

12. 列举定义二维数组的 3 种方式，说明它们各自应用于什么情况。

13. 什么是规则或正则数组？什么是非规则数组？如何创建非规则二维数组？

14. 创建以下二维数组。
（1）具有 3 行 2 列名为 grades 的字符类型数组。
（2）具有 4 行 5 列名为 matrix 的整数类型数组。
（3）具有 2 行 3 列名为 textBooks 的 Book 类型数组。

15. 用自己提供的数据对第 14 题中的各数组初始化。

16. 利用自己提供的数据创建并初始化下列二维数组。
（1）具有 2 行 2 列名为 students 的字符串类型数组。
（2）具有 3 行 1 列名为 letters 的字符类型数组。
（3）具有 1 行 3 列名为 myBooks 的 Book 类型数组。Book 类由第 9 题和第 14 题提供。

17. 利用第 11 题中编写的 Book 类，在驱动程序中创建一个具有 2 行 2 列、自己提供参数的二维 Book 数组，应用 Java 的新循环语句计算这个二维数组元素的平均价格和平均数量。

18. 为什么说对数组的复制是浅复制？如何实现对数组的深复制？

19. 利用运行指令中传入的 3 个 double 参数，编写一个测试程序，计算这三个参数的和以及平均值。对测试程序文档化，并存储这个程序。

20. 编写一个具有如下静态方法的名为 ArrayCompute 的类。
（1）方法 double average(double[] arrays) 具有 double 数组参数，计算这个数组中元素的平均值，并返回这个值。
（2）方法 double total(double array) 具有 double 数组参数，计算这个数组元素的和，并返回这个值。
（3）方法 int max(double array) 具有 double 数组参数，找出这个数组中最大元素值的下标，并返回这个下标值。
（4）方法 int min(double array) 具有 double 数组参数，找出这个数组中最小元素值的下标，并返回这个下标值。

21. **实战项目大练兵**：继续第 20 题，编写一个测试程序，测试编写的 ArrayCompute 类中的 4 个静态方法。利用随机发生器产生的随机数创建一个具有 50 个元素的 double 数组。分别调用这 4 个方法，并且打印它们返回的值。对测试程序文档化，并存储这个程序。

22. **实战项目大练兵**：编写一个程序，利用 Arrays 类提供的方法，对第 21 题中具有 50 个 double 元素的数组排序。然后打印其最大值和最小值。对测试程序文档化，并存储这个程序。

23. **实战项目大练兵**：编写一个测试程序，分别利用 clone()、arrayCopy()、copyOf()、copyOfRange() 方法对第 21 题中创建的具有 50 个 double 元素的数组进行复制，将这个数组利用 4 个不同的方法分别复制到名为 array1 ~ array4 的数组中。利用 copyOfRange() 时，假设复制前一半的数组元素，打印复制后的各数组的内容。对测试程序文档化，并存储这个程序。

24. **实战项目大练兵**：在第 11 题中编写的 Book 类中实现 Comparable 接口，进行对实例变量 price 的比较。编写一个测试程序，用自己提供的数组元素数据，创建一个具有 4 个元素的数组，测试对 Book 数组各元素按照 price 排序的功能。并且提示用户按照价格对数组进行搜索。打印搜索结果。对测试程序文档化，并存储这个程序。

"毋怠，毋必，毋固，毋我。"
（不凭空揣测，不全盘肯定，不拘泥固执，不自以为是。）

——《论语》

通过本章学习，你能够学会：
1. 举例解释字符串创建和字符串引用的不同。
2. 应用常用字符串方法编写代码。
3. 应用 StringBuilder 常用方法编写代码。
4. 应用 StringTokenizer 常用方法编写代码。
5. 应用正则表达式验证数据。

第 11 章　为何要再谈字符串

字符串 String 是 Object 类的又一个重要子类。它是 final 类，所以不能被继承。字符串和数组有着紧密的联系。例如，可以利用字符数组作为参数，创建字符串对象。再例如，可以利用数组对字符串进行引用，可以用字符串形式来表示数组，等等。但在 Java 中，它们是两个完全不同的类。不像在 C 或者 C++ 中，字符串和字符数组可以互换。

11.1　为何字符串也是类

字符串类提供了丰富的构造方法和功能强大的方法，以便对字符串进行各种操作。下面首先讨论字符串的引用和创建概念，以及字符串常用的构造方法和方法，后面的小节讨论如何利用 StringBuilder 和 StringBuffer 改变字符串的内容以及各种操作，最后讨论如何利用 StringTokenizer 分解字符串。

11.1.1　什么是字符串引用

引用并没有创建新的对象，不涉及内存空间的分配。引用只是指向已存在的对象，相当于给这个对象起一个别名或"外号"。即

```
String name = new String("Java");      //创建名为 name 的字符串对象，其内容为 "Java"
String language = name;                //用 language 引用对象 name
```

继续以上代码，仔细观察可以发现一个有趣现象。例如：

```
String language = new String("C++");   //取消对 name 的引用。创建新对象 language,
                                       //其内容为 "C++"
name = language;                       //取消 name 原有对象的内容；用 name 引用 language
```

首先，name 原来的内容被取消，其分配空间被列入 JVM 的垃圾回收器 gc() 等待收回。然后成为 language 的别名，即对 language 的引用。

注意：

```
String string1 = new String("Java");
```

和

```
String string2 = "Java";
```

尽管这两个字符串在内容上完全一样，但前者是对象创建；而后者是对"Java"这个字符串的引用。这两个字符串的内存地址完全不同。但是：

```
String s1 = "Java";
String s2 = s1;
String s3 = "Java";
```

都是对字符串"Java"的引用。这三个变量的地址完全一样，都指向存储"Java"的内存空间。

11.1.2 什么是字符串创建

如果我们将 s1 的引用改为：

```
s1 = "JSP";
```

那么，s1 将不再对"Java"进行引用，其引用地址不再与 s2 和 s3 相同。注意，我们在这里称 s1 改变其对字符串的引用，而不是说改变了 s1 原有的字符串内容。字符串是不能修改的，但引用可以改变。

而在以下代码：

```
String s4 = new String(s1);
```

中，虽然 s4 利用 s1 作为构造器的参数来创建对象，尽管它们的内容完全一样，但 s4 不是对 s1 的引用。因为 s1 和 s4 有着完全不同的内存地址。

最后：

```
String s5 = new String("JSP");
```

s4 和 s5 是两个不同的字符串对象，尽管它们的内容一样，但它们具有不同的内存地址。如果将 s1 实行新的引用，即

```
s1 = s5;
```

JVM 的垃圾清理器首先收回 s1 所指的"JSP"的内存空间，再实行对 s5 的引用。这时，s1 指向 s5 的内存地址。以上对引用和创建的分析和演示代码，存储在本书配套资源目录 Ch11 名为 StringReferencingTest.java 的文件中，便于加深理解。

11.1.3 字符串构造方法

表 11.1 中列出了常用 String 类构造方法。其中用 String() 创建一个空字符串没有什么实际意义，因为字符串内容创建后不能改变。

表 11.1　常用 String 类构造方法

构 造 方 法	解　　释
String()	用来创建一个空字符串 ""
String(dataType[] arrayName)	dataType[] 可以是 byte 数组、char 数组或者 int 数组
String(dataType[] arrayName, int startIndex, int count)	从规定的数组创建一个指定长度的字符串
String(String str)	创建一个复制的字符串
String(StringBuilder strBuilder)	创建一个复制 StringBuilder 对象的字符串

下面是利用字符串构造器创建对象的例子。

例子之一：创建一个 byte 数组，并利用它创建字符串对象。

```
byte[] countryArray = {67, 104, 105, 110, 97};          // "China"
String country = new String (countryArray);              // 用 countryArray 内容创建对象
String countryCode = new String (countryArray, 0, 2);   // "Ch"
```

在上面的代码中，0 代表开始复制的数组下标，2 表示复制字符的个数。

例子之二：定义一个字符数组，并利用它创建字符串对象。

```
char[] cityName ={'B', 'e', 'i', 'j', 'i', 'n', 'g'};
String city = new String (cityName);
String cityCode = new String (cityName, 3, 4);
```

cityCode 的内容为 "jing"。

例子之三：定义一个 int 数组，并利用它创建字符串对象。

```
int[] unicodeArray = { 74, 97, 118, 97};                // "Java"
String unicode = new String(unicodeArray);
```

字符串 unicode 的值为 "Java"。

11.1.4 高手必须掌握的字符串方法

String 类中常用方法可以分为以下几种方式。
- ❏ 得到字符串中指定子字符串或者字符位置的方法。
- ❏ 得到修改或者更新后字符串的方法。
- ❏ 对字符串进行比较的方法。

由于字符串的内容不具有修改性，因此凡是对字符串内容进行修改以及更新的操作，都将返回一个新的字符串。另外，为了与数组以及集合类操作的一致性，字符串中字符的位置也按照下标或索引表示，并且从 0 开始。

表 11.2 列出了得到字符串中指定子字符串或者字符位置的常用方法。

表 11.2 得到字符或子字符串下标位置的常用 String 类方法

方　　法	解　　释
int length()	返回一个表示字符串长度的整数值
int indexOf(char ch)	返回指定字符 ch 第一次出现在字符串中的下标。如果 ch 没有找到，则返回一个负整数
int indexOf(String str)	返回子字符串 str 第一次出现在字符串中的开始下标。如果 str 没有找到，则返回一个负整数
int indexOf(String str, int index)	返回子字符串 str 从指定下标 index 开始第一次出现在字符串中的开始下标。如果 str 没有找到，则返回一个负整数
int lastIndexOf(char ch)	返回字符 ch 最后出现在字符串中的下标。如果 ch 没有找到，则返回一个负整数
int lastIndexOf(String str)	返回子字符串 str 最后出现在字符串中的开始下标。如果 str 没有找到，则返回一个负整数
int lastIndexOf(char ch, int index)	返回从下标 0 到指定下标 index 中最后出现在字符串中的字符 ch 的开始下标。如果 ch 没有找到，则返回一个负整数
int lastIndexOf(String str, int index)	返回从下标 0 到指定下标 index 中最后出现在字符串中的子字符串 str 的开始下标。如果 str 没有找到，则返回一个负整数

例子之一：调用 length()、indexOf() 以及 lastIndexOf() 的例子。

```
// 以下所有例子在本书配套资源目录 Ch11 中,名为 StringMethodsTest.java
String title = "Java Programming in Practice";
int titleLength = title.length();              //titleLength = 28
int index = title.indexOf('a');                //index = 1
int index1 = title.indexOf("in");              //index1 = 13
int index2 = title.indexOf("in", 14);          //index2 = 17
int index3 = title.lastIndexOf('a');           //index3 = 22
int index4 = title.lastIndexOf('a', 5);        //index4 = 3
int index5 = title.lastIndexOf("Pr", 19);      //index5 = 5
```

表 11.3 中列出了 String 类中得到修改或者更新后的字符串的常用方法。

表 11.3 得到一个更新后的字符串常用方法

方　　法	解　　释
String substring(int startIndex)	返回从指定位置开始的字符串
String substring(int startIndex, int endIndex)	返回从指定开始位置到指定结束位置减 1 的字符串
String replace(char oldChar, char newChar)	返回用新字符 newChar 替换了所有指定字符 oldChar 的字符串
char charAt(int index)	返回指定位置的字符
char[] toCharArray()	返回按字符串中所有字符生成的字符数组
String[] split(String delimiter)	返回按照字符串 delimiter 分隔的字符串数组。delimiter 不包括在返回的字符串数组内
String trim()	返回除去字符串前后空格的字符串
String toLowerCase()	返回将所有字母转换成小写字母的字符串
String toUpperCase()	返回将所有字母转换成大写字母的字符串

例子之二：调用 substring()、replace() 以及 split() 方法。

```
String greeting = String new ("Welcome to Java Programming Community!");
String substring = greeting.substring(0);         // 复制 greeting 到 substring
String substring1 = greeting.substring(11, 15);   //substring1 = Java
```

注意,结束位置下标 15 代表的字符没有包括在返回的子字符串中。

```
String replaceString = greeting.replace("Java", "JSP");    // 把 Java 替换为 JSP
String[] splits = greeting.split(" ");
```

上面语句运行后将产生一个具有 5 个元素的如下字符串数组：

```
splits[0] = "Welcome";
splits[1] = "to";
splits[2] = "JSP";
splits[3] = "Programming";
splits[4] = "Community! ";
```

例子之三：调用 toLowerCase() 以及 toUpperCase() 方法。

```
String greeting = String new ("Welcome to Java Programming Community!");
String lowerCaseString = greeting.toLowerCase();
```

字符串 lowerCaseString 得到全部小写的字符串 "welcome to java programming community!"。而

```
String upperCaseString = greeting.toUpperCase();
```

运行后,字符串 upperCaseString 得到全部大写的字符串："WELCOME TO JAVA PROGRAMMING COMMUNITY!"。

例子之四：调用 charAt() 和 toCharArray() 方法。

```
String greeting2 = String new ("Java");
char ch = greeting.charAt(3);                      //ch = 'a'
char[] charArray = greeting.toCharArray();
```

charArray 各元素的内容如下：

```
charArray[0] = 'J'    charArray[1] = 'a'    charArray[2] = 'v'
charArray[3] = 'a'
```

例子之五：调用 trim() 方法。

```
String countryName = "       People's Republic of China    ";
String country = countryName.trim();
```

运行后，字符串 country 的内容为"People's Republic of China"。

表 11.4 列出了对两个字符串进行比较的常用方法。

表 11.4 比较字符串的常用方法

方　　法	解　　释
boolean equals(String str)	如果两个字符串相等，返回真，否则返回假
boolean equalsIgnoreCase(String str)	同上，但不考虑大小写字母的比较
boolean startsWith(String str)	如果字符串以 str 开始，返回真，否则返回假
boolean startsWith(String str, int startIndex)	如果字符串以 str 在指定下标 startIndex 开始，返回真，否则返回假
boolean endsWith(String str)	如果字符串以 str 结束，返回真，否则返回假
boolean isEmpty()	如果是一个空字符串，返回真，否则返回假。在 JDK1.6 中提供
int compareTo(String str)	如果字符串小于 str，返回一个负整数；如果两个字符串相等，返回 0；如果字符串大于 str，返回一个正整数
int compareToIgnoreCase(String str)	同上，但不考虑大小写字母
boolean isBlank()	JDK11 新增方法：如果是空或者只是控制符字符串，返回 true，否则返回 false
String repeat(int n)	JDK11 新增方法：重复字符串 n 次，并返回重复的字符串

例子之六：调用 equals()、equalsIgnoreCase()、startsWith()、endsWith() 以及 isEmpty() 方法。

```
String fullName = "Wang Chang Ling";
String name = "Wang chang ling";
boolean result0 = fullName.equals(name);              //result0 = false
boolean result1 = fullName.equalsIgnoreCase(name);    //result1= true
boolean result2 = fullName.startsWith("W");           //result2 = true
boolean result3 = fullName.startsWith("W", 1);        //result3 = false
boolean result4 = fullName.endsWith("G");             //result4 = false
boolean result5 = fullName.isEmpty();                 //result5 = false
```

例子之七：调用 compareTo() 以及 compareToIgnoreCase() 方法。

```
int flag0 = fullName.compareTo(name);                 //flag0 = -32
int flag1 = fullName.compareToIgnoreCase(name);       //flag1 = 0
```

例子之八：调用 isBlank() 方法。

```
// 完整程序在本书配套资源目录 Ch11 中，名为 NewStringMethodApp.java
...
System.out.println(" ".isBlank());                    //true
System.out.println("".isBlank());                     //true
```

```
System.out.println("\n".isBlank());                  //true


String s = "a";
System.out.println(s.isBlank());                     //false

String s1 = null;
System.out.println(s1.isBlank());                    //cannot be null; throw
Null Pointer Exception
```

例子之九：调用 repeat() 方法。

```
String str = "String".repeat(2);
System.out.println(str);                             //StringString
```

11.2 API StringBuilder 类

如果需要改变字符串本身的内容，而不是通过产生新的引用或者利用返回新的字符串而达到这一目的，必须使用 StringBuilder 或者 StringBuffer。

StringBuilder 在 JDK1.5 中首次介绍，用来改善 StringBuffer 的操作。和 String 类一样，StringBuilder 属于 java.lang 包，是系统预设的类。下面通过实例，首先介绍 StringBuilder 的概念、构造器以及常用方法。

11.2.1 字符串内容可变还是不可变

要想改变字符串的内容，一定要付出代价。这个代价就是存储空间和执行速度。可以说 String 类用方便和速度换取了内容的不可改变性；而 StringBuilder 类则用内容可改性换取了操作效率。

StringBuilder 类和 String 类的主要区别如下：

- 利用 StringBuilder 创建的对象，可以改变自身字符串的内容，所以被称为"可改性"对象或"mutable"。
- 利用 String 创建的对象或者引用的对象，其自身内容不可改变，所以被称为"不可改性"对象或"immutable"。
- 由于需要改变字符串而引起的对内存地址和内容的切换，StringBuilder 对象在执行速度上慢于 String 对象。
- StringBuilder 类中增添了一些 String 中没有的方法。

综上所述，在程序开发中，尽量回避对字符串内容的改变操作。如果可以利用 String 对象，避免使用 StringBuilder。

11.2.2 StringBuilder 的构造方法

表 11.5 中列出了 StringBuilder 类的 3 个构造方法。可以看到，如果在创建 StringBuilder 对象时不指定字符长度，将自动预设或自动附加字符长度为 16。

表 11.5 StringBuilder 类构造方法

构 造 方 法	解　　释
StringBuilder()	创建一个具有存储 16 个字符长度能力的空字符串
StringBuilder(int length)	创建一个具有指定存储能力的空字符串
StringBuilder(String str)	创建一个指定内容的字符串，并且附加 16 个字符的存储空间

以下例子分别利用三个构造方法创建了不同的 StringBuilder 对象。

```
StringBuilder futureString =new StringBuilder();
                    //创建一个具有 16 个字符长度的名为 futureString 的对象
StringBuilder countryID = new StringBuilder(2);
                    //创建一个具有 2 个字符长度的名为 countryID 的对象
StringBuilder cityName = new StringBuilder("Wuhan");
```

最后一个语句创建了一个名为 cityName 的对象；其初始值为"Wuhan"，并且具有另外 16 个字符长度的空间。

注意，以下语句执行对已经存在 StringBuilder 对象如 cityName 的引用：

```
StringBuilder nickname = cityName;
```

即 nickname 是对象 cityName 的引用。对其中一个的任何改变将影响到另外一个。

11.2.3 高手必须掌握的其他常用方法

表 11.6 列出了 StringBuilder 类和 String 类都可以使用的方法。这些方法在两个类中的调用和操作结果完全一样。你可以参考上节中的例子。

表 11.6 String 类和 StringBuilder 类共同使用的方法

方　　法	解　　释
int length()	返回一个表示字符串长度的整数值
int indexOf(String str)	返回子字符串 str 第一次出现在字符串中的开始下标。如果 str 没有找到，则返回一个负整数
int indexOf(String str, int index)	返回从指定下标开始第一次出现在字符串中的 str 的下标。如果 str 没有找到，则返回一个负整数
int lastIndexOf(String str)	返回子字符串 str 最后出现在字符串中的开始下标。如果 str 没有找到，则返回一个负整数
int lastIndexOf(char ch, int index)	返回从下标 0 到指定下标 index 中最后出现在字符串中的字符 ch 的下标。如果 ch 没有找到，则返回一个负整数
int lastIndexOf(String str, int index)	返回从下标 0 到指定下标 index 中最后出现在字符串中的子字符串 str 的开始下标。如果 str 没有找到，则返回一个负整数
String substring(int index)	返回从指定下标开始的字符串
String substring(int startIndex, int endIndex)	返回从指定开始下标到指定结束下标减 1 的字符串

表 11.7 列出了 StringBuilder 类中的常用方法。

表 11.7 StringBuilder 类常用方法

方　　法	解　　释
int capacity()	返回对象的存储能力（最大字符长度）
int setLength(int length)	用指定字符串长度代替当前的长度
append(dataType item)	将指定 item 加入至当前对象的尾部。dataType 可以是任何基本变量类型、字符数组或者字符串
insert(int index, dataType item)	将指定 item 插入到指定的下标位置。dataType 可以是任何基本变量类型、字符数组或者字符串
replace(int startIndex, int endIndex, String str)	用 str 代替从指定下标开始到指定下标结束减 1 位置上的内容
delete(int startIndex, int endIndex)	删除从指定下标开始到指定下标结束减 1 位置上的内容
deleteCharAt(int index)	删除从指定下标位置上的字符
setCharAt(int index, char ch)	用 ch 替换指定下标位置上的字符
String toString()	返回 StringBuilder 对象内容

> **注意** 当 StringBuilder 对象的字符串长度超过 16 时，它将自动加长其存储能力。

例子之一：调用 capacity()、length() 以及 setLength() 方法。

```
// 完整程序在本书配套资源目录 Ch11 中，名为 StringBuilderMethodsTest.java
StringBuilder phone = new StringBuilder("510-651-5168");
int length = phone.length();
System.out.println("length = " + length);              //length = 12
int capacity = phone.capacity();
System.out.println("capacity = " + capacity);          //capacity = 28

phone.setLength(3);
System.out.println("phone = " + phone);                //phone = 510
System.out.println("capacity = " + phone.capacity());  //capacity = 28

phone.setLength(12);
System.out.println("phone = " + phone);                //phone = 510
System.out.println("capacity = " + capacity);          //capacity = 28
```

从上面例子可以看出，调用 setLength() 减小对象的字符串长度将改变字符串内容，但不改变存储能力 capacity。当再次调用 setLength() 方法，重新将长度恢复至原来的长度值时，字符串的原有内容不再恢复。

例子之二：调用 append()、insert()、replace()、delete()、deleteCharAt() 以及 setCharAt() 方法。

```
StringBuilder phone2 = new StringBuilder("510-651-5168");
phone2.append(" ext. 299");      //phone2 = "510-651-5168 ext. 299"
phone2.delete(4, 7);             //phone2 = "510--5168 ext. 299"
phone2.insert(4, "659");         //phone2 = "510-659-5168 ext. 299"，或: phone2.
                                 //insert(4, 659)
phone2.replace(0, 3, "408");     //phone2 = "408-659-5168 ext. 299"
phone2.deleteCharAt(7);          //phone2 = "408-6595168 ext. 299"
phone2.setCharAt(2, '9');        // phone2 = "409-6595168 ext. 299"
```

例子之三：在调用 append() 和 insert() 方法时，其参数可以是任何基本变量类型。该参数的值首先被转换成字符串，然后执行添加。

```
StringBuilder builder = new StringBuilder();
builder.append(129.87);    // 即 "129.87"
builder.append(true);      // 即 "129.87true"
builder.insert(6, 25);     // 即 "129.8725true"
```

> **注意** 在调用 subString()、delete() 和 replace() 方法时，操作不包括结束下标，而是指结束下标的前一个字符。

11.2.4 用实例学会 StringBuilder 应该很容易

将姓名和电话号码格式化。假设读入信息具有如下形式：

```
Chris West9195551618
```

将其格式化为：

```
West, Chris (919)555-1618
```

或者

```
Chang Lin Wang9195551666
```

将其格式化为：

```
Wang, Chang Lin (919)555-1666
```

或者

```
Jon N. Smith9992221223
```

将其格式化为：

```
Smith, Jon N. (999)222-1223
```

即格式化后，姓在前，名在后，之间加以逗号；电话号码加以空格，将区域号用括号括起，并且在前置号后加入一个连字符"-"。

可以编写一个利用 StringBuilder 对字符串进行格式化的类 StringBuilderFormatter，使之完成指定的格式化功能。这个程序如下：

```java
// 完整程序在本书配套资源目录Ch11中，名为StringBuilderFormatter.java
public class StringBuilderFormatter {
    StringBuilder formatter(String message) {
        int phoneIndex = 0,
            lastNameIndex = 0;
        StringBuilder str = new StringBuilder(message);
        //find the index of ending person's name
        for(int i = 0; i < str.length(); i++) {                    // 找到电话号码开始位置
                if (str.charAt(i) != ' ' && str.charAt(i) != '.' &&
                str.charAt(i) < 'A') { phoneIndex = i;  // 电话号码下标位置
                break;
                }
        }
        for(int i = phoneIndex; i >= 0; i--) {                     // 找到姓的开始位置
            if (str.charAt(i) == ' ') {                            // 姓的位置前一个空格
                lastNameIndex = i+1;                               // 姓的位置下标
                break;
            }
        }
        String lastName = str.substring(lastNameIndex, phoneIndex);
                                                                   // 得到姓
        lastName += ", ";                                          // 在姓后加入逗号和空格
        str.insert(phoneIndex, " (");                              // 对电话号码格式化
        str.insert(phoneIndex+5, ")");
        str.insert(phoneIndex+9, "-");
        str.delete(lastNameIndex, phoneIndex);                     // 删除姓
        str.insert(0, lastName);                                   // 将姓插入字符串的开始位置
        return str;                                                // 返回结果
    }
}
```

从 Unicode 或者 ASCII 代码表中可以看到，电话号码（数字）的开始位置必须满足这个关系表达式：

```
str.charAt(i) != ' ' && str.charAt(i) != '.' && str.charAt(i) < 'A'
```

这个代码的测试程序如下：

```
// 完整程序在本书配套资源目录Ch11中，名为StringBuilderFormatterApp.java
import javax.swing.*;
public class StringBuilderFormatterApp {
    public static void main( String args[] ) {
        String choice = "y";
        while (choice.equalsIgnoreCase("y")) {
            String message = JOptionPane.showInputDialog("Please enter your
                string want to be formatted: ");
            StringBuilderFormatter format = new StringBuilderFormatter();
            StringBuilder str = format.formatter(message);
            JOptionPane.showMessageDialog(null, str);
            choice = JOptionPane.showInputDialog("Do you want to continue(y/n)?");
        }
    }
}
```

这个程序的典型运行结果如前所述。

11.2.5　StringBuilder 的大哥——StringBuffer 类

StringBuffer 类和 StringBuilder 类没有本质上的不同。它们具有相同的构造器和方法，其定义和操作也完全相同。从应用角度，这两个类的不同在于以下几个方面。

- ❑ StringBuffer 中的方法是同步方法（synchronized methods）。同步方法可以用于多线程（multi-threaded）程序的开发。在一个多线程应用程序中，一个对象可以被多个线程并行（concurrency）访问。本书将在以后的章节专门讨论多线程概念和其编程技术。但同步方法需要更多的处理操作和步骤，因而执行速度比较慢。
- ❑ StringBuilder 中的方法不具有同步特性。但其执行速度比 StringBuffer 快。
- ❑ StringBuffer 在没有应用多线程技术的程序中，往往被 StringBuilder 所代替。

因为 StringBuffer 的常用方法和 StringBuilder 相同，这里不再列举。可以参考表 11.6 ~ 表 11.8 中列出的 StringBuilder 的构造器和常用方法以及应用例子，便于深入理解 StringBuffer。

11.3　API StringTokenizer 类——分解字符串

StringTokenizer 是专门用来对字符串对象进行分解处理的重要 API 类。StringTokenizer 属于 java.util 包，运用时需要使用：

```
import java.util.StringTokenizer;
```

语句。

虽然可以利用 String 中的 split() 方法来对字符串进行分解处理，但 split() 总是生成一个字符串数组，这在有些不需要保持每个分解结果的应用中似乎有些奢侈和浪费。也可以利用本章将要介绍的正则表达式，指定任何需要的分解模式，对字符串进行分解处理，但 StringTokenizer 编写简捷容易，操作更加方便，适合对字符串进行动态性的分解处理。

本节首先讨论字符串中记号（token）的概念，然后用实例讨论 StringTokenizer 的构造器以及常用方法。

11.3.1　token 就是分解字符串的符号

某些中文翻译似乎对 token 一词有所误解。在字符串应用中，token 与分隔符联系在一起，是按指定分隔符将字符串分成的子字符串，即对字符串的分解。例如，如果空格 " " 是分隔字符串的分隔符，则 token 便是这个字符串的每个字。字符串中常用的分隔符还包括跳格符 " \t " 以及回车符

"\n"。但任何指定的子字符串,都可以用作分隔字符串。

11.3.2 构造方法和其他常用方法

表 11.8 列出了 StringTokenizer 类的构造方法。

表 11.8 StringTokenizer 类构造方法

构 造 方 法	解　　释
StringTokenizer(String str)	创建一个对象,用系统预设的分隔符(空格、跳格符以及回车符)进行分解字符串操作
StringTokenizer(String str, String delimiter)	用指定分隔符创建一个对象,并利用它来进行分解字符串操作
StringTokenizer(String str, String delimiter, boolean delimiterIncluded)	用指定分隔符创建一个对象,并利用它来进行分解字符串操作。如果 delimiterIncluded 为真,则 delimiter 也作为被分解的子字符串,否则不包括 delimiter

以下是创建 StringTokenizer 对象的例子。

```
StringTokenizer token = new StringTokenizer("Java JSP Servlets JavaBeans");
                                   //用空格作为分隔符
StringTokenizer dateToken = new StringTokenizer("10-15-2007", "-");
                                   //用"-"作为分隔符
StringTokenizer dateToken2 = new StringTokenizer("10-15-2007", "-", true);
```

最后一个语句设置布尔值为真,进行分解操作时,分隔符"-"也包括在分解的子字符串中。
表 11.9 列出了 StringTokenizer 类常用的方法。

表 11.9 StringTokenizer 类常用方法

方　　法	解　　释
int countTokens()	返回对象中还剩余的将被分隔符分解的子字符串数
boolean hasMoreTokens()	如果对象中还有被分解的子字符串,返回真
String nextToken()	返回对象中的下一个被分解的子字符串

以下是调用这些方法的例子。

```
//完整程序在本书配套资源目录 Ch11 中,名为 StringTokenizerTest.java
StringTokenizer dateToken = new StringTokenizer("10-15-2007", "-", true);
    while(dateToken.hasMoreTokens() ) {
        System.out.println(dateToken.nextToken());
        System.out.println("Number of tokens left: " + dateToken.
            countTokens());
    }
```

这个程序运行后将打印如下结果:

```
10
Number of tokens left: 4
-
Number of tokens left: 3
15
Number of tokens left: 2
-
Number of tokens left: 1
2007
Number of tokens left: 0
```

11.3.3 用实例学会 StringTokenizer

利用本章后面将讨论的实战项目——计算器模拟软件来学习掌握 StringTokenizer。实际上你只需要改写 parseExpression() 方法，其他代码完全相同。利用 StringTokenizer 改写后的 parseExpression() 如下：

```java
// 完整程序在本书配套资源目录 Ch11 中，名为 Calculator2.java
public void parseExpression() {
    String operatorStr;                                  // 暂时存储分解后的操作符字符串
    char[] operatorArray = new char[1];                  // 暂时存储转换为字符数组的操作符
    StringTokenizer tokens = new StringTokenizer(expression);
    currentTotal = Double.parseDouble(tokens.nextToken());
                                                         // 转换成数值并存储当前计算结果
    while (tokens.hasMoreTokens()) {
        operatorStr = tokens.nextToken();                // 依次读入操作符字符串
        operatorArray = operatorStr.toCharArray();       // 转换成字符数组
        operator = operatorArray[0];                     // 转换成字符
        operandValue = Double.parseDouble(tokens.nextToken());
                                                         // 依次读入操作数并转换成数值
        compute();
    }
}
```

11.4 正则表达式

正则表达式（Regular Expressions）在 JDK1.4 中首次发布。它提供了对字符串，乃至于文本编辑需要的各种处理功能，用来创建动态文本模式，并且按照文本模式，解决对字符串的搜索、匹配、选择、认证，以及其他编辑操作。

正则表达式可以被认为是一种全新的动态模式认可语言。它的模式规则丰富多彩、灵活多变。本书只是概括性地介绍正则表达式和它在 Java 编程中，特别是在字符串模式认可（Pattern recognition）中的应用。

11.4.1 高手必须知道的正则表达式

"请编写一段代码识别用户输入的电子邮箱地址是否合法。"如果没有正则表达式，可以想象，使用 String、StringBuilder 以及 StringTokenizer 验证 email 地址的操作如何繁杂。利用正则表达式来解决这个问题，会使你对其威力惊叹不已。例如：

```
(\\w+)(.\\w+)*@(\\w+\\.)(com|edu|cn|net|org|gov)
```

如果将这个表达式翻译成我们的日常语言，其含义是：

以任何英文字母或者数字以及下画线开始，并重复多次，其中有可选项"."并跟随字母、数字或者下画线，紧接着一个 @，并只允许一个 @，再跟随任何英文字母、数字以及下画线，并且以 .com、.edu、.cn 或者 .net 等结束。这正是我们要建立验证电子邮箱地址的条件。

在 Java 编程中，可以按照以下快捷方式来验证一个字符串的合法性。

（1）按照正则表达式规则创建进行验证的模式（下面将讨论）。

（2）利用 String 类中的 matches() 方法进行验证操作。例如：

```java
if ( myEmail.matches(" (\\w+)(.\\w+)*@(\\w+\\.)(com|edu|net|cn|org|gov)") )
    isValid = true;
else
    isValid = false;
    ...
```

如果需要进行除验证之外的更多操作，或进行文本文件的验证和编辑，可以利用 java.util.regex 包中提供的专门用来使用正则表达式的 API 类 Pattern 创建一个对象，并且对指定的正则表达式进行编译。例如：

```
String emailExp = " (\\w+)(.\\w+)*@(\\w+\\.)(com|edu|net|cn|org|gov)";
                                                          //定义正则表达式
Pattern p = Pattern.compile(emailExp);                    //编译正则表达式
```

然后利用 java.util.regex 包中提供的另外一个 API 类 Matcher 创建对象，进行是否匹配的验证。例如：

```
String email = JOptionPane.showInputDialog("Please enter your email address:");
Matcher m = p.matcher(email);           // 执行验证
boolean matchFound = m.matches();       // 调用 matches() 方法查看验证结果
if (matchFound)
    isValid = true;
else
...
```

如果验证的 email 符合正则表达式的规则，Matcher 类的方法 matches() 将返回真，否则返回假。

以上综合性地介绍了如何利用正则表达式来验证字符串。下面将手把手教会你怎样做。我们将首先讨论正则表达式的规则和创建，然后讨论利用正则表达式编写代码进行各种验证的操作。

11.4.2　正则表达式规则

正则表达式中的规则定义可分为以下几个方面。
- 字符结构定义。
- 边界匹配定义。
- 逻辑运算定义。
- 量词定义。

表 11.10 列出了正则表达式对字符和字符串的定义规则。

表 11.10　字符结构定义规则

字 符 结 构	解　释
.	任何字符
X	单个字符，包括控制符 (\t、\n、\r、\\、\f)
Xxx	字符串
[abc]	包含 a 或 b 或 c 的任何单个字符
[^abc]	不包含 a 或 b 或 c 的任何单个字符
[a-zA-Z]	包含英文大小写字母中的任何单个字母
\s	空白符（空格、跳格、回车、换行、换页）
\S	非空白符
\d	数字（0～9）
\D	非数字
\w	文本字符，[a-zA-Z_0-9] 中的任何一个字符
\W	非文本字符

注意　为了使 Java 编译器识别，在以"\"开始的字符串定义中必须再加一个"\"，说明跟随的是正则表达式对字符的定义符。正则表达式必须用双引号括起。

以下是利用字符串定义编写正则表达式的例子。
- ""——只匹配任何单个字符。
- "A"——只匹配字符 A。
- "cat"——只匹配字符串 "cat"。
- "[^a-zA-Z]"——匹配除英文大小字母外的任何一个字符。
- "\\d"——匹配 0～9 的一位数字。
- "\\w"——匹配一个文本字符，即英文字母、下画线和数字中的任何一个。
- "\\W"——匹配不包括文本字符的任何一个字符，如 & 或者 @ 等，相当于 "[^\\w]"。

表 11.11 列出了正则表达式的边界匹配符定义规则。

表 11.11 边界匹配符定义规则

定 义	解 释
^B	必须以 B 开始。B 为任何字符、字符串
B$	必须以 B 结束。B 为任何字符、字符串

以下是利用边界匹配符的例子。
- "^cat(.)*"——以 "cat" 为开始的任何字符串，如 "cat" "catalog"，但不是 "indicate"。
- "(.)*cat$"——以 "cat" 结束的任何字符串，如 "cat"，但不是 "catalog" 以及 "indicate"。

表 11.12 列出了正则表达式的逻辑运算符定义规则。

表 11.12 逻辑运算符定义规则

定 义	解 释
XY	X 后跟随着 Y
X|Y	X 或者 Y。X、Y 为任何字符、字符串

逻辑与是文字中普遍应用和预设的操作。以下是利用逻辑或编写正则表达式的例子。
- "(\\d)|(\\s)"——任何只包含 0～9 数字或者空白符（空格、跳格、回车、换行以及换页）的字符串。
- "[y|n][Y|N]"——只包括大写或小写字母 y 或 n。

表 11.13 列出了正则表达式的量词定义符。

表 11.13 量词符定义规则

定 义	解 释
X?	匹配空字符串，或最多匹配一个 X
X*	匹配空字符串，或一个到多个 X
X+	匹配一个或者多个 X
X{n}	X 必须重复 n 次
X{n,}	X 至少重复 n 次
X{n, m}	X 至少重复 n 次，但不多于 m 次

以下是利用量词符编写正则表达式的例子。
- "a?"——匹配 "a" 或者空字符串 ""。
- "(Java)*"——匹配 "Java" 以及更多重复，或者空字符串 ""。
- "(Java)+"——匹配 "Java" 以及更多重复。
- "(Java){2}"——匹配 "JavaJava"。
- "(Java){2,}"——匹配 "JavaJava" 以及更多重复。
- "(Java){1,3}"——匹配 "Java" "JavaJava" 以及 "JavaJavaJava"。
- "(\\d{3})-(\\d{2})-\\d{4})"——美国社会安全号，即 111-11-1111 模式。
- "^(\\d)+(\\s)*([a-zA-Z]+(\\s)*[a-zA-Z]+)+,(\\s)*[a-zA-Z]+,\\s+[A-Z]{2}(\\s)*(\\d){5}$";——定义

居住地址，必须以数字开始，有或无空格，跟随英文字母（有或无空格），逗号并有或无空格，再以英文字母开始（作为城市和州名），逗号并有多个或无空格，再以两个大写字母作为州名，有或无空格，并且以 5 位数字结束（作为邮编号），即

```
1234 First Street, Oakland, CA 93455
```

为合法输入地址。

11.4.3 不再是秘密——String 中处理正则表达式的方法

验证一个字符串是否与指定模式匹配的快捷方式是利用 String 类的 matches() 方法。其语法格式为：

```
boolean matches(String regex)
```

如果调用这个方法的字符串与指定模式 regex 匹配，它将返回真，否则返回假。

利用 String 的 matches() 方法验证用户输入是否合法居住地址：

```
boolean isValid = false;
Scanner sc = new Scanner(System.in);
String address =  "^(\\d)+(\\s)*([a-zA-Z]+(\\s)*[a-zA-Z]+)+,
    (\\s)*[a-zA-Z]+,\\s+[A-Z]{2}(\\s)*(\\d){5}$";
while(!isValid) {
    // 循环的其他操作
    ...
    System.out.println("Please enter your residential address: ");
    if (sc.nextLine().matches(address))
        isValid = true;
    else
        System.out.println("Invalid address! Please try again…");
}
...
```

11.4.4 揭开 Pattern 和 Matcher 类的面纱

Java 在 JDK1.4 版本中首次提供 Pattern 类以及 Matcher 类，包括在 java.util.regex 包中，专门用来对正则表达式进行模式创建、模式的认可，以及其他处理和操作，并且在 JDK1.5 版本中增加了一些新的方法。表 11.14 列出了在 Pattern 类中常用的方法。

表 11.14 Pattern 类常用方法

方　　法	解　　释
Pattern compile(String regex)	将指定的正则表达式编译到模式中，并返回这个模式的引用
Matcher matcher(CharSequence input)	创建用来匹配指定输入字符串的匹配器，并返回这个匹配器引用
static boolean matches(String regex, CharSequnce input)	静态方法，编译指定正则表达式并执行是否与输入字符串匹配。如果匹配，返回真，否则返回假
String pattern()	返回编译过的调用对象的正则表达式
String toString()	同上

> 更多信息　CharSequnce 可以是字符串类型。

以下是调用这些方法的例子。

```
// 完整程序在本书配套资源目录 Ch11 中，名为 PatternTest.java
Pattern ssnPattern = Pattern.compile("[0-9]{3}-[0-9]{2}-[0-9]{4}");
```

```
// 等同于"\\d+{3}-\\d+{2}-\\d+{4}"
Matcher ssnMatcher = ssnPattern.matcher("111-11-1111");
if (ssnMatcher.matches())
    System.out.println("SSN Match!");
else
    System.out.println("SSN not Match!");
    System.out.println("pattern: " + ssnPattern.pattern());
    System.out.println("toString(): " + ssnPattern);
```

程序调用了 Matcher 类的方法 matches() 进行比较。这个代码运行后将打印如下结果:

```
SSN not Match!
pattern: [0-9]{3}-[0-9]{2}-[0-9]{4}
toString(): [0-9]{3}-[0-9]{2}-[0-9]{4}
```

不匹配的原因是中间有空格。

以上代码可以修改为调用两个参数的 matches() 方法:

```
if (Pattern.matches("[0-9]{3}-[0-9]{2}-[0-9]{4}", "111-11-1111"))
    System.out.println("SSN Match!");
else
    System.out.println("SSN not Match!");
```

运行结果为:

```
SSN Match!
```

表 11.15 列出了在 Matcher 类中常用的方法。

表 11.15 Matcher 类常用方法

方　　法	解　　释
boolean matches()	执行匹配操作。如果匹配，返回真，否则返回假
String group()	返回进行过匹配验证的输入字符串
String group(int group)	返回进行过匹配验证的输入子字符串
String groupCount()	返回进行过匹配验证的输入字符串的子字符串数

以下是调用这些方法的例子。

```
Pattern catPattern = Pattern.compile("(.*)cat(.*)");
// 匹配任何有"cat"的输入字符串
Matcher catMatcher = catPattern.matcher("OOP in Java catalogue");
    if (catMatcher.matches())
        System.out.println("cat Match!");
    else
        System.out.println("Not cat Match!");
        System.out.println("group(): " + catMatcher.group());
 for(int i = 0; i <= catMatcher.groupCount(); i++)
  System.out.println("group[ " + i + "] = " + catMatcher.group(i));
```

这个代码运行后将打印如下结果:

```
cat Match!
group(): OOP in Java catalogue
group[ 0] = OOP in Java catalogue
group[ 1] = OOP in Java
group[ 2] = alogue
```

11.4.5 验证身份不是难事——实例说明一切

例子之一：验证一个输入字符串的开始或者结尾是否包含关键字"Java"。

这个验证的正则表达式可以写为：

```
"^(Java)(.)*|(.)*(Java)$"
```

以下是利用 String 的 matches() 方法编写的验证代码：

```
String javaString = "Java Programming is fun";
String javaPattern = "^(Java)(.)*|(.)*(Java)$";
if (javaString.matches(javaPattern))
    System.out.println("Java Match!");
else
    System.out.println("Not Java Match!");
```

例子之二：验证用户是否输入"y"或"n"来继续或者停止程序的运行。假设可以是大写或者小写字母。

验证这个输入的正则表达式可以写为：

```
"[yn]|[YN]"
```

以下是利用 String 的 matches() 方法编写的验证代码：

```
while (!done) {
    choice = JOptionPane.showInputDialog("Continue? (y/n): ");

    if (choice.matches("[yn]|[YN]"))
        done = true;
    else
        JOptionPane.showMessageDialog(null, "Wrong entry. You can only enter y
            or n" + "\nCheck your entry and try again...");
}
...
```

例子之三：利用正则表达式编写一个验证输入数据的类 validator。这个类具有静态方法用来验证电子邮箱地址、美国的社会安全号码（×××-××-××××，× 为正整数），以及美国的电话号码。

```
// 完整程序在本书配套资源目录 Ch11 中，名为 RegexValidator.java
public class RegexValidator {
    public static String validateEmail(Scanner sc, String prompt) {
        boolean isValid = false;
    String email = null;
    String emailPattern = "(\\w+)(.\\w+)*@(\\w+\\.)(com|edu|net|org|gov)
        (.[a-z]{2})?";      //email 模式
        while(!isValid) {
            try {
                System.out.print(prompt);
                email = sc.nextLine();
                if (email.equals(""))
                    throw new NullPointerException();
                else {
                    System.out.println("\nyou entered: " + email);
                    if (email.matches(emailPattern))
                        isValid = true;
                    else
```

```
                    throw new Exception();
            }       //else 结束
        }           //try 结束
        catch (NullPointerException e) {
            System.out.println("\nYou are in the email verification...");
        }
        catch (Exception e) {
            System.out.println("\ninvalid email. check your entry and try Again...");
        }                       //catch 结束
    }                           //while 循环结束
    return email;
}                               //validateEmail() 方法结束
...
```

在程序中，验证电子邮箱地址的模式：

```
String emailPattern = "(\\w+)(.\\w+)*@(\\w+\\.)(com|edu|net|org|gov)
(.[a-z]{2})?";
```

将国家或者区域号作为可选项。

验证社会安全号的模式为（完整程序参考本书配套资源目录 Ch11 中名为 RegexValidator.java 的文件）：

```
String ssnPattern = "(\\w)+{3}-(\\w)+{2}-(\\w)+{4}";
```

而验证电话号码的模式为：

```
String phonePattern =
"[1-9][0-9]+{2}-[1-9][0-9]+{2}-(\\d)+{4}|(\\([1-9][0-9]+{2}\\))[1-9]
[0-9]+{2}-(\\d)+{4}";
```

即可接受以下两种模式：

```
111-111-1111
```

或者

```
(111)111-1111
```

另外，模式中规定区域号第一位号码和前置号第一位号码不允许是 0。区域号和前置号后必须使用"-"分隔，符合西方国家对电话号码的书写方式。

实战项目：计算器模拟应用开发（1）

项目分析：

编写一个具有加、减、乘、除计算器功能的程序。假设用户按照以下次序输入字符串计算信息：

```
5 + -10.02 - 2 * 8.5 / 3.4 - -6 + 100.89
```

假设操作数和操作符之间有一个空格，操作数可能是小数和负数。计算器将按从左至右次序进行运算。

设计分析：

编写一个能够完成读入用户输入字符串作为计算表达式，并执行计算功能的类。例如，Calculator 类。这个类具有如下数据和方法。

类名：Calculator。

数据：String expression——存储用户输入的计算表达式。
　　　char operator——存储操作符。
　　　double currentTotal——存储第一个操作数以及运算结果。
　　　double operandValue——存储第二个操作数。
方法：void requestInput()——得到用户计算表达式的输入。
　　　void parseExpression()——将表达式分解，并转换成操作数和操作符。
　　　void compute()——利用操作数和操作符进行运算。
　　　String toString()——返回表达式和运算结果。

最后编写一个测试类 CalculatorApp 来测试并运行其功能。

以下是 Calculator 类的代码：

```java
// 完整程序在本书配套资源目录 Ch11 中，名为 Calculator.java
import javax.swing.JOptionPane;
public class Calculator {
    private String expression;
    private char operator;
    private double operandValue,
            currentTotal;
    public Calculator() {                    // 构造方法对数据初始化
        expression = null;
        operator = ' ';
        operandValue = 0.0;
        currentTotal = 0.0;
    }
    public void requestInput() {             // 得到用户输入的计算表达式字符串
        expression = JOptionPane.showInputDialog("Please enter your
            expression: ");
    }
    public void parseExpression() {          // 分解这个字符串成为操作数和操作符
        String[] expressions = expression.split(" ");
                                             // 调用 split() 方法用空格进行分解
        currentTotal = Double.parseDouble(expressions[0]);
                                             // 第一个操作数
        for(int i = 1; i < expressions.length; i += 2) {
                                             // 依次得到其余操作符和操作数
            operator = expressions[i].charAt(0);
                                             // 转换成字符以便使用 switch-case
            operandValue = Double.parseDouble(expressions[i+1]);
                                             // 得到下一个操作数
            compute();                       // 调用计算
        }
    }
    public void compute() {                  // 进行运算
        switch (operator) {
            case '+':  currentTotal += operandValue;
                    break;
            case '-':  currentTotal -= operandValue;
                    break;
            case '*':  currentTotal *= operandValue;
                    break;
            case '/':  currentTotal /= operandValue;
                    break;
            default:   System.out.println("wrong operator...");
                                             // 不在运算操作符之内
```

```
                    break;
            }
    }
    public String toString() {              // 返回表达式和运算结果信息
        return expression + "\nThe total after the calculation: " + currentTotal;
    }
}
```

可以看到，在 parseExpression() 方法中，利用 String 类的 split() 方法，将用户输入的字符串运算表达式分解成为一个字符串数组。因为规定用户输入的表达式中，每个操作数和操作符之间必须有空格，所以 split() 可以利用空格作为分隔符，即

```
String[] expressions = expression.split(" ");
```

另外值得一提的是，在输入的表达式字符串中，第一个空格前一定是第一个操作数；其余模式则是一个操作符跟随另一个操作数，直到字符串结束为止。利用这个特点，在 parseExpression() 方法中，首先将第一个操作数存入 currentTotal；然后利用循环，从分解的数组的第二个元素开始，依次转换操作符和操作数，调用计算方法 compute()，直到分解数组结束。因为 switch-case 表达式要求，我们先调用 String 类的 toCharArray() 方法，将操作符转换成只有一个元素的字符数组，即

```
operators = expressions[i].toCharArray();
```

然后将这个数组元素赋值给一个字符变量，即

```
operator = operators[0];
```

测试 Calculator 的驱动程序主要代码如下：

```
// 完整程序在本书配套资源目录 Ch11 中，名为 CalculatorApp.java
Calculator calculator = new Calculator();               // 创建对象
String choice = "y";
while (choice.equalsIgnoreCase("y")) {
    try {                                               // 处理转换异常错误
        calculator.requestInput();                      // 请求用户输入
        calculator.parseExpression();                   // 分解转换表达式
        JOptionPane.showMessageDialog(null, calculator);// 打印结果
    }
    catch (NumberFormatException e) {
        System.out.println("The expression is wrong…\nPlease try again.");
    }
    choice = JOptionPane.showInputDialog("Do you want to continue(y/n)? ");
}
```

程序中利用 try-catch 处理在 parseExpression() 方法中，调用 Double.parseDouble() 将一个操作数转换成双精度数值时可能产生的数据格式异常 NumberFormatException。

第 16 章讨论过 GUI 组件编程后将设计一个真正的计算器模拟窗口，用于进行计算器模拟软件的开发。

巩固提高练习和实战项目大练兵

1. 举例说明什么是字符串引用，什么是字符串创建。为什么说字符串是 immutable？
2. 以下对变量的定义有什么不同？
（1）char ch = 'A'; 和 String ch = "A";
（2）String str1 =""; String str2 = " "; String str3 = null;

3. 利用 String 类提供的方法,编写一个将字符串所有字符反向易位的程序(即第一个字符移位至最后一个字符,第二个字符移位至倒数第二个字符,以此类推)。将这个功能编写为类 StringChange 中的一个静态方法。编写测试程序测试结果。提示用户输入一个字符串,然后打印反向易位的结果。程序将继续运行,直到用户选择停止。对这个类和测试程序文档化,并存储这个程序。

4. 举例说明 StringBuilder 和 StringBuffer 的不同和相同之处。

5. Java 已经提供了功能强大的 String 类,我们为什么还需要应用 StringBuilder 和 StringBuffer?

6. **实战项目大练兵**:利用 StringBuilder 或 StringBuffer 编写一个将字符串所有字符反向易位的程序(功能和第 3 题相同)。将这个功能编写为类 StringChange2 中的静态方法。编写测试程序测试结果。提示用户输入一个字符串,然后打印反向易位的结果。程序将继续运行,直到用户选择停止。对这个类和测试程序文档化,并存储这个程序。

7. 举例说明什么是 token,为什么要用 token?

8. StringTokenizer 的功能是什么?怎样应用 StringTokenizer?

9. 利用正则表达式编写具有以下静态方法的名为 RegValidator 的类。

(1)判断用户是否输入大小写字母 y 或 n 来继续或者停止程序运行的方法。这个方法返回用户的正确输入字符。

(2)判断用户是否输入由参数指定范围的整数值。这个方法具有代表取值范围的两个 int 整数参数(最小值和最大值),并返回正确的输入值。

(3)判断用户是否输入指定范围的 double 类型数值。这个方法具有代表取值范围的两个 double 的参数(最小值和最大值),并返回正确的输入值。

(4)判断用户输入的是英文字母,并且返回这个字母。

(5)判断用户输入的是合法的中国手机号码,并返回这个号码。

(6)对 RegValidator 类文档化,并存储这个程序。

10. **实战项目大练兵**:完成第 9 题中要求的 5 个用正则表达式和静态方法编写的 RegValidator 类。再编写一个测试程序测试第 9 题中利用正则表达式编写的所有静态方法。提示用户输入,如果输入错误,则利用这些静态方法的提示信息,让用户继续输入,直到正确为止。打印正确的输入。对测试程序文档化,并存储这个程序。

> 毋意，毋必，毋固，毋我。
> （不凭空臆测，不全盘肯定，不拘泥固执，不自以为是。）

——《论语·子罕篇》

通过本章学习，你能够学会：
1. 举例说明异常处理和 Java 的异常处理机制。
2. 举例说明异常传播、异常抛出以及异常重抛。
3. 应用异常处理机制编写代码，验证数据的正确可靠性。
4. 应用异常处理 API 包提供的类编写验证数据的代码。
5. 编写自定义异常类来处理异常验证数据。
6. 应用断言对程序进行纠错。

第 12 章　揭秘异常处理

强调异常处理以及提供丰富的异常处理机制和 API 类，是 Java 语言的又一个显著特点。从本书讨论过的程序例子中不难体会到异常处理的重要性。没有异常处理，或者没有有效的异常处理功能，不可能产生安全可靠、自动纠错、用户友好、易于维护的应用程序。本章将进一步详细讨论 Java 编程中的两大类异常以及它们的处理技术，讨论异常的抛出和再抛出概念以及具体代码编写，通过实例讨论为什么和怎样编写自己定义的异常处理类。本章最后还将讨论如何有效地利用和编写异常处理代码。

12.1　高手必须懂的 API 异常处理类

图 12.1 中列出了常用 API 异常处理类的继承图。

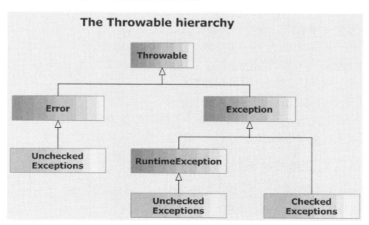

图 12.1　常用 API 异常处理类的继承图

从图 12.1 中可以看出，所有 API 异常处理类都是 Throwable 的子类。这些子类又可分为非检查性异常处理类和检查性异常处理类。如所有从 Error 类和 RuntimeException 类继承而来的子类都属于非检查性异常处理类。从 RuntimeException 继承而来的常用的类有：ArithmeticException、IllegalArgumentException、NumberFormatException、IndexOutOfBoundsException、ArrayIndexOutOfBoundsException、StringIndexOutOfBoundsException、NullPointException。

有些非检查性异常处理类从 Error 类继承得到。这些异常大多都涉及系统内部的运行错误和硬件设备错误，如 JVM 出错、线程不能继续运行错误、IO 设备错误、系统设置错误，等等。这些异常通常很少发生，即使产生这类异常，也不可通过异常处理来使程序正确运行。虽然它们不是软件开发者可以避免和控制的异常，但也把其归为非检查性异常。

而从 Exception 继承而来的子类属于检查性异常处理类。检查性异常指程序中必须提供处理这类异常的代码，否则编译器将产生编译错误。常用检查性异常处理类有：ClassNotFoundException、IOException、EOFException、FileNotFoundException、NoSuchMethodException。

下面首先讨论非检查性异常及其处理，然后介绍检查性异常和处理技术。

12.2 非检查性异常

非检查性异常，即 Unchecked Exceptions，指如果程序中没有编写处理对这类异常的代码，程序依然可以运行，这类异常一旦发生，JVM 将自动处理，处理结果如下。

❑ 迫使程序停止运行。
❑ 打印异常产生根源、异常类型，以及其他技术性信息。

到目前为止讨论的大多数异常都是非检查性异常。以下是引起非检查性异常的常见原因。

❑ 被 0 除。
❑ 数组超界。
❑ 数据类型不匹配。
❑ 非法参数。
❑ 非法使用对象。

可以看到，大多数非检查性异常的产生是由于可以避免的代码错误引起的。虽然有些异常产生于用户的输入数据错误，作为有经验的软件开发者，必须在得到这些数据时进行验证处理，然后再做其运算和操作，以避免异常发生。

12.2.1 出错第一现场在哪里

本着"将异常消灭在第一现场"的程序设计原则，异常处理机制一般编写在所有可能发生异常的操作根源处。非检查性异常发生的第一现场可能是：

❑ 利用构造方法创建对象的语句，如创建对象数组以及链表等。
❑ 接受用户输入数据并转换数据的操作，如调用 Scanner 类或者 parseXxx() 方法等。
❑ 执行算术运算的语句，如运算结果超界等。
❑ 访问数组元素的语句，如使用非法数组下标等。
❑ 导致 NullPointException 的语句，如调用不存在对象的方法等。

了解和掌握了异常可能发生的第一现场，才能有效地在程序中处理异常。

12.2.2 高手为什么要处理非检查性异常

"既然 JVM 将自动处理非检查性异常，为什么编程人员还要处理这类异常？"有些书籍和文章甚至提出不应该处理它们，而由 JVM 处理。

处理非检查性异常的最充分理由应该是：处理并且改正它，使得程序继续运行。有些非检查性异常并不是编程人员的疏忽，或者可以避免的，如用户输入非法数据等。但一个用户友好软件不可能因为用户输入错误就停止程序的继续运行；而是提供纠错处理机制，或者提供用户输入正确数据的机会。

这就要求软件开发者发现异常，处理异常（提供具体的精确的纠错信息以及纠错手段），使得程序正常运行。

12.3 检查性异常

检查性异常就是必须处理的异常。具体地讲，如果 API 类的某个构造方法或者方法要求必须进行异常处理时，我们称这个异常就是检查性异常，称这类方法为必须进行异常处理的方法。编程人员在程序中调用这个方法时，必须要提供处理指定异常的代码。编译器在编译代码时，将检查程序中是否提供异常处理机制或者传递异常处理功能。如果没有，则产生语法错误。

12.3.1 同样要分析出错第一现场

常见检查性异常发生的第一现场包括：
- 调用与文件输入/输出操作有关方法时涉及的异常，如文件没有找到异常 FileNotFoundException、文件结尾出错异常 EOFException 等。
- 调用与线程有关方法时涉及的异常，如 Interrupted Exception。
- 调用与数据库操作有关方法时涉及的异常，如 SQLException 等。
- 调用与网络连接和操作有关方法时涉及的异常，如 URLException、IOException 等。
- 完善 API 提供的接口时必须处理的异常，如在完善 Cloneable 接口时处理过的 CloneNotSupportedException。

不难看出，检查性异常不是编程人员可以控制或者避免的错误，不是因为编程人员缺乏编程经验而引起的不良代码，而是编译器要求调用这些方法的代码必须处理指定的异常。

12.3.2 处理常见检查性异常——必须

凡属必须进行异常处理的构造器和方法，在 API 类文档中都有明确规定。即在解释该方法时，用 throws 语句标示并且指出必须处理的异常类名。例如进行文件输入操作构造方法 FileReader()，API 文档对它的规定如下：

```
public FileReader(File file) throws FileNotFoundException
```

即明文规定使用这个构造方法创建 FileReader 对象，进行文件输入操作时，必须提供对 FileNotFoundException 的异常处理代码。再例如关闭文件输出操作的方法 close()，API 文档规定如下：

```
public void close() throws IOException
```

即在调用这个方法时，必须编写处理 IOException 异常的代码。如果编程人员在使用检查性异常的方法时没有提供异常处理代码，编译器将产生编译错误，并且指出出错原因。

> **更多信息** 在文件 I/O 中，尤其在随机文件读入操作中，经常利用 EOFException 来判断是否执行到文件结尾。这是对异常处理的特殊应用。详细讨论见第 21 章有关小节。

12.4 高手掌握异常处理机制

无论是检查性异常还是非检查性异常，它们的异常处理机制或者模式，可分为以下几种。
（1）传统 try-catch-finally 机制。

（2）利用 throws 抛出异常列表。
（3）以上两者的结合。
（4）利用 throw 语句抛出或者重抛异常对象。

下面将讨论模式 1~3。模式 4 可认为是传统机制的特殊应用，将在本章以后的小节专门讨论。

12.4.1 传统机制

我们称 try-catch-finally 为 Java 传统的异常处理机制。其中 finally 为可选项。这个机制可描述如下：

```
try {    //try block
    //包括需要处理的所有可能产生异常的语句
    ...
}
//catch clause
catch (ExceptionName1 e) {
    //异常处理信息
    ...
}
catch (ExceptionName2 e) {
    //异常处理信息
    ...
}
...
catch (ExceptionNameN e) {
    //异常处理信息
    ...
}
finally {   // 可选项
    //需要处理的信息或者操作
    ...
}
```

这个机制规定：
- try 程序块必须至少有一个 catch 程序块，或者有一个可选项 finally 程序块跟随，否则将产生语法错误。
- 有 catch 而无 try 为非法语句。
- 无论是否有异常发生，如果代码中有 finally 程序块，它总是被执行。
- finally 为可选项。但程序中有 try 程序块却没有 catch，则必须提供 finally 程序块，否则将产生语法错误。
- 一个 try 程序块跟随多个 catch 程序块时，我们称它们为 catch 族。
- 一个 try 程序块或者 try-catch 机制只允许有一个 finally 程序块。它必须跟随在 try 或者 try-catch 的后面，否则为语法错误。
- 即使在 try、catch 或者 finally 中只有一行语句，也必须使用花括号。

如果异常发生时，在 try 程序块中的某个语句抛出代表该异常的对象，例如：

```
try {
    int value = Ingeter.parseInt("12ab");
    //其他语句
    ...
}
```

parseInt() 方法将自动抛出 NumberFormatException 的对象。这种抛出方式称为隐性自动抛出这时，运行控制将跳出 try 程序块，不再执行其余的语句，而转向从 catch 族的第一个 catch 语句开始，但只有参数与抛出的异常对象相匹配的 catch 程序块将被执行。继续以上代码，假设 catch 族有以下两个 catch 程序块：

```
catch (InputMismatchException e) {
    // 处理这个异常的操作，如打印该异常信息
    ...
}
catch (NumberFormatException e) {
    // 处理这个异常操作，如打印该异常信息
    ...
}
```

当 parseInt() 方法抛出 NumberFormatException 对象时，第一个 catch 程序块将被忽略，因为它的参数类型与抛出的异常对象不匹配；而第二个 catch 程序块将被执行。

如果 catch 族中存在多于一个程序块与抛出的异常对象相匹配的情况，则只有第一个匹配的 catch 程序块得以执行，其余 catch 块将被忽略。因此，catch 族应该按照从具体精细的异常处理到笼统概括的异常处理次序排列，以便具体精细的异常处理程序尽可能先被执行。如果异常出现在一个继承链中，catch 族应当按子类到父类的次序编写。

如果没有任何一个 catch 程序块匹配所抛出的异常对象，JVM 的异常处理功能将被自动启动。当然，程序将被迫停止运行，记录在异常堆栈 stackTrace 中的异常信息将被打印在输出窗口。

如果在 try 程序块中没有任何异常发生，则 try 中的各行语句将被正常执行，而整个 catch 程序块或者 catch 族将被忽略。

而 finally 程序块与众不同的特点是，无论是否发生异常，finally 总是被执行。所以，在以下情况时可以考虑在程序中使用 finally。

- 在按正常情况完成 try 程序块中的所有操作，还存在必须执行的语句，如停止线程运行。
- 在处理异常后，还存在必须执行的语句，如 return、关闭文件等。
- 在没有任何异常被 catch 程序块匹配，JVM 启动自动异常处理机制前，存在必须执行的语句，如线程执行排队、内存空间释放、文件输入/输出操作关闭、图形显示模式关闭，以及多媒体播放操作关闭，等等。但由于 JVM 提供了功能强大的垃圾清理器 gc()，许多涉及资源回收和释放的操作都由垃圾清理器自动完成。所以，一般不推荐编程人员修改垃圾清理器的正常操作，而按照 JVM 规定的操作程式自动执行。

以下是应用 finally 的常见例子：

```
...
finally {           // 执行因异常而忽略的返回语句
    System.out.println("a default null has been returned due to the exception ... ");
        return null;
}
...
```

又例如：

```
...
finally {           // 执行因异常而跳过的文件输出关闭语句
    fileOutput.close();
}
```

再例如：

```
...
finally {           // 执行验证输入超过规定纠错次数必须打印的信息和关闭连接操作
```

```
        System.out.println("Your verification for the entry has been failed after
            4 tries. "
            + "You are forced to log off. ");
        verifying.off();        // 关闭连接操作
    }
```

值得注意的是，如果在一个有返回语句的方法中使用 try-catch 机制处理异常时，使用不当将产生"缺少返回语句错误"。例如：

```
public int validateInt() {
    try {
        ...
            return Integer.parseInt(intString);   // 将产生语法错误
    }
    catch (NumberFormatException e) {
        ...
    }
}
```

将这个方法做如下修改可避免这个语法错误：

```
public int validateInt() {
    ...
    while (!valid) {
        try {
            intString = requestInput();           // 调用方法 requestInput() 得到输入数据
            value = Integer.parseInt(intString);
                                                  // 可能产生 NumberFormatException 异常
            valid = true;                         // 如果正常，改变继续循环状态
        }
        catch (NumberFormatException e) {
            System.out.println(ExceptionMessage); // 打印异常信息
            continue;                             // 继续循环
        }
    }
    return value;                                 // 返回验证后的整数值
}
```

12.4.2 高手为何要知道异常是怎样在程序中传播的

异常传播，或者抛出异常列表，是指在一个方法名后，用关键字 throws 列出一个或多个异常处理类名，将这些异常抛向或者传播给异常堆栈中的上一级异常处理。最常见的应用是在主方法 main() 中，将一个异常列表抛向 JVM。这样在 main() 中则不必提供任何异常处理代码。例如：

```
public static void main(String[] args) throws IOException,
InputMismatchException {
    ...
}
```

在这个例子中，利用 throws 抛出了检查性异常处理类 IOException 以及非检查性异常处理类 InputMismatchException。这样做的目的如下。

- ❏ 即使在方法中没有提供对检查性异常的处理代码，但由于它将异常抛向上一级异常处理堆栈，则启动 JVM 系统异常处理功能，将处理权交给 JVM，起到"借花献佛"的作用。
- ❏ 对非检查性异常来说，似乎没有必要，但可以增强代码的可读性。例如上面例子中，InputMismatchException 是非检查性异常，如果发生这个异常，尽管程序中没有提供处理它

的代码，它也会被 JVM 自动处理。利用 throws 显性抛出这个异常的作用，可以帮助程序的使用者对该程序中可能发生的异常一目了然。
- 即使在方法中提供了处理所有异常的机制，仍然可以使用异常列表。这样做会起到传播异常和增强可读性两种作用。但异常处理机制能够处理时，则不再传播这个异常。

需要指出的是，如果抛出异常列表是应用在除 main() 之外的方法中，由于其上一级异常处理堆栈不是 JVM，而是调用这个方法的异常处理，所以，这个调用方法要么必须提供代码来处理传播过来的异常，或者再将它传播给上一级异常堆栈。当然我们不希望这种像是在玩"踢皮球"的游戏。下面的小节将专门讨论嵌套方法调用中的异常传播问题。

在特殊情况下，如在第 9 章讨论过的完善 Cloneable 接口的 clone() 方法中，我们经常使用 throws 将它抛给超类中的方法来编写。例如，这个异常有检查性异常 CloneNotSupportedException 需要处理，按以下方式进行处理：

```
public Object clone() throws CloneNotSupportedException {
    return super.clone();
}
```

如果利用异常处理机制，则会产生"缺少返回语句错误"。

需要强调的是，抛出异常列表的方法如果没有提供 try-catch 异常处理机制，在异常发生的情况下，它并没有真正处理异常，只是起到对列表中异常的传播作用。

12.4.3 怎样获取更多异常信息

在 API 异常处理类中，所有子类都将把产生异常的信息通过 super(message) 向上传递给超类 Throwable。这样我们就能够方便地利用 Throwable 提供的方法来得到这些异常信息。尤其是在程序测试时，异常信息往往会引导我们更有效地处理复杂的异常。表 12.2 中列出了 Throwable 类常用的得到异常信息的方法。

表 12.2 获得更多异常信息的 Throwable 类常用方法

方 法	解 释
String getMessage()	返回当前异常对象中的异常信息
printStackTrace()	打印异常处理堆栈记录中的异常信息以及包括在 toString() 中的异常信息
String toString()	返回包括当前抛出的异常处理类名在内的异常信息

例如下面的代码：

```
try {
    int number = Integer.parseInt("123abc");
                                                // 将抛出 NumberFormatException 异常
}
catch (NumberFormatException e) {          // 处理这个异常
    System.out.println(e.getMessage());    // 打印这个异常的信息
    e.printStackTrace();                   // 打印异常堆栈记录
    System.out.println(e);                 // 或者 e.toString()
}
```

程序执行后，System.out.println(e.getMessage()) 将打印：

```
For input string: "123abc"
e.printStackTrace() 将打印：
java.lang.NumberFormatException: For input string: "123abc"
        at java.lang.NumberFormatException.forInputString
        (NumberFormatException.java:48)
        at java.lang.Integer.parseInt(Integer.java:456)
```

```
        at java.lang.Integer.parseInt(Integer.java:497)
        at ExceptionHandlingTest1.main(ExceptionHandlingTest1.java:7)
```

而 System.out.println(e.toString()) 或者 System.out.println(e) 的输出结果为：

```
java.lang.NumberFormatException: For input string: "123abc"
```

12.4.4 用实例解释最直观易懂

下面利用之前介绍的异常处理概念和技术，讨论更多具体例子。

例子之一：在 main() 方法中进行异常处理。假设利用一个整数数组来演示数组排序。该数组的大小由用户输入确定。

```java
// 完整程序在本书配套资源目录 Ch12 中，名为 ArrayValidationTest1.java
public class ArrayValidationTest1 {
    public static void main(String[] args) {
    ...
        while (choice.equals("y")) {
            try {
                System.out.print("Please enter an integer for the size of array: ");
                size = sc.nextInt();        // 可能产生 InputMismatchException 异常
                int[] intArray = new int[size];
                                            // 可能产生 NegativeArraySizeException 异常
                System.out.println();

                ArrayDemo.fillArray(intArray);    // 调用静态方法
                Arrays.sort(intArray);            // 数组排序
                ArrayDemo.display(intArray);      // 打印排序结果
            }
            catch (InputMismatchException e) {    // 处理 InputMismatchException 异常
                System.out.println("You must enter an integer for array size...");
                count++;                          // 允许次数加 1
                sc.nextLine();                    // 清理扫描器
                continue;                         // 继续循环
            }
            catch (NegativeArraySizeException e) {
                                                  // 处理 NegativeArraySizeException 异常
                System.out.println("You must enter an positive integer for array
                    size...");
                count++;                          // 允许次数加 1
                sc.nextLine();                    // 清除扫描器
                continue;                         // 继续循环
            }
            finally {
                if (count >= 3) {
                    System.out.println("The application is terminated now due to 3
                        times wrong entries...");
                    System.out.println("Review your entries and try run the program
                        again. Bye!");
                    break;                        // 或者：System.exit(0); 中断循环，停止运行
                }
            }
    ...
```

这个程序分别对两种异常进行处理，并且给用户 3 次改正机会，来得到正确输入。在每个 catch 程序块中对统计出错次数的变量加 1，然后利用 continue 语句继续输入数据的循环。虽然无论哪

一个 catch 程序块被执行，甚至没有任何异常发生，finally 程序块总是被执行，但只有 count 大于或者等于 3，达到最大改错允许次数时，则打印必要的提示信息，利用 break 语句，或者可以利用 System.exit(0) 语句停止程序运行。

例子之二：将例子之一中的程序修改为如果用户 3 次输入错误，则使用系统设置的数组长度值。修改部分的代码如下：

```java
// 完整程序在本书配套资源目录 Ch12 中，名为 ArrayValidationTest2.java
...
    finally {
        if (count >= 3) {
            System.out.println("You've entered 3 times wrong entries...");
            System.out.println("System default array size 100 has assigned
                to the element...");
            int[] intArray = new int[100];
            ArrayDemo.fillArray(intArray);      // 调用静态方法
            Arrays.sort(intArray);              // 数组排序
            ArrayDemo.display(intArray);        // 打印排序结果
            break;
        }
    } ...
```

例子之三：另外一种设计思想是，利用专门设计的验证类和方法来对所有可能产生异常的操作进行验证处理。例如，以前讨论过的 Validator 类。利用这种设计思想，以上例子中的主方法 main() 可以改写成如下：

```java
// 完整程序在本书配套资源目录 Ch12 中，名为 ArrayValidationTest3.java
while (choice.equals("y")) {
    size = Validator4.arraySize(sc, "Please enter an integer for the size
        of array: ");
    int[] intArray = new int[size];             //size 已经被验证

    ArrayDemo.fillArray(intArray);
    Arrays.sort(intArray);
    ArrayDemo.display(intArray);

    System.out.print("Continue? (y/n): ");
    choice = sc.next();
}
...
```

在 Validator4 类中编写以下静态方法来验证用户输入作为数组长度的正整数值：

```java
// 完整程序在本书配套资源目录 Ch12 中名为 Validator4.java
public static int arraySize(Scanner sc, String prompt) {
    boolean done = false;
    int count = 0;
    int size = 0;
    while (!done) {
        try {
            System.out.print(prompt );
            size = sc.nextInt();             // 可能产生 InputMismatchException 异常
            if (size < 0)                    // 如果 size 小于 0，抛出
                                             //NegativeArraySizeException 异常
                throw new NegativeArraySizeException();

            System.out.println();
```

```
                    done = true;
                }
                catch (InputMismatchException e){// 处理 InputMismatchException 异常
                    System.out.println("You must enter an integer for array
                        size...");
                    count++;                        // 允许次数加 1
                    sc.nextLine();                  // 清理扫描器
                    continue;                       // 继续循环
                }
                catch (NegativeArraySizeException e) {
                                                    // 处理 NegativeArraySizeException 异常
                    System.out.println("You must enter an positive integer for array
                        size...");
                    count++;                        // 允许次数加 1
                    sc.nextLine();                  // 清除扫描器
                    continue;                       // 继续循环
                }
                finally {
                    if (count >= 3) {
                        System.out.println("You've entered 3 times wrong
                            entries...");
                        System.out.println("System default array size 100 has
                            assigned to the element…");
                        size = 100;
                        break;
                    }
                }
            }
            return size;
        }
```

在处理 size 小于 0 时，程序利用 throw 语句抛出一个无名的 NegativeArraySizeException 异常。注意 throw 和我们现在讨论的 throws 是两个不同的异常抛出语句。12.5 节将专门讨论 throw 语句的概念和技术。在 finally 程序块中，如果 count 大于等于 3，对变量 size 赋予程序预设的值 100 作为数组的长度。

例子之四：推荐在 catch 族中使用 Exception 来处理其他 catch 程序块没有处理的或者可能被遗漏的异常。因为 Exception 或 Throwable 是所有异常处理类的超类，在 catch 族中的最后加入这个 catch 程序块，有"以防万一"的作用。万一其他 catch 程序块没有能够处理某个异常，在最糟糕情况下，也有 Exception 作为最后一道防线。在这个程序块中，可以利用 printStackTrace() 或者 getMessage() 方法来打印关于这个异常的更多信息。例如：

```
...
catch (Exception e)         {           // 异常处理的最后一道防线
    System.out.println("A exception occurred that cannot handled in the code.
        \nThe following is the stack trace information: \n");
    System.out.println(e.print Stack Trace());         // 或者 e.getMessage();
}
```

12.5 高手应用 throw 直接抛出异常

注意本节讨论的 throw 语句和上面讨论过的用 throws 抛出异常列表的不同。虽然只差一个 s，但它们之间有完全不同的异常处理操作。throw 语句应用于当某个异常处理的条件成立时，用显性方式抛出一个没有命名的异常对象，而接受了抛出这个异常的程序块，如 catch 或者 finally，则可重新再次抛出这个异常对象，以达到不同的异常处理目的。下面讨论这些概念和异常处理技术。

12.5.1 JVM 怎样自动抛出异常

一般情况下，如果某个非检查性异常发生，运行系统，即 JVM 将自动抛出这个异常。所谓抛出异常，实际上是指抛出这个异常对象。由系统自动抛出的异常称为隐性异常抛出。如果程序提供了处理这个异常的机制，JVM 则执行处理这个异常的代码；如果程序中没有提供处理机制，或者 catch 族没有匹配这个异常，JVM 将介入来处理它，并迫使程序停止运行。例如：

```
int value = sc.nextInt();          //sc 为定义了的 Scanner 对象
```

如果输入的不是一个整数值，将导致 JVM 自动抛出 InputMismatchException 异常对象。为了简便，通常说系统抛出异常 InputMismatchException。JVM 怎样抛出这个异常对象呢？它实际上是利用 throw 语句，其源代码，即

```
throw new InputMistachException();
```

将抛出一个未命名的 InputMismatchException 类的对象。对象名在这里并不重要。如果程序中没有提供处理这个异常的代码，JVM 将打印与之匹配的堆栈记录。

12.5.2 你也可以直接抛出异常

你也可以利用显性方式，即在代码中利用 throw 语句，抛出指定的异常对象。例如：

```
try {
    if (!sc.hasNextInt())                      // 产生异常 InputMismatchException
        throw new InputMismatchException();    // 抛出异常对象
}
catch (InputMismatchException e) {             // 处理异常
    System.out.println("Incorrect integer entry.Please check and try
        again...");
}
...
```

因为所有 API 异常类都提供一个具有字符串参数的重载构造方法，例如：

```
public InputMismatchException(String message)
```

可以利用这个构造方法抛出一个带有具体出错信息的异常对象，例如：

```
throw new InputMismatchException("Incorrect integer entry. Please check and
    try again...");
```

在这个 catch 程序块：

```
catch (InputMismatchException e) {
    System.out.println(e);
}
```

中，将打印：

```
Incorrect integer entry. Please check and try again...
```

这个指定的出错信息。

如果有必要，在 catch 程序块中，也可以利用 throw 再抛出另一个异常对象，例如：

```
...
catch (IOException e) {
```

```
    System.out.println(e);
    throw new FileNotFoundException();    // 重抛另外一个异常对象
}
```

这里，当 catch 处理了匹配的 IOException 后，又给上一级异常处理堆栈抛出了另一个新的异常。所以使用它时必须在处理这个异常的方法中加入 throws 语句，来指定给上一级处理异常堆栈抛出的异常名。值得注意的是，如果这个 catch 没有处理匹配的 IOException 异常，而是直接抛出另一个新异常，原来的 IOException 异常信息就会丢失。我们将在后面的章节专门讨论如何解决异常丢失问题。

在 catch 中利用 throw 再抛出异常对象通常用于：

- 虽然这个 catch 匹配了其他语句抛出的异常，但需要进一步处理，以便达到产生更加精确和更有针对性的出错信息。
- 匹配这个异常的 catch 由于某个条件成立，不适合处理这个异常，而由其他指定的上一级异常处理堆栈来处理。

> **注意** 如果利用 throw 语句抛出一个异常对象时，它必须是 try，或者 catch 程序块中的最后一条语句，否则将造成语法错误。另外，凡是 RuntimeException 以及其子类异常，我们可以直接抛给 JVM，而不用把它包括在 try-catch 程序块中。

12.5.3 你还可以重抛异常

重抛异常是指在 catch 中捕获了 try 中抛出的异常对象时，利用 throw 语句，再次抛出这个或者另外一个异常对象。注意，一个方法重抛异常时，应该在其方法名后使用异常传播列表声明这个重抛异常。

以下是重抛异常的例子：

```
...
public void someMethod() throws Exception {
    try {
        ...
        throw new Exception ();        // 抛出一个 API 标准异常对象
    }
    catch (Exception e) {              // 处理这个异常
        ...
        throw e;                       // 重抛这个异常
    }
}
```

catch 中利用 throw e 重抛异常 Exception 的对象，或者简称重抛 Exception 异常。它将这个异常对象抛给上一级异常处理堆栈。如果在 main() 中重抛，上一级异常处理堆栈则是 JVM；如果是在其他方法中重抛，上一级异常处理堆栈则指调用这个方法的异常处理代码，例如：

```
...
try {
    ...
    someMethod();        // 调用这个方法
    ...
}
catch (Exception e) {
    // 处理这个异常的代码
    ...
}
```

在调用方法 someMethod() 的程序中可能提供处理这个异常的 catch 程序块，或者利用 throws 关键字进行异常传播，再次传递给这个程序的上一级异常处理堆栈。

重抛异常的目的与 12.5.2 节讨论过的利用 throw 语句在 catch 中抛出另一个新异常对象相似，但它只是抛出已经存在的异常对象而已。

12.6 嵌套异常处理

异常处理机制可以被嵌套。12.5 节中讨论的例子就是嵌套异常处理的一个例子。嵌套异常处理的目的如下。
- 内嵌套异常处理机制用来处理比外嵌套异常处理机制更具体和特殊的异常。
- 如果内异常处理机制不能够处理指定的异常，可以自动传递到外异常处理机制。

在嵌套方法调用的程序中，异常处理机制具有与众不同的异常处理传播方式。本节将对这些概念和在嵌套方法调用中的异常处理机制进行讨论。

12.6.1 什么是异常机制嵌套方式

嵌套异常处理有以下几种常用方式。

方式 1：

```
try {                       // 外嵌套异常处理机制
    ...
    try {                   // 内嵌套异常处理机制
        ...
    }
    catch (...) {           // 内嵌套异常处理 catch 族
        ...
    }
    ...
    finally {               // 内嵌套异常处理 finally 程序块（可选项）
        ...
    }
}                           // 外嵌套异常处理 try 结束
catch (...) {               // 外嵌套异常处理 catch 族
    ...
}
...
finally {                   // 外嵌套异常处理 finally 程序块（可选项）
    ...
}
```

注意以下几种执行情况。
- 如果没有任何异常发生，程序将按照正常控制运行。但 finally 总是被执行（如果有）。
- 如果内嵌套异常处理没有产生任何匹配的异常，控制将把这个异常对象传播给外嵌套异常处理机制中的第一个 catch，进行匹配处理；然后先执行内 finally，再执行外 finally（如果有）。
- 如果没有任何异常处理机制可以处理抛出的异常，在 JVM 介入异常处理前，将按照先内后外次序执行 finally。
- 如果异常发生在外嵌套，执行匹配处理后，将仅执行外嵌套的 finally（如果有）。内嵌套的 finally 将被忽略。
- 在嵌套异常处理机制中可以使用显性异常抛出，可以直接抛给外嵌套处理机制。
- 在嵌套异常处理机制中可以重抛异常。如果在内嵌套的 catch 中重抛某个异常对象，它将传播给上一级异常处理堆栈，即外嵌套的 catch 族。如果在外嵌套 catch 中重抛，它将传递给调用这个方法的上一级异常处理堆栈。

以上几种嵌套异常处理机制，会降低代码的有效执行，也会削弱程序的可读性。而且在许多情况下，完全可以改写为不使用嵌套方式。如果可以避免，尽量不要使用。

方式 2：

```
...
try {
    method1();      // 调用方法 method1()
    ...
    method2();      // 调用方法 method2()
}
catch (...) {
    ...
}
finally {           // 可选项
    ...
}
...
public void method1() {
    try {
        ...
    }
    catch (...) {
        ...
    }
    ...
}
public void method2() {
    try {
        ...
    }
    catch (...) {
        ...
    }
    ...
}
```

这种嵌套方式在复杂的程序中经常可以见到。同样地，在 catch 中可以对上一级异常处理堆栈重抛异常，或者抛出一个新异常。

12.6.2 嵌套异常是怎样传播的

前面小节对异常传播做了初步介绍。本节进一步讨论用 throws 进行嵌套异常的传播以及应用。首先讨论在有嵌套式方法调用的程序中，每个方法都利用 throws 将异常传播给上一级异常处理堆栈。图 12.2 解释了这个传播概念。

从图 12.2 中可以看到，方法 methodA() 是最上一级异常处理堆栈，处理传播回来的异常。当然，如果 methodA() 没有提供异常处理机制，而是利用 throws 将异常传播给它的上一级异常处理堆栈或 JVM，则会迫使程序停止运行，并打印异常技术信息。

异常传播经常用于对复杂的网络应用程序、远程方法调用程序以及 Web 客户 - 服务器应用程序的纠错和调试。

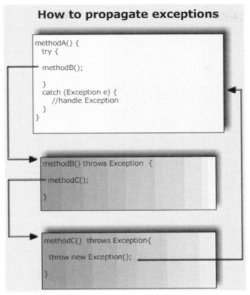

图 12.2 嵌套异常传播

12.6.3 为什么讨论嵌套异常重抛

嵌套异常重抛是指在嵌套式方法调用中，每个方法都具有异常处理机制，但在其 catch 中重抛这个异常。图 12.3 解释了这个概念和技术。

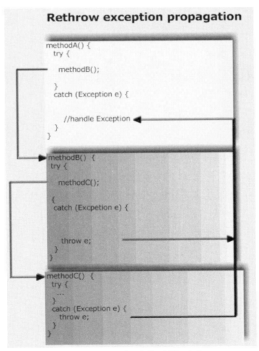

图 12.3 嵌套异常重抛示意

从图 12.3 中可以看出，假设方法 methodC() 抛出某个异常后，在其 catch 中处理这个异常，并且重抛这个异常给 methodB()，然后依次将这个异常传播回最初的方法调用 methodA()。当然，

methodA() 处理这个传播回来的异常后，可将它再重抛给 JVM。

如同 12.6.2 节讨论的利用 throws 嵌套传播异常一样，嵌套异常重抛经常用于对复杂的网络应用程序、远程方法调用程序，以及 Web 客户 - 服务器应用程序的纠错和调试。当然，嵌套异常重抛也可起到异常传播的作用。

12.7 高手自己定义异常类

API 异常类用来处理标准的、已定义的异常。虽然可以"借花献佛"，利用这些标准定义的 API 类来处理程序中特殊的异常，例如：

```
try {
    if (someCustomException) {              // 如果产生了特殊的异常
        throw Exception ("Custom message about the exception...");
    }                                       // 可以使用任何 API 标准异常类
}
catch (Exception e) {
    System.out.println(e);                  // 打印有针对性的异常处理信息
}
```

实际上可以任选一个标准的与要处理的特殊异常近似的 API 类，来抛出有精确描述这个特殊异常信息的对象，然后由 catch 打印这个信息。

但作为一个 Java 高手，则需要编写自己的异常处理类。下面小节通过一个简单易懂的模式来教会你怎样编写自定义异常类。

12.7.1 编写自定义异常类原来如此简单

编写自定义异常类实际上是继承一个 API 标准异常类，用新定义的异常处理信息覆盖原有信息的过程。常用的编写自定义异常类的模式如下：

```
public class CustomException extends Exception {      // 或者继承任何标准异常类
    public CustomException()  {}                      // 用来创建无参数对象
    public CustomException(String message) {          // 用来创建指定参数对象
        super(message);                               // 调用超类构造器
    }
}
```

当然也可选用 Throwable 作为超类。其中无参数构造器为创建默认参数对象提供了方便。第二个构造器将在创建这个异常对象时提供描述这个异常信息的字符串，通过调用超类构造器向上传递给超类，对超类中的 toString() 方法中返回的原有信息进行覆盖。

来讨论一个具体例子。假设程序中需要验证用户输入的表示年龄的数据必须是正整数值。我们可以按照以上模式编写这个自定义异常类：

```
public class NegativeAgeException extends Exception {
                                    // 或者 extends Throwable
    public NegativeAgeException()  {}
    public NegativeAgeException(String message) {
        super(message);
    }
}
```

下面是应用这个自定义异常类的例子：

```
// 完整程序在本书配套资源目录 Ch12 中，名为 NegativeAgeExceptionTest.java
...
```

```
try{
   String ageString = JOptionPane.showInputDialog("Enter your age: ");

   if (Integer.parseInt(ageString) < 0)
      throw new NegativeAgeException("Please enter a positive age");
   else
      JOptionPane.showMessageDialog(null, ageString, "Age", 1);
}
catch(NegativeAgeException e){
   System.out.println(e);
}
...
```

或者，可以创建一个默认对象，然后在 catch 中打印具体信息，例如：

```
throw new NegativeAgeException();
...
catch (NegativeAgeException e) {
System.out.println("Please enter a positive age");
}
```

将产生与第一个例子相同的效果。

12.7.2 高手掌握的自定义异常处理技巧

无论是利用标准 API 异常类来处理特殊的异常，还是编写自定义的异常类来处理异常，问题的关键都是：

- 当这个异常发生时，如何及时捕获这个异常。
- 捕获这个异常后，如何产生精确的异常处理信息。
- 如何提供纠错机会，避免这个异常的再次发生。

毋庸置疑，我们不可能期待 JVM 自动抛出一个自定义异常，也不能期待 JVM 会自动处理一个自定义异常。发现异常、抛出异常以及处理异常的工作必须靠你在代码中利用异常处理机制自己完成。

一般情况下，发现和抛出一个自定义异常通过在 try 程序块中利用 if 和 throw 语句来完成，即

```
try {
   ...
   if (someExceptionCondition == true) {
      throw new CustomException("A custom exception xxx occurred. Please
      check your entry...")
   ...
   }
}
catch (CustomException e) {
   ...
}
```

而打印异常处理信息可以在抛出时包括在构造方法的参数中，或者包括在处理这个异常的 catch 中。

另外，应该注意在自定义异常发生之前，有可能产生标准异常的情况。例如，在一个需要验证年龄必须是正整数值的程序中，利用自定义异常类，如 NegativeAgeException，来验证输入的年龄是否是正整数，即

```
try {
   ...
```

```
        if (Integer.parseInt(ageString) < 0)
            throw NegativeAgeException("Please enter a positive age");
    else
        ...
    }
    catch (NumberFormatException e) {
        System.out.println(e);
    }
    catch (NegativeAgeException e) {
        System.out.println(e);
    }
    ...
```

注意，在这个代码中，如果 ageString 是非法整数字符串，如 "25ab"，系统将首先抛出 NumberFormatException 异常，而不会执行 throw NegativeAgeException("Please enter a positive age")。所以应该在 catch 中加入对 NumberFormatException 的处理，如以上代码所示。

12.7.3 用实例解释最直接易懂

改进以前讨论和使用过的专门用来验证数据和处理异常的 Validator4.java，使它具有更多自定义异常处理功能。这个实例的部分代码如下：

```
// 完整程序在本书配套资源目录 Ch12 中，名为 Validator5.java
public class Validator5 {
    ...
    public static int intDataWithRange(Scanner sc, String prompt, int min, int max)
    {
        boolean done = false;
        int count = 0;
        int data = 0;
        while (!done) {
            try {
                System.out.print(prompt );
                data = sc.nextInt();           // 可能产生 InputMismatchException 异常
                if (data < min)                // 超出最小值
                    throw new IntegerOutOfRangeException("Data out of minimum "+ min +
                    " range exception.");
                if (data > max)                // 超出最大值
                    throw new IntegerOutOfRangeException("Data out of maximum "+ max
                    + " range exception.");
                System.out.println();
                done = true;
            }
            catch (InputMismatchException e) {// 处理 InputMismatchException 异常
                System.out.println("You must enter an integer...");
                count++;                       // 允许次数加 1
                sc.nextLine();                 // 清理扫描器
                continue;                      // 继续循环
            }
            catch (IntegerOutOfRangeException e) {
                                               // 处理 IntegerOutOfRangeException 异常
                System.out.println(e);
                count++;                       // 允许次数加 1
                sc.nextLine();                 // 清除扫描器
                continue;                      // 继续循环
            }
```

```
        }
        return data;
    }
    ...
}
// 自定义异常处理类
class IntegerOutOfRangeException extends Throwable {
                                        // 或者 extends Exception
    public IntegerOutOfRangeException() {}
    public IntegerOutOfRangeException(String message) {
        super(message);
    }
}
```

12.8 异常链是什么

异常链利用Throwable类提供的构造方法和其他方法，将两个相关异常对象嵌套在一起，防止捕捉到异常又抛出另外一个异常时，对前一个异常的信息丢失。本节首先讨论异常丢失现象，然后介绍如何利用Throwable的构造方法和其他方法防止异常丢失。

12.8.1 异常处理信息不见了——什么情况

有时在处理某个异常时会抛出另外一个异常，例如抛出另一个自定义异常：

```
catch (IOException e) {              // 处理 IOException 异常
    throw new CustomIOException();   // 抛出任何另外一个异常
}
```

或者

```
try {
    ...
    throw new IOException();
}
finally {                            // 利用 finally 处理异常
    ...
    throw new CustomIOException();   // 抛出任何另外一个异常
}
```

但以前抛出的异常，例如有关IOException的信息，则会丢失。为了利用异常处理进行纠错或验证目的，编程人员往往希望把所有异常信息都能够保存下来。当然可以在抛出另外一个异常之前，首先处理匹配的异常，再做新异常的抛出，例如：

```
catch (IOException e) {              // 处理 IOException 异常
    e.printStackTrace();             // 打印匹配的异常处理信息
    throw new CustomIOException();   // 再抛出另外一个异常
}
```

12.8.2 应用异常链保证不会丢失处理信息

在JDK1.4版本中首次在Throwable类提供了专门用来实现异常链的构造方法和其他方法，如表12.2所示。利用异常链，将IOException的异常信息嵌套在CustomIOException中，可以将所有的异常处理信息收集在一起，集中打印。

表 12.2　Throwable 类处理异常链的构造方法和其他方法

构造方法和其他方法	解　释
Throwable(Throwable cause)	创建一个包含上一级异常对象的异常对象
Throwable(String message, Throwable cause)	创建一个包含上一级异常信息和对象的异常对象
Throwable getCause()	返回上一级异常对象
initCause(Throwable cause)	设置指定异常对象作为上一级异常。如果使用构造方法创建了上一级异常对象，则不能再调用此方法

利用 Throwable 类实现异常链有以下两种方式。

- 在自定义异常处理类中应用 Throwable(Throwable) 构造器，将某个异常信息通过 Throwable 对象传递给超类。例如：

```
public class CustomIOException extends Exception {
    public CustomIOException() {}
    public CustomIOException(Throwable cause) { //cause 代表已抛出的异常对象
        super(cause);                            // 记录这个对象的异常信息
    }
}
```

在 catch 中重抛另一个异常，将具体代码修改为：

```
catch (IOException e) {
    throw CustomIOException(e);     // 将 IOException 异常信息传入重抛的对象中
}
```

当另外一个程序处理这个重抛的异常时，可调用 getCause() 方法打印所有异常信息，如下：

```
catch (CustomIOException e) {
    System.out.println("Custom IO Exception info: " + e);
                    // 打印重抛的异常信息
    System.out.println("Previous IO Exception info: " + e.getCause());
                    // 打印前一个异常信息
}
```

- 假设在自定义异常类中没有编写 Throwable(Throwable) 构造方法的情况下，直接应用 Throwable 的 initCause() 方法，也可达到实现异常链的目的。例如：

```
try {
    ...
    if (!inputFile.canRead())     { // 如果不是一个可读入文件
        cannotRead = new CustomIOException();        // 创建自定义异常对象
        cannotRead.initCause(new IOException());     // 嵌入 IOException 信息
        throw cannotRead;                            // 抛出异常
    }
    ...
}
catch (CustomIOException e) {
    System.out.println("File cannot read...");       // 打印当前异常处理信息
    System.out.println("Caused by: " e.getCause());  // 打印前一个异常信息
}
```

initCause() 方法接收 Throwable 对象作为参数，因此可以将另外一个异常对象传递到当前异常对象中。可以看到，这种方式因为不涉及异常重抛问题，只是将两个异常的信息综合在一个异常对象中，它适用于在一个程序中同时处理两种异常情况。

12.9 断言——高手可以断言可能发生的错误——assert

断言语句 assert 在 JDK1.4 中首次提出，专门用来进行代码测试和纠错，以提高程序的可靠性。它可以被应用在程序中的任何位置，也被称为运行断点。可以在 assert 语句中提供测试数据的范围或者条件，作为断言或者声明（assertion）。例如，年龄必须大于 18 岁，提供的断言则是：

```
age > 18
```

如果断言为真，即代码中变量 age 的值大于 18，程序将正常运行；而断言为假时，即 age 的值小于等于 18，这个断言异常将被 JVM 抛出，程序将停止运行，并且打印这个异常信息。

断言语句是一种特殊语句，因为它在运行时可以被设置为开启或者关闭。断言关闭是许多 IDE，如 Eclipse 预设的状态，在运行时，JVM 将忽略代码中所有的断言语句，以便程序可以更加有效地运行。而需要执行断言时，可设置断言开启选项。在操作系统中利用 Java 指令运行程序时，必须设置开启断言选项。

下面将讨论断言语句的编写、断言状态的设置，以及它的应用。

12.9.1 如何编写断言

断言语句的语法格式如下：

```
assert booleanExpression [: message];
```

其中：

- assert——Java 关键字。
- booleanExpression——布尔代数表达式，为声明的断言。
- [:message]——可选项。需要打印的字符串异常信息。

注意，断言语句以分号结束。

为了代码的可读性，布尔代数表达式一般用括号括起来。下面讨论几个具体例子。

例子之一：

```
// 完整程序在本书配套资源目录 Ch12 中，名为 AssertTest.java
int age = 17;
assert (age > 18) : "Age must be greater than 18";
```

这个例子中的断言语句声明变量 age 必须大于 18，否则将抛出断言异常。这段代码运行后，程序将停止运行，并打印如下信息：

```
Exception in thread "main" java.lang.AssertionError: Age must be greater than
    18.
    at AssertTest.main(AssertTest.java:11)
```

如果 age 的值大于 18，符合断言，程序将继续正常运行。

例子之二：

```
// 完整程序在本书配套资源目录 Ch12 中，名为 AssertTest.java
double total = 219.98;
assert (total > 0.0 && total < 200.0) : "total: " + total + " - out of the
    range.";
```

这段代码运行后，程序将停止运行，并将打印以下信息：

```
Exception in thread "main" java.lang.AssertionError: total: 219.98 - out of
    the range.
    at AssertTest.main(AssertTest.java:10)
```

如果 total 的值在声明的断言范围之内，程序将继续正常运行。

如果利用 if 语句模拟断言语句的执行功能，上面的例子可以编写如下：

```
// 完整程序在本书配套资源目录 Ch12 中，名为 AssertTest.java
double total = 219.98;
if (total <= 0.0 || total >= 200.0)      {      // 超出合法值范围
    System.out.println("total: " + total + " - out of the range.");
    System.out.println("at AssertTest.main(AssertTest.java:10) ");
    System.exit(0);
}
```

这段代码运行后，程序将停止运行，并将打印如下信息：

```
total: 219.98 - out of the range.
at AssertTest.main(AssertTest.java:10)
```

12.9.2　开启和关闭断言

在编译时必须设置断言语句为开启状态，即设立编译选项 -ea，断言语句才参与运行。ea 即 enable assertion，可分为以下几种设置情况。

（1）在操作系统中利用 java 对已经编译的程序运行时加入断言开启选项 -ea。例如：

```
java ─ea ClassName
```

如果使用：

```
java ClassName
```

再次对该程序运行时，断言语句将关闭，JVM 将忽略程序中的所有断言语句。

> **更多信息**　也可以利用 java –da ClassName 关闭断言语句并运行这个程序。da 即 disable assertion。

（2）在 Eclipse 中设置断言语句状态。步骤如下：

单击"运行"菜单项，在弹出的菜单项中选择"调试配置"命令，在弹出的"调试配置"窗口的左侧窗格中选择"Java 应用程序"，在右侧窗格中单击"(x)=自变量"选项卡，在"VM 自变量"列表框中输入"-ea"，然后单击"应用"按钮，最后单击"调试"按钮，如图 12.4 所示。

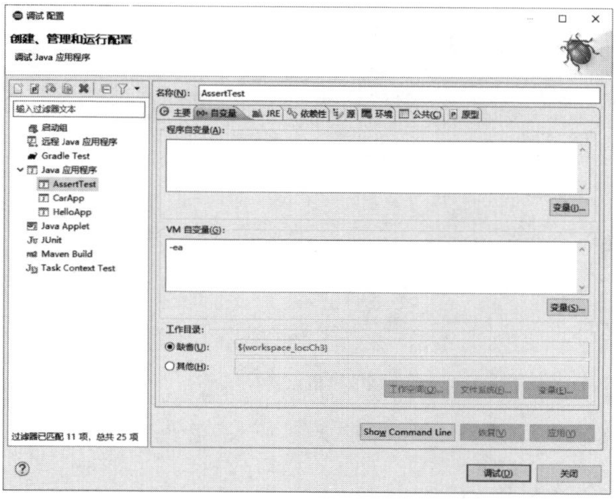

图 12.4　如何在 Eclipse 中设置断言

如果需要关闭断言设置时，只需按照设置断言时的步骤，进入 VM Arguments 窗口，删除输入的设置即可。

实战项目：利用异常处理机制开发你的数据验证类

项目描述：

在软件开发中经常需要验证数据，以避免"垃圾进、垃圾出"。我们完全可以开发一个专门的、独立存在的数据验证类，提供给需要对数据尤其是对用户输入数据验证的任何程序，使之成为一个类似于 API 提供的功能类。

程序分析：

这个验证数据的功能类利用异常处理机制以及正则表达式等技术开发而来。验证功能包括常用的对整数值、规定范围的整数值、双精度数值、规定范围的双精度数值，以及用户输入字符，如"Continue (y/n)?"的验证。如果新输入的数据仍然属非法，程序将提示出错信息，并继续验证，直到数据正确为止。这个验证数据类具有可扩充性，你完全可以加入自己需要的其他验证功能，使之更加方便使用，解决更多验证数据问题。

类的设计：

按照 Java 命名规范，称这个数据验证类为 Validator10（因本章有不同版本的 Validator 存在）。

（1）类的属性或实例变量（全部具有 private 访问权）。
- isValid——布尔类型，作为验证是否结束的标志。
- intData——整数型，用来保存验证的数据。
- doubleData——双精度型，用来保存验证的数据。

（2）功能或方法设计（全部是 static 并具有 public 访问权）。

因为开发的是一个功能类，与具体实例或对象无关，所有方法都定义为 static，并具有 public 访问权。各方法如下。

- public static int intData(Scanner, String prompt);：验证数据是否是一个整数值。
- public static int intDataWithRange(Scanner, String prompt, int min, int max);：验证数据是否是一个在规定范围（min <= intData <= max）的整数值。
- public static double doubleData(Scanner, String prompt);：验证数据是否是一个双精度数值。
- public static double doubleDataWithRange(Scanner, String prompt, double min, double max);：验证数据是否是一个在规定范围（min <= doubleData <= max）的双精度数值。
- public static String continueYN(String prompt);：验证输入的字符是否"y"或"n"，或者"Y"或"N"。
- public static String letter(String prompt);：验证输入的是否是一个字母（包括大、小写）。

输入输出设计：

利用 API 类 Scanner 以及 System.out 提供的方法处理输入和输出操作。
- 输入：提示输入数据和要求，以及提示用户是否继续程序运行"Continue (y/n)?"。
- 输出：如果数据为非法，显示出错信息，并要求用户再次输入数据，直到正确为止，并返回这个数据。

异常处理：

利用本章讨论的异常处理机制。

软件测试：

编写测试类 ValidatorTest 进行测试和必要的修改。输入各种输入数据，检查验证结果是否正确；提示是否清楚；输出结果的显示是否满意。

软件文档：

对类、变量、方法和重要语句行注释。必要时利用 Eclipse 的 Javadoc 功能创建文档。

根据以上分析，可以编写数据验证 Validator10 类：

```java
// 完整程序在本书配套资源目录 Ch12 中，名为 Validator10.java
public class Validator10 {
// 其他语句和变量定义
...
// 验证指定范围的整数
public static int intDataWithRange(Scanner sc, String prompt, int min, int max) {
    boolean done = false;
    int data = 0;
    while (!done) {
        try {
            System.out.print(prompt );
            data = sc.nextInt(); //May throw InputMismatchException
            if (data < min)
                throw new IntegerOutOfRangeException("Data out of minimum "
                    + min + " range exception.");
            if (data > max)
                throw new IntegerOutOfRangeException("Data out of maximum "+ max +
                    " range exception.");
            System.out.println();
            done = true;
        }
        catch (InputMismatchException e) {
            System.out.println("You must enter an integer....");
            sc.nextLine();          //clean the buffer
            continue;               // 继续验证
        }
        catch (IntegerOutOfRangeException e) {
            System.out.println(e);
            sc.nextLine();          //clean the buffer
            continue;               // 继续验证
        }
    }
    return data;                    // 返回已验证的整数值
}
// 验证输入的是否 y/n (包括大小写)
public static String continueYN(Scanner sc, String prompt) {  //verify y/n
    boolean done = false;
    String choice = null;
while (!done) {
        System.out.println(prompt);
        choice = sc.next();
    if (choice.matches("[yn]|[YN]"))    //use of regular expression
        done = true;
    else
        System.out.println("Wrong entry. You can only enter y or n..."
            + "\nCheck your entry and try again...");
    }
    return choice;
}   // 验证 y/n 结束
```

以上只列举了验证指定范围的整数值以及对 y/n 的输入验证。其他验证方法，如没有范围值规定的整数值、没有或者规定范围值的双精度值的验证，与上面的验证代码基本大同小异。你有兴趣可参考完整的代码，以便加深理解，举一反三甚至开发自己新的验证功能。对 Validator10 的测试程序，可参考本书配套资源目录 Ch12 中名为 Validator10Test.java 的文件。

巩固提高练习和实战项目大练兵

1. 举例说明什么是检查性异常？什么是非检查性异常？
2. 有哪几种异常处理机制？举例说明每一种异常处理机制和它们的特点。
3. 举例说明什么是 catch 族？在处理异常中如果应用 catch 族，它们应该按照什么方式排列？
4. 举例说明 finally 的特点。为什么代码或者操作应该包括在 finally 程序块中？
5. 什么是异常传播？举例说明用什么方式实现异常传播。
6. 打开本书配套资源目录 Ch12 中名为 ArrayValidationTest.java 的文件，在这个程序中加入验证数组最大元素不能超过 1000 的异常处理。可用以下两种方式实现：

（1）利用 throw 语句和 Exception 类。

（2）编写一个 ArrayElementOutOfBoundException 自定义异常处理类。

修改测试程序，分别测试编写的异常处理。文档化所编写的代码并存储文件。

7. 打开本书配套资源目录 Ch12 中名为 Validator4.java 的文件，在这个程序中加入以下静态方法。

（1）ValidatePositiveInt(Scanner sc, String prompt, int num)：其中 num 为要验证的整数；其他两个参数见本章例题。

（2）VolidatePositiveDouble(Scanner sc, String prompt, double num)：其中 num 为要验证的双精度数值；其他两个参数见本章例题。

8. 编写测试程序，分别测试在 Validator4 中编写的新验证数据的方法。文档化所编写的代码并存储文件。
9. 学习 Java 的目的是什么？为什么从这本书入手学习 Java？
10. 什么是重抛异常？为什么需要重抛异常？
11. 什么是嵌套异常？举例说明嵌套异常处理有哪几种方式。
12. 什么是嵌套异常传播？它与嵌套异常有什么不同？
13. 什么是嵌套异常重抛？它与嵌套异常传播有什么不同？
14. 编写如下自定义异常处理类（每个类都有一个无参数以及一个作为抛出异常信息的构造方法）。

（1）用来抛出非法选项信息的异常处理类 IlligalSelectionException。

（2）用来抛出整数值超出指定范围的异常处理类 IntOutOfRangeException。

（3）用来抛出价格低于规定范围值的异常处理类 PriceLowerThanExpectedException。

编写一个测试程序，用来测试以上自定义的三个异常处理类。参考本章实战项目中的测试程序，可提示用户输入选项，然后验证这个输入，直到输入正确为止。其他两个异常类的测试也用同样方法进行。文档化源代码并存储文件。

15. 什么是异常丢失？举例说明。
16. 什么是异常链？如何实现异常链？
17. 什么是断言？使用断言的目的是什么？
18. 打开本书配套资源目录 Ch12 中名为 ArrayValidationTest.java 的文件，在程序中加入可以用来验证如果数组长度大于 1000 则停止程序运行的断言，并且打印这个信息。将修改后的程序存储为 ArrayAssertTest.java。对源代码文档化。
19. **实战项目大练兵**：打开本章实战项目——利用异常处理机制开发你的数据验证类（1），理解和掌握这个异常处理类。创建一个新的 int ItemSelection(Scanner sc, String prompt, int numOfItem) 的静态方法，这个方法将验证是否输入由 numOfItem 规定的选项值，直到用户输入正确为止，并返回这个选项值。修改已经存在的测试程序，对新加的验证方法进行测试。对源代码文档化并存储所有文件。

> "盖有不知而作之者,我无是也。多闻,择其善者而从之,多见而识之,知之次也。"
>
> (我不是不懂却凭空造作的人。而是多听,选择其中合理的部分接受,多看,并且把它记下来,这是仅次于生而知之的知。)
>
> ——《论语》

通过本章学习,你能够学会:
1. 举例说明什么是包并创建包。
2. 编写和应用文件库。
3. 解释和编写 5 种不同的类。
4. 编写枚举类。
5. 应用可变参数并编写代码。
6. 应用 javadoc 对代码文档化。

第 13 章　高手掌握更多 OOP 技术

Java 不仅为开发大规模和复杂的应用程序提供了丰富的 OOP 核心 API 库类,而且提供了许多支持技术。例如,用来管理文件的包(package)以及文件库(File Libraries)、用来创建文档的 javadoc、用来增强程序可读性的枚举类(Enum)、简化调用枚举类的 static import,以及可变参数(varargs)等。本章详细讨论一名 Java 高手应该如何理解和掌握这些编程技术。

13.1　创建自己的 API 包

包是 Java 提供的文件管理机制之一。包把功能相似的类,按照 Java 的名字空间(name space)命名规范,以压缩文件的方式,存储在指定的文件目录中,达到有效管理和提取文件的目的。在应用程序开发中,所有类都以包存储和管理。

包也是除 import 之外,另一个可以编写在类之外的语句。我们可以在程序的开始,利用关键字 package,将该程序创建成为包中的一个文件。例如:

```
package com.classes.java;
```

com.classes.java 即代表包名,同时也代表文件目录。因为在创建包文件的指令中,com.classes.java 指定了生成文件的目录。例如在窗口操作系统中,这个目录即

```
C:\com\classes\java\
```

包的应用确保文件存储在不同的目录中。可以想象在具有成千上万个文件的复杂应用程序中,不使用目录组织结构管理文件是不可能的。包文件可以通过 import 提取,如同在程序的开始用 import 包括 API 类一样,增强代码的可用性。

包对文件的管理机制还涉及访问权——即包访问权。Java 规定,凡是不标明访问权标识符的类、

实例变量以及方法，都属于包访问权。例如：

```
class PackageClass {              // 具有包访问权的类
    int value;                    // 包访问权对象变量
    ...
    void method() {               // 包访问权方法
        ...
    }
    ...
}
```

后续章节将专门讨论包访问权并总结其他 Java 访问权问题。

所有流行的 Java IDE，例如 Eclipse、NetBeans、BlueJ，等等，都以包以及项目为基础管理 Java 文件。新版本的 Eclipse 还在项目上一层加入了模块 (Modules) 来管理项目。毫无疑问，了解和掌握包的概念和技术在应用程序开发中十分重要。

13.1.1 包有哪些命名规范

为了确保包文件名称的唯一性，Java 对应用程序开发者，尤其是对软件开发公司，在包的命名方面提出如下规范。

- 包名全部用英文小写字母。
- 必须符合 Java 合法命名语法格式。
- 使用倒写的互联网地址作为包名。如果仍然不能表示包文件名的唯一性时，加入地区性标识符。
- 避免使用 Java API 包名。例如 java.lang、javax.swing 等。

例子之一：应用 Java 包命名规范的例子。

互联网地址	包名
FreeSkyTech.com	com.freeskytech
Ohlone.edu/faculty/CS	cs.faculty.edu.ohlone.usa

例子之二：作为学习和培训为目的的编程实践，建议使用具有清楚含义的文件目录作为包名。如本书例子中利用：C:\javabook\classes\ch13\ 作为存储包文件的目录，而包名为：ch13。

13.1.2 创建包文件

包文件的创建和应用通常有以下两种方式。

- 利用 CLASSPATH。
- 利用 Java JAR 文件。

下面首先讨论利用 CLASSPATH 创建和使用包文件。以窗口操作系统为例，创建包文件可按如下步骤。

（1）创建用来存储生成的字节码文件的目录。Java 规定，从总目录开始，至少有 3 个子目录。例如，以下存储包文件的目录：C:\javabook\classes\ch13\。其中，ch13 为包名。

（2）在要创建成包文件的程序开始，按照以上目录，加入 package 语句。即

```
package ch13;
public class PackageTest {
    public void print() {
        System.out.println("Here is message from PackageTest1 in package ch13 ...");
    }
}
```

（3）设置 CLASSPATH。其目的是告诉 Java 编译器以及 JVM 在哪里可以找到和装载源代码和字节代码文件。根据 Java 规定，CLASSPATH 必须转向比包文件存储目录高一级的目录。例如在这

个例子中，CLASSPATH 应当是：C:\javabook\classes;。

以窗口操作系统为例，选择设置（Settings）命令→在搜索窗口中输入关键字 edit the system environment variables →单击 Environment Variables →在系统变量栏（System Variables）中，单击 New 按钮→在变量名窗（Variable Name）中输入 CLASSPATH →在变量值窗（Variable Value）输入 .;C:\javabook\classes;→单击确定（OK）按钮→单击确定（OK）按钮→单击确定（OK）按钮。如果 CLASSPATH 变量已经存在，则选择编辑（Edit）CLASSPATH →在 CLASSPATH 的开始位置输入 .;C:\javabook\classes;然后单击所有确定（OK）按钮。

（4）创建存储源代码文件的目录。将源文件和生成的字节码文件分别存储在不同的目录中，以易于管理。下面是创建存储源代码文件的目录：C:\javabook\src\ch13\。

（5）将 PackageTest.java 或者所有要创建包文件的源代码复制到这个目录中。

（6）编译。在操作系统的总目录 C:\ 中，输入以下编译指令：

```
C:\javac -d javabook\classes javabook\src\ch13\PackageTest.java
```

指令中，-d 告诉编译器将生成的字节码文件存储到其后指定的目录中。最后参数指出存储源代码文件的目录。如果这个目录中有多个创建的包文件，可以将文件名修改为 *.java。执行这个编译指令后，编译器将把所有生成的 .class 文件存储到目录 C:\javabook\classes\ch 13 中。注意，这个编译指令与以上各步骤的关系。如果指令不正确，将产生编译错误，或生成的字节文件不会被 JVM 装载。

如果没有设置在操作系统中执行 java 指令的路径，则必须按以下步骤先设置这个路径：选择设置（Settings）命令→在搜索窗口中输入关键字 edit the system environment variables →单击 Environment Variables →在系统变量栏（System Variables）中，单击已经存在的 Path →单击 Edit →在 Path 列表的结尾，输入新的 Java 执行路径，如 C:\Program Files\Java\jdk10.0.2\bin →单击确定（OK）按钮 →单击确定（OK）按钮→单击确定（OK）按钮。

> **注意** JDK 安装后的可执行路径已经标准化，一般都能在 C:\Program Files\Java 目录中找到安装的具体的 JDK 版本。注意执行路径包括 bin 目录。只要把这个路径复制到 Path 中即可。

也可使用两个子目录作为包名，例如：

```
package ch13.share;
public class PackageTest2 {
    System.out.println("Here is the message from PackageTest1 in package ch13...");
}
```

存储包文件的文件目录为 C:\javabook\classes\ch13\share\。
而 CLASSPATH 依然为 C:\javabook\classes\。

> **注意** 在窗口操作系统中，表示子目录的反斜杠线（\）或斜杠线（/）均为合法。

13.1.3　引入包文件

如同引入 API 包类一样，创建好的包文件，就可以如同 import 引入 API 类一样，用 import 引入类到程序中。例如下面的例子：

```
import ch13.PackageTest1;
import ch13.PackageTest2;
public class PackageTestApp {
```

```java
    public static void main(String[] args) {
        PackageTest1 myPackage = new PackageTest1();
        myPackage.print();
        PackageTest2 yourPackage = new PackageTest2();
        yourPackage.print();
    }
}
```

也可以利用 import ch13.*; 引入包 ch13 中所有的包类。注意，PackageTestApp.java 可以存储在任何目录中编译和运行。

13.2 用 Eclipse 的包管理项目中的文件

几乎所有流行的 Java IDE 都采用包和项目机制来管理应用程序的编写和开发。从本章开始，所有举例程序都利用 Eclipse 的包来存储和管理。

IDE 中的包机制为创建和引入包类提供了方便。编程人员不必按照详细操作步骤创建包文件，也不必为引入包类出错而担忧。编程人员只需考虑如何在 IDE 中设置包。

下面以 Eclipse 为例讨论如何在 IDE 中设置包。其他 IDE 的设置可参考相关 IDE 文件。

假设将 13.1 节讨论过的 PackageTest1.java 和 PackageTest2.java 作为项目 Ch13 的包文件。因为 Eclipse 自动生成包文件，首先需要删除两个程序中的 package 指令。删除后的 PackageTest1 源代码如下：

```java
// 完整程序在本书配套资源目录 ch13 中，名为 PackageTest1.java
public class PackageTest1 {
    public void print() {
        System.out.println("Here is PackageTest1 message...");
    }
}
```

PackageTest2.java 与此相同。只是打印信息为 "Here is PackageTest2 message..."。

Eclipse 提供了许多方法设置包。以下列举的是其中一个典型步骤。

（1）创建项目 Project。选择"文件"→"新建"→"Java 项目"命令，在弹出的对话框中输入项目名，如 Ch13。单击"完成"按钮。

（2）在项目名下，如 Ch13，选择"文件"→"新建"→"包"命令，在弹出的对话框中的 Name 名称文本框中输入包名，如 ch13，单击"完成"按钮。当提示是否创建模块 (Module) 时，单击 Don't Create 按钮即可。

（3）在包 ch13 中创建类，选中 ch13，选择"文件"→"新建"→"类"命令，在名称文本框中输入类名，如 PackageTest1，单击"完成"按钮。在编辑窗口中复制或者输入这个类的代码。

（4）重复步骤（3），直到将所有类，包括测试类创建完毕。注意 Eclipse 自动在程序开始加入 package ch13; 并且以前在测试程序开始的两行 import：

```java
import ch13.PackageTest1;
import ch13.PackageTest2;
```

完全可以忽略。这是因为这些类都存储在 ch13 这个包的结构下。

以下为引入这两个包类的驱动程序：

```java
// 完整程序在本书配套资源目录 ch13 中，名为 PackageTestApp.java
package ch13;
public class PackageTestApp2 {
    public static void main(String[] args) {
        PackageTest1 myPackage = new PackageTest1();          // 创建包中的类的实例
```

```
        myPackage.print();
        PackageTest2 yourPackage = new PackageTest2();    // 创建另外一个实例
        yourPackage.print();                              // 显示信息
    }
}
```

13.3　在 Eclipse 中创建文件库

自 JDK9 开始，Java 对项目、类以及资源的管理加入了模块 (Module) 的结构。对于模块的讨论，由于涉及许多系统设置、服务端技术以及大型软件开发项目的管理和资源共享问题，超出了本书的讨论范围。但是，你可以学会另外一个简单实用的资源共享技术——建立自己的即资源文件库，用来被 Eclipse 中的任何程序调用。建立自己的文件库需要创建 JAR 文件。首先用一个实例掌握什么是 Java 的 JAR 文件。

13.3.1　什么是 JAR 文件

JAR 是 Java Archive 的缩写，是一种特殊形式的压缩文件。当编译器以及 JVM 读入一个 JAR 文件时，会自动解压，生成源代码。Java 提供 jar 指令，你也可以在操作系统中直接输入 jar 指令，创建或者解压一个 JAR 文件。例如：

```
C:\JavaNewBook\Ch13\jar cvf ch13.jar ch13\*.class
```

其中：
- jar——Java 用来创建或者解压压缩文件的指令。
- cvf——创建压缩文件；显示创建过程信息；产生一个名为 ch13.jar 的 JAR 文件，这个压缩文件由包 ch13 中的所有产生了 .class 代码的文件组成。

如果想学到更多 jar 指令的功能，可在操作系统中输入：

```
jar-help
```

将显示所有 jar 指令的功能和解释。

13.3.2　创建文件库

注意，这个功能只能利用 JDK9 版本或者之后的版本来实现。创建自己文件库的目的是存储在你计算机中任何目录中的 JAR 文件，可以被 Eclipse 中的任何其他程序所调用，以实现最大可能重复利用已有代码的目的。

首先创建一个简单实例。等掌握如何创建文件库之后，在本章实战项目中将把经常用来被其他程序调用的数据验证类 Validator10 作为文件库的内容，使它更容易地被其他代码调用。

以如下计算两个数相加的程序为例。

```
// 演示：文件库程序例子
public class ExampleLib {
    public double adding(double num1, double num2) {    // 两数相加
        return num1 + num2;
    }
}
```

创建一个文件库的步骤如下。

（1）创建一个项目。选择"文件"→"新建"→"Java 项目"命令，在弹出的对话框中输入项目名，如 **MyLibrary**。

（2）创建一个包。选择"文件"→"新建"→"包"命令，在弹出的对话框中输入包名，如

adding。这一步可作为可选项。

（3）创建作为库文件的类，选中包名 adding，选择"文件"→"新建"→"类"命令，在弹出的对话框中的 Name 文本框中输入类名，如 ExampleLib，单击"完成"按钮。

（4）将这个库文件创建为 JAR 文件，输出 Export 到指定的计算机目录中。为了方便演示，我们将它存储到你的计算机桌面上。具体步骤为：右击项目 MyLibrary，在弹出的快捷菜单中选择 Export 命令，双击 Java，单击 JAR file 按钮，单击 Next 按钮，在 Select the export destination 右边单击 Browse 按钮，选择"桌面"选项，单击"完成"按钮。这样就在你计算机的桌面上创建了一个 ExampleLib 的 JAR 文件库，以供任何其他程序调用。

（5）调用这个库文件。首先创建一个项目，选择"文件"→新建→"Java 项目"命令，在弹出的对话框中输入项目名，如 MyProject。

（6）创建调用库文件的路径，右击 MyProject，在弹出的快捷菜单中选择 Build Path → Add External Achieves 命令，选择桌面上已存储的 JAR 文件 ExampleLib，然后打开。可以看到 Eclipse 在 MyProject 项目下，创建了一个包含这个 JAR 文件、名为 Referenced Libraries 的文件目录。

（7）创建一个测试类来调用创建的库文件，选择"文件"→"新建"→"类"命令，在弹出的对话框中输入类名，如 LibTest。输入或者复制如下这个测试类：

```
// 演示：测试库 JAR 文件
public class LibTest {
    public static void main(String[] args) {
        ExampleLib myLib = new ExampleLib();
        System.out.println(myLib.adding(1.5, 10.5));
    }
}
```

注意：有时 Eclipse 不对你复制的代码进行刷新或者处理，这时必须输入调用库文件的代码，迫使 Eclipse 更新。创建项目时可忽略模块 (Module) 的创建。

可以看到，编译器和 JVM 自动直接提取你文件库中 ExampleLib 的所有代码，以供这个程序调用。重复（5）~（7）步骤，你可选择任何一个项目的程序调用这个库文件。

13.4 揭秘访问权

了解包的创建和应用后，有助于进一步讨论和理解包括 Java 默认的访问权，即包访问权在内的四种访问修饰符。

- public——公共访问权。
- protected——被保护访问权。
- private——私有访问权。
- 包访问权（无访问修饰符）。

表 13.1 列出了四种访问权以及它们的访问范围。

表 13.1 访问权以及访问范围

	同一个类	同一个包的类	同一个包的子类	不同包的子类	不同包的类
Public	可访问	可访问	可访问	可访问	可访问
protected	可访问	可访问	可访问	可访问	
Package	可访问	可访问	可访问		
Private	可访问				

下面以实例变量 data 和方法 myMethod() 为例，解释表 13.1 中四种访问权和它们的访问范围。图 13.1 展示了具有公共访问修饰符的实例变量 data 和方法 myMethod() 的访问范围。

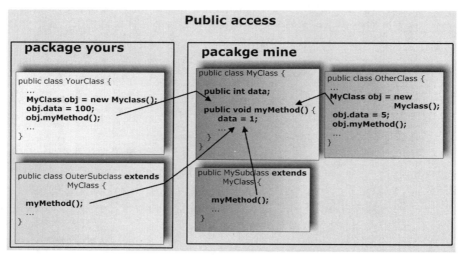

图 13.1　公共访问和访问范围

可以看出，具有公共访问修饰符的实例变量和方法具有最广泛的访问范围：可以在本类和子类中被直接访问，可以在不同包的子类中被直接访问，也可以在相同包以及不同包的类中通过创建其对象进行访问。

图 13.2 展示了具有被保护访问修饰符的实例变量 data 和方法 myMethod() 的访问范围。

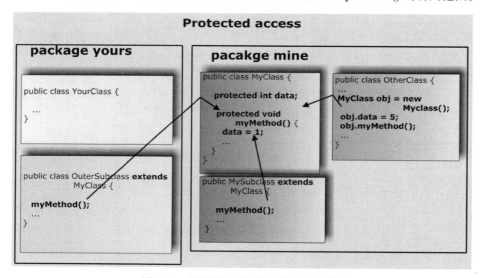

图 13.2　被保护访问修饰符和访问范围

可以看出，具有被保护访问修饰符的实例变量和方法可以在同类、同包或不同包的子类中直接访问，也可以被同包中的类通过创建其对象进行访问，但不能被不同包中的其他类访问。

图 13.3 展示了具有包访问修饰符的实例变量 data 和方法 myMethod() 的访问范围。

顾名思义，具有包访问修饰符的类成员只能在同包中的子类中被直接访问，或者在同包中其他类中创建其对象进行访问，不能被不同包中的包括子类在内的任何类访问。

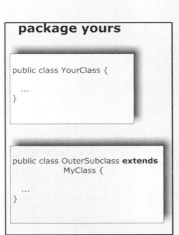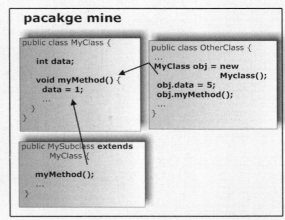

图 13.3　包访问修饰符和访问范围

图 13.4 展示了具有私有访问修饰符的实例变量 data 和方法 myMethod() 的访问范围。

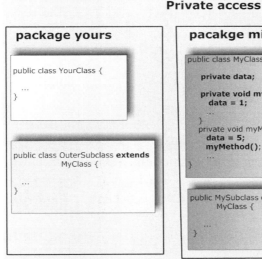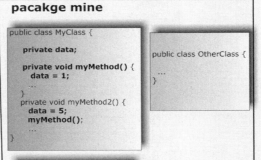

图 13.4　私有访问修饰符和访问范围

具有私有访问修饰符的实例变量和方法只允许在本类中被直接访问。

13.5　类的更多应用——你知多少

一个应用程序通常由为数可观的类组成。除具有各种继承关系的类和具有支持关系的组合类之外，根据不同目的，还可以将类编写成为文件类、内部类、内部静态类以及嵌套类等。这一小节讨论类在这方面的更多应用实例。

13.5.1　类之间的关系——父子、部下还是亲戚

这里不再对如何应用继承和组合进行讨论，而是从应用程序开发的角度，总结具有组合关系各类之间的应用特点。如果需要复习这方面的概念和编程技术，可参考本书前面有关继承的章节。

类之间有"is a"关系时，产生继承性，使继承具有代码重用的实际意义。在一个应用程序的众多类中，并不是所有类之间都存在继承关系。一些编程人员开发自己的用来作为资源（utility）使用的类，例如，验证数据类、异常处理类、文件输入/输出类、格式化管理类，等等，与执行主要运算和操作的类之间，存在的是"has a"关系，它们体现在代码使用上是一种组合（composition）或者支持（supporting）关系。我们已经对继承的特性有了足够的讨论和介绍。下面总结作为组合应用的资源类的编写特点。

- 类的命名体现提供资源或支持，如 Validator、NegativeAgeException、FileReader、Formatter，等等。
- 成员体现静态特性。作为资源类，对使用它的所有对象提供标准操作支持，不需要创建对象，而是直接调用提供的服务。
- 一般定义为 final 类。不具有继承性。
- 在其内部，有可能应用继承和组合技术，以便提供更有效和功能强大的资源服务。
- 一般存储在独立的包中。

13.5.2 什么是文件类

文件类（file classes），指在一个源代码文件中，在一个公共类之外存在的类。例如：

```
public class SomeClass {
    ...
}                                //SomeClass 结束
class FileClass1 {               // 文件类
    ...
}                                //FileClass1 结束
...
class FileClassN {               // 更多文件类
    ...
}                                //FileClassN 结束
```

因为 Java 规定一个源文件中只允许有一个公共类，并以它命名文件名。所以文件类不可以定义为 public，事实上，Java 只允许文件类具有包访问修饰符，否则将产生语法错误。

文件类一般对该文件中的 public 类提供支持，或者是从属于这个 public 类。文件类和 public 类一般具有组合关系。文件类对 public 类提供特殊的或是专一的资源和支持，有时在做演示时，为了方便参考，也经常使用文件类。

Java 规定一个具有文件类的源程序必须以公共类名存储。编译时，编译器将对文件中的所有类生成字节码文件。

13.5.3 内部类怎样用

内部类（inner classes）指在一个类中包含的另一个类。例如：

```
public class OuterClass {
    ...
    class InnerClass1 {                          // 内部类
        // 可以访问所有 OuterClass 的成员
        ...
    }                                            //InnerClass 结束
    ...
    class InnerClassN {                          // 更多内部类
        // 可以访问所有 OuterClass 的成员
        ...
    }                                            //InnerClassN 结束
} //OuterClass 结束
```

一个外部类 OuterClass 可以有多个内部类。内部类可以有它自己的成员，如自己的变量和方法；在内部类中可以访问外部类 OuterClass 的所有成员，因而是一种隐含的继承方式。

内部类一般应用在专门处理其外部类延伸性的特殊运算以及操作、代码简短的程序中。例如，编写专门用来给外部类提供排序、搜索、线程等即时处理的代码。编写内部类的目的是增强代码的封装性、可读性、维护性以及管理性。

以下是应用内部类的例子：

```java
// 完整程序在本书配套资源目录Ch13中，名为InnerClassTest.java
public class InnerClassTest {
    public static void main( String args[] ) {
        OuterClass outer = new OuterClass();                        // 创建一个外部类对象
        OuterClass.InnerClass inner = outer.new InnerClass();
                                                                    // 创建一个内部类对象
        OuterClass.InnerClass inner2 = new OuterClass().new InnerClass();
                                                                    // 创建一个内部类对象
        outer.outerMethod();
        inner1.innerMethod();
        inner2.innerMethod();
    }
}
class OuterClass {                                                  // 外部类
    private int n = 10;                                             // 私有实例变量
    void outerMethod() {
        System.out.println("from OuterClass...");
    }
    class InnerClass {                                              // 内部类
        private int m = 5;
        void innerMethod() {
            int sum = n + m;                                        // 可以访问外部类所有成员
            System.out.println("from InnerClass sum = " + sum);
            outerMethod();
        }
    }     // 内部类结束
}         // 外部类结束
```

从这个例子可以看出，创建一个内部类对象有以下两种语法格式。

（1）首先创建一个外部类对象，然后利用这个对象引用创建内部类对象。即

```java
OuterClass outer = new OuterClass();
OuterClass.InnerClass inner = outer.new InnerClass();    // 创建一个内部类对象
```

（2）直接创建外部类对象。即

```java
OuterClass.InnerClass inner2 = new OuterClass().new InnerClass();
// 创建一个内部类对象
```

运行结果为：

```
from OuterClass...
from InnerClass sum = 15
from OuterClass...
from InnerClass sum = 15
from OuterClass...
```

也可以在一个内部类中再嵌套另外一层内部类，例如：

```java
class Outer {
```

```
        private void foo()    {
        }
        class AInner {
            private void goo()  {
            }
            class BInner {
                void hoo()  {
                    foo();       //直接访问 Outer 类的所有成员
                    goo();       //直接访问 AInner 类的所有成员
                }
            }           //BInner 类结束
        }               //AInner 类结束
}                       //Outer 类结束
```

可以利用以下语句创建不同的对象，包括内部类对象：

```
Outer outer = new Outer();                              //创建 Outer 类对象
Outer.AInner aInner = outer.new AInner();               //创建内部类对象
Outer.AInner.BInner bInner = aInner.new BInner();       //创建嵌套的内部类对象
bInner.hoo();
```

当然，也可以利用以下方式创建最里层的内部类对象：

```
Outer.AInner.BInner bInner2 = new Outer.AInner.BInner();
```

但这种情形在实际应用中并不常见。

13.5.4　为什么用静态内部类

与内部类相似，静态内部类指在一个类的内部包含另外一个静态类。例如：

```
public class OuterClass {
    ...
    static class StaticInnerClass1 {           //内部静态类
        //只可以访问 OuterClass 的静态成员
        ...
    }                                          //StaticInnerClass 结束
    ...
    static class StaticInnerClassN {           //更多静态内部类
        //只可以访问 OuterClass 的静态成员
        ...
    }                                          //StaticInnerClassN 结束
}   //OuterClass 结束
```

与一般内部类不同，在静态代码中不能够使用 this 操作，所以在静态内部类中只可以访问外部类的静态变量和静态方法。使用静态内部类的目的和使用内部类相同。如果一个内部类不依赖于其外部类的实例变量，或与实例变量无关，则选择应用静态内部类。

以下例子演示怎样使用静态内部类：

```
// 完整程序在本书配套资源目录 Ch13 中，名为 StaticInnerClassTest.java
public class StaticInnerClassTest {
    public static void main( String args[] ) {
        OuterClass2 outer = new OuterClass2();
        OuterClass2.StaticInnerClass.innerMethod();    //调用静态内部类的静态方法
        OuterClass2.outerMethod();
        //创建静态内部类对象
        OuterClass2.StaticInnerClass staticInner = new OuterClass2.
            StaticInnerClass();
```

```java
            int num = staticInner.innerMethod2();        // 调用静态内部类实例方法
            System.out.println("num from the innerMethod() of OuterClass2: " + num);
        }
    }
    class OuterClass2 {                                  // 外部类
        private double x = 0.0;                          // 内部静态类不可以访问外部类实例变量
        static private int n = 10;                       // 外部类静态变量
        static void outerMethod() {                      // 外部类静态方法
            System.out.println("from OuterClass...");
        }
        void outerMethod2() {
            System.out.println("from OuterClass' instance method2()...");
        }
        static class StaticInnerClass {                  // 静态内部类
            static private int m = 5;                    // 静态内部类静态变量
            static void innerMethod() {                  // 静态内部类静态方法
                int sum;
                n = 20;                                  // 只允许访问和改变外部类静态变量
                sum = n + m;
                System.out.println("from InnerClass sum = " + sum);
                outerMethod();                           // 只可以调用外部类静态方法
            }
            int innerMethod2() {
                n = 100;
                outerMethod();
                System.out.println("from InnerMethod2() n = " + n);
                return n;
            }
        }        // 静态内部类结束
    }            // 外部类结束
```

如同不用创建对象就可调用静态方法一样，上例静态内部类中的静态方法可利用

```
OuterClass2.StaticInnerClass.innerMethod();        // 静态内部类调用其静态方法
```

来调用。

> **注意**　可以在静态内部类的方法中直接访问外部类的静态变量 n 和调用静态方法 outerMethod()。但不允许访问外部类的实例变量 x 以及实例方法 outerMethod2()。

静态内部类中也可以提供实例方法，例如：

```java
static class StaticInnerClass {
    int innerMethod2() {
        n = 100;                                         // 只可访问外部类静态变量
        outerMethod();                                   // 只可调用外部类静态方法
        System.out.println("from InnerMethod2() n = " + n);
        return n;
    }
}        // 静态内部类结束
```

静态内部类的实例方法中亦只允许访问外部类的静态成员。
可以使用下列语法格式创建一个静态内部类对象并且调用其实例方法，以及静态方法：

```
OuterClass2.StaticInnerClass staticInner = new OuterClass2.StaticInner Class();
    // 创建静态内部类对象
```

```
        int num = staticInner.innerMethod2();        // 调用实例方法
        staticInner.innerMethod();                    // 调用其静态方法
```

13.5.5 本地类是什么

本地类（local classes）指在一个方法中包含的类，也称作本地内部类（local inner class）。例如：

```
public SomeClass {
    void method() {
        class LocalClass {
            localMethod() {
                ...
            }
        }           // 本地类结束
        ...
    }               // 方法 method() 结束
}
```

本地类如同本地变量一样，只能在其所在的方法内部使用。本地类可以访问其外部类的所有成员，因而也是一种特殊形式的继承。如果一个类的作用域和功能仅存在于某个方法中，而且只在这个方法中使用，则选择编写本地类。本地类的编写必须短小精悍，适当应用本地类可以提高代码的封装性、可读性、维护性以及管理性。

以下是一个演示使用本地类的例子：

```
// 完整程序在本书配套资源目录 Ch13 中，名为 LocalClassTest.java
public class LocalClassTest {
    public static void main( String args[] ) {
        SomeClass obj = new SomeClass();
        obj.someMethod();
    }
}
class SomeClass {
    private int m = 5;
    void someMethod() {
        class Local {                               // 本地类
            private in n = 10;
            int localMethod() {
                return m + n;
            }                                       //localMethod() 结束
        }                                           // 本地类结束
        //n = 100;                                  // 非法使用
        Local local = new Local();                  // 创建本地类对象
        int x = local.localMethod();                // 调用本地类对象方法
        System.out.println("from SomeClass someMethod()  m + n = " + x);
    }                                               //someMethod() 结束
}                                                   //SomeClass 类结束
```

如同以上代码所示，本地类必须定义在创建其对象之前，否则将产生语法错误。本地类可以有自己的成员，但不允许是静态的。本地类也同样不能是静态的。不允许在本地类方法之外使用任何本地类中的成员。如在上例中的 someMethod() 方法中使用本地类的实例变量 n，则属非法。

这个例子运行后的结果如下：

```
from SomeClass someMethod() m = 1500
```

13.5.6 没有名字的类——匿名类

匿名类（anonymous classes），也称匿名内部类，指类的声明和创建对象在一个语句中完成。匿名类是 Java 语言的独创，实际上是一个无名的本地类。以下是演示匿名类的一个例子：

```java
// 完整程序在本书配套资源目录 Ch13 中，名为 AnonymousClassTest.java
public class AnonymousClassTest {
    public static void main( String args[] ) {
        System.out.println(new Object() {           // 匿名类
            public String toString() {
                return "toString() in Object class will
                    return the address of  " +super.toString();
            }
        });         // 括号结束，注意使用分号
    }               // 主方法结束
}                   // 测试类结束
```

这个例子利用匿名类调用 Object 类的 toString() 方法，打印使用匿名类后 Object 的 toString() 所返回的地址信息。运行后的结果为：

```
toString() in Object class will return the address of  Anonymous ClassTest$ 1@c17164
```

其中"$1@c17164"指匿名类的内存地址。

匿名类一般用来覆盖 API 类或已存在类的方法，可以有实例变量和构造方法，但不允许有静态变量。匿名类也可用来实现接口。这时可省略关键字 implements。例如，匿名类经常应用在对 GUI 组件，如按钮、菜单等的事件处理中：

```java
...
AddButton = new JButton("Add");
AddButton.addActionListener(new ActionListener() {
                                       // 匿名类进行 AddButton 按钮事件处理
    public void actionPerformed(ActionEvent e) {
        Add();                         // 调用方法进行相加运算
    }
});
...
```

这种匿名类的应用也称为 GUI 组件回调 callback 事件处理。因为每个 GUI 组件都有自己独特的事件需要处理，而且处理这些事件的代码通常都较简短，因此匿名类在 GUI 编程中较为常见。

13.5.7 这么多类——高手攻略

继承和组合构成各种形式的 Java 应用程序。文件类实际上是一个 Java 源代码文件中包含多个独立的类。这些类之间具有组合关系，用来提高文件管理的效率。我们称内部类、静态内部类、本地类，以及匿名类为成员类。在编程结构上，内部类和静态内部类都属于外部类的成员，而本地类和匿名类仅仅定义和使用在另外一个类的某个方法中。从应用角度，它们都是执行指定特殊任务的、相对独立的简短程序。因为是成员，所以它们可以访问外部类的成员，它们有特殊形式的继承性，也具有更好的封装性；它们与所属的类和方法编写在一起，易于查找，因而具有更好的可读性；它们不独立存在，因而减少了文件量和类的命名量，所以增强了维护性和管理性。

但是，由于成员类在编写上的特殊性，造成理解和设计的困难，再加上使用的局限性，成员类并不具有广泛的应用性。

表 13.2 总结了 4 种成员类及其特征。

表 13.2　成员类的应用范围及其特征

特征项 \ 成员类	内 部 类	静态内部类	本 地 类	匿 名 类
应用特点	外部类的继承和延伸性操作或运算。简化接口实现	同内部类；但依赖于外部类实例	外部类的继承和方法的延伸性操作或运算。接口的简化性完善	GUI 组件的事件处理以及回调。外部类的继承和方法的延伸性操作或运算。简化接口实现
访问范围	所有外部类的成员	所有外部类的静态成员	所有外部类的成员	所有外部类的成员
访问修饰符	所有访问修饰符	所有访问修饰符	所有访问修饰符	所有访问修饰符
再次嵌套	可以	不可以	可以	可以

13.6　枚举类是什么

Java 在 JDK1.5 中首次提供利用关键字 enum 来定义枚举类型。enum 继承了 java.lang 包中的 Object 类和 Enum 类。所以实际上是利用 enum 来定义和创建 Enum 类的对象。枚举类型通常用来定义一组相关的常量，或称枚举值，一般是常量字符串。例如，定义方位（NORTH、SOUTH、EAST 以及 WEST）、颜色（RED、GREEN 和 BLUE）以及人物（秦始皇，汉武帝，李世民）等。因为枚举实际上是对象，所以在定义和创建枚举类型时，还可以定义其方法，或者覆盖 Enum 类中已存在的方法。编写和覆盖这些方法是为了解释所定义字符串字段的执行。而应用枚举类型的目的是增强代码的可读性。

13.6.1　怎样定义和使用枚举

定义枚举类型的语法格式如下：

```
accessModifier enum EnumName {
    FIELD_LIST;
    accessModifier EnumName(argumentList) {            // 构造器；可选项
        statements;
    }
    accessModifier returnType methodName(argumentList) {   // 可选项
        statements;
    }
    // 更多方法定义
}
```

其中：

- accessModifier——访问修饰符。可以是 public、protected、private 或者包访问权。
- enum——关键字。用来定义枚举类型。
- enumName——所定义的枚举类型名。自动为 final，因为所有枚举值为常量，不可修改。
- FIELD_LIST——要定义的常量值。每个字段用逗号相隔。通常使用大写字母。自动为 static final。特殊情况下，常量值中可以有子常量，也可以定义方法。
- returnType——方法的返回类型，可以是 void。
- methodName——方法名。
- argumentList——参数列表。如果没有参数，则为空。

在枚举中构造方法和方法为可选项，并可以重载。
以下是定义枚举类型的一个简单例子：

// 完整程序在本书配套资源目录 Ch13 中，名为 EnumTest.java

```
enum DiscountType {                  // 定义枚举类型
    BASIC_DISCOUNT,                  // 枚举常量字段
    EXTRA_DISCOUNT,
    SUPER_DISCOUNT;
}
```

使用时，首先创建枚举类型，例如：

```
DiscountType discount;
```

也可以创建多个枚举类型并赋值，例如：

```
DiscountType myDiscount = DiscountType.BASIC_DISCOUNT,
    yourDiscount = DiscountType.SUPER_DISCOUNT;
```

在 if 语句中使用枚举类型的例子：

```
if (myDiscount == DiscountType.BASIC_DISCOUNT)
    System.out.println("Basic discount for new customers: 10%");
```

编译器自动对定义的枚举字段赋予从 0 开始的整数值。上例中，BASIC_DISCOUNT 被赋予 0；EXTRA_DISCOUNT 为 1；而 SUPER_DISCOUNT 为 2。但这个整数值只可以通过方法调用。以下为非法语句：

```
if (myDiscount == 0)      // 非法语句
    ...
```

因为 enum 继承了 java.lang 包中的 Object 和 Enum 类，可以调用这些类提供的方法进行各种操作。表 13.3 中列出了 Enum 类的常用方法。

表 13.3　Enum 类的常用方法

方　　法	解　　释
int compareTo(Enum)	比较一个枚举对象中的两个枚举常量。如果小于则返回负整数值；如果相等返回 0；如果大于返回正整数值
Boolean equals(Object)	比较指定对象。如果指定对象等于此枚举常量时，返回真，否则返回假
String name()	返回枚举常量的值
int ordinal()	返回枚举常量的序数
String toString()	返回枚举常量的值。建议使用时覆盖此方法
Enum[] values()	返回包含指定枚举常量的数组

接着上面讨论的例子，以下程序演示使用表 13.3 中的常用方法：

```
// 完整程序在本书配套资源目录 Ch13 中，名为 EnumTest.java
myDiscount = DiscountType.BASIC_DISCOUNT;
System.out.println(myDiscount.name());                          // 调用 name()
System.out.println(myDiscount.toString());
                        // 调用 toString() 或 System.out.println(myDiscount);
System.out.println(myDiscount.ordinal());                       // 调用 ordinal()
DiscountType yourDiscount = myDiscount;                         // 赋值给另一个枚举引用
if (myDiscount.equals(yourDiscount))                            // 调用 equals() 比较内容
    System.out.println("We all got the same for basic discount for new
    customers - 10%");
if (myDiscount == yourDiscount)                                 // 调用 == 比较地址
    System.out.println("We are referring to the same memory location.");
    int compareResult1 = myDiscount.compareTo(yourDiscount);// 调用 compareTo()
    System.out.println("compareResult1 = " + compareResult1);
```

```
            int compareResult2 = myDiscount.compareTo(DiscountType.SUPER_DISCOUNT);
                                                       // 调用 compareTo()
            System.out.println("compareResult2 = " + compareResult2);
```

运行结果为:

```
BASIC_DISCOUNT
BASIC_DISCOUNT
0
We all got the same for basic discount for new customers - 10%.
We are referring to the same memory location.
compareResult1 = 0
compareResult2 = -2
```

可以看到,方法 name() 和 toString() 都返回 myDiscount 的值。方法 ordinal() 返回枚举对象的内部序数,在这个例子中,BASIC_DISCOUNT 的序数为 0。

还可以将一个枚举对象赋值给另外一个相同类型的枚举引用,如上例中:

```
DiscountType yourDiscount = myDiscount;              // 赋值给另一个枚举引用
```

yourDiscount 将指向 myDiscount.BASIC_DISCOUNT,所以调用 equals() 进行内容比较的结果和利用 == 比较地址的结果都为真。

值得注意的是,方法 compareTo() 只能用来比较一个枚举对象中两个枚举常量的值。因为 yourDiscount 只是对 myDiscount 的引用,所以它们的比较是合法的。其结果相等,返回 0。显然 BASIC_DISCOUNT 小于 SUPER_DISCOUNT,所以返回一个负整数。

values() 方法的使用见后续章节的讨论。

> **注意** 出于类型安全的考虑,枚举对象只能引用,不允许复制。试图使用 clone() 方法或者完善 Cloneable 接口来复制枚举对象都属非法。

13.6.2 静态引入——编写枚举类更方便

静态引入(import static)使得对枚举值的引用更加简便。例如,实行静态引用后,以下语句:

```
DiscountType myDiscount = BASIC_DISCOUNT;
```

成为合法语句,显然简化了对枚举的赋值。

而在没有使用静态引用前必须写为:

```
DiscountType myDiscount = DiscountType.BASIC_DISCOUNT;
```

即没有静态引入时,必须使用枚举类的全名。

静态引入的语法格式如下:

```
import static packageName.className.*;
```

其中:
- import static——关键字。实行静态引入。
- packageName——包名。
- className.*——要实行静态引入的类名。* 代表静态引入所有静态成员,也可以引入具体成员。

假设枚举类型 DiscountType 存储在 Ch13 的包中。以下语句:

```
import static Ch13.DiscountType.*;
```

将实行对这个枚举类的静态引入。这样将在代码中可以直接对这个枚举的值进行引用，例如：

```
DiscountType yours = EXTRA_DISCOUNT;
```

再例如前面讨论的利用 compareTo() 进行比较的代码可以改写为：

```
int compareResult2 = myDiscount.compareTo(SUPER_DISCOUNT);    // 调用 compareTo()
    System.out.println("compareResult2 = " + compareResult2);
```

静态引入不仅用于枚举，对具有静态变量和静态方法的类，都可以使用 static import 语句来简化对静态成员的访问。之前编写过的用来进行数据验证的资源类 Validator 的各种版本中有许多静态方法，都可利用静态引入。例如：

```
import static Ch12.Validator10;
```

在调用这些静态方法时，则可以利用以下语句：

```
...
intDataWithRange (sc, "Please enter your score: ", 0, 100);
```

直接调用静态方法 intDataWithRange()。

如果需要静态引入的类不在包中，而是存储在当前目录中，则可直接引入：

```
import static Validator;
```

但静态引入也会带来负面影响。过多使用它将降低程序的可读性。使用时应该权衡利弊，适当应用。

> **注意** 静态引用的枚举值、静态变量和静态方法必须具有唯一性，否则将造成语法错误。不适当使用静态引入会削弱代码的可读性。

13.6.3 高手必须知道的枚举

枚举是对象，可以有其成员。枚举常量中还可以定义子常量，每个子常量用逗号分隔。以下例子演示枚举类型在这方面的应用：

```
// 完整程序在本书配套资源目录 Ch13 中，名为 DiscountType2.java
enum DiscountType2 {                                    // 定义枚举类型
    BASIC_DISCOUNT("for new customers", "10%"),         // 枚举常量中有两个子常量
    EXTRA_DISCOUNT("for returing customers", "20%"),
    SUPER_DISCOUNT("for royal customers with 3 years", "30%");
    final private String explain;                       // 私有实例变量
    final private String rate;
    private DiscountType2(String explain, String rate) {    // 构造方法
        this.explain = explain;
        this.rate = rate;
    }
    public String getExplain() {                        // 枚举子常量 - 访问方法
        return explain;
    }
    public String getRate() {
        return rate;
    }
}
```

这个例子中，DiscountType2 的每个枚举值中包含两个子枚举常量。构造方法将对这两个子常量初始化。如参数 explain 和 rate 分别代表这两个子常量。两个 getXxx() 方法分别用来访问子常量值。

> **注意** 构造方法中的参数类型、次序必须与子常量的参数类型、次序匹配，否则将造成语法错误。

以下测试程序演示如何访问这个枚举类型和其子常量：

```
// 完整程序在本书配套资源目录 Ch13 中，名为 EnumTest2.java
import static Ch13.DiscountType2.*;                    // 静态引入
import java.util.EnumSet;                              // 使用 EnumSet 的方法 range()
public class EnumTest2 {
    public static void main( String args[] ) {
        for(DiscountType2 type : DiscountType2.values())    // 调用 values()
            System.out.println("type: " + type.getExplain() + " rate: " +
            type.getRate());
        // 调用 EnumSet 的 range() 方法
        for(DiscountType2 type : EnumSet.range(EXTRA_DISCOUNT, SUPER_DISCOUNT))
            System.out.println("type: " + type.getExplain() + ", rate: " +
            type.getRate());
    }
}
```

这个程序应用静态装入，可以在代码中直接引用枚举值。应用 Java 的新循环，并且调用 values() 方法，将打印枚举 DiscountType 中包括子常量的每个枚举常量。第二个新循环利用 java.util 包中 EnumSet 类的方法 range() 直接引用枚举值来指定打印范围。运行结果如下：

```
type: for new customers, rate: 10%
type: for returning customers, rate: 20%
type: for royal customers with 3 years, rate: 30%
type: for returning customers, rate: 20%
type: for royal customers with 3 years, rate: 30%
```

创建枚举时也可根据需要定义基本数据类型的实例变量，另外因枚举类型的构造方法不为外部调用，因而通常定义为 private。其构造方法可以重载，以便对不同子常量的定义初始化。

枚举的子常量也可以是一个方法，这时必须定义这个方法为抽象方法。例如：

```
// 完整程序在本书配套资源目录 Ch13 中，名为 EnumTest3.java
enum Coins {
    PENNY { int value() { return 1; }},
    NICKLE { int value() { return 5; }},
    DIME { int value() { return 10; }},
    QUARTER { int value() { return 25; }};
    abstract int value();                    // 必须将其定义为抽象方法
}
```

以上枚举也可以改写为如下形式：

```
public enum Coins {
    PENNY (1),
    NICKLE (5),
    DIME (10),
    QUARTER (25);
    private int value = 0;
    private Coins(int value) {               // 构造方法
```

```
            This.value = value;
        }
        private int getValue() {
            return value;
        }
    }
}
```

13.6.4 一个实例教会你应用枚举

前面已经讨论了各种枚举概念和编程技术。为了学会和掌握如何应用枚举，以下程序演示利用枚举打印用户选择的跑车信息。

枚举的定义如下：

```
// 完整程序在本书配套资源目录Ch13中，名为SportCarType.java
enum SportCarType {                                 // 定义枚举类型
    PORSCHE("Made: Germany", 120000),               // 枚举常量中有两个子常量
    FERRARI("Made: Italy ", 150000),
    JAGUAR("Made: England", 110000);
    final private String make;
    final private int price;
    private SportCarType(String make, int price) {  // 构造方法对子常量初始化
        this.make = make;
        this.price = price;
    }
    public String getMake() {                       // 定义访问子常量方法
        return make;
    }
    public int getPrice() {
        return price;
    }
}
```

以下是利用枚举，根据用户选择，编写的处理跑车信息的类：

```
// 完整程序在本书配套资源目录Ch13中，名为SportCar.java
import static Ch13.SportCarType.*;                  // 静态引入
import java.text.DecimalFormat;                     // 格式化输出
class SportCar {
    SportCarType type;                              // 定义枚举类型
    public SportCar (String choice) {               // 构造方法根据选择对跑车类型初始化
        if (choice.equals("P"))
            type = PORSCHE;
        else if (choice.equals("F"))
            type = FERRARI;
        else if(choice.equals("J"))
            type = JAGUAR;
    }
    public String toString() {                      // 覆盖toString()返回跑车信息
        DecimalFormat dollar = new DecimalFormat("#,##0.00");   // 格式化输出
        String info = type.getMake() + "\n价格: $" + dollar.format(type.getPrice());
        return info;
    }
}
```

其测试程序如下：

```
// 完整程序在本书配套资源目录Ch13中，名为SportCarAPP.java
```

```
import javax.swing.*;                    // 引入 JOptionPane 的方法
public class SportCarApp {
 public static void main( String args[] ) {
 //得到用户选择
 String car = JOptionPane.showInputDialog(null, "Select your sport car
(P - Porsche, F - Ferrari, J - Jaguar): ");
    //创建对象
    SportCar yourCar = new SportCar(car);
    //输出信息
    JOptionPane.showMessageDialog(null, "Your sport car info: \n" + yourCar);
    }
}
```

图 13.5 显示了一个典型运行结果。

图 13.5　利用枚举打印用户选择跑车信息运行结果

13.7　高手须知可变参数

　　Java 在 JDK1.5 中首次推出可变参数（variable arguments），或简称 varargs。这一新语言特征给软件开发人员在编写方法重载时提供了方便和灵活性。但可变参数的应用并不像想象的那么简单，使用时有其特殊要求和局限性。

13.7.1　可变参数是重载的极致应用

　　你可能有过这样的编程经历：在编写一个方法时，其参数随着程序运行的条件而变化，在编译期间无法确定。具体地讲，例如编写一个打印参加聚会 party 的程序，其中方法 printInvitation() 将根据参加人姓名和人数，打印邀请卡。但这个姓名参数和数量事先并不确定。当然可以编写许多重载的方法来解决这个问题，例如：

```
void printInvitation(String name);
void printInvitation(String name1, String name2);
void printInvitation(String name1, String name2, String name3);
...
```

　　问题是编写多少个重载的方法才可以解决给所有参加者打印邀请卡？也许需要改变你的程序设计，而使用数组或者链接表了。
　　应用可变参数可以方便、灵活地解决这类问题。例如：

```
// 完整程序在本书配套资源目录 Ch13 中，名为 VarargsTest.java
```

```
void printInvitation(String...names) {
    for (String name : names) {
        System.out.println("Recording info: invitation card has been printed
            for " + name);
    }
}
```

这里，(String...names) 便是可变参数。它包括从 0 到任意个相同类型的参数。在编译期间，这个可变参数将被转换为字符串数组形式，即

```
void printInvitation(String[] names)
```

以下是调用这个方法的例子：

```
printInvitation("John Wang", "David Smith");
printInvitation("Greg Wu", "Paul Nguyen", "Liu Wei", "Zhang kui");
printInvitation();          // 无参数
```

当在无参数情况下调用这个方法时，将不执行任何这个方法中的代码。
运行结果如下：

```
Recording info: invitation card has been printed for John Wang
Recording info: invitation card has been printed for David Smith
Recording info: invitation card has been printed for Greg Wu
Recording info: invitation card has been printed for Paul Nguyen
Recording info: invitation card has been printed for Liu Wei
Recording info: invitation card has been printed for Zhang Kui
```

13.7.2 揭秘可变参数——它怎样工作

可变参数也不神秘。实际上，JVM 将根据程序中调用这个方法时提供的参数数量，来装载和运行它。

可变参数的简单语法格式为：

```
methodName([argumentList], dataType...argumentName);
```

其中：

- argumentList——普通参数，可选项。
- dataType——数据类型或者类。自动转换成数据类型 dataType 代表的数组。
- ...——Java 的操作符。表示 0 到多个。必须是 3 个点。没有上限要求。
- argumentName——参数名。

注意，如果普通参数和可变参数混合应用时，可变参数必须在最后。
下面是应用可变参数的更多例子：

```
// 完整程序在本书配套资源目录 Ch13 中，名为 VarargsTest.java
public static int sumInts(int...numbers) {      // 可变整数数组类型参数
    int sum = 0;
    for (int num : numbers)
        sum +=num;
    return sum;
}
```

再如：

```
public void totalTax(String name, double rate, double...amount) {
                                // 普通参数在前，可变参数在后
```

```
    double total = 0.0,
           tax = 0.0;
    for (double amount : amounts)
        total += amount;
    tax = total * rate;
    System.out.println("Name: " + name + "\nTotal: " + total + "\ntax: " + tax);
}
```

可变参数也可应用在构造方法中。例如：

```
public class Supper {
    public Supper(char...characters) {
        ...
    }
}
```

在子类中，可以覆盖这个构造方法，例如：

```
class SubClass extends Supper {
    public SubClass(char...characters) {
        ...
    }
}
```

但无法在子类中调用超类的这个构造方法。

> **更多信息**　可变参数可以用在构造方法中，并可以覆盖。

13.7.3　可变参数方法可以重载

可以对具有可变参数的方法重载。例如：

```
void someMethod(int count, double...prices) {
    // 语句体
    ...
}
void someMethod(double...prices) {          // 重载
    // 语句体
    ...
}
double someMethod(String...names) {         // 重载
    // 语句体
    ...
}
...
```

对方法 someMethod() 实行重载。对具有可变参数的方法重载遵循一般方法重载原则。

13.8　什么是 javadoc 和怎样用它

javadoc 是 JDK 软件包提供的用来创建代码文档化的指令。这个指令可以对源代码产生一系列 HTML 文件，并自动在产生的文档化文件中加入类名注释、方法名注释、实例变量注释，以及显示类之间的继承关系。当然在使用这个指令前，必须按照 javadoc 的要求对源代码进行格式化注释。感谢 Eclipse 提供对源代码的自动文档格式化功能，我们不必再在这方面花费时间和精力。你只要按以下步骤选择 Eclipse 中的 javadoc 指令即可。

（1）选择需要进行 javadoc 文档化的项目或包，如 Ch13（见图 13.6）。

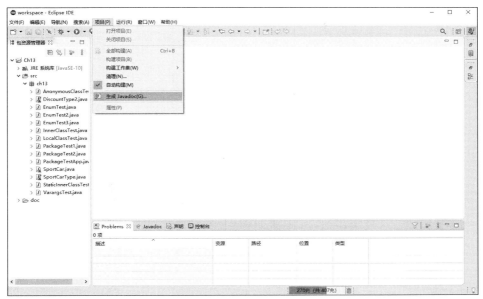

图 13.6　在 Project 中按下 Generate javadoc 选项

（2）在 Project 中按下 Generate javadoc 选项。

（3）在弹出的窗口中单击"设置"按钮，游览至存储 JDK 指令的文件夹，如 C:\Program Files\Java\JDK-10.0.2\bin\javadoc.exe，如图 13.7 所示。由 javadoc 指令创建的所有 HTML 文档化文件将存储到 C:\NewJavaBook\Ch13\doc 文件夹中。你也可以改变这个路径，存储到本机的任何一个文件夹中。

图 13.7　游览至 JDK 的 bin\javadoc 指令的文件夹

（4）打开生成的 doc 文件夹中的 HTML 目录文件，则可看到这个项目或者包中所有源代码文档化文件，如图 13.8 所示。

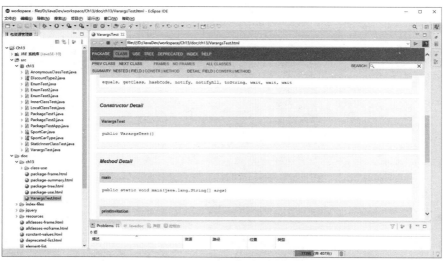

图 13.8　打开生成的 doc 文件夹中的文档化文件

实战项目：创建可被任何程序调用的文件库（JDK9 和以后版本）

在本章演示过如何创建一个简单的 JAR 文件库，这个文件库中的代码可以被你的任何程序调用。在这个实战项目中，我们选择你编写的一个被其他程序经常调用，来验证输入数据是否正确的资源类 Validator10，作为文件库。这样 Validator10 可以很方便容易地被重新使用。当然，你可以选择任何一个类作为库文件。

假设 Validator10 存储在如图 13.9 所示的项目和包中。

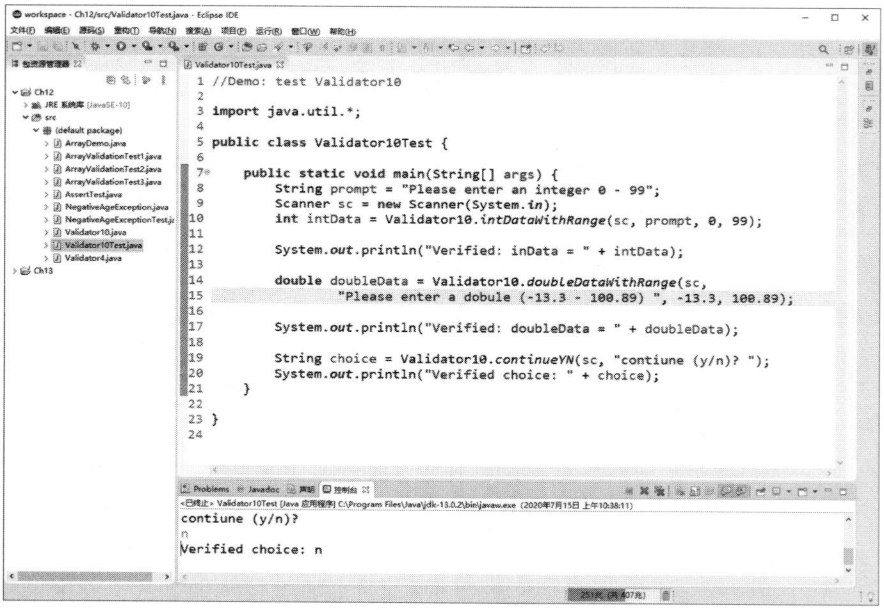

图 13.9　作为库文件的 Validator10

创建一个文件库的步骤如下。

（1）在计算机上创建一个用来存储文件库的目录，如 C:\NewJavaBook\Library。

（2）将 Validator10 创建为一个 JAR 文件，输出 Export 到以上创建的计算机目录中。即右击 Ch12，在弹出的快捷菜单中选择"导出"命令，双击 Java，单击"JAR 文件"按钮，单击"下一步"按钮，选中 Ch12，单击"src"，双击 (default package)，选择 Validator10（当然你可以全选所有文件），单击"选择导出目标"右侧的"浏览"按钮，浏览到存储库文件的目录（E:\newJavaBook\Library），单击"完成"按钮。这样就在计算机的指定目录创建了一个 Validator10 的 JAR 文件库，以供任何其他程序调用。当然，也可以将这个库文件命名为任何其他有意义的名字。图 13.10 展示了这个步骤。

图 13.10　将 Validator10 作为 JAR 文件存储到指定的文件库中

（3）创建调用这个库文件的程序。首先创建一个项目，选择"文件"→"新建"→"Java 项目"命令，在弹出的窗口中输入项目名，如 MyProject。如果这个项目在你的 Eclipse 中已经存在，则不必再行创建。

（4）创建调用库文件的路径，右击 MyProject，在弹出的窗口中选择"构建路径"→"添加外部归档"命令，浏览到 C:\NewJavaBook\Library，选择已存储的 JAR 文件 Validator10 然后打开。可以看到 Eclipse 在 MyProject 项目下，创建了一个包含这个 JAR 文件、名为 Referenced Libraries 的文件目录。

（5）创建一个测试类来调用创建的库文件，在 MyProject 项目中，选择"文件"→"新建"→"类"命令，输入测试类名，如 Validator10Test。输入或者复制以下测试类：

```
// 完整程序在本书配套资源目录 MyProject 中，名为 Validator10Test.java
public class Validator10Test {
public static void main(String[] args) {
String prompt = "Please enter an integer 0 - 99";
Scanner sc = new Scanner(System.in);
int myData = Validator10.intData(sc, prompt);                        // 调用库文件
System.out.println("Verified: inData = " + myData);
int intData = Validator10.intDataWithRange(sc, prompt, 0, 99);       // 同上
System.out.println("Verified: inData = " + intData);
```

巩固提高练习和实战项目大练兵

1. 什么是包？它具有哪些特点？为什么使用包？
2. Java 对包的命名规范是什么？怎样保证包名的唯一性？
3. 利用 CLASSPATH 按以下指定步骤创建并应用包。
   （1）选择一个你编写的类，如 Validator.java，为包类。在其第一行加入 package utilpackage；语句。
   （2）在你的计算机中创建以下文件目录：C:\javaArt\classes\utilpackage\。
   （3）按照 13.1.2 节的步骤创建这个包文件。
   （4）编写一个测试程序，引入你创建的包文件，并且调用其方法，测试是否成功。
   （5）保存这个测试程序和运行结果。
4. 按照 13.2 节讨论的步骤，在 Eclipse IDE 中创建包，并且利用包来管理所有你编写的程序。
5. 选择一个你喜欢的一个类作为库文件。按照 13.3.2 节的步骤在你的计算机目录中创建一个文件库。再按照其余步骤编写一个测试程序，并调用这个库文件。对所有程序文档化。
6. 什么是包访问权？它有哪些特点？
7. 应用实例解释继承和组合的不同。
8. 什么是文件类？为什么应用文件类？
9. 将你编写过的某个应用程序修改为利用文件类存储方式。编译并且运行这个程序。
10. 举例说明内部类和静态内部类的相似和不同之处，并说明在何种情况下应用它们。
11. 将第 9 题中的程序修改为利用内部类结构存储。编译并运行这个程序。注意所产生的字节文件特点。解释 $ 的含义。
12. 举例说明本地类和匿名类的相似和不同之处，并说明它们各自的应用特点。
13. **实战项目大练兵**：利用本地类编写一个计算阶乘的程序。这个程序首先提示用户输入要计算的数值，并且验证这个数值是否合法，直到输入合法为止。程序利用一个本地类执行打印计算结果的功能。编写一个测试类测试你编写的类。储存所有文件并将文件文档化。
14. **实战项目大练兵**：继续第 13 题，将计算阶乘的类创建成为包文件（可任选 CLASSPATH 或者 Eclipse 包方式）。在测试程序中引入这个包文件。存储并文档化这个测试程序。
15. 什么是枚举？为什么说枚举是对象？怎样创建枚举类型？
16. 定义一个包括至少 3 种不同的邮局邮寄包裹的枚举类型。应用表 13.3 中列出的常用 Enum 类的方法，编写一个测试程序，打印 name()、ordinal()、toString() 方法返回的值。利用适当的 if 语句，调用 compareTo()、equals() 方法，执行你所选定的比较操作。存储并文档化编写的程序。
17. 利用静态引入，修改第 16 题中的测试程序。编译并运行。储存和文档化编写的程序以及运行结果。
18. **实战项目大练兵（团队编程项目）**：改进第 16 题中定义的邮局邮寄包裹的枚举类型，使每个枚举常量具有一个邮寄价格的子常量。编写两个私有实例变量 deliveryType 以及 price，它们分别为字符串和双精度类型。再编写一个私有构造方法。这个构造方法接受 deliveryType 和 price 作为参数，并对这两个实例变量初始化。最后，编写一个测试类，应用静态引入，并利用 Java 的新循环打印这个枚举关于邮寄包裹的信息（邮寄方式和价格）。编译和运行。存储和文档化编写的程序以及运行结果。
19. 举例说明什么是可变参数。为什么说可变参数是重载的最好例子？
20. 在应用可变参数时有什么要求和限制？
21. **实战项目大练兵**：利用可变参数编写一个类。在其构造方法中可以接受任意数量的双精度参数，并且计算这些参数的平均值。编写一个测试这个类的程序。创建至少 5 个具有不同参数的对象，打印这 5 个对象的计算结果。存储和文档化所有程序以及运行结果。

如果一个程序只包含固定数量的且其生命期都是已知的对象，那么这只是一个非常简单的程序。

——（美）Bruce Eckel《Java 编程思想》

但一个程序包含的都是生命期未知的未知对象，它是一个危险的程序。我们需要的是两者之间——Collection 和 Generics。

——JavaOne 国际会议

通过本章学习，你能够学会：
1. 举例说明集合类的特点和它们的应用。
2. 应用 5 种集合类编程。
3. 举例说明什么是泛类型。
4. 对集合类中的元素排序和搜索。
5. 举例说明堆栈和队列的特点和它们的应用。

第 14 章　高手须知集合类

集合类 Collection 不是 Java 的核心类，它是 Java 语言的扩展。集合类可以用来存储任何类型的对象，提供了代码编写的灵活性，但也产生了类型安全问题。首次在 JDK1.5 中推出的 Generics，改变了传统 Java 代码的编写方式。泛类型（Generic Types）编程概念和技术应用于集合类，解决了集合类的类型安全问题。如同它所源于的 C/C++ 语言一样，也可用于几乎对任何数据类型的定义和操作。

14.1　用集合类做些什么

集合类创建的对象可以用来存储一个或者多个任何类型对象或元素，所以称其为对象的集合。例如，ArrayList 是 Collection 中的一个常用集合类，可用它来创建一个简单字符串对象集合：

```
Collection<String> collect = new ArrayList<String>();
// 或 ArrayList<String> collect =new ArrayList<String>();
collect.add("Java SE");           // 添加元素
collect.add("JSPS");
collect.add("Java EE");
```

其中，collect 是集合类 ArrayList 的对象，利用方法 add() 来添加元素，是三个字符串对象的集合。<String> 是泛类型 Generics 中的类型参数。后读章节将专门讨论泛类型和类型参数。

以下输出语句：

```
System.out.println("Elements in collect : " + collect.size());
System.out.println(collect);    // 或: System.out.println (collect.toString());
```

利用 ArrayList 的方法 size() 打印 collect 中的元素数，而第二个输出语句则打印 collect 中的所有元素。运行结果为：

```
Elements in collect: 3
[Java SE, JSPS, Java EE]
```

也可以利用 Java 的新循环遍历集合中的各元素：

```
for(Object element : collect)
    System.out.println(element);
```

14.1.1 集合类与数组的比较

集合类和数组有着紧密的联系，它们之间既有相同之处也有不同之处。

集合类和数组有以下相同之处。
- 它们都用来存储多个对象。
- 有些集合类，如 ArrayList，实际上应用数组结构存储对象。

集合类与数组的不同之处如下。
- 集合类是 Java 的扩充 API 类，而数组是 Java 语言本身的数据结构。
- 集合类储存的对象多少是动态可变的，而数组的大小是静态不变的。
- 集合类只可用来存储对象，而数组可用来存储基本类型数据，或者对象。
- 集合类使用方法，如 add() 或者 iterator() 来添加或访问对象，而数组使用下标。
- 集合类有众多的方法可调用，用来进行各种操作，而数组只有少数方法可以使用。

需要指出的是，虽然集合不能够使用下标访问其存储的对象，但仍然使用下标概念来表示元素的位置。

14.1.2 集合类都有哪些

图 14.1 中列出了 Java 的集合类及其继承图。这个图也被称作 Java 集合类框架（Java Collection Framework）。可以看到，集合类由两部分组成：Collection 接口和 Map 接口。二级接口 Set 和 List 继承了 Collection 接口，并且导出三个常用集合类：HashSet、ArrayList 以及 LinkedList；接口 Map 提供了两个常用集合类：HashMap 和 TreeMap。

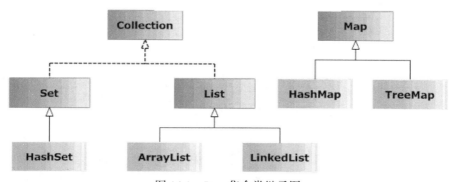

图 14.1 Java 集合类继承图

Collection 接口定义了集合类的基本方法，并由 HashSet、ArrayList 以及 LinkedList 来完善。接口

Set 和 List 的作用是将集合类分为不同功能的两大类，即不允许有重复元素的 Set 以及允许有重复元素的 ArrayList 和 LinkedList。Collection 和 Map 都包括在 java.util 包中。

虽然集合类由两个独立的接口构成，但它们有着许多相同的集合操作方式。所不同之处在于对元素的存储方式。例如，在 Map 集合类中，以对象 key 和对象值这样一对单元来存储一个指定元素。表 14.1 列出了集合类四个接口的解释和总结。

表 14.1 集合类接口

接口	解释
Collection	定义对所有集合类操作的基本方法，如 size()、isEmpty()、contains()、add()、remove()、iterator() 等 10 多个方法。从 Iterable 接口继承而来
Set	定义不允许重复元素的集合类的基本操作方法。继承 Collection 中定义的所有方法
List	定义允许重复元素的集合类的基本操作方法。除继承了 Collection 中定义的所有方法外，还定义了对一些方法的重载签名，并增添了新的方法
Map	定义对所有 Map 集合类操作的基本方法，如 containsKey()、containsValue()、keySet()、put()、values() 等 10 多个方法。它本身是一个根接口

需要强调的是，在由 Set 接口导出的集合类 HashSet 中，不允许有重复的元素，即存储在 HashSet 中的每一个对象都是唯一的。而在由 List 接口导出的 ArrayList 和 LinkedList 中，允许有重复的元素存在，并且保持元素添加时的次序。

表 14.2 列出了常用集合类以及对这些类应用特点的解释。

表 14.2 常用 Collection 接口中的集合类

类	解释
ArrayList	数组式结构的集合类。其大小可自动调整。保持元素添加的位置。对元素的有序和随机访问非常有效，但不在结尾处添加元素时效率较低
LinkedList	与 ArrayList 相似，但应用链式结构。不在结尾位置添加和删除元素非常有效
HashSet	应用 Hash 码存储无重复元素的集合类。存储的元素必须完善 hashCode() 方法以保证其唯一性

例子：假设 arrayList 是 ArrayList 的对象并且具有 5 个元素。在执行添加操作时，调用以下方法：

```
arrayList.add(3, objName);
```

即在第 4 个元素位置添加一个新元素时，会降低运行效率。在这种情况下，用 LinkedList 会改善效率，例如：

```
LinkedList<Product> linkedList = new LinkedList<Product>();
                                // 创建一个 LinkedList 对象
...
linkedList.add(n, objName);     // 在任何位置 n 添加新元素 objName
...
```

如果不要求在中间任何位置插入新元素，建议使用 ArrayList，否则利用 LinkedList，以提高代码的运行效率。集合类的常用方法将在下面的小节中以实例详细讨论。

HashSet 类和 Map 类的相同之处是它们都用 hash 代码存储一组无重复元素，这些元素都必须完善 hashCode() 方法来产生引用这个对象的 hash 代码。因而这个代码可用来对该对象进行查询操作。唯一不同的是，在 HashMap 和 TreeMap 中，每个元素都由一对单元来存储，即除过对象本身（元素值）之外，还必须提供对象 key（元素键）。而在 TreeMap 中，每个对象都自动按照对象 key 来排序，如表 14.3 所示。

表 14.3 常用 Map 接口中的集合类

类	解 释
HashMap	与 HashSet 相似，但它们属于不同的接口。以对象 key 和对象值一对单元方式来存储无重复元素。一个 key 只能引用一个对象值
TreeMap	与 HashMap 相似，但以树 tree 的数据结构存储元素。元素必须是以对象 key 和对象值一对单元方式存储。一个 key 只能引用一个对象值。自动按照对象 key 排序

以下例子演示利用 HashMap 以及 TreeMap 创建一个简单对象并且执行添加元素以及输出操作：

```
// 完整程序在本书配套资源目录 Ch14 中，名为 EmployeeMapTest.java
Map<String, String> employeeMap = new HashMap<String, String>();
                                                    // 创建一个 HashMap 对象
employeeMap.put("1110", "Ming Zhu");
employeeMap.put("1115", "John Smith");
employeeMap.put("1112", "Li Wang");
System.out.println("Size of employeeMap: " + employeeMap.size());
System.out.println(employeeMap);
```

代码中，HashMap 的方法 size() 将返回其实例，即 employeeMap 的元素数，而第二个输出语句则打印 employeeMap 中的所有元素。运行结果为：

```
Size of employeeMap: 3
{1115=John Smith, 1112=Li Wang, 1110=Ming Zhu}
```

如果将最后一个添加语句修改为重复的对象 key，例如：

```
employeeMap.put("1115", "Li Wang");
```

因为 HashMap 中不允许有重复元素，这个添加元素将代替（"1115"，"John Smith"），输出结果为：

```
Size of employeeMap: 3
{1115=Li Wang, 1112=Li Wang, 1110=Ming Zhu}
```

在讨论更多泛类型概念和技术后，将通过实例详细介绍集合类的常用方法和各种应用。

14.1.3 什么是 Java 的泛类型

最先是在 C/C++ 中应用泛类型概念和技术。泛类型实际上是以类型模式，即 templates 方式抽象定义数据类型。与 templates 不同的是，Java 中的泛类型不允许是基本变量类型，也不允许将泛类型应用到静态变量和静态初始化程序块中。你即使没有 C/C++ 类型模式的概念，也不影响本章节对泛类型的讨论。以下是 Java 中使用泛类型的典型例子：

```
class SomeClass<T> {
    T value;
    SomeClass(T value) {
        this.value = value;
    }
    ...
}
```

以上代码定义了一个泛类型 someClass<T>。尖括号为泛类型标识符。尖括号中可以是任何合法名，如 T，表示类型参数。通常简写为大写字母。在创建对象时，必须用可实例化的类，或称参数化类型替换，例如：

```
SomeClass<Integer> obj = new SomeClass<Integer>(100);
```

在应用参数化类型作替换时，也必须使用尖括号，并在尖括号中应用具体的数据类型，例如 Integer。这里，创建了一个具有 Integer 参数化类型的 SomeClass 的对象 obj。注意，参数化类型不允许是基本变量类型，否则为非法语句。

再例如集合类的根接口 Collection 以泛类型格式定义如下：

```
public interface Collection<E> {
    // 定义基本的集合类方法
}
```

Collection<E> 称为泛类型，<E> 表示类型参数。在创建集合时，它可以被具体的参数化类型所代替。如我们在本章开始讨论过的例子：

```
Collection<String> collect = new ArrayList<String>();
```

类型参数 <E> 被参数化类型 <String> 所代替，创建了一个名为 collect、具有字符串类型元素的 ArrayList 集合，或简称字符串集合。由于 Collection 是 ArrayList 的父类，所以可以作为 ArrayList 的引用。

泛类型不仅用于集合，也可以用来定义类中的实例变量，但这些变量不允许是基本数据类型。下例在自定义类 GeneItems 时定义了三个泛类型，每个类型参数用逗号分隔。即

```
// 完整程序在本书配套资源目录Ch14中，名为GeneItems.java
class GeneItems<T1, T2 , T3> {
    private T1 firstObj;
    private T2 secondObj;
    private T3 thirdObj;
    public GeneItems(T1 obj1, T2 obj2, T3 obj3) {
        firstObj = obj1;
        secondObj = obj2;
        thirdObj = obj3;
    }
    public void setFirstObj(T1 obj1) {
        firstObj = obj1;
    }
    public T1 getFirstObj() {
        return firstObj;
    }
    ...
}
```

注意，在多类型参数定义中，如果某个类型参数，如 T1，用来定义指定的变量，如 firstObj，除非作类型转换，否则在代码中是不允许再用其他类型参数定义 firstObj。以下代码：

```
public void setFirstObj(T2 obj1) {
    firstObj = obj1;
}
```

为非法语句。

以下代码：

```
// 完整程序在本书配套资源目录Ch14中，名为GeneItemsTest.java
Geneitems<String, Integer, Double> items = new GeneItems<String, Integer, Double>("Java", 15, 79.89);
```

创建一个具有三个参数化类型的对象 items，并对其实例变量初始化。在对整数类型和双精度类型变量初始化时将整数型常数 15、双精度常数 79.89 分别作为两个包装类的实例变量。

以上讨论的类型参数被称为实类型参数 concrete type parameters；参数化类型被称为实参数化类

型 concrete parameterized types。

在讨论集合和泛类型的具体应用之前，还需要了解以下 3 个重要的泛类型概念。

❑ 无界通配符 <?>。

通配符 (Wildcard) 使用 <?> 表示一个实类型参数。因为 <?> 表示任何类型元素，所以也称无界通配符。例如：

```
// 完整程序在本书配套资源目录 Ch14 中，名为 WildcardTest.java
List<?> bList;                    // 声明一个任何类型元素的集合
```

这里，<?> 为无界通配符指 List 所引用的集合 bList 可以是任何实类型参数，如 <Integer>、<Double>、<String>、<Product>，等等。如下代码：

```
List<Integer> iList = new ArrayList<Integer>();  // 创建一个 Integer 集合
iList.add(8);                                    // 增添元素，实例变量赋值
iList.add(88);
bList = new ArrayList<Integer>(iList);           //bList 可以具有 Integer 集合
```

因为 bList 的元素可以是任何类型，所以它可以包括 iList 中的所有 Integer 元素。

再例如：

```
List<Double> dList = new ArrayList<Double>();    // 创建一个 Double 集合
dList.add(0.8);                                  // 增添元素
dList.add(0.08);
bList = new ArrayList<Double>(dList);            //bList 可以具有 Double 集合
```

同理，bList 可以包括 dList 的所有 Double 元素。

值得注意的是，使用通配符时，不允许直接在集合中增添元素。例如：

```
bList.add(19.22);                                // 非法操作
```

这是因为如果任何类型的元素都可以增添到 bList，则无类型安全的保证。

无界通配符经常作为方法的参数使用，例如：

```
// 完整程序在本书配套资源目录 Ch14 中，名为 TestWildcard.java
class Test_wildcard<T>{
    static void printList(Collection<?> c) {
        for(Object obj : c)
            System.out.println(obj);
    }
}
```

在这个例子中，无界通配符 <?> 表示一个未确定实类型参数。调用这个方法时，这个参数可以是具有任何元素类型的 Collection 成员集合。在循环中，再把这个集合中的元素由 Object 来引用，当属合法应用。接着上面的例子：

```
TestWildcard.printList(dList);        // 或者 TestWildcard.printList(bList);
```

dList 或 bList 是 Double 元素的集合，是 Collection 的成员集合，可以作为 printList() 的合法参数。运行结果为：

```
0.8
0.08
```

以下程序演示调用 printList(Collection<?> c) 的更多例子：

```
// 完整程序在本书配套资源目录 Ch14 中，名为 WildcardTest.java
ArrayList<String> arrayList = new ArrayList<String>();
```

```
                            //String 将替换 printList() 的无界通配符
arrayList.add("abc");
arrayList.add("xyz");
Test.printList(arrayList);                           // 接受字符串集合
```

arrayList 是字符串集合，也是 Collection 的成员。运行结果为：

```
abc
xyz
```

> **注意**　集合类不是 Object。用 Object 引用集合类对象，如 printList(Object c)，属非法引用。但集合类对象中的元素是 Object 对象，可以用 Object 引用，如 for(Object obj : c) 为合法引用。

❑ 上界通配符 <? extends T>。

上界通配符 (Upper-Bounded Wildcards) 限定元素类型，或者实类型参数，必须是包括 T 在内的子类元素，否则为非法。例如：

```
List<? extends Number> aList;
```

这里，aList 的实类型必须是数据类，如 Integer、Long、Float、Double、BigDecimal 以及 Number，因为它们都是 Number 的子类。例如：

```
aList = new LinkedList<Integer>();
```

以及

```
aList = new ArrayList<Double>();
```

都属合法集合创建。而

```
aList = new ArrayList<String>();
```

以及

```
aList = new LinkedList<Object>();
```

均属非法。因为 String 没有继承 Number，而 Object 则是 Number 的超类。

再讨论一个例子。假设有如下自定义继承类 Item 和 Book2：

```
// 完整程序在本书配套资源目录 Ch14 中，名为 Item.java
class Item {                                         // 超类 Item
    protected String name;
    Item(String name) {
        this.name = name;
    }
    public String toString() {
        return "Name: " + name;
    }
}
class Book2 extends Item {                           // 子类 Book2
    private int quantity;
    private String publisher;
    public Book2(String name, int quantity, String publisher) {
        super(name);
        this.quantity = quantity;
        this.publisher = publisher;
```

```
    public String toString() {
        return super.toString() + "\nQuantity: " + quantity
                                + "\npublisher: " + publisher;
    }
}
```

假设使用以下具有上界通配符的静态方法：

```
// 完整程序在本书资源配套目录 Ch14 中，名为 UpperBoundWildcardTest.java
static void printList(List<? extends Item> c) {
    for(Item item : c)
        System.out.println(item);
}
```

方法 printList(List<? extends Item> c) 规定调用这个方法的参数必须是 Book2 以及 Item 元素的集合。

以下代码：

```
List<Book2> bList = new ArrayList<Book2>();
bList.add(new Book2("Java", 5, "ABC Publishing"));        // 增添 Book2 元素
bList.add(new Book2("JSPS", 10, "Lulu.com"));
List<? extends Item> list = new ArrayList<Book2>(bList);  //Book2 extends Item
Test.printList(list);                                     // 调用这个静态方法
```

list 是 bList 的副本，其元素都是 Book2。
运行结果为：

```
Name: Java
Quantity: 5
Publisher: ABC Publishing
Name: JSPS
Quantity: 10
Publisher: Lulu.com
```

以下代码也符合上界通配符 <? extends Item> 的规定，属合法创建和调用：

```
List<Item> iList = new LinkedList<Item>();
iList.add(new Item("software"));
iList.add(new Item("hardware"));
Test.printList(iList);              // 调用这个静态方法，参数为 Item 的集合 iList
```

运行结果为：

```
Name: software
Name: hardware
```

但以下代码：

```
List<String> sList = new LinkedList<String>();
sList.add("xyz");
Test.printList(sList);                                    // 编译错误
```

因为 sList 的元素定义为 String，超出上界通配符 <? extends Item> 的范围，属非法调用。
如果将方法 printList (List<?extends Item>C) 中的实类型 Item 修改为泛类型，例如：

```
// 完整程序在本书配套资源目录 Ch14 中，名为 TestWildcard.java
class TestWildcard<T> {
    static <T> void printList(List<? extends T> c) {
```

```
            for(T item : c)
                System.out.println(item);
        }
    }
```

在应用时,泛类型 T 将被任何一个实类型替换,如 Item、Book2,或者 String 替换,那么这个方法也可以接受 sList 作为合法参数。而 <? extends Object> 则等同于无界通配符 <?>,因为所有类都是 Object 的子类。

❑ 下界通配符 <? super T>。

下界通配符 (Lower Bounded Wildcards) 限定元素类型,或实类型参数必须是包括 T 在内的超类元素,否则为非法。例如:

```
List<? super Integer> aList;
```

则规定集合 aList 必须是 Number、Object 或 Integer 类型的集合。回顾一下,下界通配符正好与上界通配符相反。再例如:

```
Collection<? super String> sList;
```

规定 sList 必须是 Object 或者 String 类型的集合。

还以上面讨论过的 Item 和 Book2 为例。将方法 printList() 修改如下:

```
// 完整程序在本书配套资源目录 Ch14 中,名为 LowerBoundWildcardTest.java
class Test3 {
    static void printList(List<? super Book2> c) {
    // 或 Collection <? super Books> c
        for(Object item : c)
            System.out.println(item);
    }
}
```

注意,Book2 的超类最终有可能是 Object,必须用 Object 类引用集合 c 中的元素,才属合法。首先创建并增添新元素到 iList,再调用 Test3 中的 printList() 方法:

```
List<Item> iList = new ArrayList<Item>();
iList.add(new Item("software"));
iList.add(new Item("hardware"));
List<? super Book2> list = new ArrayList<Item>(iList);
                                            //list 具有 iList 的 Item 元素
Test3.printList(list);                      // 合法调用
```

List 中的元素都是 Book2 的超类元素 Item,符合下界通配符 <? super Book2> 的规定,属合法调用。

14.1.4 高手怎样应用泛类型

在实际应用中,上、下界通配符经常在一起使用,以便限定集合中的元素类型。例如在 java.util.Collections 类中的搜索方法:

```
int binarySearch(List<? extends Comparable<? super T>> list, T key)
```

规定了两个参数,第一个参数应用下界和上界通配符,指定 list 中的元素必须是而且实现了 Comparable 的子类,第二个参数指定了搜索键。当然,所有 JDK 提供的类都满足这个条件。但自定义类必须首先实现 Comparable 接口,才可调用这个方法。

下面讨论上、下界通配符的具体应用。假设编写了以下复制方法 copy():

```
// 完整程序在本书配套资源目录 Ch14 中，名为 LowerAndUpperBound.java
public static <T> void copy(List<? super T> dest, List<? extends T> src) {
    for (int i = 0; i < src.size(); i++) {
        dest.set(i, src.get(i));
    }
}
```

代码中指定了两个参数。第一个参数规定 dest 中的元素必须是 T 并包括 T 的超类，而第二个参数规定 src 中的元素必须是 T 并包括 T 的子类。同时满足这两个条件的参数或者集合元素，必须具备如下条件。

- 集合 dest 和 src 同类。
- 集合 dest 和 src 具有继承关系。即 src 中的元素必须是 dest 的子类对象。

以下代码演示了符合以上两个条件的典型复制操作：

```
// 完整程序在本书配套资源目录 Ch14 中，名为 WildcardCopyTest.java
List<String> str1 = Arrays.asList("abc", "xyz");
                                    // 调用 Arrays 的 asList() 方法返回一个字符串集合
List<String> str2 = Arrays.asList("11");
Test.copy(str1, str2);              // 同类集合复制
System.out.println(str1);
List<Object> objs = Arrays.<Object>asList(1, 2.89, "three");
                                    // 返回一个 Object 集合
List<Integer> ints = Arrays.asList(100);
                                    // 返回一个 Integer 集合
Test.copy(objs, ints);              //Integer 是 Object 的子类，合法复制
System.out.println(objs);           // 返回一个 Item 集合
List<Item> items = Arrays.<Item>asList(new Item("Java"), new Item("JSPS"));
                                    // 返回一个 Book2 集合
List<Book2> books = Arrays.<Book2>asList(new Book2("J2EE", 100.89, "Bot Publishing"));
Test.copy(items, books);            //Book2 是 Item 的子类，合法复制
System.out.println(items);
```

运行结果为：

```
[11, xyz]
[100, 2.89, three]
[Name: J2EE price: 110.89 publisher: Bot Publishing, Name: JSPS price: 0.0]
```

为了增添元素方便，例子中应用了 java.util.Arrays 的方法 asList()。这个方法接受一个或者多个元素，返回一个指定类型的 ArrayList 集合。因为 ArrayList 实现 List 接口，我们利用 List 作为引用。可以看到，如果 dest 和 src 都是相同类型集合，程序将执行指定的复制操作。如 String、Integer 或者 src 是 dest 的子类，如在 Test.copy(items, books) 中，books 是 items 的子类。当然，如果 src 是 Integer 的集合，合法的 dest 集合还有 Number 以及 Integer 本身。

运行消除 erasure

Java 在利用泛类型技术时使用运行消除 erasure 机制。即所有类型参数信息（包括类型参数和各种通配符）在运行时全部清除，但加入了造型机制。例如，List<Integer>、List<String> 以及 List<List<Double>> 在运行时都被认为是相同类型的 List 集合。因而：

```
List<Number> ref1 = new LinkedList<Number>();
List<String> ref2 = new LinkedList<String>();
boolean why1 = ref1 instansof Collection<? extends Number>;
boolean why2 = ref2 instansof Collection<? extends Number>;
```

说明为什么 why1 和 why2 都为 true。

表 14.4 总结了泛类型常用例子和术语解释。表中利用 Collection 和 ArrayList 为例，可以推广到任何集合类的应用。

表 14.4　泛类型常用例子和术语解释

例　　　子	解　　　释
Interface Collection<E>{}	定义名为 Collection 的泛类型接口。尖括号为泛类型标识符，E 或 <E> 为类型参数
ArrayList<Integer> list = new ArrayList<Integer>();	创建名为 list 的 ArrayList 集合。ArrayList<Integer> 为参数化类型，Integer 为实类型
Collection<String> list = new ArrayList<String>();	创建名为 list 的 ArrayList 集合，由其接口 Collection 来引用
void method(Collection<?> list) {}	定义一个参数类型为任何 Collection 成员对象的方法 method()。<?> 为类型通配符
List<? extends Super> list	List<? extends super> 为上界通配符参数化类型。以包括 Super 在内的子类作为 List 集合实类型参数
List<? super Subclass>list	List<? super Subclass> 为下界通配符参数化类型。以包括 Subclass 在内的超类作为 List 集合实类型参数
List<? extends T>list	List<? extends T> 为上界通配符参数化类型。必须以实类型替换 T，并以包括 T 在内的子类作为 List 集合实类型参数
List<? super T> args1, List <? extends T> args2	args1 必须是包括 T 在内的 T 的超类集合，args2 必须是包括 T 在内的 T 的子类集合。T 必须由实类型参数替换
class Foo<T extends Number & Comparable> {}	自定义类 Foo 具有 T 类型参数，是 Number 或其子类且实现了 Comparable。创建对象时 T 必须由实类型参数代替

14.1.5　值得注意的类型安全问题

在应用泛类型之前的所有 Java 代码，在有关创建集合以及增添元素的操作中并无类型检查。一个集合中可以增添各类型的元素。例如：

```
ArrayList myList = new ArrayList ();        // 没有应用泛类型的集合创建
myList.add("Java");                         // 增添字符串元素
myList.add(89.89);                          // 增添双精度包装类对象
myList.add(new Product());                  // 增添自定义对象
...
```

虽然这样给集合的应用提供了方便，但无法保证集合中元素类型的统一性。在进行许多运算和操作，例如算术运算时，会产生运行错误。以上对集合的创建代码也称为无类型参数（raw type parameter）定义。虽然 Java 编译器目前允许使用无类型参数声明或创建一个集合，在 Eclipse 中也只是给予警告，但从类型安全的角度，在新的软件开发中不希望这样定义集合。

上例中对集合的创建实际上默认各元素为 Object 的对象。如果应用泛类型，即

```
ArrayList<Object> myList = new ArrayList<Object>();
```

为了保证类型安全，在使用旧的 JDK 版本编写增添元素的代码时，将产生警告信息，提示在增添操作中存在类型不安全问题。另外，新版本的 JDK 在通配符的应用中提供限定上、下界，并限定不允许在通配符创建的集合中使用 add() 增添元素等，也进一步保障了集合中的类型安全性。

编程人员应根据应用程序开发的特点和要求，灵活掌握和使用泛类型编写代码。从类型安全角度，泛类型的应用在抽象定义变量类型，尤其是在创建集合、元素类型要求、元素访问以及集合算法等方面提供了编译检查和运行安全的保证。

14.2 揭秘集合类

首先讨论在实际软件开发中应用最广泛、实现了 Collection 和 List 接口的集合类 ArrayList 和 LinkedList，以及它们的应用特点、相同和不同之处。然后介绍 Collection 的另一分支——实现了 Collection 和 Set 的 HashSet 类。

14.2.1 可改变大小的数组

ArrayList 以数组作为实现结构，但元素不受固定空间的限制，是大小可变的数组。当然，这需要 JVM 做出许多额外操作，例如，任何不在结尾处增添元素的操作，都需要移位。ArrayList 可以接受任何 Object 对象（包括 null）为它的元素，但不允许是基本类型数据。对元素的访问和操作通过调用方法进行。表 14.5 列出了 ArrayList 类的构造方法和常用方法及解释。

表 14.5　ArrayList 类的构造方法和常用方法

构造方法和常用方法	解　　释
ArrayList()	创建一个具有 10 个任何类型元素空间的空集合。不保证元素类型安全
ArrayList<E>()	创建一个具有 10 个元素空间的空 ArrayList 集合。元素类型由 <E> 指定
ArrayList<E>(int capacity)	创建一个由 capacity 指定元素空间的空 ArrayList 集合。元素类型由 <E> 指定
ArrayList<E>(Collection<? extends E> c)	创建一个包含另外一个指定集合类对象各元素的 ArrayList 集合。指定集合必须是包括 E 在内的 Collection 的子类
boolean add(E element)	在结尾处增添一个指定类型的元素。如果添加成功，返回真，否则返回假
add(int index, E element)	在 index 指定的位置增添一个指定类型的元素
clear()	清除所有元素
boolean contains(Object element)	如果含有指定类型的元素，返回真，否则返回假
E get(int index)	返回指定位置的元素
int indexOf(Object element)	返回首次出现的指定元素的位置。如果该元素不在此数组表中，返回 –1
boolean isEmpty()	如果为空（即 size = 0），返回真，否则返回假
Iterator<E> iterator()	返回指定类型迭代器对集合的引用，用来调用其方法对元素按次序遍历
E remove(int index)	删除指定位置的元素，并且返回这个删除的元素
boolean remove(Object element)	删除首先出现的指定元素。如果删除成功，返回真，否则返回假
E set(int index, E element)	在指定位置用指定元素代替原来位置上的元素。返回原来位置上的元素
int size()	返回元素数
Object[] toArray()	返回包含所有元素的数组。即将集合对象转换为数组
String toString()	返回所有元素；如果自定义元素没有覆盖 toString()，则返回元素的引用地址

> **注意**　系统预设 ArrayList 的元素数为 10。可以指定 ArrayList 对象存储元素的大小，其空间将随着元素的增添和清除而自动增加和减少。

以下是应用这些构造方法和常用方法的例子。

例子之一：创建 ArrayList 集合：

```
// 完整程序在本书配套资源目录 Ch14 中，名为 ListTest.java
ArrayList noSafeList = new ArrayList();
                         // 创建具有 10 个元素空间的无类型安全保证的 ArrayList
ArrayList<String> nameList = new ArrayList<String>();
                         // 具有 10 个字符串元素空间的 nameList
```

```
ArrayList<Double> priceList = new ArrayList<Double>(80);
                                        // 具有80个双精度类型元素的priceList
ArrayList<Product2> productList = new ArrayList<Product2>();
                                        // 具有10个Product元素空间的productList
ArrayList<String> list = new ArrayList<String>(nameList);
                                        //list 包含所有 nameList 的元素
```

最后一行利用构造方法将 nameList 中的所有元素复制到 list 中。这个构造方法也称为复制构造方法。list 和 nameList 是两个完全独立的集合，复制后，它们的所有操作都是各自独立的（即深复制 deep copy）。

例子之二：调用 ArrayList 增添元素的方法 add()：

```
nameList.add("Lee");              // 增添元素
nameList.add("Smith");
priceList.add(129.65);            // 增添双精度包装类对象元素
priceList.add(0, 89.76);          // 将其增添为第1个位置上的元素。相当于插入
productList.add(new Product2("1011", "software", 59.85));
                                  // 增添匿名的 Product2 元素
```

例子中最后一行首先创建一个无名的 Product2 类的对象，然后将其增添为 productList 的元素。

例子之三：调用 ArrayList 的其他常用方法：

```
System.out.println(priceList.contains(129.65)); // 运行结果: true
System.out.println(nameList.get(1));            // 运行结果: Smith
System.out.println(nameList.indexOf("Lee"));    // 运行结果: 0
ArrayList<String> list2 = new ArrayList<String>(nameList);
                                                //list2 包含所有 nameList 的元素
System.out.println(list2.isEmpty());            // 运行结果: false
list2.remove(1);                  // 或：list2.remove("Smith"); 删除元素 "Smith"
list2.set(0, "Lisa");             // 取代 "Lee" 为 "Lisa"
System.out.println("Size of List2 = " + list2.size());
                                                // 运行结果: Size of List2 = 1
System.out.println("Size of nameList = " + nameList.size());
                                                // 运行结果: Size of nameList = 2
Object[] doubleArray = priceList.toArray();     // 返回 priceList 的数组结构
System.out.println(doubleArray[0]);             // 运行结果: 89.76
System.out.println(priceList);    // 或者 System.out. println(priceList.toString());
```

最后一行输出语句将被编译器自动替换为：

```
System.out.println(priceList.toString());
```

运行结果为：

```
[89.76, 129.65]
```

而以下语句：

```
System.out.println("productList = " + productList.toString());
                                        // 或：System.out.println(productList);
```

由于自定义类 Product2 没有覆盖 Object 类的 toString() 方法，所以这个输出语句将打印 Object 中 toString() 方法对 productList 的引用地址：

```
[Product2@c17164]
```

表 14.5 中列出的迭代器 Iterator 及其遍历元素的方法将在后面的章节中专门讨论。

14.2.2 链接表

链接表 LinkedList 与 ArrayList 相似，但它应用节点 node 数据结构实现，因而提高了在结尾处增添或者删除元素操作的效率。

表 14.6 列出了 LinkedList 类的构造方法和常用方法。与 ArrayList 相比较，LinkedList 构造方法除增加了一些在开始和结束位置增添元素的方法外，其他操作基本相同。

表 14.6 LinkedList 类的构造方法和常用方法

构造方法和常用方法	解 释
LinkedList()	创建一个具有任何类型元素的集合。不保证元素类型的安全
LinkedList<E>()	创建一个由 <E> 指定元素类型的 LinkedList 集合
LinkedList(Collection<? extends E> c)	创建一个包含另外一个指定集合类对象各元素的 LinkedList 集合。指定集合必须是包括 E 在内的 Collection 的子类
boolean add(E element)	在结尾处增添一个指定类型的元素。如果增添成功，返回真，否则返回假
add(int index, E element)	在 index 指定的位置增添一个指定类型的元素
addFirst(E element)	在开始位置增添一个指定类型的元素
addLast(E element)	在结尾位置增添一个指定类型的元素
clear()	清除所有元素
boolean contains(Object element)	如果含有指定类型的元素，返回真，否则返回假
E element()	获取第一个元素，但不移动位置指针
E get(int index)	得到指定位置的元素
E getFirst()	得到第一个元素
E getLast()	得到最后一个元素
int indexOf(Object element)	返回首次出现的指定元素的位置。如果该元素不在此列表中，返回 –1
boolean isEmpty()	如果为空（即 size = 0），返回真，否则返回假
Iterator<E> iterator()	返回指定类型迭代器对集合的引用，用来调用其方法对元素按次序遍历
int lastIndexOf(Object element)	返回最后一次出现的指定元素的位置。如果该元素不在此列表中，返回 –1
E remove(int index)	删除指定位置的元素，并且返回这个删除的元素
boolean remove(Object element)	删除首先出现的指定元素。如果删除成功，返回真，否则返回假
E removeFirst()	删除并返回第一个元素
E removeLast()	删除并返回最后一个元素
E set(int index, E element)	在指定位置用指定元素代替原来的元素，并返回原来位置上的元素
Int size()	返回元素数
Object[] toArray()	返回包含所有元素的数组。即将集合列表转换为数组
String toString()	返回所有元素；如果自定义元素没有覆盖 toString()，则返回所有元素的引用地址

可以看到，LinkedList 的大多数方法与 ArrayList 相同。为了抓住特点学习 LinkedList，以下例子列出与 ArrayList 不同的构造方法和常用方法的应用。

例子之一：假设已经创建了名为 nameList 的 ArrayList 集合。创建一个包含 nameList 的链接表集合：

```
// 完整程序在本书配套资源目录 Ch14 中，名为 ListTest.java
LinkedList<String> linkedList = new LinkedList<String>(nameList);
```

这行语句将 nameList 中的所有元素复制到 linkedList 中，而且是深复制。

例子之二：调用 LinkedList 增添元素的方法 addFirst() 以及 addLast()：

```
linkedList.addFirst("John");
linkedList.addLast("Duke");
```

```
System.out.println("linkedList = " + linkedList);
                                    // 将调用 linkedList.toSring()
```

运行结果为：

```
linkedList = [John, Lee, Smith, Duke]
```

例子之三：调用其他 LinkedList 方法：

```
Object obj = linkedList.getFirst();      //obj = "John"
System.out.println("Last index of \"Lee\" = " + linkedList.lastIndexOf ("Lee"));
```

运行结果为：

```
Last index of "Lee" = 1
```

表 14.6 中列出的迭代器 Iterator 及其遍历元素的方法将在后面的 14.2.4 节专门讨论。

14.2.3 哈希集合

HashSet（哈希集合）与 ArrayList 和 LinkedList 相比，主要有以下特点。
- 应用哈希表结构。
- 不允许有重复的元素。
- 元素是无序的，即按照哈希码存储。
- 自定义集合元素必须覆盖 hashcode() 方法来产生哈希码。
- HashSet 主要应用于简单快速、与检索有关的操作。

表 14.7 列出了 HashSet 类的构造方法和常用方法。

表 14.7 HashSet 类的构造方法和常用方法

构造方法和常用方法	解 释
HashSet()	创建一个具有 16 个元素存储空间的 HashSet。不保证元素类型的安全
HashSet(Collection<? extends E> c)	创建一个包含另外一个指定集合类对象各元素的 HashSet。指定集合必须是包括在内的 Collection 的子类
HashSet(int capacity)	创建一个指定存储空间的 HashSet
boolean add(E element)	在结尾处增添一个指定类型、没有重复的元素。如果增添成功，返回真，否则返回假
clear()	清除所有元素
boolean contains(Object element)	如果含有指定类型的元素，返回真，否则返回假
boolean isEmpty()	如果为空（即 size = 0）返回真，否则返回假
Iterator<E> iterator()	返回指定类型迭代器对集合的引用，用来调用其方法对元素按照哈希码遍历（次序是不确定的）
boolean remove(Object element)	删除指定元素。如果删除成功，返回真，否则返回假
int size()	返回元素数
Object[] toArray()	返回包含所有元素的数组。即将集合列表转换为数组
String toString()	返回所有元素；如果是自定义元素并且没有覆盖 toString()，则返回所有元素的引用地址

以下是应用 HashSet 构造方法和常用方法的例子。

例子之一：创建 HashSet 并执行增添元素操作：

```
// 完整程序在本书配套资源目录 Ch14 中，名为 HashSetTest.java
HashSet mySet = new HashSet();
                    // 创建一个具有 16 个存储任何元素的 HashSet 类型，安全无保证
HashSet<Character> set = new HashSet<Character>();
```

```java
                               // 创建一个具有16个字符元素空间的HashSet
HashSet<String> hisSet = new HashSet<String>(9);
                               // 创建一个具有9个字符串元素空间的HashSet
Collection<Double> mySet = new HashSet<Double>();
                               // 创建一个由Collection引用的Double元素的集合
Collection<?> herSet = new HashSet(mySet);
                               // 创建一个含有mySet各元素的集合
hisSet.add("Wang");
hisSet.add("45");
herSet = new HashSet<String>(hisSet);
System.out.println("herSet = " + herSet);
```

前面几行语句在编译时将会产生警告信息，报告在集合 mySet 中可能存在类型不安全的元素。

例子中还演示了利用通配符 Collection<?> 创建具有 mySet 所有元素的集合 herSet。这个构造方法也称为复制构造方法，它复制所有 mySet 的元素到 herSet。由 Collection 引用的 herSet 可以是任何类型，所以它在上例的最后被重新利用，成为具有 mySet 所有字符串元素的集合。其原有元素全部被新元素替换。最后一行输出语句将打印以下 herSet 的内容：

```
herSet = [45, Wang]
```

例子之二：继续上例，调用 HashSet 的其他常用方法：

```java
if (!mySet.add("Java"))
    System.out.println("the element is aready in the set...");
else
    System.out.println("the element has been successfully added into the
      set ...");
```

如果 HashSet 方法 add() 成功地执行了增添元素操作，则返回 true；反之返回 false。具体运行结果为：

```
the element has been successfully added into the set ...
```

14.2.4 元素迭代器

在 ArrayList 和 LinkedList 中都提供了方法 iterator()，用来返回一个指定类型的元素迭代器 Iterator 对集合的引用，以便对各元素按次序遍历。在本章开始讨论过的例子中，虽然可以利用 Java 的新循环遍历一个集合的各元素，但元素迭代器 Iterator 提供了 3 种与遍历元素有关的方法，专门实现对元素的迭代操作。表 14.8 列出了 Iterator 的这 3 种方法。

表 14.8 迭代器 Iterator 的常用方法

方　　法	解　　释
boolean hasNext()	如果仍有元素，返回真，否则返回假
E next()	返回下一个元素
void remove()	删除迭代器当前指向的集合中的元素

继续 14.2.2 节例子之三中的代码，利用迭代器中的方法实现对 linkedList 集合中各元素的遍历，例如：

```java
// 完整程序在本书配套资源目录Ch14中，名为ListTest.java
Iterator<String> iterator = linkedList.iterator();    // 实现迭代器对linkedList的引用
int i = 1;
while (iterator.hasNext()) {                           // 调用hasNext()方法
    System.out.println(i + "th element: " + iterator.next());
                                                       // 调用next()方法得到当前元素
```

```
        i++;
    }
```

或者

```
for(Iterator iterator = linkedList.iterator(); iterator.hasNext();)
    System.out.println(iterator.next());
```

运行结果为:

```
1th element: John
2th element: Lee
3th element: Smith
4th element: Duke
```

与 for 循环打印的信息相同。

14.2.5 用实例教会你集合类应用

这个实例利用 ArrayList 创建一个集合，用来记录产品订购数据，并且打印订购产品的数量和总金额。它包含 3 个类：产品类 Product、订购类 Order，以及驱动类 OrderInvoiceApp。这个实例很容易改写为应用 LinkedList 来完成。

产品类 Product 包括产品名称、订购数量以及产品单价。代码如下：

```
// 完整程序在本书配套资源目录 Ch14 中，名为 Product.java
class Product {
    private String name;
    private int quantity;
    private double price;
    public Product(String name, int quantity, double price) {   // 构造方法
        this.name = name;
        this.quantity = quantity;
        this.price = price;
    }
    public getName() {                                           //get 方法
        return name;
    }
    public getQuantity() {
        return quantity;
    }
    public getPrice() {
        return price;
    }
}
```

订购类 Order 利用 ArrayList 创建集合 orderList，其元素为产品类 Product 的对象，具有增添产品订购、根据产品名查询，并根据元素记录对产品订购数量和总金额进行统计的功能。代码如下：

```
// 完整程序在本书配套资源目录 Ch14 中，名为 Order.java
class Order {
    private ArrayList<Product> orderList;                        // 声明集合
    NumberFormat currency = NumberFormat.getCurrencyInstance();  // 货币输出格式

    public Order() {                                             // 构造方法定义集合
        orderList = new ArrayList<Product>();
    }
    public void addOrder(Product product) {                      // 增添元素
        orderList.add(product);
```

```java
    }
    public String getOrderInfo(String name) {                // 用产品名查询
        Iterator<Product> iterator = orderList.iterator();    // 调用元素迭代器
        int totalQuantity = 0;
        double totalAmount = 0.0;
        String message;
        Product order;
        while (iterator.hasNext()) {                          // 遍历
            order = iterator.next();
            if (name.equals( order.getName()))                // 比较指定产品
                totalQuantity += order.getQuantity();         // 累计
                totalAmount = order.getPrice();               // 得到价格
            }
        totalAmount *= totalQuantity;                         // 计算总价
        message = "Product name: " + name + "\nTotal quantity: " + totalQuantity
                + "\nTotalAmount: " + currency.format(totalAmount) + "\n";
        return message;                                       // 返回统计信息
    }
    public String getInvoiceTotal() {                         // 统计订购总金额
       double total = 0.0;
       for(Product order : orderList)                         // 利用新循环遍历
           total += order.getPrice()*order.getQuantity();
       return "Grand Total: " + currency.format(total) + "\n";
    }
}
```

程序中使用了两种不同遍历集合元素的方式：利用元素迭代器以及 Java 的新循环，以示比较。实现以上应用的测试程序代码如下：

```java
// 完整程序在本书配套资源目录 Ch14 中，名为 OrderInvoiceApp.java
public class OrderInvoiceApp {
    public static void main(String[] args) {
    Product myOrder = new Product("Java", 15, 89.69);    // 演示 3 个订购对象
    Product herOrder = new Product("JSPS", 12, 78.99);
    Product hisOrder = new Product("Java", 20, 89.69);
    Order invoice = new Order();                         // 创建订购集合
    invoice.addOrder(myOrder);                           // 增添订购
    invoice.addOrder(herOrder);
    invoice.addOrder(hisOrder);
    System.out.println("Invoice info\n" + invoice.getInvoiceTotal());
                                                         // 打印总金额
    System.out.println("Get order info\n" + invoice.getOrderInfo("Java"));
                                                         // 查询订购并打印信息
    }
}
```

运行结果为：

```
Invoice info
Grand Total: $4,087.03

Get order info
Product name: Java
Total quantity: 35
Total Amount: $3,139.15
```

14.3 Map 的集合类

从图 14.1 中可以看到，Map 接口和 Collection 接口是集合的两个独立分支，包含了两个常用集合类：HashMap 和 TreeMap。HashMap 和 TreeMap 中的每一个元素必须应用一对 key-value 来存储，由 key 来映射 value。例如，假设利用 Map 集合存储电话号码簿，通过邮件地址来查询电话号码。邮件地址就是 key，而电话号码便是 value。

注意：
- key 和 value 必须是对象，而不允许是基本数据类型。
- key 在一个集合中必须具有唯一性，即 key 不允许有重复；但允许有重复的 value 出现。

这一小节通过实例讨论 Map 的这两个集合类，以及它们与 Collection 集合类的不同应用和常用方法。

14.3.1 怎样使用 HashMap

HashMap 实现 Map 接口。它利用哈希表结构，因而集合中的元素不按次序排列。表 14.9 列出了 HashMap 类的构造方法和常用方法。

表 14.9 HashMap 类的构造方法和常用方法

构造方法和常用方法	解 释
HashMap()	创建一个初始容量为 16 的 HashMap 空集合。无类型安全保证
HashMap(int capacity)	创建一个指定存储空间的 HashMap 空集合。无类型安全保证
HashMap<K, V>()	创建一个初始容量为 16 的指定 key 类型和 value 类型的 HashMap 空集合
HashMap<K, V>(int capacity)	创建一个指定容量以及指定 key 类型和 value 类型的 HashMap 空集合
clear()	清除所有映射单元
boolean containsKey(Object key)	如果含有指定的 key，返回真，否则返回假
boolean containsValue(Object value)	如果含有指定的 value，返回真，否则返回假
V get(Object key)	得到有 key 映射的 value
boolean isEmpty()	如果是空集合，返回真，否则返回假
Set<K> keySet()	以 Set 引用返回所有 key 的集合
V put(K key, V value)	用指定的 key 来映射指定的 value。如果该 key 已经映射了某个 value，则旧的映射关系被代替，并返回这个 value。如果 key 没有任何映射关系，则返回 null
V remove(Object key)	删除由 key 映射的 value
int size()	返回映射单元数
Collection<V> values()	以 Collection 引用返回所有集合中的 value
String toString()	返回所有映射单元；如果自定义单元没有覆盖 toString()，则返回所有单元的引用地址

以下是应用 HashMap 构造方法和常用方法的例子。

例子之一：创建 HashMap 集合。

```
// 完整程序在本书配套资源目录 Ch14 中，名为 MapTest.java
// 创建可以存储 10 个任何 key-value 对象类型的 HashMap 集合；产生类型安全警告
HashMap myMap = new HashMap(10);
HashMap<String, String> phonebook = new HashMap<String, String>();
```

第一行语句创建具有任何类型的 HashMap 集合，但不保证类型安全。第二行语句创建一个具有 16 个存储空间的 key-value 类型为字符串的 HashMap 集合。

例子之二：调用 HashMap 的 put() 方法：

```
// 完整程序在本书配套资源目录 Ch14 中，名为 MapTest.java
phonebook.put("LYu@168.com", "510-666-9900");    // 增添一个 key-value 映射单元
phonebook.put("SLi@baidu.com", "408-322-2277");
String oldValue = phonebook.put("LYu@168.com", "925-333-5566");
                                          // 用 key"LYu@168.com"映射新的电话号码
System.out.println("old value = " + oldValue);
```

当 key "LYu@168.com" 映射新的电话号码时，put() 方法将返回旧的 value，即旧的电话号码。当输出语句执行后，将打印：

```
old value = 510-666-9900
```

例子之三：继续上面例子中的代码，调用 HashMap 的其他常用方法：

```
System.out.println(phonebook.containsKey("SLi@baidu.com"));     // 打印 true
System.out.println(phonebook.containsValue("510-666-9900"));    // 打印 false
String phone = phonebook.get("LYu@168.com");          // 返回 925-333-5566
Set<String> phoneKeySet;                              // 声明类型为字符串的 Set 集合
phoneKeySet = phonebook.keySet();                     // 返回所有的 key
for(Iterator iterator = phoneKeSet.iterator(); iterator.hasNext();)
                                                       // 遍历所有映射单元
    System.out.println(iterator.next());
```

运行结果为：

```
SLi@baidu.com
LYu@168.com
```

由于 HashMap 不支持元素迭代器，可以利用 keySet() 方法，以 Set 引用返回 HashMap 集合中所有的 key，再利用元素迭代器对元素进行遍历。对 value 的遍历，可以调用方法 values() 实现，例如：

```
Collection<String> phoneValues = phonebook.values();
for(Object value : phoneValues)
    System.out.println(value);
```

运行结果为：

```
408-322-2277
925-333-5566
```

14.3.2 怎样使用 TreeMap

TreeMap 与 HashMap 相似，实现了 Map 接口，所有元素都是一对 key-value 的映射。其不同之处如下。

- TreeMap 应用 Tree 数据结构存储 key-value 元素，而 HashMap 利用哈希表结构。
- TreeMap 集合中的各映射单元按照 key 自动排序，而 HashMap 集合中的各映射单元是无序的。
- TreeMap 集合更有效利用存储空间，而 HashMap 必须指定或者使用预设映射单元存储空间。

表 14.10 列出了 TreeMap 类的构造方法和常用方法。

表 14.10 TreeMap 类的构造方法和常用方法

构造方法和常用方法	解 释
TreeMap()	创建一个 TreeMap 空集合，以自然方式对 key 排序
TreeMap<K, V>()	创建一个指定 key 类型和 value 类型的 TreeMap 空集合，以自然方式对 key 排序
TreeMap(Comparator<? super K> comparator)	创建一个 TreeMap 空集合，以自然方式对 key 排序。无类型安全保证

续表

构造方法和常用方法	解　释
TreeMap(Map<? extends K, ? extends V> m)	创建一个与指定集合 m 相同的 TreeMap 集合。m 必须是 Map 接口中的集合
K ceilingKey(K key)	返回所有大于等于指定的 key。如果这种 key 不存在，返回 null
clear()	清除所有映射单元
Comparator<? super K> comparator()	返回 Comparator 用来对 key 排序
boolean containsKey(Object key)	如果含有指定的 key，返回真，否则返回假
boolean containsValue(Object value)	如果含有指定的 value，返回真，否则返回假
K firstKey()	返回集合中第一排序的 key
K floorKey(K key)	返回所有小于等于指定的 key。如果这种 key 不存在，返回 null
V get(Object key)	得到指定 key 映射的 value。如果没有这种映射存在，返回 null
K higherKey(K key)	返回所有大于指定的 key。如果这种 key 不存在，返回 null
Set<K> keySet()	返回所有 key 的 Set 集合
K lastKey()	返回集合中最后排序的 key
K lowerKey(K key)	返回所有小于指定的 key。如果这种 key 不存在，返回 null
V put(K key, V value)	用指定 key 映射指定 value
V remove(Object key)	删除所有被 key 映射的 value
int size()	返回 key-value 映射单元数
Collection<V> values()	以 Collection 引用返回所有集合中的 value
String toString()	返回所有 key-value 元素；如果自定义元素没有覆盖 toString()，则返回所有元素的引用地址

> **更多信息**　自然方式排序是指按照字母次序、数字大小次序排序。特殊字符则按照 Unicode 表次序排序。

以下是应用 TreeMap 构造方法和常用方法的例子。

例子之一：创建 TreeMap 集合：

```
// 完整程序在本书配套资源目录 Ch14 中，名为 MapTest.java
TreeMap treeMap = new TreeMap();    // 创建一个按自然方式排序的 TreeMap 空集合
// 创建一个按自然方式排序、key 和 value 类型为字符串的 TreeMap 空集合
TreeMap<String, String> tMap = new TreeMap<String, String>();
```

注意第一行语句将产生类型安全警告，因为它没有规定具体的集合类型。

例子之二：将 14.3.1 节 HashMap 中利用邮件地址作为 key 来映射电话号码，改为利用 TreeMap 来实现，并利用邮件地址映射人名，演示如何调用 TreeMap 的常用方法：

```
TreeMap<String, String> emailMap = new TreeMap<String, String>();
emailMap.put("zhao123@yahoo.com", "Zhao Xiao");
emailMap.put("qian_li@hotmail,com", "Li Qian");
String firstKey = emailMap.firstKey();    // 返回 "qian_li@hotmail,com"
String lowerKey = emailMap.lowerKey("zhao123@yahoo.com");
                                          // 返回 "zhao 123_li@hotmail,com"
String value = emailMap.get("Zhao Xiao");
                           //value = null, 不能用 value 得到 key
System.out.println(emailMap);    // 或: System.out.println(emailMap.toString());
```

打印结果为：

```
{qian_li@hotmail.com=Li Qian, zhao123@yahoo.com=Zhao Xiao}
```

14.3.3　怎样对自定义类型 TreeMap 排序

在 TreeMap 中，所有 JDK 定义的集合，如 String、包装类、API 类等，都自动排序。若要对自定义类型的集合排序，必须首先在代码中实现 Comparator 接口，才能实现排序功能。表 14.11 列出了 Comparator 接口中需要完善的方法。

表 14.11　Comparator 接口中的方法

方　法	解　释
int compare(Object obj1, Object obj2)	比较两个对象用来确定排序方式
boolean equals(Object obj)	指明是否有其他对象与这个比较器中的对象相等

> **更多信息**　在按自然方式排序时，compare() 方法要求：如果 obj1 小于 obj2，返回一个负整数；如果 obj1 大于 obj2，返回一个正整数；如果 obj1 等于 obj2，则返回 0。如果返回结果与上述相反，则按反自然方式排序。

下面讨论实现 Comparator 的例子。假设作为产品编码的 key 有两种（但都是 String 类型）：
- 四位数字——表示硬件产品。
- 四个字母——表示软件产品。

需要在程序中以字母表示的 key 先于数字表示的 key 的次序排序（即与自然方式排序相反）。实现 Comparator 接口的程序如下：

```java
// 完整程序在本书配套资源目录 Ch14 中，名为 MapTest.java
class CodeComparator implements Comparator {                    // 实现 Comparator 接口
    public int compare(Object key1, Object key2) {              // 完善 compare() 方法
        int flag = key1.toString().compareTo(key2.toString());
        return -flag;                                           // 返回与自然排序相反的次序
    }
}
```

由于返回的是 -flag，所以集合中对 key 的排序以字符优先于数字的方式。Object 已经完善了 equals() 方法，所以只需要编写完善 compare() 方法的代码。程序如下：

```java
// 创建一个以 CodeComparator 的指定方式对 key 排序的空集合
TreeMap<String, String> productMap = new TreeMap<String, String>(new CodeComparator());
productMap.put("Java", "JDK1.70 with a new IDE");    // 增添映射单元
productMap.put("1111", "Solaris Server");
System.out.println(productMap);                      // 打印集合中的各映射单元
```

运行结果为：

```
{Java=JDK1.70 with a new IDE, 1111=Solaris Server}
```

实现了字母在先，数字在后的指定排序。如果将返回的 flag 改写为：

```
return flag;
```

则按自然次序排序。

14.4 集合类和数据结构

链接表、树以及哈希表等基本数据结构在集合类中为创建更多应用型数据结构（如堆栈以及各种队列 queue）提供了基础和方便。实际上，API 中已经提供了堆栈和各种基本队列类。另外，API 中的 Collections 提供了这方面操作的许多静态方法。直接调用这些方法使得编程人员在实现各种算法，如排序、搜索、洗牌等代码编写中提高了效率和可靠性。

本节讨论如何应用集合实现堆栈和队列，并且以实例介绍如何应用 Collections 中的静态方法实现常用算法。

14.4.1 堆栈

堆栈（Stack）是对集合中元素限定访问的数据结构。即通常所说的后进先出 LIFO（Last In, First Out）。Java API 提供的 Stack 类包括在 java.util 包中，继承了 Vector 类并利用数组结构来实现堆栈。表 14.12 列出了 Stack 类的构造方法和常用方法。

表 14.12 Stack 类的构造方法和常用方法

构造方法和常用方法	解释
Stack<E>()	创建一个指定类型的空堆栈
boolean empty()	如果堆栈为空，返回真，否则返回假
E peek()	得到堆栈顶部的对象。不进行出栈操作
E pop()	出栈。返回堆栈顶部的对象
E push(E item)	入栈。将指定对象加在堆栈的顶部
int search(Object obj)	返回由 1 算起的指定对象在堆栈中的位置

以下是应用堆栈的例子：

```java
// 完整程序在本书配套资源目录 Ch14 中，名为 StackTest.java
Stack<String> stack = new Stack<String>();      // 创建一个字符串类型堆栈
stack.push("abc");                              // 入栈
stack.push("xyz");
int pos = stack.search("abc");                  // 返回 2
System.out.println("The position of abc: " + pos);
boolean empty = stack.empty();                  // 返回 false
String obj = stack.peek();                      // 返回 xyz，不出栈
String top = stack.pop();                       // 出栈并返回 xyz
System.out.println("The top of the stack: " + top);
```

运行结果为：

```
The position of abc: 2
Empty of stack: false
Peek of stack: xyz
The top of the stack: xyz
```

14.4.2 队列

队列（Queue）是又一常用应用型数据结构。其对元素的操作特点是 FIFO（First In, First Out），即"先进先出"。API 接口 Queue 是 Collection 的子接口，利用集合 LinkedList 实现队列。在 Queue 接口中实现的基本队列类有 AbstractQueue、LinkedBlockingQueue、PriorityQueue 等。

以下代码利用 LinkedList 实现自定义的泛类型队列 GenericQueue。

```java
// 完整程序在本书配套资源目录 Ch14 中，名为 GenericQueue.java
import java.util.*;
```

```java
public class GenericQueue {
    private LinkedList<E> que = new LinkedList<E>();// 创建作为队列的集合
    public void inQue(E item) {
        que.addLast(item);                          // 调用 addLast() 方法进行入队操作
    }
    public E deQue() {                              // 出队操作
        return que.removeFirst();
    }
    public int size() {                             // 调用 size() 方法
        return que.size();
    }
    public boolean empty() {                        // 调用 isEmpty() 方法
        return que.isEmpty();
    }
    public String toString() {                      // 调用 toString() 方法
        return que.toString();
    }
}
```

下面是这个代码的测试程序：

```java
// 完整程序在本书配套资源目录 Ch14 中，名为 GenericQueueTest.java
public class GenericQueueTest {
    public static void main(String[] args) {
    GenericQueue<String> myQue = new GenericQueue<String>();
                                                                // 创建一个字符串队列
    myQue.inQue("One");                             // 入队
    myQue.inQue("Two");
    myQue.inQue("Three");
    int myQueSize = myQue.size();           //myQueSize = 3
    System.out.println(myQue);
                    // 或 System.out.println(myQue.toString()); 打印队列元素
    while(myQue.size() > 0)
        System.out.println(myQue.deQue());          // 所有元素出队
    }
}
```

运行结果为：

```
[One, Two, Three]
One
Two
Three
```

14.4.3 细说集合中的排序

Collections 类提供了多个静态方法，用来实现排序算法。表 14.13 列出了这些方法。

表 14.13　Collections 类中用来实现排序的静态方法

方　　法	解　　释
reverse(List<?> list)	对指定列表中各元素按相反次序排列
Comparator<T> reverseOrder()	返回一个实现了与自然排序相反排序的比较器对象
sort(List<T> list)	对指定列表的各元素按自然次序排序
sort(List<T> list, Comparator<? super T> c)	对指定列表中的各元素按比较器指定的次序排序

具有 Comparator 参数的 sort() 方法用来对自定义类实例变量的排序。如果集合中的元素是自定

义类型，如对 Product 对象的实例变量 price 排序，则必须编写一个实现了 Comparator 接口的类（见表 14.11）。然后创建这个类的对象，并以它作为 sort() 方法的第二个参数，执行对指定实例变量的排序。

首先讨论表 14.13 中前三个方法的应用。例子之二讨论如何实现对自定义类实例变量的排序。

例子之一：调用 reverse() 和 sort() 方法。

```
// 完整程序在本书配套资源目录 Ch14 中，名为 SortTest.java
ArrayList<Double> doubleList = new ArrayList<Double>();
                                                    // 创建 DoubleArrayList 集合
doubleList.add(120.99);                             // 增添元素
doubleList.add(87.03);
doubleList.add(89.67);
System.out.println("Before reverse: " + doubleList);  // 打印所有元素
Collections.reverse(doubleList);                    // 调用 reverse() 方法
System.out.println("After reverse: \t" + doubleList); // 打印结果
Collections.sort(doubleList);                       // 调用 sort() 方法
System.out.println("After sort: \t" + doubleList);  // 打印结果
```

运行结果为：

```
Before reverse: [120.99, 87.03, 89.67]
After reverse:  [89.67, 87.03, 120.99]
After sort:     [87.03, 89.67, 120.99]
```

例子之二：集合中对自定义类实例变量的排序。假设有如下自定义类：

```
// 完整程序在本书配套资源目录 Ch14 中，名为 Items.java
class Items {
    private int number;
    private String name;
    Items(int number, String name) {                // 构造方法
        this.number = number;
        this.name = name;
    }
    public void setNumber(int number) {
        this.number = number;
    }
    public int getNumber() {
        return number;
    }
    public void setName(String name) {
        this.name = name;
    }
    public String getName() {
        return name;
    }
    public String toString() {                      // 覆盖 toString()
        return "Number: " + number + " Name: " + name;
    }
}
```

以下为实现 Comparator 接口，对实例变量 Number 排序的代码：

```
// 完整程序在本书配套资源目录 Ch14 中，名为 Items.java
class NumberComparator implements Comparator<Items> {
                            // 为自定义类 Items 实现 Comparator 接口
    public int compare(Items Item1, Items Item2) {
```

```
            if (Item1.getNumber() < Item2.getNumber())
                                            // 对实例变量 Number 排序
            return -1;
            if (Item1.getNumber() > Item2.getNumber())
            return 1;
            return 0;
        }
    }
```

测试排序代码的程序如下:

```
// 完整程序在本书配套资源目录 Ch14 中，名为 ItemsSortTest.java
List<Items> list = new LinkedList<Items>();              // 创建 Items 类型集合
Items myItem = new Items(100, "software");               // 创建三个 Item 对象
Items hisItem = new Items(10, "hardware");
Items herItem = new Items(15, "midlleware");
list.add(myItem);                                        // 增添元素
list.add(hisItem);
list.add(herItem);
Collections.sort(list, new NumberComparator());          // 调用 sort() 方法
System.out.println(list);
```

在调用 sort() 方法中，创建了一个无名的 NumberComparator 对象，实现对集合元素实例变量 Number 的排序。

运行结果为:

```
list = [Number: 10 Name: hardware, Number: 15 Name: midlleware, Number: 100 Name: software]
```

> **更多信息**　如果将上例 NumberComparator 中完善 compare() 方法时的正、负返回值相互调位，调用 sort() 方法时将按反自然次序排序。

14.4.4　搜索——我要找到你

Collections 中提供了两个静态方法 binarySearch()，用来进行搜索或查询操作。表 14.14 列出了这两个方法和解释。

表 14.14　Collections 类中用来实现搜索的静态方法

方　　法	解　　释
int binarySearch(List<? extends Comparable<? super T>> list, T key)	按指定 key 搜索指定集合中的元素。如果找到，则返回元素的索引，否则返回负数。如果找到多个元素，不保证返回哪个元素的索引。指定集合必须首先按自然次序排序
int binarySearch(List<? extends T>list, T key, Comparator<? super T> c)	同上。但首先按自然次序排序，然后进行搜索操作

表 14.14 中的第一个搜索方法可以简化为:

```
int binarySearch(List<T> list, T key)
```

即如果 <T> 是自定义类型，如 Product，则 T 或者 T 的超类必须实现 Comparable 接口。集合 list 中的元素必须是包括 T，如 Product 在内的子类；如果 T 不是自定义类型，则无须此条件。

而

```
int binarySearch(List<? extends T>list, T key, Comparator<? super T> c)
```

可简化为

```
int binarySearch(List<T> list, T key, Comparator<T> c)
```

即如果 T 是自定义类型，如 Product，必须实现 Comparable 或 Comparator 接口，并按照 Comparator 规定的排序进行搜索。如果 T 不是自定义类型，则无须此条件。实际上，如果自定义类创建了独立的 Comparator，就已经满足了实现 Comparable 接口的要求。具有三个参数的搜索方法应用于实现了 Comparator 的自定义类并按照其指定的实例变量进行搜索的情况。

例子之一：应用表 14.14 中第一个搜索方法的例子：

```
// 完整程序在本书配套资源目录 Ch14 中，名为 BinarySearchTest.java
List<Integer> iList = new LinkedList<Integer>();
iList.add(88);
iList.add(888);
iList.add(8);
Collections.sort(iList);                                // 首先按自然次序排序
int index = Collections.binarySearch(iList, 88);        // 调用搜索方法
System.out.println("iList = " + iList);
System.out.println("index of 88 = " + index);
```

运行结果为：

```
iList = [8, 88, 888]
index of 88 = 1
```

例子之二：利用 14.4.3 节例子之二中自定义类 Item 实现 Comparator 接口的例子，进行如下对自定义类型集合元素的搜索操作：

```
// 完整程序在本书配套资源目录 Ch14 中，名为 BinarySearchTest.java
List<Items> list = new LinkedList<Items>();
                                // 创建 Items 集合，与 14.4.3 节的例子之二相同
Items myItem = new Items(100, "software");
Items hisItem = new Items(10, "hardware");
Items herItem = new Items(15, "midlleware");
list.add(myItem);
list.add(hisItem);
list.add(herItem);
Collections.sort(list, new NumberComparator());
index = Collections.binarySearch(list, hisItem, new NumberComparator());
                                                                // 调用搜索
System.out.println("list = " + list);
System.out.println("index of number in hisItem = " + index);
```

运行结果为：

```
list = [Number: 10 Name: hardware, Number: 15 Name: midlleware, Number: 100 Name: software]
index of number in hisItem = 1
```

14.4.5　洗牌——想玩斗地主

Collections 提供的洗牌方法 shuffle() 可以将一个列表集合中的元素随机排列。表 14.15 列出了两种洗牌方法。

表 14.15　Collections 类中用来洗牌的静态方法

方　　法	解　　释
shuffle(List<?> list)	对指定集合中的元素按系统预设随机方式洗牌
shuffle(List<?> list, Random random)	同上。但用指定随机方式洗牌

以下是演示利用这两种方法洗牌的例子：

```java
// 完整程序在本书配套资源目录 Ch14 中，名为 CardShuffleTest.java
import java.util.*;
public class CardShuffleTest {
    public static void main(String[] args) {
        String[] cardArray = new String[]{"2", "3", "4", "5", "6", "7", "8","9",
            "10", "J", "Q", "K", "A"};
        List<String> cardList = Arrays.asList(cardArray);
                                                        // 将 card Array 的元素复制到集合
        Collections.shuffle(cardList);          // 调用洗牌方法
        System.out.println("cardlist = " + cardList);   // 打印结果
        Collections.shuffle(cardList, new Random(10));
                                                        // 调用洗牌方法，可使用任何随机数
        System.out.println("cardlist = " + cardList);   // 打印结果
    }
}
```

运行结果为：

```
cardlist = [10, 6, 5, A, K, 3, 9, Q, J, 2, 4, 7, 8]
cardlist = [2, 8, A, Q, 6, J, 9, 3, K, 7, 4, 10, 5]
```

可以在这个例子的基础上编写一个对一副扑克进行洗牌的程序。

14.4.6 集合类应用总结

上面的几个小节中，通过具体例子讨论了 Collections 类与算法有关的主要方法。Collections 还提供了许多其他对集合和集合元素操作的方法，在应用方面大同小异。在本节中通过表 14.16 进行总结性的介绍。希望读者对 Collections 有一个全面了解。

表 14.16　Collections 类其他主要方法

方　法	解　　释	举　例
boolean addAll(Collection<? super T> c, T …a)	将指定元素或者数组增添至指定集合。如果操作成功，返回真	Collections.addAll(list, "ab", "xy"); Collections.addAll(list, myArray);
Collection<E> checkedCollection(Collection<E> c, Class<E> obj)	如果集合元素不是指定的类型，抛出 ClassCast Exception 异常	Collections.checkedCollection(list, product);
copy(List<? super T>dest, List<? extends T> src)	详细讨论见 14.1.3 节关于下界通配符的应用实例	同左
boolean disjoint(Collection<?> c1, Collection<?> c2)	如果两个指定集合没有相同元素存在，返回真	Collections.disjoint(lis1, list2);
final List<T> emptyList()	返回一个空的不可变、序列化的列表集合	List<String> sList = Collections.emptyList();
fill(List<? super T> list, T obj)	在指定列表集合中填充指定元素	Collections.fill(list, "Java");
int frequency(Collection<?> c, Object obj)	返回指定元素在集合中出现的次数	int n = Collections.frequency(list, "Java");
T max(Collection<? extends T> c)	返回指定集合中的最大值元素。这个集合的元素必须是自然排序	String s = Collections.max(list);
T min(Collections<? extends T> c)	返回指定集合中的最小值元素。这个集合的元素必须是自然排序	Product obj = Collections.min (pList);
List<T> nCopies(int n, T obj)	返回包括有 n 个复制指定元素的不可变序列化集合	List<String> list = Collections. nCopies(9, "x");

续表

方 法	解 释	举 例
boolean replaceAll(List<T> list, T oldObj, T newObj)	在指定集合中以指定新元素替换所有指定旧元素。如果操作成功，返回真	Collections.replaceAll(list, "x", "y");
reverse(List<?> list)	对指定集合元素按相反次序排列	Collections.reverse(list);
Comparator<T> reverseOrder()	返回一个与自然排序相反的比较器	Arrays.sort(strArray, Collections.reverseOrder();
rotate(List<?> list, int dist)	按指定间隔对指定集合元素调换位置	Collections.rotate(list, 3);
swap(List<?> list, int i, int j)	对指定集合中指定位置上的两个元素换位	Collections.swap(list, 0, 12);
Collection<T> sychronizedCollection(Collection <T> c)	返回一个线程安全的指定集合	Collection<Double> list = Collections.sychronizedCollection (dList);
Map<K, V> synchronized Map (Map<K, V> map)	返回一个线程安全的指定map集合	Map<String, Integer> sMap = Collections.synchronizedMap(map);

14.4.7 高手理解集合类的同步与不同步

在集合的应用中，有时会涉及同步集合（synchronized collections）以及不同步集合（unsynchronized collections）的概念和技术，例如在表 14.16 中的最后两个 Collections 中的方法。同步和不同步主要针对线程的应用。本书将在第 15 章专门讨论线程以及应用。这里，针对集合，初步探讨一下同步和不同步集合问题。

线程是指一段执行指定运算或操作的程序。多线程指一个以上的多段程序在并行运行，执行它们各自的任务。如果一个集合是不同步的，那么当一个线程正在对这个集合的元素进行某种操作，如删除某个元素时，另外的线程有可能也并行地正在访问这个集合，例如读取删除的元素。这种情况下，就会产生误操作，出现运行错误，或者抛出异常，中断程序继续运行等后果。这就是所谓的不同步问题。

如果一个集合是同步集合，那么它就保证了当某个线程正在访问其元素时，所有其他线程必须等待，直到这个线程完成了对集合元素的运算或者操作，其他线程才获得访问这个集合的机会。也就是说，一个同步集合具有对线程的协调功能，使多线程可以按照它们的排队和优先权次序访问集合中的元素，避免了误操作以及运行错误。当然，由于同步集合涉及用于协调和同步的代码及操作，其执行速度比不同步集合慢。只有在必要时，如涉及多线程编程时，才使用同步集合。

实战项目：利用 HashMap 开发产品管理应用

项目描述：

利用 HashMap 创建一个集合，用产品代码映射产品信息来记录产品订购数据，并且打印订购产品的数量和总金额。

程序分析：

这个实战软件包含 3 个类：产品类 Product、发票类 Invoice 以及测试类 HashMapInvoiceApp。

类的设计：

产品类 Product 包括产品名称、订购数量以及产品单价。具体代码与 14.2.5 节中的 Product.java 相同。

订购类 Invoice 利用 HashMap 创建集合并且执行各种订购、查询、排序、统计以及订购清单等相关操作。

输入输出设计：

输入将采用直接在构造方法中带入输入数据。所有输出信息显示到标准输出窗口。

产品类 Product 包括产品名称、订购数量以及产品单价。具体代码与 14.2.5 节中的 Product.java 相同。应用 HashMap 创建集合并且执行各种订购操作的 Invoice 类代码如下：

```java
// 完整程序在本书配套资源目录 Ch14 中，名为 Invoice.java
class Invoice {
    private HashMap<String, Product> orderMap;           // 声明 HashMap 集合
    private Collection<Product> orderList;               // 声明 Collection 集合
    NumberFormat currency = NumberFormat.getCurrencyInstance();  // 货币输出格式
    public Invoice() {                                   // 构造方法定义 HashMap 集合
        orderMap = new HashMap<String, Product>();
    }
    public void addOrder(String code, Product product) {  // 增添映射单元
        orderMap.put(code, product);
    }
    public String search(String code) {                   // 按照 key 查询产品订购信息
        String message = null;
        Product product = orderMap.get(code);
        double total = product.getQuantity() * product.getPrice();// 统计
        message = "Product: " + product.getName()
                + "\nQuantity: " + product.getQuantity()
                + "\nPrice: " + currency.format(product.getPrice())
                + "\nTotal: " + currency.format(total) + "\n";
        return message;                                   // 返回查询信息
    }
    public String getOrderInfo(String name) {             // 查询指定产品订购信息
        orderList = orderMap.values();        // 以 Collection 集合返回所有 value
        int totalQuantity = 0;
        double totalAmount = 0.0;
        String message;
        for(Product order : orderList) {                  // 遍历 value 元素
            if (name.equals( order.getName()))
                totalQuantity += order.getQuantity();
            totalAmount += order.getPrice();
        }
        totalAmount *= totalQuantity;
        message = "Product name: " + name + "\nTotal quantity: " + totalQuantity
                + "\nTotalAmount: " + currency.format(totalAmount) + "\n";
        return message;                                   // 返回指定产品的统计信息
    }
    public String getInvoiceTotal() {                     // 统计订购总金额
        orderList = orderMap.values();
        double total = 0.0;
        for(Product order : orderList)
            total += order.getPrice()*order.getQuantity();
        return "Grand Total: " + currency.format(total) + "\n";  // 返回总金额
    }
}
```

在方法 getOrderInfo() 中，使用 HashMap 的 values() 方法返回一个 Collection 的 HashSet 集合，然后利用它遍历集合中的产品元素，并进行指定产品名的订购统计操作。

这个应用实例的测试程序如下：

```java
// 完整程序在本书配套资源目录 Ch14 中，名为 HashMapInvoiceApp.java
public class HashMapInvoiceApp {
```

```java
    public static void main(String[] args) {
        Invoice invoice = new Invoice();                       // 创建包含集合的对象
        invoice.addOrder("1122", new Product("Java", 15, 89.69));
                                                                // 增添映射单元
        invoice.addOrder("1133", new Product("JSPS", 12, 78.99));
        invoice.addOrder("1124", new Product("Java", 20, 89.69));
        System.out.println("Product info\n" + invoice.search("1133"));
                                                                // 按 key 查询结果
        System.out.println("Get order info\n" + invoice.getOrderInfo("Java"));
                                                                // 按产品名查询结果
        System.out.println("Invoice info\n" + invoice.getInvoiceTotal());
                                                                // 订购总金额
    }
}
```

运行结果为：

```
Product info
Product: JSPS
Quantity: 12
Price: $78.99
Total: $947.88

Get order info
Product name: Java
Total quantity: 35
TotalAmount: $9,042.95

Invoice info
Grand Total: $4,087.03
```

巩固提高练习和实战项目大练兵

1. 举例解释应用什么原则决定使用数组还是集合。
2. 举例解释 List 接口和 Map 接口所属的集合类主要有哪些不同。
3. 泛类型的主要特点是什么？
4. 举例解释以下泛类型中使用的术语或语句的含义。
（1）无界通配符。
（2）上界通配符。
（3）下界通配符。
（4）Collection<Double> list = new LinkedList<Double>();
（5）boolean myMethod(List<?> list) {…}
（6）Collection<? super T> list
5. 创建如下集合。
（1）创建一个具有 100 个字符串元素的 ArrayList 集合。
（2）利用 Java 新循环将上题中创建的 ArrayList 集合的所有元素初始化为"Java"。
（3）创建一个由 List 引用的具有 10 个元素的整数类型 LinkedList 集合。
（4）利用 Java 新循环将上题中创建的 LinkedList 集合的所有元素初始化为 10～100。
（5）利用表 14.6 中提供的 LinkedList 的常用方法，以上题中创建的集合为例，编写一个测试程序，调用其中至少 5 个方法。最后打印集合中的各元素值。保存这个程序和运行结果。
6. 实战项目大练兵：应用 collection（任选）编写一个可以记录学生所学课程和成绩的程序，可以添加、删除、搜索、排序以及打印学生信息和成绩单。该程序首先请求用户输入学生选课信息，并验证学分（必须是 1～5 整数值）和成绩（必须是 A～D, 或 F）是否正确，直到学生数据输入完毕再显示以上各功能选项目录。这个实战项目大练兵应该包括 4 个类：Course、Transcript、Validator 以及 TranscriptApp。这 4 个类分别执行以下任务。

❏ Course——记录课程名称、学分以及成绩。

❏ Transcript——创建 Course 集合，执行增添、删除、排序、打印成绩单等操作。

❏ Validator——对用户输入的数据进行验证处理，直到输入正确数据为止。

❏ TranscriptApp——测试程序。显示一个有以上各功能的选项目录，供用户选择操作功能并验证选项是否正确。

对 Transcript 类文档化。并存储所有文件和典型运行结果。

7. **实战项目大练兵（团队编程项目）：查询管理应用程序开发**——应用 collection（任选）编写一个可以利用手机号码查询朋友姓名、住址以及电子邮箱的程序。这个编程课题至少包括以下类。

❏ MySohu——创建集合，执行增添、删除、查询、排序、打印等功能。

❏ Validator——包含静态方法验证用户输入的数据或者查询信息（提示：可考虑应用正则表达式）。

❏ MySohuApp——测试程序。

对 MySohu 文档化。并存储所有文件和典型运行结果。

8. **实战项目大练兵（团队编程项目）：扑克牌洗牌应用程序**——利用 Collection 提供的排序、搜索和洗牌方法编写一个程序，使其具有如下功能。

（1）对一副扑克牌洗牌。

（2）按照红桃、黑桃、方块、梅花排序。

（3）可以按照 2 人或者 4 人分牌，并且显示每人的牌。

（4）查询是否有一对牌以及它们在牌中的位置。

对所有代码文档化。并存储这个程序以及典型运行结果。

9. 什么是同步和不同步？用例子解释什么时候应用同步，什么时候应用不同步。

> "一为大，二是双，三成众。"
>
> ——谚语

> "三人行，必有我师焉。"
>
> ——《论语》

通过本章学习，你能够学会：
1. 举例说明多线程的工作原理和 5 种状态。
2. 用多线程的 5 种功能编写应用程序。
3. 举例说明什么是多线程协调和它的重要性。
4. 应用多线程协调编写基本实战项目。

第 15 章 多 线 程

线程（thread）是指程序中的一段相对独立运行的代码，执行指定的运算或操作。多线程（multithreading）指多于一个以上的线程并行运行，执行各自的任务。虽然每个线程都有它自己的堆栈、程序计数器以及本地变量，但并不是完全相互隔绝、独立存在的。多线程共享内存、文件处理器、预处理状态和其他资源。线程间存在依赖关系，这就需要解决多线程协调问题。

多线程技术应用于许多流行的操作系统。Java 被认为是不完全依赖于操作系统中的线程功能，将线程技术包括在 API 类中的第一个编程语言。例如，任何一个 Java 程序都至少有一个线程，即主线程（main thread）存在。在 JVM 运行这个程序时，方法 main() 就是通过主线程调用的。JVM 还创建了更多的线程，用来执行如垃圾收集器、对象终结化以及其他清理功能。再例如，AWT 或者 Swing 的 GUI 部件、UI 工具箱 toolkits、Servlet 的容器以及服务器的运行，都由多线程执行。而这些线程在 JVM 内部以隐蔽方式存在，对编程人员来讲具有不可见性。

多线程编程可以提高代码的运行效率。Java 提供了丰富的 API 类，支持多线程软件开发。本章通过应用实例，解释和讨论多线程的概念和编程技术，以及多线程的协调问题。

15.1 Java 的本质是多线程

综上所述，可以说所有 Java 程序都是由多线程组成并运行的。本节讨论线程的基本知识，了解线程的工作原理、线程的应用范围，以及线程的 5 种状态。

15.1.1 揭秘多线程怎样工作

图 15.1 演示了单线程和多线程执行相同操作的比较。假设某个程序执行两个操作任务 task1 和 task2，在 task1 中需要读入和写出很长的文件记录。如果只使用了一个线程，如图 15.1 上部分所示，那么 task2 必须等到 task1 执行完毕，才可被执行，即使 task1 本身由于文件 I/O 操作速度慢，也产生等待状态，或者文件 I/O 和

其处理操作不断交替运行。但如果运用了两个线程，如图 15.1 下部分所示，整个运行效率则会提高。因为在 task1 等待 I/O 时，空闲的 CPU 可以执行 task2 的部分代码，直到 I/O 完毕；或者执行 task2 超时，再次轮到继续执行 task1 的操作。由于 CPU 是以毫秒计时的高速运行速度，我们察觉不出计算机在不断地调换操作内容，执行不同的线程。当然，JVM 和操作系统中的线程调度器 thread scheduler 必须协调线程的执行，才可使多线程程序正常运行。

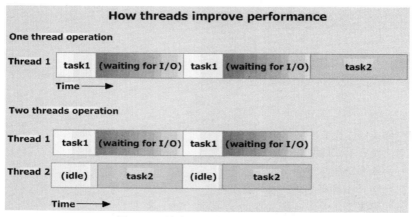

图 15.1　单线程和多线程操作比较

15.1.2　多任务和多处理是一回事吗

图 15.1 下部分演示的多线程也称为多任务 multitasking，是指在单 CPU 计算机系统运行的多线程程序。多线程也可在多 CPU 系统中运行，我们称其为多处理 multiprocessing。在多处理系统中，多线程不再被不断地从单个 CPU 中调换，而是在多个 CPU 中同时并行运行。虽然现代 CPU 芯片中还包括另外一个或多个 CPU，用来提高处理速度，但这种计算机系统仍属单 CPU 结构。以前多 CPU 计算机系统多出现于大型数据处理以及科学运算中心，随着成本的降低和技术的提高，越来越多的普通服务器甚至桌面计算机也将成为多 CPU 系统。本书讨论的多线程是指在单 CPU 系统中运行的多任务程序。图 15.2 演示了利用三个 CPU 执行图 15.1 中相同的任务。显而易见，其运行速度可以成倍提高。由于缩短甚至消除等待时间，运行质量也得以改善。

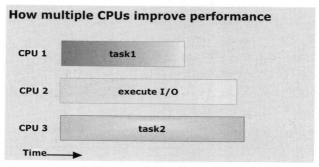

图 15.2　多处理执行示意

15.1.3　多线程应用范围太广泛了

如果一个 Java 应用程序利用 Swing、Servlets、RMI（远程方法调用）或者 EJB 的 JavaBeans 技术编写，虽然程序中可能没有直接涉及线程代码，但实际上它们已经应用了多线程。除此之外，线程经常应用在以下几个方面。

❑ 改善具有许多输入、输出操作的应用程序。例如下载软件、上传软件、网络读写应用程序的编写和开发。
- 改善 GUI 应用程序的事件处理能力。例如按钮或者菜单选中后的事件处理，如播放音乐、图像、动画等，需要占用 CPU 时间的操作。
- 客户 - 服务应用程序的开发。允许许多客户同时访问服务器资源和程序，发送请求和得到回答。
- 计算机模拟软件的开发。例如在商务、事件处理、系统、最优化、科研，以及军事等领域的模拟程序，利用多线程技术可以简化设计、降低成本和提高效率。
- 充分利用多 CPU 计算机系统资源。Linux、UNIX、Sun 的 Solaris、微软当前各种版本的 Windows 等，都支持多线程运行。在软件开发中可以利用这些功能，提高程序的运行效率，改善程序的运行质量。

15.1.4　一张图搞懂线程的 5 种状态

在介绍如何编写线程代码前，我们先讨论线程运行的各种状态，有助于更好地理解线程编程概念。图 15.3 演示了一个线程从创建到终止可能经历的 5 种不同状态。

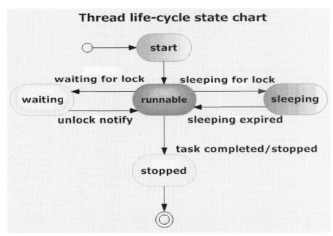

图 15.3　线程的 5 种状态

从这个示意图可以看出，当一个线程被创建后，调用它的 start() 方法，使其进入可运行状态。这个线程在运行期间可能产生 3 种结果：线程操作完毕，结束其生命周期；线程由于各种原因，例如睡眠、运行超时、更高优先权的线程插入等，暂停运行，在下一个周期时又恢复可运行状态；线程调用等待方法 wait()，进入等待状态，直到其他线程调用通知方法 notify() 或者 notifyAll()，使其恢复可运行状态。可运行状态指 Java 的线程调度器已经通知操作系统，将这个线程安排到执行队列，等待 CPU 执行。在详细讨论线程 API 类和编程之前，首先观察一个简单的线程例子。

15.1.5　你的第一个多线程程序

先教会你一个简单应用两个线程打印问候信息的例子。观察以下两个线程交替运行，打印"Hello World"的程序。

```
// 完整程序在本书配套资源目录 Ch15 中，名为 SimpleThreadTest.java
public class SimpleThreadTest {
    public static void main(String[] args) {
        System.out.println(Thread.currentThread().getName());
                                                    // 打印当前运行线程名字
        Thread thread1 = new HelloThread();         // 创建线程对象
        Thread thread2 = new HelloThread();
```

```
            thread1.start();                        // 进入可执行状态
            thread2.start();
    }
}
class HelloThread extends Thread {                  // 继承 Thread
    public void run() {                             // 覆盖 run()
        for(int i = 0; i < 10; i++)                 // 打印 10 次
            System.out.println("Hello world! " + this.getName() + " is running...");
                                                    // 打印信息和线程名字
    }
}
```

这个例子演示了两个线程分别执行共享的 run() 中输出信息的情况。输出语句除打印问候信息外，还调用 Thread 类的 getName() 方法，打印当前正在执行这段代码的线程名字。在主方法 main() 中，还利用链式方法调用 Thread 的 currentThread() 方法来返回当前运行的线程，并接着调用 getName() 方法，打印这个线程名。这个例子中使用的 Thread 构造方法和常用方法见表 15.1。

表 15.1　Thread 类构造方法、Runnable 接口以及基本方法

构造方法和基本方法	解　　释
Thread()	创建一个系统预设优先权的线程对象
Thread(Runnable obj)	创建一个含有另外一个实现了 Runnable 接口的线程对象
Thread(String name)	创建一个具有指定线程名字的对象
Thread(Runnable obj, String name)	创建一个含有另外一个实现了接口 Runnable 并且指定名字的对象
interface Runnable () { void run(); }	Runnable 接口。要实现的方法为 run()
Thread currentThread()	静态方法；返回当前正在运行的线程引用
String getName()	返回当前正在运行的线程的名字
run()	覆盖这个方法执行一个线程指定的运算和操作
start()	将线程设置为可运行状态

典型运行结果如下：

```
main
Hello world! Thread-0 is running...
Hello world! Thread-0 is running...
Hello world! Thread-0 is running...
Hello world! Thread-0 is running...
Hello world! Thread-0 is running...
Hello world! Thread-0 is running...
Hello world! Thread-0 is running...
Hello world! Thread-0 is running...
Hello world! Thread-1 is running...
Hello world! Thread-1 is running...
Hello world! Thread-1 is running...
Hello world! Thread-1 is running...
Hello world! Thread-1 is running...
Hello world! Thread-1 is running...
Hello world! Thread-1 is running...
Hello world! Thread-1 is running...
Hello world! Thread-1 is running...
Hello world! Thread-1 is running...
Hello world! Thread-0 is running...
Hello world! Thread-0 is running...
```

注意，主方法 main() 也是系统的一个线程，它被首先运行。如果运行这个程序多次，你会发现

运行结果（每个线程执行周期）略有不同。

从这个例子中可以观察到以下几点。

- 主方法 main() 是独立的名为 main 的线程。
- 一个线程创建后，调用 start() 将其设置为可运行状态，等待 Java 线程调度器与操作系统协调，安排 CPU 执行队列来运行。
- 每个线程将独立运行 run() 中的代码，执行其指定的任务。
- 当线程都处于相同执行优先权时，某个线程执行一段时间后，系统将自动把执行转换到另外一个线程，交替运行。交替时间的安排由 Java 线程调度器和操作系统实时决定。

15.2 如何创建多线程

Java 提供的线程 API 类包括在系统预设的包 java.lang 中。除应用 Thread 类创建线程对象外，还可以利用实现接口 Runnable 的方式，完善其方法 run() 来创建线程对象。表 15.1 列出了 Thread 类的构造方法和常用方法，以及 Runnable 接口。

下面用实例讨论这些构造方法、常用方法和接口的编程技术。

15.2.1 可以继承 Thread 创建线程

首先讨论如何继承 Thread 类创建线程，编写一个打印中英文信息的演示程序。假设在这个程序中有以下两个线程。

- MesssageOne——线程，利用循环分两个输出语句打印 "Java" 和 "SE"。
- MessageTwo——线程，利用循环分两个输出语句打印 "Programming" 和 "Language\n\n"。

程序编写步骤如下。

（1）分别设计编写继承 Thread 的线程类，例如 MessageOne 以及 MessageTwo。
（2）在 MessageOne 和 MessageTwo 中分别覆盖 run()，执行指定的输出操作。
（3）编写测试程序，利用编写的类创建线程对象。
（4）调用每个线程的 start() 方法。等待运行。

以下是 MessageOne 和 MessageTwo 类的代码：

```java
// 完整程序在本书配套资源目录 Ch15 中，名为 MessageOne.java
class MessageOne extends Thread {          // 编写线程
    public void run() {                    // 覆盖 run()
        for (int i= 0; i < 5; i++) {
            System.out.print("Java ");
            System.out.print("SE ");
        }
    }
}
class MessageTwo extends Thread {          // 编写另一个线程
    public void run() {                    // 覆盖 run()
        for(int I = 0; i < 5; i++) {
            System.out.print("Programming ");
            System.out.println("Language\n");
        }
    }
}
```

两个线程分别打印两组不同信息。以下是用来测试线程运行的程序：

```java
// 完整程序在本书配套资源目录 Ch15 中，名为 BasicThreadApp.java
public class BasicThreadApp {
```

```java
    public static void main(String[] args) {
        new MessageOne().start();            // 创建无名线程并进入可执行状态
        //or: Thread messageOne = new MessageOne(); messageOne.start()
        new MessageTwo.start();
    }
}
```

以下是这个程序运行后输出的一个典型结果：

```
Programming Language
Programming Language
Java Programming Language
Programming Language
Programming Language
SE Java SE Java SE Java SE Java SE
```

你可能注意到这个程序的运行结果每次都不一样。具体来讲，操作系统中的线程协调器并不总是先运行 messageOne。在后续章节介绍线程协调时专门讨论如何解决这些问题。

15.2.2 可以完善 Runnable 接口来创建线程

在多线程实际应用中，代码中往往已经利用关键字 extends 来继承某个超类，所以必须应用 implements 来完善 Runnable 接口。假设将 15.2.1 节 MessageOne-MessageTwo 例子修改为它们有一个共同的超类 Letter，来讨论如何利用接口 Runnable 创建线程。

修改后的代码如下：

```java
// 完整程序在本书配套资源目录Ch15中，名为Letter.java
class Letter {
    public void display(String letters) {         // 打印信息
        System.out.print(letters + " ");
    }
}
class MessageOne extends Letter implements Runnable {
    public void run() {                           // 完善run()
        for (int i = 0; i <5; i++) {
            display("Java ");                     // 调用方法打印信息
            display("SE ");
        }
    }
}
class MessageTwo extends Letter implements Runnable {
    public void run() {                           // 完善run()
        for (int i = 0; i < 5; i++) {
            display("编程 ");
            display("艺术 ");
        }
    }
}
```

Letter 类为 MessageOne 和 MessageTwo 提供 display() 方法，以进行输出操作。在 MessageOne 以及 MessageTwo 中，实现 Runnable 接口，即完善了 run() 方法。其操作和第一个例子相同。具体代码如下：

```java
// 完整程序在本书配套资源目录Ch15中，名为RunnableBasicApp.java
public class RunnableBasicApp {
    public static void main(String[] args) {
        Thread messageOne = new Thread(new MessageOne());    // 创建线程对象
```

```
        Thread messageTwo = new Thread(new MessageTwo());
        letter.start();
        word.start();
    }
}
```

可以看到,如果线程类通过实现 Runnable 接口编写,则必须利用 Thread 的另外一个构造方法:

```
Thread(Runnable obj)
```

来创建线程对象。这个程序运行结果和存在的多线程协调问题与修改前的第一个例子相同。

15.2.3 多线程典型案例:生产-消费线程初探

生产-消费(Producer-Consumer)是多线程最经典的例子,用来演绎如何解决多线程之间的协调关系。生产线程产生某个产品或服务,而消费线程获取或购买这个产品或服务。在一个复杂的生产-消费应用中往往有多个生产线程和多个消费线程在同时运行。程序中需要模拟和控制生产-消费线程之间的操作,使它们协调工作。15.4 节将讨论更复杂的生产-消费多线程协调的模拟例子。

下面的例子只是一个简单的没有协调控制的生产-消费线程程序。其目的是向你展示生产-消费初步概念和功能,描述线程间存在的协调问题,以便在后续单节详细讨论线程控制和线程协调后,应用这些技术,来解决生产-消费中的这些问题。

假设在程序中有一个类和两个线程。

❏ Shop——进行市场交易的类。Producer 线程将产品和服务提供到这里;Consumer 线程访问 Shop 进行消费活动。

❏ Producer——生产者线程。专门用来生产某个产品或者提供某种服务。

❏ Consumer——消费者线程。专门用来购买或者接受 Producer 提供的产品或服务。

为了便于理解和讨论,这里在代码中只是显示 Producer 和 Consumer 信息,表示存在这种商务关系,而不做实际的应用操作。

程序编写步骤如下。

(1)设计编写 Shop 类。提供两个静态方法 producing() 和 consuming()。

(2)分别设计编写继承 Thread 的线程类,例如 Producer 以及 Consumer。

(3)在 Producer 和 Consumer 中分别覆盖 run(),执行指定的运算和操作。如分别调用 producing() 和 consuming() 方法并且显示产品和消费的交易活动信息。

(4)编写测试程序,利用编写的类创建线程对象。

(5)调用每个线程的 start() 方法。等待运行。

以下是 Shop 类的代码。

```
// 完整程序在本书配套资源目录 Ch15 中,名为 Shop.java
class Shop {
    private static int numOfProduct = 0;        // 静态数据表示产品/消费情况
    public static void producing() {            // 产品货柜显示产品
        numOfProduct++;
        System.out.println("Number of products available: " + numOfProduct);
    }
    public static void consuming() {            // 购买产品
        numOfProduct--;
        System.out.println("Number of products available: " + numOfProduct);
    }
}
```

在 Shop 中,producing() 由线程 Producer 访问,用来上货并且更新产品存货数。consuming() 由线程 Consumer 访问,来购买产品,并且更新产品数。

以下是 Producer 和 Consumer 的代码：

```java
// 完整程序在本书配套资源目录 Ch15 中，名为 Producer.java
class Producer extends Thread {                              // 线程 Producer
    public void run() {                                      // 覆盖 run()
        System.out.print(this.getName());                    // 打印线程名字
        System.out.println(" is producing...");              // 打印生产信息
        Shop.producing();                                    // 调用交易
    }
}
class Consumer extends Thread {
    public void run() {                                      // 覆盖 run()
        System.out.println((this.getName() + " is consuming..."));
                                                             // 打印线程名字和消费信息
        Shop.consuming();                                    // 调用交易
    }
}
```

在 Producer 覆盖 run() 的代码中，调用 getName() 打印当前运行的线程名称，并且调用 Shop 的静态方法 producing() 来更新产品存货。Consumer 覆盖 run() 的代码与 Producer 基本相同，无须赘述。这个多线程应用的测试程序如下：

```java
// 完整程序在本书配套资源目录 Ch15 中，名为 ProducerConsumerBasicApp.java
public class ProducerConsumerBasicApp {
    public static void main(String[] args) {
        Thread[] producer = new Producer[4];        // 定义 4 个单元 Producer 线程数组
        Thread[] consumer = new Consumer[4];        // 定义 4 个单元 Consumer 线程数组
        for(int i = 0; i < 4; i++) {                // 创建线程数组
            producer[i] = new Producer();           // 创建 Producer 线程对象
            producer[i].start();                    // 可执行状态准备运行
            consumer[i] = new Consumer();           // 创建 Consumer 线程对象
            consumer[i].start();                    // 可执行状态准备运行
            System.out.println("consumer thread name: " + consumer[i].
                getName() + " is created...");
        }
        System.out.println("Thread name: " + Thread.currentThread().
            getName());                             // 打印当前线程名字
    }
}
```

在这个代码中，利用数组分别创建了 4 个 Producer 线程对象和 4 个 Consumer 线程对象，以便模拟。为了区别生产和消费在操作时间上的不同，有意使用了不同输出方式；因为没有对线程控制和协调，程序并不能保证必须在有产品的情况下（producer number > 0），消费者才可消费。以下为一个典型运行结果：

```
consumer thread name: Thread-1 is created...
Thread-0 is producing...
Number of products available: 1
Thread-1 is consuming...
Number of products available: 0
Thread-2 is producing...
Number of products available: 1
consumer thread name: Thread-3 is created...
consumer thread name: Thread-5 is created...
consumer thread name: Thread-7 is created...
Thread name: main
```

```
Thread-3 is consuming...
Number of products available: 0
Thread-4 is producing...
Number of products available: 1
Thread-5 is consuming...
Number of products available: 0
Thread-7 is consuming...
Number of products available: -1
Thread-6 is producing...
Number of products available: 0
```

可以看到,当产品数(Number of products available)等于零时,线程 Thread-7 仍然在进行消费产品的操作。

15.3 多线程控制

在掌握如何处理生产 - 消费协调问题之前,首先介绍和讨论下多线程的控制与协调技术。表 15.2 列出了 Thread 中对线程控制和协调的常用方法。

表 15.2　Thread 类对线程控制和协调的常用方法

方　　法	解　　释
interrupt()	中断当前正在运行的线程
boolean isInterrupted()	如果线程被中断运行,返回真
join()	插入运行并阻塞当前线程的执行,直到该线程执行完毕,才恢复被阻塞线程的运行
notify()	将一个等待线程设置为可获得监视器并进入运行状态
notifyAll()	将所有等待状态的线程设置为可获得监视器并进入运行状态
setPriority(int n)	设置线程的执行优先权从 1 ~ 10。系统预设为 5
sleep(long milliseconds)	静态方法;按指定时间长度(微秒)将当前运行线程设置为睡眠状态
yield()	静态方法;暂停当前线程的运行,使可运行状态的线程得到运行
wait()	将当前拥有监视器的线程设置为等待状态,并使其放弃监视器和执行所有权,直到某个线程调用 notify() 或 notifyAll(),等待的线程才可获得监视器并继续执行
wait(long m)	将当前拥有监视器的线程设置为等待指定毫秒时间,并使其放弃监视器和执行所有权,直到某个线程调用 notify() 或 notifyAll(),或直到超时,这个等待线程自动被 JVM notify()

下面通过实例讨论这些常用方法。

15.3.1　设置优先级——setPriority 方法

不同的操作系统具有不同的优先处理机制,以确定哪一个线程将被执行。例如,在 Linux 和 UNIX 操作系统中,线程的执行完全基于优先权队列。当 JVM 线程调度器将一个标有优先权的线程送至操作系统执行时,操作系统的线程调度器将根据这个优先等级,把它置于相应的优先队列,等待执行。排在这个队列最前的线程将首先被执行。这样处理的缺点是,优先权低的线程有可能从没被执行。而在窗口操作系统中,则使用优先权加时间段的处理机制。即使是优先权高的线程,它也不能垄断执行权,当其执行超时,也必须让步给低优先权的线程。这样就使所有线程都有执行的机会。

系统预设的线程执行优先权为 5。Thread 的 setPriority() 方法用来改变系统预设的线程执行预先权。可以选择从最低优先 1 到最高优先 10。优先权高的线程将被线程调度器安排设置入相应队列,排队等待执行。

以下程序修改 ThreadBasicApp 中的例子,将两个线程对象分别设置为不同的执行优先权,试图保证 messageOne 线程总是优先于 messageTwo 线程运行。修改部分代码为:

```
// 完整程序在本书配套资源目录 Ch15 中，名为 ThreadPriorityApp.java
Thread messageOne = new MessageOne();
Thread messageTwo = new MessageTwo();
messageOne.setPriority(10);
messageTwo.setPriority(1);
messageOne.start();
messageTwo.start();
```

和以前讨论过的例子相似，运行结果并不能保证每次运行先执行 messageOne，然后再执行 messgeTwo。后续章节将讨论如何保证线程的协调和程序的次序问题。

15.3.2 给其他线程让步——yield 方法

yield 方法使当前运行的线程暂时停止，线程调度器将安排执行优先权高、排队在前的线程得以先运行。这个方法经常用在线程间相互替换运行的情况。以下是应用这个方法的例子。

以下代码修改 HelloThread 程序，使之利用 yield() 对线程进行轮换执行：

```
// 完整程序在本书配套资源目录 Ch15 中，名为 SimpleThreadYieldTest.java
public class SimpleThreadYieldTest {
    public static void main(String[] args) {
        System.out.println(Thread.currentThread().getName());
        Thread thread1 = new HelloThread1();
        Thread thread2 = new HelloThread2();
        thread1.start();
        thread2.start();
    }
}
class HelloThread2 extends Thread {
    public void run() {                    // 覆盖 run()
        for(int i = 0; i < 10; i++) {
            System.out.println("Hello world! " + this.getName() +
                               " is running...");
            Thread.yield();  // 给另一个线程让步
        }
    }
}
```

运行结果为：

```
main
Hello world! Thread-0 is running...
Hello world! Thread-1 is running...
Hello world! Thread-0 is running...
Hello world! Thread-1 is running...
Hello world! Thread-1 is running...
Hello world! Thread-1 is running...
Hello world! Thread-0 is running...
Hello world! Thread-1 is running...
...
```

可以观察到每个线程并不能保证轮番按序得到执行。这是因为在计算机系统中的线程处理器并不严格按照线程的排序运行。在后续线程监视器和线程锁定的内容中将专门讨论这个问题。

15.3.3 让我的线程休息——sleep 方法

sleep() 方法可以使当前运行线程在指定毫秒时间处于暂停运行状态。当这个时间超时后，线程调度器将其设置为可执行状态，排队等待执行。sleep() 方法抛出 InterruptedException 异常，属检查性异常，必须提供异常处理机制才可运行。

以下代码应用 sleep() 方法达到延迟执行一个线程操作的目的：

```java
// 完整程序在本书配套资源目录 Ch15 中，名为 MessageFive.java
class MessageFive extends Thread {
    public void run() {                        // 覆盖 run()
        for(int i = 0; i < 5; i++) {
            System.out.print("Java ");
            System.out.print("SE ");
        }
    }
}
class MessageSix extends Thread {
    public void run() {                        // 覆盖 run() 方法
        try {
            Thread.sleep(500);                 // 调用 sleep() 睡眠 0.5s
            For(int i = 0; i < 5; i++) {
                System.out.print("\nProgramming ");
                System.out.print(" Language");
            }
        } //try 结束
        catch (InterruptedException e) {       // 处理检查性异常
            System.out.println(e);
        }
    } //run() 方法结束
}
```

在这个例子中，MessageSix 线程利用 sleep() 延迟执行 0.5s，其目的是让 MessageFive 线程首先完成执行。因为 sleep() 抛出检查性异常 InterruptedException，在代码中使用 try-catch 来处理。从下面的测试程序可以看到，虽然两个线程对象都有相同的执行优先权，而且 MessageSix 先于 MesageFive 处在可执行状态，但 sleep() 保证 MessageFive 首先完成运行：

```java
// 完整程序在本书配套资源目录 Ch15 中，名为 ThreadSleepApp.java
public class ThreadSleepApp {
    public static void main(String[] args) {
        Thread messageSix = new MessageSix();
        Thread messageFive = new MessageFive();

        messageSix.start();
        messageFive.start();
    }
}
```

运行结果总是：

```
Java SE Java SE Java SE Java SE Java SE Java SE Java SE Java SE Java SE Java SE
Programming Language
Programming Language
Programming Language
Programming Language
Programming Language
Programming Language
Programming Language
Programming Language
```

15.3.4 让我的线程加入执行——join 方法

join() 方法可以使调用它的线程插入运行，阻塞当前线程的执行，直到调用它的线程执行完毕，才恢复被阻塞线程的运行。如果调用它的线程是无限循环，其他线程则得不到执行。但如果其他线程中断它的运行，则会抛出异常 InterruptedException，而停止继续运行。15.3.5 节将专门讨论中断方法 interrupt()。为了防止一个线程垄断运行，Java 还提供了两个具有限定执行时间参数的 join() 方法，以解决线程超时执行问题。

在几何学中，圆周率可用 $4(1 - 1/3 + 1/5 - 1/7 + 1/9\cdots)$ 逼近。以下例子利用 join() 方法来正确打印线程执行完毕后产生的圆周率 PI。假设在这个例子中没有利用 join() 方法，主线程 main 首先被执行而子线程还没有得到运行时，打印结果将是 0.0。

```java
// 完整程序在本书配套资源目录 Ch15 中，分别名为 ThreadJoinTest.java 和 Estimate.java
public class ThreadJoinTest {
    public static void main(String[] args) {
        Thread demo = new Estimate();
        demo.start();
        try {
            demo.join();             // 阻塞主线程运行直到 demo 运行完毕
        }
        catch (InterruptedException e) {
        }
        System.out.println("PI = " + Estimate.PI);    // 打印 PI
    }
}
class Estimate extends Thread {
    public static double PI = 0.0;
    private int sign = 1;
        public void run() {                          // 覆盖 run()
            for(long i = 1; i <= 9999999; i += 2)   { // 估算圆周率 PI
                PI += 4.0 * (double)sign / i;
                sign = -sign;
            }
        }
}
```

运行结果为：

```
PI = 3.1415924535897797
```

如果取消

```
demo.join();
```

运行结果则为：

```
PI = 0.0
```

15.3.5 打断我的线程运行——interrupt 方法

interrupt() 方法用来中断当前正在运行的线程。当一个线程被中断后，将抛出 InterruptedException 异常，其 isInterrupted() 方法的中断状态也将设置为真。注意，interrupt() 并不中断主线程 main 的运行，但抛出中断异常并设置中断状态为真。

以下是一个利用 interrupt() 监控用户键盘输入的程序：

```java
// 完整程序在本书配套资源目录Ch15中，名为ThreadInterruptTest.java
import java.util.Scanner;
public class ThreadInterruptTest {
    public static void main(String[] args) {
        Thread service = new Service();          // 创建线程对象
        service.start();                         // 设置可执行状态
        Scanner sc = new Scanner(System.in);     // 键盘输入扫描
        String choice = "";
        while (!choice.equals("stop"))           // 如果不是stop，则继续运行
            choice = sc.next();                  // 等待用户输入
        service.interrupt();                     // 如果是stop，则调用interrupt()停止线程运行
    }
}
class Service extends Thread {                   // 线程Service
    private int count = 1;                       // 服务计数器置1
    public void run() {
        while (!isInterrupted()) {
            System.out.println(this.getName() + " providing service " + count++);
                                                 // 打印服务信息
            try {
                Thread.sleep(2500);              // 休息2.5s
            }
            catch (InterruptedException e){
                                                 // 如果中断，处理这个异常并调用break停止
                break;
            }
        }
        System.out.println("Thread service is interrupted by user...");
                                                 // 打印停止运行信息
    }
}
```

在这个例子中，如果用户从键盘输入stop时，将调用service.interrupt()方法停止自身运行。如果用户输入的不是stop，线程将继续被执行。以下是一个典型运行结果：

```
Thread-0 providing service 1
Thread-0 providing service 2
Thread-0 providing service 3
Thread-0 providing service 4
stop
Thread service is interrupted by user...
```

15.3.6 应用实例——线程和数组哪个运行的快

在很多情况下，可以利用数组代替线程来解决一些实际问题。例如从一个二维数组中找出最大数。但这个问题既可以应用线程来解决，也可以利用数组来实现。你是否想过哪种方法更加有效或更快呢？

首先演示利用线程来找二维数组中最大数的问题。设想这个数组的每一行为一个一维数组，由一个线程完成寻找最大数的操作。多线程可以同时对其各自的数组进行同样操作，最后再从每个线程找到的数中比较出最大数。在这个例子中假设有一个10000×20000的整型数组。

```java
// 完整程序在本书配套资源目录Ch15中，分别名为ThreadFindMaxApp.java和MaxThread.java
public class ThreadFindMaxApp {
public static void main(String[] args) {
    final int ROW = 10000,                       // 可以任选数组的行和列数
              COL = 20000;
```

```java
        Long startTime = 0,
            endTime = 0;
        MaxThread[] eachMaxThread = new MaxThread[ROW];         // 处理每行最大数的线程数组
        double[][] matrix = Matrix.generator(ROW, COL);         // 产生随机数二维数组
        double max = Double.MIN_VALUE;                          // 最大值初始化
        for(int i = 0; i < eachMaxThread.length; i++) {         // 创建线程数组
            eachMaxThread[i] = new MaxThread(matrix[i]);
            eachMaxThread[i].start();                           // 可执行状态
        }
        try {
            startTime = System.currentTimeMillis();             // 得到开始运行时间
            System.out.println("start time: " + startTime);
            for(int i = 0; i < eachMaxThread.length; i++) {
                eachMaxThread[i].join();                        // 使每个线程执行完毕
                max = Math.max(max, eachMaxThread[i].getMax()); // 得到最大数
            }
            endTime = System.currentTimeMillis();
            System.out.println("end time: " + endTime);
        }
        catch (InterruptedException e) {
            System.out.println(e);
        }
        System.out.println("Max of the matrix is: "+ max); // 打印所有数中的最大值
        System.out.println("Completion time: " + (endTime - startTime) + " ms.");
                                                           // 打印运行时间
    }
}
class MaxThread extends Thread {                           //MaxThread 类
    private double max = Double.MIN_VALUE;                 // 最大值初始化
    private double[] eachArray;                            // 每行数组

    public MaxThread(double[] eachArray) {                 // 构造方法
        this.eachArray = eachArray;
    }
    public void run() {                                    // 覆盖 run()
        for(int i = 0; i < eachArray.length; i++) {        // 找到每行最大数
            max = Math.max(max, eachArray[i]);
        }
    }
    public double getMax() {
        return max;
    }
}
class Matrix {                                             // 产生随机数二维数组
    public static double[][] generator(int row, int col) {
                                                           // 静态方法返回充值的二维数组
        double[][] matrix = new double[row][col];
        for(int i = 0; i < row; i++)
            for(int j = 0; j < col; j++)
                matrix[i][j] = Math.random() * 101;
        return matrix;
    }
}
```

运行结果为：

```
start time: 1544381508704
```

```
end time: 1544381508715
Max of the matrix is: 100.99999983032365
Completion time: 11 ms.
```

虽然每次运行结果可能有所不同，但可以看到其运行时间不会超过 50ms（不同系统运行时间略有不同）。

而以下程序没有应用线程，而使用传统的方式找出这个二维数组中的最大数：

```
// 完整程序在本书配套资源目录 Ch15 中，名为 MaxWithoutThreadApp.java
        // 其他语句 ...
        long startTime = 0,                                 // 定义并初始化开始时间
            endTime = 0;                                    // 定义并初始化结束时间
        double[][] matrix = Matrix.generator(ROW, COL);
        double max = Double.MIN_VALUE;
        startTime = System.currentTimeMillis();             // 开始查找最大数时间
        System.out.println("start time: " + startTime);
        for(int i = 0; i < ROW; i++)
            for(int j = 0; j < COL; j++)
                max = Math.max(max, matrix[i][j]);
        endTime = System.currentTimeMillis();    // 结束查找时间
        System.out.println("end time: " + endTime);
        System.out.println("Max of the matrix is: " + max);
        System.out.println("Completion time: " + (endTime - startTime) + " ms.");
...
```

运行结果为：

```
start time: 1544381777306
end time: 1544381777449
Max of the matrix is: 100.99999970901501
Completion time: 143 ms
```

虽然每次运行结果有所不同，但显而易见，利用线程解决这个问题的时间总是小于用数组。

15.4 高手必知多线程协调

从上面的例子可以看出，利用多线程进行并行处理可以提高程序的运行效率。但在代码中必须提供对各线程的控制，协调它们之间的工作，使它们各自执行的任务既并行又有序地进行。尤其在各线程共享资源或数据的情况下，更要如此。

15.4.1 什么是多线程协调

回顾一下在本章开始列举的生产 - 消费的简单程序。生产和消费线程共享的数据为产品数量 numberOfProduct。在实际应用中，可能有多个生产线程和多个消费线程同时在访问交易市场。线程间存在如下协调问题。

- 当某个生产线程产品上市、增添产品数量时，其他线程必须等待，直到其操作完毕。
- 当某个消费线程购买产品、减少产品数量时，其他线程必须等待，直到其操作完毕。
- 程序必须对产品生产和上市数量有所控制。当产品数量达到上限时，应当暂停生产，直到产品数量小于最大存货数。
- 当产品数量等于 0 时，消费线程不能够进行购买，必须等待，直到生产线程制造出产品为止。

15.4.2 高手怎样实现多线程协调

Java 提供了一系列技术，进行线程间的协调控制技术可以归纳如下。
- 使用关键字 volatile 来保证多线程访问共享数据的一致性。
- 使用关键字 synchronized 保证多线程访问共享资源或方法时的协作和有序。
- 应用 wait() 方法迫使当前正在执行的线程必须等待，直到其他线程调用 notify() 或 notifyAll() 结束等待状态。
- 应用 notify() 或 notifyAll() 方法通知其他等待线程可以进入共享资源进行更新和操作。
- 利用其他对线程控制的方法，例如我们已经讨论过的 sleep()、join()、yield()、setPriority()，以及 interrupt() 等，对线程的运行进行干预，并根据需要改变线程的运行行为。

下面通过实例分别讨论以上各种多线程协调技术，使得读者逐步通过编程实例和分析掌握多线程协调。

15.4.3 什么是易变数据——volatile

快速存储器 cache 技术的应用提高了访问数据的速度和效率。但在某个瞬间，一个数据存储在主存储器和暂留在 cache 中的值可能不同。尤其在多线程中，某个线程访问的共享数据可能是 cache 中的值，而不是主存储器的值。应用关键字 volatile，可以使线程越过 cache，而直接访问主存储器的数据，保证了数据的一致性。

以下是应用 volatile 的典型例子。

例子之一：在 Producer-Consumer 代码中对共享数据应用 volatile 关键字。

```
private volatile int consumerNumber = 0;
private volatile String consumerInfo = null;
```

例子之二：假设多线程共同访问一个数组，即许多线程对这个数组排序；而同时其他线程打印这个数组中的最小和最大值。以下代码将这些涉及多线程操作的数据定义为 volatile。

```
// 完整程序在本书配套资源目录 Ch15 中，名为 ThreadSynchronizationTest.java
...
static final int SIZE = 100;
static volatile int nums[] = new int[SIZE];
static volatile int first = 0;
static volatile int last = 0;
static volatile boolean ready = false;
...
```

> **注意** volatile 只能应用于基本类型变量；只保证线程访问主存储器中的变量，以此保证共享数据的一致性。但它并不对线程运行的先后次序起协调作用。

15.4.4 你的多线程协调吗——synchronized

Java 提供的关键字 synchronized 利用监视器 Monitor 和锁定 lock 技术。通过它定义一个程序块或者整个方法，可以协调多线程对这个程序块或整个方法有序访问。Monitor 和 lock 技术保证只有一个线程访问某个指定的程序块或者方法；其他线程必须等待，直到当前线程结束对这个程序块或方法的操作。当前线程访问完毕，lock 将被打开，线程调度器指定的下一个线程则获得对这个程序块或方法的访问权，达到多线程协调目的。15.5.1 节将专门讨论 Monitor 和 lock 技术。关键字 synchronized 和 volatile 经常同时使用，以保证对数据和操作的协调。

例子之一：利用 synchronized 定义一个程序块，协调两个线程间对共享对象的访问，保证对数组的正确排序和打印最小值和最大值，代码如下：

```java
// 完整程序在本书配套资源目录 Ch15 中，名为 SynchronizationTest.java
public class SynchronizationTest {
    static Shared sharedObject = new Shared();          // 创建共享对象
    private static class DemoThread1 extends Thread {   // 内部静态私有线程
        public void run() {                             // 覆盖 run()
            synchronized (sharedObject) {               // 定义 synchronized 程序块
                sharedObject.sorting();                 // 调用 sorting()
            }
        }
    }
    static class DemoThread2 extends Thread {           // 另外一个内部静态私有线程
        public void run() {                             // 覆盖 run()
            synchronized (sharedObject) {               // 定义 synchronized 程序块
                sharedObject.printing();                // 调用 printing() 方法
            }
        }
    }
    public static void main(String[] args) {            // 主方法
        new DemoThread1().run();                        // 无名线程对象；进入可执行等待状态
        new DemoThread2().run();
    }
}
```

代码中使用内部私有类，只是为了演示不同的编写方式，在两个线程各自的 run() 中，分别定义了协调程序块。当某个线程进入这个程序块，调用方法，对共享对象的数组访问时，另外线程必须等待其操作完毕，开锁后，才可进入这个共享对象，访问其数组。在主方法中，代码

```java
new DemoThread1().run();
```

等同于

```java
new DemoThread1().start();
```

如果这个例子中没有应用 synchronized 进行线程间的协调，运行结果的正确性则不能得到保证。类 Shared 的代码如下：

```java
// 完整程序在本书配套资源目录 Ch15 中，名为 Shared.java
import java.util.Arrays;
public class Shared {
    static final int SIZE = 100;                              // 定义数组大小
    static volatile int nums[] = new int[SIZE];               // 对共享数据使用 volatile
    static volatile int first = 0;
    static volatile int last = 0;
    static volatile boolean ready = false;                    // 访问状态初始化
    public void sorting() {                                   // 方法 sorting()
        ready = false;                                        // 未准备完毕
        for(int i = 0; i < nums.length; i++) {                // 数组初始化
            nums[i] = (int)(Math.random()*10000);
        }
        Arrays.sort(nums);                                    // 排序
        for(int num : nums)
            System.out.print(num + " ");                      // 打印排序结果
        System.out.println();
        first = nums[0];                                      // 最小数据
        last = nums[SIZE-1];                                  // 最大数据
```

```
            ready = true;                           // 操作完毕；设置为可访问状态
        }
        public void printing() {                    // 方法 printing()
            if (ready) {                            // 如果可访问
                System.out.println("the first number: " + first);   // 打印结果
                System.out.println("the last number: " + last);
            }
        }
    }
```

例子之二：将以上例子修改为利用 synchronized 来定义方法 sorting() 和 printing()，协调线程间对共享对象成员的访问。修改部分的代码如下：

```
// 完整程序在本书配套资源目录 Ch15 中，名为 SynchronizationTest2.java
private static class DemoThread1 extends Thread {
    public void run() {
        sharedObject.sorting();
    }
}
static class DemoThread2 extends Thread {
    public void run() {
        sharedObject.printing();
    }
}
```

在 Shared 类中，对 sorting() 和 printing() 分别应用关键字 synchronized：

```
// 完整程序在本书配套资源目录 Ch15 中，名为 Shared2.java
public synchronized void sorting() {
    ...
}
public synchronized void printing() {
    ...
}
```

15.4.5 要协调必须等待——wait 方法

wait() 方法和 notify() 或 notifyAll() 应当在 synchronized 的程序块或者方法中配合使用，使多线程在共享资源和数据时得到进一步的保障。wait() 抛出检查性异常 InterruptedException。在一个 synchronized 的代码中调用 wait() 必须提供这个异常处理机制，例如：

```
try {
    if(!ready)
        wait();
    ...
}
...
```

导致其他试图进入这个 synchronized 代码中的线程放弃监视器和锁定（详细见 15.5.1 节），保证只有当前线程执行这段协调代码。实际上，放弃锁定的其他所有线程都进入等待状态，直到某个在监视器中运行的线程调用 notify() 或者 notifyAll()，例如：

```
if (ready)
    notifyAll();
...
```

所有进入等待状态的线程将有机会重新进入监视器并锁定执行。

由于线程的执行优先权以及操作系统对线程等待的调度方式不同，等待时间最长的不一定最先获得监视器并锁定执行。推荐调用 notifyAll() 来唤醒所有等待的线程，由线程调度器决定哪个线程将被最先执行。15.4.6 节中介绍应用 wait() - notifyAll() 进行线程通信和控制的例子。另外一个常用的方法 wait(long timeout) 规定了线程的等待毫秒时间，具体应用例子参见实战项目中 Shop2 类的 producing() 方法。

> **注意** 某个处于等待或睡眠状态的线程可能由于调用 interrupt() 而结束其状态。

> **更多信息** wait()、notify()、notifyAll() 都属于 Object 类。wait(long timeout) 是对 wait() 的重载。

15.4.6 你的线程协调得到通知了吗——notify 或 notifyAll

notify() 或 notifyAll() 必须和 wait() 配合使用。notify() 只是唤醒一个正在等待的线程。如果代码中只有一个线程处于等待状态，调用 notify() 不存在什么问题。由于系统调度器处理线程调度安排的不透明性，唤醒哪个线程是不确定的。所以不要根据代码分析和假设来判断。notifyAll() 被经常使用，以增强等待线程被通知的可靠性，除非你对代码中的线程协调了如指掌。

以下是利用 wait()-notifyAll() 的具体例子。

例子之一：修改找出和打印数组中最小值、最大值的程序，利用 wait() 以及 notifyAll() 方法进一步保证正确运行结果。

```java
// 完整程序在本书配套资源目录 Ch15 中，分别名为 WaitNotifyAllTest.java 和 Shared3.java
import java.util.*;                    // 支持 Arrays.sort()
public class WaitNotifyAllTest {
    static Shared3 sharedObject = new Shared3();
    static class DemoThread1 extends Thread {
        public void run() {
            sharedObject.sorting();
        }
    }
    static class DemoThread2 extends Thread {
        public void run() {
            sharedObject.printing();
        }
    }
    public static void main(String[] args) {
        final int NUM = 1000;
        DemoThread1[] demoSorting = new DemoThread1[NUM];
        DemoThread2[] demoPrinting = new DemoThread2[NUM];
        for(int i = 0; i < demoSorting.length; i++) {
            demoSorting[i] = new DemoThread1();
            demoPrinting[i] = new DemoThread2();
            demoSorting[i].start();
            demoPrinting[i].start();
        }
    }
}
class Shared3 {
    static final int SIZE = 20;
    static volatile int nums[] = new int[SIZE];
    static volatile int first = 0;
```

```java
        static volatile int last = 0;
        static volatile boolean ready = false;
        public synchronized void sorting() {
            try {
                if(!ready) {
                    for(int i = 0; i < nums.length; i++) {
                        nums[i] = (int)(Math.random()*10000);
                    }
                    Arrays.sort(nums);
                    for(int num : nums)
                        System.out.print(num + " ");
                    System.out.println();

                    first = nums[0];
                    last = nums[SIZE-1];
                    ready = true;
                    wait();                              // 这个线程必须等待
                }
                else
                    ready = false;
                }
                catch (InterruptedException e) {
                    System.out.println(e);
                }
        }
        public synchronized void printing() {
            if (ready) {
                notifyAll();                             // 通知其他线程进入可执行状态
                System.out.println("the first number: " + first);
                System.out.println("the last number: " + last);
            }
        }
}
```

15.5 高手须知更多多线程

  Java 语言中的多线程协调是通过监视器 Monitor 和 lock 技术实现的。尽管 Java 提供了这些手段防止多线程非协调问题，但在编程实践中必须注意线程的运行安全和可靠性，避免死结的发生。另外，在 java.util.concurrent 包中，Java 还提供了专门进行并行处理的各种集合类，以简化多线程编程，并对多线程编程中的共享数据资源起到进一步安全保护作用。下面对这些内容加以讨论。

15.5.1 一张图看懂监视器和线程锁定

  监视器 Monitor 是专门用来进行多线程协调的代码。它是 Java 语言的一部分，实际上是一段对象代码，在编译器对标有关键字 synchronized 的程序块或方法编译时产生。当 JVM 对监视器运行时，应用互相排斥（mutual exclusion）和锁定（lock）技术，按照一个监视器只有一个 lock 的原则，保证任何时刻只有一个、也只能有一个线程拥有监视器访问共享数据和代码。我们称拥有监视器的线程为锁定线程（locked thread）。

  想象监视器是一座拥有 3 个房间的车间，左右两个小房间分别为接待和等待室，而中间的大房间为监视器锁定操作间，只允许一个线程在里面工作，如图 15.4 所示。

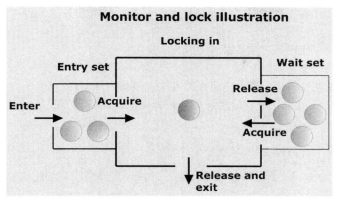

图 15.4　Java 监视器和锁定

线程进入监视器可能通过以下 5 个门或 5 种状态。
- 进入。多个线程有可能进入监视器的接待室 Entry set，在里面等待拥有 lock。
- 锁定。JVM 利用随机方式在等待的线程中选择一个，使它拥有 lock，而进入操作间。
- 等待。一个锁定线程执行等待指令时，将放弃 lock，进入等待室 Wait set。
- 通知。在等待室的线程收到其他线程执行 notify() 或 notifyAll() 的通知，或等待超时的线程收到 JVM 的通知，有机会和接待室中的线程由 JVM 利用随机方式决定某一个拥有 lock，进入操作间。
- 完成。一个锁定的线程在操作间执行完任务，将放弃 lock，走出监视器。

JVM 随机指定线程拥有 lock 的方式也称为信号 - 继续机制，即 signal-and-continue mechanism。这种任意从接待以及等待线程中调出一个使其拥有锁定权，虽然在执行时比较简捷有效，但有时并不是合理的。因为等待时间最长的或执行优先权最高的线程并不一定能得到监视器的锁定完成或继续其使命。

15.5.2　更多多线程实战术语和编程技巧

首先介绍实战中涉及多线程协调的一些术语，其次讨论推荐的多线程编程技巧。
- 易变性和不变性——mutability 和 immutability。如果一个类中的数据都定义为 final，这个类具有不变性。不变性类会使得多线程编程容易、安全，以及可靠。这种类的对象一旦被创建，它的形态被认为是恒定不变的，因而不用担心在多线程访问它时的不一致或不协调问题。
- 信号灯——Semaphore。信号灯是操作系统中多线程协调调度的术语和技术。Java API 的 java.util.concurrent 包中提供了信号灯类 Semaphore，专门用来处理请求锁定、释放锁定、跟踪锁定，以及限定锁定等多线程协调问题。详细讨论信号灯超出了本书范围，有兴趣的读者可参考 java.util.concurrent 包或有关多线程高级编程书籍。
- 阻隔——Barrier。阻隔是监视器中的一种状态，参考图 15.4，可认为阻隔设置于多线程必须经过的接待室进入操作室的路径上。所有线程必须通过阻隔才可进入监视器。java.util.concurrent 中提供了 CydicBarrier 类，专门用来定义线程阻隔。
- 阻止——Blocking。用来描述生产 - 消费的协调关系。如果生产者生产超量的产品将被阻止；而消费者消费不存在的产品也将被阻止。
- 条件变量——Condition variable。指锁定（lock）的状态。表示当前线程拥有 lock。
- 锁死——Deadlock。多线程编程中的经典问题。例如，当线程 1 锁定了生产者 A 并等待消费者 B；线程 2 锁定了消费者 B 并等待生产者 A，线程运行将产生锁死。
- 互斥器——Mutex。即相互排斥的状态（mutual exclusion）。多指监视器和锁定在某些情况下可能相互排斥。

从上述讨论可以看出，多线程之间的协调是编写并行处理代码的关键。推荐以下多线程编程技巧。

- 尽量避免或减少使用易变性数据和代码。
- 保持协调代码简捷。
- 避免调用导致其他线程中断或者阻止的方法，如 interrupt() 以及输入/输出中断方法。
- 当一个线程锁定监视器时，尽量避免创建新对象，调用其方法。这样可以减少锁死问题的发生。

15.5.3　并行类包——java.util.concurrent

java.util.concurrent 这个包最早发布在 JDK1.5 中，并在新版本中加以完善，新增了许多专门用来进行多线程编程的集合类以及接口，以增强线程协调性和集合的安全性。例如，在 SynchronousQueue 中，如果在集合中的元素超出指定上界时，put() 方法将自动阻止生产者 Producer 增添新元素；如果集合中没有元素存在时，take() 方法将自动阻止消费者 Consumer 提取元素操作，等等。表 15.3 列出了 java.util.concurrent 包中常用的提供多线程协调编程的集合类和接口。

表 15.3　java.util.concurrent 包常用接口和集合类

常用接口和集合类	解释
BlockingQueue<E>	用来支持等待提取空队列集合元素以及等待增添超界队列元素的接口
Callable<V>	与 Runnable 相同，但返回运行结果以及抛出一个检查性异常
Delayed	在实现时指定访问延迟时段的接口
ArrayBlockingQueue<E>	用数组实现的限定上界的 FIFO 队列。支持等待提取空队列集合元素以及等待增添超界队列元素的协调
ConcurrentLinkedQueue<E>	无上界 FIFO 队列。如果提取空队列元素，则返回 null。不允许增添 null 元素。适合于多线程共享队列的协调
DelayQueue<Extends Delayed>	无上界阻止队列。应用基于优先权延迟时段调度器处理延迟元素。如果没有延迟也没有头元素时，返回 null。不允许增添 null 元素
LinkedBlockingQueue<E>	有上界 FIFO 队列。比 ArrayBlockingQueue 有较高的运行效果，但在多线程应用中存在不可预测执行结果
PriorityBlockingQueue<E>	无上界基于优先权的队列。支持阻止提取空元素操作
SynchronousQueue<E>	实现了 BlockingQueue、支持阻止操作的队列。如果执行提取操作，增添操作必须等待；反之亦然

这些用于多线程协调操作的集合类提供的方法大同小异。以下列举常用的例子。

例子之一： 应用 SynchronousQueue 的例子。

```java
// 完整程序在本书配套资源目录 Ch15 中，分别名为 Producer3.java、Product.java 和 Blocking Queue
//Test.java
import java.util.concurrent.*;
import java.text.*;
class Producer3 extends Thread {                           // 生产者线程
    private final BlockingQueue<Product> bQue;             // 利用接口作为参数
    private static int productNumber;
    Producer3(BlockingQueue<Product> que) { bQue = que; }  // 构造方法
    public void run() {                                    // 覆盖 run()
        try {
            Thread.sleep(1000);
            { bQue.put(producing()); }                     // 调用有协调功能的 put() 方法增添集合元素
        } catch (InterruptedException e) { System.out.println(e); }
    }
    Product producing() {                                  // 生产产品
        productNumber++; Product product = new Product(productNumber);
```

```java
            return product;                          // 返回产品
        }
    }
    class Consumer3 extends Thread {                 // 消费者线程
        private final BlockingQueue<Product> bQue;
        Consumer3(BlockingQueue<Product> que) { bQue = que; }
        public void run() {                          // 覆盖run()
            try {
                consuming(bQue.take());              // 调用有协调功能的take()方法提取元素
            } catch (InterruptedException e) { System.out.println(e); }
        }
        void consuming(Object product) {
            System.out.println(product + " consumed by "+
                Thread.currentThread().getName());
        }
    }
    class Product {
        private int productID;
        private double price;
        public Product(int productNumber) {
            productID = productNumber;
            price = Math.random() * 100 + 5;         // 模拟：随机产生5～149元价格
        }
        public String toString() {
            String amount = NumberFormat.getCurrencyInstance().format(price);
            return "Product ID: " + productID + "\tPrice: " + amount;
        }
    }
    public class BlockingQueueTest {                 // 测试类
        public static void main(String[] args) {
            SynchronousQueue<Product> bQue = new SynchronousQueue<Product>();
            Producer3 producer1 = new Producer3(bQue);   // 创建两个共享集合的生产者
            Producer3 producer2 = new Producer3(bQue);
            Consumer3 consumer1 = new Consumer3(bQue);   // 创建两个共享集合的消费者
            Consumer3 consumer2 = new Consumer3(bQue);
            new Thread(producer1).start();              // 可执行状态准备运行
            new Thread(consumer1).start();
            new Thread(consumer2).start();
            new Thread(producer2).start();
        }
    }
```

SynchronousQueue是完善了的BlockingQueue，代码中利用BlockingQueue作为该集合的引用。可以看到，put()方法和take()方法具有自动协调、创建监视器和锁定的功能。程序中无须再提供Synchronized的代码。

例子之二：DelayQueue执行对元素的指定延迟提取。应用它编写一个显示延迟提取元素操作的例子。在使用DelayQueue时，队列中的元素必须实现Delayed接口，即完善long getDelay(TimeUnit unit)方法。TimeUnit是java.util.concurrent包中提供的枚举类型，可以用来指定时间单位，如TimeUnit.SECOND_TimeUnit.MILLISECOND或TimeUnit. NANOSECOND等。getDelay()返回剩余延迟时间，在执行提取操作时将被自动调用，以便由JVM决定是否执行提取操作。DelayQueue根据元素延迟时间超时长短排列其次序。因而，DelayQueue还要求必须覆盖Comparable的compareTo()方法，以便比较延迟时间决定元素在队列的次序。以下是NanODelay实现Delayed接口的代码。它将在测试程序中，用来作为DelayQueue的元素：

```java
// 完整程序在本书配套资源目录 Ch15 中，名为 NanoDelay.java
import java.util.concurrent.*;
class NanoDelay implements Delayed {            // 实现 Delayed 接口
    long trigger;
    NanoDelay(long i) {                          // 构造方法
        trigger = System.nanoTime() + i;         // 调用系统毫微秒加一个随机毫微秒值
    }
    public int compareTo(Delayed d) {            // 覆盖 compareTo()
        long i = trigger;
        long j = ((NanoDelay)d).trigger;
        int returnValue;
        if (i < j) {                             // 判断毫微秒的大小
            returnValue = -1;
        } else if (i > j) {
            returnValue = 1;
        } else {
            returnValue = 0;
        }
        return returnValue;
    }
    public long getDelay(TimeUnit unit) {        // 完善 getDelay()
        long n = trigger - System.nanoTime();    // 启动毫微秒减去系统当前毫微秒时间
        return unit.convert(n, TimeUnit.NANOSECONDS);  // 将 n 转换为毫微秒单位
    }
    public long getTriggerTime() {               // 返回启动毫微秒时间
        return trigger;
    }
}
```

启动时间 trigger 由调用 System.nanoTime() 得到系统当前毫微秒再加一个随机时间 i 决定。i 在驱动程序的 DelayQueue 中增添元素时，由 random.nextInt(1000) 产生，由 NanoDelay 构造器作为参数传入。其目的是在每次运行时，产生不同的延迟。而 trigger 和第二次调用 System.nanoTime() 得到的时间之差即为延迟时间 n，其毫微秒单位由调用枚举 TimeUnit 的 convert() 方法转换而成。

以下是测试 NanoDelay 的代码：

```java
// 完整程序在本书配套资源目录 Ch15 中，名为 DelayQueueTest.java
import java.util.*;
import java.util.concurrent.*;
public class DelayQueueTest {
    public static void main(String args[]) throws InterruptedException {
                                                 // 抛出由系统处理异常
        Random random = new Random();
        DelayQueue<NanoDelay> queue = new DelayQueue<NanoDelay>();
                                                 // 创建 DelayQueue 队列
        for (int i=0; i < 5; i++) {
            queue.add(new NanoDelay(random.nextInt(1000)));
                                                 // 增添作为启动时间随机值的元素
        }
        long last = 0;
        for (int i=0; i < 5; i++) {
            NanoDelay delay = (NanoDelay)(queue.take());   // 提取元素
            long triggerTime = delay.getTriggerTime();     // 得到延迟时间
            System.out.println("Trigger time: " + triggerTime);
            if (i != 0)
                System.out.println("Delta: " + (triggerTime - last));
                                                 // 打印两个延迟时间差
```

```
            last = triggerTime;                    // 总是打印正数
        }
    }
}
```

以下是一个典型运行结果：

```
Trigger time: 174482581873931
Trigger time: 174482582248467
Delta: 374536
Trigger time: 174482582260070
Delta: 11603
Trigger time: 174482582264755
Delta: 4685
Trigger time: 174482582268255
Delta: 3500
```

实战项目：利用多线程和并行处理开发生产 - 消费应用

项目描述：

利用多线程协调同步技术，开发一个模拟生产 - 消费应用程序。这个项目基于在本章开始讨论过的简单 Producer-Consumer 的例子并加以扩充和完善，使之反映实际应用中多线程协调问题。

程序分析：

这些多线程协调问题可归纳如下。

- Producer 的产品由类 Product 代表。
- 多个并行运行的 Producer 和 Consumer 线程在市场类 Shop 中交易。
- 当一个 Producer 正在生产或更新产品信息时，其所有线程必须等待，直到其结束。
- 当一个 Consumer 正在消费或更新产品信息时，其他所有线程必须等待，直到其结束。
- Consumer 不能够消费不存在的产品（产品数 = 0），并只能消费一次。
- Producer 不能够生产超量的产品（产品数超界）。
- Producer 和 Consumer 需要一定的时间进行制造以及消费操作。产品由不同编号表示。
- Producer 和 Consumer 具有相同的运行优先权，按照线程调度器的安排进行操作。

类的设计：

- Product：模拟生产产品。产品有编号，由实例变量 productID 确定，并产生一个 5 ~ 104.99 元的产品价格，由实例变量 price 表示。Product 覆盖 toString() 方法返回 productID 以及 price。
- Shop ： 模拟商场。接受制造者 Producer 创建的产品 Product 对象并将产品存储在 LinkedList 中。对所有生产 - 消费共享的数据定义为 volatile，并编写所有涉及购买和存储操作的方法为 Synchronized，以求达到多线程协调。具体解释请参考以下列出该类代码之后的详细解释。
- Producer ： 模拟产品制造者。继承 Thread 并覆盖线程的 run() 方法执行对制造产品、产品上市的操作和控制。具体解释请参考以下列出代码之后的详细解释。
- Consumer ： 模拟消费者。继承 Thread 并覆盖线程的 run() 方法执行对购买产品的操作和控制。具体解释请参考以下列出该类代码之后的详细解释。
- ProducerConsumerApp：测试程序。创建 150 个生产者线程以及 150 个消费者线程进行生产 - 消费模拟实验。原则是：产品存储在市场超过 5 件则停止生产，直到消费者购买完毕，使产品数量小于 5 ；消费者不能购买产品数量等于 0 时的产品，直到市场上有该产品为止，消费者也不能对同样产品重复购买。

输入输出设计：

由于这个实战项目是一个多线程模拟程序，测试代码将创建数百个多线程自动进行生产 - 消费操作。没有输入数据。生产 - 消费详细信息将打印到生产窗口。

异常处理：
无。

软件测试：
编写测试类 ProducerConsumerApp 进行测试和必要的修改。检查验证结果是否正确；输出结果是否清楚以及显示是否满意。

软件文档：
对类、变量、方法和重要语句行注释。

根据以上对这个实战项目的分析和设计，编写如下代表产品的 Product 类：

```java
// 完整程序在本书配套资源目录 Ch15 中，名为 Product.java
import java.text.*;                          // 支持货币格式化
class Product {
    private int productID;                   // 产品编号
    private double price;                    // 产品价格
    public Product(int productNumber) {      // 构造方法
        productID = productNumber;
        price = Math.random() * 100 + 5;     // 模拟随机产生 5 ~ 104.99 元价位的产品
    }
    public String toString() {               // 覆盖 toString()
        String amount = NumberFormat.getCurrencyInstance().format(price);
        return "Product ID: " + productID + "\tPrice: " + amount;
                                             // 返回产品信息
    }
}
```

以下是模拟商品市场的类 Shop2 代码：

```java
// 完整程序在本书配套资源目录 Ch15 中，名为 Shop2.java
import java.util.*;                          // 支持 LinkedList<E>
class Shop2 {
    private volatile LinkedList<Product> productQue = new LinkedList
        <Product>();                         // 产品队列
    public synchronized void producing(Product product) {    // 线程协调方法
        while (productQue.size() > 5 ){ // 产品超界
            try {
                wait(100);                   // 等待 100ms 再运行
                System.out.println("Products are overstocked.
                    Waiting consumer to buy...");
                System.out.println("Producer " + Thread.
                    currentThread().getName() + " is wating...");
            }
            catch (InterruptedException e) {
                System.out.println(e);
            }
        }
        notifyAll();                         // 通知所有等待线程有机会进入
        productQue.addLast(product);         // 增添新产品
        System.out.println("Number of products avaliable: " + productQue.size());
                                             // 显示产品数目
    }
    public synchronized Product consuming() {    // 线程协调方法
        while (productQue.size() == 0) {     // 如果没有产品
            try {
                wait();                      // 等待
```

```
                System.out.println("Number of products avaliable: " +
                    productQue.size());
                System.out.println("Consumer " + Thread.
                    currentThread().getName() + " is wating...");
            }
            catch (InterruptedException e) {
                System.out.println(e);
            }
        }
        return productQue.removeFirst();            // 否则从产品队列消费产品
    }
    public synchronized int getSize() {             // 线程协调方法
        return productQue.size();                   // 返回产品队列中的产品数量
    }
}
```

代码中对所有各线程共享的资源，如保持产品的队列 productQue，以及方法 producing()、consuming() 和 getSize() 都应用关键字 volatile 以及 synchronized 进行协调控制。例如，在任何时刻，只有一个线程可以进入这些协调方法中进行对产品的生产、消费以及更新操作。

在 producing() 中，如果产品数超界（大于 5），任何一个进行生产的线程必须等待 100ms，即等待消费，再进入这个方法，查看是否超界。如果没有超界，则唤醒其他所有等待的线程，并进行增添新产品的操作，打印可购买产品数信息。注意，在执行 wait(100) 后，notifyAll() 将会暂停执行，直到这个等待超时。

当某个消费线程调用并进入 consuming()，首先查看产品队列中是否有产品可以消费。如果产品数为 0，它必须等待，否则从产品队列消费掉第一个产品。

由于当一个线程正在调用 getSize() 试图得到产品数量时，其他线程有可能也正在更改产品信息，所以这个方法也必须使用关键字 synchronized，保证协调运行。

以下是 Producer2 的线程代码：

```
// 完整程序在本书配套资源目录 Ch15 中，名为 Producer2.java
class Producer2 extends Thread {                        // 生产线程
    private static volatile int productNumber;          // 多线程共享数据
    private Shop2 shop;
    public Producer2(Shop2 shop) {                      // 构造方法
        this.shop = shop;                               // 使用交易市场
    }
    public void run() {                                 // 覆盖 run()
        try {
            productNumber++;                            // 增加产品编号
            Product product =new Product(productNumber);  // 创建新产品
            Thread.sleep((int)(Math.random() * 1000 + 200)); // 需要一定时间生产
            shop.producing(product);                    // 产品上市
            System.out.println(product + " producted by " + this.getName());
                                                        // 打印新产品信息
        }
        catch (InterruptedException e) {
            Thread.currentThread().interrupt();         // 如果有异常，则中断当前线程
        }
    }
}
```

在这个代码中，由于数据 productNumber 是所有 Producer 线程的共享资源，定义为 static volatile。构造器带入所有线程共享的市场对象 shop。在覆盖的 run() 中，首先产生一个新的产品编号，用这个编号创建新产品对象，然后调用协调方法 producing()，将产品投入市场。利用随机数

发生器产生一个任意指定的睡眠时间，例如 200 ~ 1199ms，作为对生产所需时间的模拟。在处理 sleep() 要求的异常时，特意调用 interrupt() 方法，来中断当前产生异常的线程继续运行。

以下是 Consumer2 的代码：

```java
// 完整程序在本书配套资源目录 Ch15 中，名为 Consumer2.java (见 Producer2.java)
class Consumer2 extends Thread {                    // 消费线程
    private Shop2 shop;
    public Consumer2(Shop2 shop) {                  // 构造方法
        this.shop = shop;                           // 进入交易市场
    }
    public void run() {                             // 覆盖 run()
        Product product;                            // 引用产品
        try {
            Thread.sleep((int)(Math.random() * 1000 + 300));
                                                    // 观察购买产品需要时间
            product = shop.consuming();             // 购买产品
            System.out.println(product + " is consumed by " + this.getName());
                                                    // 打印产品信息
        }
        catch (InterruptedException e) {
            Thread.currentThread().interrupt();
                                                    // 如果有异常，则中断当前线程
        }
    }
}
```

消费线程代码与生产线程类似，不再详细讨论。值得一提的是，有意使用了与生产线程不同的随机睡眠时间段，以此增加线程间的协调难度，检验程序的运行结果。

以下是测试这个多线程生产 - 消费协调代码的测试程序：

```java
// 完整程序在本书配套资源目录 Ch15 中，名为 ProducerConsumerApp.java
public class ProducerConsumerApp {                  // 测试类
    public static void main(String[] args) {
        final int SIZE_OF_PRODUCER = 150;           // 可任意指定多线程
        final int SIZE_OF_CONSUMER = 150;
        Thread producer[] = new Producer2[SIZE_OF_PRODUCER];    // 多线程数组
        Thread consumer[] = new Consumer2[SIZE_OF_CONSUMER];
        Shop2 shop = new Shop2();                   // 创建交易市场对象
        for(int i = 0; i < producer.length; i++) {  // 所有生产线程
            producer[i] = new Producer2(shop);      // 共享市场
            producer[i].start();                    // 可执行状态
        }
        for(int i = 0; i < consumer.length; i++) {  // 所有消费线程
            consumer[i] = new Consumer2(shop);      // 共享市场
            consumer[i].start();                    // 准备执行
        }
    }
}
```

巩固提高练习和实战项目大练兵

1. 多线程具有哪些特点？多线程如何提高程序的执行速度？列举 3 个多线程应用的例子。
2. 举例说明多任务和多处理有什么相同和不同之处。
3. 什么是线程的 5 个状态？runnable 是由哪个方法启动的？解释 start() 方法和 run() 方法有什

么不同。

4. 我们可以利用继承 API 类 Thread 来创建线程，为什么 Java 还提供 Runnable 接口来实现线程？

5. 利用 Thread 类编写一个通过两个线程打印从 1～50 奇数和偶数的程序。一个线程打印其线程名及产生的奇数，而另外一个线程打印其线程名和它产生的偶数。利用 yield() 方法实现线程的轮换执行。假设两个线程具有系统预设执行优先权。编写驱动程序测试两个线程的运行。存储程序。

6. 在第 5 题的基础上，分别做下列编程练习。

（1）修改程序，使之具有不同的执行优先权。观察并解释运行结果。存储修改的程序。

（2）修改程序，利用 sleep() 方法使之具有不同执行速度。观察并解释运行结果。存储修改的程序。

7. 利用 Runnable 接口编写一个通过两个线程打印从 1～50 奇数和偶数的程序。一个线程打印其线程名及产生的奇数，而另外一个线程打印其线程名和它产生的偶数。利用 yield() 方法实现线程的轮换执行。假设两个线程具有系统预设执行优先权。编写驱动程序测试两个线程的运行。存储程序。

8. 在第 7 题的基础上，分别做下列编程练习。

（1）修改程序，使之具有不同的执行优先权。观察并解释运行结果。存储修改的程序。

（2）修改程序，利用 sleep() 方法使之具有不同执行速度。观察并解释运行结果。存储修改的程序。

9. 为什么要对线程进行控制？线程控制有哪些主要方法？

10. join() 和 interrupt() 有什么不同？举例说明它们各自的用途。

11. 什么是线程协调？用什么方法实现线程协调？举例说明线程协调的用途。

12. 什么是易变数据？举例说明易变数据的用途以及如何使用它。

13. **实战项目大练兵**：利用线程以及线程协调技术编写一个银行用户存储-提款模拟程序。为了防止误账以及作弊，当一个线程执行存储或者提款操作时，另外一个线程必须等待。当账户中没有存款时，必须防止提款操作。假设用户已有存款额为 1000.00，并且假设存储操作需要 0.2s，提款操作需要 0.3s。用随机方式产生一系列（50 个）存款以及提款操作，例如产生 50 个 1～2 的整数，其中 1 为存款；2 为提款。打印程序运行结果。存储源程序。

14. **实战项目大练兵（团队编程项目）：多线程银行 vs. 商店服务模拟软件**——利用多线程模拟银行服务方式以及商店服务方式，并且比较它们的服务效率。银行服务方式为客户只排一条队等待下一个银行营业员的服务。而商店服务方式为多个营业员有多条队供客户等待缴款。编写两个类：BankService 以及 ShopService。在银行服务方式类 BankService 中，假设等待服务的队列中（可以使用 ArrayList 或 LinkedList）有 100 个客户以及 5 个营业员，并假设每个营业员服务一个客户的时间为 0.2s。这个类提供方法统计对 100 个客户的服务时间。按照同样条件编写商店服务类 ShopService。编写一个驱动程序，测试运行这个模拟软件。打印运行结果，比较哪种服务方式更加有效。存储源程序。

第四部分　GUI 和多媒体编程

你一路搏杀到此，成为当之无愧的 Java 高手！

"世上无难事，只要肯登攀！"你已经登上了 Java 编程技术的最精华高峰，你现在"会当凌绝顶，一览众山小。"享受"无限风光在险峰"的喜悦！

而你继续要走的路——图形用户接口（GUI）和多媒体编程，只是让你的程序和软件开发更加出彩，更加吸引眼球，更加熟练地利用 API 提供的类进而更有效地编程。因为 Java 编程的精华不仅是开发黑白颜色的输入输出，她的魅力在于创造五光十色、交响乐般的应用程序窗口。这个动画式的窗口是随机动态变化的，是实时出彩的，而且是安全可靠的。

这一部分的内容对你来说应该是易懂易学的。让我们放松一下，享受这一部分的学习吧。

"知之为知之,不知为不知,是知也。"

——《论语》

通过本章学习,你能够学会:
1. 常用 GUI 组件的编程原理、步骤和技术。
2. 解释事件处理原理并编写事件处理代码。
3. 应用控制画板编写管理组件的代码。
4. 应用框架编写显示组件的窗口代码。
5. 应用系统预设布局管理显示组件。

第 16 章 GUI——使你的窗口出彩

GUI(Graphical User Interface,图形用户接口),或称图形用户界面,是 Java API 的重要组成部分,主要应用于各种用户端接口设计和互联网动态网页编程,涉及内容丰富的 Java 编程概念和技术。例如组件、容器、事件处理和布局;在网页编程中还会涉及多媒体等。"百闻不如一见",GUI 组件起到画面效应,给用户带来"看到就会感受到"的效果,使得终端应用程序更加易用和可靠。

16.1 从一个典型例子看懂 GUI 组件

组件 components 是构成 GUI 的基本 API 类。从窗口到按钮、菜单都是这些 API 类的组件实例,如图 16.1 所示。

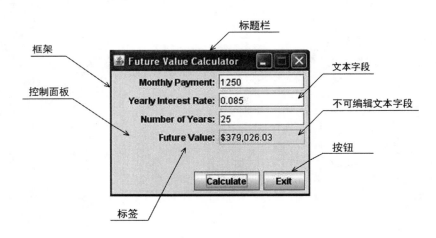

图 16.1 GUI 组件

组成组件的窗口称为框架(frame)。组件常常通过控制面板(panel)显示和控制。在这个标题为 Future Value Calculator 的框架或控制面板中包括 10 个 GUI 组件:4 个标签(label)、4 个文本字段（text field），以及两个按钮。最下方的一个文本字段为用于输出的不可编辑文本字段。框架标题栏除显示框架名之外，还提供一个具有下拉菜单（dropdown menu）功能，包含缩小、扩大以及关闭窗口的图标（icon），和执行同样操作的 3 个按钮。这些组件是在创建框架时自动提供的。回顾一下 JOptionPane，它的 showInputDialog() 和 showMessageDialog() 方法产生的输入、输出窗口，实际上是以快捷方式应用 GUI 组件的例子。

16.1.1　Swing 包中的组件从哪里来

Java API 提供两种 GUI 组件——AWT components（Abstract Window Toolkit）和 Swing components。它们是 Java 语言发展史上不同阶段的产物，代表不同的 Java 技术。

JDK1.2 版本之前的 GUI 组件都是 AWT 组件。AWT 组件的部分代码，尤其是与操作系统接口的代码应用该操作系统语言编写，是依赖于操作系统，或称 heavy-weighted 的组件。其显示结果可能因操作系统而异，不能完全称之为 100% 操作系统独立的组件。在有关 GUI 组件的 API 类中，所有无 J 打头的类，如 Frame、Button、Menu 等，都属 AWT 组件。

Swing 组件在 JDK1.2 版本中首次问世，使 Java 真正成为"编写一次，到处应用""看到什么就得到什么"、独立于操作系统的语言。尤其是在 GUI 编程中，不再是"编写一次，到处查错"。因为 Swing 中的 GUI 组件完全由 Java 语言编写，不再依赖于操作系统，因而也称为 light-weighted 组件。在 Swing 包中，所有 GUI 组件都以 J 开头，例如 JFrame、JButton、JMenu 等，以示与 AWT 组件的区别。

Swing API 推出的头几年，由于当时的许多浏览器不支持这些新功能，大多数使用 GUI 组件的网页应用程序，还依然用 AWT 组件编写。或者利用 JDK 提供的 HTML 转换软件 HTML convertor 将有关 Swing 代码转换成 AWT；或者需要下载 Java 的 Plug-in 才可正常工作。

随着 Swing 的广泛应用，现在的浏览器都支持 Swing 提供的功能，因而 GUI 组件一般都应用 Swing 来编写。本书重点讨论 Swing 组件和应用。

16.1.2　一张图看懂组件的继承关系

图 16.2 展示了主要 GUI 组件继承图。

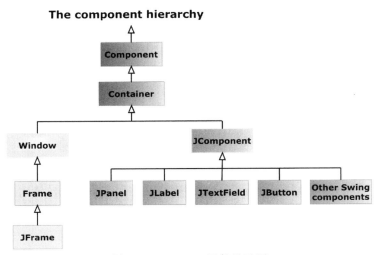

图 16.2　API GUI 组件继承图

在图 16.2 中，作为 GUI 组件超类的 Component 和 Container 为抽象类。它们和其他任何类一样，从 Object 继承而来。图中的左边为简化的 AWT GUI 类以及从 AWT 的 Frame 继承而来的 Swing GUI 组件 JFrame。这说明 Swing 组件是基于 AWT 组件之上的。图中的右边为部分主要 Swing 组件,其他 Swing 组件包括如 JBox、JComboBox、JTextArea、Jlist,以及 JMenu 等,将在第 18 章详细讨论。所有 AWT 组件都包括在 java.awt 包中,而 Swing 组件则包括在 javax.swing 包中。

16.1.3 组件操作功能从 Component 继承而来

在 Component 父类中提供了对包括框架在内的所有 GUI 组件的基本操作方法,如显示状态、显示大小和位置,以及得到当前显示组件的位置等,如表 16.1 所示。

表 16.1 Component 类的常用方法

方　　法	解　　释
String getName()	返回该组件的名字
Component getComponentAt(int x, int y)	如果该组件或直接子组件包含在指定坐标位置内,返回该组件,否则返回 null
Locale getLocale()	返回该组件的本土化对象
setSize(int width, int height)	确定该组件要显示的宽度和高度,以像素为单位
setLocation(int x, int y)	确定该组件要显示的坐标(x, y)
setBounds(int x, int y, int width, int height)	以坐标(x, y)以及宽度和高度确定该组件要显示的位置和大小
setEnabled(boolean)	如果为真,该组件为可访问状态,反之为不可访问状态
setVisible(boolean)	如果为真,显示该组件,反之则隐藏该组件
setFocusable(boolean)	确定是否该组件得到注意力 focus
boolean isEnabled()	如果该组件为可访问状态,返回真,否则返回假
boolean isShowing()	如果该组件显示正常,返回真,否则返回假
boolean isValid()	如果该组件是合法组件,返回真,否则返回假

因为所有 GUI 组件都是从 Component 继承而来,它所提供的方法适用于所有 GUI 组件。表 16.1 中的许多 get 方法都有相应的 set 方法;反之亦然。为了避免重复,不在表中列出。

值得注意的是,所有对组件位置的度量都以像素 pixel 为单位。像素是计算机系统显示屏上亮点的最小单位,用来衡量显示屏的密度;因每个计算机系统的显示器设置的不同而异。16.2.3 节将专门讨论如何利用 API Toolkit 类得到本机显示器信息。坐标(x, y)以显示屏左上角第一个可显示像素(0, 0)算起,横向为 x 坐标,纵向为 y 坐标。

表 16.1 中列出的 Component 的常用方法将在后续内容中分别讨论。

16.2　创建框架就是实例窗口

如前所述,框架(JFrame)提供构成组件的空间,是展示组件的窗口。下面将以实例讨论如何利用 Component 提供的方法,进行对框架的编程。

16.2.1　怎样显示创建的窗口

JFrame 提供了 400 多个对框架进行各种操作的方法,包括创建、初始化、显示、位置和大小、框架信息、判断、事件处理、异常处理、线程控制等。可分为 addXxx()、getXxx()、setXxx()、isXxx(),以及其他方法。读者在学习以下例子之后,可参考 JFrame 类的文档,运用其他类似方法进行替换练习,将会受益匪浅。

例子:利用 JFrame 的 setTitle()、setResizeable()以及 setBounds()方法,编写一个定义窗口即框架的类。

```
import javax.swing.*;                    // 支持 JFrame
class SimpleFrame extends JFrame {
    public ExampleFrame() {              // 构造方法
```

```
        setTitle("Simple Frame");            // 设置窗口标题
        setResizeable(false);
    }
}
```

这个例子是常用的定义框架的代码。setResizeable() 用来设置是否可以改变框架的显示尺寸，默认为真。我们特意将其设置为假，即不可再扩大显示的尺寸。下面是这个类的测试程序：

```
// 完整程序在本书配套资源目录Ch16中, 名为SimpleFrameTest.java
public class SimpleFrameTest {
    public static void main(String[] args) {
        JFrame frame = new SimpleFrame();      // 创建窗口
        frame.setResizeable (false);           // 窗口显示尺寸不可改变
        frame.setVisible(true);                // 显示窗口
    }
}
```

运行结果如图 16.3 所示。

图 16.3　创建和显示一个简单窗口

16.2.2　怎样关闭显示的窗口

16.2.2 节例子中没有处理窗口的关闭操作，因而当框架关闭时，操作系统中不会显示运行完毕的信息。可以利用 JFrame 的 setDefaultCloseOperation() 方法设置处理关闭框架的各种操作。表 16.2 列出了这个方法以及常用的进行不同关闭操作的常量字段。

表 16.2　JFrame 的 setDefaultCloseOperation() 方法和设置关闭常量

方　　法	解　　释
setDefaultCloseOperation(int action)	设置默认的关闭方式
JFrame.EXIT_ON_CLOSE	关闭时退出当前的程序，回到操作系统
WindowConstants.DO_NOTHING_ON_CLOSE	无默认关闭方式。程序中需要提供处理关闭事件的代码
WindowConstants.HIDE_ON_CLOSE	系统默认关闭方式。关闭时隐藏窗口
WindowConstants.DISPOSE_ON_CLOSE	关闭并退出 JVM（相当于 System.exit()）

例子：设置窗口关闭后回到原来的状态。

```
import javax.swing.*;
class ExampleFrame extends JFrame {
    public ExampleFrame() {
```

```
        setTitle("Example Frame");
        setBounds(300, 250, 320, 200);
        setDefaultCloseOperation(WindowConstants.DISPOSE_ON_CLOSE);//关闭并退出 JVM
        setResizeable(false);      //也可设置窗口显示大小不能调整
    }
}
```

16.2.3 窗口位置和大小控制

因为每个计算机系统配置的显示器尺寸不同，有时需要得到显示器的参数，以便在代码中确定框架在屏幕中显示的位置和大小。API Toolkit 和 Dimension 提供了提取本机显示器参数的方法以进行这方面的操作。Toolkit 和 Dimension 都属于 java.awt 的子类。抽象类 Toolkit 除定义用来创建 GUI 组件的抽象方法外，专门提供进行提取和设置本机系统设备参数和属性的操作，如查看和提取剪贴板 Clipboard 内容、光标、桌面属性、字体族、颜色类型、屏幕参数、系统事件等。Dimension 通常用来返回或者设置组件的宽和高度参数。与 Toolkit 配合使用，可以得到本机屏幕的大小。在 java.awt 包中，还提供了 GraphicsEnvironment、Rectangle 以及 Point 类。GraphicsEnvironment 除用来获取本机屏幕参数外，还可提取当前计算机系统的字体列表、显示设备，以及输入设备的数据和支持状态。Rectangle 和 Point 类用来创建长方几何图形以及坐标系统的操作。因为 GraphicsEnvironment 有关提取屏幕参数的方法返回的是 Rectangle 或 Point 对象，本节对这两个方法也加以讨论。后续章节在介绍图形绘制时将专门讨论 Rectangle 和 Point 类。

表 16.3 列出了应用 GraphicsEnvironment 和 Rectangle 这两个类提取屏幕参数的常用方法和变量。Toolkit 和 Dimension 将在以后详细讨论。

表 16.3　Toolkit、Dimension、GraphicsEnvironment、Rectangle 等类提取屏幕参数的常用方法

方　　法	解　　释
static Toolkit getDefaultToolkit()	Toolkit 方法。返回包含本机系统属性和参数的 Toolkit 对象
Dimension getScreenSize()	Toolkit 方法。返回包含本机屏幕尺寸（宽和高度）的 Dimension 对象
double getHeight()	Dimension 方法。返回当前对象的高度
double getWidth()	Dimension 方法。返回当前对象的宽度
static GraphicsEnvironment getLocalGraphicsEnvironment()	GraphicsEnvironment 方法。返回包含本机系统图像环境的对象
Point getCenterPoint()	GraphicsEnvironment 方法。返回包含当前对象中心位置坐标的 Point 对象
Rectangle getMaximumWindowBounds()	GraphicsEnvironment 方法。返回包含当前对象最大窗口尺寸的 Rectangle 对象
double getX()	Rectangle 方法。得到中心坐标 x
double getY()	Rectangle 方法。得到中心坐标 y
Point getLocation()	Rectangle 方法。得到左上角坐标（x, y）

> **更多信息**　Dimension 还提供了当前对象的公共整数常量 height 和 width。应用时可以直接访问。Point 类对坐标操作的方法与 Rectangle 相同，此表不再列出这些方法。

举例：利用表 16.3 列出的常用方法获得本机屏幕参数。

```
// 完整程序在本书配套资源目录 Ch16 中，名为 ToolkitTest.java
import java.awt.*;
Toolkit tk = Toolkit.getDefaultToolkit();            // 调用方法得到本机参数的 Toolkit 对象
Dimension d = tk.getScreenSize();                    // 调用方法得到本机屏幕参数的对象
```

```
System.out.println("My screen width: " + d.getWidth());        // 打印屏幕像素宽度
System.out.println("My screen height: " + d.getHeight());      // 打印屏幕像素高度
// 调用方法得到本机系统图像环境
GraphicsEnvironment environment = GraphicsEnvironment.getLocalGraphicsEnvironment();
Rectangle rec = environment.getMaximumWindowBounds();          // 得到最大屏幕尺寸
System.out.println("Centered width: " + rec.getCenterX());     // 打印屏幕中心坐标 x
System.out.println("Centered Height: " + rec.getCenterY());    // 打印屏幕中心坐标 y
System.out.println("My Screen dimension: " + rec);             // 打印屏幕长方形参数
Point point = environment.getCenterPoint();                    // 得到屏幕中心坐标
System.out.println("Center of screen: " + point);              // 打印屏幕中心坐标
point = rec.getLocation();                                     // 得到屏幕位置坐标
System.out.println("Location of my screen: " + point);         // 打印屏幕位置坐标
```

以下是在某台计算机上运行的结果：

```
My screen width: 1366.0
My screen height: 768.0
Centered width: 683.0
Centered Height: 364.0
My Screen dimension: java.awt.Rectangle[x=0,y=0,width=1366,height=728]
Center of screen: java.awt.Point[x=683,y=364]
Location of my screen: java.awt.Point[x=0,y=0]
```

16.2.4　在屏幕中央显示窗口实例

利用表 16.3 中 Toolkit 和 Dimension 方法编写一个将窗口总是按屏幕中心位置打开，并且是本机屏幕一半大小的框架。

```
// 完整程序在本书配套资源目录 Ch16 中，名为 ExampleFrameTest.java
import javax.swing.*;
import java.awt.*;
class ExampleFrame extends JFrame {
    Toolkit tk = Toolkit.getDefaultToolkit();       // 返回包含本机系统属性的 Toolkit 对象
    Dimension d = tk.getScreenSize();               // 返回包含本机屏幕尺寸的 Dimension 对象
    public ExampleFrame() {
        setTitle("Example Frame");
        setSize(d.width/2, d.height/2);
                    // 调用 JFrame 的 setSize()，直接访问代表屏幕尺寸的公共常量
        setDefaultCloseOperation(WindowConstants.DISPOSE_ON_CLOSE);
        centerWindow(this);          // 调用按屏幕中心位置显示框架的自定义方法
        setResizeable(false);
    }
    private void centerWindow(JFrame frame){        // 按屏幕中心位置显示框架的自定义方法
        int centeredWidth = ((int)d.getWidth() - frame.getWidth())/2;
                                                    // 计算中心宽度
        int centeredHeight = ((int)d.getHeight() - frame.getHeight())/2;
                                                    // 计算中心高度
        setLocation(centeredWidth, centeredHeight); // 设置显示位置
    }
}
...
```

代码中有意分别使用直接访问公共常量 d.width 和 d.height，以及调用其 d.getWidth() 和 d.getHeight() 方法来得到当前系统屏幕的宽和高度。注意，这两个方法返回的是双精度数值，而 seLocation() 方法要求参数必须是整数，所以在使用前将它们转换成整数。虽然 JFrame 的 setSize() 也要求参数为整数类型，但 d.width 和 d.height 返回整数值，所以不存在类型转换问题。

16.3 用控制面板管理组件——JPanel

JPanel 是 JComponent 的重要子类。GUI 组件的显示、布局、事件处理、控制，以及其他操作一般都通过 JPanel 完成。首先讨论应用控制面板的简单例子，再介绍使用控制面板的一般步骤。虽然在应用程序开发中并不涉及 JPanel 的内部工作原理，只是把它当作其他任何 API 类一样使用。但进一步了解控制面板的内部结构和作用无疑对提高编程水平有益。本节最后解释控制面板的内部结构和工作原理。

16.3.1 一个例子搞懂控制面板怎样管理组件

在 16.2.4 节中创建了一个框架。但它只是一个空窗口。Java 推荐 GUI 组件利用控制面板 JPanel 进行组织和管理。下面是如何在窗口中显示两个按钮的例子：

```java
// 完整程序在本书配套资源目录Ch16中，分别名为 TwoButtonPanel.java、TwoButtonFrame.java
// 以及 TwoButtonFrameTest.java
import javax.swing.*;
import java.awt.*;
class TwoButtonPanel extends JPanel {            // 编写用来安排按钮的JPanel子类
    private JButton myButton;                    // 声明两个按钮
    public ExampleButtonPanel() {                // 构造方法
        myButton = new JButton("My button");     // 创建两个按钮
        this.add(myButton);                      // 或add(myButton);将按钮加入控制面板
    }
}
class TwoButtonFrame extends JFrame {
    Toolkit tk = Toolkit.getDefaultToolkit();
    Dimension d = tk.getScreenSize();
    public TwoButtonFrame() {
        setTitle("Example Frame");
        setSize(d.width/2, d.height/2);
        setDefaultCloseOperation(WindowConstants.DISPOSE_ON_CLOSE);
        centerWindow(this);                      // 调用自定义在中心位置显示框架的方法
        JPanel panel = new TwoButtonPanel();     // 创建控制面板对象
        this.add(panel);                         // 将控制面板加入或注册到框架
        setResizeable(false);
    }
    ...
}
```

可以看到，TwoButtonPanel 继承了 JPanel。在它的构造方法中，创建了名为 okButton 和 exitButton 的按钮，然后调用 JPanel 的 add() 方法，将这两个 Button 组件加入，或注册到控制面板。在 TwoButtonFrame 中，创建了 JPanel 的子类对象，再调用 JFrame 的 add() 方法，将控制面板加入或注册到框架中。

这个程序运行后，将在框架的中心上方位置显示名为 OK 和 Exit 的按钮。因为我们还没有在 TwoButtonPanel 中编写处理事件的代码，所以这个按钮目前还不能执行任何操作。另外，还需要利用专门安排组件位置的布局类 Layout Manager，将这个按钮显示在框架的指定位置。这些代码也将编写在 JPanel 的子类，如 TwoButtonPanel 中。这些编程技术将在后面的小节中通过实例详细讨论。

16.3.2 手把手教会你组件编程步骤

从这个例子可以归纳出在窗口中显示 GUI 组件的步骤。

（1）编写一个继承 JPanel 用来安排和管理 GUI 组件的类。在这个类中创建需要的组件，并依次调用 JPanel 的 add() 方法，将每个组件加入或者注册到控制面板中。如 add(nameOfComponent);，或为了提高代码可读性，使用 this.add(nameOfComponent);。以上代码通常都编写在这个类的构造方法中。

（2）在这个继承 JPanel 的子类中编写处理组件事件的方法（将在 16.4.3 节中讨论）。

（3）在这个子类中编写利用 API LayoutManager 类安排组件位置的代码（将在第 17 章专门讨论）。

（4）编写一个继承 JFrame 用来注册控制面板、显示框架的类。创建 JPanel 的子类对象，并调用 JFrame 的 add() 方法将控制面板对象注册到框架中。编写指定框架显示位置、大小以及关闭窗口方式的代码。

（5）编写测试类来测试窗口和组件的显示及其操作。

下面的各章节将按照这 5 个步骤分别介绍各种 GUI 组件编程技术。

16.3.3 揭秘控制面板结构内幕

需要声明的是，以下对控制面板的讨论与对 GUI 应用程序的编写无关。目的是帮助读者了解其内部结构。

Java 的控制面板 JPanel 在内部由一系列被称为镶板的 API 类构成。这些类在运行时由 JVM 装载，配合 JPanel，执行编程人员在代码中指定的操作。为了便于理解控制面板如何工作，可以将镶板认为是镶在框架上的、不同层次的、透明的控制面板，用来执行各自的控制任务，如图 16.4 所示。

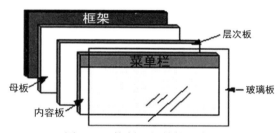

图 16.4　控制面板结构示意

从图 16.4 可以看到，最靠近框架的镶板称作母板（Root Pane）。依次为层次板（Layered Pane）、内容板（Content Pane），以及最靠近我们的玻璃板（Glass Pane）。菜单栏（Menu Bar）为可选项。这些镶板分别执行不同的操作。

- 母板——由 API 类 JRootPane 代表。包括层次板、内容板、玻璃板，以及可选项菜单栏，并负责设置布局管理类 Layout Manager，来确保各个镶板的正确显示。所有 Swing 组件都以母板为基础板，通过 RootPaneContainer 接口和 JFrame 产生关系。
- 层次板——由 API 类 JLayeredPane 代表。由母板创建层次板对象。层次板由 5 个不同功能的板构成，允许组件在这些层次板上重叠。例如，大多数组件设置在预设板 DEFAULT_LAYER 上，工具条和调色板设置在 PLATTE_LAYER，对话条使用 MODAL_LAYER，弹出窗口由 POPUP_LAYER 控制，而鼠标的拖曳由 DRAG_LAYER 执行，等等。
- 这些控制板之间的协调和操作都由 JVM 自动生成。虽然 Java 提供所有控制面板的 API 类，但在一般情况下，编程人员无须修改这些控制面板的状态和代码。
- 内容板——由 API 类 ContentPane 代表。在 JDK1.2 版本以前，编程人员必须创建 ContentPane 对象，调用其方法进行 GUI 组件的编程。甚至在 JDK1.5 之前，在将控制面板加入或注册到框架的操作中，必须调用 getContentPane()，由它返回一个容器 Container 的对象，然后再注册控制面板。例如：

```
//JDK1.5 版本以前把控制面板注册到框架的代码
Container contentPane = this.getContentPane();    // 得到当前框架的由内容板代表的容器对象
```

```
contentPane.add(panel);                    // 将控制面板注册到由内容板代表的框架中
```

- 玻璃板——由 API 类 GlassPane 代表。用来监控鼠标、图像和绘图功能。例如得到在一组 GUI 组件中鼠标所处的区域，以及编写鼠标事件处理代码，在编译和运行时都涉及玻璃板。玻璃板默认为隐藏。编程人员一般不更改玻璃板的设置和代码。
- 菜单栏——由 API JMenuBar 代表。菜单栏用来设置菜单。如果代码中没有创建菜单，则无此项。将在第 18 章有关小节介绍菜单和菜单栏。

16.4 怎样创建按钮——JButton

按钮是最常用的 GUI 组件。表 16.4 列出了 JButton 类的构造方法和常用方法。

表 16.4　JButton 类的构造方法和常用方法

构造方法和常用方法	解　释
JButton()	创建一个在按钮上不显示任何字符的按钮对象
JButton(String name)	创建一个在按钮上显示指定字符为按钮名的按钮对象
JButton(Icon icon)	创建一个在按钮上显示指定图标的按钮对象
JButton(String name, Icon icon)	创建一个在按钮上显示指定字符和图标的按钮对象
addActionListner(ActionListner listner)	将该按钮注册到事件处理接口
String getText()	返回在按钮上显示的字符串
setBackground(Color bg)	设置按钮的背景颜色
setEnabled(boolean b)	接通或断开按钮功能。默认为接通
setForeground(Color fg)	设置按钮的前景颜色
setFont(Font font)	设置按钮上显示的字体
setName(String name)	设置按钮上显示的按钮名
setSize(int width, int height)	设置按钮的宽和高度
setVisible(boolean b)	设置按钮显示或不显示。默认为显示

注意　所有 setXxx() 方法都有相应的 getXxx() 方法。

接下来通过例子讨论一些常用方法。在按钮上设置图标、字体以及颜色等内容将在第 20 章介绍。

16.4.1　创建按钮举例

例子之一：创建按钮。

```
JButton ok = new JButton();                // 创建一个不显示任何按钮名的按钮对象 ok
JButton exit = new JButton("Exit");        // 创建一个显示名为 Exit 的按钮对象 exit
```

例子之二：得到按钮的显示字符。

```
String buttonName = exit.getName();        // 返回 exit 按钮的显示名
```

例子之三：应用各种 setXxx() 方法。

```
ok.setEnabled(false);                      // 断开 ok 按钮的功能，使其不能够处理事件。但不改变按钮显示
ok.setName("Ok");                          // 设置 ok 按钮的显示名为 Ok
ok.setSize(50, 20);                        // 改变按钮的宽为 50 像素，高为 20 像素
```

```
ok.setVisible(false);              // 将 ok 按钮设置到不显示状态
```

例子之四：在框架中显示 Ok 和 Exit 按钮。按照 16.3.2 节中列出的步骤，编写代码如下：

```java
// 编写显示两个按钮控制面板的 JPanel 子类。按钮事件处理和布局管理将在后面章节讨论。
// 完整程序在本书配套资源目录 Ch16 中，名为 TwoButtonPanel.java
import javax.swing.*;
class TwoButtonPanel extends JPanel {              // 编写用来安排按钮的 JPanel 子类
    private JButton okButton, exitButton;          // 声明两个按钮
    public TwoButtonPanel() {                      // 构造方法
        okButton = new JButton("Ok");              // 创建两个按钮
        exitButton = new JButton("Exit");
        this.add(okButton);                        // 或 add(okButton); 将按钮注册到控制面板
        this.add(exitButton);
    }
}
```

编写注册控制面板到框架的 JFrame 的子类。

```java
// 完整程序在本书配套资源目录 Ch16 中，名为 TwoButtonFrame.java
import javax.swing.*;
import java.awt.*;
class TwoButtonFrame extends JFrame {
    Toolkit tk = Toolkit.getDefaultToolkit();
    Dimension d = tk.getScreenSize();
    public TwoButtonFrame() {
        setTitle("Two Button Frame");
        setSize(300, 200);                         // 宽 300 像素，高 200 像素
        setDefaultCloseOperation(WindowConstants.DISPOSE_ON_CLOSE);
        centerWindow(this);                        // 调用自定义在中心位置显示框架的方法
        JPanel panel = new TwoButtonPanel();       // 创建控制面板对象
        this.add(panel);                           // 将控制面板加入或注册到框架
    }
    private void centerWindow(JFrame frame) {      // 按屏幕中心位置显示框架的自定义方法
        int centeredWidth = ((int)d.getWidth() - frame.getWidth())/2;
                                                   // 计算中心宽度
        int centeredHeight = ((int)d.getHeight() - frame.getHeight())/2;
                                                   // 计算中心高度
        setLocation(centeredWidth, centeredHeight);    // 设置显示位置
    }
}
```

编写测试程序

```java
// 完整程序在本书配套资源目录 Ch16 中，名为 TwoButtonFrameTest.java
public class TwoButtonFrameTest {
    public static void main(String[] args) {
        JFrame frame = new TwoButtonFrame();
        frame.setVisible(true);
    }
}
```

运行结果如图 16.5 所示。

图 16.5　框架中的两个按钮

例子之五：JFrame 还从 Window 类继承了一个很实用的方法 pack()。其作用是，如果 setBound() 指定的框架不能够显示所有创建的组件，pack() 方法将自动重新调整窗口大小，以便容纳所有组件。以下例子应用 pack() 方法自动调整显示窗口大小。假设在 TwoButtonFrame 中指定显示框架大小为：

```
setSize(30, 20);                        // 有意指定框架大小不足以显示两个按钮
```

在测试程序 TwoButtonFrameTest 中，加入 pack() 方法：

```
JFrame frame = new TwoButtonFrame();
frame.pack();                           // 自动调整框架大小
frame.setVisible(true);
```

图 16.6 显示了应用 pack() 方法前后的结果比较。可以看到，使用 pack() 方法之后，JVM 将自动把窗口的大小调整到足以显示指定的组件。

使用 pack() 方法之前　　使用 pack() 方法之后

图 16.6　应用 pack() 方法的比较

16.4.2　把组件显示到默认位置——FlowLayout

从以上例子可以看到，虽然没有在代码中规定按钮在框架中的显示位置，实际上我们是利用默认的布局管理类 FlowLayout 来设置组件位置。显然，这个位置是框架顶部的中心。

在图 16.5 显示的按钮位置中，系统自动提供了如下默认布局管理代码：

```
class TwoButtonPanel extends JPanel {
    private JButton okButton, exitButton;           // 声明两个按钮
    public TwoButtonPanel() {                       // 构造方法
        this.setLayout(new FlowLayout(FlowLayout.CENTER));
                                                    // 指定所有组件为中心位置
        okButton = new JButton("Ok");               // 创建两个按钮
        exitButton = new JButton("Exit");
        this.add(okButton);             // 或 add(okButton);将按钮注册到控制面板
        this.add(exitButton);
    }
}
```

FlowLayout 是最基本的布局管理类，它提供有 3 个位置：LEFT、CENTER 以及 RIGHT（LEADING 和 TRAILING 与 LEFT 和 RIGHT 作用相似，这里不再讨论）。默认为中心 FlowLayout.CENTER。FlowLayout 布局管理类的特点是：组件从窗口的顶部中心位置从左至右排列；排列满后，自动到下一行中心依次排列；组件位置视窗口的大小而变化。

Java 提供了 6 个 API 布局管理类，用来设置和管理组件在窗口中的位置。第 17 章将专门介绍组件布局。

> **更多信息** 虽然 GUI 组件类中提供了 setX()、setY() 方法，用于指定组件的位置，但为了易于设计、管理以及控制，推荐使用专门用来进行组件布局管理的 API 类进行程序设计。

16.4.3 按下按钮要做什么——按钮事件处理

当用户按下窗口中的某个组件如按钮时，我们说激活了一个事件 event，或触发了这个按钮事件。没有事件处理功能的组件是无生命的。Java 提供了许多事件处理接口，来处理各种组件的事件。最常用的事件处理接口当属 ActionListener。这个接口只有一个方法，即 actionPerformed()，需要完善。其特点是：当窗口中的某个组件产生了事件，都会自动调用完善了的 actionPerformed() 方法来处理指定事件。第 19 章将更深入地介绍事件处理，包括键盘和鼠标事件的处理。

事件处理有许多编程方式。以下是编写一般事件处理代码的步骤。

（1）完善事件处理接口。引入 java.awt.event 包，并实现用来处理事件的接口：

```
import java.awt.event.*;
class TwoButtonPanel extends JPanel implements ActionListener { ... }
```

（2）组件注册事件处理。调用 addActionListener() 方法将事件处理对象加入或注册到这个组件：

```
componentName.addActionListener(this);
```

（3）编写完善事件处理接口方法的代码。这个代码将执行组件指定的操作：

```
public actionPerformed(ActionEvent e) {
    Object source = e.getSource();
    if (source == componentName) {
        //组件所要执行的计算或操作
        ...
    }
    else ...
}
```

以处理 16.4.1 节例子之四中 Ok 和 Exit 按钮事件为例，按照以上步骤加入以下代码：

```
//在控制面板中实现事件处理接口
//完整程序在本书配套资源目录 Ch16 中，分别名为 TwoButtonsPanel2.java、TwoButtonsFrame2.java
//以及 TwoButtonsFrame2Test.java
import javax.swing.*;
import java.awt.*;
import java.awt.event.*;                    //引入处理事件的 API 包
class TwoButtonPanel2 extends JPanel implements ActionListener{
                                            //继承 JPanel 类并处理按钮事件
    private JButton okButton, exitButton;   //声明两个按钮
    public TwoButtonPanel2() {              //构造方法
        okButton = new JButton("Ok");       //创建两个按钮
        exitButton = new JButton("Exit");
        this.add(okButton);        // 或 add(okButton);将按钮注册到控制面板
```

```
            this.add(exitButton);
            okButton.addActionListener(this);          // 将 Ok 按钮注册到事件处理
            exitButton.addActionListener(this);        // 将 Exit 按钮注册到事件处理
        }
        public void actionPerformed(ActionEvent e){    // 完善事件处理接口方法
            Object source = e.getSource();             // 得到事件发生源
            if (source == okButton) {                  // 如果是 okButton 触发了事件
                JOptionPane.showMessageDialog(null, "Ok button is pressed...");
                                                       // 显示信息
            }
            else if (source == exitButton) {           // 如果是 exitButton 触发了事件
                JOptionPane.showMessageDialog(null, "Good bye!\nPress Exit to
                    close window...");
                System.exit(0);                        // 处理这个事件；停止查询运行
            }
        }
    }
```

因为这两个按钮都注册了事件处理并完善了事件处理接口，在程序运行时，如果任何一个按钮被按下，将触发一个事件。这个事件自动调用 actionPerformed() 方法，并将产生事件源组件的对象名，如 okButton，作为 ActionEvent 参数，传入到这个方法。我们则可利用超类 EventObject 的方法 getSource()，来判断是哪个组件触发了事件，并编写相应的事件处理代码。在处理 okButton 的事件代码中，只是显示了按下这个按钮的信息，没有做实际意义的事件处理。而对 exitButton，除显示告别信息外，调用中断 JVM 运行的方法，停止程序的运行。

16.5　标签和文本字段是闺蜜

标签 JLabel 通常以字符串或图标形式注释其他组件，尤其是文本字段 JTextField，所以它们是闺蜜。文本字段也称文本域，用来作为键盘输入或输出的单行信息的窗口。Java 还提供用来输入密码的文本字段。下面分别讨论这些 GUI 组件。

16.5.1　怎样编写标签——JLabel

表 16.5 列出了 Jlabel 类的构造方法和常用方法。

表 16.5　JLabel 类的构造方法和常用方法

构造方法和常用方法	解　　释
JLabel()	创建一个不显示任何字符和图标的标签对象
JLabel(String text)	创建一个显示指定字符串的标签对象
JLabel(Icon icon)	创建一个显示指定图标的标签对象
Icon getIcon()	返回显示的图标
String getText()	返回显示的字符串
setIconTextGap(int space)	如果以图标和字符串显示标签，space 则确定它们之间的像素空隙

以下是应用这些构造方法和常用方法的例子。我们将在第 20 章讨论图像时介绍在标签中显示图标。

例子之一：编写一个显示 3 个标签的控制面板。

```
// 完整程序在本书配套资源目录 Ch16 中，名为 DisplayLabelPanel.java
class DisplayLabelPanel extends JPanel {              // 编写用来显示标签的 JPanel 子类
    private JLabel productLabel, quantityLabel, totalLabel;
    public DisplayLabelPanel() {                      // 构造方法
        productLabel = new JLabel("Enter product name:");      // 创建 3 个标签
```

```
            quantityLabel = new JLabel("Enter quantity:");
            totalLabel = new JLabel("Total amount:");
            this.add(productLabel);                        //将标签注册到控制面板
            this.add(quantityLabel);
            this.add(totalLabel);
        }
}
```

例子之二：标签一般用来作提示，不涉及事件处理。可以利用无名实例方式创建标签。另外在下例中利用 setLayout() 和 FlowLayout.RIGHT 将标签显示在窗口右侧：

```
//完整程序在本书配套资源目录 Ch16 中，分别名为 DisplayLabelPanel.java、DisplayLabelFrame.java
//以及 DisplayLabelFrameTest.java
import javax.swing.*;
import java.awt.*;
class DisplayPanel extends JPanel {         //编写用来显示标签的 JPanel 子类
    public DisplayPanel() {                                 //构造方法
        setLayout(new FlowLayout(FlowLayout.RIGHT));        //显示在窗口右边
        add(new JLabel("Enter product name:"));             //创建 3 个无名标签
        add(new JLabel("Enter the quantity:"));
        add(new JLabel("The total amount:"));
    }
}
```

运行结果如图 16.7 所示。

图 16.7　窗口中显示 3 个标签

16.5.2　怎样编写文本字段——JTextField

表 16.6 列出了 JTextField 类的构造方法和常用方法。

表 16.6　JTextField 类的构造方法和常用方法

构造方法和常用方法	解　　释
JTextField()	创建一个显示长度为 0 的文本字段对象
JTextField(String text)	创建一个显示预设字符串的文本字段对象
JTextField(int columns)	创建一个显示指定字符串长度的文本字段对象
JTextField(String text, int columns)	创建一个显示指定字符串和长度的文本字段对象
addActionListener(ActionListener listener)	将该文本字段注册到事件处理接口
int getColumns()	返回能够显示字符串的长度
String getText()	返回显示在文本字段中的字符串
setColumns(int columns)	按指定字符数设置文本字段显示长度
setText(String text)	将指定字符串显示在文本字段
setEditable(boolean b)	如果为假，该文本字段只用于输出显示，不可修改，默认为真

以下是利用文本字段构造方法和常用方法的例子。

例子之一：创建 3 个文本字段对象。

```
// 完整程序在本书配套资源目录 Ch16 中，名为 DisplayTextFieldFrame Test.java
import javax.swing.*;
import java.awt.*;
class DisplayPanel2 extends JPanel {            // 编写用来显示文本字段的 JPanel 子类
    private JTextField productField, quantityField, totalField;
    public DisplayPanel2() {                    // 构造方法
        setLayout(new FlowLayout(FlowLayout.RIGHT));    // 向右对齐
        productField = new JTextField(18);      // 创建显示 18 个字符串的文本字段
        add(productField);                      // 注册到控制面板
        quantityField = new JTextField(15);     // 创建显示 15 个字符串的文本字段
        add(quantityField);                     // 注册到控制面板
        totalField = new JTextField("$0.00", 10);   // 创建有预设显示内容的文本字段
        totalField.setEditable(false);          // 设置为内容不可编辑，即只用于输出显示
        add(totalField);                        // 注册到控制面板
    }
}
```

运行结果如图 16.8 所示。

图 16.8　窗口中显示 3 个文本字段

例子之二：应用 JTextField 的其他常用方法。

```
System.out.println(totalField.getText());       // 打印显示在 totalField 中的内容，即 $0.00
productField.setText("Laptop");                 // 设置 productField 中的显示内容为 Laptop
quantityField.setColumns(15);                   // 设置 quantityField 的显示长度为 15 个字符
System.out.println(quantityField.getColumns()); // 打印结果为：15
```

16.5.3　怎样处理文本字段事件

　　文本字段事件经常由其他组件如按钮触发，所以与处理按钮事件相似，我们需要在控制面板中实现 ActionListener 接口，完善其 ActionPerformed() 方法，判断哪个组件触发了处理文本字段的事件，并编写相应的代码。当然，文本字段也可以利用文本事件处理接口处理它本身的事件。我们将在以后的章节专门讨论这方面的事件处理技术。

　　下面的程序修改以前讨论过的按钮、标签以及文本字段的例子，并且加入由按钮触发的对文本字段事件的处理功能，用来计算和显示对产品的购买信息。

```
// 完整程序在本书配套资源目录 Ch16 中，分别名为 ProductCalculatorPanel.java、
// ProductCalculatorFrame.java 以及 ProductCalculatorTest.java
// 声明 GUI 组件和必要常量
private final double CD_PRICE = 2.99,
                     DVD_PRICE = 19.89;
private JLabel productLabel, quantityLabel, totalLabel;
private JTextField productField, quantityField, totalField;
private JButton okButton, exitButton;           // 创建和注册组件到控制面板，并进行事件处理
```

```java
public ProductCalculatorPanel() {              // 注册各组件到控制面板
    ...
    // 注册按钮用作事件处理
    okButton.addActionListener(this);          // 将 Ok 按钮注册到事件处理
    exitButton.addActionListener(this);        // 将 Exit 按钮注册到事件处理
}
public void actionPerformed(ActionEvent e){    // 完善事件处理接口方法
    Object source = e.getSource();             // 得到事件发生源
    if (source == okButton) {                  // 如果是 okButton 触发了事件
        if (productField.getText().equals("CD")) {    // 得到产品名
            int quantity = Integer.parseInt(quantityField.getText());
                                                // 得到数量
            double total = CD_PRICE * quantity;       // 计算总额
            totalField.setText(NumberFormat.getCurrencyInstance().
                format(total));                       // 显示
        }
        else if (productField.getText().equals("DVD")) {   // 得到产品名
            int quantity = Integer.parseInt(quantityField.getText());
            double total = DVD_PRICE * quantity;
            totalField.setText(NumberFormat.getCurrencyInstance().
                format(total));
        }
        else {                                         // 产品名输入错误
            JOptionPane.showMessageDialog(null, "Entry error!\n
                + Please check product name and try again...");
            System.exit(0);                            // 停止程序运行
        }
    }
    else if (source == exitButton) {                   // 如果是 exitButton 触发了事件
        JOptionPane.showMessageDialog(null, "Good bye!\nPress Exit to close
            window...");
        System.exit(1);                                // 处理这个事件，停止程序运行
    }
}
...
```

或者利用 getActionCommand() 方法来识别哪个按钮触发了事件：

```java
public void actionPerformed(ActionEvent e) {           // 完善事件处理接口方法
    if (e.getActionCommand().equals("Ok")) {           // 如果 Ok 按钮触发了事件
        if (productField.getText().equals("CD")) {     // 得到产品名
            // 其他代码同上
            ...
        }
    }
}
```

setActionCommand() 方法可以设置专门用来处理事件的组件名。例如：

```java
okButton.setActionCommand("OK");      // 设置用作事件处理的组件名为 OK 按钮
```

这样则可以利用这个事件处理名来识别触发事件的组件，即

```java
if (e.getActionCommand().equals("Ok")   {     // 如果 Ok 按钮触发了事件
    ...
}
```

16.7 节和后续专门介绍事件处理的章节中讨论更多这方面的应用。

16.5.4 我想让用户输入密码——JPasswordField

JPasswordField 类似于 JTextField，用来处理密码或有安全考虑的用户输入。当 JPasswordField 接受输入时，将用户输入的每个字符都显示为默认字符"*"，或指定的字符。表 16.7 列出了 JPasswordField 类的构造方法和常用方法。

表 16.7　JPasswordField 类的构造方法和常用方法

构造方法和常用方法	解　释
JPasswordField()	创建一个显示长度为 0 的密码文本字段对象
JPasswordField(String text)	创建一个显示预设字符串的密码文本字段对象
JPasswordField(int columns)	创建一个显示指定字符串长度的密码文本字段对象
addActionListener(ActionListener listener)	将该文本字段注册到事件处理接口
int getColumns()	返回能够显示字符串的长度
char getEchoChar()	返回设置的显示字符。默认为"*"
char[] getPassword()	返回输入的密码
setEchoChar(char c)	设置显示的字符。如果设置为 0，则显示原始输入

例子之一：创建 JPasswordField 对象，并注册到控制面板和事件处理接口。

```
public PasswordPanel() {
    private JPasswordField passwordField = new JPasswordField(15);
                                                            // 显示 15 个字符长度的窗口
    add(passwordField);                                     // 注册到控制面板
    passwordField.addActionListener(this);                  // 注册到事件处理接口
}
```

例子之二：应用 JPasswordField 的其他常用方法。

```
passwordField.setEchoChar('a');                              // 设置显示字符为"a"
System.out.println(passwordField.getPassword());             // 打印密码
String password = new String(passwordField.getPassword());   // 创建具有密码的字符串
System.out.println(passwordField.getPassword());             // 打印显示的字符
```

16.5.5　应用实例——学会这些组件编程

以下例子修改了 16.5.3 节中计算产品总额的程序。应用 JPasswordField，程序在运行时，首先在屏幕中心显示一个输入密码的窗口。如果用户输入的密码正确，才打开计算产品总额的窗口，运行应用程序。图 16.9 显示了这个实例运行后输入密码的窗口。

图 16.9　显示输入密码的窗口

为了实现这个操作，首先编写一个专门用来显示输入密码的控制面板：

```
// 完整程序在本书配套资源目录 Ch16 中，名为 PasswordPanel.java
```

```java
import javax.swing.*;
import java.awt.*;
import java.awt.event.*;
class PasswordPanel extends JPanel implements ActionListener{
    private JPasswordField passwordField;                       // 声明密码文本字段
    private JButton okButton, exitButton;
    public PasswordPanel() {                                    // 构造方法
        setLayout(new FlowLayout(FlowLayout.RIGHT));
        add(new JLabel("Enter your password:"));                // 创建并注册标签到控制面板
        passwordField = new JPasswordField(10);                 // 创建密码文本字段
        add(passwordField);                                     // 注册密码文本字段到控制面板
        okButton = new JButton("Ok");                           // 创建两个按钮
        exitButton = new JButton("Exit");
        add(okButton);              // 或 add(okButton);将按钮注册到控制面板
        add(exitButton);
        okButton.addActionListener(this);                       // 将 Ok 按钮注册到事件处理
        exitButton.addActionListener(this);                     // 将 Exit 按钮注册到事件处理
    }
    public void actionPerformed(ActionEvent e) {                // 完善事件处理接口方法
        Object source = e.getSource();                          // 得到事件发生源
        if (source == okButton) {                               // 如果是 okButton 触发了事件
            String password = new String(passwordField.getPassword());
            if (password.equals("abc123")) {                    // 如果密码正确
                this.setVisible(false);                         // 关闭密码输入
                JFrame frame = new ProductCalculatorFrame();
                                                                // 创建产品计算窗口
                frame.setVisible(true);                         // 显示产品计算窗口
            }
            else {                                              // 密码输入错误
                JOptionPane.showMessageDialog(null, "Entry error!\n
                    + Please check password and try again...");
            }
        }
        else if (source == exitButton) {                        // 如果是 exitButton 触发了事件
            JOptionPane.showMessageDialog(null, "Good bye!\nPress Exit to
                close window...");
        }
    }
}
```

可以看到，在事件处理的方法中，如果用户输入正确的密码，如"abc123"，程序将关闭密码输入功能，然后创建产品计算框架，并显示这个窗口。因为 getPassword() 以字符数组方式返回密码，所以必须首先创建一个字符串对象 password，利用其构造方法得到将返回的密码数组。

密码控制面板的框架程序与产品计算控制面板框架基本相同，可参考本书配套资源目录 Ch16 中名为 PasswordFrame.java 的文件。这里不再讨论。密码应用的测试程序如下：

```java
// 完整程序在本书配套资源目录 Ch16 中，名为 PasswordApp.java
import javax.swing.*;
public class PasswordApp {
    public static void main(String[] args) {
        JFrame frame = new PasswordFrame();             // 创建密码框架
        frame.pack();                                   // 自动调整框架大小
        frame.setVisible(true);                         // 显示密码框架
    }
}
```

16.6 文本窗口的创建和应用——JTextArea

文本窗口用来输入、编辑和显示多行的字符或文件。表 16.8 列出了文本窗口 JTextArea 类的构造方法和常用方法。由于文本窗口和文本字段以及其他讨论过的组件都有共同的超类和方法，应用相同，这里不再列出。由于文本窗口经常和其他组件如按钮等一起使用，其事件大多数情况下由其他组件触发；另外文本窗口使用文本事件处理接口。关于文本窗口本身的事件处理，将在以后章节专门讨论。

表 16.8 JTextArea 类的构造方法和常用方法

构造方法和常用方法	解　释
JTextArea()	创建一个行和列为 0 的文本窗口对象
JTextArea(String text)	创建一个显示预设字符串的文本窗口对象
JTextArea(int row, int columns)	创建一个显示指定行和列的文本窗口对象
JTextArea(String text, int row, int columns)	创建一个显示预设字符串和指定行和列的文本窗口对象
append(String text)	将指定文字加到文本窗口显示字符串的结尾
insert(String text, int position)	将指定文字加到显示字符串中的指定位置
String setText(String text)	将指定文字显示在文本窗口中
setLineWrap(boolean wrap)	如果为真，超出列长度的显示行将折回，否则为假
setWrapStyleWord(boolean word)	如果为真，超出列长度的显示行将按完整字的空格处折回，否则为假，但超出列长度的显示行将折回

下面讨论文本窗口构造方法和常用方法的应用。

16.6.1 文本窗口的创建和方法调用

例子之一：创建指定文字、行和列的文本窗口。

```
private JTextArea exampleArea;              // 声明一个文本窗口对象
exampleArea = new JTextArea(8, 30);         // 创建一个具有 8 行 30 列的文本窗口
exampleArea.setWrapStyleWord(true);         // 每行显示完整文字，超出列长度时折回
exampleArea.setText("Example text displayed in the text area. ");
                                            // 显示指定文字
add(exampleArea);                           // 注册到控制面板
```

以上代码运行后，将显示一个 8 行 30 列的文本窗口，并按以下方式显示指定的内容：

```
Example text displayed in the
text area.
```

可以看到，当文字超出 30 列时，在小于 30 列的文字空格处，即 the 之后的内容，将自动折回到下一行显示。如果不使用 setWrapStyleWord()，文字将不会折回，也不会显示完整的内容。

例子之二：应用 JTextArea 的其他常用方法。

```
// 创建指定内容和行列的文本窗口
JTextArea textArea = new JTextArea("another example of text area. ", 2, 20);
Add(textArea);                                  // 注册到控制面板
textArea.insert("This is an ", 0);              // 将指定文字加到显示字符串的开头
textArea.append(" 这是文本窗口的另外一个例子。");  // 将指定文字加到显示字符串的结尾
System.out.println(textArea.getText());         // 打印文本窗口中的内容
```

由于显示在文本窗口中的内容多于指定的显示空间，JVM 将自动增大行数或列数，试图显示全部的文字。但有时受限于框架空间，不能保证显示完整内容。此时可以使用滚动面板来解决这个问题。

16.6.2 在文本窗口中设置滚动面板——JScrollPane

利用 JScrollPane 可以使文本窗口显示在指定的横向、纵向滚动面板中，用来显示文本窗口中不能全部显示的文字。JScrollPane 包括在 javax.swing 包中。表 16.9 中列出了 JScrollPane 类的构造方法和常用静态常量。

表 16.9 JScrollPane 类的构造方法和常用静态常量

构造方法和常用静态常量	解　　释
JScrollPane (Component name)	创建一个包含有指定组件的滚动面板对象。如果相应的行、列超出显示范围，将显示必要的滚动滑板
JScrollPane(Component name, int vertical, int horizontal)	按指定规范创建一个包含有指定组件的滚动面板对象
VERTICAL_SCROLLBAR_ALWAYS	总是显示纵向滚动滑板
VERTICAL_SCROLLBAR_AS_NEEDED	需要时显示纵向滚动滑板
VERTICAL_SCROLLBAR_NEVER	不显示纵向滚动滑板
HORIZONTAL_SCROLLBAR_ALWAYS	总是显示横向滚动滑板
HORIZONTAL_SCROLLBAR_AS_NEEDED	需要时显示横向滚动滑板
HORIZONTAL_SCROLLBAR_NEVER	不显示横向滚动滑板

注意 JScrollPane 还提供了许多方法。由于不经常使用，表 16.9 中不再列出。详情可参考 JScrollPane API 文档。

编写滚动面板的一般步骤如下：
（1）创建组件，如文本窗口以及按钮等。
（2）创建滚动面板。利用其构造方法将组件装入这个滚动面板。
（3）将滚动面板注册到控制面板。
（4）将组件注册到控制面板和事件处理，并实现事件处理接口。
（5）将控制面板注册到框架。
（6）创建框架对象并显示这个窗口。

16.6.3 应用编程实例

修改 16.6.1 节的例子并应用滚动面板和事件处理，将文本窗口中的内容复制到 JOptionPane 的输出窗口。

```java
// 完整程序在本书配套资源目录Ch16中，名为TextAreaPanel.java
import javax.swing.*;
import java.awt.event.*;
class TextAreaPanel extends JPanel implements ActionListener{
    final int vScroll = JScrollPane.VERTICAL_SCROLLBAR_AS_NEEDED,
        hScroll = JScrollPane.HORIZONTAL_SCROLLBAR_ALWAYS;
    private JTextArea textArea;
    private JScrollPane scroll;
    private JButton copyButton;
    public TextAreaPanel() {                            // 构造方法
        textArea = new JTextArea("another example of text area. ", 2, 20);
                                                        // 创建文本窗口
        textArea.setWrapStyleWord(true);
        textArea.setLineWrap(true);
        add(textArea);                                  // 将文本窗口注册到控制面板
        scroll = new JScrollPane(textArea, vScroll, hScroll);
```

```
            add(scroll);                                  // 创建包含文本窗口的滚动面板
                                                          // 将滚动面板注册到控制面板
            copyButton = new JButton("Copy >>");          // 创建按钮
            add(copyButton);                              // 注册按钮到控制面板
            copyButton.addActionListener(this);           // 将按钮注册到事件处理
        }
        public void actionPerformed(ActionEvent e) {      // 完善事件处理接口方法
            Object source = e.getSource();                // 得到事件发生源
            if (source == copyButton) {                   // 如果事件源是按钮
                textArea.insert("Welcome to Text Area and Scroll Application. This
                    is ", 0);                             // 加在开始处
                textArea.append("another message added in the end… ");
                                                          // 加在结尾处
                JOptionPane.showMessageDialog(null, textArea.getText());
                                                          // 复制内容
            }
            else                                          // 否则
                System.exit(0);                           // 结束运行
        }
}
```

在这个程序中,按照列出的应用滚动面板的前 4 个步骤,分别创建了文本窗口、按钮以及滚动面板组件,并将它们分别注册到控制面板中。为了将文本窗口中的内容复制到 JOptionPane 的输出窗口,在完善 actionPerformed() 的方法中,如果用户按下复制按钮时,为演示目的,首先调用文本窗口的 insert() 和 append() 方法,分别在文本窗口的开始和结尾处加入内容,然后调用文本窗口的 getText() 方法得到其显示的所有内容,并将这些内容显示在 JOptionPane 的输出窗口。

创建 TextAreaPanel 控制面板的框架程序和显示框架的启动程序与以前讨论过的相关代码相同,这里不再讨论。可参考本书配套资源目录 Ch16 中名为 TextAreaFrame.java 和 TextAreaApp.java 的文件。图 16.10 展示了这个应用程序的典型运行结果。

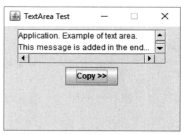

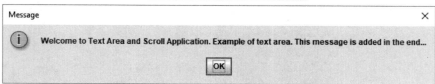

图 16.10 应用文本窗口和滚动面板的典型运行结果

16.7 选项框——JCheckBox

选项框是提供选择操作的组件。多个选项框组成多项选择功能。选项框本身可带标签、图标,或两者。创建选项框时可定义默认选项。表 16.10 列出了选项框 JCheckBox 类的构造方法和常用方法。

表 16.10　JCheckBox 类的构造方法和常用方法

构造方法和常用方法	解　释
JCheckBox(String text)	创建一个显示指定标签的选项框对象
JCheckBox(String text, boolean selected)	创建一个显示指定标签并为选择项的选项框对象
JCheckBox(Icon icon)	创建一个显示指定图标的选项框对象
JCheckBox(String text, Icon icon)	创建一个显示指定标签和图标的选项框对象
addActionListener(ActionListener listener)	将该选项框注册到事件处理接口
boolean isSelected()	如果选项框为选择项，返回真，否则返回假
setSelected(boolean selected)	如果为真，选项框为选择项，否则为假
String getActionCommand()	返回触发事件的组件名（或用 setActionCommand() 定义的组件名）
setActionCommand(String command)	设置用作事件处理的组件名

注意　选项框以图标方式显示可参考第 20 章有关图标显示的内容。

例子之一：创建选项框。

```
private JCheckBox pingPongBox, swimmingBox, tennisBox;   //声明3个选项框
pingPongBox = new JCheckBox("乒乓球", true);              //创建并预选
swimmingBox = new JCheckBox("游泳");                      //创建另外两个选项框
tennisBox = new JCheckBox("网球");
add(new JLabel("选择你的体育爱好："));                     //创建标签并注册到控制面板
add(pingPongBox);                                         //注册选项框到控制面板
pingPongBox.addActionListener(this);                      //注册选项框到事件处理
...
```

例子之二：调用选项框常用方法。

```
if (swimmingBox.isSelected())                             //如果swimmingBox为选择项
    JOptionPane.showMessageDialog(null, "你的体育爱好是游泳。" );//显示
pingPongBox.setActionCommand("乒乓");                     //用乒乓代表组件名处理事件
if (inputField.getText().equals("网球"))                  //如果用户输入的是网球
    tennisBox.setSelected(true);                          //设置为选择项
```

16.7.1　选项框事件处理

当选项框改变选择状态时，将触发事件处理 ActionListener 的 actionPerformed() 方法。因此，与按钮以及文本字段的事件处理类似，我们需要实现 ActionListener 接口，在 actionPerformed() 方法中加入处理选项框事件的代码。例如：

```
JCheckBoxTestPanel extends Panel implements ActionListener {
    // 创建组件代码
    ...
    public void actionPerformed(ActionEvent e) {
        Object source = e.getSource();
        if (source == pingPongBox && pingPongBox.isSelected())
            JOptionPane.showMessageDialog(null, "你的体育爱好是打乒乓球。" );
        //其他选项框事件处理代码
        ...
    }
}
```

或者利用 getActionCommand() 方法：

```
public void actionPerformed(ActionEvent e) {
    if (e.getActionCommand().equals("乒乓"))
        JOptionPane.showMessageDialog(null, "你的体育爱好是打乒乓球。" );
    // 其他选项框事件处理代码
    ...
}
```

16.7.2 应用编程实例

利用选项框和其他组件（如标签、文本字段以及按钮）编写一个提供书籍出版信息的程序。这个程序首先在标签和文本字段中提示用户输入两种书的代码，按下按钮后在窗口中显示完整书名，以及两个选择作者和出版社的选项框。根据用户的不同选择，按下按钮后，显示指定书的信息。

这个应用实例的控制面板代码如下：

```
// 完整程序在本书配套资源目录Ch16中, 分别名为 BookInfoPanel.java、BookInfoFrame.java 以
// 及 BookInfoApp.java
class BookInfoPanel extends JPanel implements ActionListener{
    private JLabel entryLabel;
    private JTextField entryField, titleField;
    private JCheckBox authorBox, pressBox;                    // 声明选项框
    private JButton okButton;
    public BookInfoPanel() {                                  // 构造方法
        entryLabel = new JLabel("Enter the book code:");
        add(entryLabel);
        entryField = new JTextField("Java or C/C++", 12);     // 预设显示内容
        add(entryField);
        entryField.addActionListener(this);
        titleField = new JTextField(43);
        titleField.setEditable(false);                        // 只作输出
        titleField.setVisible(false);                         // 先不显示
        add(titleField);
        authorBox = new JCheckBox("Author", true);            // 创建选项框, 预选为真
        authorBox.setVisible(false);                          // 先不显示
        add(authorBox);                                       // 注册到控制面板
        authorBox.addActionListener(this);                    // 注册到事件处理
        pressBox = new JCheckBox("Press");                    // 无预选
        pressBox.setVisible(false);                           // 先不显示
        add(pressBox);                                        // 注册到控制面板
        pressBox.addActionListener(this);                     // 注册到事件处理
        okButton = new JButton("Ok");
        add(okButton);;
        okButton.addActionListener(this);
    }
    ...
}
```

可以看到，在控制面板 BookInfo Panel 中调用 setVisible(false)，分别将 titleField、authorBox 以及 pressBox 设置为不显示状态。在以下事件处理代码中，当用户输入正确的书名代码后，窗口将更新这些组件的显示：

```
public void actionPerformed(ActionEvent e) {                  // 完善事件处理接口方法
    Object source = e.getSource();                            // 得到事件发生源
    String info = null;
    if (source == okButton) {
        if (entryField.getText().equals("Java")) {
            titleField.setText("Programming Art in Java");
```

```
            info = titleField.getText();
            setVisibles();                              // 调用自定义方法设置为显示状态
        }
        else if (entryField.getText().equals("C/C++")) {
            titleField.setText("Complete Programming in C/C++");
            info = titleField.getText();
            setVisibles();                              // 调用自定义方法设置为显示状态
        }
    }
    if (source == okButton && authorBox.isSelected()) {// 如果选择并按下按钮
        info += getAuthorInfo();                        // 调用自定义方法得到信息
        titleField.setText(info);                       // 显示信息
    }
    if(source == okButton && pressBox.isSelected()) {   // 同上
        info += getPressInfo();
        titleField.setText(info);
    }
}
```

代码中分别调用了以下自定义的三个方法 setVisibles()、getAuthorInfo() 以及 getPressInfo()，来改变组件在窗口中的显示状态，并且得到相关书的信息：

```
public void setVisibles() {                             //setVisibles() 方法
    entryLabel.setVisible(false);                       // 不再显示标签
    entryField.setEditable(false);                      // 不再显示输入文本字段
    titleField.setVisible(true);                        // 显示书信息文本字段
    authorBox.setVisible(true);                         // 显示作者选项框
    pressBox.setVisible(true);                          // 显示出版社选项框
}
public String getAuthorInfo() {                         //getAuthorInfo() 方法
    return ", Gao Yong Qiang, Ph.D.";                   // 返回作者信息
}
public String getPressInfo() {                          //getPressInfo() 方法
    return ", Tsinghua University Press.";              // 返回出版社信息
}
```

这个应用实例的框架代码 BookInfoFrame.java 和驱动程序 BookInfoApp.java 与之前讨论过的其他例子相同，这里不再列出。

图 16.11 显示了这个实例的典型运行结果。图上方显示的是程序开始运行时的窗口。当用户输入所选择的书代码，如 Java，按下 Ok 按钮后将显示图中下方的窗口。

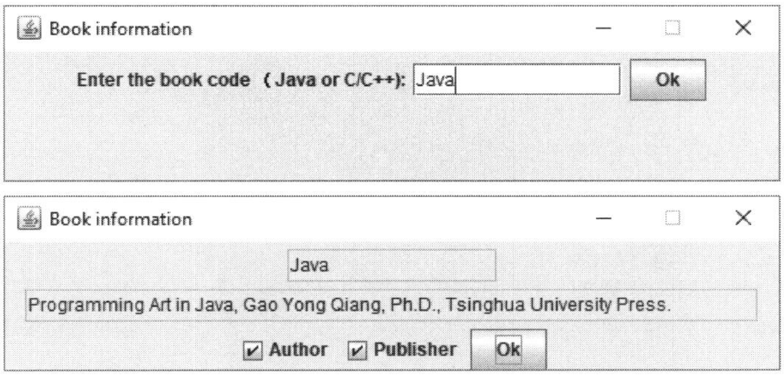

图 16.11　应用选项框的典型运行结果

16.8 单选按钮——JRadioButton

如同选项框，多个单选按钮经常组合在一起使用。但与选项框不同的是，组合在一起的单选按钮在应用时，一次只可以选择其中一个。另外，为了达到选择协调的目的，必须应用 API 的 ButtonGroup。这样，当选择该按钮组的另外一个按钮时，其他按钮将自动设置为非选中状态。

表 16.11 中列出了 JRadioButton 类的构造方法和常用方法。并在表的下方列出了 ButtonGroup 类的构造方法和常用方法。

表 16.11 JRadioButton 和 ButtonGroup 类的构造方法和常用方法

构造方法和常用方法	解 释
JRadioButton(String text)	创建一个显示指定标签的单项按钮对象
JRadioButton(String text, boolean selected)	创建一个显示指定标签并为选择项的单选按钮对象
JRadioButton(Icon icon)	创建一个显示指定图标的单选按钮对象
JRadioButton(String text, Icon icon)	创建一个显示指定标签和图标的单选按钮对象
addActionListener(ActionListener listener)	将该单选按钮注册到事件处理接口
boolean isSelected()	如果单选按钮为选择项，返回真，否则返回假
setSelected(boolean selected)	如果为真，单选按钮为选择项，否则为假
String getActionCommand()	返回触发事件的组件名（或用 setActionCommand() 定义的组件名）
setActionCommand(String command)	设置用作事件处理的组件名
ButtonGroup()	创建一个按钮组对象
add(AbstractButton name)	将指定的组件注册到按钮组
clearSelection()	清除按钮组中的选项
int getButtonCount()	返回按钮组中的按钮数

以下是单选按钮创建、注册、事件处理的基本步骤。
（1）创建单选按钮。
（2）将单选按钮注册到控制面板。
（3）创建按钮组。
（4）将单选按钮注册到按钮组。
（5）将单选按钮注册到事件处理接口。
（6）完善事件处理方法，进行单选按钮事件处理。

举例： 使用单选按钮构造方法和常用方法以及按钮组构造方法和常用方法。

```
JRadioButton check, creditCard, debitCard;            // 声明
check = new JRadioButton("Check", true);              // 创建并预选
creditCard = new JRadioButton("Credit Card");         // 创建
debitCard = new JRadioButton("Debit Card");
add(check);                                            // 注册到控制面板
add(creditCard);
add(debitCard);
ButtonGroup paymentGroup = new ButtonGroup();         // 创建按钮组
paymentGroup.add(check);                               // 注册到按钮组
paymentGroup.add(creditCard);
paymentGroup.add(debitCard);
check.addActionListener(this);                         // 注册到事件处理接口
creditCard.addActionListener(this);
debitCard.addActionListener(this);
```

16.8.1 单选按钮事件处理

如同选项框，单选按钮的任何状态变化都会触发事件。虽然单项按钮有专门的事件处理接口，例如 ItemListener，但大多数情况下，单选按钮和其他组件如按钮配合使用，因而通常利用与之配合使用的组件来触发事件，进行单选按钮的事件处理。关于 ItemListener 接口及其应用将在第 18 章专门讨论。

假设已经编写了上面例子中创建和注册 3 个单选按钮的代码。在以下例子中，再分别创建一个与之配合使用的标签和按钮，进行单选按钮的事件处理：

```
// 完整程序在本书配套资源目录 Ch16 中，分别名为 JRadioButtonPanel.java、
// JradioButtonFrame.java，以及 JRadioButtonTest.java
public void actionPerformed(ActionEvent e) {    // 完善事件处理接口方法
    Object source = e.getSource();              // 得到事件发生源
    if (source == okButton) {                   // 事件由 Ok 按钮触发
        if (check.isSelected())                 // 如果 check 单选按钮被选中
            JOptionPane.showMessageDialog(null, "Check is selected...");
                                                // 显示选中信息
        else if (creditCard.isSelected())
            JOptionPane.showMessageDialog(null, "Credit card is selected...");
        else if (debitCard.isSelected())
            JOptionPane.showMessageDialog(null, "Debit card is selected...");
    }
    if (source == check)                        // 事件由单选按钮 check 触发
        JOptionPane.showMessageDialog(null, "check triggered the event...");
    if (source == creditCard)                   // 事件由单选按钮 creditCard 触发
        JOptionPane.showMessageDialog(null, "creditCard triggered the
            event...");
    if (source == debitCard)                    // 事件由 debitCard 触发
        JOptionPane.showMessageDialog(null, "debitCard triggered the event...");
}
```

图 16.12 显示了这个程序的一个典型运行结果。

图 16.12 JRadioButton 事件处理测试程序的典型运行结果

16.8.2 应用编程实例

应用 JLabel、JCheckBox、JRadioButton、JButton、JTextArea，以及事件处理编写一个对西方快餐调查统计的程序。这个程序首先在一个窗口中利用选项框显示三种快餐食品：披萨、汉堡以及鸡腿，用单选按钮显示喜欢还是不喜欢。当用户完成选择，按下提交按钮后，在窗口下方将显示有统计结果的文本窗口。以下是这个应用实例的控制面板类代码：

```
// 完整程序在本书配套资源目录 Ch16 中，分别名为 FoodSurveyPanel.java、FoodSurveyFrame.java 以及
// FoodSurveyFrameApp.java
import java.awt.*;
import java.awt.event.*;
import javax.swing.*;
public class FoodSurveyPanel extends JPanel implements ActionListener {
    private int pizzaLikeCount, hamburgerLikeCount, kfcLikeCount;
    // 定义统计变量
```

```
    private int pizzaDislikeCount, hamburgerDislikeCount, kfcDislikeCount;
    private JLabel selectLabel;                              // 声明各组件
    private JCheckBox pizzaBox, hamburgerBox, kfcBox;
    private JRadioButton likeRadioButton,                    // 声明单选按钮
                         dislikeRadioButton;
    private ButtonGroup buttonGroup;                         // 声明按钮组
    private JButton addButton;
    private JTextArea displayTextArea;
    public FoodSurveyPanel() {                               // 构造方法
        pizzaLikeCount = hamburgerLikeCount = kfcLikeCount = 0;     // 初始化
        pizzaDislikeCount = hamburgerDislikeCount = kfcDislikeCount = 0;
        createGUIComponents();                               // 调用自定义方法创建组件
    }
...
```

在这个构造方法中，除对统计变量初始化外，还调用自定义的方法 createGUIComponents()，完成对各组件的创建和注册。这个方法的代码如下：

```
// 自定义方法 creatGUIComponents() 用来创建和注册组件
private void createGUIComponents() {
    selectLabel = new JLabel("选择你喜欢或不喜欢的食品：");// 创建标签
    add(selectLabel);                                        // 注册标签到控制面板
    pizzaBox = new JCheckBox("披萨");                        // 创建选项框
    add(pizzaBox);                                           // 注册选项框到控制面板
    hamburgerBox = new JCheckBox("汉堡");
    add(hamburgerBox);
    kfcBox = new JCheckBox("鸡腿");
    add(kfcBox);
    likeRadioButton = new JRadioButton("喜欢", true);        // 创建单选按钮
    dislikeRadioButton = new JRadioButton("不喜欢");
    add(likeRadioButton);                                    // 注册到控制面板
    add(dislikeRadioButton);
    buttonGroup = new ButtonGroup();                         // 创建按钮组
    buttonGroup.add(likeRadioButton);                        // 注册到按钮组
    buttonGroup.add(dislikeRadioButton);
    addButton = new JButton("提交");                         // 创建按钮
    add(addButton);                                          // 注册按钮到控制面板
    addButton.addActionListener(this);                       // 注册按钮到事件处理接口
    setupTextArea();                                         // 调用自定义方法
    displayTextArea.setVisible(false);                       // 先不显示文本窗口
}
```

对于文本窗口的创建，利用自定义方法 setupTextArea() 来完成，并将其设置为不显示状态。在事件处理方法中，当用户按下提交按钮后，再执行显示。以下是 setupTextArea() 方法的代码：

```
// 自定义方法 setupTextArea() 用来执行创建和注册等操作
private void setupTextArea() {
    displayTextArea = new JTextArea();                       // 创建文本窗口
    displayTextArea.setBounds(16, 55, 315, 93);              // 建立显示大小
    displayTextArea.setEditable( false );                    // 设置为不可编辑
    add(displayTextArea);                                    // 注册到控制面板
}
```

在这个程序的事件处理方法中，如果用户按下提交按钮，则根据选项框和单选按钮的状态，进行食品调查的统计操作。具体代码如下：

```
// 完善 actionPerformed() 方法进行食品调查统计的事件处理
```

```java
public void actionPerformed(ActionEvent e) {
    Object source = e.getSource();                      // 得到事件发生源
    if (source == addButton) {                          // 如果按下提交按钮
        if (pizzaBox.isSelected()) {                    // 如果选择披萨
            if (likeRadioButton.isSelected())           // 如果喜欢
                pizzaLikeCount++;                       // 喜欢计数器加1
            else                                        // 否则
                pizzaDislikeCount++;                    // 不喜欢计数器加1
        }
        if (hamburgerBox.isSelected()) {
            if (likeRadioButton.isSelected())
                hamburgerLikeCount++;
            else
                hamburgerDislikeCount++;
        }
        if (kfcBox.isSelected()) {
            if (likeRadioButton.isSelected())
                kfcLikeCount++;
            else
                kfcDislikeCount++;
        }
        updateTextArea();                               // 调用自定义方法更新文本窗口显示信息
    }
}
```

得到食品统计数据后，代码调用自定义方法 updateTextArea() 进行在文本窗口中显示统计结果的操作：

```java
// 自定义方法 updateTextArea() 执行文本窗口显示统计结果的操作
private void updateTextArea() {
    String info = "食品名称 \t 喜欢 \t 不喜欢 \n"                // 产生输出信息
        + "披萨 \t" + pizzaLikeCount + "\t" + pizzaDislikeCount + "\n"
        + "汉堡 \t" + hamburgerLikeCount + "\t" + hamburgerDislikeCount + "\n"
        + "鸡腿 \t" + kfcLikeCount + "\t" + kfcDislikeCount;
    displayTextArea.setText(info);                      // 更新显示信息
    displayTextArea.setVisible(true);                   // 设置为可显示状态
}
```

这个应用实例的框架类 FoodSurveyFrame 以及测试类 FoodSurveyFrameApp 与其他应用例子相同，这里不再列出。完整代码可参考本书配套资源目录 Ch16 中的 FoodSurveyPanel.java、FoodSurveyFrame.java 和 FoodSurveyFrameApp.java。图 16.13 显示了这个程序的一个典型运行结果。注意，这里提供的源代码全部用英文显示，你可以将其改为中文显示。

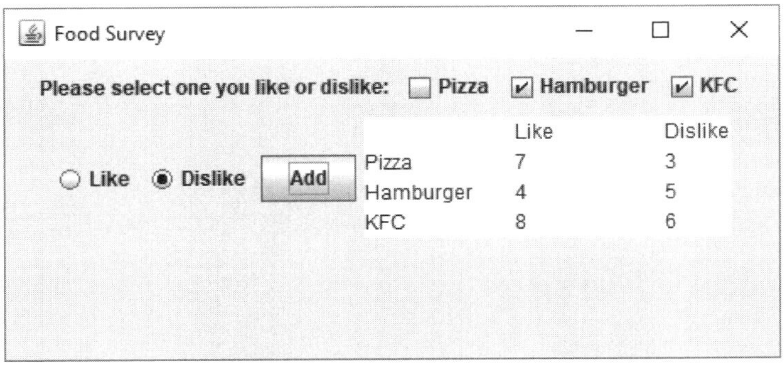

图 16.13　快餐食品调查统计程序的一个典型运行结果

巩固提高练习和实战项目大练兵

1. 举例说明什么是框架，什么是窗口，什么是组件，什么是容器。
2. AWT 和 Swing 有什么不同？
3. 编写一个将窗口总是按本机屏幕一半大小显示在屏幕左上角的框架。
4. 什么是控制面板？举例说明控制面板和框架的关系。
5. 按照在框架中显示 GUI 组件的一般步骤，编写一个将公里转换为英里和英尺的程序。这个程序将显示一个标签和文本条，提示用户输入要转换的公里数，然后将结果显示在两个文本条中。程序中的框架总是按照本机屏幕一半大小显示在左上角。可根据你喜欢的布局管理安排组件的位置。测试运行并存储这个程序。
6. 在第 5 题的程序中增加两个按钮：提交和退出。将其显示在窗口下方中间位置。当用户按下提交按钮时，将显示转换结果，按下退出按钮时，将显示告别信息，并停止程序的继续运行。处理用户没有输入公里数就按下提交按钮这个异常，提示用户正确的操作方式。测试运行并存储这个程序。
7. 解释文本条和文本窗口在功能、显示控制、布局管理以及事件处理方面的相同和不同之处。
8. 如何在文本窗口中显示滚动面板？
9. **实战项目大练兵**：编写一个利用文本窗口、按钮、文本条、窗口以及其他组件技术的程序，可以统计用户在文本窗口中输入的字数。当用户按下提交按钮时，将这个统计结果作为标签显示在窗口的适当位置。文本窗口应当具有滚动面板以及自动折回完整字的功能。测试运行并存储这个程序。
10. 举例说明选项框和单选按钮的不同之处。为什么单项按钮组应该应用 ButtonGroup 管理？
11. 利用选项框编写一个演示文本窗口中有无滚动面板、有无超长度行折回以及有无完整字折回功能的程序。选项框提供这三个选择。可在文本框中显示预先输入的一段文字。程序预设选项框没有被选择。测试运行并存储这个程序。
12. **实战项目大练兵（团队编程项目）：公 - 英制单位转换应用程序开发**——利用单选按钮组和其他组件技术编写一个可以转换公里 - 英里、公斤 - 英镑以及摄氏温度 - 华氏温度的程序。单项按钮组将分别提供这些功能。当用户按下某个单项按钮时，窗口中利用标签显示提示输入这个转换功能的信息，以及一个用来输入转换数据的文本条。当用户按下窗口下方的提交按钮时，将在另外一个文本条中显示转换结果。当用户按下退出按钮时，将停止程序的继续运行。按照你喜欢的布局管理安排组件在框架中的位置。程序将处理可能出现的各种异常，并且显示用来提示用户的信息。测试运行并存储这个程序。

> "学而不思则罔，思而不学则殆。"
> （只读书而不动脑筋思考，就会迷惑不解；只思考而不学习，就会危险了。）
>
> ——《论语》

通过本章学习，你能够学会：
1. 举例解释 6 种布局管理类和如何应用。
2. 应用正确的布局管理包括嵌套布局管理编写代码。
3. 应用不同风格的框架和用户接口管理编程。
4. 应用网格包设计步骤编写代码安排组件显示位置。

第 17 章　GUI 组件布局——安排组件位置和显示风格

在第 16 章的所有例子中，我们利用默认的组件布局管理类 FlowLayout 的中心位置选项 FlowLayout.CENTER 来设置框架中的各组件位置。本章将专门讨论 GUI 组件布局概念和技术，并通过实例讨论 Java 提供的 6 种常用 GUI 组件布局管理类和它们的常用方法。由于在实际应用中，经常涉及组件布局设计以及嵌套应用多个布局管理，因此将重点放在这些方面的讨论。

17.1　Java 的 6 种布局管理类

布局管理指对窗口中各组件显示位置的设计和编程。除 FlowLayout 之外，Java 还提供 JTabbedPane、BorderLayout、BoxLayout、GridLayout 以及 GridBagLayout，共 6 种常用布局管理类，以满足不同的应用要求。这些布局管理类包括在 java.awt 或 javax.swing 包中。表 17.1 概括了这 6 种布局管理类的设计和应用特点。

表 17.1　Java 的 6 种常用组件布局管理类

类	解　　释
FlowLayout	由 java.awt 提供。组件可以设置为 3 种位置：LEFT、CENTER、RIGHT。系统默认为 FlowLayout.CENTER。组件的位置随窗口大小的变化而改变
BorderLayout	由 java.awt 提供。组件可以设置为 5 种区域：NORTH、WEST、CENTER、EAST、SOUTH。组件的位置随窗口大小的变化而改变
JTabbedPane	由 javax.swing 提供。组件安排在不同的显示层上，利用标记 Tab 来选择不同的显示层
BoxLayout	由 javax.swing 提供。窗口被布局为大小相等的横格或竖条，每横格或竖条只显示一个组件
GridLayout	由 java.awt 提供。窗口被布局为由行和列构成的大小相等的格子，每个格子显示一个组件
GridBagLayout	由 java.awt 提供。与 GridLayout 相似，但一个组件可以占据多个格子。设计较为复杂，与其他布局管理类综合使用，是最常用的布局管理。组件位置不因窗口大小的变化而改变

在以下各节的讨论中将演示应用这些布局管理设计组件位置的抓图实例和具体代码。

17.2 系统预设的流程布局——FlowLayout

正如之前讨论过的，流程布局管理类 FlowLayout 从左至右显示组件位置。表 17.2 列出了流程布局的构造方法、常用方法以及静态常量。

表 17.2 FlowLayout 的构造方法、常用方法和静态常量

构造方法、常用方法和静态常量	解 释
FlowLayout()	创建一个设置组件为预设中心位置的流程布局对象
FlowLayout(int alignment)	创建一个用静态常量指定组件位置的流程布局对象
setLayout(LayoutManager layoutName)	容器类 Container 的方法。将指定布局管理对象注册到这个容器
LEFT	静态常量。指定组件位置为左
CENTER	静态常量。指定组件位置为中心。该位置为默认
RIGHT	静态常量。指定组件位置为右

17.2.1 3 种显示位置

因为流程布局管理是随窗口的大小而确定组件的显示位置的，为了使组件位置不变，可采用以下两种措施。

❏ 设计适当的显示窗口，将其显示尺寸设置为不可变，如 this.setResizable(false);。
❏ 与其他布局管理嵌套使用。

17.3.2 节将讨论如何嵌套使用布局管理。

以下是利用流程布局管理创建两个按钮，显示位置为从右边对齐。

```
// 完整程序在本书配套资源目录 Ch17 中，名为 TwoButtonFrameTest.java
public ButtonsPanel extends JPanel {
FlowLayout flowLayout = new FlowLayout(FlowLayout.RIGHT);
                                    // 创建组件向右对齐流程布局管理
setLayout(flowLayout);              // 将这个布局管理注册到控制面板
    add(new JButton("Button One"));  // 创建两个演示按钮
    add(new JButton("Button Two"));
}
```

这个例子的运行结果如图 17.1 所示。

图 17.1 按钮向右对齐的流程布局管理

17.2.2 编程实例

以下例子演示利用流程布局和事件处理，动态显示一个按钮在窗口的 3 种不同位置。对一些简单的事件处理，例如这个演示程序中的事件处理，可以利用匿名内部类来编写，达到使代码简洁的目的。第 18 章将专门讨论事件处理的不同代码编写方式。

```
// 完整程序在本书配套资源目录 Ch17 中，名为 ButtonClickFrame.java
import java.awt.*;
import java.awt.event.*;
import javax.swing.*;
class ButtonClickFrame extends JFrame {
    private FlowLayout flowLayout;
```

```
    private JButton button;
    private int postCount = 0;                          // 计算显示位置
    private Container container;                        // 声明容器类对象，控制布局
    public ButtonClickFrame() {
        setTitle("Use of FlowLayout");
        flowLayout = new FlowLayout(FlowLayout.LEFT);   // 显示在左
        container = getContentPane();                   // 得到容器中的布局
        setLayout(flowLayout);                          // 设置到框架布局
        button = new JButton("Click me");               // 创建按钮
        add(button);                                    // 注册按钮到框架
        button.addActionListener(new ActionListener() {
                                                        // 匿名内部类实现事件处理
            public void actionPerformed(ActionEvent e) {
                flowLayout.setAlignment(postCount++ % 3); //0 - 左; 1 - 中; 2 - 右
                flowLayout.layoutContainer(container);    // 重新更新按钮布局
            }
        });
    }
}
```

它完全等同于如下代码：

```
class ButtonClickFrame2 extends JFrame implements ActionListener{
    ...
    public void actionPerformed(ActionEvent e) {
        Object source = e.getSource();
        if (source == button) {
            flowLayout.setAlignment(postCount++ % 3);
            flowLayout.layoutContainer(container);
        }
    }
}
```

代码中除利用匿名内部类实现事件处理之外，还应用 Container 的 getContentPane() 和 layoutContainer() 方法，对按钮的位置实现动态更新。每当用户按下一次按钮，postCount++ % 3 将产生 0～2 的整数值，分别代表 FlowLayout.LEFT、FlowLayout.CENTER、FlowLayout.RIGHT。为了方便演示，这个例子利用 JVM 提供的预设控制面板。另外，将对窗口的关闭处理和显示大小的操作编写在以下启动程序中：

```
// 完整程序在本书配套资源目录 Ch17 中，名为 ButtonClickFrameTest.java
public class ButtonClickFrameTest {
    public static void main(String[] args) {
        JFrame frame = new ButtonClickFrame();
        frame.setDefaultCloseOperation(JFrame.EXIT_ON_CLOSE); // 窗口关闭处理
        frame.setSize(450, 80);                               // 显示大小
        frame.setVisible(true);
    }
}
```

17.3 围界布局管理类——BorderLayout

围界布局管理类 BorderLayout 提供了 5 个显示组件的区域，用东、南、西、北、中来表示。默认为中。围界布局经常和其他布局管理类嵌套使用，满足对组件显示位置的各种要求。表 17.3 列出了围界布局管理类的构造方法、常用方法以及 5 个代表区域的静态常量。

表 17.3 BorderLayout 的常用构造方法、常用方法和静态常量

构造方法、常用方法和静态常量	解 释
BorderLayout()	创建一个围界布局对象
BorderLayout(int hGap, int vGap)	创建一个指定周边空隙的围界布局对象
setLayout(LayoutManager layoutName)	容器类 Container 的方法。将指定布局管理对象注册到这个容器
add(Component comp, int regionField)	容器类 Container 的方法，将指定组件和其区域注册到控制面板
NORTH	静态常量。指定组件区域为上（北）
SOUTH	静态常量。指定组件区域为下（南）
WEST	静态常量。指定组件区域为左（西）
EAST	静态常量。指定组件区域为右（东）
CENTER	静态常量。指定组件区域为中心

17.3.1　5 种布局区域

以下代码利用数组和围界布局创建 5 个显示在不同区域的按钮。

```
// 完整程序在本书配套资源目录 Ch17 中，分别名为 BorderLayoutPanel.java 和 BorderLayoutFrameTest.java
...
private JButton[] buttons;              // 声明按钮数组
private BorderLayout layout;            // 声明围界对象
private int post;                       // 用来对按钮命名
public BorderLayoutPanel() {
    buttons = new JButton[5];           // 创建 5 个元素的按钮数组
    post = 0;                           // 按钮名后缀初始化
    layout = new BorderLayout(5, 5);    // 创建围界布局，每个区域的周边空隙为 5 像素
    setLayout(layout);                  // 注册布局管理
    for (int i = 0; i < 5; i++)         // 创建按钮
        buttons[i] = new JButton("button" + post++);     // 按钮名 button0 ~ button4
    add(buttons[0], BorderLayout.NORTH);    // 将每个按钮注册到控制面板并指定区域位置
    add(buttons[1], BorderLayout.SOUTH);
    add(buttons[2], BorderLayout.WEST);
    add(buttons[3], BorderLayout.EAST);
    add(buttons[4]);                    // 默认为 CENTER
```

值得一提的是，围界布局的 5 个区域没有静态整数常量可以替换。BorderLayout.CENTER 为默认，代码中可以利用这个特点。利用循环语句对各组件进行事件处理的注册则属合法。例如：

```
for (int i = 0; i < 5; i++)
    buttons[i].addActionListener(this);     // 注册每个按钮事件处理
```

图 17.2 显示了这个例子运行后的结果。

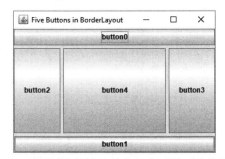

图 17.2　利用围界布局显示在 5 个不同区域中的按钮

17.3.2 高手常用布局嵌套

在实际应用中经常在一个布局管理中嵌套另外一个布局管理，以便将组件更方便地显示到需要的位置。以下例子利用围界和流程布局将两个按钮显示在窗口右下角。首先创建一个利用流程布局的按钮控制面板，并将两个按钮向右对齐放置在这个控制面板上。然后创建这个框架的控制面板，并利用围界布局将按钮控制面板显示在框架的下方。

```java
// 完整程序在本书配套资源目录 Ch17 中，名为 BorderLayoutFrameTest2.java
class BorderLayoutPanel2 extends JPanel {
    private JButton okButton, exitButton;
    public BorderLayoutPanel2() {
        JPanel buttonPanel = new JPanel();          // 创建按钮控制面板
        buttonPanel.setLayout(new FlowLayout(FlowLayout.RIGHT));
                                                     // 组件利用流程布局向右对齐
        okButton = new JButton("Ok");
        exitButton = new JButton("Exit");
        buttonPanel.add(okButton);                   // 将按钮注册到控制面板
        buttonPanel.add(exitButton);
        setLayout(new BorderLayout());               // 创建框架的围界布局
        add(buttonPanel, BorderLayout.SOUTH);        // 将按钮控制面板按围界布局注册到框架
    }
}
```

图 17.3 显示了这个例子运行后的结果。可以观察到，利用创建独立控制面板管理组件和运用嵌套布局管理，可以使组件固定在期望的位置，而不会随窗口的显示大小而改变。

图 17.3　利用流程布局和围界布局将按钮安置在窗口右下方

总结一下，布局嵌套的一般设计和编写步骤如下。
（1）将组件按显示位置分组，按分组情况确定需要编写多少控制面板。
（2）分别创建每一个控制面板对象，如 componentPanel。
（3）利用 componentPanel.setLayout(LayoutManager layoutName) 方法将指定布局注册到每个控制面板。
（4）创建组件并注册组件到其控制面板。如果有对组件的事件处理，注册并完善该组件的事件处理代码。
（5）利用 add(Component comp, int regionField) 分别将每个控制面板以指定布局显示位置常量注册到框架。

后续章节将讨论嵌套布局的更多应用。

17.3.3 如何动态显示按钮的位置

围界布局中的 5 个显示区域是相对的，组件在区域中的位置将随着组件设置的不同而变化。例如，如果没有组件显示在上方，即 NORTH 时，设置在中心以及左右的组件将占据这个空间，等等。

在以下例子中，我们将 17.3.1 节讨论过的代码扩展为具有事件处理功能、能演示组件在围界布局区域中这种位置变化的程序。我们新增了一个用来统计显示按钮数的变量 count，并将它初始化为 0。每当用户按下一个显示的按钮，都将这个按钮设置为不显示状态，并使 count 加 1。当 count 大于或等于 4 时，所有按钮都被重新设置为原先的显示状态，并将 count 置 0。

```
// 完整程序在本书配套资源目录 Ch17 中，名为 BorderLayoutFrameTest3.java
public void actionPerformed(ActionEvent e) {
    Object source = e.getSource();
    if (count < 4) {                         // 窗口中还有按钮在显示
        for (int i = 0; i < 5; i++)          // 判断哪个按钮触发了事件
            if (source == buttons[i]) {
                buttons[i].setVisible(false);
                                             // 将触发事件的按钮设置为不显示状态
                count++;                     // 统计器加 1
            }
    }
    else {                                   // 所有按钮都不显示时，重新设置显示
        for(JButton button : buttons)        // 利用新循环
            button.setVisible(true);         // 每个按钮设置为显示状态
        count = 0;                           // 统计器置 0
    }
}
```

17.4 给组件加上 5 种不同风格的边框

根据位置和作用，在设计中组件常被安置在不同的控制面板上，以便于布局和管理。这种结构也可以通过边框 BorderFactory 的形式反映在窗口的显示中。虽然框架只是一种装饰性设计，但它可以将控制面板的设计思想通过图形展现给使用者。使用得当，可以得到相得益彰的效果。图 17.4 显示了 5 种常见的边框风格。具体代码见 17.4.2 节讨论。

（a）斜面凸出风格　　（b）斜面凹下风格　　（c）铭刻凸出风格

（d）铭刻凹下风格　　（e）红线条风格

图 17.4　5 种常见边框风格

可以看到，边框还可以起到对一组组件注释的作用。表 17.4 中列出了编写边框常用的 BorderFactory 静态方法和 JComponent 的 setBorder() 方法。

表 17.4 边框 BorderFactory 类的常用静态方法和 JComponent 类的设置边框方法

静态方法和设置边框方法	解 释
Border createBevelBorder(int type)	创建并返回一个指定斜面风格边框对象。其中 type 参数可以是 BevelBorder.LOWERED 或 BevelBorder. RAISED
Border createEtchedBorder(int type)	创建并返回一个指定铭刻风格边框对象。其中参数 type 可以是 EtchedBorder.LOWERED 或 EtchedBorder. RAISED
Border createLineBorder(Color color, int thickness)	创建并返回一个指定颜色和线条风格边框对象
Border createTitledBorder(Border border String title)	创建并返回一个指定风格和名称的边框对象。名称作为对边框的注释
setBorder(Border border)	JComponent 的方法。将指定边框设置到调用它的组件或控制面板

> **更多信息** 边框也可以直接用在组件上。其编写方式与控制面板相同。

17.4.1 边框 BorderFactory 设计编程步骤

边框设计的一般编程步骤如下。
（1）编写需要边框的控制面板或组件。
（2）选择适当边框，利用选定的 BorderFactory 的静态方法返回这个边框接口。例如：

```
Border selectBorder = BorderFactory.createEtchedBorder(EtchedBorder.LOWERED);
```

（3）利用 createTitledBorder() 方法返回具有指定边框和边框名的接口。例如：

```
selectBorder = BorderFactory.createTitledBorder(selectBorder, "Select what you like: ");
```

（4）利用 setBorder() 方法将边框设置到控制面板或组件。例如：

```
selectPanel.setBorder(selectBorder);
```

或者将第（3）步和第（4）步合并为如下：

```
selectPanel.setBorder(BorderFactory.createTitledBorder(selectBorder,
    "Select what you like: "));
```

如果边框不需要边框名时，第（3）步可以省略。
以下代码是对文本边框设置斜面凹下边框的例子。

```
// 完整程序在本书配套资源目录 Ch17 中，名为 BorderFrameTest.java
textArea = new JTextArea("This is a demo...", 5, 20);
Border selectBorder = BorderFactory.createBevelBorder(BevelBorder.LOWERED);
selectBorder = BorderFactory.createTitledBorder(selectBorder, "enter your story");
textArea.setBorder(selectBorder);
add(textArea);
...
```

图 17.5 显示了这个例子的运行结果。

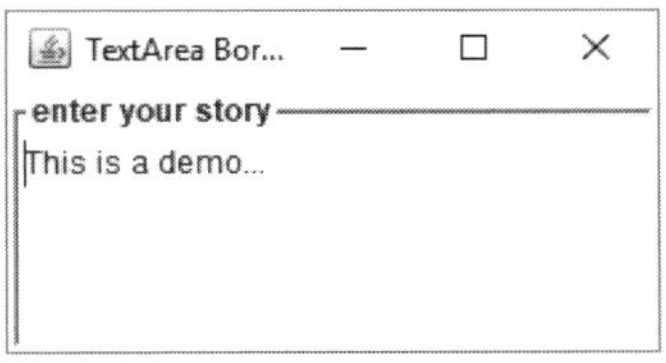

图 17.5 带有边框的文本框

17.4.2 编程实例

以下程序产生如图 17.4（a）所示的斜面凸出风格边框。

```java
// 完整程序在本书配套资源目录 Ch17 中，名为 BorderDemoFrameTest1.java
import javax.swing.*;
import javax.swing.border.*;
import java.awt.*;
class BorderDemoFrame1 extends JFrame {
    private JPanel borderDemoPanel, buttonPanel;
    private JRadioButton likeRadioButton,
                         dislikeRadioButton,
                         dontKnowRadioButton;
    private ButtonGroup buttonGroup;
    private JButton addButton, exitButton;
    Toolkit tk = Toolkit.getDefaultToolkit();
    Dimension d = tk.getScreenSize();
    public BorderDemoFrame() {
        setLayout(new BorderLayout());                    // 创建边框布局
        borderDemoPanel = new JPanel();                   // 创建控制面板
        borderDemoPanel.setLayout(new FlowLayout(FlowLayout.LEFT));
                                                          // 创建并设置流程布局
        likeRadioButton = new JRadioButton("Like", true);
                                                          // 创建 3 个单选按钮
        dislikeRadioButton = new JRadioButton("Dislike");
        dontKnowRadioButton = new JRadioButton("Don't know");
        borderDemoPanel.add(likeRadioButton);             // 注册 3 个单选按钮
        borderDemoPanel.add(dislikeRadioButton);
        borderDemoPanel.add(dontKnowRadioButton);
        buttonGroup = new ButtonGroup();                  // 创建按钮组
        buttonGroup.add(likeRadioButton);                 // 将 3 个单选按钮注册到按钮组
        buttonGroup.add(dislikeRadioButton);
        buttonGroup.add(dontKnowRadioButton);
        Border selectBorder = BorderFactory.createBevelBorder(BevelBorder.
            RAISED);                                      // 框架
        selectBorder = BorderFactory.createTitledBorder(selectBorder, "Select
            your favored:");
        borderDemoPanel.setBorder(selectBorder);
        add(borderDemoPanel, BorderLayout.NORTH);         // 将控制面板设置到边框上方
        buttonPanel = new JPanel();                       // 创建按钮控制面板
        addButton = new JButton("OK");                    // 创建两个按钮并注册到控制面板
        buttonPanel.add(addButton);
        exitButton = new JButton("Exit");
        buttonPanel.add(exitButton);
        add(buttonPanel, BorderLayout.SOUTH);             // 将控制面板设置到下方
        setTitle("Demo of Border");                       // 窗口名
        setSize(220, 140);                                // 宽 220 像素，高 140 像素
        setDefaultCloseOperation(WindowConstants.DISPOSE_ON_CLOSE);
    }
}
```

如果将以下这行代码

```java
Border selectBorder = BorderFactory.createBevelBorder(BevelBorder.RAISED);
                                                      // 创建边框
```

替换为 BorderFactory 代表不同风格的静态方法，便会得到图 17.4 中其他 4 种窗口中显示的边框风

格。读者可以从本书配套资源目录 Ch17 中名为 BorderMemoFrameTest2.java 至 BorderMemo Frame Test5.java 中看到这些例子。

17.5 标记板——JTabbedPane

图 17.6 显示了具有两个标记板的窗口。标记板 JTabbedPane 由 javax.swing 包提供，以文件夹标记的图形方式，对组件分组或分层次进行布局管理。标记板经常和其他布局管理嵌套使用，用来作为管理其他布局和控制面板的组件。表 17.5 列出了标记板构造方法和常用方法。

表 17.5 JTabbedPane 类的构造方法和常用方法

构造方法和常用方法	解 释
JTabbedPane()	创建一个默认的将标记安置在顶部的标记板对象
JTabbedPane(int tabPlacement)	创建一个指定标记位置的标记板对象
setLayout(LayoutManager layoutName)	容器类 Container 的方法。将指定布局管理对象注册到这个容器
Component add(Component component)	用 component.getName() 返回名注册指定标记板
Component add(String name, Component component)	将指定组件注册到指定标记板
addTab(String title, Component component)	用指定名命名标记板标记
addTab(String title, Icon icon, Component component)	用指定名和图标命名标记板标记
Component getSelectedComponent()	返回当前在标记板上选择的组件
int getTabCount()	返回标记板上的标记数
setTabPlacement(int tabPlacement)	用指定位置设置标记

JTabbedPane 还提供了 5 种常用指定标记位置的静态常量：BOTTOM_ALIGNMENT、CENTER_ALIGNMENT、LEFT_ALIGNMENT、RIGHT_ALIGNMENT 和 TOP_ALIGNMENT。

在实际应用中，标记板中的标记常常用来打开另外一个运用相同或不同布局管理的控制面板，显示该控制面板上的组件。我们可以把标记板看作是管理其他控制面板的总板。因而，标记板经常直接注册到框架中，而不必再另行创建控制面板。应用标记板的基本步骤如下。

（1）分别编写各种应用相同或不同布局管理安排组件位置的控制面板，并实现事件处理。
（2）编写框架，并创建标记板以及各控制面板对象。
（3）分别将各控制面板注册到标记板。
（4）将标记板注册到框架。
（5）创建并显示框架。

17.5.1 如何应用标记板

例子之一：假设已经编写了 ButtonsPanel 以及 BorderLayoutPanel，在边框中创建标记板并将这两个控制面板注册到标记板，并显示结果。

```
// 完整程序在本书配套资源目录 Ch17 中，名为 JTabbedPaneFrameTest.java
import java.awt.*;
import javax.swing.*;
class JTabbedPaneFrame extends JFrame {
    private JTabbedPane tabbedPane;                    // 声明 JTabbedPane 对象
    private ButtonsPanel buttonsPanel;
    private BorderLayoutPanel borderLayoutPanel;
    public JTabbedPaneFrame() {                        // 边框构造方法
        super("Demo: use of JTabbedPane");
        tabbedPane = new JTabbedPane();                // 创建 JTabbedPane 对象
```

```
            buttonsPanel = new ButtonsPanel();                  // 分别创建控制面板
            borderLayoutPanel = new BorderLayoutPanel();
            tabbedPane.addTab("Buttons", buttonsPanel);         // 将控制面板分别注册到标记板中
            tabbedPane.addTab("BorderLayout", borderLayoutPanel);
            add(tabbedPane);                                    // 将标记板注册到边框
       }
}
```

运行结果如图 17.6 所示。

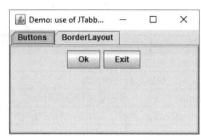 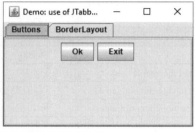

图 17.6　演示应用标记板程序的运行结果

例子之二：应用标记板的其他常用方法。

```
System.out.println("Number of tabs: ", tabbedPane.getTabCount());
tabbedPane.setTabPlacement(RIGHT_ALIGNMENT);                // 将标记显示在窗口右侧
...
if (tabbedPane.getSelectedComponent() == button0)           // 如果按下 button0
    JOptionPane.showMessageDialog(null, "button0 in BorderLayout is
        selected...");
```

17.5.2　编程实例

利用标记板将 16.5.3 节中的计算和显示产品购买信息的程序 ProductCalculatorPanel 以及 16.7.2 节中的提供书籍出版信息的程序 BookInfoPanel 显示在一个窗口中，并且利用 16.5.4 节中讨论的 PasswordPanel 代码，在进入标记板使用这两个程序前，用户必须提供正确的密码。以下为修改后 PasswordPanel 的 actionPerformed() 方法代码：

```
// 完整程序在本书配套资源目录 Ch17 中，分别名为 PasswordPanel.java、PasswordFrame.java、
//JTabbedPaneFrame2.java、ProductCalculatorPanel.java、BookInfoPanel.java
// 以及 JTabbedPaneFrameApp.java
public void actionPerformed(ActionEvent e){                 // 完善事件处理接口方法
    Object source = e.getSource();                          // 得到事件发生源
    if (source == okButton) {                               // 如果是 okButton 触发了事件
        String password = new String(passwordField.getPassword());
        if (password.equals("abc123")) {                    // 如果密码正确
            setVisible(false);                              // 隐藏显示密码输入组件
            JFrame frame = new JTabbedPaneFrame2();         // 创建具有标记板的窗口
            frame.setVisible(true);                         // 设置为显示
        }
        else {                                              // 密码不正确
            JOptionPane.showMessageDialog(null, "Entry error!\n"
                + "Please check password and try again...");
            System.exit(0);                                 // 停止运行
        }
    }
    else if (source == exitButton) {                        // 如果是 exitButton 触发了事件
```

```
            JOptionPane.showMessageDialog(null, "Good bye!\nPress Exit to close
                window...");
        }
}
```

因为测试程序首先启动 PasswordFrame，显示密码输入窗口，可以看到当用户输入了正确的密码后，则关闭这个密码输入显示，然后创建具有标记板的框架对象 JTabbedPaneFrame2。

以下为在窗口 JTabbedPaneFrame2 中创建标记板，将产品总额计算和书籍信息两个控制面板注册到标记板，并将标记板注册到窗口的代码：

```
// 完整程序在本书配套资源目录 Ch17 中，名为 JTabbedPaneFrame2.java
import java.awt.*;
import javax.swing.*;
class JTabbedPaneFrame2 extends JFrame {
    private JTabbedPane tabbedPane;                        // 声明标记板
    private PasswordPanel passwordPanel;
    private ProductCalculatorPanel productCalculatorPanel;
    private BookInfoPanel2 bookInfoPanel;
    Toolkit tk = Toolkit.getDefaultToolkit();
    Dimension d = tk.getScreenSize();
    public JTabbedPaneFrame2() {
        super("JTabbedPane Applications");
        tabbedPane = new JTabbedPane();                    // 创建标记板
        passwordPanel = new PasswordPanel();
        productCalculatorPanel = new ProductCalculatorPanel();
        bookInfoPanel = new BookInfoPanel2();
        tabbedPane.addTab("Products", productCalculatorPanel);
                                                           // 分别将控制面板注册到标记板
        tabbedPane.addTab("Books", bookInfoPanel);
        add(tabbedPane);                                   // 将标记板注册到窗口
        setSize(550, 200);
        centerWindow(this);
    }
    private void centerWindow(JFrame frame) {    // 按屏幕中心位置显示窗口的自定义方法
        int centeredWidth = ((int)d.getWidth() - frame.getWidth())/2;
                                                 // 计算中心宽度
        int centeredHeight = ((int)d.getHeight() - frame.getHeight())/2;
                                                 // 计算中心高度
        setLocation(centeredWidth, centeredHeight);    // 设置显示位置
    }
}
```

为了更好地显示书籍信息程序中的按钮组件，对原代码略作修改，利用 FlowLayout 和 BorderLayout 接受输入信息的组件，如标签、文本字段以及选项框显示在窗口上方；将 Ok 和 Exit 按钮显示在窗口下方，并向右对齐。主要代码部分在 17.3.2 节已作讨论。这里不再重复。图 17.7 上方显示了这个应用实例运行后首先显示的要求用户输入密码的窗口。图 17.7 下方为书籍信息程序的组件窗口和典型运行结果。

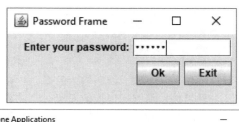

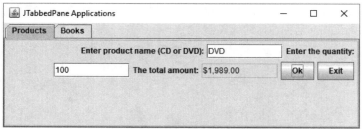

图 17.7　标记板应用实例典型运行结果

17.6　箱式布局 BoxLayout 和网格布局 GridLayout

箱式（又称方框）布局 BoxLayout 和网格布局 GridLayout 是另两个常用的简单组件布局管理类。箱式布局由 java.awt 包提供。这个布局中的组件可以按横向（x 轴）或纵向（y 轴）安排，但每行或每列只能安排一个组件，如图 17.8 和图 17.9 所示。网格布局也由 java.awt 包提供。组件在箱式布局的显示位置都不会随窗口的大小而改变。

图 17.8　组件在方框布局中按横向排列

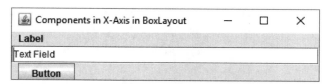

图 17.9　组件在箱式布局中按纵向排列

17.6.1　如何应用箱式布局管理

表 17.6 列出了 BoxLayout 类的构造方法和常用方法。

表 17.6　BoxLayout 类的构造方法和常用方法

构造方法和常用方法	解　　释
BoxLayout(Container target, int axis)	创建一个按指定静态常量布局的方框布局对象
int getAxis()	返回布局静态常量
Container getTarget()	返回布局中的容器对象

箱式布局 BoxLayout 类中提供以下两种静态常量来指定组件的布局方式：

```
X_AXIS          Y_AXIS
```

X_AXIS 为设置组件按横向排列。Y_AXIS 为设置组件按纵向排列。

例子之一：利用箱式布局按 X_AXIS 横向显示组件。

```java
//完整程序在本书配套资源目录Ch17中,名为BoxLayoutFrameTest.java
import javax.swing.*;
import java.awt.*;
class BoxLayoutPanel extends JPanel {
    BoxLayout boxLayout;
    public BoxLayoutPanel() {
        boxLayout = new BoxLayout(this, BoxLayout.X_AXIS);
                                             //创建横向安置组件的方框布局
        setLayout(boxLayout);                //注册设置
        add(new JLabel("Label"));            //创建并注册组件
        add(new JTextField("Text Field"));
        add(new JButton("Button"));
        add(new JCheckBox("Check Box"));
    }
}
```

运行结果如图 17.8 所示。

例子之二：将例子之一中的组件按横向显示改为纵向显示。只需修改如下代码：

```java
setLayout(new BoxLayout(this, BoxLayout.Y_AXIS)); //创建并设置纵向安置组件的箱式布局
```

运行结果如图 17.9 所示。

17.6.2 如何应用网格布局管理

表 17.7 列出了网格布局 GridLayout 类的构造方法和常用方法。

表 17.7 GridLayout 类的构造方法和常用方法

构造方法和常用方法	解　释
GridLayout()	创建一个具有一行一列的网格布局对象
GridLayout(int rows, int cols)	创建一个指定行和列的网格布局对象
addLayoutComponent(String name, Component comp)	在布局中加入指定名和组件
int getColumns()	返回列数
int getRows()	返回行数

例子之一：利用网格布局显示一个 3 行 2 列的组件窗口。

```java
//完整程序在本书配套资源目录Ch17中,名为GridLayoutFrameTest.java
import javax.swing.*;
import java.awt.*;
class GridLayoutPanel extends JPanel {
    public GridLayoutPanel() {
        setLayout(new GridLayout(3, 2));     //创建并且设置3行2列网格布局
        add(new JLabel("Label"));            //创建并注册组件
        add(new JTextField("Text Field"));
        add(new JButton("Button"));
        add(new JCheckBox("Check Box"));
        add(new JTextArea("Text Area"));
    }
}
```

这里特意在代码中创建了 5 个组件。从图 17.10 的运行结果可以看出，每个组件包括最后一个空格，都有同样大小的显示尺寸。

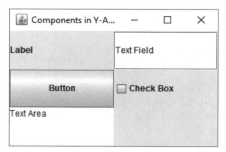

图 17.10　5 个组件显示在 3×2 网格布局的窗口中

17.6.3　嵌套使用才更灵活

如同其他布局管理类，箱式布局和网格布局也常常与其他布局管理类嵌套使用，以满足对组件在窗口中的各种布局要求。

例子之一： 利用嵌套的箱式布局和围界布局显示 4 个组件：标签、文本字段、选项框以及按钮。标签和文本字段纵向布局显示在窗口上方，而选项框和按钮横向布局显示在窗口下方，如图 17.11 所示。因为两组组件的显示位置不同，我们分别创建两个控制面板。控制面板 componentPanel1 利用箱式布局的纵向排列安排标签和文本字段；控制面板 componentPanel2 利用箱式布局的横向排列安排选项框和按钮。最后，利用围界布局的 NORTH 和 SOUTH 分别将这两个控制面板注册到窗口的上方和下方。代码如下：

```
// 完整程序在本书配套资源目录 Ch17 中，名为 BoxLayoutFrameTest3.java
import javax.swing.*;
import java.awt.*;
class BoxLayoutFrame2 extends JFrame {
    Toolkit tk = Toolkit.getDefaultToolkit();
    Dimension d = tk.getScreenSize();
    public BoxLayoutFrame2() {
        JPanel componentPanel1 = new JPanel();   // 创建显示标签和文本字段的控制面板
                                                 // 以纵向排列注册到控制面板
        componentPanel1.setLayout(new BoxLayout(componentPanel1, BoxLayout.Y_AXIS));
        componentPanel1.add(new JLabel("Label"));              // 注册组件
        componentPanel1.add(new JTextField("Text Field"));
        JPanel componentPanel2 = new JPanel();   // 创建显示选项框和按钮的控制面板
                                                 // 以横向排列注册到控制面板
        componentPanel2.setLayout(new BoxLayout(componentPanel2, BoxLayout.X_AXIS));
        componentPanel2.add(new JCheckBox("Check Box"));       // 注册组件
        componentPanel2.add(new JButton("Button"));            // 注册按钮
        add(componentPanel1, BorderLayout.NORTH);
                                     // 注册按钮利用围界布局注册控制面板到窗口上方
        add(componentPanel2, BorderLayout.SOUTH);
                                     // 利用围界布局注册控制面板到窗口下方
        setTitle("Components in nested Layouts");
        setSize(220, 200);                       // 宽 220 像素，高 200 像素
        setDefaultCloseOperation(WindowConstants.DISPOSE_ON_CLOSE);
        centerWindow(this);                      // 调用自定义在中心位置显示框架的方法
    }
    ...
}
```

这个例子的运行结果如图 17.11 所示。

图 17.11　利用嵌套箱式布局和边框布局将组件显示在窗口的指定位置

例子之二：将上例修改为利用网格和边框嵌套布局管理显示这两组组件。只需修改以下 3 行代码：

```
// 完整程序在本书配套资源目录 Ch17 中，名为 GridLayoutFrameTest2.java
GridLayout gridLayout = new GridLayout(1, 2);       // 创建具有 1 行 2 列的网格布局
componentPanel1.setLayout(gridLayout);              // 将其注册到控制面板 1
...
componentPanel2.setLayout(gridLayout);              // 将其注册到控制面板 2
...
```

运行结果如图 17.12 所示。

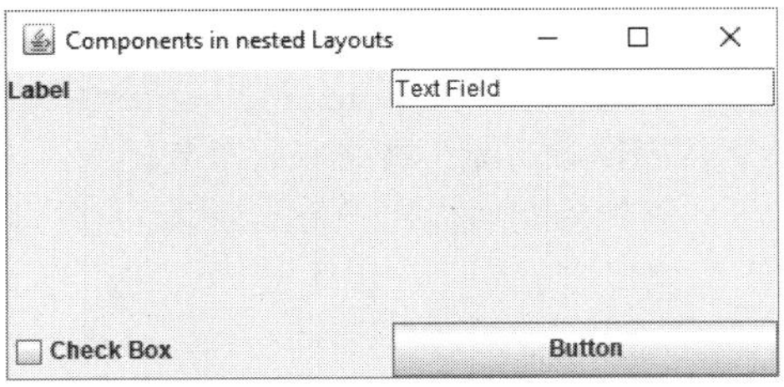

图 17.12　利用嵌套网格和边框布局将组件显示在窗口的指定位置

实战项目：计算器模拟应用开发（2）

利用 GUI 组件、布局管理以及事件处理、多线程，包括以后各章节介绍的颜色、字体、图像、绘图以及音频和视频 API 类，可以开发编写各种模拟程序，如同我们在多线程的讨论中对生产者-消费者协调关系继续模拟的一样。

这里在第 11 章开发的计算器模拟应用的基础上再次扩展功能。运行结果如图 17.13 所示。这个模拟程序中仅包括 GUI 窗口。随着讨论深入，后续内容中将不断完善和改进这个模拟应用，使它具备更多的计算器功能。

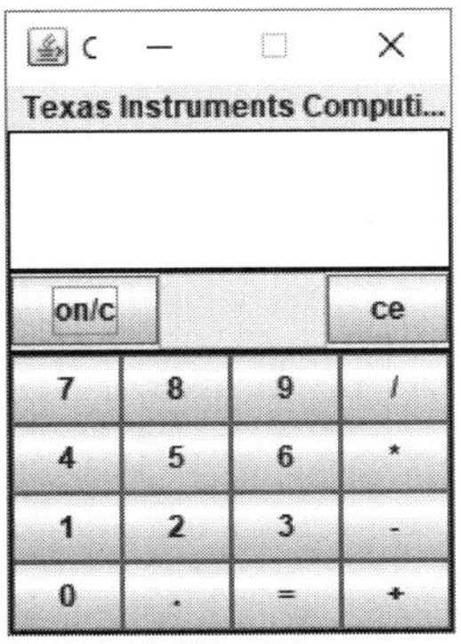

图 17.13　计算器模拟应用 GUI 窗口运行结果

```java
// 完整程序在本书配套资源目录Ch17中,名为CalculatorFrameApp1.java
CalculatorFrame() {                                        // 框架构造器
    displayPanel = new DisplayPanel();                     // 创建显示窗控制面板
    displayPanel.setLayout(new BoxLayout(displayPanel, BoxLayout.Y_AXIS));
                                                           // 方框布局纵向排列
    controlPanel = new ControlPanel();                     // 创建功能键控制面板
    controlPanel.setLayout(new BoxLayout(controlPanel, BoxLayout.X_AXIS));
                                                           // 方框横向排列
    controlPanel.setBorder( new LineBorder( Color.BLACK ) );   // 用黑框围起
    entryPanel = new EntryPanel();                         // 创建输入键控制面板
    entryPanel.setLayout(new GridLayout(4, 4));            // 网格布局4行4列
    entryPanel.setBorder(new LineBorder(Color.BLACK));     // 用黑框
    add(displayPanel, BorderLayout.NORTH);                 // 显示窗口安排在上方
    add(controlPanel, BorderLayout.CENTER);                // 功能键安排在中部
    add(entryPanel, BorderLayout.SOUTH);                   // 输入键安排在下方
    setTitle("Calculator");                                // 窗口名
    setSize(190, 260);                                     // 窗口大小
    setResizable(false);                                   // 不可改变大小
    setVisible(true);                                      // 设置显示
    }
}
```

在这个程序中,根据显示位置,分别编写了3个控制面板,用来管理计算器标签和输出窗口,两个功能键以及16个输入键。我们应用了LineBorder()以及setBorder()对组件或控制面板加黑色框架。有关颜色的应用以及计算器操作等功能,将在以后章节详细讨论。

以下是DisplayPanel的代码。其他控制面板代码与此相似,这里不再列出。

```java
class DisplayPanel extends JPanel {
    private JLabel name;
    private JTextArea display;
    DisplayPanel() {
        name = new JLabel("   ");                          // 显示空行占据空间
        add(name);                                         // 注册到控制面板
        display = new JTextArea(3, 20);                    // 创建文本窗口为输出窗
        display.setEditable(false);                        // 不可编辑
        display.setBorder(new LineBorder(Color.BLACK));    // 设置黑框
        add(display);                                      // 注册到控制面板
    }
}
```

17.7 高手要掌握的最强布局管理 GridBagLayout

网格包布局GridBagLayout包括在java.awt包中,对组件的布局管理提供了更加灵活和复杂的设计和编程。回顾一下在网格布局GridLayout中,组件安排在大小相等的格子中。但在网格包布局中,你可根据设计需要使一个组件占据多个网格。另外网格包布局还利用相同包中GridBagConstraints以及Insets类的实例变量,来调整组件之间、组件内部以及网格之间的空间。当然,网格包布局也经常与其他布局管理类嵌套使用,以达到对组件的各种布局设计要求。另外值得一提的是,网格包布局中的组件位置是固定不变的,不会随窗口的大小而变化,因而GridBagLayout是Java提供的最强、功能最多、设计最复杂的布局管理类。表17.8列出了网格包布局类的构造方法和常用方法。

表 17.8 GridBagLayout 类的构造方法和常用方法

构造方法和常用方法	解 释
GridBagLayout()	创建一个网格包布局对象
GrigBagConstraints getConstraints(Component component)	返回指定组件的布局约束对象
float getLayoutAlignmentX(Container parent)	返回指定容器组件间横向调整空隙。值为 0～1
float getLayoutAlignmentY(Container parent)	返回指定容器组件间纵向调整空隙。值为 0～1
removeLayoutComponent(Component comp)	从布局中删除指定组件
setConstraints(Component component, GridBagConstraints constraints)	设置指定组件的布局约束

利用 GridBagConstraints 类来设置组件位置、组件内部空隙微调以及组件间空隙微调，是通过创建 GridBagConstraints 对象，然后直接对其实例变量赋值来完成。而 Insets 类的构造方法提供了对组件周边 4 个方向空隙调整的参数。表 17.9 列出了这两个类的构造方法和 GridBagConstraints 的实例变量。

表 17.9 GridBagConstraints 的构造方法和实例变量以及 Insets 的构造方法

构造方法和实例变量	解 释
GridBagConstraints()	创建一个使用各种指定实例变量的网格包约束对象
int gridx	网格横向坐标 x 值
int gridy	网格纵向坐标 y 值
int gridwidth	网格横向格数（列数）
int gridheight	网格纵向格数（行数）
double weightx	网格横向空隙比重百分比值（0～100）。只有组件没有用到所有横向设计空间时起作用
double weighty	网格纵向空隙比重百分比值（0～100）。只有组件没有用到所有纵向设计空间时起作用
Insets insets	Insets 类对象，用来设置组件周边空隙。如果使用 weightx 和 weighty，则不再使用 insets
int ipadx	如果有空间，指定组件内部横向的间隙。其值为像素
int ipady	如果有空间，指定组件内部纵向的间隙。其值为像素
int anchor	在一个组件占据的网格内，如果有空间，调整其在格内的位置。其值为：NORTH、SOUTH、WEST、EAST、CENTER、NORTHEAST、SOUTHEAST
int fill	在一个组件占据的网格内，如果有空间，调整其在格内的位置。其值为：NONE、HORIZONTAL、VERTICAL、BOTH。fill 和 anchor 不同时使用
Insets(int top, int left, int bottom, int right)	创建一个指定周边空隙的 Insets 对象。参数值为像素

17.7.1 必须使用设计图——方法和步骤

下面以在 16.8.2 节讨论过的调查西方快餐程序为例，利用网格包布局设计一个如图 17.14 所示的改进后的窗口。

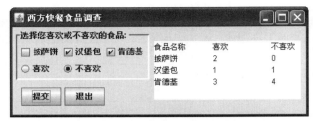

图 17.14　改进的调查西方快餐的窗口布局

利用网格包布局设置组件的一般步骤如下。

（1）在一个有网格的设计纸上，按组件在网格的位置进行分组。每个组即为一个控制面板，如图 17.15 所示。在设计时可考虑到与其他布局管理的嵌套使用。

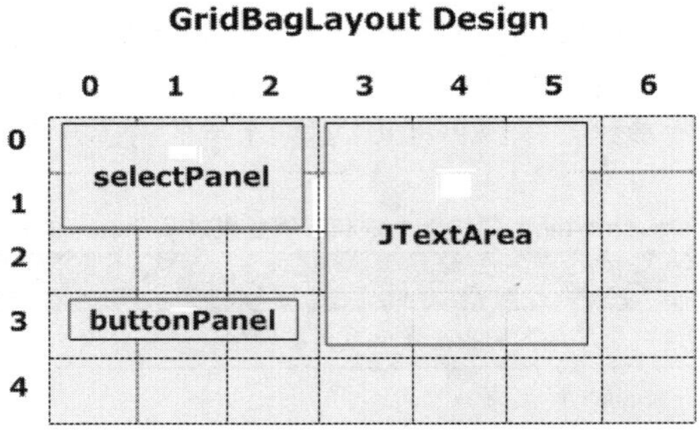

图 17.15　网格包布局设计图

（2）创建 GridBagLayout 对象。如：setLayout(new GridBagLayout());。

（3）创建 GridBagConstraints 对象，用来对各控制面板或组件在网格中的定位。例如：

```
GridBagConstraints c = new GridBagConstraints();
```

（4）如果有控制面板，应用指定布局管理，编写其每一个组件位置的代码。如果没有控制面板应用，则进入第（5）步。

（5）对每个组件，应用 GridBagConstraints 的实例变量，设置其在网格的位置。如图 17.15 中的第一个控制面板 selectPanel：

```
c.gridx = c.gridy = 0;
c.gridwith = 3;
c.gridheight = 2;
c.insets = new Insets(5, 5, 5, 5);
c.ipadx = c.ipady = 4;
c.fill = GridBagConstraints.WEST;
```

（6）将指定控制面板或组件按 GridBagConstraints 实例变量规定的位置注册。例如：

```
add(selectPanel, c);
```

（7）重复第（4）~（6）步，直到完成所有组件在网格中的定位。

在实际代码编写中，往往将第（5）步中的代码编写在一个自定义方法中，以简化编写。另外对需要事件处理的组件，还必须编写每个组件的事件处理代码。17.7.2 节中将介绍如何应用这些编程技术。

17.7.2　编程实例

以下是按照网格包布局设计步骤编写的实现图 17.14 所示的组件窗口。

```java
// 完整程序在本书配套资源目录 Ch17 中，分别名为 FoodSurveyPanel2.java、
// FoodSurveyFrame2.java 以及 FoodSurveyFrame2App.java
import java.awt.event.*;
import javax.swing.*;
import javax.swing.border.*;

public class FoodSurveyPanel2 extends JPanel implements ActionListener {
    private Border loweredBorder;                          // 声明框架
    private GridBagConstraints c;                          // 声明网格包约束
    private int pizzaLikeCount, hamburgerLikeCount, kfcLikeCount;
    private int pizzaDislikeCount, hamburgerDislikeCount, kfcDislikeCount;
                                                           // 声明各组件
    private JCheckBox pizzaBox, hamburgerBox, kfcBox;
    private JRadioButton likeRadioButton, dislikeRadioButton;
    private ButtonGroup buttonGroup;
    private JButton addButton, exitButton;
    private JTextArea displayTextArea;
    public FoodSurveyPanel2() {                            // 构造方法
        pizzaLikeCount = hamburgerLikeCount = kfcLikeCount = 0;
        pizzaDislikeCount = hamburgerDislikeCount = kfcDislikeCount = 0;
        loweredBorder = BorderFactory.createBevelBorder(BevelBorder.
            LOWERED);                                      // 凹下风格框架
        createGUIComponents();                             // 调用自定义方法创建组件并布局
    }
    private void createGUIComponents() {
        setLayout(new GridBagLayout());                    // 创建并设置网格包
        c = new GridBagConstraints();                      // 创建网格包约束

        JPanel selectPanel = new JPanel();                 // 创建控制面板
        selectPanel.setBorder(BorderFactory.createTitledBorder
                (loweredBorder, "Select food you like or dislike: "));
                                                           // 设置凹下框架和注释
        selectPanel.setLayout(new GridLayout(2, 3));       // 利用网格布局
        pizzaBox = new JCheckBox("Pizza");                 // 将每个组件注册到控制面板
        selectPanel.add(pizzaBox);
        hamburgerBox = new JCheckBox("Hamburger");
        selectPanel.add(hamburgerBox);
        kfcBox = new JCheckBox("KFC");
        selectPanel.add(kfcBox);

        likeRadioButton = new JRadioButton("Like", true);
        dislikeRadioButton = new JRadioButton("Dislike");
        selectPanel.add(likeRadioButton);
        selectPanel.add(dislikeRadioButton);
        buttonGroup = new ButtonGroup();
        buttonGroup.add(likeRadioButton);
        buttonGroup.add(dislikeRadioButton);

        setupConstraints(0, 1, 3, 2, GridBagConstraints.WEST);
        // 调用自定义方法对约束变量赋值
        add(selectPanel, c);                               // 将控制面板和约束注册到边框
        ...
```

上面的代码只列出了控制面板 selectPanel 中各组件的布局处理。框架中的其他控制面板，如 buttonPanel 以及文本框架 displayTextArea 代码与此类似，不再赘述。感兴趣的读者可参考本书所带配套资源目录 Ch17 中的完整程序。可以看到，程序中编写了一个自定义方法 setupConstraints()，用来简化对各约束实例变量的赋值：

```
private GridBagConstraints setupConstraints(int gridx, int gridy, int
    gridwidth, int gridheight, int anchor) {
    GridBagConstraints c = new GridBagConstraints();// 为了返回约束对象
    c.gridx = gridx;
    c.gridy = gridy;
    c.insets = new Insets(5, 5, 5, 5);        // 设置默认组件周边空隙为5像素
    c.ipadx = c.ipady = 0;                     // 设置组件内部周边空隙为0
    c.gridwidth = gridwidth;
    c.gridheight = gridheight;
    c.anchor = anchor;                         // 微调组件在网格空隙
    return c;                                  // 返回指定约束
}
```

图 17.16 显示了这个编程实例的运行结果。注意代码中用英文显示所有信息。你可以将其修改为中文显示。

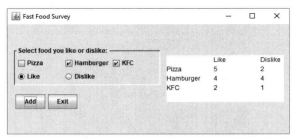

图 17.16　西方快餐食品调查程序运行结果

17.8　用户接口管理——UIManager 可以做啥

用户接口管理 UIManager 用来管理组件在窗口中的显示风格，是 Java Swing 设计结构的组成部分。在对组件的显示管理中，经常使用"look and feel"，或 L&F，即"看到就会感受到"来形容组件图像的视觉效应。默认的组件显示风格为"metal"，即"金属"。到目前为止，我们所有列举的组件显示风格都是这种风格。例如按钮，其显示就给人一种闪亮金属的感觉。JDK 提供包括"金属"风格在内的 3 种组件显示风格静态常量。

❑ javax.swing.plaf.metal.MetalLookAndFeel——默认"金属"显示风格。
❑ com.sun.java.swing.plaf.motif.MotifLookAndFeel——Linux 和 Solaris 系统显示风格。
❑ com.sun.java.swing.plaf.windows.WindowsLookAndFeel——微软窗口系统显示风格。

图 17.17 列出了这 3 种不同的显示风格。

图 17.17　组件的 3 种不同显示风格

当然，UIManager 不仅提供不同的组件显示风格，而且可以通过 UIManager 获得系统对组件的默认属性，例如颜色、字体、大小、边界、L&F 设置以及有关异常处理。它对组件的许多其他管理功能，如多重 L&F 设置和管理、适时本地 L&F 装载、L&F 识别、UI 和 L&F 授权，以及在 XML 定义 L&F 等，作为应用程序开发者，不需要直接与这些 UIManager 管理功能打交道。感谢 JRE 和 Swing，因为大多数这些管理功能已经由 JRE 通过 JComponent 在内部自动完成。这里的讨论仅限于通过 UIManager 来设置不同组件显示风格。

17.8.1 常用用户接口管理 UIManager

UIManager 包括在 javax.swing 包中。这个类中提供了一系列静态方法，与这个包中的 LookAndFeel 类一起使用，用来在应用程序中设置不同的组件显示风格。另外，在设置了不同显示风格后，需要调用同在这个包中的 SwingUtilities 类的静态方法 updateComponentTreeUI()，来适时更新这个设置。表 17.10 列出了这些常用的静态方法。

表 17.10 SwingUtilities 类的静态方法

静 态 方 法	解　　释
LookAndFeel getLookAndFeel()	返回系统当前的 L&F 对象
setLookAndFeel(LookAndFeel laf)	将组件显示设置为指定的 L&F
setLookAndFeel(String className)	将组件显示设置为指定的 L&F
updateComponentTreeUI(Component c)	SwingUtilities 类的静态方法，适时更新当前组件显示风格

17.8.2 编程实例

例子之一：得到系统当前的 L&F：

```
System.out.println("The current look and feel is: " + UIManager.getLookAndFeel());
```

如果系统当前使用默认的 L&F，这行语句执行后将打印如下结果：

```
The current look and feel is: [The Java(tm) Look and Feel - javax.swing.plaf.
    metal.MetalLookAndFeel]
```

例子之二：将当前显示设置为窗口系统风格并更新这个设置：

```
try {
    setLookAndFeel("com.sun.java.swing.plaf.windows.WindowsLookAndFeel");
    SwingUtilities.updateComponentTreeUI(this);
}
catch (IllegalAccessException e) {
    Systen.err.println(e);
}
```

这行语句执行后，组件在窗口中的显示将改变为图 17.17 中的第 3 种风格。

注意，setLookAndFeel() 方法要求处理任何一个如下检查性异常：

```
ClassNotFoundException
InstallationException
IllegalAccessException
UnsupportedLookAndFeelException
```

实战项目：开发西方快餐销售调查应用（1）

改进在 17.7 节讨论过的西方快餐调查程序，使之可以以 3 种不同风格显示窗口中的组件。我们在窗口中增加 3 个单选按钮，将其显示在文本窗口的上方，用来分别选择 3 种不同的显示风格，并且增添对这 3 个单选按钮的事件处理，完成显示风格设置以及更新功能。主要修改部分的代码如下：

```java
// 完整程序在本书配套资源目录 Ch17 中，分别名为 FoodSurveyPanel3.java、FoodSurveyFrame3.
//java 以及 FoodSurveyFrame3App.java
private final String metalClassName = "javax.swing.plaf.metal.
    MetalLookAndFeel",                                          //3 种显示风格
    motifClassName = "com.sun.java.swing.plaf.motif.MotifLookAndFeel",
    windowsClassName = "com.sun.java.swing.plaf.windows.WindowsLookAndFeel";
private JRadioButton metalRadioButton, motifRadioButton,
    windowRadioButton;                                          // 声明 3 个单选按钮
private ButtonGroup buttonGroup, buttonGroup2;                  //3 个单选按钮安排在按钮组 2
public FoodSurveyPanel3() {
    ...
    JPanel lafPanel = new JPanel();                             // 创建控制面板
      lafPanel.setBorder(BorderFactory.createTitledBorder(raisedBorder,
          "Select L&F you like: "));
      lafPanel.setLayout(new GridLayout(1, 3));                 //1 行 3 列
      metalRadioButton = new JRadioButton("Metal", true);       // 创建 3 个单选按钮
      motifRadioButton = new JRadioButton("Linux");
      windowRadioButton = new JRadioButton("Window");
      lafPanel.add(metalRadioButton);                           // 注册到控制面板
      lafPanel.add(motifRadioButton);
      lafPanel.add(windowRadioButton);
      metalRadioButton.addActionListener(this);                 // 注册事件处理
      motifRadioButton.addActionListener(this);
      windowRadioButton.addActionListener(this);
      buttonGroup2 = new ButtonGroup();                         // 按钮组
      buttonGroup2.add(metalRadioButton);
      buttonGroup2.add(motifRadioButton);
      buttonGroup2.add(windowRadioButton);
      c = setupConstraints(3, 0, 3, 1, GridBagConstraints.WEST);
                                                                // 设置约束实例变量
      add(lafPanel, c);                                         // 注册到框架
    ...
}
```

可以看到，代码中还利用斜面边框的凸出风格边框，将 3 个单选按钮设置在这个边框中。以下是处理这 3 个单项按钮的代码：

```java
try {
    if (source == metalRadioButton)
        UIManager.setLookAndFeel(metalClassName);
    if (source == motifRadioButton)
        UIManager.setLookAndFeel(motifClassName);
    if (source == windowRadioButton)
        UIManager.setLookAndFeel(windowClassName);
    SwingUtilities.updateComponentTreeUI(this);
}
catch (Exception ex) {
    System.err.println(ex);
}
```

图 17.18 显示了这个应用程序中选择微软窗口 MSW 显示风格后的典型输出结果。

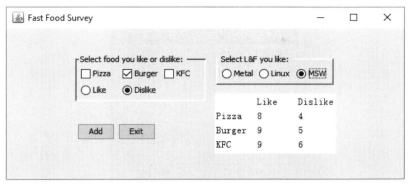

图 17.18　具有 3 种不同显示风格的西方快餐食品调查程序典型运行结果

巩固提高练习和实战项目大练兵

1. Java 提供了哪些常用布局管理类？举例说明它们各自的特点。

2. 什么是布局嵌套？列举布局嵌套编程的一般步骤。

3. 什么是边框？为什么使用边框？列举边框的应用例子以及一般编程步骤。

4. 修改第 16 章练习题中的第 6 题，将标签和文本条显示在一个名为"公里 - 英里转换"的边框中；将两个按钮显示在另外一个名为"操作"的边框中。测试运行并存储这个程序。

5. **实战项目大练兵**：修改第 16 章练习题中的第 9 题将文本框和按钮显示在一个名为"输入要统计的信息"的边框中；删除标签；将文本条显示在另外一个名为"统计结果"的边框中。测试运行并存储这个程序。对所有代码文档化。

6. 什么是标记板以及作用？列举编写标记板的一般编程步骤。

7. 修改第 16 章练习题中的第 11 题，利用标记板，而不是单选按钮组来实现选择不同的转换功能。测试运行并存储这个程序。

8. **实战项目大练兵（团队编程项目）：计算器模拟软件开发**——参考本章实战项目，利用适当的布局管理，必要时利用嵌套式布局管理，编写如图 17.19 所示的 GUI 窗口，模拟一个简单计算器。这个计算器具有加减乘除以及清零功能。测试运行这个程序并对代码文档化。

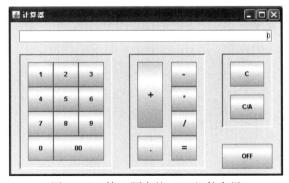

图 17.19　第 8 题中的 GUI 组件布局

9. **实战项目大练兵**：利用 GridBagLayout 以及适当的嵌套管理布局编写一个如图 17.20 所示的 GUI 窗口，用来模拟用户的付款方式。程序应具有事件处理功能。如果付款方式选择信用卡，则选择信用卡类型，输入卡号、失效期以及失效年份。勾选"证实"复选框并单击"接受"按钮，程序将利用 JOptionPane.showMessageDialog() 显示用户的信用卡付款方式以及信用卡；如果付款方式选择现金,勾选"证实"复选框并单击"接受"按钮后,则显示现金付款方式信息。测试运行并存储这个程序,对所有代码文档化。

图 17.20 第 9 题中的 GUI 组件布局窗口

10. 什么是 UIManager?有哪 3 种不同的组件显示风格?系统默认的是哪种风格?

11. **实战项目大练兵**:修改第 16 章练习题中的第 12 题,利用 UIManager 增加一个可以显示 3 种不同 GUI 组件风格的功能。根据你的喜好,将这个功能显示在窗口的适当位置。测试运行并存储这个程序。对所有代码文档化。

> "吾尝终日而思矣，不如须臾之所学也；吾尝跂而望矣，不如登高之博见也。"
>
> （我曾经整天苦思冥想，但还不如学习一会儿收获大；我曾经踮起脚跟远看，但还不如登高之后看得宽广。）

——荀子《劝学篇》

通过本章学习，你能够学会：
1. 应用编程步骤和技巧对讨论过的组件编写代码。
2. 应用事件处理步骤和技巧编写组件的事件处理代码。
3. 应用编程步骤和技巧编写菜单、助记键和快捷键代码。
4. 应用事件处理步骤和技巧编写菜单的事件处理代码。
5. 应用编程步骤和技巧编写弹出式菜单及其事件处理代码。

第 18 章　更多组件和事件处理

继续第 17 章的讨论，本章将介绍更多常用 GUI 组件，如下拉列表、列表、菜单、滑块、进度条、文件选择器、制表、树等。还将讨论更多组件事件处理技术以及其他输入设备，如鼠标和键盘事件处理。在本章最后将总结事件处理的 5 种不同编程技术和应用。

18.1　下拉列表——JComboBox

下拉列表以展示一个下垂列表的方式，从多条选择行中选择一行选项。图 18.1 显示了一个典型下拉列表和它下垂展开后提供选项的情况（完整程序在本书配套资源目录 Ch18 中，名为 ComboBoxFrame2Test.java）。注意，在下拉列表中一次只能选择一行选项。

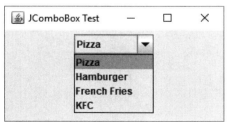

图 18.1　一个典型下拉列表

表 18.1 列出了下拉列表 JComboBox 类的构造方法和常用方法。

表 18.1 JComboBox 类的构造方法和常用方法

构造方法和常用方法	解　释
JComboBox()	创建一个预设数据类型的空的下拉列表对象
JComboBox(E[] items)	创建一个指定数据类型选项数组的下拉列表。E 可以是任何实数数据类型
addActionListener(ActionListener e)	注册 ActionListener 事件处理
addItem(E item)	增添指定选项。E 可以是任何实数类型
addItemListener(ItemListener e)	注册 ItemListener 事件处理
E getItemAt(int index)	返回指定下标的选项
int getItemCount()	返回选项行数
E getSelectedItem()	返回选择的选项
int getSelectedIndex()	返回选择的选项下标
insertItemAt(E item, int index)	将指定选项插到指定目录
boolean isEditable()	如果此下拉列表可编辑，返回真，否则返回假。默认为真
removeItem(Object item)	删除指定选项
removeItemAt(int index)	删除指定下标的选项
setEditable(Boolean flag)	设置此下拉列表是否可编辑
setMaximumRowCount(int rows)	设置最多可显示行
setSelectedItem(int index)	将下标指定的选项设定为已选择项

值得注意的是，从 JDK7 版本开始，JComboBox 被定义为泛类型 Generic Type。这样做的目的是在下拉列表中保证数据类型的安全。在定义一个下拉列表时应该注意到这个要求，否则 Eclipse 将显示警告信息。假设定义的下拉列表中的选项是字符串，正确地创建一个下拉列表的代码是：

```
JComboBox<String> myComboBox = new JComboBox<String>();//创建一个空下拉列表
```

或者

```
String[] yourSelection = new {"Java", "C", "C++", "Python", "Pearl"};
JComboBox<String> yourComboBox = new JComboBox<String>(yourSelection);
                                                          //创建一个下拉列表
```

以下小节讨论下拉列表的应用。

18.1.1 编程实例

例子之一：创建下拉列表。

```
String[] books = {"Programming Arts in Java", "All C/C++ Programming", "JSP
and Servlets"};
//创建具有3行选项的下拉列表
JComboBox<String> bookComboBox = new JComboBox<String>(books);
...
JComboBox myComboBox;                    //声明一个下拉列表
myComboBox = new JComboBox<String>();    //创建一个空下拉列表
myComboBox.addItem("Pizza");             //在下拉列表中增添3行选项
myComboBox.addItem("Hamburger");
myComboBox.addItem("KFC");
```

例子之二：调用下拉列表常用方法。

```
//继续上例
System.out.println(bookComboBox.getItemAt(0));       // 打印 Programming Arts in Java
System.out.println(bookComboBox.getItemCount());     // 打印 3
myComboBox.insertItemAt("French Fries", 2);          // 在 KFC 前插入这个选项行
System.out.println(bookComboBox.isEditable());       // 打印 true
bookComboBox.removeItem("JSP and Servlets");         // 删除
myComboBox.setSelectedItem(1);                       // 预选项为 Hamburger
bookComboBox.setEditable(false);                     // 这个下拉列表将不可更改
myComboBox.setMaximumRowCount(2);                    // 设置最大显示行为 2
```

例子之三：将下拉列表注册到控制面板用来显示以及注册它的事件处理。

```
SelectPanel extends JPanel implements ActionListener {
    //other coding
    ...
    add(bookComboBox);                               // 注册到当前控制面板用来显示
    bookComboBox.addActionListener(this);            // 注册事件处理
    ...
```

更多下拉列表以及完整例子可参考本书配套资源目录 Ch18 中名为 ComboBoxFrameTest.java 和 ComboBoxFrame2Test.java 的程序。

18.1.2 事件处理

利用 ActionListener 处理下拉列表事件的例子：

```
// 完整程序在本书配套资源目录为 Ch18 中，名为 ComboBoxFrame2Test.java
... // 其他代码
myComboBox.addActionListener(this);                  // 注册事件处理
...
public actionPerformed(ActionEvent e) {
    Object source = e.getSource();
    if (source == myComboBox) {                      // 如果下拉列表触发了事件
        if (myComboBox.getSelectedItem() == "Pizza") // 如果选项是 Pizza
            JOptionPane.showMessageDialog(null, "You have selected Pizza.");
        else if (myComboBox.getSelectedItem() == "Hamburger")
        // 如果选项是 Hamburger
            JOptionPane.showMessageDialog(null, "You have selected Hamburger.");
        else if (myComboBox.getSelectedItem() == "French Fries")
                                                     // 如果选项是 French Fries
            JOptionPane.showMessageDialog(null, "You have selected French
                Fries.");
        else                                         // 如果选项是 KFC
            JOptionPane.showMessageDialog(null, "You have selected KFC.");
    }
}
```

18.1.3 ItemListener 事件处理接口

ItemListener 接口专门用来处理具有多选项组件的事件。例如下拉列表、列表、菜单、选项框以及 JTabbedPane 等。观察下拉列表触发事件的情形，当一个新选项行被选中时，实际上产生了 3 种不同事件：两个选项事件（item events）以及一个行动事件（action event）。即当用户按下下拉列表按钮，选择一个新选项时，首先改变以前的选项行状态（非选），然后产生一个新的选项行状态（被选），激活一个事件（行动）。接下来根据下拉列表的这个特点来编写它本身的事件处理代码。当然

在实际应用中,对下拉列表的选项提交或证实一般通过按钮来实现。所以,大多数应用程序中,一般通过按钮触发的事件来对下拉列表的选项进行处理。

ItemListener 接口由 java.awt.event 包提供。与 ActionListener 接口相似,ItemListener 只有一个方法 itemStateChanged() 需要完善,并且要求利用 addItemListener() 方法注册组件的事件处理。另外,在这个包中,还提供了一个专门用来处理多选项条事件的类 ItemEvent,利用它的方法,可以更方便地对多选项组件的事件进行处理。

表 18.2 列出了 ItemListener 接口以及 ItemEvent 类中涉及选项条事件处理的常用方法。

表 18.2 ItemListener 接口以及 ItemEvent 类的常用方法

方 法	解 释
void ItemStateChanged(ItemEvent e)	需要完善的 ItemListener 接口的方法
addItemListener(ItemListenert e)	注册组件的选项事件处理
Object getSource()	返回当前触发事件的组件
Object getItem()	ItemEvent 的方法。返回当前的选项
int getStateChange()	ItemEvent 的方法。返回状态改变值:SELECTED 或 DESELECTED

事件处理实例:将 18.1.2 节中应用 ActionListener 处理下拉列表事件修改为利用 ItemListener 处理。

```
class SelectPanel2 extends JPanel implements ItemListener {
// 实现 ItemListener 接口
    JComboBox<String> myComboBox;                   // 声明一个下拉列表
  public SelectPanel2() {                           // 构造方法
    ...                                             // 创建和注册这个下拉列表
    myComboBox.addItemListener(this);               // 注册 ItemListener 事件处理
  }
  public void itemStateChanged(ItemEvent e) {       // 完善 itemStateChanged() 方法
    Object source = e.getSource();
    if (source == myComboBox) {                     // 如果下拉列表触发了事件
      if (e.getItem() == "Pizza" && e.getStateChange() == ItemEvent.
        SELECTED)                                   // 选项是 Pizza
            JOptionPane.showMessageDialog(null, "You have selected Pizza.");
      else if (e.getItem() == "Hamburger" && e.getStateChange() == ItemEvent.
        SELECTED)
            JOptionPane.showMessageDialog(null, "You have selected
                Hamburger.");
      else if (e.getItem() == "French Fries" && e.getStateChange() == ItemEvent.
        SELECTED)
            JOptionPane.showMessageDialog(null, "You have selected French
                Fries.");
      else if (e.getItem() == "KFC" && e.getStateChange() == ItemEvent.SELECTED)
            JOptionPane.showMessageDialog(null, "You have selected KFC.");
    }
  }
}
```

如前所述,对下拉列表任何选项的改变都触发两个选项条事件。在以上代码中,对是否选择了一个新的选项,我们必须首先判断是否触发了一个选项事件,再判断具体选项条以及判断该选项的状态为 SELECTED。

也可以利用下拉列表的 getSelectedItem() 方法来简化判断选中的选项,例如:

```
if (source == myComboBox) {                          // 如果下拉列表触发了事件
    if (myComboBox.getSelectedItem() == "Pizza")     // 如果选项是 Pizza
        JOptionPane.showMessageDialog(null, "You have selected Pizza.");
    else if (myComboBox.getSelectedItem() == "Hamburger")
                                                     // 如果选项是 Hamburger
```

```
        JOptionPane.showMessageDialog(null, "You have selected Hamburger.");
     else if (myComboBox.getSelectedItem() == "French Fries")
                                                   // 如果选项是French Fries
        JOptionPane.showMessageDialog(null, "You have selected French Fries.");
     else
        JOptionPane.showMessageDialog(null, "You have selected KFC.");
}
```

18.1.4 我怎么用它——编程实例

编写一个显示面向对象编程常用术语的下拉列表，并显示对选择术语的解释。这个程序还具有增添新术语和解释的功能。我们利用网格包布局将下拉列表设置在窗口左边；利用文本窗口显示对选择术语的解释，并将它安排在窗口右边。在下拉列表下方，显示一个增添术语以及退出按钮。当用户按下增添术语按钮后，一个文本字段、文本窗口以及提交按钮将显示在窗口中，用来实现增添新术语的功能；而包括下拉列表在内的原先显示的组件将隐藏。当用户按下提交按钮后，显示重新回到原来的组件布局。其典型运行结果如图 18.2 所示。

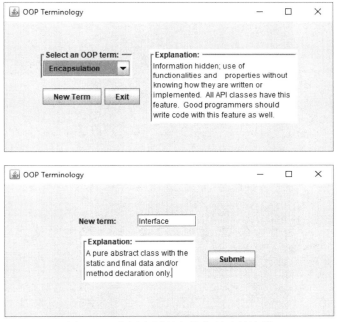

图 18.2　应用实例程序的典型运行结果

在这个程序中，首先利用两个字符串数组创建了 3 个常用 OOP 术语和对每个术语的解释。第一个数组为三个预设的术语：Encapsulation、Inheritance 以及 Polymorphism；第 2 个数组是对这三个术语的解释。为了能够方便地实现新增术语和解释功能，我们创建了字符串型链接表 LinkedList<String>，并将第 2 个数组中的内容增添到这个链接表中：

```
// 完整程序在本书配套资源目录Ch18中，名为OOPPanel.java
private String[] OOPs = {"Encapsulation", "Inheritance","Polymorphism"};
                                                   // 术语数组
private String[] explains = {"Information hidden; use of the functionalities
    and properties "                              // 解释数组
            + "without knowing how they are written or implemented. "
            + "All API classes have this feature. Good programmers "
            + "should write code with this feature as well.",
```

```
                "Inherit properties including variables and methods "
                + "to subclass from super class(es), so save  your time "
                + "in case you have to rewrite them.","A method can carry out
                    variety of functiona-lities depending on "
                + "the object that overrides and calls dynamically."
                };
    private LinkedList<String> explainList = new LinkedList<String>(Arrays.
asList(explains));
    //增添到链接表
```

在后续章节介绍文件输入/输出以及数据库编程技术后，可以看到关于技术术语以及解释的文字都可以从相关文件或者数据库中读入。

为了便于利用网格包布局，除窗口右侧的文本窗口外，所有其他组件都由相应的控制面板管理其布局。如 comboBoxPanel 管理下拉列表；buttonPanel 管理 New Term 和 Exit 按钮；textPanel 管理标签和文本字段组件；textAreaPanel 管理用来输入对新技术术语解释的文本窗口；Button2Panel 管理 Submit 按钮。而所有这些控制面板均由总控制面板 OOPPanel 控制。以下是上面各控制面板在 OOPPanel 中的代码：

```
// 完整程序在本书配套资源目录 Ch18 中，分别名为 OOPPanel.java、OOPFrame.java 以及 OOPFrameApp.java
public OOPPanel() {
    loweredBorder = BorderFactory.createBevelBorder(BevelBorder.LOWERED);
                                                    // 创建框架
    createGUIComponents();                          // 调用自定义方法来处理组件布局
}
private void createGUIComponents() {
    setLayout(new GridBagLayout());                 // 创建网格包布局管理
    c = new GridBagConstraints();
    comboBoxPanel = new JPanel();                   // 创建下拉列表控制面板
    comboBoxPanel.setBorder(BorderFactory.createTitledBorder(loweredBorder,
"Select an OOP term: "));
    comboBoxPanel.setLayout(new GridLayout(1, 2));  // 嵌套一个 1 行 2 列的网格布局
    comboBox = new JComboBox<String>(OOPs);         // 创建并对下拉列表初始化
    comboBox.addActionListener(this);               // 注册事件处理
    comboBoxPanel.add(comboBox);                    // 注册到控制面板
    c = setupConstraints(0, 0, 2, 1, GridBagConstraints.WEST);
                                                    // 调用自定义方法处理网格包约束变量
    add(comboBoxPanel, c);                          // 注册到总控制面板 OOPPanel
    buttonPanel = new JPanel();                     // 创建按钮控制面板
    buttonPanel.setLayout(new FlowLayout(FlowLayout.LEFT));
                                                    // 嵌套一个流程布局并左对齐
    newItemButton = new JButton("New Term");
    buttonPanel.add(newItemButton);
    newItemButton.addActionListener(this);
    exitButton = new JButton("Exit");
    buttonPanel.add(exitButton);
    exitButton.addActionListener(this);
    c = setupConstraints(0, 3, 2, 1, GridBagConstraints.WEST);
    add(buttonPanel, c);
    textPanel = new JPanel();                       // 创建文本字段控制面板
    textPanel.setLayout(new GridLayout(1, 2));
    termLabel = new JLabel("New term: ");
    termField = new JTextField(8);
    textPanel.add(termLabel);
    textPanel.add(termField);
    c = setupConstraints(0, 0, 2, 1, GridBagConstraints.WEST);
    add(textPanel, c);
```

```
        textPanel.setVisible(false);                    //默认为不显示状态
        textAreaPanel = new JPanel();                   //创建文本窗口控制面板
        textAreaPanel.setLayout(new FlowLayout(FlowLayout.LEFT));
        explainTextArea = setupTextArea(explainTextArea, 3, 15, true);
                                                        //调用自定义方法处理文本窗口
        textAreaPanel.add(explainTextArea);
        c = setupConstraints(0, 1, 2, 3, GridBagConstraints.WEST);
        add(textAreaPanel, c);
        textAreaPanel.setVisible(false);                //默认为不显示状态
        button2Panel = new JPanel();                    //创建第2个按钮控制面板
        button2Panel.setLayout(new FlowLayout(FlowLayout.LEFT));
        submitButton = new JButton("Submit");
        button2Panel.add(submitButton);
        submitButton.addActionListener(this);
        c = setupConstraints(2, 3, 1, 1, GridBagConstraints.WEST);
        add(button2Panel, c);
        button2Panel.setVisible(false);                 //默认为不显示状态
        displayTextArea = setupTextArea(displayTextArea, 5, 20, true);
                                                        //创建框架右侧的文本窗口
        comboBox.setSelectedIndex(0);
        updateTextArea(0);                              //调用自定义方法处理文本窗口更新
        c = setupConstraints(3, 0, 3, 5, GridBagConstraints.WEST);
        add(displayTextArea, c);
}
```

代码中对用来增添新术语功能的所有组件控制面板都预设为不显示状态，直到用户按下 New Term 按钮，事件处理中将重新设置相关组件的显示状态。我们将在事件处理代码中讨论如何处理这种显示更新。从以上代码可以看出，我们分别编写了包括 createGUIComponents () 在内的 4 个自定义方法，更有效地处理有关组件的布局和显示内容初始化以及显示状态更新。例如：

```
private JTextArea setupTextArea(JTextArea textArea, int rows, int cols, boolean editable) {
    textArea = new JTextArea(rows,cols);
    textArea.setLineWrap(true);                     //将超长度的行折回到下一行显示
    textArea.setWrapStyleWord(true);                //按字折回
    textArea.setEditable( editable );
    textArea.setBorder(BorderFactory.createTitledBorder(loweredBorder,
        "Explanation: "));                          //建立边框
    return textArea;
}
```

这个方法用来处理文本窗口组件的内容和显示状态初始化，是 16.6.1 节中讨论过的应用实例中相应方法的扩充。另外还修改了一个用来更新文本窗口显示内容的方法：

```
private void updateTextArea(int index) {
    displayTextArea.setText(explainList.get(index));
                                                    //从链接表中按下标得到解释内容并显示在文本窗口
    displayTextArea.setVisible(true);    //显示状态为真
}
```

CreateGUIComponents () 和 setupConstraints() 方法与以前例子中代码相同，这里不再列出讨论。以下是这个应用实例事件处理代码：

```
public void actionPerformed(ActionEvent e) {
    int index = 0;
    Object source = e.getSource();                  //得到事件发生源
        if (source == exitButton) {
```

```
                System.exit(0);
            }
            else if (source == comboBox) {              // 如果是下拉列表触发事件
                index=comboBox.getSelectedIndex();       // 得到选项下标
                updateTextArea(index);                   // 调用更新文本窗口内容方法
            }
            else if(source == newItemButton) {          // 如果增添新术语按钮触发事件
                comboBoxPanel.setVisible(false);         // 隐藏下拉列表
                buttonPanel.setVisible(false);      // 隐藏按钮控制面板上的 New Term 和 Exit 按钮
                displayTextArea.setVisible(false);       // 隐藏原先显示了的文本窗口
                textPanel.setVisible(true);              // 显示文本字段
                textAreaPanel.setVisible(true);          // 显示新文本窗口
                button2Panel.setVisible(true);           // 显示 Submit 按钮
            }
            else if (source == submitButton) {           // 如果 Submit 按钮触发事件
                comboBox.addItem(termField.getText());   // 更新下拉列表选项内容
                explainList.addLast(explainTextArea.getText());
                                                         // 将文本窗口的解释内容增添到链接表
                comboBoxPanel.setVisible(true);          // 显示下拉列表
                buttonPanel.setVisible(true);            // 显示 New Term 以及 Exit 按钮
                displayTextArea.setVisible(true);        // 显示原先文本窗口
                textPanel.setVisible(false);             // 隐藏文本字段
                textAreaPanel.setVisible(false);         // 隐藏新文本窗口
                button2Panel.setVisible(false);          // 隐藏 Submit 按钮
            }
        }
```

18.2 列表——JList

列表 JList 与下拉列表功能相似，都是用来提供多选项的组件。它们之间主要有以下几点不同。

- 列表将各选项显示在一个指定大小的长方窗口中。如果选项行多于长方窗口能够显示的行数，需要应用滚动面板 JScrollPane。
- 列表提供了多行选项的功能。
- 列表提供了更多控制和增减选项行的方法。
- 列表应用 ListSelectionListener 接口进行事件处理。

与 18.1 节讨论的 JComboBox 相同，从 JDK7 版本开始，JList 被定义为泛类型 Generic Type。这样做的目的是在列表中保证数据类型的安全。在定义一个列表时应该注意到这个要求，否则 Eclipse 将显示警告信息。假设定义的列表中的选项是字符串，正确地创建一个列表的代码是：

```
JList<String> myList = new JList<String>();
// 创建一个空列表；选择方式为系统默认多选项块方式
```

或者

```
String[] yourList = new {"Java", "C", "C++", "Python", "Pearl"};
// 创建一个由 yourList 组成的列表；系统默认为多选项块方式
JList<String> yourList = new JList<String>(yourList);
```

图 18.3 显示了一个具有滚动面板的典型列表组件。这个程序的代码在 18.2.1 节的例子之二中列出。列表的显示大小（可见选项行数和宽度）可以根据需要调用相关方法来确定。JList 由 javax.swing 包提供。表 18.3 列出了 JList 类的构造方法和常用方法。

图 18.3　一个具有滚动面板的典型列表

表 18.3　JList 类的构造方法和常用方法

构造方法和常用方法	解　释
JList()	创建一个空选项行的列表对象
JList(ListModel<E> dataModel)	创建一个由列表模式对象指定的列表对象。应用见 18.2.3 节使用 DefaultListModel 作为列表模式
JList(E[] items)	创建一个由泛类 E 指定数组类型选项行的列表对象
clearSelection()	清除所有选项的选择状态。isSelectionEmpty() 将为真
int getSelectedIndex()	返回所选项的下标
int[] getSelectedIndices()	返回所选项的下标数组
E getSelectedValue()	返回由泛类 E 指定所选项的值
Object[] getSelectedValues()	返回所选项值的数组
boolean isSelectedIndex(int index)	如果指定下标是当前选项,返回真
setFixedCellWidth(int width)	以指定像素数值为列表的显示宽度
setListData(E[] items)	将由 E 所指定的数组增添到列表
setSelectedIndex(int index)	以指定下标设置选项
setSelectedIndices(int[] indices)	以指定下标数组设置多选项
setSelectionMode(int mode)	设置指定选项方式

在列表中,默认的选项方式为多选项块,即每个选项块包括一行或多行选项;选项块之间可以有一行或多行非选行。以下是列表提供的 3 种选项方式。

- SINGLE_SELECTION——单行选项方式。
- SINGLE_INTERVAL_SELECTION——单选项块方式。一个选项块包括一行或多行选项(见 18.2.3 节的应用实例)。
- MULTIPLE_INTERVAL_SELECTION——默认的多选项块方式(见 18.2.3 节的应用实例)。

18.2.1　编程实例

例子之一:创建列表。

```
String[] items = {"Yellow", "Blue", "Green", "White", "Black"};
                                        // 创建选项数组
JList<String> list = new JList<String>();   // 创建一个空列表组件
list.setListData(items);                    // 在列表中加入选项
list.setSelectionMode(SINGLE_SELECTION);    // 设置为单行选项方式
list.setVisibleCellWidth(200);              // 列表显示宽度为 200 像素
list.setVisibleRowCounts(4);                // 设置可显示行数为 4
add(new JScrollPane(list));                 // 将滚动面板加到列表
```

也可以在创建列表时将选项数组包括在列表对象中:

```
JList<String> list = new JList<String>(items);
```

例子之二：与其他组件相同，列表常常由控制面板管理，然后将控制面板注册到窗口中。例如：

```java
// 完整程序在本书配套资源目录Ch18中，名为ListFrameTest.java
class JListFrame extends JFrame {
    String[] foods = {"Pizza", "Hamburger", "French Fries", "KFC", "Salad"};
                                                // 创建选项数组
    JList<String> foodList;                     // 声明列表
    JPanel foodPanel;                           // 声明控制面板
public JListFrame() {
    foodPanel = new JPanel();                   // 创建控制面板
    foodList = new JList<String>(foods);        // 创建具有5行选项的列表
    foodList.setFixedCellWidth(200);            // 列表显示宽度为200像素
    foodList.setVisibleRowCount(4);             // 可显示选项行数为4
    foodList.setSelectedIndex(0);               // 默认第一选项行选项
    foodList.setSelectionMode(ListSelectionModel.SINGLE_INTERVAL_SELECTION);
                                                // 选项方式
    foodPanel.add(new JScrollPane(foodList));   // 创建滚动面板并注册列表
    add(foodPanel);                             // 注册控制面板到框架
    ...
}
```

以上代码运行后的显示结果如图18.3所示。

例子之三：调用列表的其他常用方法。

```java
System.out.println(foodList.getSelectedValue());    // 将打印选择的选项内容
String[] choices = new String[5];
choices = foodList.getSelectedValues();             // 将所有选项值以数组返回到choice
```

如果在foodList中的选项为Pizza、KFC以及Salad，则choice数组的元素为：

```
choice[0] = "Pizza"        choice[1] = "KFC"        choice[2] = "Salad"
```

18.2.2 ListSelectionListener 事件处理接口

列表本身不支持ActionListener以及ItemListener接口，而是通过实现ListSelectionListener接口进行其事件处理。这个接口包括在javax.swing.event包中，提供了一个需要完善的valueChanged(ListSelectionEvent e)方法，如表18.4所示。在列表中，这3种事件通过激活valueChanged()来实现。当然，在实际应用中，一般通过按钮事件来进行列表的选项处理。

表18.4 ListSelectionListener 接口以及 JList 事件处理的常用方法

方 法	解 释
valueChanged(ListSelectionEvent e)	需要完善的ListSelectionListener接口的方法
addListSelectionListener(ListSelectionListener e)	注册列表的选项事件处理
Object getSource()	返回当前触发事件的组件

编程实例：应用ListSelectionListener处理列表事件。

```java
// 完整程序在本书配套资源目录Ch18中，名为ListFrame1Test.java
import javax.swing.event.*;                     // 引入ListSelectionListener接口
class JListPanel extends JPanel implements ListSelectionListener{
                                                // 实现这个接口
    String[] foods = {"Pizza", "Hamburger", "French Fries", "KFC", "Salad"};
    JList<String> foodList;
    public JListPanel() {
    // 所有其他代码行
    ...
```

```java
    {foodList.addListSelectionListener(this);              // 注册事件处理
}
{public void valueChanged(ListSelectionEvent e) {          // 完善接口方法
    Object source = e.getSource();
    if (source == foodList) {
        {String selected = (String) foodList.getSelectedValue();
                                                           // 得到选项值
        if ( selected == "Pizza")                          // 如果选项是 Pizza
            JOptionPane.showMessageDialog(null, "You have selected
                Pizza.");
        else if (selected == "Hamburger")                  // 如果选项是 Hamburger
            JOptionPane.showMessageDialog(null, "You have selected
                Hamburger.");
        else if (selected == "French Fries")               // 如果选项是 French Fries
            JOptionPane.showMessageDialog(null, "You have selected French
                Fries.");
        else if (selected == "KFC")                        // 如果选项是 KFC
            JOptionPane.showMessageDialog(null, "You have selected KFC.");
        else if (selected == "Salad")                      // 如果选项是 Salad
            JOptionPane.showMessageDialog(null, "You have selected
                Salad.");
        }
        else
            System.exit(0);
    }
}
```

18.2.3 列表的更多编程技巧

javax.swing 包提供了另外一个 API 类，默认列表模式 DefaultListModel，专门用来执行对列表以及相关组件的操作处理。DefaultListModel 实现了 ListModel 接口，所以我们可以利用列表的 JList(ListModel) 构造方法创建一个由默认列表模式规定的列表对象。表 18.5 中列出了 DefaultListModel 类的构造方法和常用方法。

表 18.5　DefaultListModel 类的构造方法和常用方法

构造方法和常用方法	解　　释
DefaultListModel()	创建一个默认列表模式对象
add(int index, Object item)	将指定选项加入到指定列表目录
addElement(Object item)	将指定选项加入列表
clear()	删除所有列表中的选项，使之成为一个空列表
boolean contains(Object item)	如果列表中包含指定选项，返回真，否则返回假
Enumeration<?> elements()	以枚举返回列表的所有选项
Object get(int index)	返回由下标指定的选项
removeElementAt(int index)	删除由下标指定的选项
int size()	返回列表的选项数

例子之一：利用默认列表模式创建 18.2.2 中的列表。

```java
String[] items = {"Yellow", "Blue", "Green", "White", "Black"};
                                                           // 创建选项数组
DefaultListModel listModel = new DefaultListModel();       // 创建默认列表模式对象
for(String item : items)                                   // 利用新循环
    listModel.addElement(item);                            // 将数组中每个选项加入到列表模式
JList<String> list = new JList<String>(listModel);         // 创建具有指定列表模式的列表
```

例子之二：应用列表模式的其他常用方法。

```
// 假设继续上例
listModel.add(0, "Red");                              // 将 Red 增添到列表的开始
System.out.println(listModel.contains("Black"));      // 打印 true
System.out.println(listModel.get(4));                 // 打印 Blank
System.out.println(lisModel.removeElementAt(0));      // 删除第一个选项 Red
System.out.println(listModel.size());                 // 打印 5
listModel.clear();                                    // 删除所有选项
System.out.println(listModel.size());                 // 打印 0
```

例子之三：应用列表中单选项块方式 SINGLE_INTERVAL_SELECTION 以及系统预设的多选项块方式 MULTIPLE_INTERVAL_SELECTION 进行对列表的选项操作。可将 18.2.2 节讨论过的 ListFrame1 Test.java 进行如下修改：

```
// 完整程序在本书配套资源目录 Ch18 中，名为 ListFrame2Test.java
class JListPanel2 extends JPanel implements ListSelectionListener{
// 其他代码相同
...
// 应用多选项块方式；作为练习也可替换为其他选项方式
foodList.setSelectionMode(ListSelectionModel.MULTIPLE_INTERVAL_SELECTION);
public void valueChanged(ListSelectionEvent e) {
    List<String> list;                           // 声明一个集合类 List 对象
    Object source = e.getSource();
    if (source == foodList) {
        list = foodList.getSelectedValuesList(); // 在 list 中存储所有选项
        JOptionPane.showMessageDialog(null,"your selection: " + list);
                                                 // 显示选项结果
    }
// 其他代码相同
...
```

注意，JList 的方法 getSelectedValuesList() 将返回一个集合类 List 的对象，用来存储所有选项信息。你必须创建一个对 List 的引用，如 list，来得到选项信息。图 18.4 展示了这个应用程序的一个典型运行结果。

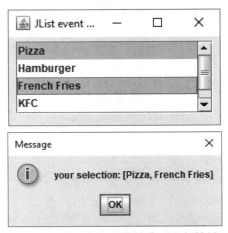

图 18.4　应用多选项块的典型运行结果

实战项目：利用列表开发名词学习记忆应用

18.1.4 节中展示了利用下拉列表显示并扩充学习 OOP 术语的程序。在本实战项目中将把这个程序修改为利用列表来实现。图 18.5 是修改后程序的一个典型运行结果。

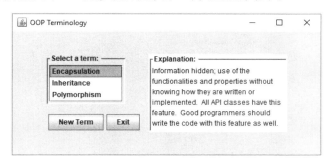

图 18.5　利用列表应用实例典型运行结果

以下是修改后的主要代码部分：

```java
// 完整程序在本书配套资源目录 Ch18 中，分别名为 OOPListPanel.java、OOPListFrame.java
// 以及 OOPListFrameApp.java
import java.awt.event.*;
import javax.swing.*;
import javax.swing.event.*;        // 支持 ListSelectionListener 接口处理列表事件
import javax.swing.border.*;
import java.util.*;
// 实现列表事件处理以及按钮事件处理接口
public class OOPListPanel extends JPanel implements ListSelectionListener,
ActionListener {
    private Border loweredBorder;
    private GridBagConstraints c;
    private JPanel listPanel, buttonPanel, button2Panel, textPanel, textAreaPanel;
    private JList<String> OOPList;                     // 声明列表
    private DefaultListModel<String> OOPListModel;     // 声明默认列表模式
    ...
    private void createGUIComponents() {
        setLayout(new GridBagLayout());
        c = new GridBagConstraints();
        listPanel = new JPanel();
        listPanel.setBorder(BorderFactory.createTitledBorder(loweredBorder,
            "Select an OOP term: "));
        listPanel.setLayout(new GridLayout(1, 1));
        OOPListModel = new DefaultListModel();          // 创建默认列表模式
        for(String item : OOPs)                         // 利用新循环将列表选项数组加入默认列表模式
            OOPListModel.addElement(item);
        OOPList = new JList(OOPListModel);              // 创建列表并将默认列表模式加入其中
        OOPList.setVisibleRowCount(2);                  // 设置可显示选项行为 2
        OOPList.setFixedCellWidth(130);                 // 设置列表宽度为 130 像素
        OOPList.addListSelectionListener(this);         // 注册列表事件处理
        listPanel.add(new JScrollPane(OOPList));        // 创建滚动面板并将列表注册到控制面板
        c = setupConstraints(0, 0, 3, 1, GridBagConstraints.WEST);
        add(listPanel, c);
        ...
    }
}
```

18.3 菜单——JMenu

菜单 JMenu 是常用 GUI 组件，以节省空间方式提供更高效率的多项选择功能。菜单通常以文字方式显示下拉列表，但也可以利用图标以及其他组件表示选项。另外，菜单中还经常包括子菜单，形成更强功能的选项操作。图 18.6 显示了具有典型菜单的一个窗口。

图 18.6 具有典型菜单的窗口

菜单通过菜单栏 JMenuBar 进行控制和管理，利用菜单选项 JMenuItem 构成其选项。表 18.6 列出了 JMenuBar、JMenu、JMenuItem 类的构造方法和常用方法。所有这些与菜单有关的类都由 javax.swing 包提供。

表 18.6 JMenuBar、JMenu、JMenuItem 类的构造方法和常用方法

构造方法和常用方法	解释
JMenuBar()	创建一个菜单栏对象
add(JMenu menu)	将指定菜单增添到菜单栏
JMenu getMenu(int index)	返回菜单栏中的指定菜单
int getMenuCount()	返回菜单栏中的菜单数
boolean isSelected()	如果菜单栏中的菜单已选择，返回真
JMenu(String menu)	创建一个指定的菜单对象
add(Component item)	将指定组件作为选项增添到菜单
add(JMenuItem item)	将指定菜单选项增添到菜单
add(Component c, int index)	将指定组件选项增添到指定位置
addMenuListener(MenuListener e)	注册菜单事件处理
doClick()	以编程方式模拟对菜单选项单击
JMenuItem getItem(int index)	返回下标指定的菜单选项
int getItemCount()	返回包括分隔符在内的菜单选项数
insertSeparator(int index)	在下标指定位置插入一个分隔线
remove(JMenuItem menuItem)	删除指定的菜单选项
setSelected(boolean select)	设置为选择或非选择
JMenuItem(String text)	创建一个指定的菜单选项
JMenuItem(Icon icon)	创建一个图标作为菜单选项
setEnabled(Boolean enabled)	将菜单选项设置为可选项或不可选项。默认为真

18.3.1 菜单编写步骤

菜单编写的一般步骤如下。

（1）创建菜单栏，如 JMenuBar menuBar = new JMenuBar()。

（2）创建菜单，如 JMenu fileMenu = new JMenu("File")。

（3）将菜单添加到菜单栏，如 menuBar.add(fileMenu)。

（4）创建相应的菜单选项，如 JMenuItem openItem = new JMenuItem("Open")。

（5）将菜单选项添加到菜单，如 fileMenu.add(openItem)。

（6）重复第（4）～（5）步，直到完成这个菜单的所有菜单选项。
（7）重复第（2）～（6）步，直到完成菜单栏上的所有菜单。
（8）注册菜单栏，如利用 JPanel 的 add(menuBar) 或利用 JFrame 的 setJMenuBar(menuBar)。

菜单默认位置为窗口上方，这样则不用创建控制面板来管理显示位置，直接在窗口中编写菜单。但如果程序中要求菜单显示在指定的布局管理位置时，如同其他组件一样，可创建控制面板，然后将控制面板注册到框架。以上步骤省略了控制面板和框架的编写。我们将在下面的小节中讨论具体代码例子。在后面的小节中将分别讨论菜单的事件处理。

18.3.2 编程举例

例子之一：创建一个名为 File、具有两个菜单选项 Open 以及 Exit 的菜单。

```
// 完整程序在本书配套资源目录 Ch18 中，名为 JMenuTest1.java
JMenuBar productMenuBar;                    // 声明菜单栏
JMenu fileMenu;                             // 声明菜单
JMenuItem openItem, exitItem;               // 声明两个菜单选项
productMenuBar = new JMenuBar();            // 创建菜单栏
fileMenu = new JMenu("File");               // 创建菜单
productMenuBar.add(fileMenu);               // 将菜单注册到菜单栏
openItem = new JMenuItem("Open");           // 创建菜单选项
exitItem = new JMenuItem("Exit");
fileMenu.add(openItem);                     // 将菜单选项注册到菜单
fileMenu.add(exitItem);
add(productMenuBar);                        // 注册菜单栏
```

例子之二：调用其他常用菜单相关方法。运行结果参考图 18.6。

```
if (productMenuBar.getMenu(0)  == fileMenu)
    System.out.println("The menu name is File");
                                                    // 打印 "The menu name is File"
    System.out.println(productMenuBar.getMenuCount()); // 打印 1
if(fileMenu.getItem(1) == exitItem)
    System.out.println("The menu item is Exit");
                                                    // 打印 "The menu item is Exit"
    System.out.println(fileMenu.getItemCount()); // 打印 2
fileMenu.insertSeparator(1);                         // 在 Open 菜单选项下面插入一行分隔线
```

18.3.3 如何加入子菜单

子菜单指某个菜单选项中嵌套另外一个菜单，如图 18.6 所示。在创建菜单时，如果一个菜单选项中包括子菜单，则将这个菜单选项创建成为另外一个菜单，然后在其中创建菜单选项，并进行增添操作。以下是在菜单中创建子菜单的例子。

编程举例。修改 18.3.2 节中的例子之一，将 Open 选项改为具有 Open from File 以及 Open from Database 两个子菜单。

```
// 完整程序在本书配套资源目录 Ch18 中，名为 JMenuTest1.java
JMenu openMenu;                                     // 将 openItem 改为 openMenu
JMenuItem openFromFile, openFromDatabase;           // 声明两个新菜单选项

openMenu = new JMenu("Open");                       // 创建菜单
fileMenu.add(openMenu);                             // 将 openMenu 作为子菜单注册到 fileMenu

openFromFile = new JMenuItem("Open from File");// 创建菜单选项
openFromDatabase = new JMenuItem("Open from Database");
openMenu.add(openFromFile);                         // 在子菜单中注册菜单选项
```

```
openMenu.add(openFromDatabase);
```

运行结果如图 18.7 所示。

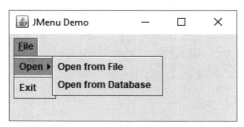

图 18.7 Open 菜单包括两个子菜单

18.3.4 菜单的事件处理

菜单支持多种事件处理接口，例如 ActionListener、MenuListener 以及 MenuKey Listener 等。这一节讨论常用的 Action Listener 处理菜单事件。其他事件处理将在后面小节分别介绍。

如同处理按钮事件一样，当某个注册到这个事件处理的菜单选项被选中时，将触发程序中已完善的 actionPerformed() 方法，并执行在这个方法中提供的对该菜单选项的事件处理代码。

以下代码演示利用 ActionListener 接口处理图 18.7 中显示的菜单事件。

```
// 完整程序在本书配套资源目录 Ch18 中，名为 JmenuTest2.java
public void actionPerformed(ActionEvent e) {
    Object source = e.getSource();
    if (source == exitItem) {              // 如果选择的是 Exit 菜单选项
        JOptionPane.showMessageDialog(null, "You have selected to exit.");
        System.exit(0);
    }
    else if (source == openFromFile)       // 如果选择的是 Open from File 菜单选项
        JOptionPane.showMessageDialog(null,"You have selected Open from File.");
    else if (source == openFromDatabase)
                                           // 如果选择的是 Open from Database 菜单选项
        JOptionPane.showMessageDialog(null, "You have selected Open from Database.");
}
```

18.3.5 设置键盘助记——高手才会这样做

键盘助记指按下 Alt 键和某个字母作为指定的菜单选项。助记键可以设置在菜单或者菜单选项中，通常在菜单或者菜单选项名中选择一个具有代表意义的字母作为助记键。设置后这个字母以下画线表示助记。应用助记键的目的是在菜单中灵活、快速、方便地选择选项。我们调用超类 AbstractButton 提供的 setMnemonic() 方法对菜单或者菜单选项设置助记键；或利用 JMenuItem 的另外一个构造方法创建具有助记键的菜单选项。表 18.7 列出了用来设置助记键的方法和构造方法。

表 18.7 用来设置助记键的方法和构造方法

设置方法和构造方法	解 释
setMnemonic(char mnemonic)	超类 AbstractButton 的方法。将指定字符设置为助记键
JMenuItem(String item, int mnemonic)	创建一个具有指定助记键的菜单选项对象

例子之一：对 18.3.3 节例子中的菜单 File 设置助记键 F，并对菜单选项 Exit 设置助记键 X。

```
// 完整程序在本书配套资源目录 Ch18 中，名为 JMenuTest2.java
fileMenu.setMnemonic('F');
exitItem.setMnemonic('X');
```

例子之二：继续上例，在 Open 和 Exit 菜单选项中插入一个名为 Save 的菜单选项，并设置助记键为 S。

```
JMenuItem saveItem;                                  // 声明
saveItem = new JMenuItem("Save" , 'S');              // 创建具有助记键的菜单选项
fileMenu.insert(saveItem, 1);                        // 插入到第二选项行
```

图 18.8 显示了以上两个例子的运行结果。

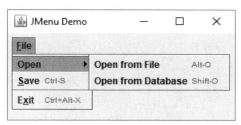

图 18.8　具有助记键的菜单和菜单选项

18.3.6　高手设置快捷键

和助记键类似，快捷键通常利用 Alt、Ctrl 以及 Shift 再加菜单选项的一个字母，作为选项操作。在菜单选项应用中经常可以看到综合使用助记键和快捷键，提供用户友好选项服务。与助记键不同的是，快捷键只能应用于菜单选项，并可在菜单的任何状态下触发，而不像助记键，必须在该菜单或菜单选项可见的状态下激活。

我们利用 JMenuItem 的方法 setAccelerator()、javax.swing 包提供的 KeyStroke 类的静态方法 getKeyStroke() 以及 KeyEvent 类提供的键盘代码和功能键代码，对菜单选项设置快捷键功能。表 18.8 列出了这两个方法。

表 18.8　设置快捷键的方法

方　　法	解　　释
setAccelerator(KeyStroke keyStroke)	JMenuItem 方法。设置由 keyStroke 对象指定的快捷键
getKeyStroke(int keyCode, int keyMask)	KeyStroke 方法。返回指定键盘代码和功能键的 keyStroke 对象

> **注意**　快捷键只可应用于菜单选项。对菜单设置快捷键将产生运行错误。

其中 keyCode 和 keyMask 为静态常量，由 javax.swing 包中的 KeyEvent 类提供。下面是 KeyEvent 提供的以字母作为键盘代码的静态常量：

VK_A、VK_B、VK_C、VK_D、VK_E、VK_F、VK_G ... VK_Z。

KeyEvent 还从 InputEvent 继承了以下 3 种作为功能键代码的静态常量：

SHIFT_DOWN_MASK、CTRL_DOWN_MASK、ALT_DOWN_MASK。

例子之一：对 18.3.5 节的例子中的 File 菜单选项 Save 设置快捷键 Ctrl+S，对 Open from File 设置快捷键 Alt +O，并对 Open from Database 设置快捷键 Shift +O。

```
// 完整程序在本书配套资源目录 Ch18 中，名为 JMenuTest2.java
saveItem.setAccelerator(KeyStroke.getKeyStroke(KeyEvent.VK_S, KeyEvent. CTRL_
    DOWN_MASK));
openFromFile.setAccelerator(KeyStroke.getKeyStroke(KeyEvent.VK_O,
    KeyEvent.ALT_DOWN_MASK));
openFromDatabase.setAccelerator(KeyStroke.getKeyStroke(KeyEvent.VK_O,
    KeyEvent.SHIFT_DOWN_MASK));
```

例子之二：还可以根据需要对一个菜单选项设置具有多功能键的快捷键。如对 Exit 选项设置 Ctrl+Alt+X 快捷键。注意，过多使用功能键会适得其反，达不到快捷方便的目的，使用时需慎重。

```
exiItem.setAccelerator(KeyStroke.getKeyStroke(KeyEvent.VK_X, KeyEvent.
    CTRL_DOWN_MASK + KeyEvent.ALT_DOWN_MASK));
```

图 18.9 显示了设置快捷键后的运行结果。

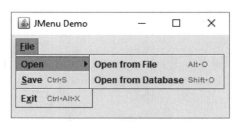

图 18.9　具有快捷键的菜单

18.3.7　MenuListener 处理菜单事件接口

MenuListener 接口专门用来进行菜单事件的处理。这个接口由 javax.swing.event 包提供，实现它时需要完善其 3 个方法：menuSelected()、menuDeselected() 以及 menuCanceled()。其菜单事件处理机制如下。

- 当选择一个菜单时，将自动触发 menuSelected() 方法。
- 如果离开一个已选择的菜单时，将自动触发 menuDeselected() 方法。
- 如果离开一个已选择菜单并选择其他菜单时，将自动触发 menuDeselected() 方法，同时激活 menuSelected() 方法。

menuCanceled() 方法主要应用于弹出式菜单，但处理菜单事件时必须完善它。注意，MenuListener 处理的是菜单事件，而不是菜单选项事件。表 18.9 列出了 MenuListener 接口，以及注册菜单事件处理的方法。利用 MenuEvent 的 getSource() 方法可以判断触发事件的来源。

表 18.9　MenuListener 接口以及注册菜单事件处理方法

接口和处理方法	解　释
MenuListener	处理菜单事件的接口
menuSelected(MenuEvent e)	需要完善的处理菜单事件的方法
menuDeselected(MenuEvent e)	需要完善的处理菜单事件的方法
menuCanceled(MenuEvent e)	需要完善的处理菜单事件的方法
addMenuListener(MenuListener ml)	注册菜单事件处理

编程实例：应用 MenuListener 接口演示对菜单事件的处理。在这个例子中，当菜单选项有任何选择变化时，都将触发相应的事件处理方法，并打印所有触发事件。为了演示目的，如果选择了 Help 菜单时，我们将 File 菜单设置为不可见状态，并调用 menuCanceled() 方法，打印这个信息。图 18.10 显示了这个程序的一个典型运行结果。以下是这个例子处理菜单事件的主要代码：

```
// 完整程序在本书配套资源目录下 Ch18 中，名为 JMenuTest3.java
import javax.swing.*;
import javax.swing.event.*;                    // 引入菜单事件处理接口
import java.awt.*;
public class JMenuTest3 extends JFrame implements MenuListener {
                                                // 实现菜单事件处理接口
    super("Demo of menu event handling");      // 调用超类构造方法设置窗口标题
```

```java
        fileMenu = new JMenu("File(F)");
        fileMenu.setMnemonic('F');
        fileMenu.addMenuListener(this);                    // 注册菜单事件处理
        fileMenu.add(new JMenuItem("Open"));
        fileMenu.add(new JMenuItem("Close"));
        helpMenu = new JMenu("Help(H)");
        helpMenu.setMnemonic('H');
        helpMenu.addMenuListener(this);                    // 注册菜单事件处理
        helpMenu.add(new JMenuItem("About menu"));
        helpMenu.insertSeparator(1);
        helpMenu.add(new JMenuItem("about event handling"));
        JMenuBar mb = new JMenuBar();
        mb.add(fileMenu);
        mb.add(helpMenu);
        setJMenuBar(mb);
        ...                                                // 设置显示位置和大小
    }
    public void menuSelected(MenuEvent e) {                // 完善方法
        display("Menu Selected: ", e);
        if(e.getSource() == helpMenu) {
            fileMenu.setVisible(false);
            menuCanceled(e);
        }
    }
    public void menuDeselected(MenuEvent e) {              // 完善方法
        display("Menu deselected:", e);
        if(e.getSource() == helpMenu) {
            fileMenu.setVisible(true);
        }
    }
    public void menuCanceled(MenuEvent e) {                // 完善方法
        display("Menu canceled File menu:", e);
    }
    private void display(String s, MenuEvent e) {
        JMenu menu = (JMenu) e.getSource();
        System.out.println(s + ": " + menu.getText());
    }
    ...                                                    // 显示中心位置方法
    public static void main(String args[]) {
        JFrame frame = new JMenuTest3();
        frame.setVisible(true);
    }
}
```

图 18.10 菜单事件处理典型运行结果

实战项目：开发西方快餐销售调查应用（2）

在实际应用程序中经常对窗口中的组件提供菜单式选择方式，例如微软的办公软件等，以达到方便、快捷、灵活、直观以及易于操作的目的。在这个实战项目中，我们运用在本章讨论过的菜单编程技术，改进上一章开发的西方快餐销售调查窗口的应用。图 18.11 显示了这个改进后的实战项目窗口典型运行结果。

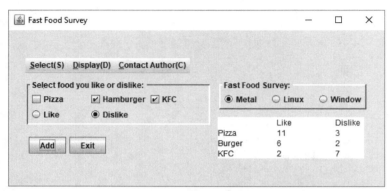

图 18.11　具有菜单的西方快餐销售调查窗口和典型运行结果

对菜单的创建和管理代码包括在自定义方法 CreateGUIComponent() 中。以下是其主要代码：

```java
//完整程序在本书配套资源目录 Ch18 中，分别名为 FoodSurveyPanel4.java、FoodSurvey Frame4. Java 以及
//FoodSurveyFrame4App.java
private void createGUIComponents() {
    setLayout(new GridBagLayout());
    c = new GridBagConstraints();
    menuPanel = new JPanel();                                    //创建菜单控制面板
    menuPanel.setLayout(new FlowLayout(FlowLayout.LEFT));        //向左对齐
    menuBar = new JMenuBar();                                    //创建菜单栏
    selectMenu = new JMenu("Select(S)");                         //创建选择菜单
    selectMenu.setMnemonic('S');                                 //设置助记键
    menuBar.add(selectMenu);                                     //将菜单添加到菜单栏
    likeMenu = new JMenu("Like(L)");                             //创建子菜单
    likeMenu.setMnemonic('L');
    selectMenu.add(likeMenu);                                    //将子菜单添加到菜单
    selectMenu.insertSeparator(1);                               //设置分隔线
    pizzaItem = new JMenuItem("Like Pizza");                     //创建菜单选项和快捷键
    pizzaItem.setAccelerator(KeyStroke.getKeyStroke(KeyEvent.VK_P, KeyEvent.ALT_
        DOWN_MASK));
    likeMenu.add(pizzaItem);                                     //添加菜单选项到菜单
    pizzaItem.addActionListener(this);                           //注册事件处理
    hamburgerItem = new JMenuItem("Like Hamburger");             //以下同上
    hamburgerItem.setAccelerator(KeyStroke.getKeyStroke(KeyEvent.VK_H, KeyEvent.
        ALT_DOWN_MASK));
    likeMenu.add(hamburgerItem);
    hamburgerItem.addActionListener(this);
    kfcItem = new JMenuItem("Like KFC");
    kfcItem.setAccelerator(KeyStroke.getKeyStroke(KeyEvent.VK_K, KeyEvent.ALT_
        DOWN_MASK));
    likeMenu.add(kfcItem);
    kfcItem.addActionListener(this);
    dislikeMenu = new JMenu("Dislike(D)");
    dislikeMenu.setMnemonic('D');                                //创建不喜欢食品 (D) 的菜单
```

```java
selectMenu.add(dislikeMenu);
dPizzaItem = new JMenuItem("Dislike Pizza");
dPizzaItem.setAccelerator(KeyStroke.getKeyStroke(KeyEvent.VK_P,KeyEvent.CTRL_
    DOWN_MASK));
dPizzaItem.addActionListener(this);
dislikeMenu.add(dPizzaItem);
dHamburgerItem = new JMenuItem("Dislike Hamburger");
dHamburgerItem.setAccelerator(KeyStroke.getKeyStroke(KeyEvent.VK_H, KeyEvent.
    CTRL_MASK));
dHamburgerItem.addActionListener(this);
dislikeMenu.add(dHamburgerItem);
dKfcItem = new JMenuItem("Dislike KFC");

dKfcItem.setAccelerator(KeyStroke.getKeyStroke(KeyEvent.VK_K,KeyEvent.CTRL_
    DOWN_MASK));
dislikeMenu.add(dKfcItem);
dKfcItem.addActionListener(this);
exitItem = new JMenuItem("Exit(X)");                    // 创建退出菜单选项
exitItem.setMnemonic('X');
selectMenu.add(exitItem);
selectMenu.insertSeparator(3);
exitItem.addActionListener(this);
displayMenu = new JMenu("Display(D)");                  // 创建显示菜单
displayMenu.setMnemonic('D');
menuBar.add(displayMenu);
menuPanel.add(menuBar);
metalItem = new JMenuItem("Metal");
metalItem.setAccelerator(KeyStroke.getKeyStroke(KeyEvent.VK_M, KeyEvent.CTRL_
    DOWN_MASK));
displayMenu.add(metalItem);
metalItem.addActionListener(this);
motifItem = new JMenuItem("Linux");
motifItem.setAccelerator(KeyStroke.getKeyStroke(KeyEvent.VK_L, KeyEvent.
    CTRL_DOWN_MASK));
displayMenu.add(motifItem);
motifItem.addActionListener(this);
winItem = new JMenuItem("Window");
winItem.setAccelerator(KeyStroke.getKeyStroke(KeyEvent.VK_W, KeyEvent.CTRL_
    DOWN_MASK));
displayMenu.add(winItem);
winItem.addActionListener(this);
aboutMenu = new JMenu("Contact Author(C)");
aboutMenu.setMnemonic('C');
menuBar.add(aboutMenu);
aboutMenu.addActionListener(this);
contactItem = new JMenuItem("Contact info");
contactItem.setAccelerator(KeyStroke.getKeyStroke(KeyEvent.VK_C, KeyEvent.
    CTRL_DOWN_MASK));
aboutMenu.add(contactItem);
contactItem.addActionListener(this);
copyrightItem = new JMenuItem("Copyright");
copyrightItem.setAccelerator(KeyStroke.getKeyStroke(KeyEvent.VK_R, KeyEvent.
    CTRL_DOWN_MASK));
aboutMenu.add(copyrightItem);
copyrightItem.addActionListener(this);
c = setupConstraints(0, 0, 6, 1, GridBagConstraints.WEST);
                                        // 调用自定义方法设置网格布局约束
add(menuPanel);                         // 将菜单控制面板注册到总控制面板
```

```
    ...
}
```

这个实战项目中利用 ActionListener 处理包括菜单在内的所有事件处理。以下是有关菜单事件处理的部分代码：

```
// 完整程序在本书配套资源目录 Ch18 中，名为 FoodSurveyPanel4.java
public void actionPerformed(ActionEvent e) {
    Object source = e.getSource();                    // 得到事件发生源
        if(source == exitButton || source == exitItem)
        System.exit(0);
    ...                                                // 处理选项框和单选按钮事件部分代码
    else if (source == contactItem)                    // 如果是联系地址菜单选项
        JOptionPane.showMessageDialog(null, "ygao@ohlone.edu");
    else if (source == copyrightItem)
        JOptionPane.showMessageDialog(null, "All programs are copyrighted.");
    else if (source == pizzaItem)                      // 如果是喜欢披萨
        pizzaLikeCount++;
    else if (source == hamburgerItem)                  // 如果是喜欢汉堡
        hamburgerLikeCount++;
    else if (source == kfcItem)                        // 如果是喜欢鸡腿
        kfcLikeCount++;
    else if (source == dPizzaItem)                     // 如果不喜欢披萨
        pizzaDislikeCount++;
    else if (source == dHamburgerItem)                 // 如果不喜欢汉堡
        hamburgerDislikeCount++;
    else if (source == dKfcItem)                       // 如果不喜欢鸡腿
        kfcDislikeCount++;
    updateTextArea();                                  // 更新显示统计内容
    ...
}
```

当用户按下 Alt+D 快捷键或选择 Display 菜单，可选择 3 种不同的显示风格。对这个事件的处理，这里与执行相同功能的单选按钮一起编写，例如：

```
try {
    if (source == metalRadioButton || source == metalItem) {
        UIManager.setLookAndFeel(metalClassName);
    }
    if (source == motifRadioButton || source == motifItem) {
        UIManager.setLookAndFeel(motifClassName);
    }
    if (source == windowRadioButton || source == winItem) {
        UIManager.setLookAndFeel(windowsClassName);
    }
        SwingUtilities.updateComponentTreeUI(this);
}
catch (Exception ex) {
    System.out.println(ex);
}
```

18.4 高手须知弹出式菜单

弹出式菜单 JPopupMenu 用来在一个小窗口中显示一系列指定的菜单选项。虽然弹出式菜单可以由任何指定菜单选项或指定键触发，但应用中经常利用鼠标的右键激活它并使之显示在指定的位置上。与菜单和其他 swing 组件一样，弹出式菜单由 javax.swing 包提供。表 18.10 列出了 JPopupMenu 类的构造方法和常用方法。

表 18.10　JPopupMenu 类的构造方法和常用方法

构造方法和常用方法	解释
JPopupMenu()	创建一个弹出式菜单对象
JPopupMenu(String name)	创建一个指定名称的弹出式菜单对象
add(JMenuItem item)	将指定菜单选项添加到弹出式菜单中
addSeparator()	在当前菜单选项之后插入一个分隔线
boolean isVisible()	如果该弹出式菜单可视，返回真，否则返回假
pack()	自动调整弹出式菜单窗口的大小，使之占用最小显示空间
setPopupSize(int width, int height)	按指定宽和高显示弹出式菜单窗口
setVisible(boolean b)	设置该弹出式菜单的显示状态
show(Component c, int x, int y)	在指定（x，y）位置显示该弹出式菜单

18.4.1 一步步教会你编写步骤

编写弹出式菜单的步骤如下。

（1）创建弹出式菜单对象，如 JPopupMenu popupMenu = new JPopupMenu()。
（2）创建弹出式菜单中的菜单选项，如 JMenuItem popupItem = new JMenuItem ("itemName")。
（3）将菜单选项添加到弹出式菜单中，如 popupMenu.add(popupItem)。
（4）将该菜单选项注册到事件处理，如 popupItem.addActionListener(this)。
（5）重复第（2）~（4）步，直到完成所有弹出式菜单中菜单选项的添加。
（6）完善事件处理方法，显示弹出式菜单。如在 ActionListener 的 actionPerformed() 方法中：

```
if (e.getSource() == popupItem)
    popupMenu.show(this, x, y);
```

并且处理弹出式菜单中的菜单选项。例如：

```
if (e,getSource == popupItem) {
    // 执行相应的事件处理
    ...
}
```

> **注意**　弹出式菜单的显示经常由鼠标事件处理适配器 MouseAdapter 类和 Mouse Event 类进行处理。当释放鼠标右键时，激活弹出式菜单的显示。在 18.4.4 节中将介绍这方面的具体实例。关于适配器技术以及鼠标事件处理，将在后续章节专门讨论。

18.4.2 编程实例

以下代码演示弹出式菜单的编写以及利用 ActionListener 接口进行事件处理。图 18.12 显示了这个例子的一个典型运行结果。

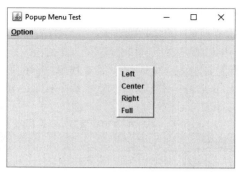
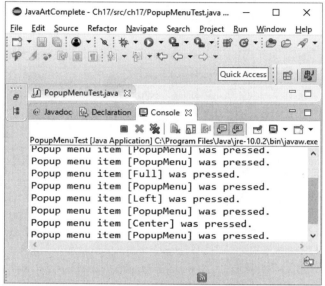

图 18.12 弹出式菜单演示程序典型运行结果

```
// 完整程序在本书配套资源目录 Ch18 中，名为 PopupMenuTest.java
public PopupMenuTest() {
    super("Popup Menu Test");
    menuBar = new JMenuBar();                                   // 创建菜单栏和菜单
    optionMenu = new JMenu("Option");
    optionMenu.setMnemonic('O');
    menuBar.add(optionMenu);
    popupItem = new JMenuItem("PopupMenu");                     // 创建菜单选项
    optionMenu.add(popupItem);
    popupItem.addActionListener(this);                          // 注册事件处理
    popup = new JPopupMenu();                                   // 创建弹出式菜单
    popup.add(item = new JMenuItem("Left"));                    // 添加菜单选项
    item.addActionListener(this);                               // 注册事件处理
    popup.add(item = new JMenuItem("Center"));
    item.addActionListener(this);
    popup.add(item = new JMenuItem("Right"));
    item.addActionListener(this);
    popup.add(item = new JMenuItem("Full"));
    item.addActionListener(this);
    popup.setBorder(new BevelBorder(BevelBorder.RAISED));       // 设置突出显示风格
    setJMenuBar(menuBar);                                       // 在窗口设置菜单栏
}
public void actionPerformed(ActionEvent event) {
```

```
        // 完善actionPerformed()方法
        System.out.println("Popup menu item [" +
                    event.getActionCommand() + "] was pressed.");
                                             // 显示触发事件的组件名
        if(event.getActionCommand().equals("PopupMenu"))   // 如果是弹出式菜单
            popup.show(this, 190, 100);                    // 在指定位置显示
    }
```

18.4.3 PopupMenuListener 事件处理接口

弹出式菜单事件处理接口 PopupMenuListener 由 javax.swing.event 包提供，专门用来处理弹出式菜单的 3 种状态：popupMenuCanceled()、popupMenuWillBecomeVisible() 以及 popupMenuWillBecomeInvisible()。表 18.11 列出了这个接口和需要完善的 3 个方法，以及用来注册弹出式菜单事件处理的方法。

表 18.11　PopupMenuListener 接口及其方法

接口及其方法	解　　释
PopupMenuListener	处理弹出式菜单事件的接口
popupMenuCanceled(PopupMenuEvent e)	没有选择弹出式菜单时触发这个方法
popupMenuWillBecomeVisible(Popup MenuEvent e)	弹出式菜单显示时触发这个方法
popupMenuWillbecomeInvisible(Popup MenuEvent e)	弹出式菜单退出显示时触发这个方法
addPopupMenuListener(PopupMenuListener pl)	注册弹出式菜单事件处理

以下代码利用一个内部类来实现 PopupMenuListener，演示对弹出式菜单的事件处理。

```
// 完整程序在本书配套资源目录Ch18中，名为PopupMenuTest2.java
class PopupPrintListener implements PopupMenuListener {
                                             // 内部类实现事件处理接口
    public void popupMenuWillBecomeVisible(PopupMenuEvent e) { // 完善每个方法
        System.out.println("Popup menu will be visible!");     // 打印相关信息
    }
    public void popupMenuWillBecomeInvisible(PopupMenuEvent e) {
        System.out.println("Popup menu will be invisible!");
    }
    public void popupMenuCanceled(PopupMenuEvent e) {
        System.out.println("Popup menu is canceled!");
    }
}
```

由于只有对弹出式菜单的操作才可触发这些方法，没有必要再利用 e.getSource() 对事件源进行判断。在程序中利用 addPopupMenuListener() 注册弹出式菜单的事件处理，例如：

```
popup.addPopupMenuListener(new PopupPrintListener());
// 创建一个匿名事件处理对象并注册事件处理
```

18.4.4 鼠标右键激活弹出式菜单

在实际应用中，经常利用按下鼠标右键来激活弹出式菜单。Java 提供了多种鼠标事件处理接口以及适配器，来满足对不同鼠标事件处理的需要。例如，可以利用 java.awt.event 包中的适配器 MouseAdapter 类来执行鼠标右键激活弹出式菜单的事件处理。关于鼠标事件处理和适配器技术将在第 19 章专门介绍。

MouseAdaptor 提供了 MouseReleased(MouseEvent) 方法，来处理由鼠标右键触发的事件。我们可以覆盖这个方法，并利用相同包中 MouseEvent 类提供的 isPopupTrigger() 方法，以及 JPopupMenu 的

show() 方法来执行在当前位置对弹出式菜单的显示。例如：

```
// 完整程序在本书配套资源目录 Ch18 中，名为 PopupMenuTest3.java
class PopupHandler extends MouseAdapter {           // 继承鼠标适配器
   ...                                              // 所有其他代码
   public void mouseReleased(MouseEvent e) {        // 覆盖其方法
      if (e.isPopupTrigger()) {                     // 如果按下鼠标右键
         popup.show(e.getComponent(), e.getX(), e.getY());
                                                    // 在鼠标按下位置显示弹出式菜单
      }
   }
}
```

然后在控制面板或框架中注册这个事件处理：

```
this.addMouseListener(new PopupHandler());
// 在当前组件中创建并注册 Popup Handler 鼠标事件处理
```

即创建一个匿名 PopupHandler 对象，并将这个事件处理注册到当前组件，如控制面板或框架中。

处理鼠标右键激活弹出式菜单的事件也可由一个匿名的内部类完成，例如将上面的注册鼠标事件语句改写为：

```
this.addMouseListener(new MouseAdapter(){
// 在当前组件中创建并注册匿名内部类鼠标事件处理
   public void mouseReleased(MouseEvent e){
      if (e.isPopupTrigger())
         popup.show(e.getComponent(), e.getX(), e.getY());
   }
});
```

具体应用见下面小节中的实例。

实战项目：开发西方快餐销售调查应用（3）

这个实战项目将在本章上节讨论过的西方快餐销售调查软件的基础上，在程序中应用弹出式菜单，使用户在选择时有更多的灵活性因而方便使用。这个弹出式菜单由鼠标右键激活，在当前位置显示一个具有 3 个菜单选项的弹出式菜单。这 3 个菜单选项是：改变弹出式菜单显示风格为凹下显示、凸出显示以及退出程序运行。当然你也可以很容易地修改这个选项，加入你喜欢的选项内容。图 18.13 显示了这个应用程序的典型运行结果。

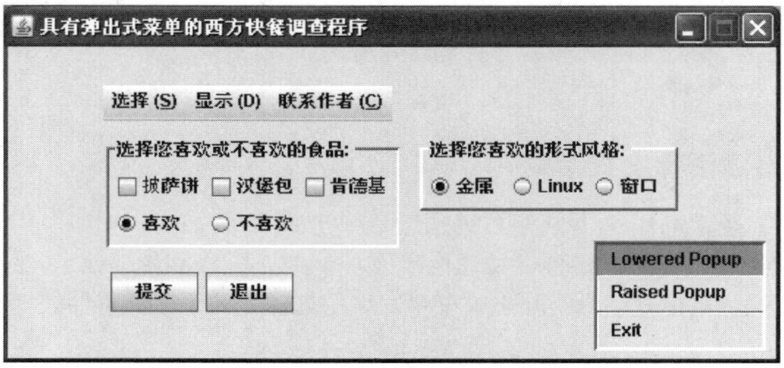

图 18.13　西方快餐销售调查程序中的弹出式菜单

因为大部分代码与上一个实战项目相同，这里不再赘述。以下是创建弹出式菜单和 3 个菜单选项、注册显示以及事件处理的代码：

```java
// 完整程序在本书配套资源目录Ch18中，分别名为FoodSurveyFrame5.java 和 FoodSurvey
//Frame5App.java
FoodSurveyFrame5() {                        // 构造方法
    ...                                     // 其他组件创建和注册显示以及事件处理代码
    popupMenu = new JPopupMenu();
    loweredPopupItem = new JMenuItem("Lowered Popup");
    popupMenu.add(loweredPopupItem);
    loweredPopupItem.addActionListener(this);
    raisedPopupItem = new JMenuItem("Raised Popup");
    popupMenu.add(raisedPopupItem);
    raisedPopupItem.addActionListener(this);
    popupMenu.addSeparator();
    exitPopupItem = new JMenuItem("Exit");
    popupMenu.add(exitPopupItem);
    exitPopupItem.addActionListener(this);
}
```

这个应用实例中实现 ActionListener 的 ActionPerformed() 方法处理弹出式菜单中的 3 个菜单选项部分的代码如下：

```java
// 完整程序在本书配套资源目录Ch18中，名为FoodSurveyFrame5.java
public void actionPerformed(ActionEvent e) {
    Object source = e.getSource();              // 得到事件发生源
    if(source == exitButton || source == exitItem || source == exitPopupItem)
        System.exit(0);
    ...     // 处理其他组件事件的代码
    else if (source == loweredPopupItem) {
        popupMenu.setBorder(new BevelBorder(BevelBorder.LOWERED));
    }
    else if (source == raisedPopupItem) {
        popupMenu.setBorder(new BevelBorder(BevelBorder.RAISED));
    }
    ...
}
```

处理鼠标右键激活弹出式菜单事件由一个匿名内部类完成。即：

```java
addMouseListener(new MouseAdapter(){         // 创建并注册匿名内部类鼠标事件处理
    public void mouseReleased(MouseEvent e){
        if (e.isPopupTrigger())
            popupMenu.show(e.getComponent(), e.getX(), e.getY());
    }
});
```

18.5 高手应掌握更多 GUI 组件

除本书第 17 章和这一章讨论过的经常使用的 GUI 组件外，Java 还提供了许多特殊用途的组件，例如：滑块 JSlider、进度条 JProgressBar、文件选择器 JFileChooser、颜色选择器 JColorChooser、制表 JTable、树 JTree 以及桌面板 JDesktopPane 等。这些组件都由 javax.swing 包提供。本节通过具体实例介绍这些组件的应用。

18.5.1 如何应用滑块——JSlider

滑块利用图示化方式来显示并确定给定选择范围中的值。图 18.14 显示了一个简单滑块。滑块可以水平显示，也可以设置为垂直形式。滑块的选择范围和刻度值可以通过 JSlider 提供的相关方法制定。

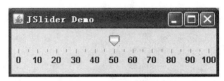

图 18.14　一个默认滑块

虽然可以利用多种事件处理接口实现对滑块的操作，由 javax.swing.event 包提供的 Change Listener 以及 ChangeEvent 是最常见的处理滑块的事件处理接口。代码中只需要完善这个接口的 stateChanged(ChangeEvent e) 方法。

以下是利用两个滑块进行图示化的摄氏 - 华氏温度换算的应用程序主要部分代码。图 18.15 显示了这个程序的典型运行结果。

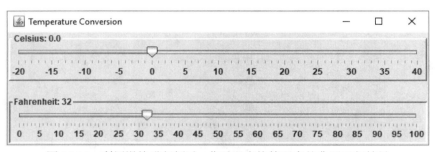

图 18.15　利用滑块进行摄氏 - 华氏温度换算程序的典型运行结果

```
// 完整程序在本书配套资源目录 Ch18 中，名为 TempConvertFrameTest.java
class TempConvertFrame extends JFrame {
    JSlider fSlider, cSlider;                    // 声明两个滑块
    Border loweredBorder, raisedBorder;
    JPanel cSliderPanel, fSliderPanel;
    double cTemp, fTemp;
    TempConvertFrame() {
        super("Temperature Conversion");
        loweredBorder = BorderFactory.createBevelBorder(BevelBorder.LOWERED);
        raisedBorder = BorderFactory.createBevelBorder(BevelBorder.RAISED);
        cSliderPanel = new JPanel();
        cSliderPanel.setLayout(new BoxLayout(cSliderPanel, BoxLayout.Y_AXIS));
        cSlider= new JSlider (-20, 40);          // 创建滑块，刻度范围为 -20 ~ 40
        cSlider.setMinorTickSpacing(1);          // 小刻度为 1
        cSlider.setMajorTickSpacing(5);          // 长刻度为 5
        cSlider.setPaintTicks(true);             // 设置显示刻度
        cSlider.setPaintLabels(true);            // 设置显示刻度值
        cSlider.setBorder(BorderFactory.createTitledBorder(raisedBorder,
            "Fahrenheit: " + 10));               // 框架
        ChangeListener  changeListener = new SliderChangeListener();
                                                 // 创建事件处理
        cSlider.addChangeListener(changeListener); // 注册事件处理
        cSliderPanel.add (cSlider);              // 注册到控制面板
        add(cSliderPanel, BorderLayout.NORTH);   // 显示到上方
        fSliderPanel = new JPanel();
```

```
            fSliderPanel.setLayout(new BoxLayout(fSliderPanel, BoxLayout.Y_AXIS));
            fSlider= new JSlider (0, 100);           // 创建滑块,刻度范围为 0 ~ 100
            fSlider.setMinorTickSpacing(1);
            fSlider.setMajorTickSpacing(5);
            fSlider.setPaintTicks(true);
            fSlider.setPaintLabels(true);
            fSlider.setBorder(BorderFactory.createTitledBorder(loweredBorder,
                "Celcsius: " + 50));
            changeListener = new SliderChangeListener();
            fSlider.addChangeListener(changeListener);
            fSliderPanel.add (fSlider);
            add(fSliderPanel, BorderLayout.SOUTH);
    }
    ...
}
```

以下是完善 ChangeListener 接口 stateChange() 方法的代码:

```
class SliderChangeListener implements ChangeListener {   // 实现接口
    public void stateChanged(ChangeEvent e) {            // 完善方法
        Object source = e.getSource();
            if (source == fSlider) {
                if (!cSlider.getValueIsAdjusting()) {    // 如果另一滑块没有任何移动
                cTemp = fToCConvert(fSlider.getValue()); // 调用转换温度的方法
                cSlider.setValue((int)cTemp);            // 移动滑块到转换值
                cSlider.setBorder(BorderFactory.createTitledBorder(raised
                    Border, " Fahrenheit: " + cTemp));   // 显示更新
                fSlider.setBorder(BorderFactory.createTitledBorder(lowered
                    Border,"Celsius: " + fSlider.getValue()));
                }
            }
            else if (source == cSlider) {
                if (!fSlider.getValueIsAdjusting()) {
                    fTemp = cToFConvert(cSlider.getValue());
                    fSlider.setValue((int)fTemp);
                    fSlider.setBorder(BorderFactory.createTitledBorder(lowered
                        Border, "Celsius: " + fTemp));
                    cSlider.setBorder(BorderFactory.createTitledBorder(raised
                        Border, "Fahrenheit: " + cSlider.getValue()));
                }
            }
        }
}
```

在事件处理中调用了以下两个自定义方法 cToFConvert() 以及 fToCConvert() 进行温度的换算:

```
double cToFConvert(int cTemp) {
    return 9/5.0*cTemp + 32;
}
double fToCConvert(int fTemp) {
    return 5/9.0*(fTemp-32);
}
```

> **更多信息** 滑块的更多功能和解释可参考 Oracle Java SE API 规范中对 JSlider 文档的列表。

18.5.2 如何应用进度条——JProgressBar

进度条用图示方式演示某种操作的执行进度。我们在下载文件时经常可以看到进度条的应用。由于进度条反映指定的实时处理，通常在实现 ActionListener 时调用执行进度条显示过程的线程来完成。

以下代码演示进度条显示过程。图 18.16 显示了这个程序的典型运行结果。

图 18.16　进度条演示执行进度典型运行结果

```
// 完整程序在本书配套资源目录 Ch18 中，名为 ProgressBarFrameTest.java
ProgressBarFrame() {
    super("Progress Bar Demo");
    progressBar = new JProgressBar(0, 100);        // 创建进度条，范围为 0 ~ 100
    progressBar.setStringPainted(true);            // 显示进度
    add(progressBar, BorderLayout.NORTH);
    minimum = progressBar.getMinimum();            // 得到最小范围值
    maximum = progressBar.getMaximum();            // 得到最大范围值
    panel = new JPanel();
    panel.setLayout(new FlowLayout());
    startButton = new JButton("Start");
    panel.add(startButton);
    cancelButton = new JButton("Cancel");
    panel.add(cancelButton);
    add(panel, BorderLayout.SOUTH);
    startButton.addActionListener(this);
    cancelButton.addActionListener(this);
    setDefaultCloseOperation(JFrame.EXIT_ON_CLOSE);
}
```

以下是完善 ActionListener 接口中 actionPerformed() 方法的代码：

```
public void actionPerformed(ActionEvent e) {       // 完善 ActionListener 接口的方法
    Object source = e.getSource();
    if (source == cancelButton)
    System.exit(0);
    else if (source == startButton)
        new Thread(new BarThread()).start();       // 创建匿名线程对象并调用 start()
}
```

BarThread 是一个实现了 Runnable 线程接口的内部类，用来执行进度条的实时显示过程。具体代码如下：

```
class BarThread implements Runnable{               // 实现 Runnable 线程接口
    public void run(){
        for (int i=minimum; i<=maximum; i++){      // 进度变化范围
            progressBar.setValue(i);               // 设置进度变化值
            progressBar.repaint();                 // 更新进度条显示图像
            try{Thread.sleep(DELAY);}              // 延迟
            catch (InterruptedException err){}
        }
```

```
            }
        }
```

在实际应用中，例如利用进度条显示下载文件的进度过程时，可调用返回文件长度的方法 length() 以及计算所剩文件长度来确定进度条的 setValue(i)。

> **更多信息** 进度条的更多功能和解释可参考 Oracle Java SE API 规范中对 JProgressBar 文档的列表。

18.5.3 如何应用文件选择器——JFileChooser

文件选择器提供图示化的本机文件系统列表选择文件以及创建文件功能。利用文件选择器可以简化对文件的选择操作，提高程序的用户友好设计，使人 - 机对话形象化。图 18.17 显示了利用文件选择器选择文件，并且统计所选文件中包括字数程序的典型运行结果。注意运用这个程序统计字数时，所打开的文件是文本文件格式，即 text file。关于文件的输入、输出操作将在本书后续章节中专门讨论。

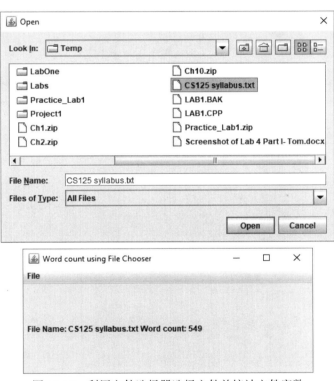

图 18.17　利用文件选择器选择文件并统计文件字数

以下是这个程序构造方法中创建文件菜单以及利用标签显示所选文件名和字数的主要代码：

```
// 完整程序在本书配套资源目录 Ch18 中，名为 FileChooserFrameTest.java
FileChooserFrame() {
    menuBar = new JMenuBar();
    fileMenu = new JMenu("File");
    menuBar.add(fileMenu);
    openItem = new JMenuItem("Open");
    fileMenu.add(openItem);
```

```
        fileMenu.insertSeparator(1);
        exitItem = new JMenuItem("Exit");
        fileMenu.add(exitItem);
        setJMenuBar(menuBar);
        statusLabel = new JLabel("It will display the file name and statictics of
            the word count for .txt file only...");
        add(statusLabel);
        ...
    }
```

程序中利用匿名内部类实现对打开菜单选项的事件处理。完善 actionPerformed() 方法中，首先创建 JFileChooser 对象 chooser，然后调用 showOpenDialog() 方法注册文件选择器的显示。这个方法中的参数 null 表示打开一个新的文件对话窗口，以便进行文件的选择。如果注册成功，这个方法将返回由 JFileChooser.APPROVE_OPTION 表示的常数值。当用户成功地选择了某个文件，按下文件选择器中提供的打开按钮时，调用文件选择器的 getSelectedFile() 方法，返回所选择的文件对象。最后程序调用自定义方法 countWordsInFile()，返回文件中的字数统计值，并调用标签的 setText()，显示这个文件名和统计值。

```
// 利用匿名内部类实现菜单选项 openItem 的事件处理
openItem.addActionListener(new ActionListener() {
    public void actionPerformed(ActionEvent e) {
        JFileChooser chooser = new JFileChooser();      // 创建文件选择器对象
        int wordsCount = 0;                             // 初始化
        int option = chooser.showOpenDialog(null);      // 打开新窗口显示文件选择器
        if (option == JFileChooser.APPROVE_OPTION) {    // 如果选择文件成功
            File file = chooser.getSelectedFile();      // 得到所选文件对象
            wordsCount = countWordsInFile(file);        // 统计字数
            statusLabel.setText("  File name: " + file.getName() + " Word
                count: " + wordsCount);
        }
        else {                              // 如果没有选择文件或按下取消按钮
            statusLabel.setText("You have canceled file selection.");
        }
    }
});
```

用来统计文件中字数的自定义方法 countWordsInFile() 的代码如下：

```
// 统计文件中的字数
int countWordsInFile(File file) {
    int numberOfWords = 0;                  // 初始化
    String word = null;
    try {
        Scanner sc = new Scanner(file);     // 创建以文件作为输入的扫描器对象
        while (sc.hasNext()) {
            word = sc.next();               // 读入一个字符串
            numberOfWords++;
        }
        sc.close();
    } catch (FileNotFoundException e) {
        JOptionPane.showMessageDialog(null, e);
    }
    return numberOfWords;
}
```

由于文件操作属检查性异常，我们必须在代码中提供异常处理。第 21 章将对文件操作进行详细讨论。

与 openItem 菜单选项的事件处理相似，程序中利用另外一个匿名内部类实现对 exitItem 的事件处理。

```
exitItem.addActionListener(new ActionListener() {      // 匿名内部类实现事件处理
    public void actionPerformed(ActionEvent e) {
        System.exit(0);                                 // 停止程序运行
    }
});
```

> **更多信息**　文件选择器的更多功能可参考 java.sun.com API 规范中对 JFileChooser 文档的列表。

18.5.4　如何应用颜色选择器——JColorChooser

本节将介绍颜色选择器的基本编程技术。后续章节将专门讨论颜色及其应用。JColorChooser 以颜色板、HSB 以及 RGB 滑条形式提供对颜色的选择。并且在确定选择的颜色之前，提供所选颜色的样本。在 javax.swing.colorchooser 包中提供的 ColorSelectionModel 类产生颜色选择的模式切换以及对事件处理的注册。在实际应用中经常利用 javax.swing.event 包中提供的 ChangeListener 接口以及 ChangeEvent 类，通过完善其 stateChanged() 方法来处理颜色选择器事件。图 18.18 显示了一个颜色选择器程序的典型运行结果。

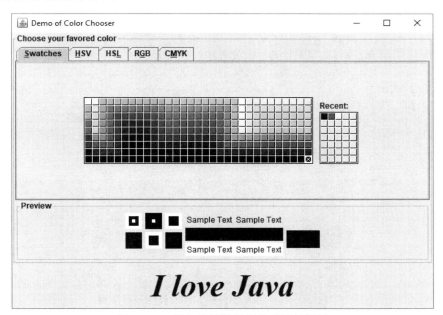

图 18.18　颜色选择器程序典型运行结果

以下是这个程序的主要代码：

```
// 完整程序在本书配套资源目录 Ch18 中，名为 ColorChooserFrameTest.java
ColorChooserFrame() {                                   // 构造方法
    super(" 颜色选择器演示程序 ");
    label = new JLabel(" 我爱 Java", JLabel.CENTER);    // 显示不同颜色的标签
    label.setFont(new Font("Serif", Font.BOLD + Font.ITALIC, 48));
                                                        // 设置标签的字体、风格、大小
```

```java
        add(label, BorderLayout.SOUTH);
        colorChooser = new JColorChooser(label.getBackground());
                                                            // 创建颜色选择器对象
        colorChooser.setBorder(BorderFactory.createTitledBorder("选择你喜欢的颜色"));
        add(colorChooser, BorderLayout.CENTER);             // 注册显示
        changeListener = new ChangeListener() {             // 匿名内部类实现事件处理接口
            public void stateChanged(ChangeEvent changeEvent) {
                Color newForegroundColor = colorChooser.getColor();   // 得到所选颜色
                label.setForeground(newForegroundColor);              // 更新颜色
            }
        };
        model = colorChooser.getSelectionModel();           // 切换不同颜色选择模式
        model.addChangeListener(changeListener);            // 注册事件处理
        setDefaultCloseOperation(JFrame.EXIT_ON_CLOSE);
    }
```

> **更多信息** 颜色选择器的更多功能和解释可参考 Oracle Java SE API 规范中对 Jcolor Chooser 文档的列表。

18.5.5 如何应用制表——JTable

JTable 给程序中需要编制表格带来方便和灵活性。表格与二维数组密切相关，应用时首先创建数组，再将这个数组，以及表示表格列名的数组作为参数，代入 JTable 的构造器，产生指定的表格。JTable 还提供扩充和删减表格行或列的操作。表格的事件处理经常通过完善由 java.awt.evet 包提供的 ItemListener 接口 itemChanged() 方法来实现。图 18.19 显示了一个制表应用程序的典型运行结果。这个例子中还可以通过一个下拉列表改变表格的显示大小。

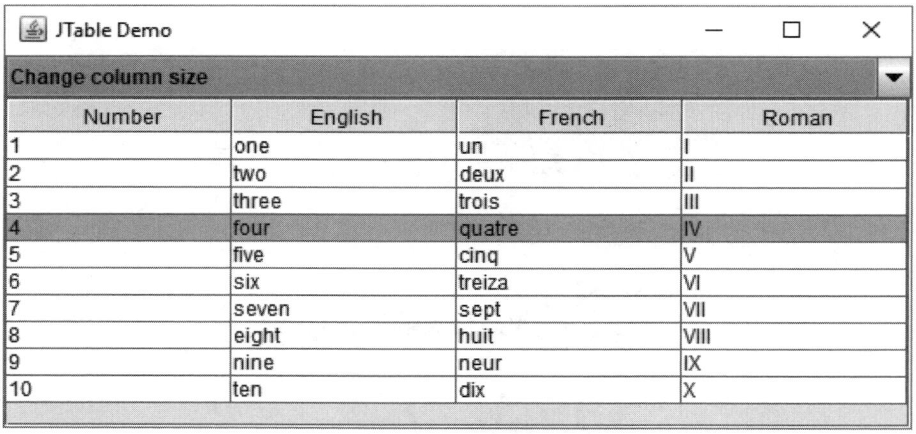

JTable Demo			
Change column size			
Number	English	French	Roman
1	one	un	I
2	two	deux	II
3	three	trois	III
4	four	quatre	IV
5	five	cinq	V
6	six	treiza	VI
7	seven	sept	VII
8	eight	huit	VIII
9	nine	neur	IX
10	ten	dix	X

图 18.19　具有可改变表格大小的程序运行结果

以下是这个演示程序的主要代码：

```java
class TableFrame extends JFrame {
    Object rowData[][] = {                          // 创建二维数组作为表格内容
        { "1", "one", "un", "I" },
        { "2", "two", "deux", "II" },
        { "3", "three", "trois", "III" },
        { "4", "four", "quatre", "IV" },
        { "5", "five", "cinq", "V" },
```

```java
                    { "6",  "six",   "treiza", "VI" },
                    { "7",  "seven", "sept",   "VII" },
                    { "8",  "eight", "huit",   "VIII" },
                    { "9",  "nine",  "neur",   "IX" },
                    { "10", "ten",   "dix",    "X" } };
    String columnNames[] = { "Number", "English", "French", "Rome" };
                                                        // 创建表格列名数组
    String modes[] = { "Change cloumn size", "reset"};
                                                        // 创建表格改变大小选项数组
    int modeKey[] =  { JTable.AUTO_RESIZE_ALL_COLUMNS, JTable.AUTO_
        RESIZE_OFF};
    JTable table;                                       // 声明表格
    JScrollPane scrollPane;
    JComboBox resizeModeComboBox;
    ItemListener itemListener;                          // 声明事件处理接口
    int defaultMode = 1;                                // 改变表格大小下标 0 - 1
TableFrame() {
    table = new JTable(rowData, columnNames);           // 创建表格
    scrollPane = new JScrollPane(table);                // 注册到滚动面板
    resizeModeComboBox = new JComboBox(modes);          // 创建下拉列表
    table.setAutoResizeMode(modeKey[defaultMode]);
                                                        // 设置默认模式为复原(AUTO_SIZE_OFF)
    resizeModeComboBox.setSelectedIndex(defaultMode);
    add(resizeModeComboBox, BorderLayout.NORTH);        // 注册显示位置
    add(scrollPane, BorderLayout.CENTER);
    itemListener = new ItemListener() {                 // 创建事件处理匿名内部类对象
        public void itemStateChanged(ItemEvent e) {
            JComboBox source = (JComboBox) e.getSource();
            int index = source.getSelectedIndex();
            table.setAutoResizeMode(modeKey[index]);
        }
    };
    resizeModeComboBox.addItemListener(itemListener);   // 注册事件处理
    setDefaultCloseOperation(EXIT_ON_CLOSE);
    }
}
}
```

> **更多信息** 制表的更多功能和解释可参考 Oracle Java SE API 规范中对 JTable 文档的列表。

18.5.6 如何应用树——JTree

JTree 以树结构的图示化形式显示数据。JTree 只是形象化地展示数据之间的关系，并不对数据进行运算、操作或事件处理。根据需要，可以设置树为可编辑或不可编辑。如果是可编辑树，用户可以对子节点以及节点进行增添、删除等操作，或者对包括根在内的任何部分重新命名。这些设置通过 javax.swing.tree 包中的 TreeNode、DefaultTreeModel、DefaultMutableTreeNode 以及 TreePath 等类来完成。

虽然树支持多种事件处理接口，对树事件进行处理，在实际应用中经常通过完善 ActionListener 的 actionPerformed() 方法，利用其他组件，如按钮，触发对树的事件处理。图 18.20 显示了利用树演示异常处理类以及事件类的继承图。用户可以对这个树进行编辑，例如增添、删除以及重新命名等。注意，树根只能重新命名，而不可删除。

图 18.20　利用树显示异常处理类以及事件类的继承图

以下为这个演示程序的主要代码：

```
// 完整程序在本书配套资源目录 Ch18 中，名为 TreeEditFrameTest.java
public TreeEditFrame() {
    super(" 可编辑树演示 API 类继承图 ");
    TreeNode treeNode = makeEditableTree();           // 调用自定义方法构造树
    model = new DefaultTreeModel(treeNode);            // 设置可具有节点和子节点的树
    tree = new JTree(model);                           // 创建该树对象
    tree.setEditable(true);                            // 设置树为可重新命名
    JScrollPane scrollPane = new JScrollPane(tree);    // 注册到滚动滑板
    add(scrollPane, "Center");                         // 注册中心显示
    // 创建控制面板以及 4 个按钮，并注册显示和事件处理代码
    ...
}
```

注意，在这个例子中，由于树有足够显示空间，所以滚动滑板处于不可见状态。

构造器 DefaultTreeModel() 利用 javax.swing.tree 包中提供的 TreeNode 作为参数创建具有节点和子节点的 JTree 对象，并调用 JTree 的 setEditable() 方法设置树为可重新命名方式。

树的构成通过调用以下自定义方法 makeEditableTree() 来完成：

```
// 自定义方法 makeEditableTree()
TreeNode makeEditableTree() {                          // 返回 TreeNode 对象的方法
    DefaultMutableTreeNode root = new DefaultMutableTreeNode("Object");
                                                       // 创建树根
    DefaultMutableTreeNode level1 = new DefaultMutableTreeNode
        ("Throwable");                                 // 创建子节点
    root.add(level1);                                  // 将子节点加入
    DefaultMutableTreeNode level2 = new DefaultMutableTreeNode("Exception");
                                                       // 创建下一个子节点
    level1.add(level2);                                // 加入这个子节点
    DefaultMutableTreeNode level3 = new DefaultMutableTreeNode("Runtime
        Exception");                                   // 下一个
    level2.add(level3);                                // 加入
    DefaultMutableTreeNode level4 = new DefaultMutableTreeNode("Input
        MismatchException");
    level3.add(level4);                                // 将节点加入到子节点
    level2 = new DefaultMutableTreeNode("Error");
                                                       // 重用 level2 创建新节点
    level1.add(level2);                                // 加入子节点
```

```
        level3 = new DefaultMutableTreeNode("IOException");
                                                     // 重用level3创建新节点
        level2.add(level3);                          // 加入节点
        level3 = new DefaultMutableTreeNode("AWTError");
                                                     // 重用level3创建节点
        level2.add(level3);                          // 加入节点
        level1 = new DefaultMutableTreeNode("EventObject");
        root.add(level1);
        level2 = new DefaultMutableTreeNode("AWTEvent");
        level1.add(level2);
        level3 = new DefaultMutableTreeNode("ActionEvent");
        level2.add(level3);
        return root;                                 // 返回构造的树
    }
```

这个方法利用 javax.swing.tree 包中提供的 DefaultMutableTreeNode 类创建一个节点，并调用这个类的 add() 方法，将创建的节点加入到指定的子节点中。

以下为完善 actionPerformed() 方法，执行事件处理的代码：

```
// 完善actionPerformed()方法，执行事件处理
public void actionPerformed(ActionEvent e) {
  DefaultMutableTreeNode selectedNode = (DefaultMutableTreeNode) .getLastSelec
     tedPathComponent();
     ((DefaultTreeModel)tree.getModel()).nodeChanged(selectedNode);    // 重新命名
     Object source = e.getSource();
     if (selectedNode == null)                       // 如果没有选择任何节点，返回空
        return;
     if (source == exitButton)                       // 退出
        System.exit(0);
     else if (source == deleteButton) {              // 删除
        if (selectedNode.getParent() != null)
           model.removeNodeFromParent(selectedNode);  // 调用删除方法
           return;
}
// 加入名为New的新子节点或节点
DefaultMutableTreeNode newNode = new DefaultMutableTreeNode("New Node");
if (source == addSiblingButton) {                    // 如果是加入子节点
      DefaultMutableTreeNode parent = (DefaultMutableTreeNode)
         selectedNode.getParent();                   // 得到加入位置
      if (parent != null) {
         int selectedIndex = parent.getIndex(selectedNode);   // 得到下标
         model.insertNodeInto(newNode, parent, selectedIndex + 1);
                                                     // 加入到该位置
      }
    }
    else if (source == addChildButton) {             // 如果是加入节点
      model.insertNodeInto(newNode, selectedNode, selectedNode.
         getChildCount());                           // 加入到该位置
    }
    TreeNode[] nodes = model.getPathToRoot(newNode); // 更新树节点数组
    TreePath path = new TreePath(nodes);             // 返回树路径
    tree.scrollPathToVisible(path);                  // 显示
}
```

> **更多信息** 树的更多功能和解释可参考 Oracle Java SE API 规范中对 JTree 文档的列表。

18.5.7 如何应用桌面板——JDesktopPane

利用 JDesktopPane 可以在一个框架中创建、显示、操作、增减以及管理多个窗口。可以在桌面板上应用 javax.swing 包中提供的 JInternalFrame 创建多个内部窗口，并将它们添加到这个桌面板上。在 javax.swing.event 包中提供了专门用来对桌面板中各窗口进行事件处理的接口 InternalFrameListener 以及 InternalFrameEvent 类，对每个窗口的显示状态进行管理。对各窗口中具体组件的事件处理，经常通过实现 ActionListener 接口完成。编程时需要对每个窗口中的组件分别完善 actionPerformed() 方法，以执行各自的事件处理任务。图 18.21 显示了利用桌面板显示 3 个窗口的演示程序。我们可以在任何一个窗口中分别创建、显示、操作、增减以及管理任何 GUI 组件。

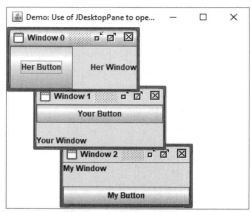

图 18.21　利用桌面板显示 3 个窗口程序的典型运行结果

以下是这个演示程序的构造方法代码：

```java
//完整程序在本书配套资源目录Ch18中，名为DesktopPaneFrameTest.java
public DesktopPaneFrame() {                             //构造方法
    super("JDesktopPane Demo");
    desk = new JDesktopPane();                          //创建桌面板
    setContentPane(desk);                               //加入到内容板
    for (int i = 0; i < 3; i++) {                       //加入3个窗口到桌面板
        addFrame(i);
    }
    JInternalFrame[] frames = desk.getAllFrames();      //得到全部窗口
    myLabel = new JLabel("My window...");               //在第一个窗口中创建标签
    frames[0].add(myLabel, BorderLayout.NORTH);         //注册显示
    myLabel.setVisible(false);                          //设置为不显示状态
    myButton = new JButton("my button");                //创建按钮
    frames[0].add(myButton, BorderLayout.SOUTH);        //注册显示
    myButton.addActionListener(new ActionListener(){    //用匿名内部类实现按钮事件处理
        public void actionPerformed(ActionEvent actionEvent) {
            myLabel.setVisible(true);                   //设置标签为可显示状态
        }
    });
    yourLabel = new JLabel("Your window...");           //同上
    frames[1].add(yourLabel, BorderLayout.SOUTH);
    yourLabel.setVisible(false);
    yourButton = new JButton("Your button");
    frames[1].add(yourButton, BorderLayout.NORTH);
    yourButton.addActionListener(new ActionListener() {
        public void actionPerformed(ActionEvent actionEvent) {
            yourLabel.setVisible(true);
```

```
        });
        herLabel = new JLabel("Her window...");              // 同上
        frames[2].add(herLabel, BorderLayout.EAST);
        herLabel.setVisible(false);
        herButton = new JButton("her button");
        frames[2].add(herButton, BorderLayout.WEST);
        herButton.addActionListener(new ActionListener() {
            public void actionPerformed(ActionEvent actionEvent) {
                herLabel.setVisible(true);
            }
        });
        setDefaultCloseOperation(EXIT_ON_CLOSE);
}
```

代码中利用循环语句，3 次调用自定义方法 addFrame()，创建了 3 个内部窗口后，利用 JDesktopPane 的方法 getAllFrames()，以 JInternalFrame 对象数组形式，返回创建的所有内部窗口。利用这个数组的元素，则可以分别对每个框架增设组件，并实现每个组件的事件处理。以下是 addFrame() 的代码：

```
// 自定义方法创建并在桌面板中加入内部窗口
private void addFrame(int number) {
    JInternalFrame frame = new JInternalFrame("Window " + number, true, true,true, true);
    frame.setBounds(number * 40, number * 90, 200, 100);
    desk.add(frame);
    frame.setVisible(true);
}
```

JInternalFrame 提供了一个具有 4 个参数的构造方法来创建一个内部窗口。第一个参数为字符串，用来指定窗口名，其余参数均为布尔类型，分别为 resizable、closable 和 maximizable，用来指定窗口栏右方的缩小、关闭以及放大按钮。

> **更多信息** 桌面板和内部框架类的更多功能和解释可参考 Oracle Java SE API 规范中对 JDesktopPane 以及 JInternalFrame 文档的列表。

巩固提高练习和实战项目大练兵

1. 什么是下拉列表？它与列表有什么不同？
2. 总结 ActionListener 与 ItemListener 在应用范围和编程中有什么不同和相同之处。
3. 参考 18.1.4 节中的应用实例，利用下拉列表编写一个将常用 OOP 术语翻译为中文并将中文内容显示到一个文本框的程序。下拉列表中至少有 3 个 OOP 术语。当用户按下新术语按钮时，将允许增添新 OOP 术语。测试运行并存储这个程序。对所有代码文档化。
4. 参考 18.1.4 节及"实战项目：利用列表开发名词学习记忆应用"中的应用实例，利用菜单编写一个将常用 OOP 术语翻译为中文并将中文内容显示到一个文本框的程序。列表中至少有 3 个 OOP 术语。当用户按下新术语按钮时，将允许增添新 OOP 术语的功能。测试运行并存储这个程序。
5. 什么是菜单和子菜单？列出菜单编程的一般步骤。
6. 修改第 3 题中的程序，对这个程序增添菜单和子菜单功能。例如，当用户按下"OOP 术语"菜单时，将列出子菜单，显示所有 OOP 术语。当用户选择一个 OOP 术语时，将在一个文本框中显示这个术语的中文含义。当用户按下"新 OOP 术语"菜单时，将允许增添新 OOP 术语（参考

18.1.4 节中的应用实例）。当用户按下"退出"菜单时，将显示一个告别信息，并停止程序运行。测试运行并存储这个程序。对所有代码文档化。

7. 在第 6 题的程序中增添助记键。即对"OOP 术语"菜单增添助记键"O"；对"新 OOP 术语"增添助记键"P"；对"退出"菜单增添助记键"X"。测试运行并存储这个程序。对所有代码文档化。

8. 在第 7 题的程序中增添快捷键。即对"OOP 术语"增添 Ctrl+O 快捷键；对"新 OOP 术语"增添 Ctrl+P 快捷键；对"退出"菜单增添 Ctrl+X 快捷键。测试运行并存储这个程序。对所有代码文档化。

9. 参考 18.1.4 节以及 18.3.7 节中的应用实例，利用 MenuListener 接口、菜单和子菜单、下拉列表编写一个将常用 OOP 术语翻译为中文并将中文内容显示到一个文本框的程序。下拉列表中至少有 3 个 OOP 术语。当用户按下新术语按钮时，将允许增添新 OOP 术语的功能。测试运行并存储这个程序。对所有代码文档化。

10. **实战项目大练兵**：修改第 3 题中的程序，增添一个弹出式菜单。即当用户按下鼠标右键时，将显示"新 OOP 术语"以及"提交"菜单选项。当用户选择"新 OOP 术语"时，将允许增添新 OOP 术语的（参考 18.1.4 节中的应用实例）；当用户按下"退出"菜单选项时，将显示一个告别信息，并停止程序运行。测试运行并存储这个程序。对所有代码文档化。

11. 利用滑块 JSlider 编写一个可以将公里转换为英里的程序。测试运行并存储这个程序。对所有代码文档化。

12. 利用滑块 JSlider 编写一个可以将公斤转换为磅的程序。测试运行并存储这个程序。对所有代码文档化。

13. 利用滑块 JSlider 编写一个可以将米转换为英尺的程序。测试运行并存储这个程序。对所有代码文档化。

14. 利用文件选择器 JFileChooser 编写一个可以打开本机中的任何一个文本文件，并统计文件中的字数、行数以及页数的程序。利用 JOptionPane 的 showMessageDialog() 方法显示统计结果。测试运行并存储这个程序。对所有代码文档化。

15. 利用颜色选择器 JColorChooser 编写一个可以将用户从文本条中输入的内容显示到颜色选择器中，并且随着用户的选择，而改变不同的颜色。测试运行并存储这个程序。对所有代码文档化。

16. 利用制表 JTable 编写一个可以显示 1～10 的开方、平方以及立方的程序。测试运行并存储这个程序。对所有代码文档化。

17. **实战项目大练兵（团队编程项目）**：利用 GUI 和桌面版编写公 - 英制转换软件开发——这个应用程序可以执行不同制式的转换，即公里 - 英里、公斤 - 英镑、米 - 英尺的转换。当用户按下三个不同窗口时，将提示用户输入要转换的数据，按下提交按钮时，将显示转换结果。测试运行并存储这个程序。对所有代码文档化。

"不贵其师，不爱其资，虽智大迷。"
（不尊重老师，不借鉴得失，自以为聪明，其实却是已经迷失了自己。）

——老子《道德经》

通过本章学习，你能够学会：
1. 举例说明事件的发生和事件处理工作原理。
2. 举例解释适配器并利用适配器编程处理事件。
3. 应用鼠标适配器编写程序处理其事件。
4. 应用键盘适配器编写程序处理其事件。
5. 应用框架编写显示组件窗口的代码。
6. 应用适当的方式编写组件编程代码。
7. 应用适当的方式编写事件处理代码。

第 19 章　揭秘事件处理那些事儿

本章将更系统地讨论 GUI 组件事件处理、鼠标事件处理以及键盘事件处理。我们还将总结和归纳组件编程和事件处理编程的不同方式。

19.1　高手须知事件处理内幕

我们已经学习了许多 GUI 组件的事件处理编程。接下来首先走进事件处理，讨论和总结 JVM 如何进行事件处理，再讨论事件处理的不同类型和它们的编程特点，然后深入介绍事件处理适配器。

19.1.1　事件处理是怎样工作的

Java 除了是百分百面向对象编程语言外，还是事件驱动编程语言（Event-driven Programming Language）。设想一下，如果 Java 语言中没有提供事件处理机制，需要编写多少个大循环套小循环来监控每个 GUI 组件触发的事件？

Java 是怎样实现事件处理的呢？是揭开其内幕的时候了。

对某个组件，例如按钮，进行事件处理时，必须先注册它所实现的事件处理接口，即对该接口的所有方法，编写代码以执行具体的事件处理任务。例如在注册按钮事件中：

```
button.addActionListener(this);                    // 注册事件处理
```

或者

```
button.addActionListener(actionEventHandler);      // 注册事件处理
```

以及实现事件处理接口：

```
public void actionPerformed(ActionEvent e) {       // 完善接口中的方法
```

```
        // 具体事件处理代码
        ...
    }
```

或者

```
button.addActionListener(new ActionListener() {// 匿名内部类实现事件处理接口并注册这个事件
    public void actionPerformed(ActionEvent e) {
        // 具体事件处理代码
        ...
    }
});
```

注册一个组件的事件处理，实际上完成了以下两个任务。

（1）对事件处理实例变量 listenerList 初始化。每个 GUI 组件都有一个事件监听器表变量，作为下标来引用 EventListenerList 数组中的事件监听器对象（由 javax.swing.event 包提供）。任何一个由组件实现和注册了的事件监听器，都是这个数组中的元素。即一个组件可能注册多个事件处理。

（2）创建事件处理器 eventHandlers。如果我们利用该组件所在的控制面板或者框架实现了事件处理接口，那么这个事件处理器就是 this；如果我们编写了一个单独的类，无论是内部类、内部匿名类或独立存在的类，来处理该组件事件时，一个事件处理器对象，如 eventHandler，则必须被创建。与一个组件注册的事件监听器相对应，该组件将创建与之对应的事件处理器，例如 menuEventHandler、popupEventHandler、changeEventHandler 等。如果一个组件注册了多个事件，我们称其为多注册事件处理组件。

一个组件也可以取消注册了的事件处理。例如：

```
button.removeActionListener(this);                      // 取消按钮的事件处理
```

事件监听器 EventListener 与事件处理器 EventHandler 配合，完成所触发事件处理过程。当某个组件触发一个事件时，如按下了按钮，JVM 将这个事件标识符 Event ID（如 ACTION_EVENT）传送给该组件的事件监听器，并创建一个包括了所有事件信息的事件对象，如 ActionEvent 对象。事件监听器将把要调用的方法签名传送给事件处理器，完成对这个方法的调用。例如在按钮事件中，调用 actionPerformed(ActionEvent)。无论是一个组件触发了多个事件，还是多个事件被一个组件触发，利用多线程机制，JVM 都有能力执行并行的事件处理。

事件处理过程也被称为事件发送，或 event dispatching。事件对象所提供的事件信息如下。
- 事件源对象名（如按钮对象 button。键盘和鼠标事件无此项）。
- 触发时间（系统毫秒）。
- 事件编号（event ID）。
- 触发事件的位置（x、y 坐标）。
- 键盘代码（键盘事件，包括特殊键）。
- 按下次数（鼠标事件）。
- 事件源对象的字符串名（如显示在按钮上的按钮名）。

如果这个程序还同时实现和注册了鼠标事件处理，当鼠标指向这个按钮，JVM 将 Event ID（MOUSE_MOVE）以及 MouseEvent 对象传送给 MouseMotionListener，并完成对 MouseMoved(MouseEvent) 方法的调用；同样地，当按下鼠标按钮时，完成对 MousePressed(MouseEvent) 方法的调用；释放鼠标按钮时，完成对 MouseReleased(MouseEvent) 方法的调用，等等。如果一个组件取消了事件处理，JVM 将不再传送 Event ID 和创建事件对象，因而不再触发事件。

以按钮为例，图 19.1 演示了按钮组件事件处理过程。

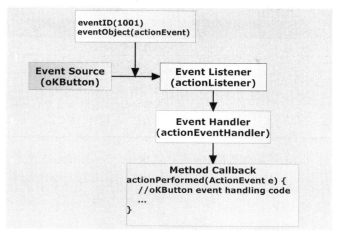

图 19.1　GUI 组件事件处理示意图

感谢 JVM 在 GUI 组件事件处理中为我们所做的这一切。作为编程人员，我们可以放心地把编写组件事件处理代码集中在以下 3 个方面。

- 选择正确的组件事件处理接口。
- 注册每个需要事件处理的组件。
- 选择实现事件处理接口的编写方式并完善所有接口中的方法。

19.1.2　常用事件处理接口

大多数 GUI 组件事件处理接口都由 java.awt.event 包提供。在 javax.swing.event 包中，也提供了一些常用 GUI 组件事件处理接口，如 ChangeListener、DocumentListener 等。表 19.1 列出了 java.awt.event 包中常用的组件事件处理接口。这些接口都是从 EventListener 继承而来。

表 19.1　java.awt.event 中常用 GUI 组件事件处理接口以及需要完善的方法

接口和方法	解　释
ActionListener	最广泛应用的组件事件处理接口
actionPerformed(ActionEvent)	需要完善的方法
AdjustmentListener	用于滑块、进度条等组件事件处理接口
adjustmentValueChanged(AdjustmentEvent)	需要完善的方法
ComponentListener	用于组件尺寸、显示状态、移动等事件处理
componentHidden()、componentMoved()、 　componentResized()、componentShown()	需要完善的方法。参数为 componentEvent
FocusListener	用于组件以及键盘获得注意力事件处理接口
focusGained()、focusLost()	需要完善的方法。参数为 FocusEvent
ItemListener	用于列表以及具有选项变化的组件事件处理
itemStateChanged(ItemEvent)	需要完善的方法
KeyListener	用于键盘事件处理接口
keyPressed()、keyReleased()、keyTyped()	需要完善的方法。参数为 KeyEvent
MouseListener	鼠标键事件处理接口
mouseClicked()、mouseEntered()、mouseExited()、 　mousePressed()、mouseReleased()	需要完善的方法。参数为 MouseEvent
MouseMotionListener	鼠标动作事件处理接口
mouseDragged()、mouseMoved()	需要完善的方法。参数为 MouseEvent
TextListener	用于具有文本内容组件的事件处理接口

续表

接口和方法	解　　释
textValueChanged(TextEvent)	需要完善的方法
WindowListener	用于窗口操作事件处理接口
windowActiveted()、windowClosed()、windowClosing()、windowDeactivated()、windowDeiconified()、windowIconified()、windowOpened()	需要完善的方法。参数为 WindowEvent

表 19.1 中所有事件处理的注册方法都以 addXxxListener(XxxListener) 模式进行。例如：

```
MousePanel.addMouseListener(this);   //注册鼠标事件处理到控制面板；控制面板实现
                                     //MouseListener 接口
```

或者

```
// 注册鼠标事件处理到当前框架；mouseHandler 实现了事件处理接口
addMouseListener(mouseHandler);
```

表 19.2 列出了 javax.swing.event 包中常用组件事件处理接口和需要完善的方法。所有这些事件处理接口都继承了 EventLister。

表 19.2　javax.swing.event 中常用 GUI 组件事件处理接口以及需要完善的方法

接口和方法	解　　释
ChangeListener	用于组件状态变化事件处理接口
stateChanged(ChangeEvent)	需要完善的方法
DocumentListener	用于文本组件事件处理接口
changedUpdate()、insertUpdate()、removeUpdate()	需要完善的方法。参数为 DocumentEvent
ListSelectionListener	用于列表组件事件处理接口
valueChanged(ListSelectionEvent)	需要完善的方法
MenuListener	用于菜单组件事件处理接口
menuCanceled()、menuDeselected()、menuSelected()	需要完善的方法。参数为 MenuEvent
ListSelectionListener	用于列表组件事件处理接口
PopupMenuListener	用于弹出式菜单组件事件处理
valueChanged(ListSelectionEvent)	需要完善的方法
popupMenuCanceled()、popupMenuWillBecomeInvisible()、popupMenuWillBecomeVisible()	需要完善的方法。参数为 PopupMenuEvent
TreeSelectionListener	用于树组件事件处理接口
valueChanged(TreeSelectionEvent)	需要完善的方法

表 19.2 中所有事件处理注册都应用 addXxxListener(XxxListener) 模式进行。例如：

```
textArea.addDocumentListener(this);          //注册事件处理到当前框架或控制面板
```

或者

```
// 注册事件处理；textAreaEventHandler 实现了事件处理接口
textArea.addDocumentListener(textAreaEventHandler);
```

19.1.3　为何要用适配器

在实现事件处理接口时我们已经体验到，即使在程序中只涉及某个监听器接口的一个方法，例如 WindowListener 的 windowClosing()，我们也必须完善这个接口的所有其他 6 个方法（编写空程序体也属于一种完善方式）。

适配器是一种特殊设计的 API 类。适配器实现了它所对应的接口，对它所代表的接口中的所有方法自动提供空程序体。应用适配器 Adapter，则可简化事件处理编程，因为我们只需对感兴趣的方法编写代码。编译时，未提供代码的其他方法都自动使用适配器提供的空程序体，以满足完善接口的要求。

如果在程序中需要完善一个事件接口中的所有方法，应用接口还是适配器，无本质不同。需要指出的是，使用适配器时，通常编写一个单独的继承了适配器的类（外部或内部类），或编写一个匿名内部类来进行事件处理。其注册事件处理的方法与接口相同。

表 19.3 列出了 java.awt.event 包中提供的常用事件处理适配器。

表 19.3 常用事件处理适配器

适 配 器	对 应 接 口
ComponentAdapter	ComponentListener
FocusAdapter	FocusListener
KeyAdapter	KeyListener
MouseAdapter	MouseListener
MouseMotionAdapter	MouseMotionListener
WindowAdapter	WindowListener

注意 Java 没有提供在 javax.swing.event 包中事件处理接口所对应的适配器。

19.1.4 适配器应用实例

以下是应用适配器编程的例子。

例子之一：利用 FocusAdapter 适配器处理自动选择文本窗口中的内容。selectAll() 方法为 JTextArea 超类 JTextComponent 提供的方法，用来选择文本组件中的内容。假设已经创建并注册了 textArea。

```
public class autoSelectTextArea extends FocusAdapter {
    public void focusGained(FocusEvent e) {
        Object source = e.getSource();
        if (source == textArea)
            textArea.selectAll();
    }
}
```

例子之二：利用窗口适配器处理关闭窗口事件。

```
public static void main (String[] agrs) {
    JFrame frame = new JFrame("Window Adapter Demo");
    WindowListener listener = new WindowAdapter() {  // 将其接口作为返回对象的引用
        public void windowClosing(WindowEvent e) {
            System.exit(0);
        }
    };
    frame.addWindowListener(listener);
    frame.setSize(280, 200);
    frame.setVisible(true);
}
```

19.2 高手必知鼠标事件处理

几乎所有 GUI 组件的事件触发都通过鼠标来实现。在绝大多数情况下，我们都应用专门为该组件量身定做的事件处理接口或适配器来实现事件处理任务。但一个 GUI 组件应用程序离不开鼠标本身的事件处理。Java.awt.event 包提供了 MouseListener 以及 MouseMotion Listener 接口，以及与之对应的 MouseAdapter 和 MouseMotionAdapter 进行鼠标事件处理。MouseListener 和 MouseAdapter 用于对鼠标按键的事件处理；而 MouseMotionListener 和 MouseAdapter 用于对鼠标移动状态的事件处理。对这两个接口中需要完善的方法，请参考表 19.1。

19.2.1 都有哪些鼠标事件

鼠标事件处理可分为以下 3 大类。
- 利用鼠标控制 GUI 组件的事件处理。例如，在弹出式菜单事件处理中，由鼠标右键触发这个菜单的显示。
- 利用鼠标控制非 GUI 组件的事件处理。例如，根据鼠标在一幅图像中所指的位置、动作以及鼠标键状态的变化，触发不同事件，完成指定的任务和操作。
- 开发由鼠标事件产生的应用程序。如利用鼠标操作编写绘画、写字以及游戏等应用程序。

19.2.2 鼠标事件处理接口和适配器

表 19.4 列出了鼠标事件处理接口以及相对应的适配器。

表 19.4 鼠标事件处理接口和适配器

接口 / 适配器	需要完善的方法	解 释
MouseListener	mouseClicked(MouseEvent e)	鼠标键被按下和释放时，触发此方法
	mouseEntered(MouseEvent e)	鼠标进入当前注册此事件的组件边界时，触发此事件
	mouseExited(MouseEvent)	鼠标离开当前注册此事件的组件时，触发此方法
MouseMotionListener	mousePressed(MouseEvent)	鼠标键被按下时，触发此方法
	mouseReleased(MouseEvent e)	鼠标键被释放时，触发此方法
	mouseDragged(MouseEvent e)	鼠标键按下并移动时，触发此方法
	mouseMoved(MouseEvent e)	鼠标移动时，触发此方法
MouseAdapter		鼠标适配器，与 MouseListener 接口相对应
MouseMotionAdapter		鼠标适配器，与 MouseMotionListener 相对应

19.2.3 鼠标事件处理演示程序

以下鼠标事件处理程序利用鼠标适配器 MouseAdapter 演示处理鼠标事件的过程和编程技术。虽然这个演示程序仅应用了 MouseAdapter 显示 5 种鼠标的操作状态，但你可以很容易地修改这个程序，来测试 MouseMotionAdapter 所包括的另外两种鼠标事件（见表 19.4）。图 19.2 显示了这个演示程序的典型运行结果。

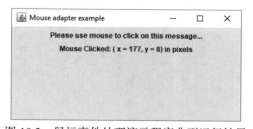

图 19.2　鼠标事件处理演示程序典型运行结果

这个程序运行中鼠标的活动情况记录如下：

```
Mouse entered...
Mouse exited...
Mouse entered...
Mouse pressed...
Mouse released...
Mouse exited...
Mouse entered...
```

以下为这个演示程序的鼠标事件处理的主要代码：

```java
// 完整程序在本书配套资源目录 Ch19 中，名为 MouseAdapterFrameTest.java
//defined methods to handling the mouse event and display mouse
// click's coordinates in x and y measured by pixels
private void showMouseAdapterDemo(){
    msgLabel.addMouseListener(new MouseAdapter(){
        public void mouseClicked(MouseEvent e) {
            statusLabel.setText("Mouse Clicked: ( x = " +e.getX()+", y = "+e.
                getY() +") in pixels");
        }
        public void mousePressed(MouseEvent e) {
                                                //display for mouse pressed
            System.out.println("mouse pressed...");
        }
        public void mouseEntered(MouseEvent e) {
                                                //display for mouse entered
            System.out.println("mouse entered...");
        }
        public void mouseExited(MouseEvent e){           //display mouse exited
            System.out.println("mouse exited...");
        }
        public void  mouseReleased(MouseEvent e) {
            System.out.println("mouse released...");     //display mouse released
        }
    });            //end of using mouse adapter for mouse event handling
}
```

我们编写了一个专门用来处理鼠标事件的方法 showMouseAdapterDemo()。在程序运行中，如果鼠标点击显示信息"Please use mouse to click on this message..."的任何位置时，将同时激活鼠标 mouseClicked()、mousePressed() 以及 mouseEntered() 方法，程序将在窗口中利用另外一个标签 statusLabel 显示鼠标点击所在的 x-y 坐标位置。这个坐标以 msgLabel 内容的左上角第一个像素为起点并以像素为单位。为了简化程序代码，其他鼠标事件的结果显示在系统输出窗口。

19.3 高手须知键盘事件处理

在 java.awt.event 包中提供了专门用来进行键盘事件处理的接口 KeyListener 以及适配器 KeyAdapter。除监控键盘本身的按键操作之外，键盘事件处理还可以模拟和执行如下常用键盘功能。

- 助记键和快捷键触发的组件事件。当具有助记键和快捷键的组件，如菜单以及菜单选项实现并注册了其事件处理时，这个功能便自动实现。这种情况下，无须再提供键盘事件处理代码。
- 定义键的特殊用途，使其具有指定的含义和操作。例如显示指定文字、符号、图形、数字、模拟等。
- 键盘过滤功能。如过滤指定字符、数字以及功能键等。

键盘事件处理的一般步骤如下。

（1）利用键盘事件处理接口或适配器实现指定的键盘事件处理。在完善其方法时，利用 KeyEvent 类提供的方法，得到或修改键盘信息，完成需要执行的操作功能。

（2）利用 addKeyListener 注册键盘事件处理。例如在控制面板或者框架中，如果编写了 KeyHandler 类实现键盘事件处理，则调用：

```
addKeyListener(new KeyHandler());      // 创建匿名事件处理对象并注册事件处理
```

如果控制面板或框架本身实现了事件处理，则调用：

```
addKeyListener(this);                  // 注册事件处理
```

19.3.1　键盘事件处理接口和适配器

表 19.5 列出了 KeyListener 接口和需要完善的方法，以及键盘适配器。

表 19.5　键盘事件处理接口和适配器

接口 / 适配器	需要完善的方法	解　释
KeyListener	keyPressed(KeyEvent e)	按下一个键时，触发此方法
	keyReleased(KeyEvent)	释放一个按下的键时，触发此事件
	keyTyped(KeyEvent)	按下和释放一个键时，触发此方法
KeyAdapter		键盘适配器，与 KeyListener 相对应

19.3.2　键盘事件处理常用方法

在 java.awt.event 包中的 KeyEvent 类提供了用来进行键盘事件处理的方法和静态常量。表 19.6 列出了常用的方法。

表 19.6　KeyEvent 类中的常用键盘事件方法

方　法	解　释
consume()	因为消耗当前的键盘事件，所以它不会再被继续处理
char getKeyChar()	返回键所代表的 Unicode 字符（不包括功能键和特殊键）
int getKeyCode()	返回键所代表的虚拟键盘代码（包括标准键盘的功能键和特殊键）。在 keyTyped() 方法中，返回的 keyCode 为 VK_UNDEFINED
String getKeyText(int keyCode)	返回键盘代码所代表的键的名称（如代码 27 返回 Esc 键）
boolean isActionKey()	如果触发事件的键是一个功能键（不包括在 Unicode 中的），返回真，否则返回假
boolean isAltDown()	如果按下的是 Alt 键，返回真，否则返回假
boolean isCtrlDown()	如果按下的是 Ctrl 键，返回真，否则返回假
boolean isShiftDown()	如果按下的是 Shift 键，返回真，否则返回假
setKeyChar(char ch)	用指定字符设置键字符
setKeyCode(int keyCode)	用指定代码设置虚拟键代码

> **更多信息**　KeyEvent 的超类 InputEvent 和 ComponentEvent 还提供了许多处理键盘事件的方法。详细介绍可参考这两个类的文档。

KeyEvent 中还提供了一系列静态常量作为虚拟键盘代码 Virtual Key code，代表包括标准键盘在内的每个按键。通常以 VK_ 加键的大写英文名组成。以下为常用的虚拟键代码：

　　VK_0 – VK_9　（数字键）　　VK_A – VK_Z（字母键）　　VK_ASTERISK（* 键）
　　VK_AT（@ 键）　　　　　　　VK_ALT（Alt 键）　　　　　 VK_CTRL（Ctrl 键）

VK_SHIFT (Shift 键)	VK_CAPS_LOCK (大写字母)	
VK_COLON (; 键)	VK_COMMA (, 键)	VK_DELETE (Delete 键)
VK_DIVIDE (/ 键)	VK_DOLLAR ($ 键)	VK_ENTER (回车键)
VK_EQUALS (= 键)	VK_ESCAPE (Esc 键)	VK_F1 – F23 (功能键)
VK_HOME (Home 键)	VK_INSERT (Insert 键)	VK_LESS (< 键)
VK_MINUS (- 键)	VK_SPACE (空格键)	VK_TAB (Tab 键) ...

因为键盘的不同，利用 getKeyCode() 方法返回的键盘代码并不一定与虚拟键盘代码一一对应。使用时必须查看键盘的使用说明书。全部虚拟键盘代码，请参考 KeyEvent 类的文档。

例子之一：过滤所有字母键盘输入。

```
public void keyPressed(KeyEvent e) {
    if (e.getKeyCode() >= KeyEvent.VK_A && e.getKeyCode() <=KeyEvent.VK_Z)
        comsume();                          // 消费这个事件，其他事件处理代码将不再处理
                                            // 其他代码
    ...
}
```

例子之二：将"$"键定义为"￥"键。假设 display 是已经创建的文本或者输出组件。

```
display.addKeyListener(new KeyAdapter() {
    public void keyTyped(KeyEvent e) {
        if (e.getKeyChar() == '$')
        display.setText("￥");              // 或 display.append("￥");
    }
}
```

例子之三：利用 setKeyChar() 将所有输入的字母变为大写显示到文本或者输出组件 display。

```
display.addKeyListener(new KeyAdapter() {
    public void keyTyped(KeyEvent e) {
        e.setKeyChar(Character.toUpperCase(e.getKeyChar()));
    }
}
```

代码中利用了包装类 Character 的 toUpperCase() 方法，将一个输入的字母转换为大写，然后利用 setKeyChar() 方法将其显示到文本或者输出组件。

19.4 高手掌握的 GUI 组件编程技巧

GUI 组件设计和编程涉及许多 Java 编程技术和 API 类。例如作为窗口显示组件的 JFrame、作为控制面板布局和管理组件的 JPanel 和各种事件处理接口和适配器等。本节帮助你讨论和总结 GUI 组件编程和事件处理编程的特点，总结它们根据实际应用的不同而采取的各种不同编程方式。

19.4.1 组件编程的 6 种方式

从对 GUI 组件设计的要求和复杂程度，其编程方式通常可分为以下 6 种。

❑ 将组件直接编写在 JFrame 中。这种方式适用于相对简单的组件设计、对组件布局没有特殊要求、只具有基本组件事件处理功能的应用程序。具体代码结构如下：

```
// 完整程序在本书配套资源目录 Ch19 中，名为 ColorChooserFrameTest.java
class SimpleFrame extends JFrame implements ActionListener {
    SimpleFrame() {
        JButton button1 = new JButton("button1");        // 创建组件
        add(button1);          // 注册按钮显示到框架或 add(button1,BorderLayout.NORTH);
```

```
            button1.addActionListener(this);         // 注册事件处理
            ...                                       // 创建其他组件和注册
                                                      // 完善事件处理
        public void actionPerformed(ActionEvent) {   // 事件处理代码
            ...
        }
    }
}
```

- 将组件编写在控制面板中，然后在框架中创建控制面板对象，并将其注册到框架中。这种方式适用于一般组件设计和编写、对组件布局有具体位置要求，以及一般事件处理要求的应用程序。具体代码结构如下：

```
// 完整程序在本书配套资源目录 Ch19 中，名为 BoxLayoutFrameTest.java
class SimplePanel extends JPanel implements ActionListener {
    SimplePanel() {
        setLayout(new FlowLayout(FlowLayout.RIGHT));
        JButton button1 = new JButton("button1");        // 创建组件
        add(button1);// 注册按钮显示到控制面板，或 this.add(button1), BorderLayout.NORTH;
        button1.addActionListener(this);                 // 注册事件处理
        ...                                               // 创建其他组件和注册
                                                          // 完善事件处理
        public void actionPerformed(ActionEvent) {       // 事件处理代码
            ...
        }
    }
}
class PanelFrame extends JFrame {                        // 编写框架
    PanelFrame() {
        super("Title of the frame");
        JPanel panel = new SimplePanel();                // 创建控制面板对象
        add(panel);              // 注册控制面板到框架。或 this.add(panel);
        // 其他框架显示位置、大小以及窗口关闭处理代码
        ...
    }
}
```

- 根据组件的应用功能，将其分类编写在不同的控制面板中，然后在框架中创建每个控制面板对象并且分别将它们注册到框架中。这种方式适用于多组件设计和编写、对每组组件都有不同的布局要求以及事件处理要求的应用程序。具体代码结构是第 2 种编程方式的扩充：

```
// 完整程序在本书配套资源目录 Ch19 中，名为 OOPListPanel.java
class PanelOne extends JPanel implements ActionListener {
    PanelOne() {
        setLayout(new BorderLayout(BorderLayout.NORTH));        // 设置布局
        JButton button1 = new JButton("button1");               // 创建组件
        add(button1);// 注册按钮显示到控制板或 this.add(button1,FlowLayout.LEFT);
        button1.addActionListener(this);                         // 注册事件处理
        ...                                                       // 创建其他组件和注册
                                                                  // 完善事件处理
        public void actionPerformed(ActionEvent) {               // 事件处理代码
            ...
        }
    }
}                                                                 //PanelOne 结束
class PanelTwo extends JPanel implements ActionListener {
    PanelTwo() {
```

```
            setLayout(new BorderLayout(BorderLayout.SOUTH));      // 设置布局
                                                    // 其他组件创建和注册代码
            ...
        }
                                                    // 事件处理代码
            ...
    }                                               //PanelTwo 结束
                                                    // 更多控制面板代码
    ...
    class PanelsFrame extends JFrame {              // 编写框架
        PanelsFrame() {
            super("Title of the frame");
            JPanel panelOne = new PanelOne();       // 创建控制面板对象
            add(panelOne);          // 注册控制面板到框架或this.add(panelOne);
            JPanel panelTwo = new JpanelTwo();      // 创建其他控制面板对象
            add(panelTwo);
            ...                                     // 创建和注册更多控制面板
            // 其他框架显示位置、大小以及窗口关闭处理代码
            ...
        }
    }
```

❑ 根据组件的应用功能，将其分类编写在作为框架内部类的不同控制面板中，在框架中创建每个控制面板对象并分别将它们注册到框架中。这种方式适用于多组件设计和编写、每组组件不多但都有不同的布局以及事件处理要求的应用程序。具体代码结构是第 3 种编程方式的修改：

```
// 完整程序在本书配套资源目录Ch19中，名为CalculatorFrameApp2.java
class PanelsFrame extends JFrame {                  // 编写框架
    PanelsFrame() {
        super("Title of the frame");
        JPanel panelOne = new PanelOne();           // 创建控制面板对象
        add(panelOne);              // 注册控制面板到框架或this.add(panelOne);
        JPanel panelTwo = new JpanelTwo();          // 创建其他控制面板对象
        add(panelTwo);                              // 注册控制面板到框架
        ...                                         // 创建和注册更多控制面板
        // 其他框架显示位置、大小以及窗口关闭处理代码
        ...
    }
    class InnerPanelOne extends JPanel implements ActionListener {
        InnerPanelOne() {
            setLayout(new BorderLayout(BorderLayout.NORTH));  // 设置布局
            JButton button1 = new JButton("button1");         // 创建组件
            add(button1);           // 注册按钮显示到控制面板或this.add(button1,
                            //FlowLayout.LEFT);
            button1.addActionListener(this);                  // 注册事件处理
            ...                                               // 创建其他组件和注册
        }
        public void actionPerformed(ActionEvent) {            // 完善事件处理
            //事件处理代码
            ...
        }
    }           //InnerPanelOne 结束
    ...         // 其他内部类
}               //PanelsFrame 结束
```

- 根据组件的应用功能，将其分类编写在作为总控制面板内部类的不同控制面板中，将每个控制面板注册到总控制面板的指定布局位置。这种方式适用于多组件设计和编写、组件分类多、都有不同的布局以及事件处理要求的应用程序。具体代码结构是第 4 种编程方式的扩展，其目的是便于控制组件布局、简化框架代码的编写，以及提高代码的可读性：

```java
class GeneralPanel extends JPanel {
    GeneralPanel() {
        JPanel innerPanelOne = new InnerPanelOne();         // 创建控制面板对象
        add(innerPanelOne, BorderLayout.NORTH);             // 注册到指定布局区
        JPanel innerPanelTwo = new InnerPanelTwo();         // 创建控制面板对象
        add(innerPanelTwo, BorderLayout.SOUTH);             // 注册到指定布局区
        ...                                                  // 创建和注册更多控制面板
    }
    // 其他方法
    ...
    class InnerPanelOne extends JPanel implements ActionListener {
        InnerPanelOne() {
            setLayout(new FlowLayout(FlowLayout.LEFT));      // 设置布局
            JButton button1 = new JButton("button1");        // 创建组件
            add(button1);                                    // 注册按钮显示到控制面板
            button1.addActionListener(this);                 // 注册事件处理
            ...                                              // 创建其他组件和注册
        }
        public void actionPerformed(ActionEvent) {           // 完善事件处理
            // 事件处理代码
            ...
        }
    }           //InnerPanelOne 结束
    ...         // 其他内部类，例如 InnerPanelTwo 等
}               //GeneralPanel 类结束
class SomeFrame extends JFrame {
    SomeFrame() {
        JPanel panel = new GeneralPanel();                  // 创建控制面板对象
        add(panel);
        // 其他显示框架位置、大小以及关闭窗口的代码
        ...
    }
}
```

- 在框架或控制面板中创建一个或多个控制面板对象，将组件分类注册到相应的具有布局管理的控制面板中。如果这些控制面板编写在一个总控制面板中，还需编写框架，在这个框架中创建和注册总控制面板对象。这种方式使用于对组件有布局要求、组件不多、有简单事件处理要求的应用程序。具体代码结构如下：

```java
// 完整程序在本书配套资源目录 Ch18 中，名为 FoodSurveyFrame5.java, 在 Ch17 中，名为
//GridLayoutFrameTest2.java
class FoodSurveyFrame5 extends JFrame implements ActionListener {
    JPanel menuPanel, selectPanel, buttonPanel, lafPanel;     // 声明控制面板
    private JMenuBar menuBar;                                  // 声明组件
    private JMenu selectMenu, likeMenu, dislikeMenu, displayMenu, aboutMenu;
    ...                                                        // 声明其他组件
    FoodSurveyFrame() {
        CreateGUIComponents();                                 // 自定义方法创建组件控制面板
                                                               // 其他代码
        ...
    }
```

```
        void CreateGUIComponents() {
            menuPanel = new JPanel();                              //创建控制面板
            menuPanel.setLayout(new FlowLayout(FlowLayout.LEFT));        //布局
            menuPanel = new JPanel();                              //创建控制面板
            menuBar = new JMenuBar();                              //创建组件
            menuPanel.add(menuBar);                                //注册到控制面板
            .add(menuPanel);                                       //注册控制面板到框架
            //创建菜单栏中的菜单、菜单选项以及事件处理
            ...
            //创建其他控制面板以及其组件和事件处理
            ...
        }
    }
```

在 GUI 组件应用程序设计和编写中，可根据实际情况和要解决的具体问题，灵活掌握和利用以上讨论的编程方式。

19.4.2　事件处理的 6 种方式

从本章讨论过的例子可以看到，GUI 组件事件处理代码种类繁多、灵活多变，我们可以将其总结归纳为以下 6 种方式。

- 在框架或控制面板中编写事件处理代码。例如 19.4.1 节讨论的编程方式 1 和 2。这种方式适用于组件不多、事件处理简单的程序。你可参考 19.4.1 节的讨论，这里不再举例。
- 利用单独的类编写事件处理代码。这种方式适用于组件事件处理应用相同接口中的方法或适配器，有一定复杂程度的事件处理应用程序。具体代码结构如下：

```
public class GUIEventHandler extends MouseApdater implements ActionListener {
    public void actionPerformed(ActionEvent e) {
        //组件事件处理代码
        ...
    }
    public void mouseClicked(MouseEvent e) {
        //鼠标事件处理代码
        ...
    }
}
```

- 利用单独的类对每个事件编写事件处理代码。这种方式适用于每个组件都有一定复杂程度的事件处理，以及应用不同事件处理接口的方法或适配器的应用程序。具体代码结构如下：

```
//按钮事件处理器
public class ButtonEventHandler implements ActionListener {
    public actionPerformed(ActionEvent e) {
        //按钮事件处理代码
        ...
    }
}
//选项事件处理器
public class ItemEventHandler implements ItemListener {
    public void itemStateChanged(ItemEvent e) {
        //选项事件处理代码
        ...
    }
}
//键盘事件处理器
```

```
public class KeyEventHandler extends KeyAdapter {
    public void keyTyped(KeyEvent e) {
        //键盘事件处理代码
        ...
    }
}
```

- 利用内部类编写事件处理代码。这种方式适用于组件具有其相对独立专用的但不太复杂的事件处理应用程序。具体代码结构如下：

```
class GUIPanel extends JPanel {
    //创建组件和其他代码
    private class InnerButtonEventHandler implements ActionListener {
        public void actionPerformed(ActionEvent e) {
            //按钮事件处理代码
            ...
        }
    }        //InnerButtonEventHandler 结束
    private class InnerKeyEventHandler extends KeyAdapter {
        public void keyPressed(KeyEvent e) {
            //键盘事件处理代码
            ...
        }
    }        //InnerKeyEventHandler 结束
}
```

- 利用匿名内部类编写实现事件处理代码。这种方式与内部类事件处理相似。适用于组件具有相对独立专用但简洁的事件处理应用程序。具体代码结构如下：

```
class GUIPanel extends JPanel {
    //创建组件以及其他代码
    ...
    button1.addActionListener(new ActionListener() {     //省略 implements
        public void actionPerformed(ActionEvent e) {
            //按钮1事件处理代码
            ...
        }
    });                //注意分号
    button2.addActionListener(new ActionListener() {     //省略 implements
        public void actionPerformed(ActionEvent e) {
            //按钮2事件处理代码
            ...
        }
    });                //注意分号
}
```

- 利用内部类直接创建对象编写事件处理代码。这种方式综合了内部类和匿名内部类的特点，适用于事件处理器既简洁又可重复使用的应用程序。具体代码结构如下：

```
class GUIPanel extends JPanel {
    ChangeListener changeEventHandler;               //声明事件处理器
    //组件创建以及其他代码
    ...
    changeEventHandler = new ChangeListener() {       //直接创建事件处理对象
        public void stateChanged(ChangeEvent changeEvent) {
            //变化事件处理代码
            ...
```

```
            }
        };                                          // 注意分号
    colorChooserModel.addChangeListener(changEventHandler);
    radioButton.addChangeListener(changEventHandler);
    ...     // 其他组件事件注册
}
```

在编写事件处理代码时，可根据实际问题，灵活运用以上总结的这些事件处理编程方式。

实战项目：计算器模拟应用开发（3）

在第 17 章学习中讨论、设计并参与编写了计算器模拟程序的第 2 部分。现在让我们完成这个模拟程序的事件处理，使其成为具有真正运算功能的计算器。为了演示目的，除利用传统的 ActionListener 对计算器的所有按钮进行事件处理外，我们还利用键盘事件处理，模拟计算器的每个按钮，即用户在键盘上同样可以进行计算器的运算和操作。图 19.3 显示了这个程序的一个典型运行结果。

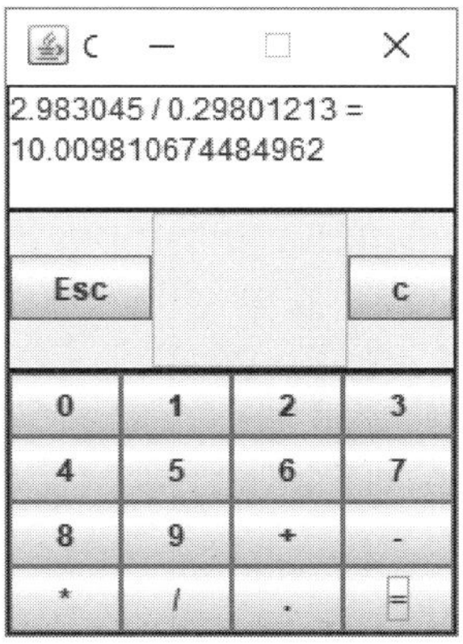

图 19.3 计算器模拟程序典型运行结果

以下为这个程序的事件处理部分的主要代码：

```java
// 完整程序在本书配套资源目录Ch19中，名为CalculatorFrameApp2.java
class CalculatorHandler extends KeyAdapter implements ActionListener {
    String expression = null;
    private char operator;
    double operandValue, currentTotal;
    public void actionPerformed(ActionEvent e) {       // 按钮事件处理
        Object source = e.getSource();
        if (done) {
            display.setText("");
            done = false;
        }
        for (int i = 0; i < buttons.length; i++) {
        //10个数字按钮事件处理
            if( source == buttons[i])
                display.append("" + i);                 // 显示
        }
        if (source == plusButton)                       // 操作按钮事件处理
            display.append(" + ");
        else if (source == minusButton)
            display.append(" - ");
```

```java
            else if (source == multiplyButton)
                display.append(" * ");
            else if (source == divideButton)
                display.append(" / ");
            else if (source == decimalButton)
                display.append(".");
            else if (source == equalButton) {
                showResult();
            }
            else if (source == ceButton)
                display.setText("");
            else if (source == offButton)
                System.exit(0);
        }
        public void keyPressed(KeyEvent e) {              // 键盘事件处理
            char source = e.getKeyChar();                 // 得到事件触发键字符
            if (done) {
                display.setText("");                      // 清除显示
                done = false;                             // 重设标志变量
            }
            for (char ch = '0'; ch <= '9'; ch++){         //10个数字键事件处理
                if (source == ch )
                    display.append("" + ch);              // 显示
            }
            if (source == '+')                            // 操作键事件处理
                display.append(" + ");
            else if (source == '-')
                display.append(" - ");
            else if (source == '*')
                display.append(" * ");
            else if (source == '/')
                display.append(" / ");
            else if (source == '.')
                display.append(".");
            else if (source == '=' || source == '\n')     // 回车也代表等号键
                showResult();                             // 调用自定义方法显示运算结果
            else if (source == ' ')                       // 空格键清除显示
                display.setText("");
            else if (e.getKeyCode() == KeyEvent.VK_ESCAPE)
                                                          // 按下 Esc 键关闭退出
                System.exit(0);
        }
```

可以看到，由于 getKeyChar() 不能返回特殊键所代表的字符，所以利用 getKeyCode() 得到触发事件的虚拟键代码。例如退出键 Esc。当用户按下等于按钮、等号键或回车键时，代码中调用一个自定义方法 showResult() 来对显示在计算器文本窗口中的计算表达式进行处理评估、执行运算，并将结果显示在这个窗口中。具体代码如下：

```java
// 自定义方法 showResult()
private void showResult() {
    try {                                                 // 异常处理
        expression = display.getText();                   // 得到显示在文本窗口中的表达式
        parseExpression();                                // 调用自定义方法处理表达式
        display.append(" = " + currentTotal);             // 显示运算结果
        done = true;                                      // 改变状态标志
    }
```

```
        catch (Exception ex) {            // 在parseExpression()中有任何异常
            JOptionPane.showMessageDialog(null, "Wrong enter. Click on the display
                and try again...");
            display.setText("");                         // 清除显示
            done = true;                                  // 改变标志
            display.requestFocus();                       // 使文本窗口重获注意力
        }
    }
```

在这个方法中调用另外一个自定义方法 parseExpression()，完成对表达式的处理，执行计算，并将结果赋予变量 currentTotal。如果在这个方法中有任何异常，例如非法计算表达式、非法运算符号、数字等，都将抛出异常。代码中对这些异常进行处理，并显示出错信息，使用户正确地使用这个模拟计算器。自定义方法 parseExpression() 利用 String 类的 StringTokenizer() 方法完成对表达式的评估，另外一个自定义方法 compute() 完成计算操作。在以前的开发计算器模拟软件中讨论过 compute() 方法，这里不再重复。

```
// 自定义方法parseExpression()
private void parseExpression() {
    String operatorStr;
    char[] operatorArray = new char[1];
    StringTokenizer tokens = new StringTokenizer(expression);
    currentTotal = Double.parseDouble(tokens.nextToken());
        while (tokens.hasMoreTokens()) {
            operatorStr = tokens.nextToken();
            operatorArray = operatorStr.toCharArray();
            operator = operatorArray[0];
            operandValue = Double.parseDouble(tokens.nextToken());
            compute();
        }
}
private void compute() {
    switch (operator) {
        case '+':  currentTotal += operandValue;
                   break;
        case '-':  currentTotal -= operandValue;
                   break;
        case '*':  currentTotal *= operandValue;
                   break;
        case '/':  currentTotal /= operandValue;
                   break;
        default:   System.out.println("wrong operator...");
             break;
    }
}
```

巩固提高练习和实战项目大练兵

1. 什么是事件驱动编程语言？为什么说 Java 也是事件驱动编程语言？注册事件处理的含义是什么？
2. 什么是适配器？它与接口有什么不同？举例说明为什么使用适配器。
3. 鼠标事件处理有哪三大类？有哪些接口和适配器用来进行鼠标事件处理？
4. 参考本章讨论鼠标事件处理的演示程序，在这个程序中增添应用 mouseMotionAdapter 来处理鼠标的另外两个设计，即 mouseDragged() 和 mouseMoved()。将这两个事件显示到 Eclipse 输出窗口。测试运行并存储这个程序。对所有代码文档化。

5. **实战项目大练兵**：在本章讨论的计算器模拟程序的基础上，在 Esc 键和 C 键之间增添一个累计键 CE，使之具有累计功能。测试运行并存储这个程序。对源代码文档化。

6. 总结组件编程的 6 种常用方式。解释它们各自应用在什么情况。

7. 总结事件处理的 6 种常用编程方式。解释它们各自应用在什么情况。

8. **实战项目大练兵（团队编程项目）：键盘模拟软件开发**——编写一个可以显示和模拟键盘的程序。这个键盘显示在屏幕的下方。当用户按下计算机上的任何一个键时，屏幕上对应的键将以不同颜色（颜色的应用可参考第 20 章的介绍）显示，表示这个键被按下。在屏幕上方，按照你所喜欢的组件方式，显示输入的内容。测试运行并存储这个程序。对所有源代码文档化。

"赤橙黄绿青蓝紫，谁持彩练当空舞？雨后复斜阳，关山阵阵苍。"

——《菩萨蛮·大柏地》

通过本章学习，你能够学会：
1. 应用字体编程原理编写创建和显示字体代码。
2. 应用颜色编程原理编写创建和显示颜色代码。
3. 应用 JavaFX 图形编程原理和步骤绘制图形。
4. 应用 JavaFX 图像编程原理和步骤显示图像。
5. 应用 JavaFX 音频编程原理和步骤编写播放音乐代码。

第 20 章　多媒体编程——高手须知的那些事儿

　　字体、颜色、图形、图像以及音频处理是多媒体编程的重要组成部分。之前在讨论 GUI 组件时已经涉及利用 Java API 字体类 Font 以及颜色类 Color 的简单例子。本章专门讨论 Java 支持的字体和字体结构，颜色的定义及其创建和选择，像素的概念和技术，JavaFX 的图形和图像编程以及声音和音频处理技术。

20.1　字体编程

　　Java 使用映射技术 mapping，在 Font 类中提供将实际的字符序列映射到字形系列所需要的信息，以便在窗口以及其他 GUI 组件中显示实际字形。下面首先讨论 Java 中涉及使用字体的基本概念和术语。

20.1.1　字体编程常用术语

- 字符（characters）和字形（glyphs）。字符指符号，例如字母、中文中的字、数字、标点、符号等概括化形式。字形指将字符按照像素排列，呈现显示的形状。由于一个字符可以有不同的字体设计和显示形状，字符和字形没有一一对应关系。在中文字体系统中尤为如此。Java 的 Font 类中不但包括了字体对象指定的字符集所需字形集，还在内部提供了将字符序列映射到相应字形序列所需的列表，以便显示指定字符。

- 物理字体（Physical fonts）。指实际的字体库，包括字形数据和表。这些数据和表使用字体技术（如 TrueType、PostScript Type 1），将字符序列映射到字形序列。Java 支持 TrueType 字体；也可创建自定义的字体。物理字体通常使用字体库中的字体名称。

- 逻辑字体（Logical fonts）。指 Java 定义的 5 种字体系列：Serif、Sans-serif、Monospaced、Dialog 以及 DialogInput。这些逻辑字体不是实际的字体库；在运行时 JRE 将逻辑字体按指定名称映射到物理字体。这种映射关系取决于本地参数 Locale 对语言的定义和具体字体的创建。在不同的机器上运行时，其字形有可能不同。为了使 Java 能够涵盖更大的字符范围，每种逻辑字体都映射到多个物理字体。

- 字体系列（Font families）。指实际字体库中物理字体的名称，如宋体、仿宋体、楷体、Times

New Roman 等。可以利用 GraphicsEnvironment 类的 getLocalGraphicsEnvironment() 方法得到本机所支持的字体系列。
- 字体显示样式（Font styles）。指一个字体按何种方式显示，如加粗、斜体、普通等。Java 支持 3 种显示样式：BOLD、ITALIC 以及 PLAIN。可以利用 Font 类的 deriveFont(int style) 复制当前 Font 对象，并应用其指定的字体显示样式。

20.1.2 字体编程常用方法和举例

字体类 Font 由 java.awt 包提供，包括字体创建、字体显示样式、大小、系列设置等构造方法和其他常用方法。另外，在这个包中的 GraphicEnvironment 类中，提供了获取当前计算机系统中与字体有关信息的方法。表 20.1 列出了 Font 类和 GraphicEnvironment 类中的构造方法和常用方法。

表 20.1 Font 类和 GraphicEnvironment 类的构造方法和常用方法

构造方法和常用方法	解释
Font(Font font)	按指定字体创建一个复制的字体对象
Font(String name, int style, int size)	按指定逻辑名、显示样式以及大小创建一个字体对象
String getFamily()	返回字体系列 font family 名
String getFontName()	返回字体名
String getName()	返回 Java 定义的字体逻辑名
int getSize()	返回字体大小
boolean isBold()	如果字体是加粗显示，返回真
boolean isItalic()	如果字体是斜体显示，返回真
boolean isPlain()	如果字体是普通显示，返回真
String[] getAvailableFontFamilyNames()	GraphicsEnvironment 类方法，返回当前计算机系统中的字体系列名数组
GraphicsEnvironment getLocalGraphicsEnvironment()	GraphicsEnvironment 类方法，返回当前计算机图像系统环境对象

例子之一：创建字体。注意在你的本机中必须安装了中文隶书字体才可运行。

```
Font myFont = new Font("隶书", Font.PLAIN, 18);
//创建一个显示普通隶书、尺寸18的字体
Font yourFont = new Font(myFont);    //复制myFont到新创建的yourFont字体
```

例子之二：调用其他常用方法。

```
Syste.out.println(myFont.getFamily());        //打印隶书
System.out.println(myFont.getFontName());     //打印隶书
System.out.println(myFont.setSize());         //打印18
System.out.println(yourFont.isBold());        //打印false
System.out.println(yourFont.isPlain());       //打印true
```

例子之三：调用 GraphicsEnvironment 的方法得到本机系统中的所有字体系列名。

```
GraphicsEnvironment ge = GraphicsEnvironment.getLocalGraphicsEnviron- ment();
                                              //返回本机图像环境
String[] fontFamilies = ge.getVailableFontFamilyNames();
                                              //得到本机系统中的字体系列名
for (String font : fontFamilies)              //打印所有字体系列
    System.out.println(font);
```

以上代码将打印当前计算机系统中所有字体系列名。

在 java.awt 包 Component 以及 Graphics 类中也提供了两个有关组件所显示字体的常用方法，如表 20.2 所示。

表 20.2　Component 以及 Graphics 类中与字体有关的方法

方　　法	解　　释
Font getFont()	返回字体对象
setFont(Font font)	按指定字体设置显示字体

例子之四：在按钮组件上设置字体。

```
JButton myButton = new JButton("Press Me");
myButton.setFont(new Font("Arial", Font.BOLD,16));    // 设置按钮显示字体
Font myButtonFont = myButton.getFont();               // 返回按钮的字体对象
System.out.println(myButtonFont.getName());           // 打印指定的字体名
```

例子之五：在窗口中绘制一行指定字体、大小和显示样式的字符串。

```
public void paint(Graphics g) { // 或利用 paintComponent(Graphics g)，具体见 20.1.3 节应用实例
    g.setFont(new Font(" 宋体 ", Font.BOLD, 30));      // 绘制字体
    String text = "I love life, I love Java";
    g.drawString(text, 30, 40);                      // 在 x=30,y=40 处绘制字符串
}
```

20.1.3　应用实例学会字体编程

在窗口中利用两个下拉列表分别显示本机系统所有字体系列和字体大小，以及利用选择框显示字体显示样式。按照用户的这些选择绘制一行字符串。图 20.1 显示了这个实例的运行结果。

图 20.1　显示本机字体系列并绘制字符串

在这个程序中，我们利用控制面板 FontsPanel 来布局和管理 GUI 组件，并实现 ItemListener 事件处理接口。最后调用 paintComponent() 方法绘制这行字符串。以下是这个实例的代码：

```
// 完整程序在本书配套资源目录 Ch20 中，名为 FontsPanel.java 和 FontsFrameTest.java
class FontsPanel extends JPanel implements ItemListener{        // 控制面板
    JComboBox<String> fontComboBox, sizeComboBox;               // 声明组件
    JCheckBox boldCheckBox, italicCheckBox;
    Font font;                                                  // 声明字体
    public FontsPanel(){                                        // 构造方法
        GraphicsEnvironment ge;
        ge = GraphicsEnvironment.getLocalGraphicsEnvironment();
                                                                // 得到本机字体系列
        fontComboBox = new JComboBox(ge.getAvailableFontFamilyNames());
                                                                // 加入下拉列表
        fontComboBox.setSelectedItem("Time New Roman");         // 预设字体
        fontComboBox.addItemListener(this);                     // 注册事件处理
        String[] sizes = {"8", "10", "12", "14", "16", "18", "20", "22", "24",
            "26", "28", "30"};                                  // 显示尺寸
        sizeComboBox = new JComboBox<String>(sizes);            // 加入下拉列表
        sizeComboBox.setSelectedItem("18");                     // 预设尺寸
        sizeComboBox.addItemListener(this);                     // 注册事件处理
        boldCheckBox = new JCheckBox("Bold");                   // 显示样式
```

```java
            boldCheckBox.setFont(new Font("Calibri", Font.BOLD, 14));
                                                                    // 设置组件字体
            boldCheckBox.addItemListener(this);                     // 注册事件处理
            italicCheckBox = new JCheckBox("Italic");
            italicCheckBox.setFont(new Font("Calibri", Font.ITALIC, 14));
            italicCheckBox.addItemListener(this);
            JPanel northPanel = new JPanel();                       // 嵌套控制面板显示组件
            northPanel.add(fontComboBox);
            northPanel.add(sizeComboBox);
            northPanel.add(italicCheckBox);
            northPanel.add(boldCheckBox);
            setLayout(new BorderLayout());                          // 布局管理
            add(northPanel, BorderLayout.NORTH);                    // 注册控制面板到上方
            font = new Font("Adobe Devanagari", Font.PLAIN, 18);    // 创建字体和预显
        }
        public void itemStateChanged(ItemEvent e){                  // 完善事件处理
            String fontFamily = (String) fontComboBox.getSelectedItem();
                                                                    // 得到显示字体
            int style = Font.PLAIN;                                 // 预设显示样式
            String sizeInt = (String) sizeComboBox.getSelectedItem();
                                                                    // 得到显示尺寸
            int size = Integer.parseInt(sizeInt);                   // 转换为整数
            if ((boldCheckBox.isSelected()) && (italicCheckBox.isSelected()))
                                                                    // 确定显示样式
                style = Font.BOLD + Font.ITALIC;
            else if (boldCheckBox.isSelected())
                style = Font.BOLD;
            else if (italicCheckBox.isSelected())
                style = Font.ITALIC;
            font = new Font(fontFamily, style, size);   // 重用字体对象,设置选择显示参数
            repaint();              // 调用 repaint() 方法,再自动调用 paintComponent() 方法
        }
        public void paintComponent(Graphics g){
            super.paintComponent(g);                                // 保证父类的绘制功能
            g.setFont(font);                                        // 设置字体和字体参数
            String text = "I love life, I love Java";               // 字符串显示
            g.drawString(text, 100, 80);                // 在 x=100, y=80 处绘制字符串
        }
    }
```

代码中覆盖了 JComponent 类的 paintComponent() 方法,执行对字符串的绘制。当 repaint() 自动调用 paintComponent() 时,为了保证超类的必要绘制功能不被覆盖以及清除先前的绘制,在 paintComponent() 中首先调用 super.paintComponent(g),然后执行其他代码。

20.2 颜色编程

想象一下没有颜色的窗口是什么感觉?颜色在多媒体编程中是 look and feel 的兴奋剂。Java 将代表颜色三元素红绿蓝的值,分别定义为 0 ~ 255。所以可以创建出 1 677 216 种不同颜色。在 java.awt 包中的 Color 类不仅提供了众多设置、改变以及操作颜色的方法,而且提供了 18 个静态常量,以便在程序中直接调用这些颜色。此外,如同我们在前面章节的举例,在 javax.swing 包中还提供了 JColorChooser 类,使得对颜色的应用更加方便和有效。

20.2.1 颜色编程常用术语

颜色编程常用术语如下。

- HSB——是英文 Hue、Saturation、Brightness 的缩写。指颜色的色相、饱和度以及亮度。色相指颜色在色相环上的位置。饱和度指色彩浓度，饱和度高则色彩艳丽，低时色彩接近灰色。亮度也称明度，等同于彩色电视机的亮度，亮度高色彩明亮；低则暗淡。亮度最高得到纯白；最低为纯黑。
- RGB——是英文 Red、Green、Blue 的缩写。即色彩三要素：红、绿、蓝。RGB 的不同比例产生各种颜色。
- HSL——英文 Hue、Saturation、Lightness 的缩写。其含义与 HSB 相同。

20.2.2 颜色编程常用方法和举例

表 20.3 列出了 Color 和 JColorChooser 类的构造方法和常用方法。

表 20.3 Color 和 JColorChooser 类的构造方法和常用方法

构造方法和常用方法	解 释
Color(float r, float g, float b)	按指定值创建一个颜色对象。每个指定值范围为 0.0 ~ 1.0
Color(int r, int g, int b)	按指定值创建一个颜色对象。每个指定值的范围为 0 ~ 255
Color brighter()	创建并返回一个新的亮度更高的颜色对象
Color darker()	创建并返回一个新的亮度更低的颜色对象
JColorChooser()	创建一个颜色选择器对象
JColorChooser(Color color)	按指定颜色创建一个颜色选择器对象
Color getColor()	返回当前颜色选择器中的颜色
setColor(Color color)	在颜色选择器中设置指定颜色
setColor(int r, int g, int b)	在颜色选择器中按指定值设置颜色

在 Color 类中，提供了代表常用颜色的静态常量：BLACK、BLUE、CYAN、DARK_GRAY、GRAY、GREEN、LIGHT_GRAY、MAGENTA、ORANGE、PINK、RED、WHITE、YELLOW。

> **更多信息** 以上静态常量可以是小写字母。

例子之一：创建颜色和颜色选择器对象。

```
Color redColor = new Color(255, 0, 0);                              // 创建红色
Color yellowColor = new Color(255, 255, 0);                         // 创建黄色
Color darkGray = new Color(0.5f, 0.5f, 0.5f);                       // 创建深灰色
JColorChooser myColorChooser = new JColorChooser();                 // 创建颜色选择器
JColorChooser herColorChooser = new JColorChooser(redColor);
                                                                    // 创建预选红色的颜色选择器
```

例子之二：调用 Color 类的常用方法。

```
Color brighterYellow = yellowColor.brighter();    // 调用 brighter() 方法
Color darkerYellow = yellowColor.darker();        // 调用 darker() 方法
```

例子之三：调用 JColorChooser 类的常用方法。

```
Color hisColor = myColorChooser.getColor();        // 调用颜色选择器的方法返回颜色
herColorChooser.setColor(Color.BLUE);              // 设置颜色选择器的颜色为蓝色
myColorChooser.setColor(255, 255, 255);            // 设置颜色选择器的颜色为白色
```

在 java.awt 包中的 Component 以及 Graphics 类中，也提供了与颜色有关的常用方法，如表 20.4 所示。

表 20.4　Component 以及 Graphics 类中与颜色有关的常用方法

方　　法	解　　释
Color getColor()	Graphics 方法，返回颜色对象
setColor(Color color)	Graphics 方法，按指定颜色设置/绘制
Color getBackground()	Component 方法，返回组件背景颜色
Color getForeground()	Component 方法，返回组件前景颜色
setBackground(Color color)	Component 方法，设置组件背景颜色
setForeground(Color color)	Component 方法，设置组件前景颜色

例子之四：调用 Component 与颜色有关的常用方法。

```
myButton.setBackground(Color.PINK);            // 设置按钮背景颜色为粉红
myButton.setForeground(Color.BLUE);            // 设置按钮前景颜色为蓝色
Color myBackground = myButton.getBackground(); // 返回粉红背景颜色
Color myForeground = myButton.getForeground(); // 返回蓝色前景颜色
```

例子之五：在窗口中设置绘制的颜色。

```
public void paintComponent(Graphics g){
    super.paintComponent(g);                   // 保证超类的绘制功能
    g.setFont(font);                           // 设置字体和字体参数
    g.setColor(Color.red);                     // 设置绘制字符串的颜色为红色
    String text = "I love life, I love Java";  // 字符串
    g.drawString(text, 100, 80);               // 在 x=100, y=80 处绘制字符串
}
```

20.2.3　应用实例学会颜色编程

图 20.2 显示了可以选择字体、字体大小、显示样式以及颜色来绘制字符串的程序。颜色的选择应用颜色选择器完成，使其操作更加简单和方便。

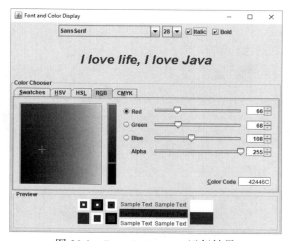

图 20.2　FontsColorsApp 运行结果

这个实例利用控制面板 FontsColorsPanel 完成组件的创建、布局、事件处理以及绘制功能。除加入颜色选择器和它的事件处理代码之外，其他部分与 20.2.2 节讨论的例子基本相同。以下是这个控制面板中颜色选择器和事件处理部分的主要代码：

```
// 完整程序在本书配套资源目录Ch20中, 名为FontsColorsPanel.java 和 FontsColorsApp.java
class FontsColorsPanel extends JPanel implements ItemListener{
    JcomboBox<String> fontComboBox, sizeComboBox;
    JCheckBox boldCheckBox, italicCheckBox;
    Font font;
    JColorChooser colorChooser;
    ColorSelectionModel model;
    Color newColor;
    ChangeListener changeListener;
    public FontsColorsPanel(){    // 省略创建、注册布局有关字体的组件代码; 见本书配套资源目
                                  // 录 Ch20 中的完整程序
      ...
      colorChooser = new JColorChooser();                          // 创建颜色选择器对象
         colorChooser.setBorder(BorderFactory.createTitledBorder("Color
             Chooser"));
             add(colorChooser, BorderLayout.SOUTH);                // 布局在applet 下方

             changeListener = new ChangeListener() {               // 事件处理
                 public void stateChanged(ChangeEvent changeEvent) {
                     newColor = colorChooser.getColor();
                     repaint();
                 }
             };
             model = colorChooser.getSelectionModel();
             model.addChangeListener(changeListener);
        }
    // 省略有关字体的事件处理代码; 见本书配套资源目录Ch20 中的完整程序
    ...
    public void paintComponent(Graphics g){
        super.paintComponent(g);
        g.setFont(font);
        g.setColor(newColor);
        String text = "I love life, I love Java";
        g.drawString(text, 150, 90);
    }
}
```

20.3 JavaFX 图形编程

Oracle 在最新版本的 Java SE 中增添了 JavaFX 库文件包, 提供了功能强大、编程灵活、易学易懂的 GUI 包括多媒体编程在内的 API 类。作为 Java 编程高手, 你有必要了解和掌握如何利用 JavaFX 编程。下面我们首先讨论如何应用 JavaFX 进行图形绘制。

20.3.1 JavaFX 编程步骤

以下代码利用 JavaFX 显示一个简单空窗口:

```
// 完整程序在本书配套资源目录Ch20中, 名为SimpleFXFrameTest.java
//Demo: use of javafx package to display a window
import javafx.application.Application;                    //import javafx packages
import javafx.stage.Stage;
public class SimpleFXFrameTest extends Application {
                                       //must inherit abstract class Application
public void start (Stage stage) {      //must implement it; start to run
stage.setTitle("JavaFX winodw Demo");  //title of the frame
```

```
stage.show();                                          //display it
}
public static void main(String args) {                 //main() method to test
    launch(args);                                      //execution point
}
}
```

可以看到，一个利用 JavaFX 编写的程序必须满足以下条件。

- 装入支持编程的库类，如 Application 是必须应用的抽象父类，每个 JavaFX 程序必须继承它，并完善它的一个名为 start(Stage) 的抽象方法。
- 编写完善 start(Stage) 方法的代码。这个方法相当于一个线程的 start() 方法，程序从 main() 开始装入，自动从 start() 方法开始执行各行语句。
- 编写主方法 main()。JavaFX 要求必须调用 Application 的静态方法 Launch(args) 来启动 JavaFX 程序（无论是否使用 args）。

20.3.2 图形编程常用方法

JavaFX 类库包中提供了专门用来绘制常用的几何图形，如直线、圆、椭圆、长方形、曲线、多边形等；还包括显示字符串的方法。表 20.5 列出了 javafx.scene.shape 包中的常用图形绘制类的构造方法和常用方法。其他几何图形的绘制类可参考 JavaFX 文档。

表 20.5 JavaFX 常用图形绘制类构造方法和常用方法

构造方法和常用方法	解　释
Line()	创建一个没有指定坐标的 Line 对象
Line(startX, startY, endX, endY)	按指定坐标创建一个 Line 对象
Circle()	创建一个没有指定坐标的 Circle 对象
Circle(radius)	创建一个指定半径的 Circle 对象
Circle(x, y, radius)	创建一个指定圆心坐标和半径的 Circle 对象
Circle(x, y, radius, fill)	创建用预设颜色绘制的指定圆心坐标、半径的对象
Rectangle()	创建一个没有长度坐标的 Rectangle 对象
Rectangle(width, height)	创建一个指定宽和长度的 Rectangle 对象
Rectangle(x, y, width, height)	创建一个指定坐标和宽、长的 Rectangle 对象
Rectangle(width, height, fill)	创建用预设颜色绘制的指定宽、长的 Rectangle 对象
Polygon()	创建一个没有指定多边形的 Polygon 对象
Polygon(x1, y1, x2, y2, …, xn, yn)	创建一个指定多边形的 Polygon 对象
Polygon(x1, y1, x2, y2, …, xn, yn, fill)	创建用预设颜色绘制的指定多边形的 Polygon 对象

 更多信息 Java 的坐标系统是以绘制容器（框架、控制面板等）左上角为坐标原点 (0, 0)；横轴为 x，竖轴为 y。x 和 y 的度量单位为像素。这种坐标系统被称为逻辑坐标。可以利用 GraphicsEnvironment、GraphicsDevice 以及 GraphicsConfiguration 类将逻辑坐标转换为具体绘图设备的坐标。这方面的讨论超出本书范围，感兴趣的读者可参考有关书籍。

20.3.3 图形编程步骤

利用 Java FX 类库进行图形绘制编程的步骤如下。

（1）创建图形对象。如绘制一个圆形：

```
Circle circle = new Circle(radius);// 需要import javafx.scene.shape.Cricle;
```

（2）创建控制面板加入创建的图形对象，例如：

```
Pane pane = new Pane(circle);              // 需要import javafx.scene.layout.Pane;
```

（3）创建情景类 Scene 对象加入控制面板，例如：

```
Scene scene = new Scene(pane);             // 需要import javafx.scene.Scene;
```

（4）将情景对象设置到舞台对象，完成图形显示。即

```
stage.setScene(scene);                     //stage 为 Stage 的对象
```

你可以在第（1）步中创建多个图形，包括字符串，然后在第（2）步控制面板 Pane 的构造方法中加入所有的绘制对象，每个绘制对象用逗号分隔（见 20.3.4 节中的编程实例）。

20.3.4 应用实例学会图形编程

以下程序演示利用 JavaFX 绘制直线、圆、长方形以及多边形几何图形的代码：

```java
// 完整程序在本书配套资源目录Ch20 中，名为 ShapeDrawingFXDemoTest.java
import javafx.application.Application;         //import javafx packages
import javafx.stage.Stage;
import javafx.scene.shape.Line;
import javafx.scene.shape.Circle;
import javafx.scene.shape.Rectangle;
import javafx.scene.shape.Polygon;
import javafx.scene.text.Text;
import javafx.scene.layout.Pane;
import javafx.scene.Scene;
import javafx.scene.paint.Color;
public class ShapeDrawingFXDemoTest extends Application {
    public void start(Stage stage) {
        Line line = new Line (10, 20, 120, 90);                        // 直线
        Circle circle = new Circle(320, 60, 55, Color.BLUE);           // 圆形；设颜色为蓝
        Rectangle rec = new Rectangle(25, 130, 95, 120);               // 长方形
        rec.setFill(Color.RED);                                        // 调用颜色设置方法
                                                                       // 多边形；预设颜色黑色
        Polygon poly = new Polygon(320.0, 150.0, 420.0, 200.0, 320.0, 250.0, 220.0,
            200.0, 320.0, 150.0);
                                                                       // 在指定位置显示字符串
            Text message = new Text(50, 300, "Line, circle, rectangle and
                polygon drawing use of Java FX");
        Pane pane = new Pane(line, circle, rec, poly, message);
                                                                       // 将所有绘制加入控制面板
        Scene scene = new Scene(pane, 430, 350);                       // 窗口大小
        stage.setScene(scene);                                         // 调用显示方法
        stage.setTitle("JavaFX drawing geom Demo");                    // 窗口标题
        stage.show();                                                  // 调用显示窗口方法
    }
    public static void main(String args) {                             // 主方法main()
        launch(args);                                                  // 运行装载
    }
}
```

程序运行结果如图 20.3 所示。

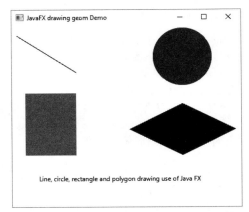

图 20.3　应用 JavaFX 类库进行图形绘制

如果你需要对图形旋转某个角度，则可调用：

```
rec.rotate(30);       // 顺时针旋转 30 度；适合于所有图形绘制
```

20.4　JavaFX 图像编程

JavaFX 类库中的 Image 和 ImageView 类专门用来显示图像。本节将一步步详细讨论如何利用这些类库进行图像编程及其应用。

20.4.1　Java 支持的 4 种图像格式

JavaFX 图像处理类支持 4 种图像格式，包括 BMP（BitMap）、GIF（Graphics Interchange Format）、JPEG（Joint Photographic Experts Group）、PNG（Portable Network Graphics）。这些图像文件名通常以 .bmp、.gif、.jpg 或 .jpeg，以及 .png 为文件后缀名结束。即使图像以 .jpeg 结束，在 Java 中读入该图像时也必须改为 .jpg，否则 JVM 将无法正确执行读入操作。

20.4.2　图像编程常用方法

表 20.6 列出有关图像读入和显示的常用方法，它们由 javafx.scene.image 库包提供。

表 20.6　图像编程的构造方法和常用方法

构造方法和常用方法	解释
Image()	创建一个图像对象
Image(String url)	创建一个指定路径和文件名的图像对象
double getHeight()	返回这个图像的高度
double getWidth()	返回这个图像的宽度
boolean isError()	如果图像装载操作有误，返回真，否则返回假
boolean isPreserveRatio()	Toolkit 类的方法；按指定文件名获取并返回图像
ImageView(Image)	创建由 Image 对象指定的显示图像
ImageView(String url)	创建由 url 路径指定的显示图像
Image getImage()	返回装载在 ImageView 对象中的图像
setX(double), setY(double)	设置显示图像的 x, y 坐标
getX(double), getY(double)	返回显示图像的 x, y 坐标
setPreserveRatio(boolean)	设置为真时在图像放大/缩小时按原图像比例显示
HBox(ImageView)	按横向布局显示图像
LBox(ImageView)	按纵向布局显示图像

20.4.3 图像编程步骤

利用 JavaFX 类库显示图像需要以下 5 个步骤。
（1）利用 Image 类将指定文件装载到内存，即

```
Image image = new Image(String url);      // 需要import javafx.scene.image.*;
```

其中，url 是图像所存储的路径和图像名。例如：

```
"file:flowers.gif"
```

表示路径和当前源代码相同的名为 flowers.gif 的图像文件。图像文件路径可以是任何的本机文件地址：

```
"file:C:\\JavaNewBook\\Ch20\Images\\JavaLog.gif"
```

或者是一个互联网地址。
（2）利用 ImageView 类创建一个可显示图像对象，即

```
ImageView imageView = new ImageView(image); //image 为第(1)步创建的图像对象
```

（3）将可显示图像对象加入到控制面板，即

```
Pane pane = new Pane(imageView); // 需要import javafx.scene.layout.Pane;
```

或加入到布局器：

```
HBox hbox = new HBox(imageView); // 需要import javafx.scene.layout.HBox;
```

（4）将控制面板 pane 或布局器 hbox 加入到情景类 Scene 对象，即

```
Scene scene = new Scene(pane);// 或 Scene scene = new Scene(hbox);
// 需要import javafx.scene.Scane;
```

（5）将情景对象 scene 加入到舞台类 Stage 对象，完成显示图像的操作。

20.4.4 应用实例学会图像编程

例子之一：创建一个指定路径和文件名的图像对象并按横向方式显示在窗口中。

```
Image image = new Image("file:flowers.gif");        // 假设图像文件在当前源代码路径
ImageView imageView = new ImageView(image);         // 创建 image 图像的显示对象
HBox hbox = new HBox(imageView);                    // 按横向显示
Scene scene = new Scene(hbox);                      // 加入显示图像到情景类对象
Stage.setScene(scene);                              // 将图像显示在窗口（舞台）
```

例子之二：创建并显示两个不同路径的图像文件：本当前源代码所在路径；另外一个在本机的任何文件夹。利用控制面板 Pane 将两个图像显示在指定位置。

```
// 完整程序在本书配套资源目录 Ch20 中，名为 ImageFXDemoTest.java
Image image1 = new Image("file:flowers.gif");                        // 当前文件夹
    ImageView imageView1 = new ImageView(image1);                    // 其他任何本机文件夹
    Image image2 = new Image("file:C:\\NewJavaBook\\Ch20\\images\\JavaLogo.gif");
    ImageView imageView2 = new ImageView(image2);
    imageView2.setX(270);                                            // 指定显示位置
    imageView2.setY(10);
    Text message = new Text(50, 230, "Display images use of Java FX");
    Pane pane = new Pane(imageView1, imageView2, message);           // 装载图像和字符串
    Scene scene = new Scene(pane, 480, 260);                         // 加入到情景构造方法
    stage.setScene(scene);                                           // 设置显示舞台
```

```
stage.setTitle("JavaFX display image Demo");     //title of the frame
stage.show();                                     // 执行显示
```

程序的运行结果如图 20.4 所示。

图 20.4　例子之二程序运行结果

20.5　JavaFX 音频编程

JavaFX 类库中的 Media 和 MediaPlayer 类专门用来进行音频编程。本节将一步步详细讨论如何利用这些类库创建和播放音乐以及音频编程方面的应用。

20.5.1　Java 支持的 3 种音频格式

JavaFX 支持 3 种音频格式：.aif、.mp3 以及 .wav。利用 JavaFX 音频编程时，必须装入多媒体类 Media 以及多媒体播放类 MediaPlayer，它们由 javafx.scene.media 包提供。音频文件可以存储在当前和源代码相同的路径中，或者存储在本机甚至互联网的有效地址中。在音频编程中，首先创建一个有指定音频文件的 Media 对象，然后创建 MediaPlayer 对象进行播放处理，或者调用其方法首先进行各种音频操作。

20.5.2　音频编程常用方法

表 20.7 列出了 Media 以及 MediaPlayer 类的构造方法和常用方法。它们由 javafx.scene.media 库包提供。

表 20.7　音频编程的构造方法和常用方法

构造方法和常用方法	解　释
Media()	创建一个没有指定音频文件的对象
Media(String)	创建一个指定路径和音频文件名的对象
String getSource()	返回这个音频文件的路径和文件名，即 URI
MediaPlayer(Media)	创建一个多媒体对象，即指定的音频文件对象
Media getMedia()	返回这个多媒体对象，即音频文件对象
play()	执行播放
pause()	暂停播放
stop()	停止播放
setAutoPlay(boolean)	如果设置为真，MediaPlayer 装载后立即播放
setCycleCount(int)	设置重复播放的次数
int getCycleCount()	返回重复播放的次数

> **更多信息** javafx.scene.media 包中的 AudioClip 类也可用来进行音频编程。表 20.7 中除 pause() 之外的所有方法都可以用于 AudioClip 进行音频播放和操作。这些类库的更多构造方法和常用方法可参考 Oracle 提供的 JavaFX 文档。

20.5.3 音频编程步骤

可按以下步骤进行音频编程。

（1）首先装入所有需要的 JavaFX 类库，即

```
import java.io.File;
import javafx.scene.media.Media;
import javafx.scene.media.MediaPlayer;
import javafx.application.Application;
import.javafx.scene.Scene;
import javafx.stage.Stage;
```

（2）创建一个指定路径的音频文件对象，例如：

```
File file = new File("AlphabetSong.wav");//假设音频文件路径与源代码路径相同
```

或

```
File file = new File(""C:\\sound\\AlphabetSong.wav");//假设音频文件在指定的路径
```

（3）利用 Media 或 AudioClip 创建音频多媒体对象，例如：

```
Media media = new Media(file.toURI().toString());
```

或：

```
AudioClip audioClip = new AudioClip(file.toURI().toString());
```

（4）利用 MediaPlayer 创建音频播放装载对象，例如：

```
MediaPlayer mediaPlayer = MediaPlayer(media);
```

如果利用 AudioClip 创建对象来播放音频，则可跳过这一步。

（5）调用 MediaPlayer 的方法来播放音频文件或进行其他操作，例如：

```
mediaPlayer.play();
```

或

```
audioClip.play();
```

20.5.4 节中将利用编程实例详细讨论音频编程。

20.5.4 播放音乐编程实例

例子之一：利用 Media 和 MediaPlayer 播放一个存储在和源代码相同文件夹名为 AlphabetSong.wav 的音乐：

```
// 完整程序在本书配套资源目录 Ch20 中，名为 SoundPlayMediaTest.java
// 其他代码
...
File file = new File("AlphabetSong.wav");                    // 创建音频文件对象
Media media = new Media(file.toURI().toString());            // 创建音频媒体对象
MediaPlayer mediaPlayer = new MediaPlayer(media);            // 创建音频播放对象
```

```
mediaPlayer.setCycleCount(10);                              // 重复播放 10 次
mediaPlayer.play();                                         // 开始播放
```

例子之二：将上例改为利用 AudioClip 播放，音频文件路径和名为 C:\sound\AlphabetSong.wav。

```
// 完整程序在本书配套资源目录 Ch20 中，名为 SoundPlayAudioClipTest.java
// 其他代码
...
File file = new File("C:\\sound\\AlphabetSong.wav");        // 文件路径和文件名
AudioClip myAudio = new AudioClip(file.toURI().toString());// 创建 AudioClip 对象
myAudio.setCycleCount(10);                                  // 重复播放 10 次
myAudio.play();                                             // 开始播放
...
myAudio.stop();
```

实战项目：利用多媒体开发英文字母学习游戏应用

项目分析：

这个软件开发项目利用 GUI 组件编程、布局管理、事件处理、颜色绘制、多线程、JavaFX 的多媒体音频编程等技术，设计编写一个用来给学龄前儿童学习识别英文字母的游戏。这个游戏在窗口中随机掉下一个字母，玩游戏的儿童识别这个字母后，按下显示在窗口下方的相同字母，则为正确回答。正确和不正确回答的分数记录在窗口右上方。为了增加玩游戏的兴趣，这个程序在认字母的过程中播放 3 种不同的音乐助兴。图 20.5 显示了这个游戏运行中的一个典型截图。

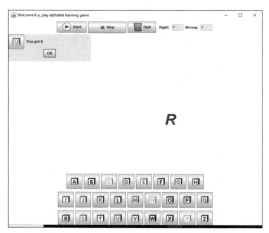

图 20.5　学习英文字母游戏的典型运行截图

类的组成和设计：

这个游戏由以下 6 个类组成。

- ❑ GameFrame——创建窗口，设置显示大小、位置、关闭，以及创建游戏控制面板对象。
- ❑ GamePanel——游戏控制面板，用来创建游戏中的 GUI 组件、事件处理、判断按下的字母是否与掉下的字母匹配，以及更新计分、音乐播放和控制、控制游戏进行等。
- ❑ MusicHandler——音频处理类。应用 JavaFX 的多媒体类库对 GamePanel 中音乐播放提供控制和操作。
- ❑ GameLetterPanel——创建随机字母、随机颜色，利用线程控制掉下的字母，以及返回这个字母等控制。
- ❑ RanNum——用来创建随机字母的产生、随机字母下降的位置以及字母随机颜色的产生。

- GameApp——游戏驱动程序。创建并显示一个窗口。

所有这些代码存储在本书配套资源目录 DropLetterGame 中。下面是这个游戏的关于创建图标按钮的部分代码：

```java
class GamePanel extends JPanel implements ActionListener {
    long totalLetters;
    int rightButton = 0,                                    // 计分初始化
        wrongButton = 0;
    String player;
    public GameLetterPanel gp;
    private JTextArea letterTextArea;
    private JTextField rightButtonTextField,
        wrongButtonTextField;
    private JLabel rightClickLabel,
        wrongClickLabel;
    private JButton aButton,                                // 创建字母按钮
        bButton,
        cButton,
        ...                                                 // 其他所有字母按钮
    public GamePanel(String player) {
        this.player = player;
        this.setLayout(new BorderLayout());
        JPanel buttonPanel = new JPanel();
        buttonPanel.setBackground(Color.white);
        buttonPanel.setLayout(new FlowLayout(FlowLayout.CENTER));
        startButton = new JButton("Begin", new   ImageIcon("images/play.gif"));
        startButton.addActionListener(this);
        buttonPanel.add(startButton);
        stopGameButton = new JButton("Stop", new ImageIcon("images/stop.gif"));
        stopGameButton.addActionListener(this);
        buttonPanel.add(stopGameButton);
        quitButton = new JButton( "Exit",new ImageIcon("images/Shutdown.gif"));
        quitButton.addActionListener(this);
        buttonPanel.add(quitButton);
        JPanel scorePanel = new JPanel();
        scorePanel.setBackground(Color.white);
        scorePanel.setLayout(new FlowLayout(FlowLayout.CENTER));
        buttonPanel.add(scorePanel);
        rightClickLabel = new JLabel("Correct: ");
        scorePanel.add(rightClickLabel);
        rightButtonTextField = new JTextField(3);
        rightButtonTextField.setEditable(false);
        rightButtonTextField.setFocusable(false);
        scorePanel.add(rightButtonTextField);
        wrongClickLabel = new JLabel("Wrong: ");
        scorePanel.add(wrongClickLabel);
        wrongButtonTextField = new JTextField(3);
        wrongButtonTextField.setEditable(false);
        wrongButtonTextField.setFocusable(false);
        scorePanel.add(wrongButtonTextField);
        this.add(buttonPanel, BorderLayout.NORTH);
        // letters panel display 26 letters
        JPanel lettersPanel = new JPanel();
        lettersPanel.setBackground(Color.white);
        lettersPanel.setLayout(new BorderLayout());
        JPanel firstPanel = new JPanel(); // hold 8 letters
```

```
            firstPanel.setBackground(Color.white);
            JPanel secondPanel = new JPanel();   // hold 9 letters
            secondPanel.setBackground(Color.white);
            JPanel thirdPanel = new JPanel();    // hold 9 letters
            thirdPanel.setBackground(Color.white);
            aButton = new JButton(new ImageIcon("images/a.gif"));
            bButton = new JButton(new ImageIcon("images/b.gif"));
            cButton = new JButton(new ImageIcon("images/c.gif"));
            // 其他 23 个英文字母图标按钮
            ...
}
```

可利用 JavaFX 的 scene 类库包中提供的图像处理类来编写这些带有图标的字母按钮（见本章实战项目大练兵编程课题）。

每个带有图标的字母按钮都有自己的事件处理代码，例如：

```
// 完整程序在本书配套资源目录 DropLetterGame 中，名为 GamePanel.java
aButton.addActionListener(
             new ActionListener() {
                 public void actionPerformed(ActionEvent e) {
                     String rl = gp.getLetter();         // 得到随机掉下的字母
                     matchingLetter(rl, "A");            // 与字母 A 比较
                 }
             }
         );
bButton.addActionListener(
    new ActionListener() {
        public void actionPerformed(ActionEvent e) {
            String rl = gp.getLetter();
            matchingLetter(rl, "B");
        }
    }
);
...
```

以下是利用 JavaFx 的多媒体类库 AudioClip 编写音乐播放功能 MusicHandler 类的代码：

```
import javafx.application.Application;
import javafx.scene.media.AudioClip;
import javafx.stage.Stage;
// 其他代码
...
class MusicHandler extends Application {                       // 音频播放控制和操作
    public void start(Stage stage) {
        stage.show();
    }
    // 播放音乐的方法
    public void soundPlayer(File file, AudioClip audioClip, boolean repeat) {
        audioClip = new AudioClip(file.toURI().toString());    // 得到文件地址
            if (repeat) {
                audioClip.setCycleCount(10);                   // 重复播放 10 次
                audioClip.play();                              // 开始播放
            }
            else audioClip.play();                             // 只播放一次
        }
    }
```

巩固提高练习和实战项目大练兵

1. 举例解释什么是字符和字形、什么是物理字体、什么是逻辑字体、什么是字体系列以及什么是字体显示样式。
2. 举例解释 AWT、Swing 以及 JavaFX 有什么本质不同？
3. 常用颜色术语有哪些？举例说明它们的含义和用途。
4. 总结程序中应用颜色的常用编程方式。
5. 举例说明怎样利用 JavaFX 进行图像编程。利用编程实例总结它们在编程中的一般步骤。
6. 参考本章讨论过的有关字体和颜色的应用实例，应用本机提供的字体系列、字体大小（从 8～30）、字体显示样式以及颜色（至少 5 种你喜欢的颜色），编写一个可以提供用户改变在窗口下方显示一行信息（内容自定）的程序。测试运行并存储这个程序。对源代码文档化。
7. **实战项目大练兵**：利用适当的图形绘制功能和填充颜色，绘制一个彩色机器人应用程序。机器人的造型和颜色搭配由自己决定。测试运行并存储这个程序。对所有源程序文档化。
8. 利用适当的音频文件（自己选择）通过 JavaFX 的多媒体音频播放功能给实战项目大练兵中创建的机器人配置音乐播放功能。在窗口适当位置创建一个名为 Play Music 的按钮。测试运行并存储这个程序。对所有源程序文档化。
9. 利用适当的图形绘制功能和填充颜色，绘制一个禁止抽烟张贴标语应用程序。其设计和颜色搭配由自己决定。测试运行并存储这个程序。对所有源程序文档化。
10. 利用适当的图形绘制功能和填充颜色，绘制一个禁止抽烟张贴标语应用程序。其设计和颜色搭配由自己决定。测试运行并存储这个程序。对所有源程序文档化。
11. **实战项目大练兵（团队编程项目）：开发儿童学习算术游戏软件**——利用 GUI、事件处理、图形绘制、颜色以及声音功能编写一个教学龄前儿童学习简单算术的应用程序游戏。这个游戏随机产生至少 10 个算术题，并且显示学生的姓名和得分。测试运行并存储这个程序。对所有源程序文档化。
12. **实战项目大练兵**：利用 GUI、事件处理、图形绘制、颜色以及声音功能编写一个教学龄前儿童学习英文字母的应用程序游戏。这个游戏随机产生至少 26 个学习题，并且显示学生的姓名和得分。测试运行并存储这个程序。对所有源程序文档化。
13. **实战项目大练兵（团队编程项目）：开发儿童颜色辨认游戏软件**——利用 GUI、事件处理、图形绘制、颜色以及声音功能编写一个教学龄前儿童辨认常见颜色的应用程序游戏。这个游戏随机产生至少 10 个辨认题，并且显示学生的姓名和得分。测试运行并存储这个程序。对所有源程序文档化。
14. **实战项目大练兵（团队编程项目）：开发儿童英文单词学习游戏软件**——利用 GUI、事件处理、图形绘制、颜色以及声音功能编写一个学习常用简单英文单词的应用程序游戏。这个游戏随机产生至少 10 个英文单词题，并且显示学生的姓名和得分。测试运行并存储这个程序。对所有源程序文档化。

第五部分　高手进阶——数据流处理和编程

"白日依山尽，黄河入海流。欲穷千里目，更上一层楼。"本书只有最后3章的内容等着你驾驭。书山有路勤为径，学海无涯苦作舟，你要百尺竿头更进一步，人生能有几回搏！

最后3章包括文件输入输出、数据库编程以及网络编程。这些编程技术都涉及数据流的控制和处理，是应用程序开发中不可或缺的。当掌握了这三方面的编程技术后，就如同蛟龙入海、猛虎插翅，驰骋于分布式编程、服务器－用户端编程以及数据远程控制和管理的战场上！程序和数据的距离对你来说就是零存在。

"沉舟侧畔千帆过，病树前头万木春。"你的坚持不懈一定会迎来亮丽阳光的明天！

"流水不腐，户枢不蝼，动也。"
（流动的水不会发臭，经常转动的门轴不会腐烂，因为运动之故。）

——《吕氏春秋·尽数》

通过本章学习，你能够学会：
1. 举例说明数据流、路径以及文件 I/O 的类型。
2. 举例解释文件 I/O 中缓冲应用和异常处理。
3. 应用文本文件 I/O 及二进制文件 I/O 编写代码。
4. 应用对象序列化原理编写文件 I/O 代码。
5. 应用随机文件 I/O 编写代码。
6. 应用 JFileChooser 和 Scanner 编写文件处理代码。

第 21 章　文件 I/O

　　文件输入、输出，简称文件 I/O，是 Java I/O 的重要组成部分。Java 对作为文件的数据源有广泛的定义，支持多种格式的文件 I/O。在前面章节对图像和音频文件的处理中，已经应用 JavaFX 支持的 API 类，执行读入图像或声音文件的操作，并且在第 18 章中利用 JFileChooser 进行基本的文件 I/O 操作。无论数据源在哪里和其构成格式，Java 在处理数据时广泛应用流 stream 的概念和技术处理 I/O。java.io 包提供了功了能强大的 API 类，专门进行文件 I/O 的各种操作。

　　本章首先介绍 Java 的输入流和输出流概念，重点讨论文件数据流。通过实例，讨论如何利用 java.io 包中的类和常用方法，对文件 I/O，尤其是对文本文件、二进制码文件，以及随机文件的输入、输出处理。

21.1　数据流和文件

　　以文件形式存储的数据具有可保存性。Java 所支持的文件 I/O 不仅是传统的存储在本地计算机外存中的文件，也可以是网页服务器文件、网络 socket 文件或者任何可读/写设备中的文件。从文件种类来讲，Java 支持文本文件、二进制码文件、对象文件以及压缩文件的输入、输出。

　　数据流的概念和技术简化了对文件 I/O 的理解、处理以及操作。数据流指一定字节长度和方向的线性有序数据。输入数据流从数据源读入计算机程序；而输出数据流则由程序写至输出设备。这个概念可由图 21.1 表示。

　　图 21.1 的上方演示输入数据流，即一组数据以字节格式从指定数据源设备读入程序中。图 21.1 的下方演示输出数据流，即一组数据以字节格式写至指定数据设备。

　　虽然输入、输出数据都以线性有序字节流的形式存在，但这些数据流的内容可以构成以下不同文件格式：

❑ 文本文件——数据流的字节格式为 ASCII 代码或 Unicode 代码。
❑ 二进制文件——数据流的字节格式为二进制代码。

❑ 对象文件——数据流的字节格式为一组或多组封装有实例数据的对象。
❑ 压缩文件——数据流的字节格式为压缩的 JAR 文件。
Java 提供的 API 类支持上述各种数据流的输入、输出处理和操作。

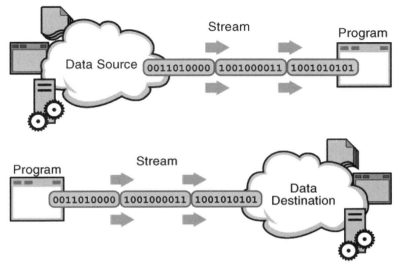

图 21.1　输入、输出数据流

21.1.1　文件 I/O 基本知识须知

从上面的讨论可以看出，在进行文件 I/O 时，必须已知如下条件。
❑ 文件的格式：即文本文件、二进制文件、对象文件还是压缩文件。
❑ 文件内容：在涉及对输入文件数据进行算术运算操作以及二进制文件的读入操作时，必须知道其数据内容。
❑ 数据流的方向：输入操作还是输出操作。
❑ 文件路径：进行读、写文件的名称和文件目录。
❑ 缓冲：是否需要缓冲。
下面讨论文件路径、文件类常用方法、缓冲概念和技术，以及文件 I/O 异常处理等基础知识。

21.1.2　揭秘文件路径

在 Java 中，路径或者文件目录可以包括或不包括文件名。由于路径与具体操作系统有关，在代码中定义路径必须遵循操作系统对路径的规定。表 21.1 列出了 UNIX/Linux 以及窗口操作系统常用的路径和它们的含义。

> **注意**　在 UNIX/Linux 中，路径中的大小写字母表示不同的路径；而窗口操作系统则忽略大小写字母。

表 21.1　UNIX/Linux 和窗口操作系统常用路径举例

路　　径	UNIX/Linux	窗口操作系统
/a/b/c/	从根目录包括 a、b 到子目录 c	从当前目录包括 a、b 到子目录 c 或 \a\b\c\
c:\a\b\	非法路径	从根目录 c: 包括 a 到子目录 b 或 C:\a\b\，C:/a/b/
data.txt	当前目录中的文件名	当前目录中的文件名

续表

路径	UNIX/Linux	窗口操作系统
/a/b/c/data.txt	包括文件名的从根目录包括 a、b 到子目录 c 的路径	包括文件名的从当前目录包括 a、b 到子目录 c 的路径
.	当前目录	当前目录
..	从当前目录返回到上一级目录	从当前目录返回到上一级目录
..\b\c\	从当前目录返回到上一级目录，并从子目录 b\c\ 算起	从当前目录返回到上一级目录，并从子目录 b\c\ 算起
..\b\c\data.txt	同上；但包括文件名的路径	同上；但包括文件名的路径

21.1.3　用实例看懂绝对路径和规范路径

在 Java 中，绝对路径（absolute path）指包括根目录至子目录的路径，并且在绝对路径中可以包括当前目录标记"."，以及上一级目录标记".."。例如 Linux/UNIX 中的绝对路径：

```
/a/b/c/..
./../c/d/data.txt            // 假设当前路径为 b；路径按字母次序
```

或窗口操作系统中的绝对路径：

```
C:\d\e\..
./../f/h/data.txt            // 假设当前路径为 e；路径按字母次序
```

而规范路径（canonical path）则是执行了当前目录标记或者上一级目录标记的路径。例如上面例子中的规范路径为：

```
/a/b
/a/c/d/data.txt
```

或窗口系统中上例的规范路径为：

```
C:\d
C:\d\f\h\data.txt
```

21.1.4　高手理解 URI、URL 和 URN

URI（Uniform Resource Identifier）、URL（Uniform Resource Locator）和 URN（Uniform Resource Name），用来定义在远程计算机上的文件。在 java.net 包中，提供 URI 和 URL 类来分别创建这两个对象；而 URN 是以双斜线"//"为开始的字符串形式表示。例如：

```
String mySharedFile = "//serverName/sharedFiles/java/Ch21/myFiles/myData.txt";
```

定义了一个 URN 在指定服务器路径中的文件。

在文本文件以及二进制文件 I/O 中，经常利用 URI 以及 URN 定义文件路径。URL 更多用于多媒体文件，例如图像和声音文件的输入和输出操作。在网络编程中经常用到 URL、URI 和 URN，第 23 章将详细讨论它们在网络编程中的应用。

21.1.5　文件类常用方法

java.io 包中的 File 类提供专门用来创建指定的文件对象，以及获取和更改文件信息的各种操作。表 21.2 列出了 File 类的构造方法和常用方法。

表 21.2　File 类的构造方法和常用方法

构造方法和常用方法	解　　释
File(String pathname)	按指定路径／文件名创建一个文件对象
File(String, pathname, String fileName)	按指定路径和文件名创建一个文件对象
File(URI uri)	按指定 URI 对象创建一个文件对象
boolean canRead()	如果文件可读，返回真，否则返回假
boolean canWrite()	如果文件可写，返回真，否则返回假
boolean createNewFile()	创建一个空的指定文件。将抛出 IOXException 异常
boolean delete()	删除文件。如果操作成功，返回真，否则返回假
boolean exists()	如果文件存在，返回真，否则返回假
String getAbsolutePath()	返回文件的绝对路径
String getCanonicalPath()	返回文件的规范路径。将抛出 IOXException 异常
String getName()	返回文件名
String getParent()	返回文件的上一级路径
String getPath()	返回在构造方法中创建文件时的文件路径（如果有则包括文件名在内）
boolean isDirectory()	如果调用这个方法的对象仅是文件路径，返回真，否则返回假
boolean isFile()	如果调用这个方法的对象是包括路径在内的文件，返回真，否则返回假
long length()	返回文件字节长度
String[] list()	以字符串数组返回当前目录中的所有文件名
File[] listFiles()	以文件对象数组返回当前目录中的所有文件
boolean mkdirs()	创建文件对象中指定的目录，包括必要的上级目录。如果创建成功，返回真，否则返回假
boolean setReadOnly()	将文件设置为只可读文件。如果设置成功，返回真，否则返回假
boolean setWritable(boolean writable)	如果参数为真将文件设置为可写，否则为不可写文件
String readString(Path path)	JDK11 新增 Files 的方法：返回读入指定文件路径的字符串
Path writeString(Path path, String str, WM OpenMode)	JDK11 新增 Files 的方法：将 str 内容按文件打开方式写入指定文件的路径并返回这个路径
staticlongmismatch(Path path, Path path2)	JDK12 新增 Files 的方法：对指定的两个文件进行对比，返回首次不相同的字节位置；如果没有不同则返回 -1L，抛出 IOException 异常

> **更多信息**　按 Java 命名约定，文本文件名通常以 .txt 结束；而二进制文件则以 .dat 为文件标识名。

以下 5 个实例中的完整程序在本书配套资源目录 Ch21 中名为 FileTest.java。

例子之一：创建本机文件对象。

```
String fileName = "myData.txt";
String myFilePath = "C:/java/Ch21/myFiles/";
// 创建指定路径和文件名的文件对象
File myFile = new File(myFilePath + fileName);
                            // 或 new File(myFilePath, fileName);
System.out.println("my file exists: " + myFile.exists());
```

注意，创建的文件对象并没有真正建立指定的文件目录和文件，只是注册了这个文件的信息。例如：

```
System.out.println("my file exists: " + myFile.exists());
```

将打印：

```
my file exists: false
```

可调用 createNewFile() 方法来真正建立一个指定路径的文件,例如:

```
if (!myFile.exists())
    myFile.createNewFile();
```

例子之二:创建远程文件对象。

```
URI uri = new URI ("http://www.freeskytech/shared/myFiles/webFile.htm");
                                            // 利用 URI 创建远程文件路径
String serverFile = "//hostIPAddress/shared/myFiles/webFile.htm");
                                            // 利用 URNs 创建远程文件路径
File webFile = new File(uri);           // 创建指定远程文件路径的文件对象
File webFile2 = new File(serverFile);   // 创建与上例相同指定远程文件路径的文件对象
```

例子之三:调用创建文件路径的方法 mkdirs()。

```
String yourFilePath = "C:/java/Ch21/yourfiles/";
if (!yourFile.exists())
    yourFile.mkdirs();
System.out.println("yourFile path: " + yourFile.getPath());
```

以上代码将创建指定的文件目录,运行结果为:

```
yourFile path: C:\java\Ch21\yourfiles
```

例子之四:调用显示文件名和读写状态的方法。

```
if (!myFile.exists())
    myFile.createNewFile();
System.out.println("File name: " + myFile.getName());
System.out.println("Can read myFile: " + myFile.canRead());
System.out.println("Can write myFile: " + myFile.canWrite());
System.out.println("File name: " + yourFile.getName());
System.out.println("Can read yourFile: " + yourFile.canRead());
System.out.println("Can write yourFile: " + yourFile.canWrite());
```

以上代码运行后将显示如下结果:

```
File name: myData.txt
Can read myFile: true
Can write myFile: true
File name: yourfiles
Can read yourFile: false
Can write yourFile: false
```

因为 yourFile 对象中包含的文件信息只是文件路径,所以 getName() 只返回子目录名 yourFiles,且文件不可读写。

例子之五:调用文件类显示文件绝对路径和规范路径的方法。

```
System.out.println("Absolute path: " + myFile.getAbsolutePath());
System.out.println("Canonical path: " + myFile.getCanonicalPath());

String absolutePath = new File(".\\..").getAbsolutePath();
System.out.println("Absolute path: " + absolutePath);

String canonicalPath = new File(".\\..").getCanonicalPath();
System.out.println("Canonical path: " + canonicalPath);
```

```
System.out.println("Parent path: " + myFile.getParent());
System.out.println("File path: " + myFile.getPath());

System.out.println("Path and myFile exist: " + myFile.isFile());
System.out.println("Length of myFile: " + myFile.length());
```

上面的例子中两次利用创建匿名的文件对象来演示绝对路径 absolute path 与规范路径 canonical path 在具有当前路径标记和上一级路径标记操作中的不同。下面是以上 5 个例子代码的运行结果：

```
my file exists: true
yourFile path: C:\Java_Art_Examples_1-23\Ch21\yourfiles
File name: myData.txt
Can read myFile: true
Can write myFile: true
File name: yourfiles
Can read yourFile: true
Can write yourFile: true
Absolute path: C:\Java_Art_Examples_1-23\Ch21\myFiles\myData.txt
Canonical path: C:\Java_Art_Examples_1-23\Ch21\myFiles\myData.txt
Absolute path: C:\JavaArtComplete\Ch21\.\..
Canonical path: C:\JavaArtComplete
Parent path: C:\Java_Art_Examples_1-23\Ch21\myFiles
File path: C:\Java_Art_Examples_1-23\Ch21\myFiles\myData.txt
Path and myFile exist: true
Length of myFile: 94
```

例子之六：调用 JDK11 中新增的对文件路径进行读写的方法。

```
//完整程序在本书配套资源目录 Ch21 中，名为 ReadStringWriteStringApp.java
...
Path path = Paths.get("C:/", "temp", "test.txt"): //get 方法返回由三个选项指定的文件
try {
    //Write content to the file
    Files.writeString(path, "Hello!" StandardOpenOption.APPEND);

    //Verify written file content
    String content = Files.readString(path);
    System.out.println(content);
}
catch (IOException e) {
    e.printStackTrace();
}
...
```

例子之七：调用 JDK12 中新增的对文件路径进行读写的方法。
假设如下内容的两个文本文件 myData.txt 和 yourData.txt 存在 C:\Temp\ 目录中。

```
//完整程序在本书配套资源目录 Ch21 中，名为 MismatchApp.java
...
Path myFilePth = Paths.get("C:/Temp//myData.txt");
Path yourFilePath = Paths.get("C:/Temp/yourData.txt");

try{ long diff = Files.mismatch(myFilePath, yourFilePath);
    if (diff == -1) {
        System.out.println("Two files are having identical content"); // 输出内容
    }
    else {
        System.out.println("Two files are not identical");
```

```
        }
catch (IOException e) {
    e.printStackTrace();
(
...
```

21.1.6 文件 I/O 中为什么要缓冲

缓冲，或缓冲器，指一段指定的内存，用来暂时存储文件 I/O 数据流中的数据。应用缓冲的目的是提高代码中频繁进行数据读入或者写出操作的效率。图 21.2 演示了应用缓冲进行文件 I/O 的操作过程。

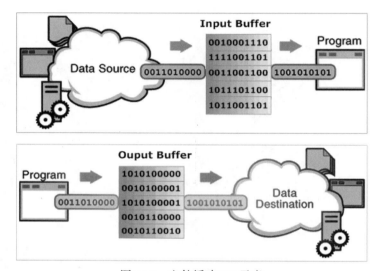

图 21.2　文件缓冲 I/O 示意

与图 21.1 相比较，可以看出，在缓冲文件 I/O 中，读入或写出的数据流暂时存放在 I/O 缓冲器中。当满足以下任何一个条件时，缓冲器中的数据流依次批处理读入程序或者写出到输出设备。

❑ 缓冲器满。
❑ 关闭文件（调用 close() 方法）。
❑ 清理缓冲器（调用 flush() 方法）。

21.1.7 文件 I/O 必须处理异常

文件 I/O 操作是检查性异常，代码中必须提供处理文件 I/O 异常的机制，即利用 try-catch 程序块处理异常，或利用 throw 传播异常。

文件 I/O 包括以下几种可能发生的异常。

❑ IOException——处理 I/O 出错时抛出的异常。
❑ EOFException——程序试图读入超出文件范围的数据时抛出的异常。
❑ FileNotFoundException——程序试图打开一个不存在文件时抛出的异常。

IOException 是 EOFException 和 FileNotFoundException 的超类，而其超类是 Exception，直至 Throwable。

21.2　文本文件 I/O

虽然文本文件与二进制文件相比，占据更多内存，但文本文件应用在对字符串为主的数据流

I/O 处理，其好处是直观和易于操作。java.io 包中提供以 Writer 和 Reader 为超类的两组 API 类来进行文本文件 I/O 的处理和操作。本节首先介绍文本文件的输出，然后讨论其输入技术。

21.2.1 文本文件输出

表 21.3 列出了 java.io 包中常用文本文件输出 API 类和构造方法。

表 21.3 常用文本文件输出类和构造方法

类名和构造方法	解 释
PrintWriter(File file)	创建一个指定文件的具有文本输出功能的对象
PrintWriter(Write writer)	创建一个指定的具有文本输出功能的对象
PrintWriter(Writer writer, boolean flush)	创建一个指定的具有冲刷选项的、具有文本输出功能的对象
BufferedWriter(Writer writer)	创建一个文本缓冲输出封装对象
FileWriter(File file)	创建一个指定文件的文本输出对象。将抛出 IOException 异常
FileWriter(File file, boolean append)	创建一个指定文件、具有将文本数据添加到已存在文件结尾选项的对象。将抛出 IOException 异常
FileWriter(String fileName)	创建一个指定文件名的文本输出对象。将抛出 IOException 异常
FileWriter(String fileName, Boolean append)	创建一个指定文件名、有将文本数据添加到已存在文件结尾选项的对象。将抛出 IOException 异常

Writer 是表 21.3 中列举的所有 API 类的抽象超类。PrintWriter 实现了具体文本输出的方法，使输出数据流成为可写的格式化的文本字符串。BufferedWriter 用于文本文件的缓冲输出，其作用如同将输出数据流封装在一起，实现缓冲操作。而 FileWriter 为最下层直接与文件对象或文件名联系的类。在具体文本输出代码中，按照从文件到缓冲，再到打印文本文件次序编写。例如：

```
PrintWriter
　→BufferedWriter（可选项）
　　　→FileWriter
```

如果无须应用缓冲，则可利用 PrintWriter(File file) 直接创建文件对象，进行文本文件的输出。具体代码见 21.2.2 节的举例。

表 21.4 列出了 PrintWriter 类进行文本输出的常用方法。

表 21.4 PrintWriter 类常用方法

方　　法	解　　释
print(argumentExpression)	将指定参数表达式写到文本文件。文件位置指示器不换行
println(argumentExpression)	将指定参数表达式写到文本文件，文件位置指示器换行
flush()	清空缓冲器。将抛出 IOException 异常
close()	关闭文件。将抛出 IOException 异常

21.2.2 缓冲和无缓冲的文本输出

例子之一：无缓冲的文本输出。

```
// 完整程序在本书配套资源目录 Ch21 中，名为 TextFileWriteTest.java
String fileName = "myData.txt";
String myFilePath = "C:/java/Ch21/myFiles/";
try {
    // 创建指定路径和文件名的文件对象
    File myFile = new File(myFilePath + fileName);
                                    // 或 new File(myFilePath, fileName)
    PrintWriter out = new PrintWriter(myFile);          // 创建文本输出
    out.println("This line will be written to the file. ");  // 调用输出
```

```
        out.print("Version" + 1.01);
        out.print("\tAuthor: Gao");
        out.println();
        out.println("File name: " + filename);
        out.close();                                    // 关闭文件输出或 out.flush()
    }
    catch (IOException e) {
        System.out.println(e);
    }
```

代码运行后，输出到 myData.txt 的文件内容为：

```
This line will be written to the file.
Version: 1.01       Author: Gao
File name: myData.txt
```

例子之二：将上例修改为缓冲文本文件输出。

```
// 完整程序在本书配套资源目录 Ch21 中，名为 TextFileBufferedWriteTest.java
try {
    // 创建指定路径和文件名的文件对象
    File myFile = new File(myFilePath + fileName);
    // 或 new File(myFilePath, fileName)
    PrintWriter out = new PrintWriter(                  // 创建缓冲文本输出
            new BufferedWriter(
                new FileWriter(myFile)));
    out.println("This line will be written to the file using buffered output. ");
                                                        // 调用输出
    out.print("Version" + 1.02);
    out.print("\tAuthor: Gao");
    out.println();
    out.println("File name: " + filename);
    out.close();                                        // 关闭文件输出或 out.flush()
}
catch (IOException e) {
    System.out.println(e);
}
```

以上例子中的代码每次运行时，如果使用相同的文件名，都将清除文件中的原有内容。如果需要在文件结尾添加输出数据时，必须应用具有两个参数的 FileWriter 构造方法创建文本输出。其第二个参数为真时，设置输出为添加，而不是覆盖。

例子之三：将文本输出设置为结尾添加形式。

```
...
PrintWriter out = new PrintWriter(
        New FileWriter(myFile, true));                  // 创建添加式文本输出
...
```

或者

```
PrintWriter out = new PrintWriter(                      // 创建添加式缓冲文本输出
        new BufferedWriter(
            new FileWriter(myFile, true)));
```

如果需要在当前目录中创建输出文件，则可：

```
PrintWriter out = new PrintWriter(                      // 创建缓冲文本输出
        new BufferedWriter(
            new FileWriter("myData.txt", true)));
```

直接在当前源代码存储的目录中创建名为 myData.txt 的输出文件。

例子之四：将数值型数据写到当前目录的文本文件中。

```java
// 完整程序在本书配套资源目录 Ch21 中，名为 TextFileBufferedWriteTest2.java
import java.io.*;
public class TextFileBufferedWriteTest2 {
    public static void main(String[] args) {
        short age = 89;
        int count = 100;
        float price = 89.56f;
        long population = 1300000000;
        double invest = 678900000;
        try {
            PrintWriter out = new PrintWriter(      // 创建有添加选项的缓冲文本输出
                                new BufferedWriter(
                                    new FileWriter(
                                        new File("numberData.txt"), true)));
            out.println(age);                       // 调用输出
            out.println(count);
            out.println(price);
            out.println(population);
            out.println(invest);
            out.println(invest/population);
            out.close();
        }
        catch (IOException e) {
            System.out.println(e);
        }
    }
}
```

第一次运行结果为：

```
89
100
89.56
1300000000
6.789E8
0.5222307692307693
```

因代码中设置在文件结尾添加选项为真，多次运行这个例子时，将重复以上运行结果。

> **更多信息** 在 Eclipse 中将不显示输出文件的内容。你需要浏览到该文件目录查看输出结果。

21.2.3 文本文件输入

表 21.5 列出了 java.io 包中常用文本文件输入类和构造方法。

表 21.5 常用文本文件输入类和构造方法

类名和构造方法	解　　释
BufferedReader(Reader reader)	创建一个具有缓冲和文本输入功能的指定文本对象
FileRead(File file)	创建一个指定文件的文本输入对象。将抛出 FileNotFoundException 异常
FileReader(String fileName)	创建一个指定文件名的文本输入对象。将抛出 FileNotFoundException 异常

其中 Reader 为 BufferedReader 和 FileReader 的抽象超类。BufferedReader 实现了对文本文件读入的功能。表 21.6 列出了 BufferedReader 类的常用方法。

表 21.6　BufferedReader 类的常用方法

方　　法	解　　释
read()	读入文本文件中的一个当前字符并返回代表这个字符的 Unicode 代码。当读入操作超过文件长度时，返回 –1。将抛出 IOException 异常
readLine()	读入文本文件中的当前行并按字符串返回这一行数据。将抛出 IOException 异常
skip(long chars)	跳过指定长度的字符。返回实际跳过的字符数。将抛出 IOException 异常
close()	关闭文件。将抛出 IOException 异常

> **注意**　试图读入一个不存在的文件将产生 IOException 异常。

系统预设文本文件的读入操作是缓冲式输入。其常用模式为：

```
BufferedReader
    → FileReader
```

21.2.4　文本文件输入实例

以下各例利用文本文件系统预设缓冲输入。

例子之一：创建文本文件输入对象，应用 readLine() 进行读入操作。

```java
// 完整程序在本书配套资源目录 Ch21 中，名为 TextFileReadLineTest.java
import java.io.*;
public class TextFileReadLineTest {
    public static void main(String[] args) {
        String fileName = "myData.txt";
        String myFilePath = "C:/NewJavaBook/Ch21/myFiles/";
        try {
            File myFile = new File(myFilePath + fileName);
            BufferedReader in = new BufferedReader(      // 创建文本输入对象
                                new FileReader(myFile));
            String line = in.readLine();                 // 读入一行数据
            while (line != null) {                       // 如果没有到文件结尾
                System.out.println(line);                // 显示读入行
                line = in.readLine();                    // 继续读入
            in.close();                                  // 关闭文件
            }
        }
        catch (IOException e) {
            System.out.println(e);
        }
    }
}
```

当读入操作遇到文件结尾后，读入的数据将为 null。可以利用它作为执行读入循环的控制。以上代码将读入的文件内容显示到屏幕上：

```
This line will be written to the file.
Version: 1.01    Author: Gao
File name: myData.txt
```

例子之二：在文本文件输入中利用 read() 和 skip() 方法。read() 方法读到文件结束时，其读入内容为 –1。利用这个特点，可以在循环中控制读入操作。假设在文本输入时需要跳过 Author: Gao：

```java
// 完整程序在本书配套资源目录 Ch21 中，名为 TextFileReadTest.java
import java.io.*;
public class TextFileReadTest {
    public static void main(String[] args) {
        String fileName = "myData.txt";
        String myFilePath = "C:/java/Ch21/myFiles/";
        try {
            File myFile = new File(myFilePath + fileName);
            BufferedReader in = new BufferedReader(
                            new FileReader(myFile));
            String line = "";                    // 初始化
            int ch =  in.read();                 // 读入一个字符
            while (ch != -1) {                   // 如果没有遇到文件结束
                line += (char)ch;                // 产生一行字符串
                if (ch == '\n') {                // 如果是下一行
                    System.out.print(line);      // 显示
                    line = "";                   // 置空
                }
                else if (ch == '\t')             // 如果读入的是跳格
                    in.skip(11);                 // 跳过 11 个字符长度
                ch = in.read();                  // 继续循环读入
            }
            in.close();
        }
        catch (IOException e) {
            System.out.println(e);
        }
    }
}
```

运行结果为：

```
This line will be written to the file.
Version: 1.01
File name: myData.txt
```

读入文件中的 Author: Gao 11 个字符被跳过。

例子之三：读入 21.2.3 节例子之四中的数值型文本数据，并将它们转换为数值类型。

```java
// 完整程序在本书配套资源目录 Ch21 中，名 TextFileReadLineTest2.java
import java.io.*;
public class TextFileReadLineTest2 {
    public static void main(String[] args) {
        short age = 0;
        int count = 0;
        float price = 0.0F;
        long population = 0L;
        double  invest = 0.0,
                total = 0.0,
                average = 0.0;
        try {       // 在当前与源代码相同的目录创建文本读入对象
            BufferedReader in = new BufferedReader(new FileReader
                ("numberData.txt"));
            String line = in.readLine();                    // 读入 age
            age = Short.parseShort(line);                   // 转换成数值
            line = in.readLine();
            count = Integer.parseInt(line);
```

```
                price = Float.parseFloat(in.readLine());        // 读入后直接转换
                population = Long.parseLong(in.readLine());
                invest = Double.parseDouble(in.readLine());
                total = count * price;                          // 计算
                System.out.println("Total: " + total);          // 读入、转换以及打印
                System.out.println("Average: " + Double.parseDouble(in.read-
                    Line()));
                in.close();
            }
            catch (IOException e) {
                System.out.println(e);
            }
            catch (NumberFormatException e) {
                System.out.println(e);
            }
        }
    }
```

在编写涉及将读入数据转换成数值的代码时,必须清楚地了解文件内容,否则在调用 ParseXxx() 时将产生 NumberFormatException 异常。

在对读入的数据转换为数值时,也可利用包装类的 valueOf() 方法,例如:

```
Age = Short.valueOf(line);
```

以上代码的运行结果为:

```
Age: 89
Population: 1300000000
Invest: 6.789E8
Total: 8956.0
Average: 0.5222307692307693
```

实战项目: 开发产品销售文本文件管理应用

项目分析:

设计开发一个对公司产品进行文本文件输入/输出管理的应用程序。这个项目分为两个运行部分:产品文本文件的输入以及输出,具体包括以下控制输入的类以及输出的类。

输出类的设计:

- TextFileWriter——创建文本文件输出对象、写出产品数据以及关闭文件操作。
- ProductTextFileWriterFame——GUI 窗口读入、创建和显示控制面板以及退出窗口等操作。
- ProductTextFileWriterPanel——GUI 组件的创建、布局、事件处理、异常处理,以及产品销售文本文件的创建、输出、关闭和异常处理等操作。
- ProductTextWriterFrameApp——产品文本文件输出测试程序。

输入类的设计:

- TextFileReader——提供创建文本输入文件对象、读入产品数据以及关闭文件操作。
- ProductTextFileReaderFame——GUI 窗口读入、显示控制面板以及退出窗口等操作。
- ProductFileReaderPanel——GUI 组件的创建、布局、事件处理、异常处理,以及产品销售文本文件的创建、输入产品数据、计算产品总额、关闭和异常处理等操作。
- Formatter——提供对双精度数据进行货币格式化输入的操作。
- ProductTextFileReadApp——产品文本文件输入测试程序。

图 21.3 是这个实战项目产品文本文件输出部分的一个典型运行结果。

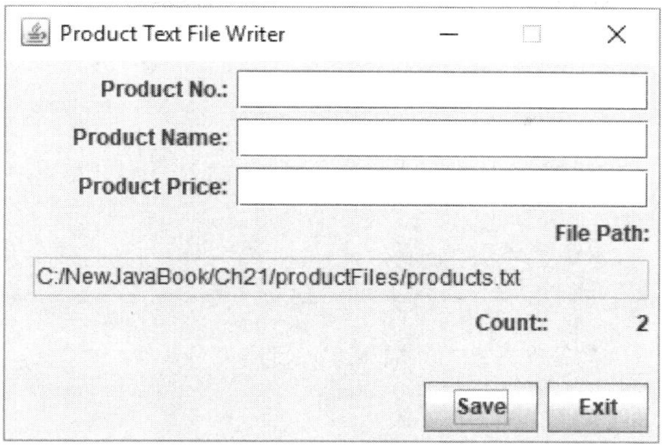

图 21.3 产品文本文件输出程序典型运行结果

以下是 TextFileWriter 的代码：

```java
// 完整程序在本书配套资源目录 Ch21 中，名为 TextFileWriter.java
import java.io.*;
class TextFileWriter {
    PrintWriter out;
    public TextFileWriter(String fileName, boolean append) throws
    IOException {                                    // 构造方法创建文本输出
        out = new PrintWriter(
            new BufferedWriter(
                new FileWriter(fileName, append)));
    }
    public final void output(String...text) { // 利用可变参数写出字符串数据
        for(String s: text)
            out.print(s+ "|");                       // 数据分隔标记
        out.println();
    }
    public final void closeFile() {                  // 关闭文件
        out.close();
    }
}
```

可以看到，在数据输出方法 output() 中利用字符串类型可变参数，以便调用时可以传送任意个字符串作为输出数据。

以下是 ProductTextFileWriterFrame 关于文本文件输出部分的代码：

```java
// 完整程序在本书配套资源目录 Ch21 中，名为 ProductTextFileWriterFrame.java
...
    try {
        fileWriter = new TextFileWriter(fileName, true); // 创建文本输出对象
    }
    catch (IOException e) {
        System.out.println(e);
    }
    count = 0;                                       // 产品数据输出累计器置零
}
public void actionPerformed(ActionEvent e) {
    Object source = e.getSource();
    if (source == exitButton) {                      // 如果按下退出按钮
        fileWriter.closeFile();                      // 关闭文件
        System.exit(0);                              // 退出系统
    }
```

```
        else if (source == saveButton) {                // 如果按下保存按钮
            String ID = IDTextField.getText();           // 得到产品数据: ID
            String title = titleTextField.getText();     // 得到产品数据: title
            String price = priceTextField.getText();     // 得到产品数据: price
            fileWriter.output(ID, title, price);         // 调用输出
            IDTextField.setText("");
            titleTextField.setText("");                  // 清除所有文本输入框
            priceTextField.setText("");
            infoLabel.setVisible(true);                  // 显示文件路径和文件名
            infoTextField.setVisible(true);
            infoTextField.setText(fileName);
            countLabel.setText("Count:        " + ++count);  // 显示累计器
        }
    }
...
```

图 21.4 为这个实战项目产品文本文件输入部分的典型运行结果。

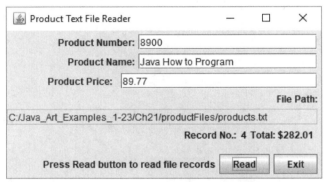

图 21.4 产品文本文件输入部分典型运行结果

以下是 TextFileReader 的代码：

```
// 完整程序在本书配套资源目录 Ch21 中，名为 TextFileReader.java
import java.io.*;
class TextFileReader{
    BufferedReader in;
    public TextFileReader(String fileName) throws IOException {
                                                // 构造方法创建文本文件输入对象
        in = new BufferedReader(
            new FileReader(fileName));
    }
    public final String getData() throws IOException {
                                                // 读入并返回一行文本字符串
        return in.readLine();
    }
    public final void closeFile() throws IOException {          // 关闭文件
        in.close();
    }
}
```

以下是 ProductTextFileReaderFrame 中有关创建文本文件输入对象以及事件处理中关于读入并显示产品数据，以及累计和显示产品总额的部分代码：

```
// 完整程序在本书配套资源目录 Ch21 中，名为 ProductTextFileReader.Framejava
...
```

```java
        try {
            fileReader = new TextFileReader(fileName);          // 创建文本文件输入对象
        }
        catch (IOException e) {
            System.out.println(e);
        }
        count = 0;                                              // 产品数据累计器置零
        total = 0.0;                                            // 产品总额初始化
    }
    public void actionPerformed(ActionEvent e) {
        Object source = e.getSource();
        if (source == exitButton) {                             // 如果按下退出按钮
            try {
                fileReader.closeFile();                         // 关闭文件
            }
            catch (IOException io) {
                System.out.println(io);
            }
            System.exit(0);                                     // 退出程序运行
        }
        else if (source == readButton) {                        // 如果按下读入按钮
            try {
                String data = fileReader.getData();             // 调用读入数据方法
                if (data != null) {                             // 如果文件没有结束
                    token = new StringTokenizer(data, "|");
                                                                // 利用StringTokenizer分解数据
                    String ID = token.nextToken();              // 得到产品编号ID
                    IDTextField.setText(ID);                    // 显示产品编号
                    String title = token.nextToken();           // 得到产品名title
                    titleTextField.setText(title);              // 显示产品名
                    String price = token.nextToken();           // 得到产品价格price
                    priceTextField.setText(price);              // 显示产品价格
                    infoLabel.setVisible(true);                 // 显示输入文件路径和文件名
                    infoTextField.setVisible(true);
                    infoTextField.setText(fileName);
                    countLabel.setText("Record No.:   " + ++count);
                                                                // 显示数据累计器
                    total += Double.parseDouble(price);         // 计算产品总额
                    String totalString = Formatter.currency(total);
                                                                // 调用货币输出格式方法
                    totalLabel.setText("Total: " + totalString);
                                                                // 显示产品总额
                    data = fileReader.getData();                // 读入下一行数据
                }
                else
                    endFileLabel.setText("All records have been read in.    ");
                                                                //结束读入操作
            }
            catch (IOException ioe) {
                System.out.println(ioe);
            }
        }
    }
}
```

以下是 Formatter 的代码:

// 完整程序在本书配套资源目录 Ch21 中, 名为 Formatter.java

```
import java.text.*;
public class Formatter {
    public static final String currency(double currence) {
                                            // 静态方法转换双精度数值为货币格式
        String currencetStr;
        NumberFormat currency = NumberFormat.getCurrencyInstance();
        currenceStr = currency.format(currence);
        return currenceStr;
    }
}
```

21.3 二进制文件 I/O

为了与文本文件 I/O 相区别，Java 称用来进行二进制文件 I/O 的 API 类为数据流 I/O。例如 DataOutputStream 以及 DataInputStream 等。这些 API 类也包括在 java.io 包中，提供功能强大的二进制文件的输入输出处理和操作。本节首先介绍二进制文件的输出，然后讨论二进制文件的输入。

21.3.1 二进制文件的输出

表 21.7 列出了 java.io 包中常用二进制文件输出类以及构造方法。

表 21.7 常用二进制文件输出类以及构造方法

类名和构造方法	解　释
DataOutputStream(DataOutput outStream)	创建一个指定的具有二进制文件输出功能的对象
BufferedOutputStream(OutputStream outStream)	创建一个指定的具有缓冲二进制文件输出功能的对象
FileOutputStream(File fileObj)	创建一个指定二进制文件输出的对象。将抛出 FileNotFoundException 异常
FileOutputStream(File fileObj, boolean append)	创建一个指定二进制文件输出、具有添加选项的对象。将抛出 FileNotFoundException 异常
FileOutputStream(String fileObj)	创建一个指定文件名的二进制文件输出对象。将抛出 FileNotFoundException 异常
FileOutputStream(String fileName, boolean append)	创建一个指定文件名、具有添加选项的二进制文件输出对象。将抛出 FileNotFoundException 异常

其中 DataOutput 为接口，DataOutputStream 实现了这个接口的所有二进制文件输出方法。OutputStream 为 BufferedOutputStream 的抽象超类。当 FileOutputStream 构造方法创建指定二进制文件时，如果遇到下列情形之一，将抛出 FileNotFoundException 异常。

- 如果指定的文件是不包括文件名的路径。
- 文件不能够被创建在指定路径中。
- 文件可以创建但不能够被打开。
- 其他任何不能创建或打开指定文件的情况。

进行二进制文件输出操作的一般模式为：

```
DataOutputStream
    → BufferedOutputStream (可选项)
        → FileOutputStream
```

虽然缓冲输出为可选项，但在二进制文件 I/O 中，推荐应用缓冲，以提高文件 I/O 效率。
表 21.8 列出了 DataOutputStream 类二进制文件输出常用方法。

表 21.8 DataOutputStream 类常用方法

方法	解释
close()	关闭文件。将抛出 IOException 异常
flush()	清空缓冲器。将抛出 IOException 异常
final int size()	返回目前已经写到二进制文件中的字节数
writeBoolean(boolean v)	将指定布尔代数值写到二进制文件。将抛出 IOException 异常
writeByte(byte v)	将指定一个字节整数写到二进制文件。将抛出 IOException 异常
writeChar(int v)	将指定字符值写到二进制文件。将抛出 IOException 异常
writeChars(String s)	将指定字符串值写到二进制文件。将抛出 IOException 异常
writeDouble(double v)	将指定双精度值写到二进制文件。将抛出 IOException 异常
writeFloat(float v)	将指定单精度值写到二进制文件。将抛出 IOException 异常
writeInt(int v)	将指定整数值写到二进制文件。将抛出 IOException 异常
writeLong(long v)	将指定长整数值写到二进制文件。将抛出 IOException 异常
writeShort(short v)	将指定短整数值写到二进制文件。将抛出 IOException 异常
writeUTF(String str)	用 UTF(Universal Text Format) 格式将指定字符串值写到二进制文件,将抛出 IOException 异常

可以看到,二进制文件对每个基本类型的数据,都有其各自的方法,进行二进制输出操作。其中,writeUTF() 方法执行对指定字符串输出时,首先利用两个字节表示字符串中的字节数,再利用一个字节代表字符串中的每个字符。如果输出的字符串为:

```
"Java"
```

则利用 writeUTF("Java") 写出的字节数为 2 + 4 = 6；而利用 writeChars("Java") 写出的字节数为 4*2 = 8。

21.3.2 二进制文件输出举例

例子之一：创建二进制文件输出对象。指定输出文件在当前目录。

```
// 完整程序在本书配套资源目录Ch21中,名为BinaryFileBufferedWriteTest.java
try {
    DataOutputStream out = new DataOutputStream(
                           new BufferedOutputStream( // 输出到当前文件目录
                               new FileOutputStream("myData.dat")));
    ...
}
catch (FileNotFoundException e) {
    System.out.println(e);
}
```

例子之二：按指定文件目录创建具有添加选项的二进制文件输出对象。

```
String filePath = "c:\NewJavaBook\Ch21\BinaryFiles\";     // 输出到指定文件目录
String filename = "yourData.dat";
File yourFile = new File(filePath, filename);
try {
    DataOutputStream out = new DataOutputStream(
                           new BufferedOutputStream(
                               new FileOutputStream(yourFile, true)));
    ...
}
catch (FileNotFoundException e) {
```

或无缓冲（不推荐）：

```
...
try {
    DataOutputStream out = new DataOutputStream(
                        new FileOutputStream(filePath+filename, true));
    ...
}
catch (FileNotFoundException e) {
    System.out.println(e);
}
```

例子之三：接着上例，调用各种执行二进制数据输出的方法。

```
// 完整程序在本书配套资源目录 Ch21 中，名为 BinaryFileBufferedWriteTest.java
try {
    ...
    out.writeBoolean("false");          // 输出一个布尔类型数据
    out.writeChar('A');                 // 输出一个字符；或 out.writeChar(65);
    out.writeChars("Java");             // 输出字符串（Unicode 格式）
    out.writeUTF("Java");               // 输出字符串（UTF 格式）
    out.writeByte(99);                  // 输出一个字节数值
    out.writeShort(age);                // 输出短整数
    out.writeInt(count);                // 输出整数
    out.writeLong(population);          // 输出长整数
    out.writeFloat(price);              // 输出单精度数
    out.writeDouble(invest);            // 输出双精度数
    out.close();                        // 关闭输出操作
}
catch (IOException e) {
    System.out.println(e);
}
```

因为所有二进制输出操作抛出 IOException，必须在代码中提供处理这个异常的机制。

例子之四：接着上例，调用 size() 显示写出的字节数。如在上例的 close() 之前，加入：

```
System.out.println("File size: " + out.size() + " bytes");
```

运行结果为：

```
File size: 44 bytes
```

21.3.3　二进制文件的输入

表 21.9 列出了 java.io 包常用二进制文件输入类以及构造方法。

表 21.9　常用二进制文件输入类以及构造方法

类名和构造方法	解　　释
DataInputStream(DataInput input)	创建一个指定的具有二进制文件输入功能的对象
BufferedInputStream(InputStream inputStream)	创建一个具有缓冲的二进制文件输入对象
FileInputStream(File file)	创建一个指定文件的二进制文件输入对象，将抛出 FileNotFoundException 异常
FileInputStream(String filename)	创建一个指定文件名的二进制文件输入对象，将抛出 FileNotFoundException 异常

其中，DataInput 是提供所有二进制文件输入操作的接口，DataInputStream 实现了这个接口中的方法。InputStream 是 BufferedInputStream 的抽象超类。在对二进制文件输入操作时，满足如下任何条件之一，FileInputStream 都将抛出 FileNotFoundException 异常。

- 文件不存在。
- 文件不能打开。
- 指定文件路径不包括文件名。
- 文件不可读。
- 其他任何不能读入文件的情况。

进行二进制文件读入操作的一般模式为：

```
DataInputStream
    →BufferedInputStream（可选项；推荐使用）
        →FileInputStream
```

表 21.10 列出了 DataInputStream 类的常用方法。

表 21.10　DataInputStream 类常用方法

方　　法	解　　释
int available()	返回二进制文件中未读字节数
close()	关闭文件
int skipBytes(int bytes)	跳过指定字节数的二进制文件内容，返回实际跳过的字节数
boolean readBoolean()	读入一个布尔代数值，将抛出 IOException 异常
byte readByte()	读入一个字节整数，将抛出 IOException 异常
char readChar()	读入一个字符，将抛出 IOException 异常
double readDouble()	读入一个双精度数，将抛出 IOException 异常
float readFloat()	读入一个单精度数，将抛出 IOException 异常
readFully(byte[] b)	读入由数组 b 指定长度的字节，存储到字节数组 b 中，将抛出 IOException 异常
int readInt()	读入一个整数。将抛出 IOException 异常
long readLong()	读入一个长整数。将抛出 IOException 异常
short readShort()	读入一个短整数。将抛出 IOException 异常
String readUTF()	按 UTF 格式读入一行字符串，将抛出 IOException 异常

21.3.4　二进制文件输入实例

例子之一：创建一个进行二进制文件输入的对象。假设文件存储在当前目录。

```
// 完整程序在本书配套资源目录 Ch21 中，名为 BinaryFileBufferedReadTest.java
try {
    DataInputStream in = new DataInputStream(
                    new BufferedInputStream( // 从当前目录输入
                        new FileInputStream("myData.dat")));
    ...
}
catch (FileNotFoundException e) {
    System.out.println(e);
}
```

例子之二：按指定文件目录创建一个二进制文件输入对象。

```
String filePath = "c:\NewJavaBook\Ch21\yourFiles\"; // 指定文件目录
String filename = "yourData.dat";
File yourFile = new File(filePath, filename);
```

```
try {
    DataInputStream in = new DataInputStream(
                    new BufferedInputStream(
                        new FileInputStream(yourFile)));
    ...
}
catch (FileNotFoundException e) {
    System.out.println(e);
}
```

或无缓冲输入（不推荐）：

```
...
try {
    DataInputStream in = new DataInputStream(
                    new FileInputStream(yourFile));
    ...
}
catch (FileNotFoundException e) {
    System.out.println(e);
}
```

例子之三：继续例子之一，调用二进制文件输入的常用方法。

```
// 完整程序在本书配套资源目录 Ch21 中，名为 BinaryFileBufferedReadTest.java
...
boolean flag = in.readBoolean();
char grade = in.readChar();
String code ="";
for (int i = 0; i < 4; i++)                              // 循环读入4个字节字符
    code += in.readChar();                               // 转换成字符串

System.out.println("String code = " + code);             // 打印这个字符串
String code = in.readUTF();                              // 读入UTF字符串
byte n = in.readByte();                                  // 读入一个字节类型数值
short age = in.readShort();                              // 读入一个短整数
int count = in.readInt();                                // 读入一个整数
long population = in.readLong();                         // 读入一个长整数
float price = in.readFloat();                            // 读入一个单精度数
System.out.println("flag = " + flag);                    // 打印读入结果
System.out.println("grade = " + grade);
System.out.println("UTF code = " + code);
System.out.println("byte n = " + n);
System.out.println("short age = " + age);
System.out.println("long population = " + population);
System.out.println("float price = " + price);
System.out.println("invest = " + in.readDouble());       // 读入并打印双精度数

double total = price * count;                            // 演示算术运算

System.out.println("total = " + total);                  // 打印运算结果
in.close();
...
```

注意，在二进制文件读入操作时，读入数据必须与文件中的数据匹配，否则抛出IOException异常。另外值得注意的是，DataInputStream中不提供读入字符串的方法readChars()。利用readChar()方法可以将读入的字符转换成字符串。以上代码运行结果为：

```
String code = Java
flag = false
grade = A
UTF code = Java
byte n = 99
short age = 89
long population = 1300000000
float price = 89.56
invest = 6.789E8
total = 8956.0
```

实战项目：开发产品销售二进制文件管理应用

项目分析：

这个实战项目将 21.3 节对产品文本文件管理程序修改为应用二进制文件进行输入和输出管理。大部分修改后的程序，如 GUI 窗口和控制面板代码与其例相同。所有程序都存储在本书配套资源目录 Ch21 中。

输出类的设计：

- BinaryFileOutput——创建二进制缓冲输出文件对象并执行异常处理。
- ProductBinaryFileOutputFrame——GUI 窗口读入、显示控制面板以及退出窗口等操作。
- ProductBinaryFileOutputPanel——GUI 组件的创建、布局、事件处理、异常处理，以及产品销售二进制文件的创建、输入、关闭和异常处理等操作。
- ProductBinaryFileOutputApp——产品二进制文件输出测试程序。

输入类的设计：

- BinaryFileInput——创建二进制输入文件对象、读入数据、异常处理以及关闭文件操作。
- ProductBinaryFileInputFrame——GUI 窗口读入产品销售二进制文件记录、显示控制面板以及退出窗口等操作。
- ProductBinaryFileInputPanel——GUI 组件的创建、布局、事件处理，异常处理，以及产品销售二进制文件的创建、输入产品数据、计算产品总额、关闭和异常处理等操作。
- Formatter——提供对双精度数据进行货币格式化输出的操作。
- ProductBinaryFileInputApp——产品销售二进制文件输入测试程序。

这个实战项目的运行结果与用文本文件开发的产品销售文件管理软件相同。读者朋友可参考图 21.3。以下代码是处理二进制文件输出的名为 BinaryFileOuput 程序：

```
// 完整程序在本书配套资源目录 Ch21 中，名为 BinaryFileOutput.java
import java.io.*;
class BinayFileOutput{
    DataOutputStream out;
    public BinayFileOutput(String fileName, boolean append) throws
        IOException {
        out = new DataOutputStream(                    // 构造方法创建二进制输出
                new BufferedOutputStream(
                    new FileOutputStream(fileName, append)));
    }
    public final void outUTF(String text) throws IOException {
                                                       // 输出 UTF 字符串
        out.writeUTF(text);
    }
    public final void outString(String text) throws IOException {
                                                       // 输出字符串
        out.writeChars(text);
```

```
    }
    public final void outDouble(double value) throws IOException {
                                                            // 输出双精度数值
        out.writeDouble(value);
    }
    public final void outInt(int value) throws IOException {    // 输出整数值
        out.writeInt(value);
    }
    public final void outChar(char ch) throws IOException {     // 输出字符
        out.writeChar(ch);
    }
    public final void closeFile() throws IOException {          // 关闭文件
        out.close();
    }
}
```

因为所有二进制文件输出方法要求处理 IOException 检查性异常，代码中利用 throws 将这个异常传播到调用它们的程序。可以看到在控制面板的事件处理代码中利用 try-catch 具体处理它们。

以下是产品二进制文件输出控制面板中有关产品数据输出的代码：

```
// 完整程序在本书配套资源目录 Ch21 中，名为 ProductBinaryFileOutputFrame.java
...
class ProductFileOutputPanel extends JPanel implements ActionListener {
    ...
    private BinayFileOutput fileOutput;                 // 声明二进制文件输出
    private String fileName =                           // 输出到指定文件目录
            "C:/NewJavaBook/Ch21/productFiles/products.dat";
    public ProductFileOutputPanel() {
        ...
        try {
            fileOutput = new BinayFileOutput(fileName, true);
                                                        // 创建二进制文件输出对象
        }
        catch (IOException e) {
            System.out.println(e);
        }
        ...
        public void actionPerformed(ActionEvent e) {    // 事件处理
        Object source = e.getSource();
        if (source == exitButton) {                     // 如果是退出按钮
            try {
                fileOutput.closeFile();                 // 关闭文件
            }
            catch (IOException io) {
                System.out.println(io);
            }
            System.exit(0);                             // 退出运行
        }
        else if (source == saveButton) {                // 如果是保存按钮
            String ID = IDTextField.getText();          // 得到产品 ID
            String title = titleTextField.getText();    // 得到产品名称
            String price = priceTextField.getText();    // 得到产品价格
            try {
                fileOutput.outUTF(ID);                  // 二进制写出 UTF 字符串 ID
                fileOutput.outUTF(title);       // 二进制写出 UTF 字符串 title
                fileOutput.outDouble(Double.parseDouble(price));
                                                // 二进制写出双精度数值 price
```

```
            catch (IOException ioe) {
                System.out.println(ioe);
            }
            IDTextField.setText("");                    // 清除输入数据框
            titleTextField.setText("");
            priceTextField.setText("");
            infoLabel.setVisible(true);                 // 显示信息
            infoTextField.setVisible(true);
            infoTextField.setText(fileName);
            countLabel.setText("Record count:                  " + ++count);
        }
    }
}
```

以下代码为处理二进制文件输入的代码，它可以用于所有对二进制文件的输入操作：

```
// 完整程序在本书配套资源目录 Ch21 中，名为 BinaryFileInput.java
import java.io.*;
class BinaryFileInput  {
    DataInputStream in;
    public BinayFileInput(String fileName) throws IOException {
        in = new DataInputStream(                       // 创建二进制文件输入对象
                new BufferedInputStream(
                    new FileInputStream(fileName)));
    }
    public final boolean hasMore() throws IOException {  // 判断是否文件结束
        if (in.available() != 0)
            return true;
        else
            return false;
    }
    public final String getUTF() throws IOException {    // 读入 UTF 字符串
        return in.readUTF();
    }
    public final double getDouble() throws IOException { // 读入双精度数值
        return in.readDouble();
    }
    public final int getInt() throws IOException {       // 读入整数
        return in.readInt();
    }
    public final char getChar() throws IOException {     // 读入字符
        return in.readChar();
    }
    public final void closeFile() throws IOException {   // 关闭文件
        in.close();
    }
}
```

以下是产品二进制文件输入控制面板中有关产品数据输出的代码：

```
// 完整程序在本书配套资源目录 Ch21 中，名为 ProductBinaryFileInputFrame.java
...
class ProductBinaryFileInputPanel extends JPanel implements ActionListener {
                                                           // 控制面板
    ...
    private BinayFileInput fileReader;                     // 声明二进制文件输入
    private String fileName =  "C:/JavaNewBook/Ch21/productData/products.txt";
```

```
    ...
    public ProductBinaryFileInputPanel() {
        ...
        public void actionPerformed(ActionEvent e) {        // 事件处理
            Object source = e.getSource();
            if (source == exitButton) {                     // 如果是退出按钮
                try {
                    fileReader.closeFile();                 // 关闭文件
                }
                catch (IOException io) {
                    System.out.println(io);
                }
                System.exit(0);                             // 退出运行
            }
            else if (source == readButton) {                // 如果是输入按钮
                try {
                    if (fileReader.hasMore()) {             // 如果还有数据
                        String ID = fileReader.getUTF();    // 读入产品编号
                        String title = fileReader.getUTF(); // 读入产品名称
                        double price = fileReader.getDouble(); // 读入产品价格
                        IDTextField.setText(ID);            // 显示
                        titleTextField.setText(title);
                        priceTextField.setText(""+ price);  // 显示为字符串
                        infoLabel.setVisible(true);         // 显示其他信息
                        infoTextField.setVisible(true);
                        infoTextField.setText(fileName);
                        countLabel.setText("Record read in: " + ++count);
                        total += price;                     // 计算产品总额
                        String totalString = Formatter.currency(total);
                                                            // 转换为货币格式
                        totalLabel.setText("Total: " + totalString);    // 显示
                    }
                    else                                    // 否则文件结束
                        endFileLabel.setText("End of file.   ");
                }
                catch (IOException ioe) {
                    System.out.println(ioe);
                }
            }
        }
    }
}
```

21.4 高手须知对象序列化 I/O

以上讨论过的文件 I/O 中，数据流中的数据是 8 种基本类型变量以及字符串，而不是包装有实例变量的对象。在文件 I/O 中，经常需要写入和读出整个对象。Java 提供了在二进制文件中对对象的输出和输入处理与操作。而对象序列化，或者简称序列化（Serializable），是专门用来提供在二进制文件 I/O 中对对象的写入和读出的技术。

21.4.1 你的对象序列化了吗

序列化的目的是在二进制文件执行对对象文件的 I/O 中，保证对象写入和读出的一致性 persistence。对输出对象序列化的结果是在输出文件中不仅记录有关对象的类型及其状态信息，而且记录封装在对象中的数据及其类型。在读入对象的操作中，则按照对象序列化的信息，进行反序列化 deserializable 处理，重新在内存中还原对象。

21.4.2 手把手教会你对象序列化

序列化的对象必须是实现了 Serializable 接口的实例。这个接口包括在 java.io 包中。虽然 Serializable 接口不提供任何方法需要完善，但提出如下规定。

❏ 序列化对象输出操作必须通过调用

```
private void writeObject(ObjectOutputStream out)
```

方法实现。这个方法将抛出 IOException 异常，代码中必须提供处理这个异常的机制。

❏ 反序列化对象输入的操作必须通过调用

```
Private void readObject(ObjectInputStream in)
```

方法实现。它将抛出 IOException 和 ClassNotFoundException 异常，代码中必须提供处理这两个异常的机制。

其中 ObjectOutputStream 以及 ObjectInputStream 为 java.io 包中提供的用来处理对象序列化 I/O 的 API 类。

21.4.3 对象序列化常用类和方法

表 21.11 列出了实现了对序列化对象进行二进制文件输出的 ObjectOutputStream 类的常用方法。ObjectOutputStream 由 java.io 包提供。

表 21.11 ObjectOutputStream 类对象序列化输出常用方法

方 法	解 释
ObjectOutputStream (OutputStream out)	创建一个指定的序列化文件输出对象，将抛出 IOException 异常
close()	关闭文件，将抛出 IOException 异常
flush()	清空缓冲器，将抛出 IOException 异常

其中 OutputStream 为 ObjectOutputStream 的抽象超类。

表 21.12 列出了实现了对序列化对象进行二进制文件输入的 ObjectInputStream 类的常用方法。ObjectInputStream 由 java.io 包提供。

表 21.12 ObjectInputStream 类对象序列化输出常用方法

方 法	解 释
ObjectInputStream(InputStream in)	创建一个指定的序列化对象输入对象，将抛出 IOException 异常
int available()	返回可读入的字节数，将抛出 IOException 异常
close()	关闭文件，将抛出 IOException 异常
Object readObject()	读入一个打开文件中的当前对象，将抛出 IOException 和 ClassNotFoundException 异常

其中 InputStream 为 ObjectInputStream 的抽象超类。

21.4.4 对象序列化编程步骤

对象序列化 I/O 编程的一般步骤如下。

（1）创建实现 Serializable 接口、包含对象输出数据的类。对象输出数据可以包括基本类型、对象、GUI 组件、图像，以及其他数据。这个类至少提供 getXxx() 方法，以便进行读入操作后对对象和数据的调用。

（2）编写进行对序列化对象进行二进制文件 I/O 处理和操作的类。在这个类中创建序列化了的对象，创建序列化二进制文件 I/O 对象，调用 writeObject() 或者 readObject() 方法，实现序列化对象

I/O。创建序列化对象输出的一般格式为:

```
ObjectOutputStream out = new ObjectOutputStream(new FileOutputStream(fileName));
```

创建对序列化对象输入的一般格式为:

```
ObjectInputStream out = new ObjectInputStream(new FileInputStream(fileName));
```

注意系统预设序列化对象文件 I/O 的操作为缓冲式。
(3) 编写应用程序以及驱动程序。实现序列化对象的 I/O 处理。
在下面的实战项目中,将应用以上讨论的对象序列化 I/O 编程的 3 个步骤。

实战项目:利用对象序列化开发产品销售文件管理应用

项目分析:
在前面章节中,已经实战过利用文本文件以及二进制文件开发产品销售文件管理软件。在这个实战项目中,我们将利用产品销售对象序列化开发文件管理软件。这个对象包含产品编号、产品名称以及产品价格这三个实例变量。与前面讨论过的实战项目相同,当利用系统显示窗口进行人—机对话,即输入、输出操作。这个项目包括两个部分:对象序列化产品销售文件输出管理系统以及对象序列化产品销售文件输入管理系统。

对象序列化输出系统各类:
- Product——实现了 serializable 接口用来进行文件 I/O 的产品类。这个类有产品编号、产品名称以及产品价格三个实例变量。
- ProductObjectOutput——执行对序列化对象的文件输出操作。
- ProductFileOutput——应用 ObjectOutput 对产品数据进行获取和序列化输出操作。
- ProductObjectFileOutputApp——产品对象序列化输出测试程序。

对象序列化输入系统各类:
ObjectInput——执行对序列化对象的文件输入操作。
ProductFileInput——应用 ObjectInput 读入产品对象、还原、计算总额并显示信息。
ProductObjectFileInputApp——产品对象文件输入驱动程序。
以下是这个管理软件一个典型的输出操作人-机对话运行信息:

```
Product ID: 1100
Product tile: Java Programming
Product price: 45.12
Continue? (y/n): y

Enter the product ID: 1120
Enter the product title: C/C++ Computing
Enter the price: 23.88
Product ID: 1120
Product tile: C/C++ Computing
Product price: 23.88
Continue? (y/n): y

Enter the product ID: The Art of Java Programming
Enter the product title: 45.15
Enter the price: 45..55
Error! Invalid price. Try again.

Enter the product ID: 1140
Enter the product title: The Art of Programming
```

```
Enter the price: 66.09
Product ID: 1140
Product tile: The Art of Programming
Product price: 66.09
    Continue? (y/n): n
```

以下为 Product 代码：

```java
// 完整程序在本书配套资源目录 Ch21 中，名为 Product.java
import java.io.*;
class Product implements Serializable {             // 实现 Serializable 接口
    private String ID;                              // 产品数据
    private String title;
    double price;
    Product(String ID, String title, double price) { // 构造方法
        this.ID = ID;
        this.title = title;
        this.price = price;
    }
    String getID() {                                // 返回 ID
        return ID;
    }
    String getTitle() {                             // 返回 title
        return title;
    }
    double getPrice() {                             // 返回 price
        return price;
    }
}
```

以下为对序列化对象执行二进制文件输出操作的 ObjectOutput 代码：

```java
// 完整程序在本书配套资源目录 Ch21 中，名为 ProductObjectOutput.java
import java.io.*;
class ObjectOutput  {
    ObjectOutputStream out;                         // 声明
    public ObjectOutput(String fileName){           // 构造方法
        try {
            out = new ObjectOutputStream(           // 创建
                new FileOutputStream(fileName));
        }
        catch (IOException ioe) {
            System.out.println(ioe);
        }
    }
    public final void outObject(Object obj) {       // 写出
        try {
            out.writeObject(obj);
        }
        catch (IOException ioe) {
            System.out.println(ioe);
        }
    }
    public final void closeFile() {                 // 关闭
        try {
            out.close();
        }
        catch (IOException ioe) {
```

```
            System.out.println(ioe);
        }
    }
}
```

以下为对序列化对象执行二进制文件输入操作的 ObjectInput 代码：

```
// 完整程序在本书配套资源目录 Ch21 中，名为 ObjectInput.java
import java.io.*;
class ObjectInput {
    ObjectInputStream in;                              // 声明
    boolean status = true;                             // 文件可读状态指示
    public ObjectInput(String fileName) {              // 构造方法
        try {
            in = new ObjectInputStream(                // 创建
                new FileInputStream(fileName));
        }
        catch (IOException ioe) {
            System.out.println(ioe);
        }
    }
    public final Object getObject() {                  // 读入
        Object obj = new Object();
        try {
            obj = in.readObject();
        }
        catch (EOFException eof) {                     // 如果抛出文件结束异常
            System.out.println("End of the file.");    // 显示文件结束信息
            status = false;                            // 改变文件可读状态
            return null;                               // 返回 null
        }
        catch (IOException ioe) {
            System.out.println(ioe);
        }
        catch (ClassNotFoundException cnf) {
            System.out.println(cnf);
        }
        return obj;                                    // 返回读入的对象
    }
    public final boolean hasMore() {                   // 可读状态指示
        return status;
    }
    public final void closeFile() {                    // 关闭
        try {
            in.close();
        }
        catch (IOException ioe) {
            System.out.println(ioe);
        }
    }
}
```

可以应用各种方式对序列化的产品对象执行输出处理，如上节讨论的利用窗口和 GUI 组件。在这个例子中，我们利用 Scanner 的方法得到用户输入的产品数据，然后创建序列化产品对象，进行文件输出操作。代码中利用循环获取用户的输入信息，直到用户选择停止。在本章巩固提高练习中，要求编写一个利用窗口和 GUI 组件获取产品信息的应用程序，来执行这个操作。以下为这个程

序执行输出操作的代码:

```java
// 完整程序在本书配套资源目录 Ch21 中, 名为 ProductFileOutput.java
import java.util.*;
import java.io.*;
public class ProductFileOutput {                        // 构造方法
        ObjectOutput out;                                // 声明
    public void createOutputfile(String fileName) {     // 创建
        out = new ObjectOutput(fileName);
    }
    public void createData() {                           // 产生产品数据
        Product product;                                 // 产品数据
        String productID;
        String title;
        double price;
        Scanner sc = new Scanner(System.in);             // 创建 Scanner 对象
        String choice = "y";                             // 循环状态控制
        while (choice.equalsIgnoreCase("y")) {           // 获取用户输入产品数据
            try {
                System.out.print("Enter the product ID: ");
                productID = sc.next();
                sc.nextLine();
                System.out.print("Enter the product title: ");
                title = sc.nextLine();
                System.out.print("Enter the price: ");
                price = sc.nextDouble();
                product = new Product(productID, title, price);
                                                         // 创建序列化产品对象
                System.out.println("Product ID: " + product.getID());
                                                         // 显示产品数据
                System.out.println("Product tile: " + product.getTitle());
                System.out.println("Product price: " + product.getPrice());
                out.outObject(product);                  // 执行输出
            }
            catch(Exception e) {                         // 如果有输入错误
                sc.nextLine();                           // 清除输入
                System.out.println("Error! Invalid price. Try again.\n");  // 显示出错信息
                continue;                                // 继续新循环
            }
            System.out.print("Continue? (y/n): ");       // 是否继续
            choice = sc.next();                          // 得到回答
            System.out.println();
        }
        Sc.close();                                      // 关闭
    }
    public void closeOutputFile() {                      // 关闭文件
        out.closeFile();
    }
}
```

可以看到, 这个程序实际上是 ObjectOutput 对产品对象序列化输出的具体应用。其目的是取得更好的程序设计结构, 也使得驱动程序的代码更加简洁。例如:

```java
// 完整程序在本书配套资源目录 Ch21 中, 名为 ProductObjectFileOutputApp.java
public class ProductObjectFileOutputApp {
    public static void main(String[] args) {
        String fileName = "C:/JavaNewBook/Ch21/productData/objects.dat";
```

```
            ObjectFileOutput out = new ObjectFileOutput();     // 指定输出文件
                                                                // 创建应用
            out.createOutputfile(fileName);                     // 调用文件创建方法
            out.createData();                                   // 调用数据产生和输出方法
            out.closeOutputFile();                              // 关闭输出
        }
    }
```

以下为应用 ObjectInput 类，执行对产品对象文件的读入、还原、数据读入计数器、计算产品总额，以及显示这些信息的程序。可以利用各种方式，例如创建窗口和 GUI 组件来进行上述处理和操作。这个例子中利用 System.out 来实现信息输出。在本章巩固提高练习中要求利用 GUI 编写这个程序。以下是 ProductFileInput 的代码：

```
// 完整程序在本书配套资源目录 Ch21 中，名为 ProductObjectFileInput.java
public class ProductObjectFileInput {
        ObjectInput in;                                         // 声明
        Object object;
        Product product;
        int    count = 0;                                       // 产品数据计数器置零
        double price = 0.0,
               total = 0.0;                                     // 产品总额置零
    public void createInputfile(String fileName) {              // 创建输入
        in = new ObjectInput(fileName);
    }
    public void showData() {;                                   // 读入并显示数据
        while (in.hasMore()) {                                  // 继续循环
            object = in.getObject();                            // 读入
            if (object instanceof Product) {                    // 如果是产品对象
                product = (Product)object;                      // 转换
                System.out.println("Data " + ++count);          // 显示计数器
                System.out.println("Product ID: " + product.getID());
                                                                // 显示产品数据
                System.out.println("Product tile: " + product.getTitle());
                price = product.getPrice();                     // 得到价格
                System.out.println("Product price: " + Formatter.
                    currency(price));                           // 显示
                total += price;                                 // 累计总额
            }
            else break;                                         // 如果没有更多数据，则结束
        }
        System.out.println("Price total: " + Formatter.currency(total));
                                                                // 显示产品总额
    }
    public void closeInputFile() {                              // 关闭
        in.closeFile();
    }
}
```

其测试程序代码如下：

```
// 完整程序在本书配套资源目录 Ch21 中，名为 ProductFileInputApp.java
public class ProductFileInputApp {
    public static void main(String[] args) {
        String fileName = "C:/JavaNewBook/productData/objects.dat";
                                                                // 指定读入文件
        ProductFileInput in = new ProductFileInput();           // 创建读入对象
        in.createInputfile(fileName);                           // 调用创建文件方法
        in.showData();                                          // 调用读入显示数据方法
```

```
            in.closeInputFile() ;                          // 关闭
    }
}
```

这个实战项目第二部分读入产品销售记录的典型运行结果为：

```
Data 1
Product ID: 1100
Product tile: Java Programming
Product price: $23.15
Data 2
Product ID: 1120
Product tile: C/C++ Computing
Product price: $35.88
Data 3
Product ID: 1130
Product tile: The Art of Java Programming
Product price: $66.15
Data 4
Product ID: 1150
Product tile: The Principle, Method, and Practice in Java Programming
Product price: $89.15
End of the file.
Price total: $214.33
```

21.5 随机文件 I/O

以上讨论的所有文件 I/O 的技术都是按次序执行数据的读写操作。在实际应用中经常需要对文件进行随机访问。Java 提供专门用来处理随机文件 I/O 的 API 类。与其他编程语言，例如 C/C++ 相比，简化了随机文件 I/O 的编程。Java 的随机文件 I/O 技术可用来对文本文件以及二进制文件的处理和操作。

21.5.1 随机文件 I/O 常用方法和访问模式

表 21.13 列出了由 java.io 包中 RandomAccessFile 类提供的用来创建和执行随机文件 I/O 的常用方法。

表 21.13 RandomAccessFile 类的常用方法

方　　法	解　　释
RandomAccessFile (File file, String mode)	创建一个指定文件和访问模式的随机文件对象，将抛出 FileNotFoundException 异常
RandomAccessFile(String fileName, String mode)	创建一个指定文件名和访问模式的随机文件对象，将抛出 FileNotFoundException 异常
close()	关闭文件。将抛出 IOException 异常
long getFilePointer()	返回当前文件指针的字节位置（开始位置为 0），将抛出 IOException 异常
long length()	返回文件的字节数。将抛出 IOException 异常
seek(long position)	按指定位置设置文件指针（开始位置为 0），将抛出 IOException 异常
setLength(long length)	按指定长度设置文件字节长度，将抛出 IOException 异常
int skipBytes(int bytes)	从文件指针当前位置跳过指定字节数，并返回实际跳过的字节数，将抛出 IOException 异常。遇到文件结束时不会抛出 EOFException 异常

RandomAccessFile 支持以下文件访问模式 mode：

❏ "r" ——只读。

- "rw"——读写。
- "rws"——协调式读写。在多线程/多用户文件读写中，只有一个线程/用户可以访问文件。执行更新文件数据以及更新关于文件本身信息 metadata 的操作。
- "rwd"——协调式读写。与"rws"相同，但每次访问不涉及对文件本身信息 metadata 的更新操作。

文件本身信息 metadata 包括文件长度、更新日期以及其他文件信息。

RandomAccessFile 对数据的读写方法，如 writeInt()、readInt() 等，与 DataOutputStream 和 DataInputStream 的方法相同，可参考表 21.8 和表 21.10，这里不再列出。值得一提的是，RandomAccessFile 支持 read() 以及 readLine() 的输入操作。它们可以用作对文本文件的随机访问。

21.5.2 文件记录和位置计算

记录是指一组相关的完整数据。实现随机文件访问的关键是计算文件中任何一个记录的开始位置，以便在代码中调用 seek() 方法，将文件指针指向需要访问的记录的开始。

具有一定长度，即字节数具有规律的记录，或有固定长度的记录，给计算记录长度带来方便。本章节讨论的随机文件 I/O 操作指具有固定长度的记录。

计算某个记录在文件中开始位置的公式如下：

recordPos = RECORD_SIZE*(n – 1)

其中：

- recordPos——记录开始位置。
- RECORD_SIZE——一个记录的长度。
- n——需要访问的从 1 算起的记录号。

应用这个公式，例如，文件中第一个记录的开始位置为 0。最后一个记录的开始位置为文件总字节数减 RECORD_SIZE。

21.5.3 节中将讨论记录和位置计算的具体应用。

21.5.3 用实例学会随机文件 I/O

例子之一：创建随机文件访问对象。

```
try {
    String filename = "C:/NewJavaBook/Ch21/data/sales.dat";
    File productFile = new File(fileName);
    RandomAccessFile randomFile = new RandomAccessFile(productFile,"rw");
                                                    // 创建随机读写对象
}
catch (FileNotFoundException e) {
    System.out.println(e);
}
```

或者直接使用文件名作为第一个参数：

```
RandomAccessFile randomFile = new RandomAccessFile("C:/NewJavaBook/Ch21/data/
sales.dat"", "rw");
```

例子之二：调用随机文件访问的其他常用方法。

```
ty {
    System.out.println("File pointer position: " + randomFile.
    getFilePointer());                  // 打印文件指针位置
    System.out.println("File length: " + randomFile.getLength());   // 打印文件长度
    randomFile.skipBytes(4);            // 从文件指针当前位置跳过 4 个字节
    randomFile.setLength(0);            // 设置文件长度为 0；文件内容将被清除
```

```
}
catch (IOException io) {
    System.out.println(io);
}
```

例子之三：计算文件指针的位置，并利用 seek() 方法将文件指针移动到指定位置。假设一个产品类记录包含如下实例变量：

```
String ID;
String title;
double price;
```

再假设：
- ID——4 个字符。利用 writeUTF() 方法写出，占据 6 个字节。
- title——应用字符串最大长度 34 来表示产品名称。利用 writeUTF() 方法写出，占据 36 个字节。
- price——占据 8 个字节。

即一个完整的产品记录总共占据 50 个字节。

进一步假设总共有 100 个产品记录存储在二进制文件 productData.dat 中。继续上例，利用 21.5.2 节讨论的计算记录开始位置的公式，则：

```
final int RECORD_SIZE = 50;                      // 定义产品记录长度
try {
    randomFile.seek(0);                          // 文件指针指向文件开始
    int fileSize = randomFile.length();          // 得到文件总字节数：fileSize = 5000
    randomFile.seek(fileSize - 50);
                                                 // 文件指针指向最后一个产品记录的开始，即第 4950 字节处
    int recordPos = RECORD_SIZE*n - RECORD_SIZE;   //n 指从 1 开始的文件记录编号
    randomFile.seek(recordPos);                  // 文件指针指向第 n 个记录的开始
}
catch (IOException ioe) {
    System.out.println(ioe);
}
```

例子之四：将试图输出超界的记录定义为在随机文件结尾添加操作，以避免误操作和出现异常。

```
...                                              // 继续上例
if (recordPos < 0 && recordPos > fileSize)    {  // 超界
    randomFile.seek(fileSize);                   // 文件指针指向结尾
    randomFile.writeUTDF(ID);                    // 输出操作
    randomFile.WriteUTF(title);
    randomFile.writeDouble(price);
}
...
```

例子之五：将试图读入超界记录的操作修改为替换最后一个记录，以避免误操作和出现异常。

```
...                                              // 继续上例
if (recordPos < 0 && recordPos >= fileSize)   {  // 超界
    randomFile.seek(fileSize - RECORD_SIZE);     // 文件指针指向最后一个记录的开始
    System.out.println("Attempt to read record beyond file size...");
    System.out.println("Read the last record instead...");
    ID = randomFile.readUTDF();                  // 输出操作
    title = randomFile.readUTF();
    price = randomFile.readDouble();
}
...
```

21.6 高手须知更多文件 I/O 编程技术

第 18 章中利用 JFileChooser 来选择需要的文件。为了提高文件 I/O 的效率，Java 还提供对压缩文件的 I/O 处理和操作。本节进一步讨论 JFileChooser 在文件 I/O 中的应用、压缩文件编程技术，以及利用 Scanner 读入文件的操作。Java 在 java.io 包中提供一整套应用缓冲技术执行输入输出操作的 API 类以及通道技术，第 23 章在介绍网络编程时专门讨论。

21.6.1 细谈 JFileChooser

javax.swing 包中的 JFileChooser 给编程人员提供图示化本机文件列表方式，通过 GUI 文件窗口选择或建立需要的文件，以及进行打开、存储、关闭文件等操作。在文件 I/O 程序设计中，可以利用 JFileChooser 的有关功能，简化或者改善代码的质量，提高程序的可用性。

表 21.14 列出了 JFileChooser 类的常用字段、构造方法和常用方法。

表 21.14 JFileChooser 类常用字段、构造方法和常用方法

常用字段、构造方法和常用方法	解 释
int APPROVE_OPTION	如果文件选择成功，返回代表这个静态字段的值
int CANCEL_OPTION	如果按下取消，返回代表这个静态字段的值
int ERROR_OPTION	如果出错，返回代表这个静态字段的值
int FILE_AND_DIRECTORIES	在 setFileSectionMode() 方法中设置可选文件和目录模式
int FILE_ONLY	在 setFileSectionMode() 方法中设置只可选文件模式
JFileChooser()	创建一个文件选择器对象
JFileChooser(File file)	创建一个指定文件对象的文件选择器对象
JFileChooser(String fileName)	创建一个指定文件名的文件选择器对象
int getFileSectionMode()	返回当前文件选择器所设置的模式。这些模式可以是上面列出的任何静态字段
File geSelectedFile()	返回文件选择器所选择的文件对象
setApproveButtonText(String text)	按指定字符串设置打开（Ok 或者 Yes）按钮名
SetApproveButtonToolTipText(String text)	按指定字符串设置对打开按钮的解释
setCurrentDirectory(File dir)	按指定文件设置当前的文件路径
setFileSectionMode(int mode)	设置指定文件选择模式。模式可以是上面列出的任何静态字段
setSelectedFile(File file)	按指定文件设置所选择的文件

以下实例利用 JFileChooser 在本章的"实战项目：应用对象序列化开发产品销售文件管理软件"讨论过的 ProductRandomFile 代码中增添一个利用文件选择器来指定输出和输入文件的方法。以下是这个方法的代码：

```
// 完整程序在本书配套资源目录 Ch21 中，名为 RandomFile.java
...
    public static String getSelectedFile() {              // 静态方法
        JFileChooser fc = new JFileChooser();             // 创建文件选择器
        fc.setDialogTitle("Selecting a file");            // 显示标题
        fc.setFileSelectionMode(JFileChooser.FILES_ONLY); // 只允许选择文件
        int option = fc.showOpenDialog(null);             // 显示文件选择器对话窗口
        if (option == JFileChooser.APPROVE_OPTION) {      // 如果选择文件成功
            File file = fc.getSelectedFile();             // 得到所选文件
```

```
                String fileName = file.toString();              // 得到文件名字符串
                return fileName;                                // 返回这个文件名
            }
            else
                return null;                                    // 否则返回null
        }
...
```

因为以上方法不依赖具体对象而存在，所以编写为静态方法。这个方法的目的是选择文件，代码中利用 FILES_ONLY 静态字段作为文件选择模式。

21.6.2　Java 支持的压缩文件 I/O

有两种流行的压缩文件格式：ZIP 和 GZIP。GZIP 是 GNUZIP 的简称，主要用于 UNIX/Linux 系统中，并且应用 TAR 软件实现对多个文件的 GZIP。本书在第 13 章讨论过利用 Java 的 jar 指令产生 ZIP 格式压缩文件以及解压技术。

在 java.util.zip 包中提供一系列用于进行压缩文件输入输出的操作。可以利用这些 API 类编写代码进行压缩文件 I/O 操作。这个包中提供的类不仅可以处理 ZIP 格式的压缩文件，也可以产生 GZIP 文件。本小节主要讨论如何利用表 21.15 列出的对 GZIP 压缩文件的输入输出操作。

表 21.15　java.util.zip 包中处理压缩文件 I/O 的类、构造方法和其他方法

类、构造方法和其他方法	解　释
GZIPInputStream(InputStream in)	创建一个指定输入流的 GZIP 对象
close()	关闭文件。将抛出 IOException 异常
int read(byte[] buf, int off, int len)	按当前文件指针算起的位置和长度读入并解压数据，将其存入指定数组。将抛出 IOException 异常
GZIPOutputStream(OutputStream out)	创建一个指定输出流的 GZIP 对象
close()	关闭文件。将抛出 IOException 异常
finish()	结束输出流中的压缩处理，但不关闭文件，将抛出 IOException 异常
write(Byte[] buf, int off, int len)	按当前文件指针算起的位置和长度从指定数组中输出要压缩的数据，将抛出 IOException 异常
ZIPInputStream(InputStream in)	创建一个指定输入流的 ZIP 对象
int available()	如果到 EOF，返回 0，否则返回 1，将抛出 IOException 异常
close()	关闭文件，将抛出 IOException 异常
long skip(long byte)	跳过指定字节数，将抛出 IOException 异常
ZIPOutputStream(OutputStream out)	创建一个指定输出流的 ZIP 对象异常
close()	关闭文件，将抛出 IOException 异常
finish()	结束输出流中的压缩处理，但不关闭文件。将抛出 IOException 异常
write(Byte[] buf, int off, int len)	按当前文件指针算起的位置和长度从指定数组中输出要压缩的数据，将抛出 IOException 异常

21.6.3　一步步教会你压缩文件 I/O

编写压缩文件输出代码涉及两个文件：要产生的压缩文件以及已存在的、将要进行压缩的源文件。其基本编写步骤如下。

（1）确定压缩文件名和创建压缩输出流对象。例如：

```
GZIPOutputStream gzipOut = new GZIPOutputStream(new FileOutputStream(gzipFileName);
```

（2）创建一个用来存储要压缩文件数据的字节数组（相当于自定义缓冲器）。例如：

```
byte buf[] = new byte[length];            //length 为已定义缓冲长度
```

（3）创建读入文件对象。例如：

```
FileInputStream in = new FileInputStream(inFileName);
```

（4）将要压缩的文件读入存储数据的字节数组，并且调用 GZIP 对象的 write() 方法，压缩数组中的数据。例如：

```
while ((len = in.read(buf)) > 0)
                          // 如果没有到文件结束，继续读入。len 为读入数据字节长度
    gzipOut.write(buf, 0, len);
                          // 将数组中的数据按指定长度和当前压缩文件指针位置写出
```

（5）调用 finish() 方法，结束压缩处理。
（6）关闭所有文件。
以上步骤同样适用于处理 ZIP 格式的压缩文件。

同样地，编写解压文件代码也涉及两个文件：已存在的压缩文件，以及将要产生的复原文件。其基本编写步骤如下。
（1）利用已存在压缩文件名创建压缩输入流对象。例如：

```
GZIPInputStream gzipIn = new GZIPInputStream(new FileInputStream(gzipFileName));
```

（2）创建一个用来存储读入压缩文件数据的字节数组（相当于自定义缓冲器）。例如：

```
byte buf[] = new byte[length];            //length 为缓冲长度
```

（3）创建解压后的文件输出对象。例如：

```
FileOutputStream out = new FileOutputStream(outFileName);
```

（4）调用 GZIP 的 read() 方法将压缩文件读入存储数据的字节数组，并且调用文件输出对象的 write() 方法，输出数组中解压的数据。例如：

```
while ((len = gzipIn.read(buf)) > 0)
                          // 如果没有到文件结束，继续读入。len 为读入数据长度
    out.write(buf, 0, len);     // 将数组中的数据按指定长度和当前文件指针位置写出
```

（5）关闭所有文件。
以上步骤同样适用于对 ZIP 格式文件的解压和输出。

例子之一：将指定文件压缩为 GZIP 文件。

```
// 完整程序在本书配套资源目录 Ch21 中，名为 MyFile.java
public class MyFile {
    public static void createGzip() {
        GZIPOutputStream out;
        FileInputStream in;
        String gzipFileName;
        String sourceFileName;
        File gzipFile = null;
        File sourceFile = null;
        JOptionPane.showMessageDialog(null,
                    "Enter or select a file you want to GZIP.\n"
                    + "Must .gz as file extension.");
        gzipFileName = getFileName();       // 调用自定义方法从文件选择器中得到文件名
        gzipFile = verify(gzipFileName);    // 调用自定义方法验证要压缩的文件名
```

```
            JOptionPane.showMessageDialog(null, "GZIP file name: " + gzipFile.
                toString() + " already established\n"
                + "Press OK and then select the original file that will be compressed ");
            sourceFileName = getFileName();        // 调用自定义方法从文件选择器中得到文件名
            sourceFile = verify(sourceFileName);   // 调用自定义方法验证源文件名
            try {
                out = new GZIPOutputStream(new FileOutputStream(gzipFileName));  // 创建压缩文件
                in = new FileInputStream(sourceFileName);
                byte[] buf = new byte[1024];       // 创建作为缓冲的字节数组
                int len;
                while ((len = in.read(buf)) > 0) { // 如果继续读入数据
                    out.write(buf, 0, len);        // 在当前位置写出缓冲中要压缩的数据
                }
                in.close();                        // 关闭源文件
                long sourceLength = sourceFile.length();  // 得到源文件长度
                out.finish();                      // 完成压缩
                out.close();                       // 关闭压缩文件
                long gzipLength = gzipFile.length();  // 得到压缩文件长度
                // 建立文件信息，调用自定义方法得到千字节文件长度
                String message = "Completed compression \nThe file length: "
                    + getKB(sourceLength) + " KB\n"
                    + "File length after the compression: "
                    + getKB(gzipLength) + " KB\n";
                JOptionPane.showMessageDialog(null, message);   // 显示文件长度
            }
            catch (IOException ioe) {
                System.out.println(ioe);
            }
        }
...
```

可以看到，代码中利用自定义方法 getFileName()，从文件选择器中得到用户选择或输入的文件名。这个方法的代码如下：

```
private static String getFileName() {                         // 利用文件选择器得到文件名
    String fileName;
    JFileChooser fc = new JFileChooser();                      // 创建文件选择器
    fc.setDialogTitle("Creating or selecting a file");
    fc.setFileSelectionMode(JFileChooser.FILES_ONLY);          // 只选择文件
    fc.setApproveButtonToolTipText("Enter or select a file name, then press
        OK");                                                  // 对确定按钮的解释
    fc.setApproveButtonText("OK");                             // 更名为确定按钮
    int option = fc.showOpenDialog(null);                      // 打开文件对话框
    if (option == JFileChooser.APPROVE_OPTION) {               // 如果选择文件成功
        File file = fc.getSelectedFile();
        fileName = file.toString();
        return fileName;                                       // 返回文件名
    }
    else
        return null;                                           // 否则返回空
}
```

在 MyFile 代码中还调用另一个自定义方法 verify() 来验证文件名的合法性。以防止因非法文件名或用户在文件选择器对话框中按下取消而引起的异常。具体代码如下：

```
private static File verify(String fileName) {
    try {
```

```
                File gzipFile = new File(fileName);      // 如果非法文件名，则抛出异常
                return gzipFile;                          // 否则返回创建的文件对象
            }
            catch (NullPointerException e) {              // 处理异常
                JOptionPane.showMessageDialog(null, "You have cancelled
                    execution...");
                System.exit(2);                           // 停止运行
                return null;
            }
        }
```

MyFile 程序最后调用自定义方法 getKB() 返回千字节文件长度，例如：

```
private static int getKB(long length) {
    return (int) (length/1024);
}
```

例子之二：将指定的 GZIP 文件解压。在上例中讨论的 MyFile 中，还提供对 GZIP 文件的解压操作。这部分代码如下：

```
// 完整程序在本书配套资源目录 Ch21 中，名为 MyFile.java
public static void unZip() {
    GZIPInputStream gzipIn;                    // 声明
    OutputStream out;
    String gzipFileName;
    String outFileName;
    File gzipFile = null;
    File outFile = null;
    JOptionPane.showMessageDialog(null,"Press OK and then select the GZIP
        file you want to unzip. ");
    gzipFileName = getFileName();              // 调用自定义方法从文件选择器中得到文件名
    gzipFile = verify(gzipFileName);           // 调用自定义方法验证要压缩的文件名
    JOptionPane.showMessageDialog(null, "Unzipped file: " + gzipFile.toString() + "\n"
                + "Press OK and then select the GZIP file you want to unzipped\n"
                + "Must enter correct file extension");
    outFileName = getFileName();               // 调用自定义方法从文件选择器中得到文件名
    outFile = verify(outFileName);             // 调用自定义方法验证要压缩的文件名
    try {
        gzipIn = new GZIPInputStream(new FileInputStream(gzipFileName));
                                               // 创建读入压缩文件
        out = new FileOutputStream(outFileName);   // 创建输出解压文件
        byte[] buf = new byte[1024];               // 创建输入缓冲
        int len;
        while ((len = gzipIn.read(buf)) > 0) {     // 继续读入压缩文件数据
            out.write(buf, 0, len);                // 在文件指针当前位置写出解压数据
        }
        gzipIn.close();                            // 关闭压缩文件
        out.close();                               // 关闭解压文件
        JOptionPane.showMessageDialog(null, "Uncompression successfully
            completed");
    }
    catch (IOException ioe) {
        System.out.println(ioe);
    }
}
```

以上两个例子可利用测试程序 GzipFileApp 运行。具体代码为：

```
// 完整程序在本书配套资源目录 Ch21 中，名为 GzipFileApp.java
public class GzipFileApp {
    public static void main(String[] args) {
        MyFile.createGzip();                // 创建压缩文件
        MyFile.unZip();                     // 执行解压
    }
}
```

图 21.5 列出了这个程序的一个典型运行结果（按执行次序排列）。

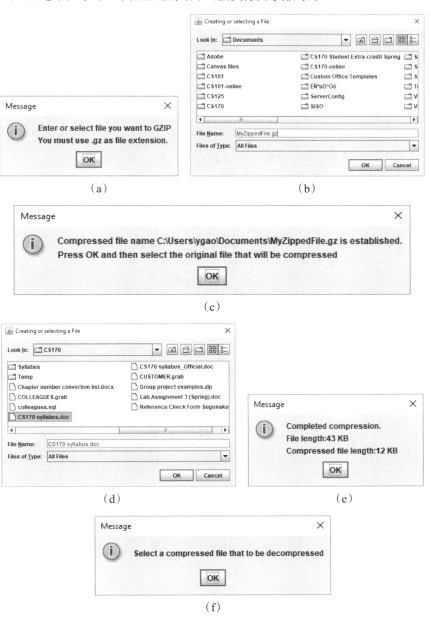

图 21.5　GZIP 压缩和解压程序典型运行结果

526 第五部分 高手进阶——数据流处理和编程

(g)

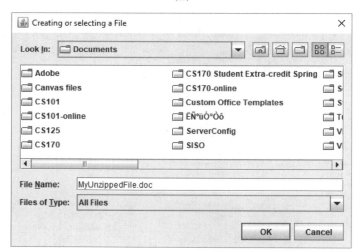

(h)

(i)

(j)

图 21.5 （续）

21.6.4 用 Scanner 读入文件

API 类 Scanner 在 JDK1.5 中首次发布，并且在 JDK1.6 中有所改进。包括在 java.util 包中。这个输入数据类给编程人员在选择文本数据的读入对象时，提供了方便和灵活性：它不仅可以从标准输入设备，如键盘，也可以从指定文件或指定服务器（见第 23 章的讨论）读入数据。在这一小节我们重点讨论应用 Scanner 读入文本文件的操作。

表 21.16 列出了利用 Scanner 类作为文件输入的构造方法和常用方法。

表 21.16 Scanner 类用来进行文件输入的构造方法和常用方法

构造方法和常用方法	解　释
Scanner(File source)	按指定文件创建一个扫描器，将抛出 FileNotFoundException 异常
Scanner(InputStream source)	按指定输入流创建一个扫描器，将抛出 FileNotFoundException 异常
close()	关闭扫描器，将抛出 IOException 异常
nextBigDecimal()、nextBoolean()、nextByte()、nextDouble()、nextFloat()、nextInt()、nextLine()、nextLong()、nextShort()	返回指定的读入数据
hasNext ()、hasNextBigDecimal()、hasNextBoolean()、hasNextByte()、hasNextDouble()、hasNextFloat()、hasNextInt()、hasNextLine()、hasNextLong()、hasNextShort()	如果扫描器的缓冲中有指定类型数据，返回真，否则返回假

编程实例：利用 Scanner 读入以下存储在 C:/NewJavaBook/Ch21/ 目录中的名为 numberData.txt 文件：

```
89
100
89.56
1300000000
6.789E8
0.5222307692307693
end of Scanner input data file
```

在这个编程实例中 TextFileScannerReader 提供利用 Scanner 进行文本文件输入的基本操作。TextFileScannerReaderApp 用来测试这个实例。以下是 TextFileScannerReader 的代码：

```java
// 完整程序在本书配套资源目录Ch21中，名为TextFileScannerReader.java
import java.io.*;
import java.util.*;
class TextFileScannerReader {
    File file;                                   // 声明
    Scanner in;
    public TextFileScannerReader(String fileName) throws IOException {
        file = new File(fileName);               // 创建
        in = new Scanner(file);
    }
    public final int getInt() {                  // 读入 int
        return in.nextInt();
    }
    public final long getLong() {                // 读入 long
        return in.nextLong();
    }
    public final double getDouble() {            // 读入 double
        return in.nextDouble();
    }
```

```
    public final String getWord() {                          // 读入一个字
        return in.next();
    }
    public final String getString() {                        // 读入字符串
        in.nextLine();
        return in.nextLine();
    }
    public final void closeFile() throws IOException {       // 关闭
        in.close();
    }
}
```

其测试程序代码如下：

```
// 完整程序在本书配套资源目录为 Ch21 中, 名为 TextFileScannerReaderApp.java
import java.io.*;
import java.util.*;
public class TextFileScannerReaderApp {
    public static void main(String[] args) {
        String fileName = "c:/java/Ch21/numberData.txt";      // 文件名
        try {
            TextFileScannerReader read = new TextFileScannerReader
                (fileName);                                    // 创建
            int age = read.getInt();                           // 读入 int
            int score = read.getInt();
            double price = read.getDouble();                   // 读入 double
            long population = read.getLong();                  // 读入 long
            double invest = read.getDouble();
            double rate = read.getDouble();
            String text = read.getString();                    // 读入字符串
            read.closeFile();                                  // 关闭文件
            System.out.println("age: " + age);                 // 打印读入数据
            System.out.println("score: " + score);
            System.out.println("price: " + price);
            System.out.println("population: " + population);
            System.out.println("invest: " + invest);
            System.out.println("rate: " + rate);
            System.out.println("text: " + text);
        }
        catch (IOException ioe) {
            System.out.println(ioe);
        }
        catch (InputMismatchException e) {
            System.out.println(e);
        }
    }
}
```

实战项目：开发产品销售随机文件管理应用

项目分析：

这个实战项目执行对产品销售文件记录的随机输入和输出。类似于在前面章节 Product 类中讨论过的例子，假设一个产品记录包括以下数据。

❏ ID——产品编号。4 个字符（4 × 2 = 8 字节）。

- title——产品名称。32 个字符（32×2 = 64 字节）。
- price——产品价格。双精度数据（8 字节）。
- RecordSize——8+64+8 = 80 字节。

可以看到一个在随机文件中的记录由其在文件中的随机位置 recordNumber 以及产品编号 productID 来决定，所以在编程中采用 HashMap 结构，利用产品编号（具有唯一性）映射随机位置这一特性来决定文件的输出和输入操作。

由于随机文件可以同时进行输入输出操作，因此这个实战项目可不必分为输入和输出两部分。

除应用 JFileChooser 进行对随机文件的创建以及选择之外，这个实战项目利用系统标准输入输出窗口进行人-机对话运行操作。在实战项目大练兵中将要求把这个项目修改成利用 GUI 部件显示所有产品销售随机文件的读写操作和显示功能。

类的设计：

- RandomFile——提供对随机文件 I/O 的底层操作，包括创建随机文件，预设文件空间，计算随机读、写位置，执行随机读、写操作，计算和确定记录位置，利用 JFileChooser 创建或选择随机文件，验证输入数据以及关闭文件等。这个类可以作为资源类运用到任何对随机文件的读写处理。
- ProductRandomFile2——提供对产品随机文件的 I/O 操作，包括显示具有 3 个选项的菜单（创建随机文件、显示随机文件记录以及停止程序运行），调用 RandomFile 类的各种方法执行随机记录的位置、长度、预设文件存储空间、产品销售记录的创建、读、写操作，验证输入或读入数据和异常处理，产品记录的显示等功能。
- Validator5——数据验证类。利用我们在以前章节讨论过的异常处理类来验证用户输入的数据。
- ProductRandomFileApp2——测试程序。

以下是 RandomFile 创建文件最大读写空间，计算随机读入位置，以及利用 JFileChooser 选择文件的主要代码：

```java
// 完整程序在本书配套资源目录 Ch21 中, 名为 RandomFile.java
//RandomFile 其他代码
...
public final void makeRandomFileSpace(int maxRecordBytes) throws IOException {
                                                            // 创建文件最大空间
    randomFile.setLength(maxRecordBytes);                   // 预设空间字节数
    System.out.println("Max bytes in the file: " + randomFile.length());
}
public final void setWriteRecordPos(int n, int recordSize)throws
IOException {                                               // 设置写出记录位置
    fileLength = randomFile.length();                       // 文件长度
    recordPos = recordSize*(n - 1);                         // 写出记录开始位置
    if(recordPos < 0 || recordPos > fileLength) {           // 如果超界
        recordPos = fileLength;                             // 设置为结尾
        System.out.println("Exceed the exsiting record and will be saved in
            the end... " );
    }
    randomFile.seek(recordPos);                             // 设置文件指针
}
// 设置读入记录位置
public final void setReadRecordPos(int n, int recordSize) throws IOException {
    fileLength = randomFile.length();                       // 文件长度
    recordPos = recordSize*(n - 1);                         // 读入记录开始位置
    if(recordPos  >= 0 && recordPos < fileLength) {         // 如果没有超界
        randomFile.seek(recordPos);
    }
```

```
    }
    public static String getSelectedFile() {                    // 利用 JFileChooser
        JFileChooser fc = new JFileChooser();
        fc.setDialogTitle("Selecting a Random File Only");
        fc.setFileSelectionMode(JFileChooser.FILES_ONLY);
        int option = fc.showOpenDialog(null);
        if (option == JFileChooser.APPROVE_OPTION) {            // 选择文件成功
            File file = fc.getSelectedFile();
            String fileName = file.toString();
            return fileName;
        }
        else
         return null;
    }
...
```

因为随机文件在执行输出操作时，记录可以随机地写到文件空间所允许的任何位置，这就需要用户必须输入产品销售最大记录量 maxRecordSize，makeRandomFileSpace() 方法将执行这一操作。调用时，首先将 maxRecordSize 转换为文件的最大字节数（maxRecordBytes = (maxRecordSize – 1) * RECORD_SIZE）。

代码中将所有异常处理抛向应用它的类，即 ProductRandomFile，以便应用这个类来编写具体的异常处理代码和输出信息。代码中只列出了对字符串和双精度数据的读写操作（见配套资源中的完整程序）。可以容易地增添读入和写出其他类型数据的方法。如同二进制文件 I/O，在 RandomAccessFile 中不提供读入字符串数据的方法，代码中编写了 inString() 方法，按指定字节长度，利用 StringBuilder 和其 append() 方法，在循环中应用 RandomAccessFile 的 readChar() 方法，建成一个字符串，实现读入字符串操作。也可参考 21.5.3 节中例子之三的代码编写方式，执行同样的操作。另外，代码中的 fixedStringLength() 方法按指定长度，返回添加或删除多余字符的字符串，保证每个记录都有固定的字节数，以便执行随机文件访问。

以下为 ProductRandomFile 中创建随机文件空间的代码：

```
// 完整程序在本书配套资源目录 Ch21 中，名为 ProductRandomFile2.java

// 其他代码
Public void createData() {

// 创建文件最大读写空间
...
while (choice.equalsIgnoreCase("y")) {
try {
    System.out.println("Write data randomly to the file....");
    System.out.println("Total available space for writing records in the file:"
        + spaceLeft);
    // 利用 hashMap 显示文件中存储的产品编号以及映射的记录位置
    System.out.println("The accupated spots in the file are : " + hashMap);
    System.out.println("Enter the spot available in the file: ");   // 输入随机位置
    recordNumber = sc.nextInt();
    if (recordNumber > maxRecordSize || recordNumber < 1)
        throw new Exception ("record number is invalide...");       // 如果超界
    System.out.print("Enter the product ID (4 digits or 4 characters): ");
    productID = sc.next();
    if (productID.length() != ID_LENGTH)                            // 如果产品编号不正确
        throw new Exception("product ID is invalid...");
    hashMap.put(productID, recordNumber);                           // 将记录信息存入 hashMap
    productID = RandomFile.FixedStringLength(productID, ID_LENGTH); // 产品编号长度
```

```
        sc.nextLine();
        System.out.print("Product title (<= 32 " + TITLE_LENGTH + " chars): ");
        title = sc.nextLine();
        title = RandomFile.FixedStringLength(title, TITLE_LENGTH);   // 产品名称长度
        System.out.print("Product price: ");
        price = sc.nextDouble();
        productFile.setWriteRecordPos(recordNumber, RECORD_SIZE);    // 计算随机输出位置
        productFile.outString(productID);                            // 输出产品编号
        productFile.outString(title);                                // 输出产品名称
        productFile.outDouble(price);                                // 输出产品价格
        System.out.println("Records in the random file (Product ID=Random spot:"
             + hashMap) );              // 显示记录在 hashMap 中的信息（产品编号＝随机记录位置）
        spaceLeft-=1;                                                // 可用空间减 1 计算
    }
    catch(Exception e) {
        sc.nextLine();                                               // 清除缓冲器
        System.out.println("Input error... \n");
        continue;                                                    // 返回到循环
    }
    System.out.print("Continue to write data? (y/n): ");
    choice = sc.next();
    System.out.println();
} //end of while loop in creating a file
    showMenu();
}           //createData() 方法结束
```

方法 createData() 首先利用 hashMap 显示已经存储到文件中的记录信息（产品编号和从零算起的随机位置）。为了保证所有记录都具有相同字节数（这是访问随机文件的必要条件），代码中调用 RandomFile 的静态方法 fixedStringLength()，来保证这一特性。随机输出产品记录的操作将继续运行直到用户输入停止。

可以看到，这个代码实际上是 RandomFile 对产品随机文件 I/O 处理和操作的具体应用。这样设计程序的好处是随机文件 I/O 的基本操作与它的具体应用分离，因而类 RandomFile 可被相同的程序应用。

程序中首先要求用户输入最大产品销售记录数 maxRecordSize，用此来创建随机文件的存储空间。值得注意的是，代码中利用 HashMap 以产品编号映射该记录的随机位置这个特点（Key-Value），当用户输入产品编号后，在 HashMap 中可以很方便地找到这个产品销售记录的位置。另外程序中对用户输入的数据进行验证并进行异常处理，直到输入数据正确为止。

以下是 ProductRandomFile2 读入随机文件中所有记录的代码：

```
public void showData() {          //Read in the data
    String fileName = RandomFile.getSelectedFile();     // 调用静态方法选择文件
    try {
            randomFile = new RandomFile(fileName);      // 创建文件
    }
    catch (IOException e) {
            System.out.println("Error in selecting random file...");
            showMenu();
    }
    readData();                                         // 调用自定义方法读入产品记录
    showMenu();                                         // 显示菜单
}
```

可以看到在 ProductRandomFile2 中首先调用 Random 中的静态方法，利用 JFileChooser 选择一

个随机文件，创建这个文件，以及调用本身定义的方法 readData() 来显示读入结果。

以下是方法 readData() 显示所有记录的代码：

```java
public void readData() {               //display all records in the random file
    double price =0.0;
    System.out.println("All records in the file: " + hashMap);
    for(int i = 1; i <= maxRecordSize;i++) {
        try {
            productFile.setReadRecordPos(i, RECORD_SIZE);
            productID = productFile.inString(ID_LENGTH); //read in product ID
                if (productID.length() != 0) {
                System.out.println("Product ID: " + productID);
                System.out.println("Product Title: " + productFile.inString(TITLE_LENGTH));
                price = productFile.inDouble();
                System.out.println("Product price: " + Formatter.currency(price));
            }                                             //if 结束
        }                                                 //try 结束
        catch (Exception e) {
            showMenu();                                   // 显示菜单
        }
    }                                                     // 循环结束
}
```

方法 readData() 利用循环和 hashMap 存储的产品记录信息（利用产品编号得到产品记录位置）遍历整个随机文件，并显示这些记录信息。以下是这个实例的一个典型运行结果：

```
Select an option:
1. Create random records in file
2. Show records in file
3. Quit
Enter your choice: 1
Enter the max number of the records in the file:
10
Max bytes in the file: 720
Write data randomly to the file....
Total available space for writing records in the file: 10
The accupated spots in the file are:  {}
Enter the spot available in the file:
9
Enter the product ID (4 digits or 4 characters): 1109
Product title (< 32 chars): Java Programming
Product price: 45.09
Records in the random file (Product ID=Random spot): {1109=9}
Continue to write data? (y/n): y
Write data randomly to the file....
Total available space for writing records in the file: 9
The accupated spots in the file are:  {1109=9}
Enter the spot available in the file:
2
Enter the product ID (4 digits or 4 characters): 1102
Product title (< 32 chars): C/C++ Computing
Product price: 23.12
Records in the random file (Product ID=Random spot): {1102=2, 1109=9}
Continue to write data? (y/n): y
Write data randomly to the file....
Total available space for writing records in the file: 8
The accupated spots in the file are:  {1102=2, 1109=9}
```

```
Enter the spot available in the file:
7
Enter the product ID (4 digits or 4 characters): 1107
Product title (< 32 chars): The Art of Java Programming
Product price: 45.87
Records in the random file (Product ID=Random spot): {1107=7, 1102=2, 1109=9}
Continue to write data? (y/n): y
Enter the spot available in the file:
5
Enter the product ID (4 digits or 4 characters): 1106
Product title (< 32 chars): Python 1106
Product price: 11.07
Records in the random file (Product ID=Random spot): {1106=5, 1107=7, 1102=2, 1109=9}
Select an option:
1. Create random records in file
2. Show records in file
3. Quit
Enter your choice: 2
All records in the file: {1106=5, 1107=7, 1102=2, 1109=9}
Product ID: 1102
Product Title: C/C++ Computing
Product price: $23.12
Product ID: 1106
Product Title: Python 1106
Product price: $11.07
Product ID: 1107
Product Title: The Art of Java Programming
Product price: $45.87
Product ID: 1109
Product Title: Java Programming
Product price: $45.09
Select an option:
1. Create random records in file
2. Show records in file
3. Quit
Enter your choice: 3
Good bye!
```

图 21.6 是利用 JFileChooser 建立一个文件名以及选择文件的截图。注意：如果选择的是一个不正确的文件程序将显示出错信息并停止运行。另外值得注意的是，如果重复在原有产品随机文件中进行读写操作时，原有的记录将被覆盖。没有被覆盖的记录将会继续存储在文件中。

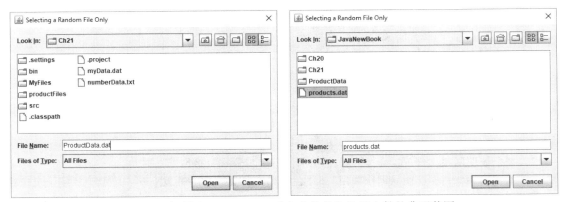

图 21.6 一个利用 JFileChooser 建立文件名和选择文件的典型截图

巩固提高练习和实战项目大练兵

1. 举例解释什么是数据流以及与文件的关系。
2. 进行文件 I/O 应该知道哪些条件？
3. 举例解释什么是路径，什么是绝对路径，以及什么是规范路径。
4. 举例解释什么是 URL、URI 以及 URN。
5. 举例说明什么是缓冲以及为什么应用缓冲。
6. 列出文件 I/O 中可能抛出的三个异常以及它们的继承关系。举例说明在文件 I/O 编程中如何应用它们处理异常。
7. 列出文本文件输入编程的一般步骤以及文本文件输出编程的一般步骤。
8. 利用文本文件 I/O 编写一个可以给源程序加入行号的程序。这个程序利用 JFileChooser 提示用户选择一个源文件，然后读入这个源文件，加入行号后，将这个文件以 txt 文件后缀存储到打开这个文件的目录中。注意如果读入的是空行，则不加行号。测试运行并存储这个程序。对源程序文档化。
9. 利用文件 I/O 编写一个可以统计源程序中使用了多少类的程序。这个程序利用 JFileChooser 提示用户选择一个源程序。读入这个文件后，将统计程序中使用的类名以及每个类出现的次数。利用 JOptionPane 的 showMessageDialog() 方法显示统计结果。提示：假设程序按 Java 命名规范编写，即类名用大写字母开始。测试运行并存储这个程序。对源程序文档化。
10. 利用文本文件 I/O 以及 GUI 窗口和其他组件编写一个可以搜索程序中是否存在关键字的程序。这个程序首先将显示一个 GUI 窗口并提示用户输入要搜索的关键字。当用户按下搜索按钮时，则进行搜索操作。搜索完毕时，将搜索结果（关键字出现的次数以及所在的程序行号）显示在窗口下方的适当位置。当用户按下退出按钮时，将结束程序的运行。测试运行并存储这个程序。对源程序文档化。
11. 举例说明文本文件 I/O 与二进制文件 I/O 有什么不同。二进制文件 I/O 编程有哪些特点？
12. 利用 GUI 窗口和二进制文件输出编写一个可以存储学生成绩单的程序。学生成绩单包括作业（0～400）、期中考试（0.0～200.0）以及期末考试（0.0～400.0）。GUI 窗口中利用 4 个文本条提示用户输入学生姓名以及这些成绩，当用户按下提交按钮时，程序将文本条中的数据输出到一个二进制文件中。注意将学生姓名作为单独一行输出。程序将在 GUI 窗口的适当位置显示当前程序记录学生成绩单的总数。当用户按下退出按钮时，程序将停止运行。测试运行并存储这个程序。对源程序文档化。
13. 利用第 12 题中产生的学生成绩单二进制文件，该编写一个可以统计学生成绩百分数、最高成绩、最低成绩以及全班平均成绩的程序。该程序读入这个二进制文件以及进行统计运算后，将统计结果按格式显示在一个 GUI 窗口的文本框中。当用户按下退出按钮时，程序将停止运行。测试运行并存储这个程序。对源程序文档化。
14. 什么是对象序列化？为什么需要对象序列化？举例说明。
15. 举例说明对象序列化的 3 个步骤。
16. 利用 GUI 窗口和对象序列化技术，修改本章讨论的 ProductFileOutput.java 程序，在窗口中创建适当 GUI 组件，实现得到用户输入的产品数据的操作。当用户按下提交按钮时，程序将当前序列化对象写到输出文件中。当用户按下退出按钮时，程序将停止运行。测试运行并存储这个程序。对源程序文档化。
17. 举例说明随机文件 I/O 编程特点。如何计算一个记录的位置？
18. **实战项目大练兵（团队编程项目）：学生成绩文件管理软件开发**——一个学生成绩记录包括以下数据。

❑ 学生编号——4 个字符。
❑ 学生名——4 个字符。
❑ 作业成绩——整数，一个字节。
❑ 期中考试——双精度数。
❑ 期末考试——双精度数。

编写一个可以根据用户要求执行对学生成绩记录随机访问的程序。假设最大学生记录数为 50。程序首先创建一个提供用户随机记录学生成绩的 GUI 窗口，例如文本条可以使用户输入学生记录内容；菜单和子菜单可以指定一个学生记录的位置（如第一个记录、最后一个记录、前一个记录、后一个记录等）；两个按钮分别提供提交执行写出记录以及退出记录初始化的操作。当用户输入一个学生记录并且指定了该记录的写出位置，按下提交按钮时，这个记录将被随机写到一个名为 studentScores.txt 文本文件中。GUI 窗口还将显示当前写出的学生记录总数。如果用户输入不正确数据，或者输入不完整数据就按下提交按钮时，程序将处理这个异常，显示具体的出错信息，并要求用户重新输入正确或完整的记录。利用适当的布局管理将组件显示到合适的位置。测试运行并存储这个程序。对源程序文档化。

19. **实战项目大练兵（团队编程项目）**：继续第 18 题的程序，假设 studentScores.txt 文件已经被创建。编写一个可以根据用户要求随机访问学生成绩记录的程序。这个程序将提供包括如下组件的 GUI 窗口：菜单和子菜单以及按钮提供用户随机读入学生记录的位置（如第一个记录、最后一个记录、前一个记录、后一个记录等）。具有滚动滑标的文本窗口将格式化地显示读入的学生记录。提交菜单和按钮将执行指定的读入操作。退出菜单和按钮将停止程序的继续运行。利用适当的布局管理将组件显示到合适的位置。测试运行并存储这个程序。对源程序文档化。

20. **实战项目大练兵（团队编程项目）**：假设第 19 题中创建的 studentScores.txt 文件已经存在。编写一个可以按用户要求随机读入、删除、增添学生成绩记录的程序。利用 GUI 窗口中提供的菜单和子菜单以及按钮来使用户选择对文件记录的操作以及对记录位置的指定（如第一个记录、最后一个记录、前一个记录、后一个记录等）。如果全部记录被删除，将显示这个信息，并屏蔽显示删除菜单以及按钮。将读入的记录显示在一个文本窗口中。利用适当的布局管理将组件显示到合适的位置。测试运行并存储这个程序。对源程序文档化。

21. 修改第 19 题中的程序，将 studentScores.txt 文件存储为一个二进制文件，即 studentScores.dat。

22. 修改第 20 题中的程序，使之读入的是二进制文件 studentScores.dat。测试运行并存储这个程序。对源程序文档化。

23. 修改第 21 题中的程序，使其操作的是二进制文件 studentScores.dat。测试运行并存储这个程序。对源程序文档化。

24. **实战项目大练兵**：将 MyFile.java 程序中可以把指定文件压缩为 GZIP 文件的程序部分修改为利用 GUI 窗口执行压缩文件操作的程序。测试运行并存储这个程序。对源程序文档化。

25. **实战项目大练兵**：将 MyFile.java 程序中可以把指定压缩文件解压的程序部分修改为利用 GUI 窗口执行解压操作。测试运行并存储这个程序。对源程序文档化。

26. 将第 10 题中的程序修改为利用 Scanner 进行读入文件的操作。测试运行并存储这个程序。对源程序文档化。

27. **实战项目大练兵（团队编程项目）**：修改实战项目——产品销售随机文件管理软件开发程序，利用 GUI 组件（标签、按钮、文本框等）和窗口实现人-机对话、输出、输入操作以及显示功能。测试运行并存储这个程序。对源程序文档化。

"百川归海，有容乃大。"

——《吕氏春秋·尽数》

通过本章学习，你能够学会：
1. 应用 SQL 的 6 个常用指令测试数据库。
2. 按照步骤下载、安装以及测试数据库和其驱动软件。
3. 在 Eclipse 中连接和访问数据库。
4. 应用数据库编程原理和步骤编写应用程序。
5. 应用预备指令和元数据编写应用程序。
6. 举例解释事务处理以及编写事务处理代码。

第 22 章　数据库编程

　　数据库编程是 Java 应用程序开发中不可或缺的组成部分。Java 提供的 JDBC（Java Database Connectivity）使得软件编程人员在数据库编程中如鱼得水，真正实现操作平台独立以及供应商独立的目标。

22.1　揭秘 JDBC

　　JDBC 是 Java 数据库编程的总称，是 JDK 的重要组成部分，指 java.sql 包中提供的所有支持数据库编程的 API 类。当然，数据库是 JDBC 的必要组成部分。由于现在流行的数据库都提供与 Java 程序连接的驱动软件，在 JDK 9 以及新版本的 Java SE 中不提供数据库（除 JDK 6 到 JDK 8 包括小型数据库 Derby 外）。在 JDBC 编程中，软件开发人员必须具有数据库访问的等级和能力（如可以读写、删除、更新、创建数据库等），或者为了方便编程和测试，在本地计算机上安装自己管理和控制的数据库。

　　JDBC 包括更高一层的含义，它提供对第三方数据库提供商在编写驱动软件时遵循的协议和规范。JDBC 通过驱动软件 drivers，或称 Connectors，与数据库通信和交流。JDBC 驱动软件用来翻译 Java 程序中对数据库访问的代码，使之成为这个数据库的语言；另一方面，当数据库将数据或信息传送给 Java 程序时，这个驱动软件又将其翻译为 Java 语言的代码和数据。

　　Java 提供的驱动软件称为 JDBC/ODBC 桥（JDBC/Open Database Connectivity Bridge）。ODBC 最初是由微软公司提供的数据库编程协议模式，现在越来越多的数据库提供商使用以 JDBC 基础的驱动软件，或者称 Connectors。

　　当前流行的所有数据库提供商，例如 IBM 的 DB2，甲骨文的 Oracle，微软的 SQL Server、MySQL 等，都在不断更新其所提供的 JDBC 驱动软件。值得一提的是，大多数驱动软件都用 Java 语言编写，提高了代码的独立性，实现了 Java "write once, run everywhere" 的目标。

　　对 JDBC 及其驱动软件的进一步讨论超出了本书范围。感兴趣的读者可参考有关的专著。图 22.1 解释了 JDBC 编程的基本概念和结构。

　　从图 22.1 中可以看出，一个具有数据库编程的 Java 应用程序通过 JDBC API 类与 JDBC 驱动软件管理通信。这些 JDBC 管理程序则调用具体的驱动软件，例如 JDBC-ODBC 桥，或 ODBC 驱动软件，用来连接微软或 Java 以外的数据库，以及第三方数据库供应商提供的 JDBC 驱动软件与数据库通信。

图 22.1　JDBC 数据库编程基本结构

根据数据库的不同，有些 JDBC 驱动软件必须安装在用户端计算机，而有些则要求安装在数据库服务器中。在 JDBC 编程中，软件开发人员需要了解具体数据库对 JDBC 驱动软件的要求。由于数据库经常由专门的部门和专职人员管理，软件工程师则需要咨询和向数据库管理部门提出 JDBC 驱动软件的安装、配置以及测试请求。

从学习目的考虑，本书选择 MySQL 数据库作为 JDBC 编程。其好处如下。

❑ MySQL 可以免费下载。
❑ MySQL 及其 JDBC 驱动软件易于在本地计算机上安装、配置和调试。易于控制和管理，便于学习。
❑ MySQL 是当前最流行的数据库之一。越来越多的应用程序利用 MySQL 作为数据库。

22.2　数据库基本知识

如果你已经了解数据库和基本知识并且使用过 SQL 语言，可跳过本节和 22.3 节的讨论。

数据库是相关数据的集合，即这些数据存储在数据库服务器中，由数据库管理软件 DBMS 实施各种操作。例如产品数据库是有关产品数据的集合，学生数据库是有关学生学业数据的集合，等等。在当今最流行的关系数据库（relational database），例如 Oracle、MySQL、SQL Server、DB 2 等中，数据由一个或多个数据列表，或简称表组成。每个表包括记录，而记录则由字段构成。如果说记录代表表中的行，字段则代表列。字段由名称和数据类型定义。图 22.2 演示了代表产品数据的数据库表。尽管数据表随数据库的不同而有所差异，但其结构都是相同的。

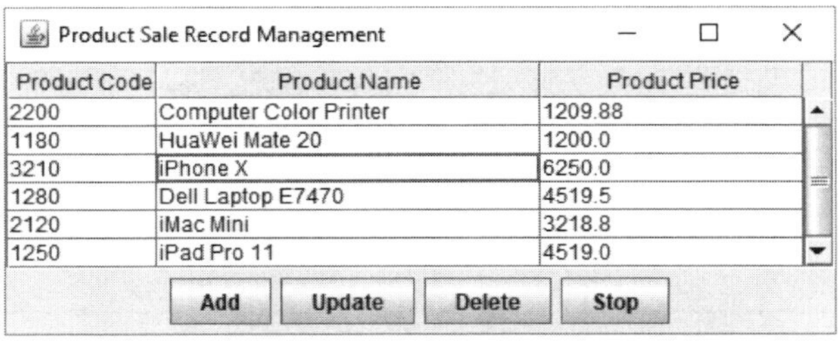

图 22.2　一个代表产品数据的典型数据库表

大多数表中都包含一个特殊的字段，被称作基本关键字段 primary key，用来区别表中的每个记录,并对记录做识别、选择、连接,以及创建新数据表的操作。基本关键字段中的值是唯一的,不允许重复。

字段的定义将在 22.3 节中讨论。

22.3 数据库语言——SQL

在开始 Java 数据库编程之前,必须了解数据库语言 SQL(Structured Query Language)的基本知识。如果你已经具备这方面的知识,可以跳过本节的讨论。

SQL 作为指令式语言,应用在几乎所有当代数据库中。应该说 SQL 是计算机应用历史上最成功的语言典范。自 SQL 创建 30 多年来,其基本指令和语言结构,没有本质变化,却与时并进。

22.3.1 SQL 的 6 种基本指令

与 JDBC 数据库编程有关的基本 SQL 指令有以下 6 种。
- CREATE——创建数据表。
- SELECT——选择数据库中指定数据。
- UPDATE——更新数据表。
- INSERT——在表中加入新记录。
- DELETE——删除记录。
- DROP——删除数据表。

在讨论这 6 种 SQL 指令之前,首先介绍在字段中 SQL 所支持的数据类型。

> **更多信息** SQL 不是字母敏感指令,可以使用大写或小写字母。但通常利用大写字母以示区别。

22.3.2 SQL 的基本数据类型

数据类型(类型名称、长度、数据值)构成字段。表 22.1 列出了 SQL 常用数据类型及其解释。

表 22.1 SQL 常用数据类型

数 据 类 型	解　　释
INTEGERH 或 INT	4 个字节长度的整数
SMALLINT	2 个字节长度的整数
NUMERIC(m, n)、DECIMAL(m, n) 或 DEC(m, n)	具有 m 总位数包括 n 位小数的定位小数
FLOAT(n)	具有 n 位二进制精度的浮点数
REAL	4 个字节长度的浮点数
DOUBLE	8 个字节长度的浮点数
CHARACTER(n) 或 CHAR(n)	具有 n 个字符空间固定长度的字符串
VARCHAR(n)	具有最大长度为 n 的字符串
BOOLEAN	布尔代数类型数据
DATE	日期类型数据。根据所用语言而定
TIME	时间类型数据。根据所用语言而定
BLOB	二进制大型对象数据
CLOB	字符串大型对象数据

在下面的小节中讨论如何利用 SQL 基本指令创建数据表以及各种操作。注意,在 MySQL 中应用以下各小节介绍的 SQL 指令例子时,必须在结尾加分号。

22.3.3　创建指令——CREATE

CREATE 指令的语法格式如下：

```
CREATE TABLE tableName (
    dataTypeList
)
```

其中：
- TABLE——关键字。指数据表。
- tableName——数据表名称。
- dataTypeList——数据类型列表。应用如下格式：

```
DataName DATA_TYPE
```

每个数据类型用逗号相隔，最后一个数据类型无逗号。

例子之一：创建产品数据表。

```
CREATE TABLE Products (
    Code CHAR(4),
    Title VAR CHAR(40),
    Price DECIMAL(10, 2)
)
```

例子之二：创建有关书的数据表。

```
CREATE TABLE Books (
    ISBN CHAR(13),
    Title VARCHAR(50),
    Price DECIMAL(6, 2),
    Publisher VARCHAR(30)
)
```

22.3.4　选择指令——SELECT

SELECT 执行对指定数据表中数据的选择。一般语法格式为：

```
SELECT FieldList FROM TableName [WHERE SelectionCriteria]
```

其中：
- FieldList——字段列表。每个字段的数据名称用逗号分隔。用 * 表示所有字段。
- FROM——关键字。
- TableName——数据表名。
- [WHERE SelectionCriteria]——可选项。WHERE 为关键字。SelectionCriteria 为选择条件。其格式为布尔表达式。

例子之一：选择产品表中的所有记录。

```
SELECT * FROM Products
```

以上指令将复制产品表。

例子之二：从产品表中选择价格 Price > 100.00、字段为 Code 和 Title 的所有记录。

```
SELECT Code, Title FROM Products WHERE Price > 100.00
```

22.3.5 更新指令——UPDATE

UPDATE 执行对数据表中指定记录的修改。其语法格式为：

```
UPDATE TableName SET FieldExpressionList WHERE selectionCriteria
```

其中：
- TableName——数据表名。
- SET——关键字。
- FieldExpressionList——字段表达式（数据名 = '数据值'），每个表达式用逗号分隔。
- WHERE——关键字。
- selectionCriteria——更新条件。其格式为布尔表达式。

例子之一：将 Products 表中 Code = 1100 记录的价格更新为 119.95。

```
UPDATE Products SET Price = 119.95 WHERE Code = '1100'
```

例子之二：将 Products 表中所有价格大于 100 的记录削减成 89.55。

```
UPDATE Products SET Price = 89.55 WHERE Price >100
```

22.3.6 插入指令——INSERT

INSERT 执行在数据表中加入新记录。语法格式为：

```
INSERT INTO TableName [(FieldList)] VALUES (valueList)
```

其中：
- TableName——数据表名。
- FieldList——可选项，字段名列表。括号中每个域名用逗号分隔。
- valueList——字段的值。与字段列表相对应。

例子之一：在 Products 表中加入以下记录。

```
INSERT INTO Products VALUES ('1200', 'Java Programming Art', 88.07)
```

例子之二：INSERT 指令与 SELECT 指令综合使用，可以在数据表中加入多行记录。假设数据表 Items 已存在并与 Products 的字段定义相同。

```
INSERT INTO Items
    SELECT * FROM Products WHERE Price <= 55.0
```

以上指令将从 Products 表中选择所有价格小于等于 55 的记录，并将它们加入到数据表 Items 中。

22.3.7 删除记录指令——DELETE

DELETE 指令执行对指定记录的删除。语法格式为：

```
DELETE FROM TableName WHERE selectionCriteria
```

其中：
- TableName——数据表名。
- selectionCriteria——选择条件。格式为布尔表达式。

例子之一：从 Products 表中删除 Code = 1100 的记录。

```
DELETE FROM Products WHERE Code = '1100'
```

例子之二：从 Products 表中删除所有价格大于等于 200 的记录。

```
DELETE FROM Products WHERE Price > = 200
```

22.3.8 删除数据表指令——DROP

DROP 指令执行对数据表的删除。语法格式为：

```
DROP TABLE TableName
```

其中：
TableName——数据表名。
举例：删除名为 MyTable 的数据表。

```
DROP TABLE MyTable
```

22.4 数据库和 JDBC 驱动软件的安装及测试

在实际应用中，数据库一般安装在数据库服务器中，由专职人员管理和运行。软件开发人员提出访问数据库的要求，由数据库管理者创建用户名和密码，建立访问等级和权限，提供数据库访问的设置、管理和服务。为了达到学习以及测试目的，作者推荐选择一个免费下载、易于操作、占用空间不大的数据库，并将其安装在本地计算机中。本书利用 MySQL 作为例子，介绍数据库编程。以下小节介绍 MySQL 的下载、安装、设置、测试，以及 Java 程序与 MySQL 的连接。

22.4.1 下载数据库软件

数据库的下载一般由其公司的网址提供。可在搜索引擎中输入关键字查询。MySQL 可通过以下网址免费下载：

http://dev.mysql.com/downloads

推荐下载已经成为产品而不是测试中的版本。本书使用 MySQL8.0.13.0 社区服务器（Community Server）学习数据库编程。

注意，MySQL 提供安装于各种操作系统的 MySQL 数据库。你可以选择 Platform Independent，不依赖操作系统的 MySQL 数据库，以减少不必要的麻烦。本书下载的 MySQL 压缩文件名为：

```
mysql-installer-web-community-8.0.13.0
```

> **注意** 根据版本发布日期不同，下载的文件名以及网址都有可能变化。

22.4.2 数据库安装

与其他应用程序的安装一样，双击下载后的 MySQL 安装文件（通常存储在 Downloads 文件夹），并遵循安装对话窗口的提示，一般情况下点击 Next 按钮即可。以 MySQL8 为例，提醒你安装时应该注意以下几点。

❑ 为学习数据库编程目的，安装 MySQL 服务器即可。
❑ 保存好更新创建的密码。
❑ MySQL 利用预设的网络端口 3306，并将安装的软件存储到计算机以下目录中：
C:\Program Files\MySQL\MySQL Server 8.0\。建议一般情况下不改变这个设置。
❑ 当安装完毕，MySQL 将自动启动服务器，并在计算机中创建一个名为：MySQL Command

Line Client 的链接,用来输入 MySQL 指令,进行测试和访问 MySQL 等功能,如图 22.3 所示。

图 22.3　使用 MySQL 预设的网络端口为 3306

22.4.3　数据库运行测试

祝贺你成功安装了 MySQL!下面首先介绍如何测试 MySQL 服务器以及 MySQL 的基本操作指令。我们将在本章后面小节逐步介绍在 Eclipse 中设置和测试 MySQL 的 JDBC 驱动软件以及 Java 代码与 MySQL 服务器的连接,为 JDBC 数据库编程做好准备。

可以输入如下 MySQL 基本操作指令进行数据库的运行测试:

在计算机中找到并按下 MySQL 8.0 Command Line Client 链接,在服务器显示的窗口中输入在安装时创建的密码,如图 22.4 所示。

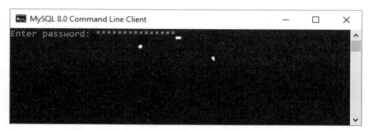

图 22.4　在连接 MySQL 服务器时输入密码

输入以下指令创建一个数据库:

```
CREATE DATABASE MyDatabase;
```

MySQL 将显示:

```
Query OK, 1 row affected. (0.04 sec.)
```

输入以下指令使用这个数据库:

```
use mydatabase;
```

这时 MySQL 将显示:

```
Database changed
```

表示目前使用 MyDatabase。

输入以下指令创建一个名为 Example 的数据表:

```
create table example (id int, name varchar(40));
```

输入以下指令将一个记录加入以上数据表：

```
insert into example values (328890, 'Wang Lin ');
```

输入以下指令显示 example 中对记录字段的定义：

```
desc example;
```

输入以下指令选择表中的所有记录：

```
Select * from example;
```

图 22.5 记录了以上所有执行过程。

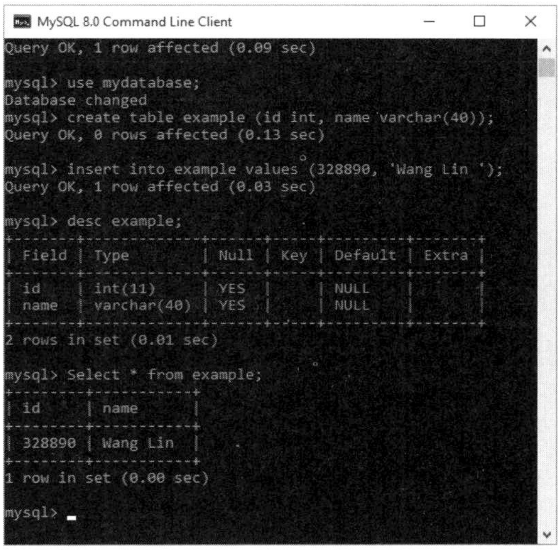

图 22.5　DESC 指令显示数据表中的信息

输入以下指令退出 MySQL 服务器：

```
\q
```

> **注意**　更多 MySQL 指令和操作可参考有关 MySQL 书籍。本书只介绍有关 JDBC MySQL 编程的基本操作。

22.4.4　下载 JDBC 驱动软件

成功下载、安装、测试数据库软件后，离利用 Eclipse 进行数据库编程只有一两步之遥了，继续加油！首先下载 JDBC 驱动软件。MySQL 称这个软件为 JDBC Connector，或 Connector /J。这个驱动软件可在 MySQL 的以下网址下载：

https://dev.mysql.com/doc/

安装步骤如下。

（1）下拉到这个网页的尾端，找到 Connector/J，按下与你安装数据库版本相同的连接器，如 Connector/J8.0。

（2）按下 Connect/J Installation。

（3）按下 Installing Connector/J from a Binary Distribution。

这个驱动软件将以压缩文件下载到你的下载文件夹。例如：
mysql-connector-java-8.0.13

对此文件解压后，可以看到一个名为 mysql-connector-java-8.0.13.jar 的文件。这就是我们需要的在 Eclipse 中连接数据库的驱动软件。

22.4.5 一步步教会你在 Eclipse 中连接数据库

以下是在 Eclipse 中连接数据库的步骤。

（1）在 Eclipse 中创建进行数据库编程的项目。为测试目的，可先创建一个试验项目，如 MySQLTest。

找到下载和解压的 JDBC 驱动软件，如 mysql-connector-java-8.0.13.jar，将它复制到 MySQLTest 项目中。

（2）选择这个驱动软件，单击鼠标右键，选择"构建路径"→"配置构建路径"。

（3）在打开的窗口中单击"库"→"类路径"→"添加 JAR"，如图 22.6 所示。

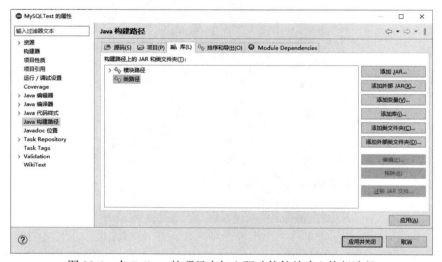

图 22.6　在 Eclipse 的项目中加入驱动软件并建立执行路径

（4）在打开的窗口中双击项目名称，如 MySQLTest 选项，选择驱动软件，按下"完成"按钮，再按下应用并关闭按钮，完成连接设置，如图 22.7 所示。

图 22.7　在执行路径中加入驱动软件

22.4.6 一个实例搞懂 JDBC 是否连接成功

现在可以编写一个测试是否与 MySQL 连接成功的简单程序：

```java
// 完整程序在本书配套资源目录 Ch22 中，名为 JDBCMySqlTest.java
import java.sql.*;                                          // 支持数据库编程的包
public class JDBCMysqlTest {
    public static void main (String args[]) {
    Connection connection;
        try{
            Class.forName("com.mysql.cj.jdbc.Driver");      // 装入 JDBC 驱动软件
            String dbURL = "jdbc:cj.mysql://localhost:3306"; // 数据库本机连接端口
            connection = DriverManager.getConnection(       // 调用连接数据库方法
                dbURL, "root", "password2018");             // 指定数据库、用户名，以及
                                                            // 安装 MySQL 时建立的密码
            System.out.println("connection is succeeded...");
                                                            // 如果连接成功，打印信息
            System.out.println("dbURL:" + dbURL);
            System.out.println("Connection: " + connection);
        }
        catch(ClassNotFoundException e){                    // 异常处理
            System.out.println("Database driver not found.");
        }
        catch(SQLException e){
            System.out.println("Error opening the db connection: " +
                e.getMessage());
        }
    }
}
```

如果 Java 与数据库连接成功，将在 Eclipse 输出窗口中打印以下信息：

```
connection is succeeded...
dbURL:jdbc:mysql://localhost:3306
Connection: com.mysql.cj.jdbc.ConnectionImpl@3bd82cf5
```

后续章节将详细讨论 Java 数据库编程语句以及 JDBC 数据库编程的技术。

22.4.7 编写第一个数据库程序

以下程序演示数据库编程的基本操作。
（1）连接 MySQL。
（2）创建名为 ProductDB 的数据库。
（3）创建名为 Products 的数据表。
（4）在数据表中加入记录。
（5）从数据表中选择记录。
（6）打印选择的记录。
假设 Products 具有如下字段：

```
Code VAR(4)
Title VARCHAR(40)
Price DECIMAL(10, 2)
```

以下是这个程序的代码：

```java
// 完整程序在本书配套资源目录 Ch22 中，名为 JDBCMySqlTest2.java
import java.sql.*;
```

```java
public class JDBCMysqlTest2 {
    public static void main (String args[]) {
    Connection connection;
        try{
            Class.forName("com.mysql.cj.jdbc.Driver");
            String dbURL = "jdbc:mysql://localhost:3306";
            String username = "root";
            String password = "password2018";         // 安装 MySQL 时创建的密码
            connection = DriverManager.getConnection(
                dbURL, username, "");
            Statement stmt = connection.createStatement();
            stmt.executeUpdate("create database ProductDB");     // 创建数据库
            stmt.executeUpdate("use ProductDB");                 // 使用指定数据库
            // 创建数据表
            stmt.executeUpdate("CREATE TABLE Products(Code CHAR(4), Title
                VARCHAR(40), Price DECIMAL(10, 2))");
            stmt.executeUpdate("INSERT INTO Products VALUES (      // 加入记录
                '1100','Art in Java programming', 89.05)");
            stmt.executeUpdate("INSERT INTO Products VALUES (
                '2200', 'Computer Color Printer', 1017.96)");
            ResultSet rs = stmt.executeQuery("SELECT * FROM Products");   // 选择记录
            while (rs.next()) {                                  // 得到记录
                String code = rs.getString("Code");
                String title = rs.getString("Title");
                double price = rs.getDouble("Price");
                System.out.println("Code: " + code + " Title: " + title +
                    " Price: "+ price + "\n");
            }
            stmt.close();
        }
        catch(ClassNotFoundException e){
            System.out.println("Database driver not found.");
        }
        catch(SQLException e){
            System.out.println("Error opening the db connection: "
                + e.getMessage());
        }
    }
}
```

程序运行后打印以下结果：

```
Code: 1100 Title: Art in Java programming Price: 89.05

Code: 2200 Title: Computer Color Printer Price: 1017.96
```

代码中：

```
create database databaseName
```

以及

```
use databaseName
```

为 MySQL 创建数据库和使用数据库的指令。其他常用指令可参考 MySQL 文档或有关书籍。

值得注意的是如果创建的数据库已经存在，则不可以再重复使用创建这个数据库的语句，否则将产生运行错误。在这种情况下，可删除创建数据库的语句：

```
stmt.executeUpdate("create database ProductDB");// 如果数据库已经存在，删除这个语句
```

并将 dbURL 的内容修改为连接到已存在数据库:

```
String dbURL = "jdbc:mysql://localhost:3306/ProductDB";
```

22.5 Java 程序和数据库对话

从上面的例子可以看出,Java 和数据库的连接和对话离不开 JDK 类库,如 java.sql 包中支持数据库编程的各种 API 类、数据库软件 DBMS、JDBC 驱动软件或 Java Connector 以及你编写的数据库编程代码。从上面的例子还可以看出,在访问数据库的程序中,除调用 Class 类的 forName() 来装载 JDBC 驱动软件外,所有数据库操作的 API 类由库包 java.sql 提供,各种操作包括:数据库连接、SQL 指令的传送、选择记录的回传、提取和相关操作,以及数据表信息 metadata 的获取。下面通过实例详细讨论这些具体的数据库编程技术

22.5.1 连接数据库——高手都会这样做

首先调用 Class 类的静态方法 forName() 装载指定的 JDBC 驱动软件,再调用 java.sql 包提供的 DriverManager 的静态方法 getConnection(),对指定的数据库进行连接操作。其一般代码格式如下:

```
try {
    Class.forName(driverName);
    Connection con = DriverManager.getConnection(dbUrl, username,password);
    ...
}
catch (ClassNotFoundException e) {
    System.err.println(e);
}
catch (SQLException ex) {
    System.err.println(e);
}
```

其中:

❑ driverName——字符串参数。由数据库指定的 JDBC 驱动软件名。如 MySQL 的驱动软件名为:

```
drivername = "com.mysql.cj.jdbc.Driver";
```

注意,不同的数据库使用各自规定的驱动软件名,使用时必须参考该数据库对驱动软件的命名。

❑ dbUrl——字符串参数。指定的数据库连接方式和地址,可以包括已存在的数据库名。如以本机方式连接 MySQL 服务器的 dbUrl 为:

```
dbUrl = "jdbc:mysql://localhost:3306";            // 连接到本机数据库服务器
// 或: "jdbc:mysql://localhost:3306/ProductDB";   // 连接到本机服务器中的数据库
```

以远程方式通过网络连接 MySQL 服务器的 dbUrl 为:

```
dbUrl = "jdbc:mysql://hostServerIP:3306/ProductDB";
```

其中,hostServerIP 为 MySQL 服务器的 IP 地址或服务器名;3306 为 MySQL 预设的网络端口;ProductDB 为已创建的数据库名。

❑ Username——字符串参数。指定的用户名。如 "root"。

❑ Password——字符串参数。指定的密码。如果没有密码,则为 ""。

forName() 方法将抛出检查性异常 ClassNotFoundException,getConnection() 方法将抛出检查性异常 SQLException,代码中必须提供处理这两个异常的机制。

同样要注意不同的数据库使用各自规定的 dbUrl 和路径进行远程数据库连接。使用时必须参考该数据库通过网络对数据库连接的规定。

22.5.2 向数据库发送 SQL 指令

发送 SQL 指令的一般代码格式为：

```
try {
    Connection con = DriverManager.getConnection(dbUrl, username,password);
    Statement stmt = con.createStatement();      // 返回 Statement 对象
    stmt.executeUpdate(sqlString);               // 调用发送 SQL 指令方法
    ...                                          // 更多调用发送 SQL 指令的方法
    stmt.close();                                // 关闭发送
}
catch (ClassNotFoundException e) {
    System.err.println(e);
}
catch (SQLException ex) {
    System.err.println(e);
}
```

其中，createStatement() 方法将返回一个 Statement 的对象，然后调用其 executeUpdate() 方法，将指定的 SQL 指令发送到数据库，并加以执行。

sqlString 为字符串，必须是合法 SQL 指令，否则将产生检查性异常 SQLException。sqlString 可以是除 SELECT 之外的任何 SQL 指令。

最后调用 close() 方法，关闭发送 SQL 指令的操作。

以下是常用发送 SQL 指令的例子。

```
// 完整程序在本书配套资源目录 Ch22 中，名为 JDBCMySqlTest3.java
...
String createTable = "CREATE TABLE Books (ISBN CHAR(13),Title VARCHAR
    (50),Price DECIMAL("+ "6, 2),Inventory INT, Publisher VARCHAR(30))";
String insertRecord1 = "INSERT INTO Books (ISBN, Title, Price, Inventory,
Publisher)VALUES ("+ "'9781890774555', 'Java Lover', 66, 10, 'ABC Press') ";
String updateRecord1 = "UPDATE Books SET Price = 69.15 WHERE Price = 66";
//String deleteRecord1 = " DELETE FROM Books WHERE ISBN = '9781890774555'";
stmt.executeUpdate(createTable);                 // 调用发送 SQL 指令方法
stmt.executeUpdate(insertRecord1);
stmt.executeUpdate(updateRecord1);
//stmt.executeUpdate(deleteRecord1);             // 可在理解这个编程实例后再执行删除指令
...                                              // 其他操作指令
Stmt.close();                                    // 关闭
...                                              // 异常处理
```

这个例子向数据库发送了 4 个常用指令。

- ❏ CREATE
- ❏ INSERT
- ❏ UPDATE
- ❏ DELETE

建议你在理解了从 Java 程序怎样发送指令到数据库后，再执行删除指令。另外建议你打开数据库服务器：

MySQL 8.0 Command Line Client

直接发送 SQL 指令，如 use（调用数据库）、desc（描述数据表）、select（显示数据表）等帮助你查询和了解在执行了 Java 语句后数据库内容的变化。

22.5.3 接收从数据库传回的记录

调用 Statement 的方法 executeQuery() 将返回一个 ResultSet 对象。executeQuery() 方法将执行指定的获取数据表数据的 SQL 指令，如 SELECT，并将执行结果封装在这个 ResultSet 对象中。ResultSet 提供了一系列方法和静态字段，用来提取回传的结果。

以 Products 数据表为例，得到回传结果的一般代码格式为：

```
try {
    Connection con = DriverManager.getConnection(dbUrl,
        username,password);
    Statement stmt = con.createStatement();          // 返回 Statement 对象
    String sqlString = "SELECT * FROM Products";     // 定义 SQL 指令
    ResultSet rs = stmt.executeQuery(sqlString);     // 执行 SQL 指令并得到回传结果
    while(rs.next()) {                               // 如果还有记录则继续循环
        String code = rs.getString();                // 得到当前记录中的第一个字段的值
        String Title = rs.getString();               // 得到当前记录中的第二个字段的值
        Double price = rs.getDouble();               // 得到当前记录中的第三个字段的值
        ...                                          // 执行利用得到数据的各种操作
    }
    rs.close();                                      // 关闭
} catch (ClassNotFoundException e) {
    System.err.println(e);
}
catch (SQLException ex) {
    System.err.println(e);
}
```

可以看到，利用 executeUpdate() 方法向数据库发送 SQL 指令，而利用 executeQuery() 方法得到数据库记录的回传结果。值得一提的是，ResultSet 本身是一个接口，在执行 executeQuery() 方法时，产生一个完善了 ResultSet 的对象，并作为引用返回这个对象。

在提取封装在 ResultSet 中的记录时，涉及以下三类操作。

❏ 设置提取方式以及对 ResultSet 中记录指示器（也称光标）的操作，如移动或证实当前记录器位置。
❏ 得到记录中的数据或者删除、更新记录的操作。在 22.5.4 节中讨论。
❏ 得到有关数据表信息 metadata，即元数据的操作。在 22.6 节中讨论。

java.sql 包中的 ResultSet 提供静态字段来设置对记录的提取方式。表 22.2 列出了 ResultSet 常用字段和移动/证实记录指示器的常用方法。

表 22.2 ResultSet 的常用字段和移动/证实记录指示器常用方法

常用字段和常用方法	解 释
CONCUR_READ_ONLY	只允许并行读取记录（系统预设）
CONCUR_UPDATABLE	允许变更 ResultSet 对象
FETCH_FORWARD	指定按先后次序得到一个记录中的各字段值
FETCH_REVERSE	指定按相反的次序得到一个记录中的各字段值
TYPE_FORWARD_ONLY	指定记录指示器只能朝前移动（系统预设）
boolean absolute(int row)	按指定记录行移动记录指示器。记录行可以是负值。如果移动成功，返回真，否则返回假
close()	关闭数据库和 JDBC 的连接
boolean first()	将记录指示器移至第一个记录的开始。如果移动成功，返回真，否则返回假
boolean isFirst()	如果记录指示器在第一个记录的开始位置，返回真，否则返回假
boolean isLast()	如果记录指示器在最后一个记录的开始位置，返回真，否则返回假

续表

常用字段和常用方法	解 释
boolean last()	将记录指示器移至最后一个记录的开始。如果移动成功，返回真，否则返回假
boolean next()	将记录指示器移至下一个记录的开始。如果移动成功，返回真，否则返回假
boolean previous()	将记录指示器移至上一个记录的开始。如果移动成功，返回真，否则返回假

> **注意** ResultSet 预设的记录指示器位置为 0。首次调用 next() 时，记录指示器位置为第一个记录的开始。如果记录指示器指向一个不存在的记录时，ResultSet 对象则为 null。

例子之一：利用 ResultSet 的静态字段设置按记录中的相反次序提取数据，并允许变更。提取方式的设定通过调用 Statement 重载的方法 createStatement() 实现，例如：

```
Statement stmt = con.createStatement(ResultSet.FETCH_REVERSE, CONCUR_UPDATABLE);
```

例子之二：调用其他移动记录指示器的方法。

```
...
rs.first();           // 指示器移到第一个记录的开始
rs.last();            // 指示器移到最后一个记录的开始
rs.absolute(10);      // 指示器移到第 10 个记录的开始
rs.absolute(1);       // 等同于 rs.first()
rs.absolute(-1);      // 等同于 rs.last()
rs.absolute(-2);      // 倒数第二个记录的开始
rs.relative(-3);      // 指示器从当前位置返回 3 个记录
rs.relative(5);
                      // 指示器从当前位置往下移动 5 个记录。如果移至的位置无记录，ResultSet 为 null
if (isFirst())
    rs.next();        // 记录指示器在第二个记录的开始
...
```

22.5.4 提取和更新传回的记录

表 22.3 列出了 ResultSet 提取记录数据以及更新和删除记录的常用方法。

表 22.3 ResultSet 提取记录数据以及更新和删除记录的常用方法

常 用 方 法	解 释
deleteRow()	从 ResultSet 对象和数据库删除当前记录
BigDecimal getBigDecimal(int column) BigDecimal getBigDecimal(String columnName)	提取指定字段的数据并以 BigDecimal 对象返回
boolean getBoolean(int column) boolean getBoolean(String columnName)	按指定字段提取布尔代数值
Date getDate(int column) Date getDate(String columnName)	按指定字段提取日期对象
double getDouble(int column) double getDouble(String columnName)	按指定字段提取双精度数值
int getInt(int column) int getInt(String columnName)	按指定字段提取整数值
long getLong(int column) long getLong(String columnName)	按指定字段提取长整数值
int getRow()	返回当前的记录行数
updateDataType(int column, dataType value) updateDataType(String columnName, dataType value)	按指定字段更新指定数据。其中 dataType 可以是任何 Java 数据类型

值得一提的是，数据库操作中所有记录位置指示器，包括字段位置（列），都从 1 算起。

例子之一：提取 ResultSet 中的结果。假设执行了以下 SQL 指令：

```
ResultSet rs = stmt.executeQuery("SELECT * FROM Books");
```

数据表 Books 的字段定义见 22.5.2 节的代码。

例子之二：调用 next() 方法并利用循环提取 ResultSet 中的所有记录数据。

```
// 完整程序在本书配套资源目录 Ch22 中，名为 ResultSetTest.java
...
while (rs.next()) {                                  // 如果还有记录，则继续循环
    // 执行封装在 rs 中的各记录数据的操作
    System.out.println("ISBN: " + rs.getString(1));// 或 rs.getString("ISBN");
    System.out.println("Book Title: " + rs.getString(2));
                                                     // 或 rs.getString("Title");
    System.out.println("Price: " + rs.getDouble(3));
                                                     // 或 rs.getString("Price");
    System.out.println("Inventory: " + rs.getInt(4));
                                                     // 或 rs.getString("Inventory");
    System.out.println("Publisher: " + rs.getString(5));
                                                     // 或 rs.getString("Publisher");
}
...
```

例子之三：更新当前记录的内容。

```
rs.updateString(1, "1109123466666");     // 修改当前记录指定字段 (ISBN) 的字符串值为新值
rs.updateDouble("Price", 125.89);        // 修改当前记录指定字段 (Price) 的值为 125.89
```

以上对当前记录的修改也可利用 SQL 指令 UPDATE 完成，例如：

```
stmt.executeUpdate("UPDATE Books SET Code = '1109123466666', Price = 125.89"+
    "WHERE Code = '9781890774555'");
```

这种操作只涉及数据库，而不影响当前在 ResultSet 中的该记录。

例子之四：继续上例，删除指定的记录。

```
rs.deleteRow();         // 删除在 ResultSet 中以及数据库 Books 表中当前记录
```

同上，也可利用 SQL 指令 DELETE 删除数据库中的指定记录，例如：

```
stmt.executeUpdate("DELETE FROM Books WHERE Code = '1109123466666'");
```

你可利用 ResultSetTest.java 这个程序实例，加入这里讨论的 4 个指令，运行并分析结果，以便加深理解如何应用这些操作。

22.5.5 预备指令是怎么回事

如果一个 SQL 指令需要以不同的数值或参数执行多次，预备指令（又称预备语句）则为首选。预备指令（prepared statement），也称问号指令，指在 SQL 指令中将字段的值以问号"?"形式，设为变量，在执行中将被具体数据所代替。这种指令也称为参数化指令。

前面讨论的由 Statement 的 executeUpdate() 以及 executeQuery() 发送的 SQL 指令，都必须经过数据库编译后，方可执行。而预备指令，正如其名，则产生预先编译好的 SQL 指令，再由其 setXxx() 方法将具体参数值提供给 SQL 指令。预备指令实现了抽象指令模式和具体执行指令的分离，减少代码重复，提高编程效率。

预备指令功能包括在由 java.sql 包提供的 PreparedStatement 中，通过调用 Connection 的

prepareStatement() 方法，由其返回一个 PreparedStatement 对象而得到。调用其各种 setXxx() 方法得到参数值，再调用其 executeUpdate() 或 executeQuery() 完成指令的执行。例如：

例子之一：一个典型预备指令。

```java
// 完整程序在本书配套资源目录 Ch22 中，名为 PreparedStatementTest1.java
...
try {
    Connection con = DriverManager.getConnection(url, username, password);
    String selectSql = "UPDATE Products SET Price = ? WHERE Code = ?";
    PreparedStatement ps = con.prepareStatement(selectSql);    // 编译预备指令
    ps.setDouble(1, 1209.88);                                   //1 代表第一个问号
    ps.setString(2, "2200");                                    //2 代表第二个问号
    ps.executeUpdate();                                         // 执行预备指令
    ps.close();                                                 // 关闭
}
catch(ClassNotFoundException e){
    System.out.println("Database driver not found.");
}
catch (SQLException e) {e.printStackTrace();}
```

以上代码中，两个问号代表指令参数。在调用 setXxx() 方法指定其值时，首先提供代表问号的序号（从 1 开始），再提供代表问号的值。如例子之一中，1 代表第一个问号，表示 Price 的参数；2 代表第二个问号，代表 Code 的参数。

一个预备指令中可以有多个问号。其序号按出现次序确定。PreparedStatement 提供了设置所有数据类型值的方法 setXxx()，调用时必须注意数据类型的匹配。预备指令将抛出检查性异常 SQLException，代码中必须提供处理这个异常的机制。

例子之二：利用预备指令在数据表中加入记录。

```java
// 完整程序在本书配套资源目录 Ch22 中，名为 PreparedStatementTest2.java
...
try {
    Connection con = DriverManager.getConnection(url, username, password);
    String insertSql = "INSERT INTO Products (Code, Title, Price)
        VALUES (?, ?, ?)";
    PreparedStatement ps = con.prepareStatement(insertSql);    // 编译预备指令
    ps.setString(1, "1110 ");                                   //1 代表第一个问号
    ps.setString(2, "Java EE Programming " );                   //2 代表第二个问号
    ps.setDouble(3, 77.02);                                     //3 代表第三个问号
    ps.executeUpdate()                                          // 执行预备指令
    ps.close();                                                 // 关闭
}
catch(ClassNotFoundException e){
    System.out.println("Database driver not found.");
}
catch (SQLException e) {e.printStackTrace();}
```

例子之三：利用预备指令选择指定数据表中的记录。

```java
// 完整程序在本书配套资源目录 Ch22 中，名为 PreparedStatementTest3.java
...
String choice = "y";
ResultSet rs = null;
Connection con = DriverManager.getConnection(dbURL, username, password);
String deleteSql = "SELECT * FROM Products WHERE Code = ?";
```

```
PreparedStatement ps = con.prepareStatement(deleteSql);
    while (true) {
        code = JOptionPane.showInputDialog("Enter the product code: ");
        ps.setString(1, code);                                     // 指定的记录
        rs = ps.executeQuery();                                    // 执行预备指令
        rs.next();                                                 // 指向这个记录
        String record = rs.getString(1) + " " + rs.getString(2) + "
        " + rs.getDouble(3);                                       // 产生记录格式
        JOptionPane.showMessageDialog(null, record);               // 显示记录
        choice = JOptionPane.showInputDialog("是否继续? (y/n): ");
        if (choice.equalsIgnoreCase("n"))
            break;
    }
    ps.close();
...
```

例子之四：利用预备指令在数据表中删除记录。

```
// 完整程序在本书配套资源目录 Ch22 中，名为 PreparedStatementTest4.java
...
try {
    double price = 0;
    boolean quit = false;
    Scanner sc = new Scanner(System.in);
    Connection con = DriverManager.getConnection(url, username, password);
    String deleteSql = "DELETE FROM Products WHERE Price) = ?";
    PreparedStatement ps = con.preparedStatement(deleteSql);
        while (true) {
            System.out.println("Please enter the price you want that record to
                be deleted: ");
            price = sc.nextDouble();
            ps.setDouble(1, price);          // 删除由 price 指定的记录
            ps.executeUpdate();              // 执行预备指令
            System.out.println("Do you want to continue? (y/n): ");
            choice = sc.next();
            if (choice.equalsIgnoreCase("n"))
                break;
            else
                sc.nextLine();
        }
    ps.close();
}
catch(ClassNotFoundException e){
    System.out.println("Database driver not found.");
}
catch (SQLException e) {e.printStackTrace();}
```

实战项目：利用数据库和 GUI 开发产品销售管理应用（1）

项目分析：

应用各种数据库编程技术，并利用 GUI 组件，例如按钮、标签、文本字段提供增添、更新、删除产品销售记录等功能。利用 JTable 显示产品销售数据表中的记录。图 22.8 显示了这个实战项目的典型 GUI 窗口、数据表和操作功能按钮。

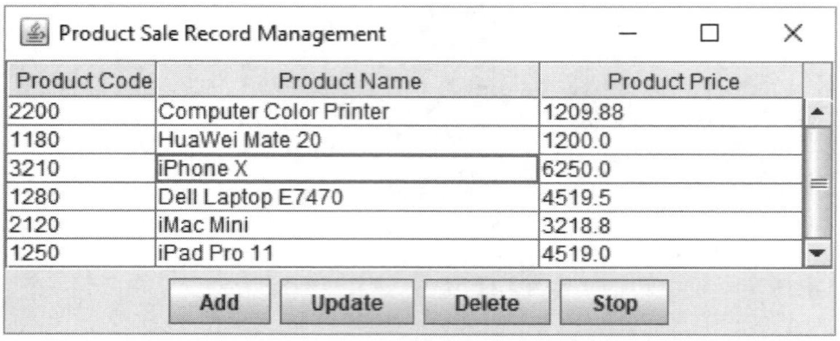

图 22.8　实战项目典型 GUI 窗口、数据表和操作功能按钮

类的设计：

- ButtonPanel——创建包括添加记录 (Add)、更新记录 (Update)、删除记录 (Delete) 以及停止运行 (Stop) 这四个 GUI 组件，利用布局管理将它们显示到窗口底部。并执行事件处理以及异常处理功能。
- JDBCProductFrame——创建 JTable 对象用来显示记录的数据表、提供与数据库连接以及发送各种 SQL 指令的方法，执行将回传结果显示到数据表中的各种功能。
- JDBCProductFrameApp——测试程序运行这个实战程序。

完整程序在本书配套资源目录 Ch22 中名为 JDBCProductFrameApp.java 的文件中。以下是 JDBCProductFrame 的主要代码：

```java
//创建与数据连接的利用GUI组件来执行显示、添加、更新、删除、退出操作的窗口
class JDBCProductFrame extends JFrame {
String columnNames[] = { "Product Code", "Product Name", "Product  Price" };
                                                    //定义产品字段名
    String records[][];                    //存储数据表
    String record[] = new String[3];       //存储选择的记录
    int rows = 0;                          //总记录行初始化
    int row = 0;                           //当前记录行初始化
    JTable table;                          //声明 JTable
    DefaultTableModel model;               //声明表模式
    JScrollPane scrollPane;                //声明滑标
    JPanel panel;                          //声明控制面板
    Connection connection;                 //声明连接
    Statement stmt = null;                 //初始化
    ResultSet rs = null;
    JDBCProductFrame() {                   //构造方法
        makeJDBCConnection();              //调用自定义方法与数据库连接
        getResult();                       //调用自定义方法得到数据表
        buildRecordTable();                //调用自定义方法建立数据表
        model = new DefaultTableModel(records, columnNames);  //创建数据表显示
        table = new JTable(model);         //创建表
        scrollPane = new JScrollPane(table);  //创建滑标
        add(scrollPane, BorderLayout.CENTER);  //注册显示表
        panel = new ButtonPanel();         //创建按钮控制面板
        add(panel, BorderLayout.SOUTH);    //注册显示控制面板
        setDefaultCloseOperation(EXIT_ON_CLOSE);
    }
}
```

在 JDBCProductFrame 构造方法中，分别调用了 3 个自定义方法 makeJDBCConnection()、getResult()、buildRecordTable() 来完成对数据库的连接、得到数据表以及设立用来存储数据表的二维数组 records 各元素值的任务。makeJDBCConnection() 方法的代码如下：

```java
private void makeJDBCConnection() {                    // 自定义方法连接数据库
    try{
        Class.forName("com.mysql.cj.jdbc.Driver");
        String dbURL = "jdbc:mysql://localhost:3306/ProductDB";
        String username = "root";
        String password = "NewJavaBook2018";
        connection = DriverManager.getConnection(dbURL, username, password);
        stmt = connection.createStatement();
    }
    catch(ClassNotFoundException e){
        JOptionPane.showMessageDialog(null, "JDBC driver is not found.");
    }
    catch(SQLException e){
        JOptionPane.showMessageDialog(null,"Error: " + e.getMessage());
    }
}
```

具体代码以前已讨论，不再赘述。

getResult() 方法以及 buildRecordTable() 方法的代码如下：

```java
private void getResult() {                             // 自定义方法得到数据表
    try {
        rs = stmt.executeQuery("SELECT * FROM Products");   // 选择产品数据表中的所有记录
    }
    catch (SQLException e) {
        JOptionPane.showMessageDialog(null, "Error in SQL statement...");
    }
}
private void buildRecordTable() {                      // 自定义方法建立记录数组
    try {
        rs.last();                                     // 记录指示器到最后记录
        rows = rs.getRow();                            // 得到记录数
        records = new String[rows][3];                 // 创建二维数组存储记录表
        int row = 0;
        rs.beforeFirst();                              // 设置记录指示器
        while (rs.next()) {                            // 如果有下一个记录
            records[row][0] = rs.getString(1);         // 设置记录到数组
            records[row][1] = rs.getString(2);
            records[row][2] = "" + rs.getDouble(3);
            row++;                                     // 下一行记录
        }
        rs.close();
    }
    catch (SQLException e) {
        JOptionPane.showMessageDialog(null, " Error in SQL statement...");
    }
}
```

为了得到记录表中的总记录数，首先调用 ResultSet 的 last() 方法，将记录指示器指向最后一个记录，然后调用其 getRow() 方法得到总记录数。在提取 rs 中的记录之前，还必须重设记录指示器，以便在 while 循环中利用 next() 方法，控制记录的读出操作。

在内部类 ButtonPanel 中，创建和设置了所有 GUI 组件、事件处理以及布局管理功能。主要代码如下：

```java
// 这个控制面板用来实现按钮和文本字段组件的创建、布局、事件处理等与记录操作有关的功能
class ButtonPanel extends JPanel implements ActionListener {
```

```java
// 内部类创建控制 GUI 组件
    JButton addButton, updateButton, deleteButton, submitButton, sendButton,
        returnButton, exitButton;
    JLabel codeLabel, titleLabel, priceLabel;
    JTextField codeField, titleField, priceField;
    FlowLayout flowLayout;
    String message = "You must select a record in the table first...";
    ButtonPanel() {                                      // 构造方法
        setupGUI();                                      // 调用自定义方法设置组件
    }
    public void actionPerformed(ActionEvent e) {  // 完善事件处理功能
    Object source = e.getSource();
    if (source == addButton) {                           // 如果是添加记录
        setUpdateComponents();                           // 调用自定义方法重设其他组件的显示
        submitButton.setVisible(true);                   // 显示发送按钮
        sendButton.setVisible(false);                    // 不显示提交更新按钮
    }
    else if(source == updateButton) {                    // 如果是更新记录
        setUpdateComponents();                           // 调用自定义方法重设其他组件的显示
        sendButton.setVisible(true);                     // 显示提交更新按钮
        submitButton.setVisible(false);                  // 不显示发送按钮
        setUpdateRecord();                               // 调用自定义方法设置更新的记录
        model.removeRow(row);                            // 将旧的记录从显示表中删除
    }
    else if(source == sendButton) {                      // 如果是提交更新按钮
        updateRecord();                                  // 调用自定义方法更新记录
        getLastRecord();                                 // 调用自定义方法得到更新后的记录
        model.insertRow(row, record);                    // 将这个记录加入显示表中原来位置
        clearFields();                                   // 取出各字段的内容
        resetComponents();                               // 调用自定义方法重设组件显示
    }
    else if(source == deleteButton) {                    // 如果是删除按钮
        deleteRecord();                                  // 调用自定义方法删除记录
    }
    else if( source == submitButton) {                   // 如果是添加记录的发送按钮
            String code = codeField.getText();           // 得到记录的各字段值
            String title = titleField.getText();
            double price = Double.parseDouble(priceField.getText());
            insertRecord(code, title, price);            // 调用自定义方法加入记录
            setLastRecord();                             // 设置添加后的记录到数组 record 中
            clearFields();                               // 清除各字段的显示
            model.addRow(record);                        // 将这个记录加在显示表的尾部
    }
    else if(source == returnButton) {                    // 如果是返回按钮
        clearFields();                                   // 清除各字段显示
        resetComponents();                               // 重设组件显示
    }
    else if(source == exitButton) {                      // 如果是退出按钮
        System.exit(0);                                  // 结束程序运行
    }
}
```

代码中，自定义方法 setupGUI() 将所有控制组件，例如按钮、文本字段，以及布局显示到窗口的适当位置，并注册各按钮的事件处理。这里不再详细讨论其具体代码。

在事件处理代码中，由于添加记录和更新记录执行不同的操作，所以创建发送按钮 submitButton 来处理增加新记录的事件；而利用提交按钮 sendButton 处理更新记录的操作。

如果用户按下了添加记录按钮 addButton，将调用自定义方法 setUpdateComponents()，设置如图 22.9 所示的窗口显示，用来处理增添记录的操作。

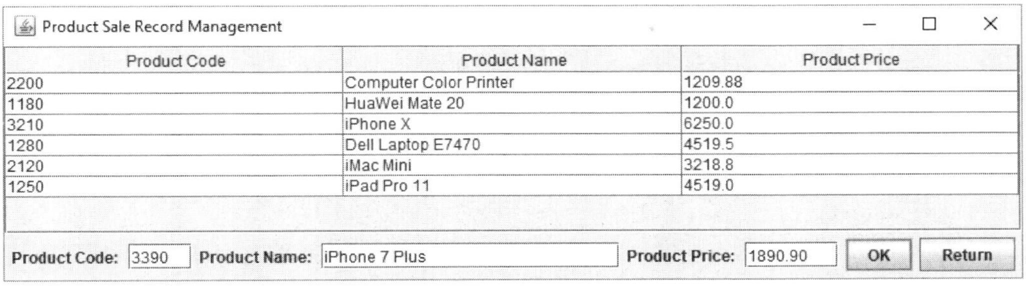

Product Code	Product Name	Product Price
2200	Computer Color Printer	1209.88
1180	HuaWei Mate 20	1200.0
3210	iPhone X	6250.0
1280	Dell Laptop E7470	4519.5
2120	iMac Mini	3218.8
1250	iPad Pro 11	4519.0

Product Code: 3390　Product Name: iPhone 7 Plus　Product Price: 1890.90　OK　Return

图 22.9　用来执行添加记录操作的窗口

setUpdateComponents() 方法的显示协调部分代码如下：

```
// 自定义方法设置更新的组件显示
private void setUpdateComponents() {
    codeLabel.setVisible(true);
    titleLabel.setVisible(true);
    priceLabel.setVisible(true);
    codeField.setVisible(true);
    titleField.setVisible(true);
    priceField.setVisible(true);
    addButton.setVisible(false);
    updateButton.setVisible(false);
    deleteButton.setVisible(false);
    exitButton.setVisible(false);
    returnButton.setVisible(true);
}
```

当用户输入记录信息并按下发送按钮后，将触发 submitButton 事件。得到 3 个文本字段的内容后，调用自定义方法 insertRecord()，把这些字段值添加到数据表中。这个方法的代码如下：

```
// 利用预备指令将记录添加到记录表中
private void insertRecord(String code, String titl, double price) {
        // 自定义方法
    try {
        String insertSql = "INSERT INTO Products (Code, Title, Price) VALUES
        ( ?, ?, ?)";                                         // 预备指令
        PreparedStatement ps = connection.prepareStatement(insertSql);
                                                             // 执行预备指令
        ps.setString(1, code);
        ps.setString(2, title);
        ps.setDouble(3, price);
        ps.executeUpdate();                                  // 执行 SQL 指令
        ps.close();
    }
    catch (SQLException e) {
        JOptionPane.showMessageDialog(null, "Error in SQL statement...");
    }
}
```

可以看到，三个问号分别被赋予产品代码、产品名称以及产品价格的值。

除此之外，还必须更新显示表中的内容，使之显示新增添的记录。这个操作通过调用自定义方法 setLastRecord()，并且调用 DefaultTableModel 的方法 addRow() 来实现。setLastRecord() 方法的代

码如下：

```
// 自定义方法将新记录内容设置到数组 record
private void setLastRecord() {
    record[0] = codeField.getText();     //record[0] 存储产品代码
    record[1] = titleField.getText();    //record[1] 存储产品名称
    record[2] = priceField.getText();    //record[2] 存储产品价格
}
```

最后清除文本字段，调用另外一个自定义方法 resetComponents()，重设按钮的显示。具体代码与以上讨论的 updateComponents() 方法基本相同。读者朋友可参考这个例子，或者查阅 ButtonPanel 完整程序。其他对记录的操作，如更新记录、删除记录以及退出程序运行，遵循与添加记录操作相同的原则，这里不再赘述。

22.6　高手了解更多 JDBC 编程

以上讨论的所有 SQL 指令，除 CREATE 外，都是对数据表中记录的操作。数据库编程中经常需要对数据表元数据 metadata 的访问。另外在 JDBC 编程中，Java 还提供了事务处理指令 transactions。本节讨论这两个方面的编程概念和技术。

22.6.1　细谈元数据是啥和怎样用

元数据又称数据表数据，是关于描述数据表信息的数据，或称描述数据的数据 (Data about Data)。例如，字段数、字段名、类型、长度等，这些信息的获取通过调用 ResultSet 的方法 getMetaData()，由其返回一个封装有指定记录表元数据的 ResultSetMetaData 对象而实现。

例子之一：获得封装有指定数据表元数据的 ResultSetMetaData 对象。

```
// 完整程序在本书配套资源目录 Ch22 中，名为 MetaDataTest.java
...
try {
    Connection con = DriverManager.getConnection(url, username, password);
    Statement stmt = con.createStatement();
    ResultSet rs = stmt.executeQuery("SELECT * FROM Products");
    ResultSetMetaData metadata = rs.getMetaData();
                            // 得到封装有 Products 的元数据对象
    ...                     // 提取元数据的操作
}
catch (SQLException e) { }
```

ResultSetMetaData 由 java.sql 包提供。表 22.4 列出了 ResultSetMetaData 提取元数据的常用方法。包括 getMetaData() 在内的对元数据操作的所有方法都将抛出检查性异常 SQLException。

表 22.4　ResultSetMetaData 提取元数据的常用方法

方　　法	解　　释
int getColumnCount()	返回字段数
int getColumnDisplaySize(int column)	返回指定字段的最大显示长度
String getColumnLabel(int column)	返回指定字段的标记名
String getColumnName(int column)	返回指定字段的名称
String getColumnTypeName(int column)	返回指定字段的数据类型名
int getPrecision(int column)	返回指定字段的数据类型所占据的字节数
String getTableName(int column)	返回指定字段的数据表名

例子之二：继续上例，获取并打印 Products 的元数据。

```
// 完整程序在本书配套资源目录Ch22中，名为MetaDataTest.java
...
Connection con = DriverManager.getConnection(dbURL, username, password);
Statement stmt = con.createStatement();
ResultSet rs = stmt.executeQuery("SELECT * FROM Products");
ResultSetMetaData metaData = rs.getMetaData();   // 得到封装有Products的元数据对象
System.out.println("Column Count: " + metaData.getColumnCount());
System.out.println("Product Name Display Size: " + metaData.
    getColumnDisplaySize(2));
System.out.println("Code Label: " + metaData.getColumnLabel(1));
System.out.println("Code Name: " + metaData.getColumnName(1));
System.out.println("Price Column Type: " + metaData.getColumnTypeName(3));
System.out.println("Price Data Type Precision: " + metaData.getPrecision(3));
System.out.println("Table Name: " + metaData.getTableName(1));       // 或2及3
rs.close();
...
```

以上代码运行结果为：

```
Column Count: 3
Product Name Display Size: 40
Code Label: Code
Code Name: Code
Price Column Type: DECIMAL
Price Data Type Precision: 10
Table Name: products
```

可以看到，这个例子中的字段标记名和字段名相同。

22.6.2 什么是事务处理和怎样实现

在数据编程中，经常会有这样的情形：一个 SQL 指令需要等待另外一个 SQL 指令执行完毕，方可运行。例如，在管理订购书籍的数据库中，有关提取书籍库存量的指令必须等待书籍库存表更新后，才可执行。利用事务处理概念和技术，可以保证两个或更多相关指令形成一个执行单位，在这个单位中的所有 SQL 指令按批处理方式依次执行。

在一般情况下，系统预设的 SQL 指令为自动执行模式，即当调用 executeUpdate() 或者 executeQuery() 方法时，立即将这些方法包含的 SQL 指令发送到连接的数据库中加以执行。

22.6.3 三个步骤两个实例搞懂事务处理编程

事务处理通过以下 3 个步骤实现对单位指令的依次批处理。

（1）设置 SQL 指令自动执行模式为 false。这个设置通过调用 Connection 的 setAutoCommit() 方法来实现，即

```
connection.setAutoCommit(false);
```

（2）建立事务处理单元。按事务处理次序，依次创建 SQL 指令，并调用 executeUpdate() 或者 executeQuery() 方法，发送事务处理单元中的所有指令。例如：

```
stmt.executeUpdate(updateRecord);          // 发送指令至事务处理单元
rs = stmt.executeQuery(selectRecord);      // 发送指令至事务处理单元
```

（3）设置 SQL 指令自动执行模式为 true，让连接的数据库执行对所有已发送指令的运行。即

```
connection.setAutoCommit(true);
```

例子之一：假设数据表 Books 已经存在。以下代码建立对 Books 的事务处理：

```java
// 完整程序在本书配套资源目录 Ch22 中，名为 TransactionTest1.java
try {
    ...
    Statement stmt = connection.createStatement();
    ResultSet rs = null;
    String updateRecord = "UPDATE Books SET Inventory = 100 WHERE ISBN =
        '9781890774555'";
    String selectRecord = "SELECT * FROM Books WHERE ISBN = '9781890774555'";
    connection.setAutoCommit(false);              // 关闭自动执行模式
    stmt.executeUpdate(updateRecord);             // 发送指令至事务处理单元
    rs = stmt.executeQuery(selectRecord);         // 发送指令至事务处理单元
    connection.setAutoCommit(true);               // 执行所有在事务处理单元中的指令
    ...
}
catch (SQLException e) { }
...
```

commit() 方法将抛出检查性异常 SQLException，代码中必须提供处理这个异常的机制。以上事务处理单元包括两个必须依次执行的 SQL 指令，保证了在订购书籍时，数据的准确性和一致性。

例子之二：在事务处理单元中应用预备指令。将以上代码修改如下：

```java
// 完整程序在本书配套资源目录 Ch22 中，名为 TransactionTest2.java
try {
    ...
    Statement stmt = connection.createStatement();
    ResultSet rs = null;
    PreparedStatement ps = null;
    String updateRecord = "UPDATE Books SET Inventory = ? WHERE ISBN =
        '9781890774555'";
    String selectRecord = "SELECT * FROM Books WHERE ISBN = '9781890774555'";
    connection.setAutoCommit(false);                          // 关闭自动执行模式
    ps = connection.preparedStatement(updateRecord);          // 发送指令至事务处理单元
    ps.setInt(1, 100);                                        // 设置 Inventory 为 100
    ps.executeUpdate();                                       // 发送以上预备指令
    rs = stmt.executeQuery(selectRecord);                     // 发送指令至事务处理单元
    connection.setAutoCommit(true);                           // 执行所有在事务处理单元中的指令
    ...
}
catch (SQLException e) { }
...
```

实战项目：利用数据库和 GUI 开发产品销售管理应用（2）

项目分析：

改进实战项目——应用数据库和 GUI 开发产品销售管理软件（1）的设计和操作，并增加新的功能；利用按钮和文本框实现对数据库编程的主要操作，如数据表创建、记录添加、记录选择、记录更新、记录删除、数据表删除等功能。图 22.10 显示了这个实例运行后的典型显示窗口。

图 22.10 实例运行后的典型运行窗口

类的设计：
- JDBCQueryFrame——用来进行 JDBC 数据库连接，建立包括创建、加入、选择、更新、删除、消除等 SQL 指令的提示以及异常处理等操作。并且创建 ButtonPanel 对象处理对 GUI 组件的布局管理和显示。
- ButtonPanel——包括按钮、文本框等 GUI 组件的创建，事件处理、输入指令信息和输出结果显示格式处理，SQL 指令的发送、回传、显示处理以及异常处理等功能。
- JDBCQueryFrameApp——测试程序，用来运行这个实战项目代码。

当程序运行时，用户按下任何一个对数据表和记录操作的按钮，相应的 SQL 指令语法格式将显示在文本框中，提示用户的操作。例如，按下选择 Select 记录按钮后，将显示如图 22.11 所示的窗口。

图 22.11 进行选择记录操作的窗口

这时用户可以在提示处输入具体的字段列表、数据表名以及选择条件。例如，全选数据表 Products 所有记录的 SQL 指令为：

```
SELECT * FROM Products
```

输入以上指令，按下发送 Submit 按钮后，将在文本框中显示 SQL 指令执行结果，如图 22.12 所示。如果用户输入错误的 SQL 指令，将显示出错信息。

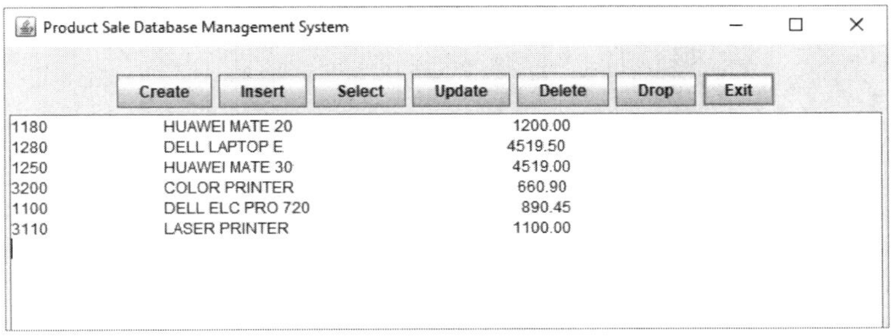

图 22.12 执行 SQL 选择记录指令后的一个典型运行结果

以上操作包括其他对数据表记录操作的主要代码如下：

```java
// 完整程序在本书配套资源目录 Ch22 中, 名为 JDBCQueryFrame.java
public void actionPerformed(ActionEvent e) {          // 事件处理
    Object source = e.getSource();
    if (source == createButton) {                      // 建立新表事件
        setUpdateComponents();
        submitButton.setVisible(true);
        update = true;
        area.setText(createQuery);
    }
    else if(source == insertButton) {                  // 添加记录事件
        setUpdateComponents();
        submitButton.setVisible(true);
        update = true;
        area.setText(insertQuery);
    }
    else if(source == selectButton) {                  // 选择记录事件
        setUpdateComponents();                         // 调用自定义方法设置 GUI 显示
        submitButton.setVisible(true);                 // 显示发送按钮
        update = false;                                // 更新状态为假
        area.setText(selectQuery);                     // 显示 SQL 选择指令语法格式
    }
    else if(source == updateButton) {
        setUpdateComponents();
        update = true;
        area.setText(updateQuery);
    }
    else if(source == deleteButton) {
        setUpdateComponents();
        update = true;
        area.setText(deleteQuery);
    }
    else if(source == dropButton) {
        setUpdateComponents();
        update = true;
        area.setText(dropQuery);
    }
    else if( source == submitButton) {                 // 发送事件处理
        query = area.getText();                        // 得到 SQL 指令
        executeQuery();                                // 执行 SQL 指令
        resetComponents();                             // 重设 GUI 显示
        area.setText("");                              // 清除 SQL 指令
        if (update)                                    // 如果是更新操作
            JOptionPane.showMessageDialog(null, "The following SQL
                statement has been executed: \n" + query);
        else {                                         // 如果是选择记录操作
            displayRecords();                          // 调用自定义方法显示选择的记录
        }
    }
    else if(source == exitButton) {
        System.exit(0);
    }
}
```

可以看到，按下 selectButton 按钮将触发对记录的选择事件处理。首先调用自定义方法 setUpdateComponents()，改变 GUI 窗口的显示内容，并设置显示发送按钮。由于选择记录的操作与其他操作不同，需要调用 Statement 的 executeQuery() 方法，所以设置表示不同操作状态的布尔变量 update 为假；而利用 executeUpdate() 对记录和数据进行更新操作时，则设置 update 为真。最后调用 JTextArea 的方法 setText() 将标准记录选择指令格式显示在文本框中。按下 submitButton 按钮，将触发对发送事件的处理，通过调用 JTextArea 的 getText() 获取文本框中用户修改后的选择记录指令，再调用自定义方法 executeQuery() 执行这个指令。这时，窗口将被重设为原先的显示状态，并且清除文本框中的内容。如果 update 状态为真，说明不是选择记录的操作，而是更新记录，否则调用自定义方法 displayRecords()，将这个指令执行后得到的数据表记录显示到文本框中。另外一个自定义方法 makeEvenSpace() 对除过每个记录的最后一列的长度进行计算，然后补加空格，使记录的每列都有相同的显示长度，便于确定记录位置和编程。以下是 executeQuery()、displayRecords() 以及 makeEvenSpace() 方法的代码：

```java
// 完整程序在本书配套资源目录 Ch22 中，名为 JDBCQueryFrame.java
private void executeQuery() {                          // 自定义方法执行 SQL 指令
    try {
        if (update)                                    // 更新记录操作
            stmt.executeUpdate(query);
        else
            rs = stmt.executeQuery(query);             // 选择记录操作
    }
    catch (SQLException e) {
        JOptionPane.showMessageDialog(null, "Error in SQL statement...");
    }
}
private void displayRecords() {                        // 自定义方法显示执行结果
    String record = "", newRecord = "";                // 初始化
    try {
        ResultSetMetaData metadata = rs.getMetaData(); // 创建元数据对象
        int col = metadata.getColumnCount();           // 得到记录行数
        while (rs.next()) {                            // 循环得到所有选择的记录
            for(int i=1; i <= col; i++) {
                colSize = metadata.getColumnDisplaySize(i);
                record = rs.getString(i);              // 得到记录
                if (i <= col-1)                        // 不是最后一列
                    record = makeEvenSpace(record, colSize);  // 补加空格
                newRecord += record + "\t";
            }
            area.append(newRecord + "\n");
            record = "";
            newRecord = "";                            // 清除内容，为下一行准备
        }
        rs.close();
    }
    catch (SQLException sqle) {
        JOptionPane.showMessageDialog(null, "Error in SQL statement...");
    }
    catch (NullPointerException e) {
        JOptionPane.showMessageDialog(null, "No such record found...");
    }
}
```

关于设置和更新 GUI 窗口显示的代码，以及对记录和数据表的其他操作与选择记录有所相似，这里不再一一赘述。读者可参考本书配套资源目录 Ch22 中的 JDBCQueryFrame.java 文件名。

巩固提高练习和实战项目大练兵

1. 什么是 JDBC？它包含什么更高一层的含义？
2. 什么是 SQL？举例解释 SQL 的 6 种基本指令。
3. 按照本章列举的数据库安装步骤，下载安装 MySQL 数据库。
4. 按照本章列举的测试步骤，在操作系统中测试安装的数据库。
5. 按照本章列举的步骤，下载安装 MySQL 的 JDBC 驱动软件。启动 MySQL 服务器，运行 JDBCMySqlTest.java 程序，检查 JDBC 与 MySQL 是否连接成功。
6. 假设一个学生成绩记录包括以下数据。
   - 学生编号——4 个字符。
   - 学生名——4 个字符。
   - 作业成绩——整数，一个字节。
   - 期中考试——双精度数。
   - 期末考试——双精度数。
7. 编写一个 JDBC 程序，创建一个名为 StudentDB 的数据库，利用以上给定的学生成绩记录，创建一个名为 Scores 的数据表，并在这个数据表中加入至少 5 个你自己指定的学生成绩记录。测试运行并存储这个程序。对程序代码文档化。
8. **实战项目大练兵**（团队编程项目）：应用数据库和 GUI 开发学生成绩管理软件——编写一个 JDBC 程序，读入第 7 题中创建的学生成绩数据表中的所有记录，并将这些数据按照适当格式显示在屏幕上。测试运行并存储这个程序。对程序代码文档化。
9. 编写一个 JDBC 程序，读入第 7 题中创建的学生成绩数据表中的所有记录，利用 JTable 将这些数据显示在列表中。测试运行并存储这个程序。
10. 编写一个 JDBC 程序，可对第 7 题中创建的学生成绩数据表中的记录进行添加、删除、更新操作，并将操作后的结果按照适当格式显示在屏幕上，测试运行并存储这个过程。
11. **实战项目大练兵**：编写一个 JDBC 程序，利用 CUI 组件读入第 7 题中创建的学生成绩数据表中的所有记录，并将这些数据按照适当格式显示在组件中，并且利用适当 CUI 组件对数据表中的记录进行添加、删除、以及更新操作。测试运行并存储这个程序。对程序代码文档化。
12. **实战项目大练兵**：修改第 11 题中的程序，使之具有显示数据表元数据的功能。这个功能由用户按下显示元数据按钮或选择显示元数据菜单触发。测试运行并存储这个程序。对程序代码文档化。
13. 利用事务处理功能，修改第 12 题中的程序，使对学生成绩数据表的显示必须在添加、删除或者更新后进行。测试运行并存储这个程序。

"泰山不拒细壤，故能成其高；江海不择细流，故能就其深。"

——李斯《谏逐客令》

通过本章学习，你能够学会：
1. 举例说明网络通信协议和怎样工作。
2. 举例解释 URL、URI、IP、HTTP、端口以及 Socket。
3. 应用 StreamSocket 和 DatagramSocket 编写多用户 - 服务器程序。
4. 应用 Socket 和数据库编程原理编写多用户 - 服务器程序。
5. 应用通道技术和编程步骤编写多用户 - 服务器程序。
6. 举例解释 Socket 的超时、中断和半关闭技术及应用。
7. 应用选择器编写多用户 - 服务器程序。

第 23 章　网 络 编 程

网络编程是互联网服务和电子商务的基础，是实现用户 - 服务器应用程序开发的底层编程技术。Java 提供了一系列 API 类进行网络编程，这些 API 类主要包括在 java.net、java.io 以及 java.nio 包中。本章首先介绍网络通信的基本概念和技术，然后讨论如何实现 Java 网络编程。如果你已经具备网络和网络通信的基础，可以跳过 23.1 节。

23.1　为什么高手必知网络编程

我们生活在网络时代。独立的计算机系统不可能使我们走向世界，在地球的任何地方进行信息交流。"秀才不出门，全知天下事。"网络通信和互联网的应用，不仅使我们全知天下事，而且能做天下事。

那么，联网的计算机系统如何实现网络通信呢？

23.1.1　必须遵循通信协议

通信协议 protocol 指定了联网计算机间的对话规则。TCP/IP（Transmission Control Protocol/Internet Protocol）是当前应用最广泛的计算机通信协议。从计算机的用户接口到网络接口，TCP/IP 可分为以下 4 个层次。

- 应用（HTTP/FTP）——Application。
- 交换（TCP/UDP）——Transport。
- 互联网——Internet。
- 网络接口——Network Interface。

图 23.1 演示了这 4 个通信层次。例如，在应用层次，用户可以通过网页浏览器，利用 HTTP（HypeText Transfer Protocol）或 FTP（File Transformation Protocol）发送通信请求 request。这个请求在第二个层次进一步细化为 TCP（Transmission Control Protocol）或 UDP（Uniform Data Protocol），并利用邮件格式（信封、收发地址、邮件内容），通过互联网，发送至网络接口，到达目的地的网络

服务器或接收端计算机。服务器对请求进行处理后，再以同样的方式，按 4 个层次，将回答信息传回给用户。

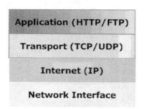

图 23.1　计算机通信协议的 4 个层次

23.1.2　URL 和 IP 地址是一回事吗

为了使用方便，通常我们在浏览器中输入便于记忆的 URL（Uniform Resource Locator）互联网地址，例如 http://google.com，进行网页的访问。实际上，在计算机通信协议中，URL 被转换成 IP（Internet Protocol）地址。IP 地址由 4 组 0 ~ 255 的整数组成，每组数字由点分隔。例如 URL 网页地址：

　　Java.sun.com

的 IP 地址为：

　　203.27.111.67

其中前 3 组数字代表网络，最后一组代表用户端计算机。

在操作系统中，可以输入如下指令，观察计算机的通信，或简称 IP 过程：

```
ipconfig
```

23.1.3　URL 和 URI

URL 使用以下语法格式：

```
protocol://hostname/resource
```

来表示互联网上的资源和数据。HTTP 是互联网最流行的通信协议。在数据传送层，标准的网络服务器使用系统预设的 TCP 和端口 80（见表 23.1）。当然，互联网还支持许多其他通信协议，例如 FTP（File Transfer Protocol）、NNTP（News Network Transfer Protocol）、SHTTP（Secured Hyperlink Text Transfer Protocol）等。java.net 包中提供 API 类 URL，来创建封装有 URL 信息的对象，并通过许多方法，对 URL 代表的网站进行链接以及对其资源和数据进行各种操作。例如：

```
import java.net.URL;
...
URL myURL = new URL("http://oracle.com/");        // 创建 URL 对象
URLConnection connect = myURL.Openconnection();   // 链接到指定的网站
...
```

后续章节将专门讨论 URL 编程实例。

URI（Uniform Resource Identifiers）提供各种方式，来识别互联网资源和数据。URL 则是 URI 的一种具体实例。URI 不仅应用 URL 方式来确定网页地址，还利用 URN（Uniform Resource Names）达到这些目的。URNs 可以使用地址独立资源名（Location-Independent name of a resource）来识别网页资源。例如：

　　mailto:ygao@ohlone.edu

JDK1.4 版本的 java.net 包提供 API 类 URI，来创建各种 URI 对象，并通过调用许多方法，达到 URI 和 URL 之间的操作，例如：

```
import java.net.URI;
...
URI yourURI = new URI(news:comp.lang.java);   // 创建 URI 对象
URL yourURL = yourURI.getURL();                // 得到其 URL 网址
String host = yourURI.getHost();               // 得到服务器名
int port = yourURI.getPort();                  // 得到端口
```

应用 URI 的主要目的是对互联网资源和数据的结构分析（Parsing）。有关 URI 的详细讨论超出本书范围，感兴趣的读者可参考有关介绍 URI 的书籍。

23.1.4 端口和通信号

端口（Port）指用户端计算机和服务器进行通信的双向逻辑通道，编号范围从 1～65535。其中，1～1023 为服务器保留端口；从 1024～65535 为应用端口。在利用通信号（Socket，一种具体的 TCP/IP 通信方式，见 23.2.1 节讨论）进行计算机间的通信时，所有数据都是通过端口这个通信通道传输的。例如，从图 23.2 可以看到，一个用户从端口编号为 15182 发出请求，通过 Socket 连接，到达 HTTP 端口，即编号为 80 的目的地服务器。

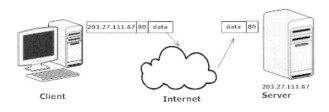

图 23.2　利用 Socket 进行计算机间通信示意

23.1.5 一张表看懂端口分配

保留端口按照通信协议的规定进行分配。表 23.1 列出了常用保留端口分配。从这个表中可以看到，FTP 使用端口 21，telnet 使用端口 23，电子邮件 SMTP 或 POP3 使用端口 25 以及 110，HTTP 和 HTTPS 分别使用端口 80 以及 443。

表 23.1　常用保留端口及分配 / 使用

名　　称	端　口	分配 / 使用
Echo	7	用于服务器间的测试。通过端口 7 发出的数据到达接收服务器后将自动返回到发送服务器
Daytime	13	用于返回对于日期和时间的请求
FTP	21	用于文件传送
telnet	23	从远程终端登录到服务器
SMTP	25	简单邮件转换通信协议。用于电子邮件的发送和接收
HTTP	80	互联网通信协议。用于 World Wide Web 的通信
POP3	110	电子邮件通信协议。用于电子邮件的发送和接收
NNTP	119	网络新闻通信协议（network news transfer protocol），也称为 Usenet。用于新闻网络的通信
HTTPS	443	安全 HTTP。在 SSL（Secure Socket Layer）的上部运行，保证 HTTP 数据传送的安全性

23.1.6 揭秘 HTTP

HTTP 采用用户请求（Client-request）和服务器回答（Server-response）方式，通过 TCP 连接，进行用户 – 服务器通信和数据交流。用户首先向服务器发送一个请求；服务器得到这个请求并对其进行处理，再将处理结果，例如 HTML 文件内容或者出错信息，作为服务器的回答，传送回这个用户，然后关闭这个 TCP 连接。这种连接方法又称作 Stateless Protocol，即服务器对每个用户的请求都进行独立的处理；在关闭连接后，并不保持用户信息。当前流行的 HTTP 支持单连接 – 多事务处理机制。

HTTP 通过 HTTP 通信协议执行请求 – 回答处理。在应用 URL 进行网络编程时，必须了解和遵循 HTTP 通信协议。这个协议主要包括用户请求和服务器回答部分。

典型用户请求协议，或称请求头文件（Request Header）的格式为：

```
Request Method Request URI Protocol Version
Required Header Fields
```

例如：

```
GET /people/ygao/URLConnectionTest.java HTTP1.1
User-Agent: Java.1.6.2
Host: www.ohlone.edu:80
Accept: text/html, image/gif, image/jpeg
```

其中：

- GET——请求方法 Requested Method。
- /people/ygao/URLConnectionTest.java——互联网资源文件 URI。
- User-Agent、Host 以及 Accept——头文件字段。

典型服务器回答协议，或称回答头文件（Response Header）的格式为：

```
Protocol Version Response Code
Date
Server Name
Connection Status
Content-type
```

例如，http://java.sun.com 服务器的回答头文件为：

```
HTTP/1.1 200 OK
Date: Tue, 08 Aug 2008 20:00:00 GMT
Server: Apache/1.X.X
Connection: close
Connect-type: text/HTML
```

其中：

- HTTP/1.1——协议版本 Protocol Version。
- 200 OK——回答代码。
- 其他回答头文件信息包括日期、服务器名、连接状态以及连接方式等。更详细的回答头文件中还包括公司名、请求文件的修改日期、所用语言以及文件长度等。

常用回答代码 Response Code 如下：

```
Success         200     OK
Redirection     301     Moved Permanently (请求文件已转移)
Client Error    400     Bad Request (不正确请求)
                404     Not Found (没有找到)
                406     Not Acceptable (不接受用户请求)
```

23.1.7　URL 和 URLConnection 编程实例

在 java.net 包中提供了两个主要 API 类 URL 和 URLConnection，利用 HTTP 通信协议进行网络编程。URL 用于创建 URL 对象并获得封装在这个对象中有关对象属性以及连接信息的基本操作。URLConnection 用于提取 URL 对象回答头文件信息、连接信息以及获得当前连接网页输入流对象，以便进行读入网页内容的操作。如果在网络程序设计和编程中需要得到更多 URL 对象所代表的 Web 信息和操作，则应使用 URLConnection。表 23.2 列出了这个包中的 URL 和 URLConnection 的构造方法和常用方法。

表 23.2　URL 和 URLConnection 的构造方法和常用方法

构造方法和常用方法	解　　释
URL(String spec)	按指定规范创建 URL 对象
URL(String protocol,String host, String file)	按指定通信协议、服务器以及文件名创建 URL 对象
URL(String protocol, String host, String port, String file)	按指定通信协议、服务器、端口以及文件名创建 URL 对象
boolean equals(Object obj)	如果与 obj 相等，返回真，否则返回假
String getAuthority()	返回当前 URL 对象的授权部分
Object getContent()	返回当前 URL 对象的内容
String getFile()	返回当前 URL 对象的文件名
String getHost()	返回当前 URL 对象的服务器名
String getPort()	返回当前 URL 对象的端口
String getProtocol()	返回当前 URL 对象的通信协议
URLConnection openConnection()	返回当前 URL 对象指定的 URL 连接对象
InputStream openStream()	连接 URL 并返回输入流对象
URI toURI()	返回与该 URL 相等的 URI 对象
URLConnection(URL url)	按指定 URL 创建 URL 连接
connect()	进行连接操作
int getContentLength()	返回当前对象网页内容字节长度
String getContentType()	返回当前对象网页内容类型
long getDate()	返回当前对象头文件中以毫秒表示的日期
String getHeaderField(int n)	返回指定回答头文件号（从 0 开始）代表的内容
long getLastModified()	返回当前对象网页内容以毫秒表示的最后修改日期
InputStream getInputStream()	返回当前的输入流对象

以下例子利用 URL、URLConnection 及其常用方法连接用户指定的服务器、检验和显示连接对象内容和属性信息，以及显示所连接服务器当前网页文件内容。下面显示了这个程序的运行结果：

```
Authority: baidu.com
Content: sun.net.www.protocol.http.HttpURLConnection$HttpInputStream@62043840
File: /
Host: baidu.com
Protocol: http
Date: Thu Jan 03 21:58:37 PST 2019
Content-Type: text/html
Last-Modified: Tue Jan 12 05:48:00 PST 2010
Content-Length: 81
Header: Tue, 12 Jan 2010 13:48:00 GMT
=== Content of the Web Page===
<html>
<meta http-equiv="refresh" content="0;url=http://www.baidu.com/">
</html>
```

从程序运行结果可以看到,由于百度网站当前文件处于不可提取状态,http.getFile() 返回 null。另外,connect.getDate() 以及 connect.getLastModified() 以毫秒方式返回日期,代码中利用 java.util 包中的 API 类 Date,创建日期对象,并将毫秒作为构造方法的参数,以便产生格式化的日期。这个程序的代码如下:

```java
// 完整程序在本书配套资源目录 Ch23 中,名为 URLConnectionTest.java
import java.net.*;
import java.io.*;
import java.util.Date;
class URLConnectionTest {
    public static void main(String args[]) throws Exception {
        URL http = new URL("http://baidu.com/");      // 创建连接百度网站的 URL 对象
        System.out.println("Authority: " + http.getAuthority());  // 显示授权
        System.out.println("Content: " + http.getContent());      // 显示 URL 对象信息
        System.out.println("File: " + http.getFile());            // 显示文件名
        System.out.println("Host: " + http.getHost());            // 显示服务器名
        System.out.println("Protocol: " + http.getProtocol());    // 通信协议
        URLConnection connect = http.openConnection();            // 连接网站
        System.out.println("Date: " + new Date(connect.getDate()));
                                                                  // 显示时间
        System.out.println("Content-Type: " + connect.getContentType());
                                                                  // 显示连接类型
        System.out.println("Last-Modified: " +                    // 显示最后更改网站日期
            new Date(connect.getLastModified()));
        long length = connect.getContentLength();                 // 得到当前网页字节长度
        System.out.println("Content-Length: " + length);          // 显示这个长度
        System.out.println("Header: " + connect.getHeaderField(3));
                                                                  // 显示第 4 个头文件内容
        if (length > 0) {
            System.out.println("=== Content of the Web Page===");
            BufferedReader input = new BufferedReader(            // 创建缓冲输入读入网页内容
                new InputStreamReader(connect.getInputStream()));
            String line;
            while ((line = input.readLine()) != null)             // 读入一行直到结束
                System.out.println(line);                         // 显示读入内容
            input.close();                                        // 关闭
        } else {
            System.out.println("No Content Available");           // 否则显示内容不可读入
        }
    }
}
```

23.2 一步步教会你网络编程

本节讨论基本 Java 网络编程技术。首先,我们将在 Java 程序中利用 Socket 与服务器进行通信,请求、获取并显示服务器发回的数据。还将进一步讨论 HTTP 通信协议和技术,学习 Java 在 URL 编程方面的应用实例。

23.2.1 细谈 Socket

Socket 即 IP 地址 + 端口号,也称套接字,是利用软件技术虚拟通信设备,通过端口进行计算机间的通信。它形象化地描述这个通信过程,如同把设备(用户端计算机)插入指定插座(服务器)一样容易。虽然 Socket 属于底层通信技术,但通过 Java 提供的 API 类,可实现不必了解底层通信详情,通过创建对象和调用适当的方法,进行用户—服务器应用程序开发和编程。Socket 技术也是用户—服务器编程的基础，JSP（Java Server Pages）、RMI、Java EE 以及其他 Java 网络编程技术，都基于 Socket 概念和技术。

23.2.2　Stream Sockets 和 Datagram Sockets

Java 提供两种 Socket 技术——数据流 Sockets（Stream Sockets）以及数报式 Sockets（Datagram Sockets）。在这一章的下面章节中，我们将首先介绍 Stream Sockets 编程，然后讨论 Datagram Sockets 技术及应用。

Stream Sockets 利用数据流和文件 I/O 技术，将计算机间的数据通信视作对文件输入、输出流操作一样，进行用户和服务器之间的数据交流。数据流 Socket 技术由 java.net 包中提供的 API 类 Socket 和 ServerSocket 来实现。Stream Sockets 利用 TCP 通信协议进行数据的传送。

Datagram Sockets 模拟现实生活中邮件传递概念和技术，实现计算机间数据的传送。即它将所传送的信息，包装成为一系列标有收发地址和序号的邮件，传送到目的地的接收软件。但在传送过程中，并不保证邮件序号的次序。邮件在到达接收方后，自动按序号绑定，成为可读信息。数报式 Socket 由 java.net 包中的 API 类 DatagramSocket 和 DatagramPacket 提供。它利用 UDP 通信协议进行数据的传送。23.2.6 节将专门讨论 Datagram 编程。

23.2.3　用户-服务器编程步骤

如前所述，Socket-ServerSocket 是 Stream Sockets 通信技术的具体应用；它体现了用户-服务器之间的网络编程，在电子商务和网页服务中得到广泛应用。

下面以 Socket-ServerSocket 进行网络编程为例，讨论用户-服务器编程的具体步骤。

（1）设计、编写用户端程序。首先利用 Socket 编写用户端程序。创建 Socket 对象并且请求连接指定的服务器，调用 Socket 的方法，利用数据流技术发送对服务器的请求信息并提取服务器传送回来的数据。

（2）设计、编写服务器端对应的服务程序。利用 ServerSocket 创建对象，调用其方法，利用数据流技术接受用户端的连接请求，得到用户端的请求信息，并发送所请求的数据。

> 更多信息：以上步骤可以应用到本书所讨论的其他网络编程中。

23.2.4　一个代码实例教会你用户-服务器编程

首先解释常用的利用 Socket 以及 ServerSocket 进行用户-服务器编程的 API 类。表 23.3 列出了 java.net 包中提供的 Socket 和 ServerSocket 的构造方法和常用方法。

表 23.3　Socket 和 ServerSocket 的构造方法和常用方法

构造方法和常用方法	解　　释
Socket(String address, int port)	按指定服务器名和端口创建 Socket 对象
close()	关闭 Socket 连接
InetAddress getInetAddress()	返回当前 Socket 所连接的 IP 地址
InputStream getInputStream()	返回当前 Socket 的输入流数据
OutputStream getOutputStream()	返回当前 Socket 的输出流数据
int getPort()	返回当前 Socket 的连接端口
setSoTimeout(int timeout)	按指定毫秒设置 Socket 超时时间
ServerSocket(int port)	按指定端口创建服务器 Socket 对象
Socket accept()	监控用户端连接并接受对这个 Socket 的连接
close()	关闭服务器 Socket 连接
setSoTimeout(int timeout)	按指定毫秒设置服务器 Socket 超时时间

> **注意** Socket 和 ServerSocket 抛出检查性异常，程序中必须提供处理这些异常的代码。具体实例见下面的讨论。

下面的例子利用 Socket 和 ServerSocket 模拟用户-服务器通信，将用户的英文输入发送到服务器端程序，转换为大写字母，并将结果传回到用户屏幕。以下显示了这个例子的一个典型运行结果。第一行显示了服务器端程序运行，连接用户成功。下方为用户端程序运行、输入请求，得到回答以及停止程序运行的对话通信过程：

```
Server: Welcome! The server is running....
Server: Type quit to STOP
Client: java programming
Server: JAVA PROGRAMMING
Client: socket and sockectServer client-server programming
Server: SOCKET AND SOCKETSERVER CLIENT-SERVER PROGRAMMING
Client: quit
Server: Bye!

Client: Now is disconnected...
```

以下是用户端的程序代码：

```java
//完整程序在本书配套资源目录 Ch23 中，名为 SocketClientTest.java
//Socket simple client application: connect to server to convert entries to upper case
import java.io.*;
import java.net.*;
import java.util.*;
public class SocketClientTest {
    public static void main(String[] args) {
        try {
            Socket clientSocket = new Socket("localhost", 1688);
                                                            // 本地计算机模拟；使用端口 1688
            InputStream inData = clientSocket.getInputStream();
                                                            // 得到服务器输入流
            OutputStream outData = clientSocket.getOutputStream();
                                                            // 建立输出流至服务器
            PrintWriter toServer = new PrintWriter(outData, true);
                                                            // 发送输出流
            Scanner sc = new Scanner(System.in);            // 键盘输入扫描
            Scanner data = new Scanner(inData);             // 服务器输入扫描
            String heding = data.nextLine();                // 得到服务器第一行输入信息
            System.out.println(heading);                    // 打印这行信息
            while (sc.hasNextLine()) {                      // 键盘输入循环
                String line = sc.nextLine();                // 得到键盘输入
                toServer.println(line);                     // 传送到服务器
                String fromServer = data.nextLine();        //得到服务器回答
                System.out.println(fromServer);             // 打印
                if (fromServer.equals("Bye!")) {            // 如果传回结果为停止运行
                    System.out.println("Now is disconnected...");
                    break;
                }
            }
            clientSocket.close();
        }
        catch (IOException e) {                             // 处理检查性异常
```

```
            e.printStackTrace();
        }
    }
}
```

这个用户端程序利用 localhost 和端口 1688（可以是 1024 ~ 65535 之间的任何一个端口），进行用户-服务器之间的数据交流。在把用户从键盘输入的数据传送给服务器时，使用 PrintWriter 创建一个封装有 Socket 输出流至服务器的对象 outData，并利用 true 作为选项，实现对输入流缓冲器的实时刷新。程序中还利用 Scanner 创建了封装有服务器端输入流 inData 的对象 data，用来扫描从服务器传送过来的数据，并将其显示到屏幕上。

如同文件 I/O，Socket 抛出的异常为检查性异常。如果连接失败，Socket 将抛出 UnknownHostException 以及 IOException 异常；其他 Socket 方法将抛出 IOException 异常。因为 UnknownHostException 异常是 IOException 异常的子类，代码中利用 IOException 异常来捕获所有的异常。

创建 Socket 对象将执行与指定服务器通过规定端口连接操作。这时，其他代码将暂停运行，直到连接完毕，或抛出连接异常。为了防止无终止等待，或控制等待时间，可以在代码中创建了 clientSocket 后，利用 setSoTimeOut() 方法，加入以下控制用户与服务器通信时间的语句：

```
clientSocket.setSoTimeout(1000);          // 设置连接时间为1秒
```

关于 Socket 超时控制，将在本章以后小节专门讨论。

以下程序为服务器端代码：

```
// 完整程序在本书配套资源目录 Ch23 中，名为 SocketServerTest.java
//Socket simple server application: convert client's entries to upper case
//SocketServer code
import java.io.*;
import java.net.*;
import java.util.*;
public class SocketServerTest {
    public static void main(String[] args) {
        System.out.println("Welcome! The server is running...");
        try {
            ServerSocket server = new ServerSocket(1688); // 监控端口为1688
            Socket fromClient = server.accept();          // 接受用户的连接请求
            InputStream inData = fromClient.getInputStream();
                                                          // 得到用户输入流
            OutputStream outData = fromClient.getOutputStream();
                                                          // 得到用户输出流
            PrintWriter toClient = new PrintWriter(outData, true);
                                                          // 创建输出流
            toClient.println("Type quit to STOP");        // 发送信息到用户
            Scanner data = new Scanner(inData);           // 用户输入扫描
            while (data.hasNextLine()) {
                String line = data.nextLine();            // 得到用户输入数据
                if (line.equalsIgnoreCase("quit")) {      // 如果是停止运行
                    server.close();                       // 关闭连接
                    toClient.println("Bye!");             // 发送信息
                    break;
                }
                toClient.println(line.toUpperCase());
                                                          // 否则发送转换为大写字母信息
            }
        }
```

```
            catch (IOException e) {
                e.printStackTrace();
            }
        }
    }
}
```

服务器端程序首先利用 ServerSocket 创建有指定监控端口的对象，并调用 accept() 方法来接受任何从这个端口试图连接服务器的请求。代码其他部分与用户端程序相似，这里不再一一赘述。如果用户传送来的信息为 quit，程序将关闭连接，停止运行。程序中调用 String 的 toUpperCase() 方法，把用户传送过来的信息，转换成大写字母，并将其传回至用户端。

> **注意** 测试时，首先运行服务器端程序，再运行用户端代码。

23.2.5 单用户 - 服务器程序测试运行步骤

建议你先在本地计算机模拟运行上节讨论的单用户 - 服务器程序，连接并调试程序的运行。步骤如下。

（1）在 Eclipse 中首先运行服务器端程序，如 SocketServerTest。
（2）在 Eclipse 中运行用户端程序，如 SocketClientTest。
（3）为更好地模拟运行，可将用户端程序复制（注意不包括包名 ch23）到一个本机文件夹中，如 C:\Temp。打开一个操作系统窗口，输入以下编译指令：

```
javac SocketClientTest.java
```

再输入以下运行指令：

```
java SocketClientTest
```

以上步骤适合于本书所讨论的所有单用户 - 服务器程序测试。

你可以在本地计算机运行成功后，在用户端代码中将 localhost（或 127.0.0.1）改为作为服务器的计算机 IP 地址，例如 192.168.15.101，这样，就可在任何两个有网络连接的计算机上运行服务器端程序以及用户端程序。计算机的 IP 地址可用前面介绍过的指令 ipconfig 在操作系统窗口中获得。注意：由于网络安全、联网设置和访问规范问题，需要对联网的计算机进行设置上的调整和更新。这方面的内容超出本书的讨论范围，读者朋友可参考有关规定和查询有关网络专家。

以下是在有网络连接的计算机上测试的方法。运行步骤如下。
（1）在作为服务器的计算机的操作系统窗口中输入：

```
ipconfig
```

指令，获得其 IP 地址，如 192.168.15.101。
（2）将用户端代码中的 localhost 修改为作为服务器端计算机的 IP 地址。
（3）运行服务器端程序。
（4）在联网的另外一个计算机上运行用户端程序。

23.2.6 手把手教你 DatagramSocket 用户 - 服务器编程

数据报 Datagram，或称数报式数据传输技术，利用 UDP 通信协议，进行用户 - 服务器间的数据传递。由于 JVM 将自动处理 UDP 底层通信细节，编程人员不必顾及其通信协议和过程，只需利用 java.net 包中提供的 API 类 DatagramSocket 和 DatagramPacket 进行程序设计，调用适当的方法，实现用户 - 服务器编程。其中 DatagramSocket 用来创建端口间的通信，而 DatagramPacket

用来获取通过网络地址和端口以邮包方式（Packet）发送来的信息。表 23.4 列出了 java.net 包中 DatagramSocket 和 DatagramPacket 的构造方法以及常用方法。

表 23.4　DatagramSocket 和 DatagramPacket 类的构造方法以及常用方法

构造方法和常用方法	解　释
DatagramSocket(int port,InetAddress address)	按指定端口和互联网地址创建对象
close()	关闭 Socket 连接
connect(InetAddress address, int port)	按指定互联网地址和 Socket 连接
disconnect()	断开当前的连接
InetAddress getInetAddress()	返回当前数报式 Socket 的互联网地址
InetAddress getLocalAddress()	返回当前数报式 Socket 的本机地址
int getPort()	返回当前数报式 Socket 的连接端口
int getLocalPort()	返回当前数报式 Socket 的本机连接端口
receive(DatagramPacket packet)	接收当前数报式 Socket 的邮件
send(DatagramPacket packet)	发送当前数报式 Socket 的邮件
DatagramPacket(byte[] buf, int length)	按指定缓冲数组和长度创建获取邮包的对象
InetAddress getAddress()	返回当前进行邮包传送的互联网地址
Byte[] getData()	返回当前发送或接收数据缓冲数组
int getLength()	返回当前发送或接收数据的长度
int getPort()	返回当前发送或接收数据的端口

注意　DatagramSocket 和 DatagramPacket 抛出检查性异常，程序中必须提供处理这些异常的代码。具体实例见下面的讨论。

下面的例子利用 DatagramSocket 和 DatagramPacket，模拟用户 - 服务器通信，将用户的英文输入，通过邮包发送到服务器端程序，转换为大写字母，并将结果传回到用户屏幕。其功能类似于在 23.2.4 节利用 Socket 和 ServerSocket 的用户 - 服务器程序，但增加了统计并返回邮包长度的操作。运行结果和利用 Socket 和 SocketServer 相同。用来统计邮包长度的输出信息如下：

```
java programming
JAVA PROGRAMMING
(Converting from server and packet length: 16)
this is an example of using datagramSocket for client-server computing
THIS IS AN EXAMPLE OF USING DATAGRAMSOCKET FOR CLIENT-SERVER COMPUTING

(Converting from server and packet length: 70)

quit
```

以下是利用 Datagram 编写的服务器端程序的代码：

```
// 完整程序在本书配套资源目录 Ch23 中，名为 DatagramServerTest.java
import java.io.*;
import java.net.*;
public class DatagramServerTest {
    public static void main(String[] args) {
        System.out.println("Welcome! The server is running...");
        String line = "Datagram packet from server: I love Java
            programming.\n";
        String promptString = line.toUpperCase() + "Enter quit to STOP";
```

```java
        try {
            DatagramSocket socket = new DatagramSocket(1688);
                                                        // 创建指定端口的 Datagram
            DatagramPacket receivePacket;               // 声明接收邮包
            byte[] buf = new byte[256];                 // 缓冲器
            receivePacket = new DatagramPacket(buf, buf.length);
                                                        // 创建接收邮包
            socket.receive(receivePacket);              // 接收邮包
            buf = promptString.getBytes();              // 内容至缓冲
            InetAddress address = receivePacket.getAddress();   // 得到接收地址
            int port = receivePacket.getPort();         // 得到接收端口
            sending(socket, buf, buf.length, address, port);
                                                        // 调用发送邮包方法
            while (true) {
                buf = new byte[256];                    // 清除缓冲
                receivePacket = new DatagramPacket(buf, buf.length);
                                                        // 创建新邮包
                socket.receive(receivePacket);          // 接收
                String receive = new String(receivePacket.getData());
                                                        // 得到邮包内容
                buf = receive.toUpperCase().getBytes();
                                                        // 内容转成大写并送往缓冲
                sending(socket, buf, buf.length, address, port);    // 发送
                buf = new byte[256];                    // 清除缓冲
                String wordCount = "(Converting from server and packet
                    length: " + receive.trim().length() + ")";
                receivePacket = new DatagramPacket(buf, buf.length);
                                                        // 创建新邮包
                socket.receive(receivePacket);          // 接收
                buf = wordCount.getBytes();             // 发件内容并送往缓冲
                sending(socket, buf, buf.length, address, port); // 调用发送方法
            }
        }
        catch (IOException e) {
            e.printStackTrace();
        }
    }
    // 发送邮件方法
    public static void sending(DatagramSocket socket, byte[] buf, int length,
        InetAddress address, int port)          {
            DatagramPacket sendPacket = new DatagramPacket(buf, length,
                address, port);
            try {
                socket.send(sendPacket);                // 发送
            }catch (IOException e) {
                e.printStackTrace();
            }
        }
}
```

代码中首先接收用户端发送过来的一个空邮包，并利用这个邮包发送慰问和提示信息到用户。在循环中，接收用户发来的邮包内容，并将其转换成大写字母、统计字符串即邮包长度，调用自定义静态方法 sending() 将结果邮包发还给发来的用户。代码中在重新利用缓冲器发送新内容时，利用重新定义缓冲器来清除其原有内容。

以下为利用 Datagram 编写的用户端程序：

```
// 完整程序在本书配套资源目录 Ch23 中，名为 DatagramClientTest.java
```

```java
import java.io.*;
import java.net.*;
import java.util.*;
public class DatagramClientTest {
    public static void main(String[] args) {
        try {
            DatagramSocket socket = new DatagramSocket();
                                                            // 创建 DatagramSocket
            byte[] buf = new byte[256];                     // 创建缓冲
            InetAddress address = InetAddress.getByName("127.0.0.1");
                                                            // 利用本地计算机
            sending(socket, buf, buf.length, address, 1688);
                                                            // 通过端口 1688 发送空邮包
            String received = receiving(socket, buf, buf.length);
                                                            // 接收服务器邮包
            System.out.println(received);                   // 打印内容，即慰问和提示
            Scanner sc = new Scanner(System.in);            // 创建键盘输入扫描
            while (sc.hasNextLine()) {                      // 如果有键盘输入，则继续
                String line = sc.nextLine();                // 得到输入内容
                if (!line.trim().equals("quit")) {          // 如果不是停止
                    buf = new byte[256];                    // 清除缓冲
                    buf = line.getBytes();                  // 将输入内容装入缓冲
                    sending(socket, buf, buf.length, address, 1688);
                                                            // 调用发送方法
                    received = receiving(socket, buf, buf.length);
                                                            // 接收服务器发来的邮包
                    System.out.println(received);           // 打印
                    buf = new byte[256];                    // 清除缓冲
                    sending(socket, buf, buf.length, address, 1688);
                                                            // 发送空邮包
                    received = receiving(socket, buf, buf.length);
                                                            // 接收邮件长度信息
                    System.out.println(received);           // 打印这个信息
                }
                else break;                                 // 中断循环
            }
            socket.close();                                 // 关闭
            sc.close();
        }
        catch (IOException e) {
            e.printStackTrace();
        }
    }
    // 自定义静态方法发送邮包至服务器
    public static void sending(DatagramSocket socket, byte[] buf, int length,
        InetAddress address, int port)  {
        DatagramPacket sendPacket = new DatagramPacket(buf, length, address,
            port);
        try {
            socket.send(sendPacket);                        // 调用发送
        }catch (IOException e) {
            e.printStackTrace();
        }
    }
    // 自定义静态方法接收从服务器发来的邮包
    public static String receiving(DatagramSocket socket, byte[] buf, int
        length) {
```

```
        DatagramPacket receivePacket = new DatagramPacket(buf, length);
        String received = null;
        try {
            socket.receive(receivePacket);                    // 调用接收
            received = new String(receivePacket.getData(), 0, receivePacket.
                getLength());                                 // 得到信息
        } catch (IOException e) {
            e.printStackTrace();
        }
        return received;
    }
}
```

可以看到，用户和服务器通过邮包进行通信和数据传递。当用户需要得到服务器发送过来的信息时，首先发送一个空邮包给服务器，然后服务器利用这个邮包，将数据发还给用户。如果用户需要将发给服务器的信息转换为大写字母时，也首先将这个信息通过邮包发给服务器，经过处理后，服务器利用这个邮包将新内容发还给用户。

如何利用 Datagram 进行用户 - 服务器程序运行详细步骤请查询 23.2.5 节的举例。

23.3 炼成网络编程高手从这里起步

以上讨论的用户 - 服务器程序只是单用户模拟。在实际应用中往往需要多用户 - 服务器编程。例如电子商务以及网页服务等。本节将应用 Socket、DatagramSocket 以及数据库在网络编程中的应用，介绍多用户 - 服务器编程技术。

23.3.1 手把手教你 Socket 多用户 - 服务器编程

多用户 - 服务器编程指多个用户程序可以同时运行，更准确地说是并行运行，对监控这些用户的服务器程序产生请求；服务器程序依次对每个用户的请求进行处理，并返回所要求的数据，作为回答。在大规模用户 - 服务器应用中，往往需要多个服务器程序，实现对更多用户的请求服务。利用 Java 的线程技术加上网络编程技术，是实现多用户 - 服务器编程的最常见模式。而利用 Socket 技术则是进行多用户 - 服务器编程的基础。

下面的例子是对 23.2.4 节中利用 Socket 模拟用户 - 服务器应用程序的改进。程序中加入了线程的应用，每当一个用户试图对服务器发出连接请求时，服务器端程序将接受这个请求，并对该用户创建一个线程对象，调用 start() 方法，准备好对这个用户的运行。在覆盖的 run() 方法中，利用 readLine() 方法读入这个用户的请求，即输入的英文信息，将其转换为大写字母，最后将这个结果作为回答，输出到请求的用户。在这个例子中，由于每个用户发出的请求都是对英文字母的转换，程序的 run() 方法可以被所有用户线程共享。用户端程序代码与原例相同，无须进行修改。

以下显示了服务端程序在 Eclipse 中的典型运行结果。图 23.3 显示了 3 个本机用户连接服务器并发出请求的典型运行截图。

```
Welcome! The multiple-client server is running...
Connected to the client: Thread-0
The client address: /127.0.0.1
Connected to the client: Thread-1
The client address: /127.0.0.1
Connected to the client: Thread-2
The client address: /127.0.0.1
Client: Thread-1 closed
Client: Thread-2 closed
Client: Thread-0 closed
```

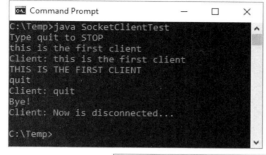

图 23.3 Socket 多用户 – 服务器应用程序典型运行结果

程序中处理多用户请求连接部分的代码如下:

```
// 完整程序在本书配套资源目录 Ch23 中,名为 MultiClientSocketServer.java
public class MultiClientSocketServer {
    public static void main(String[] args) {
        try {
            System.out.println("Welcome! The multiple-client server is
                running...");
            ServerSocket server = new ServerSocket(1688);
            while (true) {                                  // 循环监控用户连接请求
                Socket fromClient = server.accept();   // 接受连接请求
                ClientThread clientThread = new ClientThread(fromClient);
                                                       // 创建用户线程
                clientThread.start();                  // 进入准备执行状态
            }
        }
        catch (IOException e) {
            e.printStackTrace();
        }
    }
}
```

这个例子中的 ClientThread 类继承 Thread,并覆盖 run() 方法,用来读入用户线程获得的信息,将其转换为大写字母,并将结果输出到该用户线程。具体代码如下:

```
class ClientThread extends Thread {
    Socket client;
    InputStream inData;
    OutputStream outData;
    PrintWriter toClient;
    Scanner data;
    public ClientThread(Socket fromClient) {            // 构造方法
        try {
            client = fromClient;                        // 得到用户线程对象
```

```java
                    inData = fromClient.getInputStream();        // 得到用户线程输入流对象
                    outData = fromClient.getOutputStream();      // 得到用户线程输出流对象
                    toClient = new PrintWriter(outData, true);
                                                                 // 建立对该用户线程实时刷新缓冲式写入
                    toClient.println("Type quit to STOP");       // 对用户线程提供提示信息
            }
            catch (IOException e) {
                e.printStackTrace();
            }
        }
        public void run() {                                      // 覆盖各用户线程共享的 run() 方法
            data = new Scanner(inData);
            System.out.println("Connected to the client: " + this.getName());
                                                                 // 显示用户线程名
            System.out.println("The client address: " + client.getInetAddress());
                                                                 // 显示用户地址
            while (data.hasNextLine()) {
                String line = data.nextLine();                   // 得到用户请求信息
                if (line.equalsIgnoreCase("quit")) {             // 如果是停止
                    toClient.println("Bye!");                    // 用户输出结束信息
                    try {
                        client.close();                          // 关闭
                        inData.close();
                        outData.close();
                        System.out.println("Clinet: " + this.getName() +
                            " closed");                          // 显示关闭信息
                        break;
                    }
                    catch (IOException e) {
                        e.printStackTrace();
                    }
                }
                toClient.println(line.toUpperCase());            // 转换为大写并输出到用户
            }
        }
    }
```

23.3.2 多用户-服务器程序测试运行步骤

和单用户-服务器程序运行一样，建议首先在本地计算机上模拟运行多用户-服务器程序。步骤如下。

（1）在 Eclipse 中首先运行服务器端程序 MultiClientSocketServer。

（2）将用户端程序 SocketClientTest.java 代码（不包括包名 ch23）复制到另外一个文件夹，如 C:\Temp，利用：

```
javac SocketClientTest.java
```

对源代码进行编译。然后再分别打开多个操作系统窗口，在每个窗口中利用指令：

```
java SocketClientTest
```

运行这些用户端程序，模拟多用户-服务器应用。如同用户端程序的运行步骤，服务端程序也可在一个操作系统窗口中输入指令运行。

也可以在多个联网的计算机间选择一个作为服务器的计算机，通过 ipconfig 指令得到其 IP 地址，并将 SocketClientTest 中的 localhost 替换为这个 IP 地址，选择多个联网计算机作为用户端，则可实现远程多用户-服务器模拟。但注意由于网络安全、联网设置和访问规范问题，需要对联网的计算机进行设置上的调整和更新。这方面的内容超出本书的讨论范围，你可参考有关规定和查询有关网络专家。

23.3.3 手把手教你 Datagram 多用户-服务器编程

我们在前面的小节讨论了利用 Datagram 进行单用户-服务器编程。如同利用 Socket 和 ServerSocket 实现多用户-服务器编程外，你完全可用 DatagramSocket、DatagramPacket 以及线程技术，实现多用户-服务器编程。本节将这些网络编程技术扩充到模拟服务器处理多用户请求，并举例实现对每个用户分配电话号码的请求。图 23.4 显示了运行后有三个用户得到服务器分配的电话号码的典型运行结果。

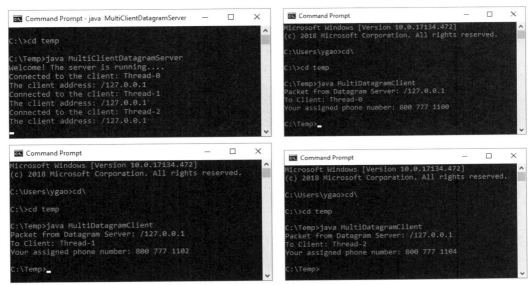

图 23.4 Datagram 多用户-服务器应用程序典型运行结果

这个实例中应用的 DatagramSocket 以及 DatagramPacker 的构造方法和其他方法可在表 23.4 中查询。

以下为利用 Datagram 编写的服务器端代码：

```java
// 完整程序在本书配套资源目录 Ch23 中，名为 MultiClientDatagramServer.java
import java.io.*;
import java.net.*;
import java.util.*;
public class MultiClientDatagramServer {
    public static void main(String[] args) throws IOException {
        DatagramSocket socket = new DatagramSocket(1688);
                                                    // 创建指定端口的 DatagramSocket
        DatagramPacket receivePacket;               // 声明
        System.out.println("Welcome! The server is running...");
        while(true) {
            byte[] buf = new byte[256];
            receivePacket = new DatagramPacket(buf, buf.length);
                                                    // 创建接收邮包
            socket.receive(receivePacket);          // 接收发来的邮包
            ClientThread clientThread = new ClientThread(socket,
                receivePacket, buf);                // 创建线程
            clientThread.start();                   // 准备执行
        }
```

```java
    }
}
class ClientThread extends Thread {
    DatagramSocket socket;                                      // 声明
    DatagramPacket receivePacket, sendPacket;
    byte[] buf = null;
    protected static int number = 1100;                         // 电话最后4位初始化
    public ClientThread(DatagramSocket socket, DatagramPacket receivePacket,
        byte[] buf) {                                           // 构造方法
        this.socket = socket;
        this.receivePacket = receivePacket;
        this.buf = buf;
        System.out.println("Connected to the client: " + this.getName());
    }
    public void run() {                                         // 覆盖run()方法
        InetAddress address = receivePacket.getAddress();
        int port = receivePacket.getPort();                     // 得到用户请求电话号码邮包
        String message = "Packet from Datagram Server: " + address + "\nTo
            Client: " + this.getName() + "\n"+ "Your assigned phone number: ";
        buf = (message + phoneNum()).getBytes();                // 得到电话号码并装入缓冲
        sending(socket, buf, buf.length, address, port);        // 发送给用户
        System.out.println("The client address: " + address);   // 打印信息
    }
    // 自定义发送邮包方法
    private void sending(DatagramSocket socket, byte[] buf, int length,
        InetAddress address, int port) {
        DatagramPacket sendPacket = new DatagramPacket(buf, length, address,
            port);
        try {
            socket.send(sendPacket);
        }catch (IOException e) {
            e.printStackTrace();
        }
    }
    // 自定义产生电话号码方法
    private String phoneNum() {
        String areaCode = "800 ";
        String prefix = "777 ";
        String phone = areaCode + prefix + number;
        number += 2;
        return phone;
    }
}
```

可以看到,当用户端程序向这个服务器发送邮包后,则创建处理这个用户邮包的线程,并准备好执行。在main()方法中有意利用throws IOException将可能出现的异常抛给JVM来处理。产生新电话号码的方法只是一个简单的演示程序。你可以对其修改,使之更加完善和实用。

以下是这个例子的用户端代码:

```java
// 完整程序在本书配套资源目录Ch23中,名为MultiDatagramClient.java
import java.io.*;
import java.net.*;
import java.util.*;
public class MultiDatagramClient {
    public static void main(String[] args) {
        try {                                                   // 创建DatagramSocket对象
```

```java
            DatagramSocket socket = new DatagramSocket();
            byte[] buf = new byte[256];                  // 创建缓冲方法
            InetAddress address = InetAddress.getByName("127.0.0.1");
                                                         // 本地计算机作为服务器
            sending(socket, buf, buf.length, address, 1688);
                                                         // 通过端口 1688 发送空邮包
            String received = receiving(socket, buf, buf.length);
                                                         // 得到服务器发来的邮包
            System.out.println(received);                // 打印邮包内容
            socket.close();                              // 关闭 Datagram 插座通信
        }
        catch (IOException e) {
            e.printStackTrace();
        }
    }
    // 自定义方法发送 Datagram 邮包
    public static void sending(DatagramSocket socket, byte[] buf, int length,
        InetAddress address, int port) {
        DatagramPacket sendPacket = new DatagramPacket(buf, length, address,
            port);
        try {
            socket.send(sendPacket);                     // 调用发送方法
        }catch (IOException e) {
            e.printStackTrace();
        }
    }
    // 自定义方法接收 Datagram 邮包
    public static String receiving(DatagramSocket socket, byte[] buf, int
        length) {
        DatagramPacket receivePacket = new DatagramPacket(buf, length);
        String received = null;
        try {
            socket.receive(receivePacket);               // 调用接收方法
            received = new String(receivePacket.getData(), 0, receivePacket.
                getLength());                            // 得到内容
        } catch (IOException e) {
            e.printStackTrace();
        }
        return received;                                 // 返回这个内容
    }
}
```

可以看到，用户首先向服务器发送一个请求空邮包，并得到服务器分配的新电话号码。最后打印这个信息，结束程序的运行。

可在本地计算机上模拟运行这个例子。与上面介绍的应用 Socket 和 ServerSocket 多用户 - 服务器程序的测试运行一样，即在操作系统窗口中首先运行服务器端程序 MultiClientDatagramServer（也可在 Eclipse 中运行服务端程序），然后再分别打开多个操作系统窗口，在每个窗口中运行 MultiDatagramClientTest，模拟多用户 - 服务器应用。其他运行方式，如利用远程计算机联网运行，与上一小节讨论的有关 MultiClientSocketServer 和 SocketClientTest 的步骤相同，可参考其注意事项。

23.3.4 多用户 - 服务器数据库编程

网络编程经常涉及数据库访问，电子商务更离不开数据库。例如用户请求股票报价、产品价格查询、网上交易等，服务器则需要连接对应的数据库，发送查询指令，得到数据库记录，经过处理后,发送给提出这个请求的用户。在实际应用中,数据库经常由专门管理数据库的服务器运行。由于用户端程序通过服务器端程序,而不直接访问数据库服务器,我们称这种服务器为后台服务器(Back-end server)。而运行服务器端程序的服务器常常需要与更多的后台服务器,如文件服务器、网页服务器等进行通信,构成多层次 - 多用户 - 服务器系统程序设计(Multi-tier client-server programming)。这个程序设计和编写可利用本书讨论的 Java 的各种网络编程技术,如 Socket、Datagram、SocketChannel(23.4 节中讨论)以及超出本书范围的 RMI(Remote Method Invocation)、Servlets、JSP(Java Server Pages)或 Java EE、EJB(Enterprise Java Beans)等完成。

下面利用一个实战项目一步步详细讨论多用户 - 服务器数据库编程以及模拟运行测试。

实战项目:开发多用户 - 服务器产品销售数据库管理应用

项目分析:

这个实战项目是多层次 - 用户 - 服务器程序开发的实例。具体讲,是一个利用 Socket 技术实现多用户 - 服务器 - 数据库编程的典型例子。为了增强程序的可读性和实用性,在用户端代码中应用 GUI 组件,如窗口、选项框、单选按钮、文本框以及按钮来实现对服务器发出对数据库指定记录的提取和显示指令。用户可以对 MySQL 数据库 ProductDB 中的两个不同数据表 Products 以及 Books 的记录,按照单选按钮组中的不同价格选项,进行查询访问。以下是在 Eclipse 中运行服务器程序 MultiTierSocketServer 并显示服务器正在运行信息:

```
Welcome! The multiple-tier client-server is running...
Database connection is succeeded...
dbURL:jdbc:mysql://localhost:3306/ProductDB
Connection: com.mysql.cj.jdbc.ConnectionImpl@24313fcc
The client address: /127.0.0.1
Database connection is succeeded...
dbURL:jdbc:mysql://localhost:3306/ProductDB
Connection: com.mysql.cj.jdbc.ConnectionImpl@77f1baf5
The client address: /127.0.0.1
```

图 23.5 显示了这个例子通过两个本地计算机模拟运行的典型运行结果。

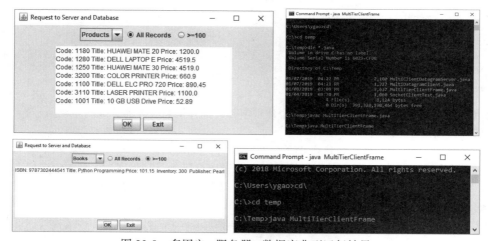

图 23.5 多用户 - 服务器 - 数据库典型运行结果

图 23.5 上方分别是两个远程用户的 IP 地址以及运行用户端程序、连接服务器并得到数据库记录的截图。图 23.5 下方显示了服务器端程序运行时,显示用户 IP 地址、连接数据库以及处理这两个远程用户的过程。为了模拟运行这个例子的方便,建议先在本机运行两个用户端程序,所以以下

代码中仍以本机连接为例。

类的设计和分析：

（1）服务器端程序 MultiTierSocketServer——主要应用 Socket、ServerSocket、Thread 以及连接数据库的 Connection 等 API 类，实现对用户请求、数据库访问、送还回答结果等功能。具体代码如下：

```java
// 完整程序在本书配套资源目录 Ch23 中，名为 MultiTierSocketServer.java
class MultiTierClientThread extends Thread {
    Socket client;                                      // 声明
    InputStream inData;
    OutputStream outData;
    PrintWriter toClient;
    Scanner data;
    Connection connection;
    ResultSet rs;
    public MultiTierClientThread(Socket fromClient) {   // 构造方法
        try {
            client = fromClient;                        // 用户 Socket
            inData = fromClient.getInputStream();       // 用户输入数据流
            outData = fromClient.getOutputStream();     // 至用户输出流
            toClient = new PrintWriter(outData, true);  // 写至用户
            connectDatabase();                          // 调用自定义方法连接数据库
        }
        catch (IOException e) {
            e.printStackTrace();
        }
    }
    public void run() {                                 // 覆盖 run()
        String requestedDb = "";                        // 初始化
        String requestedPrice = "";
        String response = "";
        data = new Scanner(inData);                     // 得到用户输入请求
        System.out.println("The client address: " + client.getInetAddress());
                                                        // 显示用户地址
        if (data.hasNextLine()) {
            requestedDb = data.nextLine();              // 得到数据表选择
            requestedPrice = data.nextLine();           // 得到价格选择
        }
        if (!requestedDb.equals("") || !requestedPrice.equals("")) {
                                                        // 如果选择不是空
            String query = buildQuery(requestedDb);     // 调用自定义方法构造查询
            double price = buildPrice(requestedPrice);  // 调用自定义方法构造价格
            rs = getResult(query, price);               // 调用自定义方法得到查询结果
            if (requestedDb.equals("Products"))         // 如果是 Products 数据表
                response = buildProductsResponse();
                                                        // 调用自定义方法得到产品格式化记录
            else
                response = buildBooksResponse();
                                                        // 否则调用自定义方法得到书籍格式化记录
            toClient.println(response);                 // 向用户送还回答
            toClient.close();                           // 关闭
        }
    }
    ...
}
```

自定义方法 connectDatabase() 用来进行对 MySQL 数据库的连接操作，具体代码如下：

```java
// 以下各自定义方法代码在本书配套资源目录 Ch23 中，名为 MultiTierSocketServer.java
private void connectDatabase() {
    try{
        Class.forName("com.mysql.cj.jdbc.Driver");// 连接 MySQL
        String dbURL = "jdbc:mysql://localhost:3306/ProductDB";
        String username = "root";
        String password = "NewJavaBook2018";
        connection = DriverManager.getConnection(
            dbURL, username, password);
        System.out.println("Database connection is succeeded...");
        System.out.println("dbURL:" + dbURL);
        System.out.println("Connection: " + connection);
    }
    catch(ClassNotFoundException e){
        System.out.println("Database driver not found.");
    }
    catch(SQLException e){
        System.out.println("Error opening the db connection: " +
            e.getMessage());
    }
}
```

自定义方法 buildQuery() 用来构建查询指令，具体代码如下：

```java
private String buildQuery(String requestedDb) {        // 参数为用户数据表请求
    String query = "";                                 // 初始化
    if (requestedDb.equals("Products"))                // 如果是 Products 数据表
        query = "SELECT * FROM Products WHERE price >= ?";
                                                       // 形成 Products 预备指令
    else if (requestedDb.equals("Books"))              // 否则
        query = "SELECT * FROM Books WHERE price >= ?";    // 形成 Books 预备指令
    return query;                                      // 返回查询指令
}
```

自定义方法 buildPrice() 用来构建查询指令的价格参数，具体代码如下：

```java
private double buildPrice(String requestedPrice) {    // 参数为用户价格请求
    double price = 0.0;                                // 初始化（预设为第一单选按钮）
    if (requestedPrice.equals("1"))                    // 如果选择第二个单选按钮
        price = 100.00;                                // 设置价格
    return price;                                      // 返回价格
}
```

自定义方法 getResult() 以预备查询指令和其价格值作为参数，用来执行查询指令，并返回查询对象，具体代码如下：

```java
private ResultSet getResult(String query, double price) {
    try {
        PreparedStatement ps = connection.prepareStatement(query);
                                                       // 执行预备查询指令
        ps.setDouble(1, price);                        // 指定其价格参数
        rs = ps.executeQuery();                        // 执行查询
    }
    catch (SQLException e) {e.printStackTrace();}
    return rs;                                         // 返回程序对象
}
```

自定义方法 buildProductsResponse() 构建格式化的产品数据表查询记录，具体代码如下：

```
private String buildProductsDbResponse() {
    String result = "";                             // 初始化
    try {
        while (rs.next()) {                         // 如果还有记录
            String code = rs.getString("Code");     // 得到产品编号
            String title = rs.getString("Title");   // 得到产品名称
            double price = rs.getDouble("Price");   // 得到产品价格
            result += "Code: " + code + " Title: " + title + " Price: " + price
            + "\n";                                 // 格式化结果
        }
    }
    catch (SQLException e) {e.printStackTrace();}
    return result;                                  // 返回结果
}
```

同样地，自定义方法 buildBooksResponse() 用来构建格式化的书籍表查询记录，具体代码与自定义方法 buildProductsResponse() 相似，这里不再列出。

（2）用户端程序 MultiTierClientFrame——利用 JFrame、JPanel、JComboBox、JRadioButton、JTextArea、JButton 以及布局管理形成用户 GUI 窗口；并且应用 Socket 技术，通过本地计算机模拟和指定端口与服务器端程序通信，发送请求和得到回答。代码中利用自定义方法 connectToServer()，应用 Socket 进行与服务器的连接以及数据通信操作。具体代码如下：

```
// 完整程序在本书配套资源目录 Ch23 中，名为 MultiTierClientFrame.java
...
private void connectToServer() {
    try {
        clientSocket = new Socket("localhost", 1688);
                                                    // 用户 Socket 指定本地计算机和端口
        textArea.setText("Connected to the server and database...");
                                                    // 将连接信息显示在文本窗口
        inData = clientSocket.getInputStream();     // 创建从服务器得到的输入数据流
        outData = clientSocket.getOutputStream();   // 创建输出到服务器的数据流
        toServer = new PrintWriter(outData, true);  // 创建输出到服务器的数据对象
        data = new Scanner(inData);                 // 创建从扫描器中得到的输入数据
    }
    catch (IOException e) {
        e.printStackTrace();
        System.out.println("Check your server before running client...");
        System.exit(0);
    }
}
...
```

可以看到，代码中利用本地计算机进行多用户-服务器-数据库的模拟运行。感兴趣的读者可以选择几台联网计算机，将 localhost 修改成作为服务器的 IP 地址，则可进行远程多用户-服务器-数据库模拟运行这个实例。也可利用安装有 MySQL 和 ProductDB 的计算机作为数据库服务器，将服务器端程序在另外一台计算机上运行，然后利用其他联网计算机作为用户，运行这个例子。这时还必须将 connectToServer() 方法中的 localhost 修改为作为数据库服务器的计算机的 IP 地址。

> **注意** 出于网络安全考虑，对数据库进行远程访问时，可能受到防火墙以及局域网安全限制，不允许远程连接。感兴趣的读者可参考有关 MySQL 远程访问的书籍和文献。

以下是用户端程序中进行事件处理的代码部分：

```java
// 完整程序在本书配套资源目录 Ch23 中，名为 MultiTierClientFrame.java
public void actionPerformed(ActionEvent e) {        // 完善事件处理接口方法
    Object source = e.getSource();                   // 得到事件发生源
    if (source == okButton) {                        // 如果用户按下提交按钮
        connectToServer();                           // 调用自定义方法连接到服务器并进行数据通信
        String requestedDb = productComboBox.getSelectedItem().toString();
                                                      // 得到数据表选项
        int requestedPrice = 0;                      // 初始化 ( 预设价格为 0，即全部记录 )
          if (lessRadio.isSelected())                // 如果是小于 100 元按钮
            requestedPrice = 1;                      // 设置为 1
        toServer.println(requestedDb);               // 发送数据表请求至服务器
        toServer.println(requestedPrice);            // 发送价格请求至服务器
        textArea.setText("");                        // 清除文本框
            while (data.hasNextLine()) {             // 循环得到所有服务器发来的信息
                String fromServer = data.nextLine();
                textArea.append(fromServer + "\n");  // 将结果添加到文本框
            }
    }
    else if (source == exitButton) {                 // 如果按下退出按钮
        try {
            toServer.close();                        // 关闭
            clientSocket.close();
        }
        catch (IOException ex) {
            ex.printStackTrace();
        }
        System.exit(0);                              // 停止程序运行
    }
}
...
```

实例中利用 JPanel 创建、注册 GUI 组件，以及对组建进行布局管理这部分的代码如下：

```java
// 完整程序在本书配套资源目录 Ch23 中，名为 MultiTierClientFrame.java
class MultiTierClientPanel extends JPanel implements ActionListener{
    JComboBox productComboBox; // sizeComboBox, colorComboBox;
    JRadioButton allRadio, lessRadio, moreRadio;
    JTextArea textArea;
    JButton okButton, exitButton;
    Socket clientSocket;
    InputStream inData;
    OutputStream outData;
    PrintWriter toServer;
    Scanner data;
public MultiTierClientPanel(){                       // 构造方法
        String[] items = {"Products", "Books"};      // 选项
        productComboBox = new JComboBox(items);      // 创建具有这两个选项的下拉选项框
        productComboBox.setSelectedItem("Products"); // 预设为 Products
        allRadio =   new JRadioButton(" 所有记录 ", true);
                                                     // 创建单选按钮并设预选为所有记录
        lessRadio = new JRadioButton(">=50 元 ");    // 第二个单选按钮
        ButtonGroup priceGroup = new ButtonGroup();  // 创建按钮组
        priceGroup.add(allRadio);                    // 注册到按钮组
        priceGroup.add(lessRadio);
        JPanel northPanel = new JPanel();            // 创建显示下拉选项框和单选按钮的控制面板
```

```
        northPanel.add(productComboBox);            // 将组建注册到控制面板
        northPanel.add(allRadio);
        northPanel.add(lessRadio);
        setLayout(new BorderLayout());               // 创建围界布局管理
        add(northPanel, BorderLayout.NORTH);         // 将这个控制板注册到窗口上部显示
        textArea = new JTextArea(10, 30);            // 创建文本框
        JPanel centerPanel = new JPanel();           // 创建显示文本框的控制面板
        centerPanel.add(textArea);                   // 注册到控制面板
        add(centerPanel, BorderLayout.CENTER);       // 将这个控制面板注册到窗口中部显示
        okButton = new JButton("OK");                // 创建按钮
        exitButton = new JButton("Exit");
        okButton.addActionListener(this);            // 注册到事件处理接口
        exitButton.addActionListener(this);
        JPanel southPanel = new JPanel();            // 创建显示按钮的控制面板
        southPanel.add(okButton);                    // 注册到控制面板
        southPanel.add(exitButton);
        add(southPanel, BorderLayout.SOUTH);         // 将这个控制面板注册到窗口下部显示
        connectToServer();                           // 调用自定义方法连接服务器
    }
```

在 MultiTierClientFrame 中创建 MultiTierClientPanel 对象，提供窗口显示位置、大小、关闭窗口的事件处理，以及 main() 方法创建窗口对象，来执行这个程序。具体代码如下：

```
// 完整程序在本书配套资源目录 Ch23 中，名为 MultiTierClientFrame.java
//All imports
...
public class MultiTierClientFrame extends JFrame{
    public MultiTierClientFrame(){                   // 构造方法
        setTitle("Request to Server and Database");  // 在窗口中显示标题
        Toolkit tk = Toolkit.getDefaultToolkit();    // 得到包含系统信息的对象
        Dimension d = tk.getScreenSize();            // 得到屏幕信息
        int width = 500;                             // 设置窗口显示尺寸
        int height = 245;
        setBounds((int) (d.width-width)/2,           // 将窗口显示在屏幕中心位置
            (int) (d.height-height)/2, width, height);
        addWindowListener(new WindowAdapter(){       // 处理关闭窗口事件
            public void windowClosing(WindowEvent e){
                System.exit(0);
            }
        });
        JPanel panel = new MultiTierClientPanel();   // 创建 GUI 组件控制面板
        add(panel);                                  // 注册显示
    }
    public static void main(String[] args){
        JFrame frame = new MultiTierClientFrame();   // 创建窗口
        frame.setVisible(true);                      // 显示
    }
}
```

实战项目运行步骤：
建议先在本机进行测试运行，步骤如下。
（1）检查数据库服务器是否运行正常，JDBC 驱动软件是否安装和设置正确。可参考第 22 章有关小节。
（2）运行服务端程序 MultiTierSocketServer，并连接数据库。可在 Eclipse 中直接运行。
（3）运行用户端程序 MultiTierClientFrame。首先将这个用户端程序复制到一个本机文件夹（注

意不包括包名 ch23），如 C:\Temp，然后输入以下编译指令：

```
javac MultiTierClientFrame.java
```

（4）分别打开两个本机操作系统窗口，进入 C:\Temp 目录，输入以下指令运行用户端程序：

```
java MultiTierClientFrame
```

对这个实战项目软件的远程测试遵循与多用户-服务器运行相同的步骤，具体操作可参考本章 23.3.2 的详细解释。

23.4 高手必会的高级网络编程

本节将进一步讨论网络编程中涉及的更多术语、概念和技术，介绍 Java 的新 I/O，即 NIO，以及传统 I/O 与新 I/O 的主要区别和不同。进而讨论在 java.nio 包提供的有关网络编程的新 I/O API 类和常用方法，并通过实例介绍这些网络编程技术。

23.4.1 面向连接传输与面向传输连接

前面小节介绍过的 TCP 是一种面向连接传输通信协议。这种通信协议首先建立计算机间的通信连接，然后再进行数据的传送和交换。Java 的 Socket 编程技术以及 API 类 Socket、ServerSocket，就是面向连接传输的具体体现。发送方（Socket 对象）或者用户，和服务方（ServerSocket 对象）或者服务器，必须首先建立连接，以便在 TCP 协议基础上实现通信。当一个用户端程序中的插座对象发出连接请求，服务器端程序中的插座对象，通常是 ServerSocket 对象，可接受或者拒绝这个请求。一旦这两个插座实现连接，它们则可以进行双向数据传输，双方都可以进行数据发送和接收操作。这个解释也同样适用于应用 Socket 技术设计的多用户-服务器编程和多层次-多用户-服务器编程。

而 UDP 则是一种面向传输（Transmission-oriented connection）通信协议。UDP 在数据通信过程中并不要求也不保持计算机间的通信连接。用户计算机通过数报式 datagram，或邮包 packet 形式，发送请求给另外一台计算机。双方的连接并不继续保持。每个邮包都有其字节长度、独立的发送方地址、接收方地址以及通信端口。它在网络上可能以任何路径进行传递；在发送一组邮包时，UDP 不能保证邮包到达的次序，也不能保证所有邮包都能够到达目的地。尤其在大批量数据传输时，邮包丢失常有发生。当作为服务器的计算机得到发来的邮包，便处理这个请求，将回答送还给发送方，完成邮包的往返。Java 的 Datagram 技术以及 API 类 DatagramSocket 和 DatagramPacket，就是这种面向传输连接技术的具体应用。当一个用户端程序中的数据报表对象按邮包缓冲器指定的字节发送邮包到指定服务器时，作为服务器端的程序则可接收或拒绝（不处理）这个邮包。在服务器端程序完成了处理这个邮包的操作后，将邮包送还给用户。注意，返回的邮包字节数不可超过发送邮包的大小，否则超出部分的内容将会丢失。返回邮包的总数也不可超过发送邮包数，否则超出的邮包将不会传送。这个过程也同样适用于应用 DatagrameSocket 和 DatagramePacket 技术设计的多用户-服务器编程和多层次-多用户-服务器编程。

总而言之，利用 Socket（包括 Socket 和 ServerSocket）进行面向连接传输和利用 Datagrame（包括 DatagramSocket 和 DatagramPacket）进行面向传输的连接有以下几方面的不同之处。

- 在 Datagram 中必须指定邮包的字节长度，这个长度不能超过 64KB。而在 Socket 中则没有这个规定。传送的数据以流的形式，不必考虑其长度。因而 Datagram 适用于数据长度固定而且字节长度小的情况；而 Socket 适用于大批量集中式数据传输。
- Datagram 不保证多邮包传输时的到达次序，而 Socket 则不存在这个问题。因而 Datagram 适用于数据接收次序无关的应用；而 Socket 适用于有序数据流传输。
- Datagram 无须进行专门的计算机间连接操作（当然进行远程计算机间的 Datagram 数据传输时，计算机必须在联网和允许访问状态），而利用 Socket 技术时，数据流传输前必须首先建立计算机间的连接，而且这种连接在数据传输期间必须继续保持，否则将抛出 IOException 异常。所以 Datagram 用于无须监控实时连接状态的应用；而 Socket 则有利于监控连接的应用。

- Datagram 不能 100% 保证数据传输的可靠性。它适用于可靠度不高的数据传输应用；而 Socket 保证连接状态下数据的可靠传输。
- Datagram 省时并造价低；而 Socket 则与此相反。

23.4.2 怎样设置 Socket 超时控制

在 Socket 技术中我们利用连接时间的付出，换来数据传输的可靠性。Java 提供一些控制连接时间的技术，以增强其传输效率。例如超时和中断。而超时控制是最简单的一种控制连接的方式。如利用 Socket 类中提供的 setSoTimeout() 方法，则可达到对 Socket 对象的超时控制：

```
try {
    Socket clientSocket = new Socket(address, port);
    clientSocket.setSoTimeout(500);          // 规定用户 Socket 超时控制为 0.5s
    ...
}
catch (SocketException e) {
    e.printStackTrace();
}
```

或者

```
try {
    ServerSocket serverSocket = new Socket(port);
    serverSocket.setSoTimeout(1000);         // 规定服务器 Socket 超时控制为 1s
    ...
}
catch (SocketException e) {
    e.printStackTrace();
}
```

setSoTimeout() 方法利用 int 作为其参数，来规定超时控制的毫秒数。如果产生超时，则会抛出检查性异常 SocketException。

另外在应用构造方法 Socket（address, port）时，必须考虑到这样一个事实：JVM 将首先建立连接，然后才创建 Socket 对象。这个情况也同样适用于 ServerSocket 构造方法。但无参数构造方法 Socket() 以及 ServerSocket() 则无须建立连接操作。利用这个特性，并通过调用 connect() 方法，可以改善因连接而延误的代码运行，并且指定连接超时控制。即

```
try {
    Socket clientSocket = new Socket();                    // 无参数构造方法
    // 其他代码
    ...
    clientSocket.connect(address, port, timeout);       // 具有超时控制的连接操作
    ...
}
catch (SocketException e) {
    e.printStackTrace();
}
```

以上代码也同样适用于 ServerSocket 的应用。

23.4.3 揭秘 Socket 中断技术

超时控制有其局限性：它不能用来控制在数据发送以及接收过程中，进行读写操作时 Socket 对象无响应、不回答或者延误读写的情况。这时，我们不能够利用超时来控制一个已经建立连接的 Socket。在实际应用中，尤其在实时用户-服务器对话的程序中，如果有这种现象发生时，我们希望能够在代码中中断这个读写操作，以便执行其他必须执行的代码。

中断 Socket 技术包括在 java.nio 的 API 类 SocketChannel 中。利用 Socket 通道创建的对象，本身就具有可中断功能。如果一个用户线程的执行由于 Socket 的读写操作而被中断，它将抛出 InterruptException 异常。例如：

```
...
try {
    InetSocketAddress addr = new InetSocketAddress(IPaddress, port);
    SocketChannel channel = SocketChannel.open(addr);// 创建 SocketChannel 对象
    Scanner inData = new Scanner(channel);          // 将通道应用到扫描器
    while (true) {
        if (inData.hasNextLine()) {
            String line = inData.nextLine();         // 得到通道中的数据
            ...
        }
        else
            Thread.sleep(500);                       // 如果没有数据，睡眠 0.5s
    }
}
catch (InterruptedIOException e) {                   // 如果通道有问题
    e.printStackTrace();
}
catch (IOException e) {                              // 如果扫描器有问题
    e.printStackTrace();
}
...
```

如果包装在扫描器中的通道或者通道数据发生问题，将抛出 InterruptedIOException 异常，实现对读入操作的中断。

具有可中断功能的输出操作代码如下：

```
...
try {
    InetSocketAddress addr = new InetSocketAddress(IPaddress, port);
    SocketChannel channel = SocketChannel.open(addr);
                                                    // 创建 SocketChannel 对象
    OutputStream outStream = Channels.newOutputStream(channel);
                                                    // 将通道包装在输出流对象中
    PrintWriter outData = new PrintWriter(outStream, true);
                                                    // 刷新方式输出通道中的数据
    outData.println(requestMessage);                 // 向服务器发送请求信息
    ...
}
catch (InterruptedIOException e) {                   // 如果通道有问题
    e.printStackTrace();
}
catch (IOException e) {                              // 如果扫描器有问题
    e.printStackTrace();
}
...
```

如果包装在输出流中的发送数据有任何问题，将抛出 InterruptedIOException 异常，实现对输出操作的中断。

当然，在 Java 的 NIO 中，通道经常与缓冲配合应用。后面的小节将专门讨论 NIO 中的 SocketChannel 技术。

23.4.4 揭秘 Socket 半关闭技术

在利用 Socket 技术进行用户 - 服务器编程时，用户端程序可以在发送请求结束时，或者接收服务器回答结束时，关闭输入数据流，或者输出数据流，但不关闭 Socket 连接，以便执行代码中必须在连接状态下进行的其他操作，从而加速代码的运行，提高程序的运行效率。这种 Socket 编程技术被称为半关闭，或 Socket half-close。利用 Socket 提供的 shutdownInput() 以及 shutdownOutput() 方法，则可方便地实现半关闭。例如：

```
...
try {
    Socket clientSocket = new Socket("localhost", 1688);
    InputStream inData = clientSocket.getInputStream();
    OutputStream outData = clientSocket.getOutputStream();
    PrintWriter toServer = new PrintWriter(outData, true);
    Scanner sc = new Scanner(System.in);
    Scanner data = new Scanner(inData);
    toServer.println(request);                    // 发送请求到服务器
    clientSocket.shutdownOutput();                // 半关闭输出操作
    while (sc.hasNextLine()) {
        String fromServer = data.nextLine();
        // 处理服务器端发来的回答信息
        ...
    }
    clientSocket.shutdownInput();                 // 半关闭输入操作
    // 其他代码
    ...
    clientSocket.close();
} catch (IOException e) {
    e.printStackTrace();
}
...
```

> **注意** 半关闭后的输入或输出流不能再进行读/写操作，否则将抛出 NoSuchElement-Exception 异常。

23.4.5 揭秘 java.nio

Java 首次在 JDK1.4 版本中推出 java.nio 包，即 Java 新 I/O，被称之为具有贯通性（Integrated I/O）的输入输出 API 软件包。java.nio 包所提供的进行数据输入输出操作的 API 类非常广泛，本书只对涉及网络编程中的数据 I/O 进行讨论。总而言之，主要特征如下。

- ❑ 速度。与传统 java.io 包相比，应用 java.nio 包中的 API 类可提高数据输入输出的执行速度。
- ❑ I/O 操作代码 Java 化。在传统 java.io 包中，涉及数据输入输出的底层操作，例如缓冲器的填充和刷新，JVM 必须装入本机操作系统的有关代码，完成其 I/O 操作，而这些代码并不是用Java编写的。但在新I/O中，涉及缓冲器的操作完全交给本机操作系统执行，从而提高了Java程序的纯度和应用效益。
- 融会贯通。java.nio与java.io实现了很好的兼容，并且具有贯通性。例如，新I/O中的许多类提供返回java.io类的引用，如Socket的对象；而java.io的类也提供相似的方法，返回一个新I/O类，如SocketChannel的对象。

我们将在以下几个小节进一步讨论java.io和java.nio在网络程序设计和代码编写方面的不同。

23.4.6 数据流和数据块——网络编程用哪个

我们知道，传统的Socket技术以及Datagram技术利用数据流概念，执行数据在网络上的传输。而新I/O则运用数据块进行网络数据的读写操作。它们之间存在以下不同之处。

面向数据流的I/O按照一个个有序的字节来处理数据，一次只处理一个字节。如果是读入操作，每次读入的是这个输入流中的一个字节长度的数据。如果是写出操作，每次输出的则是这个输出流中一个字节长度的数据。显而易见，数据流除其主要缺点是速度慢之外，优点如下。
- 易于控制和过滤数据的I/O操作，监控数据的传输。
- 易于编写代码，将网络数据传输贯通到Java的文件I/O和其他I/O API类中，形成从简单到复杂的网络编程及应用程序。

面向数据块的I/O一次处理整个数据块。这个数据块由缓冲器对象来定义，最大数据块容量可达64KB。几乎每种基本数据类型都有其对应的缓冲器类，用来包装不同类型的数据块。我们将在本章以后小节专门讨论缓冲类。不言而喻，数据块以操作速度快著称。但其缺点如下。
- 不易控制和过滤传输的数据。
- 缺乏程序设计和代码编写的简洁性。

23.4.7 数据块编程需要通道技术——Channel

可以将通道Channel看作是数据块进行输入输出操作的传输带。可以想象通道如同矿井中运送煤的传输带一样。通道具有方向性：从矿井中传送出来的煤，或者数据，称之为输出或写出操作；而通过通道传入矿井的煤斗或工具，称之为输入或读入操作。这里，矿井被想象为服务器。在新I/O中提供的Channel接口拥有众多实现了这个接口的类，例如AbstractInterruptibleChannel、AbstractSelectibleChannel、DatagramChannel、FileChannel等。本书主要讨论涉及网络编程和数据传输的通道SocketChannel以及ServerSocketChannel。以本章以后小节的讨论可以看到，数据块被封装在缓冲中通过通道进行传输。这里列举的其他通道编程技术遵循相同的编程规律。

除了在以上两个小节讨论过的新I/O的特点之外，SocketChannel和ServerSocketChannel还具有以下优点。
- 支持数据块读入、写出的可中断和半关闭。
- 支持非同步连接关闭操作（Asynchronous shutdown）。
- 可以运用选择器Selector支持非阻塞输入输出（Nonblocking I/O）。

我们还将在本章以后小节专门讨论SocketChannel和ServerSocketChannel如何支持非同步连接以及Selector的应用。

23.4.8 一步步教会你通道技术网络编程

与Socket和ServerSocket相似，利用SocketChannel或ServerSocketChannel通道读入数据块的一般步骤如下。

（1）利用InetSocketAddress创建指定IP地址/端口的对象。

（2）调用open()方法或者accept()方法与服务器端通道或者用户端通道进行连接。例如，如果编写的是用户端程序，则

```
InetSocketAddress address = new InetsocketAddress(hostname, port);
                                                    //创建连接地址和端口
SocketChannel clientChannel = SocketChannel.open(address);  //调用连接服务器
```

如果编写的是服务器端程序，则

```
InetSocketAddress address = new InetsocketAddress(port);   //创建连接用户端口
SocketChannel serverChannel = ServerSocketChannel.accept(address);
                                                    //接受连接用户
```

（3）调用缓冲类的 allocate() 方法创建指定数据块字节数的缓冲对象。例如：

```
ByteBuffer buffer = ByteBuffer.allocate(1024);   //创建具有 1KB 字节的缓冲对象
```

（4）调用通道的 read() 方法，将数据通过通道输入到缓冲中。例如：

```
clientChannel.read(buffer);                      //从通道中输入传送来的数据块
```

（5）再调用缓冲的 flip() 方法，将缓冲中的数据块翻倒出来，如同将装载煤的煤斗翻倒到运输煤的卡车上。例如：

```
buffer.flip();                                   //翻倒出缓冲中的数据块
```

（6）最后调用 Charset 的 encode() 方法对数据块解码，读出缓冲中的数据。例如：

```
Charset charset = Charset.forName("ASCII");      //返回指定编码 ASCII 的 Charset 对象
CharBuffer chBuffer = charset.encode(buffer);    //将缓冲中的数据块解码为字符串
System.out.println(chBuffer);                    //打印数据块
```

利用 SocketChannel 或 ServerSocketChannel 通道写出数据块的一般步骤如下（假设代码中已经完成以上 1~3 个步骤）。

建立要输出的数据块。例如：

```
String date = new Date().toString();             //得到当前日期和时间
```

调用 CharBuffer 的 wrap() 方法，使数据块封装到字符缓冲，以便编码。例如：

```
CharBuffer chBuffer = CharBuffer.wrap(date);     //将输出数据块封装到字符缓冲
```

调用 Charset 的 encode() 方法，使编码的数据块成为字节码数据。例如：

```
Charset charset = Charset.forName("ASCII");      //返回指定编码 ASCII 的 Charset 对象
ByteBuffer buffer = charset.encode(chBuffer);    //对缓冲中的数据块译码
```

最后调用通道的 write() 方法，写出数据块。例如：

```
clientChannel.write(buffer);                     //在用户端程序的通道发送数据块至服务器
```

或者

```
serverChannel.write(buffer);                     //从服务器端程序的通道发送数据块至用户
```

我们将在 23.4.10 节讨论 Charset 类的编码以及常用方法。利用 SocketChannel 和 ServerSocketChannel 编程的完整例子见 23.4.13 节。

23.4.9 应用缓冲的通道编程技术

缓冲 Buffer 是运用通道技术传输数据块的容器。值得注意的是，在应用通道进行数据传输时，必须根据数据类型来创建相匹配的缓冲对象。在新 I/O 中，Java 提供了以下类型的缓冲类：

❑ ByteBuffer。

- CharBuffer。
- ShortBuffer。
- IntBuffer。
- LongBuffer。
- FloatBuffer。
- DoubleBuffer。

以上每个缓冲类都是 Buffer 类的子类。除 ByteBuffer 之外，所有缓冲都可调用以下方法，执行常用操作。

- allocate（int capacity）——指定缓冲中数据块的字节长度。
- char get()——得到缓冲中的指定数据。
- Wrap（BufferType dataBlock）——将指定数据块封装入缓冲。其中 BufferType 是相匹配缓冲类型。

因为 ByteBuffer 是最为广泛使用的缓冲，在数据块传输中被其他缓冲共同使用。除具有以上列举的常用方法外，ByteBuffer 还提供返回各种数据类型的 get() 方法，如 get()、getChar()、getShort()、getInt()、getLong()、getFloat()、getDouble() 等，满足对不同类型数据的提取。其中 get() 方法返回缓冲中的一个字节。

23.4.10 数据块中字符集的定义、编码和译码

在利用通道进行数据块的传输中，经常利用 java.nio.charset 包中提供的 Charset 类对数据块进行编码和解码操作，以便提高数据块的传输效率和可靠性。除系统预设的 Unicode 字符集外，Charset 还支持以下字符编码定义。

- US ASCII。
- ISO-8859-1——ISO 拉丁字母集。
- UTF-8——1 字节 UCS 转换格式。
- UTF-16——2 字节 UCS 转换格式。

详细讨论字符集、编码以及译码超出本书范围，感兴趣的读者可参考有关方面的书籍。Charset 是一个抽象类，在应用时必须调用其 forName() 方法，来返回一个指定字符集编码的对象，并且利用 Charset 的 encode() 以及 decode() 方法进行编码和解码操作。

- Charset forNmae(String charsetName)——按指定字符集名返回一个 Charset 对象。
- ByteBuffer encode(CharBuffer cb)——对指定 CharBuffer 对象编码，并返回编码后的 ByteBuffer 对象。
- CharBuffer decode(ByteBuffer bf)——对指定 ByteBuffer 对象解码，并返回解码后的 CharBuffer 对象。

例子之一：以下是应用 Charset 在服务器端写出数据块的代码：

```
InetSocketAddress address = new InetSocketAddress("localhost", 1688);
// 创建连接地址和端口
SocketChannel serverChannel = ServerSocketChannel.accept(address);
// 接受连接用户
Charset charset = Charset.forName("UTF-8");        // 创建 UTF-8 字符集 Charset 对象
ByteBuffer buf = ByteBuffer.allocate(256);         // 创建 256 字节缓冲
String response = new java.util.Date().toString() + "\n";    // 建立数据块
buf = charset.encode(response);                    // 返回编码后的封装有数据块的缓冲
client.write(buf);                                 // 在通道上发送数据块到用户
```

例子之二：以下是应用 Charset 在用户端读入服务器发送数据块的代码：

```
InetSocketAddress addr = new InetSocketAddress("localhost", 1688);
```

```
Charset charset = Charset.forName("UTF-8");      // 创建 UTF-8 字符集 Charset 对象
SocketChannel channel = SocketChannel.open(addr);// 连接服务器通道
ByteBuffer buf = ByteBuffer.allocate(256);       // 创建 256 字节缓冲
channel.read(buf);                               // 读出缓冲
buf.flip();                                      // 翻倒出缓冲中的数据块
CharBuffer chBuffer = charset.decode(buf);       // 将缓冲中的数据块解码为字符串
System.out.println("The current date and time from Server: " + chBuffer);
// 打印数据块
```

完整程序代码可参考 23.4.13 节的例子。

23.4.11 应用选择器 Selector 实现多用户 - 服务器编程

从前面讨论过的例子可以看到，在用户 - 服务器编程中，所有服务器端程序只与一个指定端口通信。设想如果在程序中同时有成千上万个用户，有可能通过不同端口与服务器通信的情况。传统的阻塞 I/O（Blocking I/O）不可能有效和容易地解决这类应用问题。另外，阻塞 I/O 有其显著的 3 个缺点。

- 在等待连接时，如执行 socket.open() 以及 serverSocket.accept() 时，其他代码都被阻塞执行。
- 在读入操作时，如 buf.read()，必须等待数据充满读入缓冲；在等待时，其他代码都被阻塞执行。
- 在写出操作时，如 buf.write()，必须等待数据充满写出缓冲；在等待时，其他代码都被阻塞执行。

应用选择器 Selector 可以弥补 Java 在阻塞 I/O 中的不足。其目的是实现非阻塞通道，利用单个线程和事件处理技术，使其在事件发生时，得以注册并得到通知，以便执行指定端口的 I/O 操作。以前 C/C++ 爱好者经常嘲笑 Java 在这方面的不足，因为在 C/C++ 中可以创建一个专门线程，并调用 select() 方法和 waitForSingleEvent() 方法来执行 I/O 操作。提供在 java.nio.channels 包中的 API 类 Selector，使 Java 编程人员在进行非阻塞 I/O 编程时与 C/C++ 可以匹敌。

23.4.12 一步步教会你选择器多用户 - 服务器编程

假设在应用中服务器端程序需要同时与三个端口进行 I/O 操作。以下是利用 Selector 实现这个非阻塞通道的步骤。

（1）分别创建 3 个 ServerSocketChannel 对象。
（2）分别调用各自 configureBlocking() 方法并设置为 false。
（3）调用各自 Socket().bind() 方法使其连通到指定端口。
（4）调用 Selector 的 open() 方法，返回一个 Selector 对象。
（5）分别调用各自 register() 方法，在 selector 中注册 SelectionKey.OP_ACCEPT 选项。
（6）在循环中调用 Selector 对象的 select() 方法，如果发生了任何注册的选项事件，如用户端请求连接时，这个方法返回大于 0 的整数。
（7）调用 Selector 对象的 selectedKeys() 方法，这个方法将返回一个 Set 事件集合对象。
（8）调用集合对象的 Iterator，对事件集合进行遍历，并接受和处理这个事件。
（9）将处理过的事件从集合中删除。

这 9 个步骤的代码如下：

```
InetSocketAddress addr1 = new InetSocketAddress(1681);
ServerSocketChannel sch1 = ServerSocketChannel.open();
                                                // 第 (1) 步：创建 ServerSocketChannel
sch1.configureBlocking(false);                  // 第 (2) 步：设置非阻塞 I/O
sch1.socket().bind(addr1);                      // 第 (3) 步：连通汇编
InetSocketAddress addr2 = new InetSocketAddress(1682);
                                                // 重复以上 3 个步骤创建第 2 个端口
```

```
ServerSocketChannel sch2 = ServerSocketChannel.open();
sch2.configureBlocking(false);
sch2.socket().bind(addr2);
InetSocketAddress addr3 = new InetSocketAddress(1683);
                                                       //重复以上3个步骤创建第3个端口
ServerSocketChannel sch3 = ServerSocketChannel.open();
sch3.configureBlocking(false);
sch3.socket().bind(addr3);
Selector selector = Selector.open();                   //第(4)步：创建Selector对象
sch1.register(selector, SelectionKey.OP_ACCEPT);       //第(5)步：注册事件处理选项
sch2.register(selector, SelectionKey.OP_ACCEPT);
sch3.register(selector, SelectionKey.OP_ACCEPT);
while (selector.select() > 0) {                        //第(6)步：如果发生任何事件
    Set keys = selector.selectedKeys();                //第(7)步：得到事件集合
    Iterator i = keys.iterator();                      //第(8)步：遍历事件集合
    while (i.hasNext()) {
        SelectionKey key = (SelectionKey)i.next();     //得到事件源
        ServerSocketChannel sch =
        (ServerSocketChannel)key.channel();            //得到通道
        SocketChannel ch = sch.accept();               //接受通道连通请求
        handleClient(ch);                              //调用自定义方法处理这个通道事件
        i.remove();                                    //第(9)步：删除这个处理完的事件
    }
}
```

完整程序例子见 23.4.13 节的例子之二。

23.4.13 通道和选择器编程实例

例子之一：利用 SocketChannel 以及 ServerSocketChannel 编写一个用户 - 服务器程序。用户向服务器请求显示服务器中的日期和时间。图 23.6 显示了这个例子服务端程序以及用户端程序分别在操作系统中运行的一个典型结果。可以打开更多操作系统窗口模拟多用户 - 服务器程序运行。

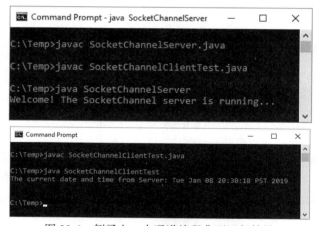

图 23.6　例子之一中通道编程典型运行结果

以下是用户端的代码：

```
// 完整程序在本书配套资源目录 Ch23 中，名为 SocketChannelClientTest.java
import java.nio.channels.*;
import java.nio.charset.*;
import java.nio.*;
import java.net.*;
```

```java
import java.util.*;
public class SocketChannelClientTest {
    public static void main(String[] args) {
        try {
            InetSocketAddress addr = new InetSocketAddress("localhost", 8000);
                                                                // 指定IP地址和端口
            Charset charset = Charset.forName("US-ASCII");      // 创建指定字符集
            SocketChannel channel = SocketChannel.open(addr);   // 连接服务器
            ByteBuffer buf = ByteBuffer.allocate(256);          // 创建指定缓冲
            channel.read(buf);                                  // 从通道读入数据块到缓冲
            buf.flip();                                         // 翻倒出数据块
            CharBuffer chBuffer = charset.decode(buf);          // 将缓冲中的数据块解码为字符串
            System.out.println("The current date and time from Server: " +
                chBuffer);                                      // 打印数据块
            channel.close();
        }
        catch (Exception e) {
            e.printStackTrace();
        }
    }
}
```

以下是这个例子中服务器端的代码:

```java
// 完整程序在本书配套资源目录Ch23中，名为SocketChannelServer.java
import java.nio.*;
import java.nio.channels.*;
import java.nio.charset.*;
public class SocketChannelServer {
    public static void main(String[] args)  {
        try {
            Charset charset = Charset.forName("US-ASCII");      // 创建指定字符集
            ServerSocketChannel server = ServerSocketChannel.open();
                                                                // 创建并连接通道
            server.socket().bind(new java.net.InetSocketAddress(8000));
                                                                // 用指定端口绑定这个连接
            System.out.println("Welcome! The SocketChannel server is
                running...");                                   // 提示运行信息
            for (;;) {                                          // 服务器总是运行
                SocketChannel client = server.accept();         // 接受用户请求连接
                ByteBuffer buf = ByteBuffer.allocate(256);      // 创建指定缓冲
                String response = new java.util.Date().toString() + "\n";
                                                                // 创建系统当前日期和时间对象
                buf = charset.encode(response);                 // 编码入缓冲
                client.write(buf);                              // 装入通道写出
                client.close();                                 // 关闭用户连接
            }
        } catch (Exception e) {
            e.printStackTrace();
        }
    }
}
```

因为Date类返回的是服务器计算机中以英文字母表示的时间和日期，所以使用US-ASCII作为指定字符集。可以看到，在创建InetSocketAddress以及Date对象时，利用java.net.InetSocketAddress以及java.util.Date来分别指明这两个包中的具体API类，以提高程序编译效率。

代码中有意利用 for(;;) 实现无限循环，这样服务器端程序将继续运行，直到关闭操作系统窗口。

例子之二：利用 Selector 技术演示对三个不同用户请求的处理和回答。这些用户可以通过不同地址和端口向服务器发出连接请求。服务器端程序利用 Selector 识别用户的地址和端口，并且通过不同问候信息向请求用户发还包括连接地址和端口在内的回答。由于有三个独立的用户端代码，可以在 Eclipse 中运行服务端程序和三个用户端代码。以下是这个实例的运行结果。当然你完全可以在本机操作系统窗口中模拟运行，或者在联网计算机上运行。

```
address: localhost/127.0.0.1:1681
Hello client One! Greeting from server!  Your port is 1681
address: localhost/127.0.0.1:1682

Hello, Server greeting to client two! You use port 1682
address: localhost/127.0.0.1:1683
Greeting from Server to client three! Your port: 1683
```

以下是这个例子的服务器端代码：

```java
// 完整程序在本书配套资源目录 Ch23 中，名为 SelectorServer.java
import java.io.IOException;
import java.net.InetSocketAddress;
import java.nio.ByteBuffer;
import java.nio.channels.SelectionKey;
import java.nio.channels.Selector;
import java.nio.channels.ServerSocketChannel;
import java.nio.channels.SocketChannel;
import java.nio.charset.Charset;
import java.util.Iterator;
import java.util.Set;
public class SelectorServer {
    public static void main(String[] args) throws IOException {
        InetSocketAddress addr1 = new InetSocketAddress(1681);
                                                        // 创建第一个用户指定端口地址
        ServerSocketChannel sch1 = ServerSocketChannel.open();
                                                        // 创建 ServerSocketChannel
        sch1.configureBlocking(false);          // 设置非阻塞 I/O
        sch1.socket().bind(addr1);              // 连通汇编
        InetSocketAddress addr2 = new InetSocketAddress(1682);
                                                        // 重复以上步骤创建第二个用户
        ServerSocketChannel sch2 = ServerSocketChannel.open();
        sch2.configureBlocking(false);
        sch2.socket().bind(addr2);
        InetSocketAddress addr3 = new InetSocketAddress(1683); // 创建第三个用户
        ServerSocketChannel sch3 = ServerSocketChannel.open();
        sch3.configureBlocking(false);
        sch3.socket().bind(addr3);
        Selector selector = Selector.open();                // 创建选择器
        sch1.register(selector, SelectionKey.OP_ACCEPT);    // 指定接受方式
        sch2.register(selector, SelectionKey.OP_ACCEPT);
        sch3.register(selector, SelectionKey.OP_ACCEPT);
        while (selector.select() > 0) {                     // 如果发生任何事件
            Set keys = selector.selectedKeys();             // 得到事件集合
            Iterator i = keys.iterator();                   // 遍历事件集合
            while (i.hasNext()) {
                SelectionKey key = (SelectionKey)i.next();  // 得到事件源
                ServerSocketChannel sch = (ServerSocketChannel)key.channel();
                                                            // 得到通道
```

```
            SocketChannel ch = sch.accept();          // 接受通道连通请求
            handleClient(ch);                          // 调用自定义方法处理这个通道事件
            i.remove();                                // 删除这个处理完的事件
        }
    }
    private static void handleClient(SocketChannel ch) {   // 自定义方法处理用户请求
        int port = ch.socket().getLocalPort();             // 得到用户本地端口
        System.out.println("Listen to client address: " + ch.socket().
            getInetAddress());                             // 显示地址
        System.out.println("Port: " + port);               // 显示端口
        if (port == 1681)                                  // 如果是第一个用户
            writeClient(ch, "Hello Client One! Greeting from server!  Your port
                is " + port + "\n");                       // 回答
        else if (port == 1682)
            writeClient(ch, "Hello, Server greeting to client two! You use port:
                " + port + "\n");                          // 不同格式回答
        else if (port == 1683)                             // 回答
            writeClient(ch, "Greeting to client three from server! Your port =
                " + port + "\n");
        else                                               // 如果不属于这 3 个用户请求
            writeClient(ch, "You are not from our 3 clients, from port: "+ port + "\n");
    }
    private static void writeClient(SocketChannel client, String message) {
                                                           // 自定义方法通道写出
        Charset charset = Charset.forName("UTF-8");        // 指定字符集
        ByteBuffer buf = ByteBuffer.allocate(256);         // 自定缓冲
        try {
            buf = charset.encode(message);                 // 编码入缓冲
            client.write(buf);                             // 利用通道写至用户
        }
        catch (Exception e) {
            e.printStackTrace();
        }
    }
}
```

在自定义方法 handleClient() 中通过参数传入用户的 SocketChannel 信息,则可以利用它来识别用户,并对指定用户提供不同的处理和回答。为了达到演示目的,代码中对第一个用户写出中文信息;对第二个用户使用英文回答;而对第三个用户则使用中英文。如果请求的是其他用户,也返回相应的回答。例如,如果不是从这三个指定端口请求的用户,则发送以下信息:

```
You are not from our 3 clients, from port: 2009
```

另外一个自定义方法 writeClient() 则按通道参数和信息向指定用户执行写出数据块的任务。
三个用户端程序基本相同,这里只列出第一个用户端代码:

```
// 三个完整用户端程序在本书配套资源目录 Ch23 中,分别名为 SelectorClientTest1.java、
//SelectorClientTest2.java 以及 SelectorClientTest3.java
import java.nio.channels.*;
import java.nio.charset.*;
import java.nio.*;
import java.net.*;
public class SelectorClientTest1 {
    public static void main(String[] args) {
        try {
            InetSocketAddress addr = new InetSocketAddress("localhost", 1681);
                                                           // 指定地址和端口
            Charset charset = Charset.forName("UTF-8");    // 指定字符集
```

```
            SocketChannel channel = SocketChannel.open(addr);//连接通道
            System.out.println("address: " + addr);     // 显示地址
            ByteBuffer buf = ByteBuffer.allocate(256);   // 创建指定缓冲
            channel.read(buf);                           // 读入缓冲
            buf.flip();                                  // 翻倒出缓冲数据
            CharBuffer chBuffer = charset.decode(buf);   // 将缓冲中的数据块解码为字符串
            System.out.println(chBuffer);                // 打印数据块
            channel.close();                             // 关闭通道
        }
        catch (Exception e) {
            e.printStackTrace();
        }
    }
}
```

除在本机模拟这个多用户-服务器程序外，还可以选择 4 台联网计算机，指定一台为服务器并运行服务器端程序；另外 3 台则可作为 3 个用户，将 localhost 修改为各自的 IP 地址，分别运行这 3 个用户端代码。注意这 4 台联网计算机的安全设置和网络访问等级规范，否则不能进行连接运行。

实战项目：开发多用户-服务器聊天室应用

项目分析：

这个项目利用 Socket、ServerSocket、DatainputStream、DataOutputStream、Thread 以及 GUI 技术开发一个简单聊天室应用程序。图 23.7 显示了这个聊天室程序本机模拟运行后的典型结果。图 23.7（a）可以看到服务器接受两个用户以及显示两个用户的对话过程。图 23.7（c）是在本机操作系统窗口运行一个聊天用户的截图。

图 23.7　聊天室两个用户对话截图

类的设计：

在下面的代码解释中将详细讨论主要类和方法的设计目的和编写技术。这里将项目中的服务端类 ChatServer 以及用户端类 ChatClient 做一个概括性描述。

- ChatServer——利用 ServerSocket 创建连接、监控用户端连接端口、利用 API 类 Vector 管理和协调多用户端的请求与对话操作，以及各种异常处理。
- ChatClient——利用 Socket 创建对服务端 ServerSocket 的连接和异常处理、运行时得到用户名以及显示、利用 GUI 组件创建聊天室窗口、布局、显示聊天内容以及事件处理。利用线程执行对多聊天用户的协调处理和操作等。ChatClient 包括如下内部类。
  - WindowExitHandler——执行按下 Exit 按钮时的关闭聊天室窗口操作。
  - TextActionHandler——执行将输入的聊天信息显示到每个用户聊天室窗口的操作。
  - ChatClientReceive——执行聊天用户线程之间聊天信息的协调性显示以及运行。

实战项目测试和模拟运行：

建议你首先在本机对这个实战项目进行模拟试运行。服务端程序可在 Eclipse 或者本机操作系统中运行；然后打开两到三个本机操作系统窗口，按照图 23.7 运行用户端程序（见图 23.7 (c)）。
下面是用户端程序的主要代码部分：

```java
// 完整聊天室用户端程序在本书配套资源目录 Ch23 中，名为 ChatClient.java
void client() {                                 // 自定义方法执行用户连接和线程创建
    try {
        if(hostname.equals("local"))
        hostname=null;
        InetAddress serverAddr= InetAddress.getByName(hostname);
        sock=new Socket(serverAddr.getHostName(), port);
                                                // 按指定地址和端口创建 Socket
        remoteOut=new DataOutputStream(sock.getOutputStream());
                                                // 创建输出流
        System.out.println("Connected to server " + serverAddr.getHostName()
                                                // 打印信息
            + " on port " + sock.getPort() + " user: " + username);
        new ChatClientReceive(this).start();    // 创建用户线程准备执行
    }
    catch(IOException e) {
        System.out.println(e.getMessage() + " : Failed to connect to server.");
    }
}
class TextActionHandler implements ActionListener {
                                    // 处理文本框聊天信息事件和发送信息到服务器
    public void actionPerformed(ActionEvent e) {
        try    {
            if (e.getSource() == sendText) {    // 如果是文本框触发事件
                remoteOut.writeUTF(username + "->" + sendText.getText());
                                                // 发送信息
                receivedText.append("\n" + username + "->" + sendText.
                    getText());                 // 显示到本机
                sendText.setText("");           // 清除文本框内容
            }
        }
        catch(IOException x) {
            System.out.println(x.getMessage() + " : connection to peer
                lost.");
        }
    }
}
```

```java
class ChatClientReceive extends Thread {              // 处理用户接收聊天室信息线程
    private ChatClient chat;
    ChatClientReceive(ChatClient chat) {              // 构造方法
        this.chat=chat;
    }
    public synchronized void run() {                  // 应用协调覆盖 run() 方法
        String s;
        DataInputStream remoteIn=null;
        try {
            remoteIn= new DataInputStream(chat.sock.getInputStream());
                                                      // 创建接收信息数据流
            while(true) {
                s = remoteIn.readUTF();               // 按 UTF 方式读入信息
                chat.receivedText.append("\n" + s);   // 添加到文本窗口
            }
        }
        catch(IOException e) {
            System.out.println(e.getMessage() + " : connection to peer lost.");
        }
    }
}
```

用户端主方法创建 GUI 窗口以及 ChatClient 对象如下：

```java
// 聊天室用户端主方法代码
public static void main(String args[]) {
    JFrame frame= new JFrame("Connecting to Dear "+args[0]);
                                                       // 利用指令参数指定用户名
    ChatClient chat=new ChatClient(frame,args[0],"localhost");   // 创建用户
    frame.add("Center",chat);                          // 注册聊天室窗口
    frame.setSize(350,600);                            // 指定大小
    frame.setResizable(false);                         // 不可变更
    frame.setVisible(true);                            // 显示窗口
    chat.client();                                     // 调用 client() 方法
}
```

代码中利用指令行参数 args[0] 来指定用户名。所以必须在操作系统窗口利用 java 指令运行这个用户端程序。例如：

java ChatClient UserName   // 输入具体用户名，如 Emily

以下是聊天室服务器端程序的主要代码：

```java
// 完整聊天室服务端程序在本书配套资源目录 Ch23 中，名为 ChatServer.java
...
public class ChatServer {                              // 聊天室服务器端程序
    private static final int port = 1688;              // 指定端口
    private boolean connected = true;                  // 假设连接无误
    private Vector<DataOutputStream> clients=new Vector<DataOutputStream>();
                                                       // 创建用户队列
    public static void main(String args[]) {
        new ChatServer().server();        // 创建无名服务器对象并调用方法 server()
    }
    void server() {                                    // 自定义方法执行连接用户和聊天室操作
        ServerSocket serverSock = null;
        try {
            InetAddress serverAddr=InetAddress.getByName(null);      // 地址初始化
            System.out.println("Welcome to Chat Server. The server is
```

```java
                    running...");                      // 显示运行信息
            System.out.println("Waiting for " + serverAddr.getHostName() +
                " on port "+ port);
            serverSock=new ServerSocket(port, 50);
                                            // 聊天室最大用户为50, 可以是任何整数
        catch(IOException e) {
            System.out.println(e.getMessage()+": Disconnected/Failed");
        }
        while(connected) {
            try {
                Socket socket=serverSock.accept();    // 接受用户连接请求
                System.out.println("Accept"+socket.getInetAddress()
                    .getHostName());                  // 显示信息
                // 以下代码行创建输出流
                DataOutputStream remoteOut= new DataOutputStream(socket.get
                    OutputStream());
                clients.addElement(remoteOut);        // 将一个用户加入聊天室队列
                new ServerHelper(socket,remoteOut,this).start();
                                                      // 启动这个用户的线程
            }
            catch(IOException e) {
                System.out.println(e.getMessage()+": Disconnected/Failed");
            }
        }
    }
    synchronized Vector getClients() {                // 自定义方法返回用户队列
        return clients;
    }
    synchronized void removeFromClients(DataOutputStream remoteOut){
                                                      // 删除退出聊天室用户
        clients.removeElement(remoteOut);
    }
}
```

虽然在这个代码中规定聊天室最大用户数为50, 这个数量可根据网络速度调整。代码中利用 Vector 对象来记录聊天室中的用户对象, 以便向所有聊天室用户发送对话信息。每一个用户都是一个独立的线程, 由其创建一个无名 ServerHelper 对象, 并调用其 start() 方法来启动执行。因为在调用自定义方法 getClients() 和 removeFromClients() 时存在多线程协调问题, 所以应用协调操作 synchronized。

以下是自定义类 ServerHelper 的代码:

```java
// 聊天室服务器端用来协调处理用户聊天信息 I/O 的线程 (见 ChatServer.java)
class ServerHelper extends Thread {
    private Socket sock;
    private DataOutputStream remoteOut;
    private ChatServer server;
    private boolean connected = true;
    private DataInputStream remoteIn;
    // 构造器对服务器和输入聊天室信息的用户初始化
    ServerHelper(Socket sock,DataOutputStream remoteOut,ChatServer server)
        throws IOException {
        this.sock=sock;
        this.remoteOut=remoteOut;
        this.server=server;
        remoteIn=new DataInputStream(sock.getInputStream());
    }
```

```java
        public synchronized void run() {                    // 覆盖 run() 方法并协调运行
            String s;
            try {
                while(connected) {
                    s = remoteIn.readUTF();                  // 读入一个用户输入信息
                    broadcast(s);                            // 传播这个信息到所有聊天室用户
                }
            }
            catch(IOException e) {
                System.out.println(e.getMessage()+"connection failed");
            }
        }
        private void broadcast(String s) {                   // 自定义方法执行聊天室信息传播
            Vector clients=server.getClients();              // 得到聊天室所有用户
            DataOutputStream dataOut=null;                   // 声明输出流
            for(Enumeration e=clients.elements(); e.hasMoreElements(); ) {
                                                             // 对每一个聊天室用户
                dataOut=(DataOutputStream)(e.nextElement());  // 得到用户输出流对象
                if(!dataOut.equals(remoteOut)) {             // 如果不是删除用户
                    try {
                        dataOut.writeUTF(s);                 // 输出这个聊天室信息
                    }
                    catch(IOException x) {
                        System.out.println(x.getMessage()+"Failed");
                        server.removeFromClients(dataOut);
                    }
                }
            }
        }
    }
```

可以看到，由于在 Vector 的队列中储存有所有聊天室用户输出流信息，因而容易实现对聊天室所有用户传播对话信息。当某个用户在聊天室输入任何对话后，这个信息作为参数，传入自定义方法 broadcast() 中，并利用循环和枚举技术，遍历用户队列，执行向所有用户传播这个对话信息的操作。由于方法 run() 有可能在同一时间被多个用户运行的情况，代码中利用 synchronized 来实现这个协调。

巩固提高练习和实战项目大练兵

1. 举例说明什么是通信协议以及它的 4 个层次。
2. 举例说明 URL 和 URI 之间的区别。
3. 举例说明什么是端口 Port。为什么说它是逻辑端口？
4. 回答如下常用保留端口的分配编号：FTP、Telnet、HTTP、POP3、HTTPS。
5. 举例说明为什么要在 HTTP 中应用头文件。
6. 修改本章名为 URLConnectionTest.java 的程序，编写一个可以连接某个网址并打印相关信息的程序。测试运行并存储这个程序。对代码文档化。
7. 举例说明什么是 Socket。
8. 举例解释什么是数据流 Socket 和数报式 Socket。它们分别应用在什么情况。
9. 举例说明什么是用户 - 服务器编程。在编程中应该遵循哪些基本步骤？
10. **实战项目大练兵**：利用 Socket 编程，编写一个可以将用户输入的英文 OOP 术语翻译为中文的用户 - 服务器程序。假设在服务器端程序中存储有至少 4 个 OOP 中文术语。当用户端程序运行时，首先以英文显示这 4 个 OOP 术语，当用户选择其中一个时，这个请求将发送给服务器端程序，经过处理后，服务器将相对应的中文术语，作为回答，发送到用户端程序，并显示到用户屏幕上。测试运行并存储这个程序。对代码文档化。

11. **实战项目大练兵**：将第 10 题中的用户端程序修改为利用 GUI 窗口、下拉列表以及标签处理用户的选择，以及显示从服务器发送回来的翻译内容。提交按钮向服务器发送请求，退出按钮停止程序的运行。测试运行并存储这个程序。对代码文档化。

12. **实战项目大练兵**：将第 10 题中的程序修改为利用 Datagram 编程。测试运行并存储这个程序。对代码文档化。

13. **实战项目大练兵**：将第 11 题中的程序修改为利用 Datagram 编程。测试运行并存储这个程序。对代码文档化。

14. 举例解释什么是多用户 - 服务器编程以及如何实现多用户 - 服务器编程。

15. **实战项目大练兵（团队编程项目）：多用户 - 服务器 OOP 术语应用程序开发**——利用 Socket 和 ServerSocket 多用户 - 服务器编程编写一个可以接受任何一个用户输入的 OOP 术语并翻译为中文的程序。假设在服务器端程序中存储有至少 4 个 OOP 中文术语，当某个用户端程序运行时，首先以英文显示这 4 个 OOP 术语，当用户选择其中一个时，这个请求将发送给服务器端程序，经过处理后，服务器将相对应的中文术语作为回答，发送到这个用户端程序，并显示到该用户屏幕上。测试运行并存储这个程序。对代码文档化。

16. **实战项目大练兵（团队编程项目）：多用户 - 服务器 OOP 术语 GUI 应用程序开发**——将第 15 题中的多用户 - 服务器程序的用户端代码修改为利用 GUI 窗口、下拉列表以及标签处理用户的选择，并显示从服务器发送回来的翻译内容。提交按钮向服务器发送请求，退出按钮停止程序的运行。测试运行并存储这个程序。对代码文档化。

17. 将第 15 题中的程序修改为利用 Datagram 进行多用户 - 服务器编程。测试运行并存储这个程序。对代码文档化。

18. **实战项目大练兵（团队编程项目）：多用户 - 服务器 - 数据库 OOP 术语 GUI 应用程序开发**——扩充第 16 题中的功能，将至少 15 个 OOP 术语存储在数据库中。利用 GUI 窗口、下拉列表以及标签处理用户的选择，并显示从服务器通过数据库发送回来的翻译内容。提交按钮向服务器发送请求，退出按钮停止程序的运行。测试运行并存储这个程序。对代码文档化。

19. 举例说明面向连接传输以及面向传输连接的区别以及它们各自的用途。

20. 举例解释如下网路编程术语：Socket 超时、可中断、半关闭、数据流 pk. 数据块、通道、字符集、选择器。

21. 举例说明 java.io 与 java.nio 的相同和不同之处。

22. **实战项目大练兵（团队编程项目）：多用户 - 服务器公英制转换应用程序开发**——利用通道以及选择器技术编写一个多用户 - 服务器程序，可以用来执行度量衡中 - 英制单位转换的服务功能。由自己决定至少 3 个转换项目。用户可以通过不同地址和端口向服务器发出选择的转换请求。服务器转换后，将回答发送给这个用户，用户端程序将结果显示到屏幕上。测试运行并存储这个程序。对代码文档化。

23. **实战项目大练兵（团队编程项目）：多用户 - 服务器公英制转换 GUI 应用程序开发**——将第 22 题中的用户端程序修改为利用 GUI 窗口以及适当 GUI 组件提供用户的转换选择、提交请求、显示回答结果以及退出程序运行的操作。测试运行并存储这个程序。对代码文档化。